Könecke, Preuß & Schöllhorn (Hrsg.)
Moving Minds – Crossing Boundaries in Sport Science
22. Sportwissenschaftlicher Hochschultag
der Deutschen Vereinigung für Sportwissenschaft

Schriften der Deutschen Vereinigung für Sportwissenschaft · Band 251
Herausgeber: Deutsche Vereinigung für Sportwissenschaft   ISSN 1430-2225

Thomas Könecke, Holger Preuß & Wolfgang I. Schöllhorn (Hrsg.)

Moving Minds – Crossing Boundaries in Sport Science

22. dvs-Hochschultag · Mainz · 30. September–2. Oktober 2015
Abstracts

Der Druck dieses Buches wurde vom Bundesinstitut für Sportwissenschaft und der Inneruniversitären Forschungsförderung der Johannes Gutenberg-Universität Mainz unterstützt.

Redaktion: Christine Farrenkopf
Endredaktion: Jennifer Franz

ISBN 978-3-88020-629-8

Alle Rechte vorbehalten
Das Werk und seine Teile sind urheberrechtlich geschützt. Jede Nutzung bedarf der schriftlichen Zustimmung des Verlages. Nachdrucke, Fotokopien, elektronische Speicherung oder Verbreitung sowie Bearbeitungen – auch auszugsweise – sind ohne diese Zustimmung verboten! Verstöße können Schadensersatzansprüche auslösen und strafrechtlich geahndet werden.

© 2015 EDITION CZWALINA
FELDHAUS VERLAG GmbH & Co. KG
Postfach 73 02 40
22122 Hamburg
Telefon +49 40 679430-0
Fax +49 40 67943030
post@feldhaus-verlag.de
www.feldhaus-verlag.de

Druck und Verarbeitung: WERTDRUCK, Hamburg

Bibliografische Information der Deutschen Nationalbibliothek
Die Deutsche Nationalbibliothek verzeichnet diese Publikation in der Deutschen Nationalbibliografie; detaillierte bibliografische Daten sind im Internet über http://dnb.d-nb.de abrufbar.

Inhalt

Vorwort der Ausrichter 9

Grußworte 11

Hauptvorträge 19

Arbeitskreise 35

AK 1: dvs-Sektion Sportsoziologie: Aktuelle Phänomene der Vereins- und Verbandsentwicklung 37
AK 2: Sport in bzw. an Schule, Universität, Berufskolleg 43
AK 3: dvs-Sektion Sportinformatik (in Kooperation mit der dvs-Sektion Sportpädagogik): Computer Games – Chancen, Risiken und Nebenwirkungen 47
AK 4: Ziele von Sportunterricht – ein ambivalentes Feld 52
AK 5: Status Quo: Blended Learning in der (Sport-)Lehraus- und Fortbildung 56
AK 6: Sport International 62
AK 7: Motorische Schnelligkeit – ein interdisziplinärer Ansatz 68
AK 8: Therapie und Rehabilitation im und durch Sport 74
AK 9: Sprint 80
AK 10: Gehirn und Bewegung 84
AK 11: dvs-Sektion Sportsoziologie: Teilhabe am Sport – Diskussion verschiedener Konzepte, ihrer Reichweite, Schnittmengen und Leerstellen 87
AK 12: Sozialisation und Sport (Teil 1: Sozialisation zum Sport) 93
AK 13: Regenerationsmanagement (REGman) 98
AK 14: dvs-Kommission „Sport und Raum": Raumgrenzen öffnen: ein interdisziplinärer Blick auf Bewegungsräume 103
AK 15: Bewegen, Gehen, Laufen 107
AK 16: Körper und Leistung im Wandel – Neue Perspektiven für die Sportwissenschaft .. 114
AK 17: Sportlehrer und Sportlehrerausbildung 117
AK 18: Varia aus Sozial- und Geisteswissenschaften 123
AK 19: Inklusion und Exklusion im und durch Sport 128
AK 20: Interaktiver Wissensaustausch – ein Ansatz zur nachhaltigen Implementierung evidenzbasierter Programme in der sportwissenschaftlichen Gesundheitsförderungsforschung 131
AK 21: Golf in Deutschland – Perspektiven der Professionalisierung 133
AK 22: Sozialisation und Sport (Teil 2: Sozialisation durch Sport) 135
AK 23: dvs-Sektion Sportinformatik: Technologische Innovationen 140
AK 24: Crossing Multiple Boundaries of Scientific Disciplines 145
AK 25: Akteure und Organisationen im Sport 149
AK 26: Training und Coaching 154
AK 27: Talentsichtung, Trainerausbildung, Schiedsrichter, Wettkampfstruktur 160
AK 28: Motorische Leistung von Kindern und Jugendlichen 166
AK 29: Sozial- und Wirtschaftswissenschaftliche Studien 172

AK 30: Health.edu – Implementation und Evaluation von Maßnahmen zum Thema Gesundheit in Sportunterricht und Sportlehrerbildung ... 176
AK 31: Sportmedizin: Muskeln und Faszien ... 180
AK 32: Regulation im Fußball ... 183
AK 33: Selbstkonzept und Selbstwahrnehmung ... 186
AK 34: Fußball im Kontext sozial-kultureller Bildungsprozesse ... 189
AK 35: Bildung und Erziehung zum Sport, im Sport und durch Sport ... 194
AK 36: Konzeptionelle Überlegungen zum inklusiven Sportunterricht ... 199
AK 37: Inklusion ... 204
AK 38: Trainieren und Lernen im Sport und durch Sport ... 208
AK 39: Qualitätsvolle Bewegungsförderung in der frühen Kindheit im internationalen Vergleich ... 214
AK 40: Ergebnisse und Limitationen der Diagnostik im Sport ... 218
AK 41: Physische und psychische Leistung ... 224
AK 42: Diskussionsforum: Chancen des Sports zur Krisenbewältigung und Entwicklungsförderung ... 230
AK 43: „Inklusionspotenziale im Schneesport" – Möglichkeitsräume im Sport eröffnen und nutzen ... 232

Arbeitskreise „Olympiatag"

AK 44: Olympische Spiele ... 235
AK 45: Verschiedene sporthistorische Projekte ... 241
AK 46: Spiele im Dialog – Die Bewerbung Hamburgs um die Olympischen und Paraolympischen Spiele 2024 ... 244
AK 47: Sporthistorische Vorträge ... 245
AK 48: Gesellschaft für Internationale Zusammmenarbeit (GIZ) ... 247
AK 49: Sporthistorische Perspektiven auf Olympia ... 248

Arbeitskreise Kommission Gesundheit:
Schwerpunkt Sportwissenschaft in klinischer Forschung & Praxis

AK 50: Bewegungstherapie in der onkologischen Patientenversorgung ... 252
AK 51: Diagnostik der Funktions- und Leistungsfähigkeit onkologischer Patienten ... 256
AK 52: Psychosoziale Aspekte der Bewegungstherapie ... 260
AK 53: Sporttherapie in der Pädiatrischen Onkologie ... 265
AK 54: Neurologische Erkrankungen ... 270
AK 55: Diagnostik und Assessment ... 273
AK 56: Gesundheit im Kindes- und Jugendalter ... 277
AK 57: Voraussetzungen und Effekte körperlich-sportlicher Aktivität ... 282
AK 58: Gesundheitsförderung und Bewegungsverhalten bei Menschen mit Behinderung ... 288
AK 59: Gesundheitsförderung im Kindes- und Jugendalter ... 292

Arbeitskreise Kommission „Kampfkunst & Kampfsport"

AK 60: Grundlagen ... 298
AK 61: Selbstverteidigung ... 301

AK 62: Postersession 303
AK 63: Motive und Training 307
AK 64: Pädagogik 309
AK 65: Workshop 311

Arbeitskreise Kommission Geschlechterforschung

AK 66: Intersektionale Analysen in Handlungsfeldern des Sports 314
AK 67: Geschlechterbezogene Differenzsetzungen in verschiedenen
Handlungsfeldern des Sports 318

Poster 321

dvs-DOSB-Dialogforen 358

Post-Doc-Vorlesungen 361

dvs-Nachwuchspreis 369

Wissenschaftliches Komitee & Gutachter 373

Verzeichnis der Autorinnen und Autoren 375

Vorwort des Organisationskomitees des 22. Sportwissenschaftlichen Hochschultags der dvs an der Johannes Gutenberg-Universität Mainz

Liebe Teilnehmerinnen und Teilnehmer des Sportwissenschaftlichen Hochschultags,

als Organisationskomitee des 22. Sportwissenschaftlichen Hochschultags begrüßen wir Sie auch im Namen unserer Kolleginnen und Kollegen vom Institut für Sportwissenschaft sehr herzlich an der Johannes Gutenberg-Universität Mainz. An unserer Campusuniversität erwartet Sie eine Konferenz der kurzen Wege, die durch Möglichkeiten zur Begegnung und zum Austausch geprägt ist.

Der diesjährige Hochschultag trägt das Motto „Moving Minds – Crossing Boundaries in Sport Science" und soll dazu anregen, in vielfältiger Weise über sportliche, soziale und wissenschaftliche Grenzen hinweg quer zu denken. Mit der Auswahl dieses Mottos wollten wir auf das umfangreiche Potential der multidisziplinären und multitheoretischen Sportwissenschaft Bezug nehmen. Dass dies gelungen ist, zeigt sich nicht nur an knapp 300 Vorträgen, über 70 Arbeitskreisen und Workshops und etwa 50 Postern, die die ganze Bandbreite der Sportwissenschaft und angrenzender Disziplinen abbilden, sondern auch daran, dass sich viele Wissenschaftlerinnen und Wissenschaftler aus anderen Disziplinen einfinden, um den Hochschultag durch ihre sportbezogenen Beiträge und ihr Kommen zu bereichern.

Wie Grenzen durch international führende Forschung überschritten und unsere „Geister" bewegt werden können, wird im Rahmen der Hauptvorträge deutlich. Probleme und Chancen der im Sport bekannten Abgrenzung von Körper und Geist im Allgemeinen thematisiert Prof. Dr. Metzinger (Mainz/Deutschland), über die Chancen und Grenzen der Biomechanik nach über 30-jähriger Spitzenforschung resümiert Prof. (em.) Dr. Dr. mult hc. Nigg (Calgary/Kanada) bevor Prof. Dr. McCraty (San Francisco/USA) die Grenzen des Individuums „mit Herz" in Richtung magnetisierter Umgebung und damit zu Ahnenwissen überschreitet. Grenzen zu einer anderen Umwelt überschreitet Dr. Dr. von Lucadou (Freiburg/Deutschland) mit den „Geistern die er rief". Zu mehr Bewegung unserer Geister fordert schließlich Dr. Radtke (Gießen/Deutschland) in Sachen Überschreitung sozialer Grenzen im Rahmen von Inklusion auf.

In den Hochschultag sind die Jahrestagungen der Kommissionen Geschlechterforschung, Gesundheit und „Kampfkunst und Kampfsport" sowie Veranstaltungen beispielsweise der Sektion Sportgeschichte, der Kommission Schneesport, der Deutschen Olympischen Akademie (DOA), des Deutschen Olympischen Sportbundes (DOSB) und der Gesellschaft für Internationale Zusammenarbeit (GIZ) eingebettet. Vor dem Hintergrund der durch das Kongressmotto angeregten Grenzüberschreitungen wird am Donnerstag, dem „Olympiatag", aus aktuellem Anlass ein multiperspektivischer Blick auf Olympische Spiele bzw. Großsportveranstaltungen geworfen. In ähnlicher Form wird vor allem am Freitag das wichtige Thema „Inklusion" in unterschiedlichen Formaten betrachtet.

Dass die Grenzüberschreitungen nicht nur in wissenschaftlicher Hinsicht erfolgen, sondern auch ein Wissenschafts-Praxis-Transfer gewünscht ist und gefördert wird, zeigt sich daran, dass der Hochschultag für Lehrerkräfte aller Schulformen, Ärzte, Übungsleiterinnen und Trainer als Fortbildungsveranstaltung anerkannt ist. Ferner sind verschiedene Formate explizit dem Transfer gewidmet. Die Wahrnehmung der Veranstaltung weit über die deutschen Grenzen hinaus wird u. a. durch die erneute Kooperation mit der Österreichischen Sportwissenschaftlichen Gesellschaft (ÖSG) und der Sportwissenschaftlichen Gesellschaft der Schweiz (SGS) gewährleistet.

Aufgrund der Bedeutung des Hochschultages für die Sportwissenschaft und die Sportlandschaft insgesamt fungiert der Bundesminister des Inneren, Herr Dr. Thomas de Maizière, als Schirmherr, wofür wir ihm herzlich danken möchten. Außerdem gebührt unser herzliches Dankeschön den vielen Helfern und Unterstützern, die es möglich machen, dass dieser Hochschultag in Mainz stattfinden kann. Ohne, dass diese Aufzählung abschließend wäre, möchten wir exemplarisch neben unseren Kolleginnen und Kollegen vom Institut für Sportwissenschaft vornehmlich die Unternehmen und Organisationen, die den Hochschultag finanziell und anderweitig unterstützen, sowie die vielen freiwilligen und ehrenamtlichen Helfer nennen, die für den – hoffentlich weitgehend – reibungslosen Ablauf der Veranstaltung Sorge tragen.

Ihnen, liebe Teilnehmerinnen und Teilnehmer, wünschen wir schöne und informative Tage bei uns in Mainz!

Ihr Organisationskomitee

Dr. Thomas Könecke   Prof. Dr. Wolfgang I. Schöllhorn   Prof. Dr. Holger Preuß

Grußworte

Grußworte

Grußwort des Bundesministers des Innern

Das Ziel des diesjährigen Sportwissenschaftlichen Hochschultages ist es, sportliche und wissenschaftliche Grenzen zu überwinden, um einen möglichst offenen Austausch zu ermöglichen. Neue Formate wie die „Crossing Boundaries-Veranstaltungen" sind speziell der disziplinübergreifenden Betrachtung einzelner Themen gewidmet. Dieser Austausch ist sinnvoll, denn deutsche Spitzensportlerinnen und -sportler benötigen vielfältige – auch multidisziplinäre – Unterstützung, um auch in Zukunft mit der internationalen Weltspitze konkurrieren zu können. Der Beitrag der Sportwissenschaft – in all ihren Facetten – ist dabei unverzichtbar. Im Prozess der Neuausrichtung der Spitzensportförderung wird es uns deshalb auch darum gehen, die Rolle der Sportwissenschaft im System Sport zu stärken.

In den kommenden Monaten wird es darauf ankommen, eine starke Bewerbung Hamburgs für die Ausrichtung der Olympischen und Paralympischen Spiele 2024 auf den Weg zu bringen. Dabei ist es wichtig, eine möglichst breite Welle der Unterstützung über Hamburg und Kiel hinaus zu gewinnen. Es freut mich deshalb sehr, dass im Rahmen des diesjährigen Hochschultages der dvs auch ein Olympiatag stattfindet.

Das diesjährige Motto des Hochschultages „Moving Minds – Crossing Boundaries" verstehe ich auch als einen Appell an alle Teilnehmer, auch die Olympia-Bewerbungsphase auf dem Feld der Sportwissenschaft disziplinübergreifend mit Ideen zu bereichern, um Deutschland als guten Gastgeber zu präsentieren.

Als Schirmherr des 22. dvs-Hochschultages in Mainz wünsche ich den Veranstaltern einen erfolgreichen Verlauf sowie allen Teilnehmerinnen und Teilnehmern einen intensiven Erfahrungsaustausch und wertvolle Impulse für die weitere Arbeit.

Dr. Thomas de Maizière, MdB
Bundesminister des Innern

Grußwort des Ministers des Innern, für Sport und Infrastruktur Rheinland-Pfalz

Es gibt viele Gründe, dem Sport einen herausragenden Stellenwert zu geben. Zu Recht kann sich keiner von uns vorstellen, wie die Welt, wie Deutschland, wie Rheinland-Pfalz aussehen würde, wenn es den „Sport" nicht gäbe. Der Sport ist ein notwendiges und unersetzliches Nahtband unserer Gesellschaft, oft Quelle großer Freude und des Stolzes, positiver Gemeinschafts- und Selbsterfahrung, wichtig für unsere Gesundheit und sicherlich auch Charakterschule und Integrationsfaktor.

Knapp 37 Prozent aller Rheinland-Pfälzerinnen und Rheinland-Pfälzer sind Mitglied in einem Sportverein. Das sind rund 1,5 Millionen Mitglieder in rund 6.300 Vereinen, die zeigen: Wir sind Sportland! Insgesamt betätigen sich etwa drei Millionen Menschen bei uns sportlich aktiv.

Was der Sport in unserem Land leistet, ist spürbar. Was Wissenschaft und Forschung für den Sport leisten, wird sich einmal mehr vom 30. September bis 2. Oktober 2015 zeigen. Beim 22. Sportwissenschaftlichen Hochschultag der Deutschen Vereinigung für Sportwissenschaft, der in diesem Jahr vom Institut für Sportwissenschaft der Johannes Gutenberg-Universität Mainz ausgerichtet wird, wird sich die forschende Sportwissenschaft Deutschlands wieder bei Ihrer bedeutendsten Veranstaltung versammeln.

Ich bin sicher, der Hochschultag wird seinem Motto „Moving Minds – Crossing Boundaries in Sport Science" gerecht und mit hochkarätigen Vorträgen die Grenzen der Leistung und der Wissenschaft überschreiten. Expertinnen und Experten aus allen Feldern der facettenreichen Sportwissenschaft aus dem In- und Ausland werden ihre Arbeiten, Projekte und Ideen vorstellen und ins Gespräch kommen können. Mit Sicherheit werden die Ergebnisse dieses einmaligen Präsentations-Podiums der Sportwissenschaft zeigen: Bewegt sein, bewegt werden und bewegen durch Sport, das kennt keine Grenzen.

In diesem Sinne wünsche ich der Veranstaltung einen guten Verlauf mit interessanten Vorträgen und Diskussionen und allen Veranstaltungsteilnehmerinnen und -teilnehmern sowie allen Gästen eine Fülle von Informationen und Handlungsanweisungen, die die tägliche Arbeit bereichern und weiterbringen werden.

Roger Lewentz, MdL
Minister des Innern, für Sport und Infrastrukturdes Landes Rheinland-Pfalz

Grußwort des Direktors des Bundesinstituts für Sportwissenschaft

Einer langen Tradition folgend unterstützt das Bundesinstitut für Sportwissenschaft (BISp) auch den 22. dvs-Hochschultag. Dabei verbindet die dvs und das BISp eine über viele Jahre erfolgreiche Zusammenarbeit nicht nur im Rahmen des Hochschultages, sondern auch bei der Durchführung, Auswertung und Dokumentation der verschiedenen Veranstaltungen der Sektionen und Kommissionen der dvs. Die fachlichen, institutionellen und personellen Plattformen der dvs sind für das BISp eine wichtige Voraussetzung zur Planung, Initiierung und Unterstützung sportwissenschaftlicher Forschung.

Der diesjährige Sportwissenschaftliche Hochschultag steht unter dem Motto „Moving Minds – Crossing Boundaries in Sport Science". Diese Überschrift findet ihre Entsprechung zum einen bei der immer wieder notwendigen Überwindung des Theorie-Praxis-Grabens; zum anderen fordern gerade für den Bereich des olympischen Spitzensports der Präsident des Deutschen Olympischen Sportbundes Alfons Hörmann und der Bundesinnenminister Dr. Thomas de Maizière eine Neustrukturierung „ohne Denkverbote" ein. Diese postulierte Neuordnung wird nur mit einer seriösen und objektiven sportpolitischen Beratung gelingen können. Die sportwissenschaftlichen Hochschuleinrichtungen sind hier ganz konkret aufgefordert, ihre Denkanstöße einzubringen.

Grenzen werden vom BISp auch in weiterer Hinsicht überschritten: Das Bundesinstitut beschreitet neue Wege, um durch die Initiierung von multi- und interdisziplinären Projekten Synergien der Spitzensportforschung mit den Forschungsaktivitäten der allgemeinen Forschungslandschaft zu fördern. Damit wird nicht nur die Spitzensportforschung befruchtet, sondern auch ein Transfer weit über die Zielgruppen des Spitzensports hinaus ermöglicht. Dies ist eine "win-win"-Situation für alle Beteiligten – für den Spitzensport und die Gesamtgesellschaft.

Ich freue mich auf die vielfältigen Beiträge und Diskussionen und wünsche dem 22. Sportwissenschaftlichen Hochschultag in Mainz einen erfolgreichen und in jeder Hinsicht bereichernden Verlauf.

Jürgen Fischer
Direktor des Bundesinstituts für Sportwissenschaft (BISp)

Grußwort des Präsidenten der Deutschen Vereinigung für Sportwissenschaft (dvs)

Sehr geehrte Kongressteilnehmerinnen und Kongressteilnehmer,
liebe Mitglieder der dvs,
ich heiße Sie ganz herzlich Willkommen zum 22. Sportwissenschaftlichen Hochschultag, der wichtigsten Veranstaltung der dvs. Die dvs wurde 1976 in München gegründet, um die Interessen der deutschen Sportwissenschaftler/innen zu vertreten und das Fach weiterzuentwickeln. Der Sportwissenschaftliche Hochschultag bietet die Möglichkeit, über die Fachgrenzen hinweg zu diskutieren, aktuelle Ergebnisse sportwissenschaftlicher Forschung zu präsentieren, Kontakte zu vertiefen und neue zu knüpfen, aber auch um Meinungen zu sport- und wissenschaftspolitischen Themen zu bilden.
Unter dem Kongressthema „Moving Minds – Crossing Boundaries in Sport Science" haben die Ausrichter ein attraktives Programm zusammengestellt, welches fünf Hauptvorträge, knapp 70 Arbeitskreise, zwei dvs-DOSB-Dialogforen, Posterpräsentationen, sieben Postdoc-Vorlesungen und drei Jahrestagungen von dvs-Kommissionen beinhaltet. Der „Olympiatag" wird von der Deutschen Olympischen Akademie (DOA) in Kooperation mit dem Fachgebiet Sportökonomie, Sportsoziologie und Sportgeschichte der Johannes Gutenberg-Universität Mainz sowie der dvs-Sektion Sportgeschichte gestaltet. Verschiedene Veranstaltungsformate (Vortrags-Sessions, Podiumsdiskussionen, Workshops) werden angeboten und es wird ein Treffen der Mitglieder und Freunde der Sektion Sportgeschichte geben, im Rahmen dessen strategische Fragen zu deren zukünftiger Ausrichtung besprochen werden. Es freut mich sehr, dass es erneut Möglichkeiten der Fortbildungen für Lehrer/innen, Trainer/innen, Übungsleiter/innen sowie für Ärzte/innen gibt – herzlichen Dank dem Ausrichterteam.
Auch beim 22. dvs-Hochschultag dürfen wir erneut Kolleginnen und Kollegen aus dem Ausland begrüßen, die ihre neueren Erkenntnisse in Lehre und Forschung aus ihren Ländern und Fachgebieten vorstellen. Im Vorfeld gab es den Nachwuchsworkshop der dvs, der gemeinsam mit der Österreichischen Sportwissenschaftlichen Gesellschaft (ÖSG) und der Sportwissenschaftlichen Gesellschaft der Schweiz (SGS) veranstaltet wurde.
Zusammen mit dem Bundesinstitut für Sportwissenschaft und dem DOSB sind wir gemeinsam die institutionellen Herausgeber der Zeitschrift „Sportwissenschaft", die im Springer-Verlag erscheint. Es ist uns ein großes Anliegen, diese Zeitschrift als die älteste und einflussreichste sportwissenschaftliche Zeitschrift im deutschsprachigen Raum unter Beachtung wissenschaftlicher Qualitätsstandards zu fördern und weiterzuentwickeln. Es wäre schön, den ein oder anderen wissenschaftlichen Beitrag auf diesem Hochschultag in unser Fachzeitschrift bald nachlesen zu können.
Ein besonderes Augenmerk gilt auch wieder dem wissenschaftlichen Nachwuchs. Zum achten Mal wird der dvs-Nachwuchspreis für eine herausragende Forschungsarbeit vergeben. Die Arbeiten, die in die Endausscheidung kamen, werden am Donnerstag vorgestellt und durch eine Jury bewertet. Die Bekanntgabe des Preisträgers/der Preisträgerin erfolgt anschließend auf dem Gesellschaftsabend, verbunden mit einer Geldzuwendung, die durch die Friedrich-Schleich-Gedächtnis-Stiftung ermöglicht wurde. Zum vierten Mal

wird der dvs-Publikationspreis für eine exzellente Dissertation vergeben, die in der dvs-Schriftenreihe „Forum Sportwissenschaft" veröffentlicht ist. Dieser Preis wird in der Eröffnungsveranstaltung übergeben und wurde vom Willibald Gebhardt Institut (WGI) in Essen finanziell unterstützt.

Sehr geehrte Gäste, liebe Mitglieder, ich freue mich auf einen interessanten Kongress, auf die Diskussionen und Gespräche mit Ihnen und danke schon jetzt allen, die im Organisations- und/oder im Wissenschaftlichen Komitee zum Gelingen des 22. dvs-Hochschultags beigetragen haben. Herzlichen Dank auch Ihnen, den Teilnehmerinnen und Teilnehmern, für Ihre Beiträge und Ihr Kommen.

Ich möchte Sie bereits heute zum 23. Sportwissenschaftlichen Hochschultag in 2017 an der Technischen Universität München einladen.

Ihr

Prof. Dr. Kuno Hottenrott
Präsident der Deutschen Vereinigung für Sportwissenschaft (dvs)

Grußwort der Präsidentin des Landessportbund (LSB) Rheinland-Pfalz

Zentrale Austauschplattform der deutschsprachigen Sportwissenschaft

Liebe Sportlerinnen und Sportler,
der 22. Sportwissenschaftliche Hochschultag der Deutschen Vereinigung für Sportwissenschaft (dvs) bietet Führungskräften im organisierten Sport die Chance, neue Inputs, Ideen und Impulse zu erhalten – und auch zu setzen. Auf dem Campus der Johannes Gutenberg-Universität Mainz erwartet die Teilnehmerinnen und Teilnehmer eine hochkarätig besetzte Konferenz der kurzen Wege, die durch Möglichkeiten zur Begegnung und zum Austausch (nicht nur) in den zahlreichen Workshops und Arbeitskreisen geprägt sein wird.  Die Palette der Themen ist dabei enorm breit und reicht von inklusiver Sportvereinsentwicklung und Fusionen von Sportvereinen über das ambivalente Feld der Ziele eines modernen Sportunterrichts und den Einfluss von Schuhen auf die Laufbiomechanik von Kindern bis hin zu Sportpolitik als parteipolitisches Handlungsfeld oder auch interdisziplinären Zugängen zur Lösung kommunaler Sportstättenprobleme.

Für die deutschsprachigen Sportwissenschaftler ist der Kongress die zentrale Austauschplattform. Insofern freuen wir uns, dass der 22. Hochschultag nach 1985 bereits zum zweiten Mal hier in der rheinland-pfälzischen Landeshauptstadt stattfindet und wir als LSB Partner des Wissenschaftskongresses sein dürfen. Die Veranstaltungsbesucher dürfen sich an allen drei Tagen auf spannende Vorträge ausgewiesener Experten aus sämtlichen Feldern der Sportwissenschaft freuen. Zudem bestehen vielfältige Möglichkeiten, mit führenden Sportwissenschaftlern ins Gespräch zu kommen. Alles mit dem ausgesprochen lohnenswerten Ziel, Bewegung im und durch Sport anzuregen und zu analysieren und dabei Grenzen der Leistung und der Wissenschaft zu überschreiten.

Für Lehrkräfte aller Schulformen und Übungsleiter/innen, Trainer/innen sowie sonstige Interessierte ist dieser Hochschultag eine ideale Gelegenheit, sich fortzubilden und so – in Anlehnung an das Motto des Landessportbundes – „Fit für die Zukunft" zu bleiben. In diesem Sinne wünsche ich der Veranstaltung einen guten Verlauf, viele inspirierende Gespräche und wegweisende Ergebnisse.

Ihre

[Unterschrift]

Karin Augustin
Präsidentin des
Landessportbundes Rheinland-Pfal

Hauptvorträge

Der Geist im Körper und der Körper im Geist: Drei Ebenen von Embodiment

THOMAS METZINGER

Johannes Gutenberg-Universität Mainz

Intelligente körperliche Bewegung kann nur dann stattfinden, wenn der Geist den Körper durchdringt und wenn es ein gleichzeitig ein gutes Modell des Körpers im Geist gibt. Intelligenz bedeutet prädiktive Kontrolle, Kontextsensitivität und Adaptivität: *Intelligentes* körperliches Verhalten finden wir genau dann, wenn unsere Bewegungen gleichzeitig gut vorhersagbar und steuerbar sind, wenn sie sich flüssig und spontan immer wieder neu an die aktuelle Situation anpassen können, und wenn sie dabei die Grundlage eines andauernden Lernvorgangs sind. Die aktuelle Forschung in den empirisch informierten und interdisziplinär arbeitenden Philosophie des Geistes bewegt sich allerdings seit langem jenseits der cartesianischen Unterscheidung zwischen „Geist" und „Körper", jenseits des traditionellen Dualismus von denkenden und ausgedehnten Dingen. Sie fragt eher nach der Beziehung zwischen Bewusstsein und Gehirn, nach der notwendigen Rolle des Körpers in der Evolution von Denken und Selbstbewusstsein, nach der graduellen Entstehung des Ichgefühls und einer subjektiven Innenperspektive aus der neuronalen Repräsentation des Körpers im Gehirn – aber auch nach den sozialen, kulturellen und ethischen Konsequenzen das aktuellen Umbruchs in unserem Bild vom Menschen.

Dieser Vortrag wird deshalb eine Reihe von neuen Forschungsergebnissen an der Schnittstelle von Philosophie des Geistes und Kognitionswissenschaft präsentieren. Insbesondere wird er eine kleine Auswahl an begrifflichen Instrumenten anbieten, die möglicherweise auch für die Sportwissenschaft interessant sein und neue theoretische Perspektiven auf ihren Forschungsgegenstand eröffnen könnten. Was genau sind die Mechanismen, durch die das bewusste Selbst im Körper verankert ist und die zu einer subjektiven Identifikation mit diesem Körper führen?

Vertiefende Literatur

Metzinger, T. (2003). *Being No One. The Self-Model Theory of Subjectivity*. Cambridge, MA: MIT Press.
Metzinger, T. (2007) zusammen mit B. Lenggenhager, T. Tadi und O. Blanke). Video Ergo Sum: Manipulating bodily self-consciousness. *Science*, 317, 1096-9. Metzinger, T. (2009f; zusammen mit O. Blanke). Full-body illusions and minimal phenomenal selfhood. *Trends in Cognitive Sciences, 13*(1), 7-13.
Metzinger, T. (2014). *Der Ego Tunnel. Eine neue Philosophie des Selbst: Von der Hirnforschung zur Bewusstseinsethik*. München: Piper.
Metzinger, T. (2014). First-order embodiment, second-order embodiment, third-order embodiment: From spatiotemporal self-location to minimal phenomenal selfhood (Chapter 26). In Lawrence Shapiro (ed.), *The Routledge Handbook of Embodied Cognition*. London: Routledge, S. 272-286.

Internet

Metzinger, T. (2015). *Empirische Perspektiven aus Sicht der Selbstmodell-Theorie der Subjektivität: Eine Kurzdarstellung mit Beispielen* https://dl.dropboxusercontent.com/u/10038303/Metzinger_SMT_2014.pdf

Laufschuhe und Laufverletzungen – Kritische Überlegungen

BENNO M. NIGG

Human Performance Laboratory, Faculty of Kinesiology, University of Calgary, Kanada

Einleitung

Laufen ist wohl die populärste Sportart. Tausende laufen. Die Laufschuhindustrie boomt und Sportartikel fürs Laufen werden in Massen verkauft. Zusätzlich sind im Verlaufe der letzten 40 bis 50 Jahre viele wissenschaftliche Publikationen erschienen, die sich mit Laufen, Laufschuhen und vor allem mit Laufverletzungen beschäftigten. Neue Laufschuhkonzepte wurden vorgeschlagen mit dem Ziel, die laufbezogenen Bewegungsabläufe zu optimieren und Ratschläge an Laufschuhfirmen zu geben. Beispiele für solche Konzepte sind:

- Dämpfen – Führen – Stützen
  Laufschuhe sollen die Landung dämpfen, den Fuß in der Standphase stützen und die Bewegung während des Abstoßes führen (Nigg & Lüthi, 1980).

- Muskel-Tuning
  Die Muskeln werden vor der Landung so eingestellt (Tuning), dass die Weichteilvibrationen minimalisiert werden (Nigg, 1997; Nigg & Wakeling, 2001).

- Funktionelle Gruppen
  Gruppen von Läufern reagieren auf schuhspezifische Interventionen in gruppenspezifischer Art. Diese Gruppen benötigen verschiedene Laufschuhe (Nigg, 2010).

Mit all diesen Erkenntnissen und Vorschlägen bleibt jedoch immer die Kernfrage, ob sich im Laufe der letzten 50 Jahre die Häufigkeit der Laufverletzungen verändert (verkleinert) hat. Dementsprechend ist das Ziel dieser Zusammenfassung, die Situation im Bereiche der Laufschuhe und Laufverletzungen kritisch zu diskutieren, existierende Daten zu interpretieren, existierende Paradigmen zu hinterfragen und, wenn notwendig, neue Paradigmen vorzuschlagen.

Laufverletzungen

Viele Studien wurden publiziert, die sich mit der Häufigkeit von Laufverletzungen befassten. Die meisten kamen zur Schlussfolgerung, dass sich die prozentuale Verletzungshäufigkeit im Verlaufe der letzten 40 bis 50 Jahren nicht verändert hat. Eine kritische Betrachtung dieser Daten führt jedoch zum Schluss, dass diese Schlussfolgerung nicht zulässig ist. Die Definitionen, die gebraucht wurden, um eine Laufverletzung zu definieren, waren nicht einheitlich (Variationen von einfachen Beschwerden bis zu medizinischen Eingriffen) und Unterschiede zwischen Erstverletzungen und Wiederholungsverletzungen wurden kaum gemacht. Zudem ist die Laufpopulation von 1970 sehr verschieden von der von 2015. Dementsprechend können auf Grund der vorliegenden Publikationen keine ausreichenden Schlüsse bezüglich (a) der möglichen Veränderungen in der Häufigkeit von Laufverletzungen und (b) dem Einfluss der Laufschuhe auf die Häufigkeit von Laufverletzungen gezogen werden.

Gründe für Laufverletzungen

In den frühen Jahren des Laufbooms (in den 1970-er Jahren) gab es zwei Variablen, die ganz allgemein als die wichtigste Ursache für Laufverletzungen angenommen wurden: hohe Impactkräfte und große Fußpronation. In den letzten 20 Jahren (nach 1995) gab es jedoch eine Reihe von Publikationen, welche die Wichtigkeit dieser Variablen in Frage stellten. Die epidemiologischen Studien, die sich mit Laufverletzungen beschäftigten, haben alle ein Problem gemeinsam: Sie habe alle sehr kleine Versuchspersonenzahlen (typischerweise unter 60). Das heißt, dass die Resultate dieser Studien keine Schlussfolgerungen über mögliche biomechanische Verletzungsursachen geben können. Weitere Studien haben zudem gezeigt, dass hohe Impactkräfte und große Fußpronation schlechte Variablen sind, um Laufverletzungen vorherzusagen (e. g. Nielson et al., 2014; Nigg et al., 2015).

Neue Konzepte

Neuere Studien haben zwei erstaunliche Resultate gezeigt:

(1) Der bevorzugte Bewegungsablauf (preferred movement path, PMP)

Wenn Athleten in verschiedenen Schuhen laufen, dann hat sich gezeigt, dass sich das Bewegungsmuster (path of movement, POM) kaum ändert (Nigg et al., 2015). Was sich ändern kann, ist die Bewegungsamplitude. Das Bewegungsmuster scheint konstant zu bleiben für eine bestimmte Aufgabe (z. B. Fersenlauf). Verschiedene Schuhe verändern den Bewegungsablauf nicht. Eine Änderung tritt nicht einmal zwischen dem Barfußlaufen und dem Laufen mit Schuhen auf. Was sich ändert, ist die Bewegungsampliutude (z. B. weniger Dorsalflexion bei der Landung). Wir postulieren, dass die Muskeln diesen bevorzugten Bewegungsablauf „schützen". Wir nehmen an, dass diejenigen Schuhe, die den bevorzugten Bewegungsablauf unterstützen, weniger Energie vom Läufer verlangen und auch weniger Beschwerden und Verletzungen bewirken.

(2) Der Komfort-Filter

Eine Reihe von Studien haben gezeigt, dass komfortable Schuhe weniger Verletzungen zu provozieren scheinen als weniger komfortable Schuhe. Eine Studie zeigte, dass Versuchspersonen, die eine komfortable Einlagesohle benutzten, substantiell (ca. 50%) weniger Verletzungen hatten als jene, die keine Einlagesohle trugen (Mündermann et al., 2001). Es scheint somit, dass wir unser Komfortempfinden brauchen, um uns vor Verletzungen zu schützen. Verschiedene Schuhe können zwar verschiedene Verletzungshäufigkeiten erzeugen, wenn Läufer gezwungen werden, bestimmte Schuhe zu gebrauchen. Die Unterschiede in der Verletzungshäufigkeit, die verschiedene Schuhe im Laufen bewirken können, sind substantiell (ca. 200%, Ryan et al., 2014). Ein Läufer würde jedoch solche Schuhe wahrscheinlich nicht auswählen. Das personenspezifische „Komfort-Filter" schützt uns vor Schuhen, die viele Verletzungen erzeugen würden.

Schlussfolgerungen

(1) Es besteht keine Evidenz, die zeigen würde, dass die Laufschuhe im Laufe der letzten 50 Jahre die Häufigkeit der Laufverletzungen beeinflusst hat.
(2) Es besteht jedoch Evidenz, dass verschiedene Laufschuhe die Verletzungshäufigkeit beim Laufen substantiell beeinflussen können.
(3) Das Komfort-Filter-Paradigma kann erklären, warum Laufverletzungen primär eine Funktion von falschem Training, falscher Distanz and ähnlichen Faktoren sind (van Mechelen, 1992) und weniger eine Funktion von Laufschuhen. Läufer haben mit ihrem Komfortempfinden schon die richtigen Schuhe ausgewählt und die Schuhe, die das Verletzungsrisiko erhöhen würden, aussortiert.

Literatur

Mündermann, A., Stefanyshyn, D. J. & Nigg, B. M. (2001). Relationship between footwear comfort and anthropometric and sensory factors. *Medicine and Science in Sports and Exercise, 33* (11), 1939-1945.

Nielsen R. O., Buist I., Parner E. T. et al. (2014). Foot pronation is not associated with increased injury risk in novice runners wearing a neutral shoe: A 1-year prospective cohort study. *British Journal of Sports Medicine, 48* (6), 440-7.

Nigg, B. M. (1997). Impact forces in running. *Current Opinion in Orthopedics, 8*, 43-47.

Nigg, B. M. (2010). *Biomechanics of Sport Shoes*. Topline Printing, Calgary, Canada.

Nigg, B. M., Baltich, J., Hoerzer, S & Enders, H. (2015). Running shoes and running injuries; Mythbusting and a proposal for two new paradigms – "preferred movement path" and "comfort filter". *British Journal of Sports Medicine*, Online first doi: 10.1136/bjsports-2015-095054

Nigg, B. M. & Luethi, S. M. (1980). Bewegungsanalyse beim Laufschuh. *Sportwissenschaft, 3* (20), 309-20.

Nigg, B. M. & Wakeling, J. M. (2001). Impact forces and muscle tuning – a new paradigm. *Exercise and Sport Sciences Review, 29* (1), 37-41.

Van Mechelen, W. (1992). Running Injuries. A review of the epidemiological literature. *Sport Medicine, 14* (9), 320-335.

Ryan, M., Elashi, M., Newsham-West R. et al. (2014).Examining injury risk and pain perception in runners using minimalist footwear. *British Journal of Sports Medicine, 48* (16), 1257-62.

The Coherence Advantage: Heart-Brain Dynamics and Optimizing Energy and Performance

ROLLIN MCCRATY

Director of Research, HeartMath Institute, USA

People have talked about "getting in the zone" for years and the zone has become a popular buzz word with dozens of books written on it. But what the "zone" actually is has been hard to pin down, leaving it mysterious and almost unapproachable. Our research suggests that people have within them a place of higher consciousness where life and all kinds of experiences can be processed from another level of intelligence. It's a state of heart/brain synchronization that's within all people.

There have been many different disciplines to approach it – spiritual, breathing, visualization, physical training, etc. These approaches are all akin to each other, yet describe different slices of the pie. They all lead to a higher intelligence potential that is within the human capacity to unfold. The zone is not a place – It's a state of consciousness where your higher motor faculties and intuition merge in liquid coordination. You don't just push a button to get there. Entering the zone is an internal developmental process, though people have random heightened experiences of the zone giving confirmation that there is such a state.

Many have experienced times while writing, giving talks, or playing sports, when they felt an intuitive connection with what they were doing and everything flowed. Or days that they flowed through their stresses in a liquid way with minimum resistance and energy drain. These are all aspects of connecting with your heart intelligence which unfolds zone awareness. As people understand the zone as a progressive state of connecting with heart intelligence rather than a one-shot place of magical peak experience, then zone achievement becomes more hopeful and the process more simple.

There is a gradated and practical process for increasing zone awareness. It starts with the understanding and management of your emotions. The high performance zone is a state which is relaxed, yet can instantly supply the appropriate energy for the situation at hand. It's a cued up bio-response state, where your mental, emotional and physical systems are working energetically in sync, like a well-oiled machine. This state is often discovered by people in sports because of keyed-up emotional commitment. If you take it out of the sports context, and practice creating balance and flow in your emotional interactions with yourself, other people, and your work, you build a bottom-line level for advancing your performance in sports or any endeavor.

Since it takes mental, emotional and physical synchronization to increase zone potential, we have to look at the wholeness of the game – not just the mental game (focus, visualization, memory recall) or the physical game (mechanics, clubs, nutrition, exercise).

Too much emphasis has been put on mind focus and will power, when understanding and upgrading feelings and emotions is the key to increasing zone capacity. In the chase for quick fixes, people tend to want an easy way out that avoids emotional responsibility.

Our research approach has been to consider the ramifications and accumulative effects of unresolved emotions in sports and all areas of your life. When you're teeing off, your mind can be thinking positive thoughts or directing your breathing, while your emotions are still processing undercurrents. These undercurrents can play out in your subconscious and physiological rhythms that cause unwanted effects in your game (off timing, bad swing shots, the yips), and loss of emotional rhythm that's needed to sustain your confidence pitch.

As your confidence pitch is diminished, then increasing zone awareness can become much harder or impossible to achieve.

The HeartMath system, which employs heart-based, self-regulation techniques and heart rhythm coherence feedback technology, has proven effective in improving a wide range of performance outcomes. The techniques are based on new understandings of heart-brain interactions and the key role of the heart in generating an optimal physiological state called *Heart Coherence*.

In addition to functioning as a sophisticated information processing and encoding center, the heart is also an endocrine gland that produces and secretes hormones and neuro-transmitters. Dr. Andrew Armour, a leading neurocardiologist, has suggested that the heart's extensive intrinsic nervous system is sufficiently sophisticated to qualify as a "heart brain" in its own right. Its complex circuitry enables it to sense, remember, self-regulate, and make decisions about cardiac control independent of the central nervous system. The heart's sensory neurons translate hormonal and mechanical information into neurological impulses which are processed in the intrinsic nervous system and then sent to the brain via afferent pathways in the vagus nerve and spinal column. Neurological signals originating in the heart have an important and widespread influence in regulating the function of organs and systems throughout the body. For example, the heart activity influences numerous brain activities,that underlie sensory motor integration (reaction times and coordination), cognitive functions such as ability to discriminate and self-regulate and emotional experience.

We introduced the term physiological coherence (also referred to as heart coherence, cardiac coherence or resonance) to describe the degree of order, harmony and stability in the various rhythmic activities within living systems over any given time period. This harmonious order signifies a coherent system, whose efficient or optimal function is directly related to the ease and flow in life processes. By contrast, an erratic, discordant pattern of activity denotes an incoherent system whose function reflects stress and inefficient utilization of energy in life processes. Interestingly, we have found that positive emotions such as appreciation and compassion, as opposed to negative emotions such as anxiety, anger, and fear, are reflected in a heart rhythm pattern that is more coherent.

Physiological coherence is a functional mode that can be objectively measured by heart rate variability (HRV) analysis wherein a person's heart rhythm pattern becomes more ordered and sine-wave like at a frequency of around 0.1 Hz (10 seconds). The term physiological coherence embraces several related phenomena-auto-coherence, cross-coherence, synchronization, and resonance-all of which are associated with increased order, efficiency, and harmony in the functioning of the body's systems. When one is in a coherent state, it reflects increased synchronization and resonance in higher-level brain systems and in the activity occurring in the two branches of the autonomic nervous system (ANS), as well as a shift in autonomic balance toward increased parasympathetic activity. Psychologically, coherence reflects increased emotional and perceptual stability and alignment among the physical, cognitive, and emotional systems which in turn facilitate the body's natural regenerative processes. As coherence tends to naturally emerge with the activation of heart-felt positive emotions such as appreciation, compassion, care and love, it suggests that emotions are the primary drivers of our physiological systems.

HRV is widely considered a measure of neurocardiac function that reflects heart-brain interactions and ANS dynamics. All HRV measures are derived from the assessment of the naturally occurring changes in beat-to-beat heart rate. HRV is much more than an assessment of heart rate since it reflects the complex interactions of the heart with multiple body systems. An optimal level of variability within an organism's key regulatory systems is critical to the inherent flexibility and adaptability or resilience that epitomizes healthy coherent function and optimal performance. While too much instability is detrimental to efficient physiological functioning and energy utilization, too little variation indicates depletion or pathology. The amount or range of overall HRV is related to our age, with younger people having higher variability than older ones. Low HRV is a strong and independent predictor of future health problems and it is associated with overtraining. HRV is also an important indicator of psychological resiliency and behavioral flexibility as well as the ability to effectively adapt to changing social or environmental demands. In addition, resting levels of HRV are associated with individual differences in cognitive performance on tasks requiring utilization of executive functions (decision making, abstract thinking, etc.).

The Central Role of the Heart

There is substantial evidence that the heart plays a unique role in synchronizing the activity across multiple systems and levels of organization. As the most powerful and consistent generator of rhythmic information patterns in the body, the heart is in continuous communication with the brain and body through multiple pathways: *neurologically*, (through the ANS) *biochemically* (through hormones), *biophysically* (through pressure and sound waves), and *energetically* (through electromagnetic field interactions). The heart is uniquely well positioned to act as the "global coordinator" in the body's symphony of functions to bind and synchronize the system as a whole. Because of the extensiveness of the heart's influence on physiological, cognitive, and emotional systems, the heart provides a central point of reference from which the dynamics of such processes can be regulated.

Although most discussions of the ANS focus on the efferent (descending) pathways, the afferent (ascending) nerves play a critical role in creating the heart rhythm and thus the coherent state. Although not well known, 80% to 90% of the nerves in the vagus nerve are afferents and the cardiovascular afferents send signals to the brain to a much greater extent than other major organs. While it is generally known that these afferent signals have a regulatory influence on many aspects of the efferent signals that flow to the heart, blood vessels, and other glands and organs, it is less commonly appreciated that they also have profound effect on the higher brain centers. Cardiovascular afferents have numerous connections to such brain centers as the thalamus, hypothalamus, and amygdala, and they play an important role in determining emotional experience.

Health and Wellness Benefits of Coherence

The use of interventions utilizing the HeartMath self-regulation techniques and HRV coherence feedback technology to reduce stress has significantly improved key markers of health and performance. Learning of the self-regulation skills can be facilitated with the use of heart rhythm coherence feedback monitors. HRV coherence training systems are increasingly used being used in many health-care, law enforcement, military and athletic settings. Most of the systems use a pulse sensor as a noninvasive measurement of the beat-to-beat heart rate. The emWave Pro Plus available from HeartMath displays the heart rhythm in real time and records the level of heart rhythm coherence achieved. It can also be used to assess the amount of HRV a person has and track changes in HRV overtime making it a useful device to assess overtraining.

Psi ist kein Dopingmittel – Was kann die Parapsychologie zur Sportwissenschaft beitragen?

WALTER VON LUCADOU

Parapsychologische Beratungsstelle der WGFP in Freiburg/B.

Die mentale Verfassung der Sportlerin und des Sportlers ist bei allen sportlichen Betätigungen für die sportliche Leistung genauso ausschlaggebend, wie die körperliche Kondition. Veränderte Bewusstseinszustände, Extrem- und Grenzerfahrungen spielen seit dem Bestehen von sportlichen Wettkämpfen und/oder Initiationsriten in allen Kulturen eine wichtige Rolle. Sie reichen von rauschhaften Zuständen bis zur religiösen Ekstase, von Inspiration bis zu psychotischen Erlebnissen. Veränderte Bewusstseinszustände sind in unserer Gesellschaft oft angstbesetzt und verpönt und werden dennoch angestrebt, angepriesen und mit phantastischen Erwartungen verbunden. Die Esoterikwelle vermarktet veränderte Bewusstseinszustände als spirituelle Erfahrung und bietet Techniken zu deren Verfügbarmachung an. Von Risiken und Nebenwirkungen erfährt der Kunde wenig.

Grenzerfahrungen beinhalten nicht nur extreme Erfahrungen, wie extreme Anstrengung, Flow[2], Freude, Schmerz oder außerkörperliche Erfahrungen, Klarträume etc., sondern auch Erfahrungen, die sich gar nicht in gewohnte Kategorien einordnen lassen. Hierzu gehören die so genannten paranormalen Erfahrungen[4,9,10]. Als wissenschaftliche Disziplin beschäftigt sich die Parapsychologie interdisziplinär mit solchen Grenzerfahrungen. Mit einen breiten Inventar von natur- und humanwissenschaftlichen Methoden unterzieht sie Behauptungen von „Außersinnlicher Wahrnehmung", „Psychokinese" (eine direkte Einwirkung der Psyche auf physikalische Vorgänge), „Mentalsuggestion" oder „geistiger Heilung" einer kritischen Überprüfung und ist durchaus in der Lage, mit diesem konventionellen wissenschaftlichen Zugang die „Spreu vom Weizen" zu trennen und hat in den letzten 20 Jahren erstaunliche Fortschritte gemacht[3,5,7,13]. Es ist daher erstaunlich, dass die Ergebnisse parapsychologischer Forschung nur sporadisch Eingang in die Sportwissenschaft[11,12] gefunden haben.

Synchronistische oder Psi-Phänomene werden nach dem gegenwärtigen Stand der Modellbildung in der verallgemeinerten Quantentheorie (VQT)[1,8] als Verschränkungskorrelationen interpretiert. Da Verschränkungskorrelationen nicht zur Informationsübertragung benutzt werden können (NT-Axiom, Non Transmission), kann die „Elusivität", die häufig bei paranormalen Erlebnissen aber auch gerade bei Psi-Experimenten beobachtet wird, verständlich gemacht werden. Andererseits können aufgrund des Modells Strategien entwickelt werden, wie die Elusivität unterdrückt und damit die experimentelle Sichtbarkeit[5] von Psi-Effekten verbessert werden kann. Da in der Natur Kausal- und Verschränkungszusammenhänge immer gemeinsam auftreten, ergeben sich für die Anwendung in der Sportwissenschaft und für die sportliche Praxis ganz neue Perspektiven.

Es kann gezeigt werden, dass dem Begriff des „Embodiments" durch das Verschränkungsmodell in beträchtlichem Maße „Leben eingehaucht" werden kann. Embodiment (deutsch: Verkörperung, Inkarnation oder Verleiblichung) ist eine These aus der neueren Kognitionswissenschaft, nach der Intelligenz einen Körper benötigt, also eine physikalische Interaktion voraussetzt. Fügt man den klassischen Kategorien der Erkenntnis, die nach Kant a priori und unmittelbar gegeben sind und Werkzeuge des Urteilens und des

Denkens darstellen, diese „neue" nicht-klassische „Kategorie der Verschränkung"[6] hinzu, dann sind diese Kategorien nicht bloß „Filter" der Erkenntnis, sondern Konstrukte, die sich gewissermaßen „aktiv" auf den „Universe of Discourse" auswirken. Wie bei der Erfahrung von Raum, Zeit und Kausalität können auch bei der Verschränkung Irrtümer und Wahrnehmungstäuschungen auftreten, ohne dass es gerechtfertigt wäre, Verschränkungserfahrungen generell als Illusionen zu betrachten. Verschränkungswahrnehmungen sind somit wichtiger Bestandteil des Embodiments und spielen somit in allen Bereichen des menschlichen Lebens wie Kunst, Wissenschaft, Medizin und „last not least" der Sportwissenschaft eine bedeutende Rolle.

Literatur

Atmanspacher, H., Römer, H. & Walach, H. (2002). Weak quantum theory: Complementarity and entanglement in physics and beyond. *Foundations of Physics, 32*, pp. 379-406. http://arxiv.org/abs/quant-ph/0104109

Csikszentmihalyi, M. (2000). *Das Flow-Erlebnis. Jenseits von Angst und Langeweile im Tun aufgehen.* 8., unv. Aufl. (Übers., Beyond Boredom and Anxiety – The Experience of Play in Work and Games, 1975). Stuttgart: Klett.

Lucadou, W. v. (1995). *„Psyche und Chaos – Theorien der Parapsychologie".* Frankfurt a. M.: Inselverlag.

Lucadou, W. v. (2003). „Paranormale Erfahrungen als spezifische Grenzerfahrungen". In G. Klosinski (Hrg.), *Grenz- und Extremerfahrungen im interdisziplinären Dialog* (S. 42-60). Tübingen: Atempo-Verlag.

Lucadou, W. v. (2006). "Self-organization of temporal structures – a possible solution for the intervention problem", Proceedings of the 87th Annual Meeting of the AAAS Pacific Division, University of San Diego June 18-22, 2006, Symposium: Frontiers of Time: Reverse Causation – Experiment and Theory. Daniel P. Sheehan (ed.): Frontiers of Time. Retrocausation – Experiment and Theory. AIP Conference Proceeedings, Volume 863, AIP, Melville, New York, 2006, 293-315.

Lucadou, W. v. (2014). „Verschränkungswahrnehmung und Lebenskunst". In D. von Engelhardt & H. A. Kick (Hrsg.), *Lebenslinien – Lebensziele – Lebenskunst. Festschrift zum 75. Geburtstag von Wolfram Schmitt* (S. 37-55). Reihe: Medizingeschichte Bd. 6. Berlin: LIT-Verlag.

Lucadou, W. v. (2015). The Model of Pragmatic Information (MPI). In E. C. May & S. Marwaha (eds.), *Extrasensory Perception: Support, Skepticism, and Science: Vol. 2: Theories and the Future of the Field.* Praeger publications.

Lucadou, W. v., Römer, H. & Walach, H. (2007). Synchronistic Phenomena as Entanglement Correlations in Generalized Quantum Theory. *Journal of Consciousness Studies, 14*, 4, pp. 50-74.

Lucadou, W. v. & Wald, F. (2014). "Extraordinary experiences in its cultural and theoretical context" International Review of Psychiatry, 2014, 26, 324-334. (doi:10.3109/09540261.2014.885411).

Lucadou, W. v. & Zahradnik, F. (2005). „Die verschwiegene Erfahrung - ungewöhnliche Erlebnisse in der transpersonalen Psychologie". *Zeitschrift für transpersonale Psychologie, 2*, 78-89.

Michelbrink, M. (2008). *Experimente zu spezifischen parapsychologischen Phänomenen in der Bewegungs- und Trainingswissenschaft.* Dissertation Philosophische Fakultät Westfälische Wilhelms-Universität Münster (Westf.).

Tholey, P. (1980). Erkenntnistheoretische und systemtheoretische Grundlagen der Sensomotorik aus gestalttheoretischer Sicht. *Sportwissenschaft, 10, 1980*, S. 7-25.

Walach, H, Lucadou W. v. & Römer, H. (2014): Parapsychological Phenomena as Examples of Generalised Nonlocal Correlations – A Theoretical Framework. *Journal of Scientific Exploration, 28* (4), pp. 605-631.

Entgrenzung durch Inklusion: Begriffe, Erwartungen und Entwicklungsansätze in Sportwissenschaft und Sportpraxis aus nationaler und internationaler Perspektive

SABINE RADTKE

Justus-Liebig-Universität Gießen (Universität Paderborn, ab Okt. 2015)

Als Ausgangspunkt für die Inklusionsdebatte auf breiterer gesellschaftspolitischer Ebene im deutschen Sprachraum wird gemeinhin die Verabschiedung der UN-Konvention über die Rechte der Menschen mit Behinderungen (UN-BRK) im Dezember 2006 durch die Vereinten Nationen (Resolution 61/106 der Generalversammlung der UNO) sowie die daran anschließende Ratifizierung der Konvention in Deutschland im März 2009 genannt. In Fachkreisen hatte der Inklusionsbegriff jedoch bereits einige Jahre zuvor Eingang gefunden, wobei der Diskurs den deutschen Sprachraum international gesehen vergleichsweise spät erreichte. Mit der Inkraftsetzung der UN-BRK waren in Expertenkreisen große Hoffnungen auf einen umfassenden gesellschaftlichen Veränderungsprozess verbunden, der nicht zuletzt das gesellschaftliche Subsystem Sport mit all seinen Facetten mit einschließt. Inzwischen ist die Begeisterung über die Chance zur Inklusion teilweise der Ernüchterung gewichen; so ist beispielsweise von „Begriffs-Wirrwarr" (Amrhein, 2011) oder „babylonischer Sprachverwirrung" (Wocken, 2011) die Rede oder es wird behauptet, das „Modewort" ersetze lediglich den bekannten Integrationsbegriff. Insgesamt ist zu konstatieren, dass die vielstimmige und kontrovers geführte Debatte um Inklusion in Deutschland nicht selten Abwehrreaktionen provoziert(e), die zuweilen stark emotionalen Charakter aufweisen. Darüber hinaus ist zu beobachten, dass Inklusion im Kontext der UN-BRK in der öffentlichen Diskussion tendenziell auf das Recht der gleichberechtigten Teilhabe an der Gesellschaft von Menschen mit Behinderung reduziert wird. Damit wird der Inklusionsbegriff verengt und es deutet sich eine „Sonderpädagogisierung" der Inklusion an (vgl. Hinz, 2009). Zweifellos war die UN-BRK der entscheidende Impuls dafür, dass sich das Thema Inklusion in Deutschland innerhalb vergleichsweise kurzer Zeit zu einem Gegenstand des öffentlichen Interesses entwickelt hat, jedoch ist hervorzuheben, dass in Fachkreisen des angloamerikanischen Raums seit über drei Jahrzehnten über *inclusion* und *inclusive education* diskutiert wird und dabei *alle* Dimensionen von Heterogenität in den Blick genommen und gemeinsam betrachtet werden.

Ziel des Vortrags ist es, zunächst die unterschiedlichen Begriffsverständnisse von Inklusion und damit einhergehende Erwartungen verschiedener Fachdisziplinen (u. a. Inklusionspädagogik, Soziologie, Adapted Physical Activity) im nationalen und internationalen Raum im Verlauf der letzten Jahrzehnte im Überblick nachzuzeichnen. Anschließend wird sich mit den aktuellen Entwicklungen der Inklusionspraxis des organisierten Sports auseinandergesetzt und dargestellt, dass strukturelle Grenzziehungsprozesse im deutschen Sport aktuell vor allem noch in Bezug auf die Heterogenitätsdimension Behinderung auf markante Weise existieren. Ergebnisse einer empirischen Studie zeigen, dass im Ausland in diesem Zusammenhang bereits seit über 20 Jahren Entgrenzungsprozesse stattfinden, die für den deutschen Sport vorbildhaft sein können. Als empirische Grundlage dient eine qualitative Befragung von Funktionärinnen und Funktionären, Trainerinnen und Trainern sowie paralympischen Spitzenathletinnen und -athleten aus Kanada, UK und den USA (vgl. Radtke & Doll-Tepper, 2014). Der Vortrag will Antworten auf drei zentrale Fragestellungen geben: 1. Sind die Sportstrukturen in den drei Ländern eher von Separation oder von Integration und Inklusion geprägt? 2. Wie haben die Länder Integration und Inklusion auf den Weg gebracht? 3. Welche Herausforderungen und Chancen ergeben sich daraus für Funktionärinnen und Funktionäre, Trainerinnen und Trainer sowie Athletinnen und Athleten? Im abschließenden Teil des Vortrags werden Konsequenzen für den deutschen Sport und die Sportwissenschaft aufgezeigt und Empfehlungen formuliert, wie – ganz im Sinne des Tagungsthemas „Moving Minds – Crossing Boundaries" – ein Bewusstseinswandel angeregt und durch Inklusion Grenzen überwunden werden können.

Literatur

Amrhein, B. (2011). Inklusive LehrerInnenbildung – Chancen universitärer Praxisphasen nutzen. *Zeitschrift für Inklusion-online.net, 3*. Zugriff am 15. Juli 2015 unter http://www.inklusion-online.net/index.php/inklusion-online/article/view/84/84

Boban, I. & Hinz, A. (2009). Inklusive Pädagogik zwischen allgemeinpädagogischer Verortung und sonderpädagogischer Vereinnahmung – Anmerkungen zur internationalen und zur deutschen Debatte. In S. Börner, A. Glink, B. Jäpelt, D. Sanders & A. Sasse (Hrsg.), *Integration im vierten Jahrzehnt. Bilanz und Perspektiven* (S. 220-228). Bad Heilbrunn: Klinkhardt.

Radtke, S. & Doll-Tepper, G. (2014). *Nachwuchsgewinnung und -förderung im paralympischen Sport. Ein internationaler Systemvergleich unter Berücksichtigung der Athleten-, Trainer- und Funktionärsperspektive.* Köln: Strauß.

Wocken, H. (2011). *Das Haus der inklusiven Schule. Baustellen – Baupläne – Bausteine* (Reihe „Lebenswelten und Behinderung", 14). Hamburg: Feldhaus.

Olympische Spiele überall

CHRISTIAN WACKER

Schon die Olympischen Spiele der Antike galten als außergewöhnlich: mehr Teilnehmer, mehr Zuschauer, mehr Prestige, mehr Aufmerksamkeit als andere Wettkämpfe der damaligen Welt. Wer einen Olympischen Sieg nach Hause trug, war ein gemachter Mann und jeder gute Bürger sollte Olympia mindestens einmal in seinem Leben besucht haben. Olympia wurde zumindest alle vier Jahre zum Drehkreuz für Religion, Politik, Kultur und Sport; es wurde zu einer regelrechten Marke und seit dem 3. Jahrhundert v. Chr. dupliziert, kopiert und lokal angepasst. Von Herrschern im griechischen Ägypten über Könige in Kleinasien bis hin zu den Italikern, allerorts wurden Olympische Spiele à la Olympia identifikationsstiftend organisiert.

Diese wichtige ideologisch-politische Komponente spielte bei der Einführung der modernen Olympischen Spiele (noch) keine allzu große Rolle, lässt sich aber in der jüngeren Vergangenheit immer schärfer nachzeichnen. Auch die modernen Olympischen Spiele hatten schon früh Vorbildfunktion, so dass bereits in den 20er Jahren vom Balkan bis Brasilien lokale Olympische Spiele veranstaltet wurden. Spätestens seit den 50er Jahren war das Format endgültig auf regionaler Ebene etabliert: Pan-American Games, All African Games, Mediterranean Games, Arab Games etc.

Wie schon in der Antike die Organisatoren in Olympia, so toleriert und unterstützt auch das IOC in Nuancen die vielen Ableger rund um den Erdball zur Förderung der Marke Olympische Spiele.

Arbeitskreise

AK 1: dvs-Sektion Sportsoziologie: Aktuelle Phänomene der Vereins- und Verbandsentwicklung

Aktuelle Phänomene der Vereins- und Verbandsentwicklung

MARCEL FAHRNER[1] & CHRISTOFFER KLENK[2]

[1]Eberhard Karls Universität Tübingen, [2]Universität Bern

Einleitung

Angesichts gesellschaftlicher Dynamiken sehen sich Sportvereine und -verbände mit externen und internen Veränderungsimpulsen konfrontiert, die z. B. bisherige Steuerungskonzepte in Frage stellen oder Professionalisierung scheinbar unvermeidlich machen. Vor diesem Hintergrund befassen sich die Beiträge dieses Arbeitskreises theoretisch wie empirisch mit aktuellen Fragestellungen der Verbands-/Vereinsentwicklung. Der Vielfalt entwicklungsrelevanter Phänomene entsprechend, setzen sich die Forschungsarbeiten mit unterschiedlichen Problemlagen, Instrumenten und Konzepten der Vereins- und Verbandsentwicklung auseinander. Dies greift über teildisziplinäre Grenzen hinweg und kann auch für Führungskräfte des organisierten Sports von Interesse sein.

Beiträge des Arbeitskreises (Vorschlag)

Der Beitrag von Lutz Thieme, Markus Klepzig und Niklas Kewerkopf (Hochschule Koblenz) beschäftigt sich mit Monopolverbänden als Agenten zur Ressourcenumverteilung.

Heiko Meier (Universität Paderborn) thematisiert in seinem Beitrag Chancen und Probleme einer inklusiven Sportvereinsentwicklung.

Cindy Adolph-Börs, Heiko Meier und Lars Riedl (Universität Paderborn) befassen sich in ihrem Beitrag mit Gelingensbedingungen von Vereinsfusionen.

Marcel Fahrner (Universität Tübingen) geht in seinem Beitrag auf die Steuerbarkeit der Vereinsentwicklung durch Sportverbände ein.

Christoffer Klenk, Kaisa Ruoranen, Torsten Schlesinger und Siegfried Nagel (Universität Bern) setzen sich in ihrem Beitrag mit Professionalisierungsprozessen in Schweizer Sportverbänden auseinander.

Monopolverbände als Agenten zur Ressourcenverteilung

LUTZ THIEME, MARKUS KLEPZIG & NIKLAS KEWERKOPF

Hochschule Koblenz, RheinAhrCampus Remagen

Einleitung

Institutionenökonomische Betrachtungen haben sich im Sportmanagement und in der Sportökonomie längst etabliert. In geringerem Umfang wurden sie bislang jedoch auf die Analyse von Organisationsarrangements außerhalb des Zuschauersports angewandt. Thieme und Hovemann (2008) nutzen institutionsökonomische Instrumente um Ineffizienzen im organisierten Sport herauszuarbeiten. Emrich et al. (2013) verwiesen auf die Bedeutung von common agency Konstellationen bei der Entscheidungen zur Förderung des Leistungssports (grundlegend zu common agencies vgl. Martimort, 1996).

Damit dürften die Möglichkeiten der Institutionenökonomie im organisierten Sport jedoch noch nicht ausgeschöpft sein. Gegenstand unseres Erkenntnisinteresses ist die Ressourcenpoolung und die Entscheidung über die Verwendung der gepoolten Ressourcen in Sportverbänden. Viele Sportverbände (z. B. Landessportbünde, Sportfachverbände) bilden einen oder mehrere Ressourcenpools, die durch Beiträge der Mitglieder, eigenen Aktivitäten sowie öffentlicher Förderung gespeist werden. Bei der Entscheidung über die Verwendung dieser Ressourcen entstehen dann typische common agency Situationen, wenn die gepoolten Ressourcen aus mehreren Quellen stammen und die Ressourcengeber unterschiedliche Verwendungsinteressen verfolgen. Zumindest für einen Teil der Ressourcengeber besitzen Sportverbände zudem einen Monopolcharakter, so dass ein typisches voice and exit Verhalten nicht gezeigt werden kann.

Methode

Wir analysieren die Ressourcenpoolung in den 16 Landessportbünden, identifizieren die Ressourcenquellen und ermitteln die Entscheidungsmuster über die Ressourcenverwendung. Mit Hilfe der Institutionentheorie versuchen wir Kategorien der Poolung und der Institutionen, die zu Verwendungsentscheidungen entwickelt wurden, zu isolieren und anhand der Effizienzkriterien der Institutionentheorie zu bewerten.

Literatur

Emrich, E., Pierdzioch, C. & Rullang, C. (2013). Zwischen Regelgebundenheit und diskretionären Spielräumen: Die Finanzierung des bundesdeutschen Spitzensports. *Sport und Gesellschaft, 10* (1), S. 3-26.

Martimort, D. (1996). Exclusive Dealing, Common Agency, and Multiprincipals Incentive Theory. *RAND Journal of Economics, 27* (1), S. 1-31.

Thieme, L. & Hovemann, G. (2008). Zur Aufgabenverteilung im gemeinwohlorientierten Sport. Eine sportökonomische Analyse. *Sportwissenschaft, 38* (3), S. 189-201.

Inklusive Sportvereinsentwicklung

HEIKO MEIER

Universität Paderborn

Fragestellung und Zielsetzung

Seit der Ratifizierung der UN-Behindertenrechtskonvention durch die Bundesregierung im Jahr 2009 ist Inklusion in Deutschland ein Menschenrecht. Das in der Konvention verbriefte Recht aller Menschen und insbesondere von Menschen mit Behinderungen auf gleichberechtigte und diskriminierungsfreie Teilhabe an allen Gesellschaftsbereichen – und damit auch dem Sport – verlangt eine flächendeckende Umsetzung inklusiver Strukturen.

Der damit einhergehende Veränderungsprozess stellt den Sport und damit auch die Sportvereine vor große Herausforderungen, vor allem auf der sachlichen und sozialen Ebene. Zwar stellt der Sport durch sein differenziertes Angebots- und Anbieterspektrum in vielerlei Hinsicht Möglichkeiten der Teilhabe bereit; doch der Zugang zu den Sportvereinen und zu Sportarten wird – vor allem im Bereich höherer Leistungsniveaus der unterschiedlichen Wettkampfsportarten – in hohem Maße über Exklusionsregeln reglementiert. Auf diese Weise erzeugt der Sport Exklusionsrisiken in enormen Ausmaß, beispielsweise mit dem Behindertensport auch in Form der „inkludierenden Exklusion" (Stichweh, 2009).

Zu fragen ist, in welchem Ausmaß ein inklusiver Sport Widersprüche und Widersprüchlichkeiten erzeugt, die aufzulösen ein neues Sportverständnis erforderlich machen würde. Zugleich stellt sich die Frage, ob eine Aufhebung der Exklusionsregeln mit der ihr folgenden Auflösung der ausdifferenzierten Sonderbereiche im Sport bzw. eine Verschränkung mehrerer Bereiche möglich ist und welche Folgen dies für den Sport und die Sportvereine hat.

Neben der Suche nach Antworten auf solche theoretischen Fragen sind auch ganz praktische Probleme in den Blick zu nehmen, die Sportvereine bewältigen müssen, wenn sie den normativen Vorgaben der Inklusion gerecht werden wollen. So werfen neben der Entwicklung neuer und der Veränderung bestehender Sportangebote vor allem die veränderten Anforderungen an Qualifikation und Ausbildung der Übungsleiter/innen und Trainer/innen, aber auch die Bereiche Infrastrukturentwicklung oder Mitbestimmung Fragen an die Umsetzbarkeit auf. Letztere sollen im Beitrag anhand empirischer Ergebnisse aus einem Vereinsentwicklungsprojekt, welches vom LSB-NRW und BRSNW gemeinsam durchgeführt und von einer Arbeitsgruppe der Universität Paderborn wissenschaftlich begleitet wird, beantwortet und die Chancen und Probleme einer inklusiven Sportvereinsentwicklung sollen anhand weiterer Befunde verdeutlicht werden.

Literatur

Stichweh, R. (2009). Leitgesichtspunkte einer Soziologie der Inklusion und Exklusion. In R. Stichweh & P. Windolf (Hrsg.), *Inklusion und Exklusion: Analysen zur Sozialstruktur und sozialen Ungleichheit* (S. 29-42). Wiesbaden: VS Verlag für Sozialwissenschaften.

Fusionen von Sportvereinen

CINDY ADOLPH-BÖRS, HEIKO MEIER & LARS RIEDL

Universität Paderborn

Bei den Begriffen Fusion und Übernahme (Mergers & Acquisitions) denkt man in erster Linie an das Wirtschaftssystem, in dem Unternehmenszusammenschlüsse regelmäßig und häufig vorkommen. Kaum bekannt ist hingegen, dass Fusionen auch zahlreich im Sport stattfinden. Prominente Spitzensportvereine wie z. B. Hertha BSC, SV Werder Bremen, SC Freiburg und SC Paderborn stehen stellvertretend für die vielen Sportvereine des Breitensports, die ebenfalls aus Vereinsfusionen hervorgegangen sind. D. h., auch im Sport sind derartige Zusammenschlüsse nichts Ungewöhnliches. Allerdings darf diese Gemeinsamkeit nicht darüber hinwegtäuschen, dass die Wirtschaft ein anderes System als der Sport ist, und dass Unternehmen ganz andere Strukturen aufweisen als Sportvereine. Insofern ist davon auszugehen, dass sich auch hinsichtlich Fusionen Unterschiede entdecken lassen. Doch während es sich bei Unternehmensfusionen um ein traditionelles und etabliertes Forschungsfeld der Wirtschaftswissenschaften handelt, muss mit Blick auf Vereinsfusionen festgestellt werden, dass bislang weder sportwissenschaftliche Forschungen noch belastbare Statistiken von Seiten der Verbände vorliegen. Angesichts des Sachverhalts, dass es sich bei Sportvereinen um einen ganz spezifischen Organisationstyp handelt, können die Theorien und empirischen Befunde nur bedingt übertragen werden. Deshalb bedarf es eigenständiger Forschung zu diesem Thema, und dies vor den sich abzeichnenden Veränderungen in der Vereinslandschaft, insbesondere vor dem Hintergrund der demografischen Entwicklung, sehr dringend. Der Vortrag erschließt dieses Feld, indem er zwei Fragen nachgeht:
Erstens gilt es die Ziele, die Sportvereine mit Fusionen anstreben, zu analysieren. Denn während Fusionen von Wirtschaftsunternehmen letztlich immer auf das übergeordnete Ziel der Gewinnmaximierung zurückgeführt werden können, gibt es für die Non-Profit-Organisation Sportverein kein derart eindeutiges Kriterium. Vielmehr lassen die Ergebnisse eines gegenwärtig an der Universität Paderborn durchgeführten Forschungsprojektes, in dem zehn Fusionsprozesse von Sportvereinen untersucht und begleitet wurden, erkennen, dass Sportvereine mit Fusionen ganz unterschiedliche Ziele verfolgen. Diese sind: die Verbesserung sportlicher Erfolgschancen, die Steigerung der Mitgliederzahlen und die Vergrößerung des Pools ehrenamtlicher Mitarbeiter und Mitarbeiterinnen. Zweitens ist nach den strukturellen Bedingungen für das Gelingen von Vereinsfusionen zu fragen. Wie empirische Studien zeigen, unterliegen Unternehmensfusionen einem hohen Risiko des Scheiterns. Insofern gilt es insbesondere mit Blick auf die Strukturbesonderheiten von Sportvereinen entsprechende Gelingensbedingungen herauszuarbeiten und aufzuzeigen, unter welchen Umständen Fusionsprozesse Gefahr laufen zu misslingen. Der Vortrag wählt dazu eine systemtheoretische Perspektive auf die Organisation Sportverein, die es ermöglicht, ganz allgemein die Bedingungen von Entscheidungen in Sportvereinen zu konstruieren und auf diese Weise erste Anhaltspunkte für das Gelingen und auch Scheitern von Fusionen zu erhalten.

Literatur

Meier, H., Adolph-Börs, C. & Riedl, L. (2015). Fusionen von Sportvereinen – eine organisationssoziologische Betrachtung. In *Sciamus – Sport und Management, 2/2015,* 1-11.

Steuerung von Vereinsentwicklung durch Sportverbände

MARCEL FAHRNER

Eberhard Karls Universität Tübingen

Einleitung

Der organisierte Sport strebt in gesellschaftlich relevanten Politikfeldern, z. B. Gesundheit, die Implementierung (nationaler) sportpolitischer Programme an und ist damit auf die Koordinierung von Einzelinteressen der Vereine und Verbände angewiesen. Die weitgehende Autonomie dieser dezentralen Einheiten in Ländern und Kommunen erschwert eine Kooperation der primär an sich selbst orientierten Einheiten, deren Problemsichten und Interessenlagen sich nicht ohne weiteres decken. Mit Ausnahme der sportspezifischen Regelwerke sind Entwicklungsnormativen nicht per Top-down-Vorgaben an der Vereinsbasis durchsetzbar – ohnehin zeigen externe Steuerungsimpulse organisationsintern nicht per se intendierte Wirkungen. Dass politische Leitideen im organisierten Sport Breitenwirkung erzielen, ist somit voraussetzungsvoll (Thiel, 1997; Fahrner, 2008). Zur Koordinierung dezentraler Kontexte stehen Verbänden gleichwohl verschiedene Instrumente zur Verfügung, z. B. werden Zuschüsse an Bedingungen geknüpft oder als wünschenswert erachtete Vereinsangebote mit öffentlichkeitswirksamen Qualitätssiegeln ausgezeichnet. Welche Steuerungsinstrumente Sportverbände in welchen Politikfeldern einsetzen, wie effektiv diese sind und welche Steuerungsbarrieren existieren, sind zentrale Fragen des Beitrags.

Methode

Der Beitrag arbeitet (1.) mit Daten qualitativer, problemzentrierter Interviews, die mit ehrenamtlichen Führungskräften und hauptberuflichen Mitarbeitern eines exemplarischen Sportfachverbands auf Länderebene durchgeführt wurden. Er greift (2.) auf Daten einer derzeit laufenden quantitativen Fragebogenstudie zu, die an Vorstände/Präsidenten aller Vereine des ausgewählten Sportfachverbands gerichtet ist.

Ergebnisse

Die Analyse zeigt, welche Steuerungsinstrumente Sportverbände einsetzen, um aus ihrer Sicht erstrebenswerte Entwicklungen in ihren Mitgliedsorganisationen wahrscheinlicher zu machen. Gleichzeitig wird deutlich, welche Anpassungsmechanismen dadurch initiiert und gefördert werden (DiMaggio & Powell, 1983), welche Steuerungsbarrieren und damit Grenzen der Implementierung entsprechender sportpolitischer Programme existieren.

Diskussion

Die vorliegenden Ergebnisse ermöglichen eine differenzierte Auseinandersetzung mit den Steuerungskapazitäten von Sportverbänden. Damit sind auch Überlegungen verbunden, wie die Implementierung sportpolitischer Programme in der Sportvereinsentwicklung von Sportverbänden effektiver und effizienter gesteuert werden kann.

Literatur

DiMaggio, P.J. & Powell, W.W. (1983). The Iron Cage revisited: Institutional Isomorphism and Collective Rationality in Organizational Fields. *American Sociological Review, 48*, 147-160.
Fahrner, M. (2008). *Sportverbände und Veränderungsdruck*. Schorndorf: Hofmann.
Thiel, A. (1997). *Steuerung im organisierten Sport. Ansätze und Perspektiven*. Stuttgart: Naglschmid.

Konzeptualisierung von Professionalisierung in Schweizer Sportverbänden

CHRISTOFFER KLENK[1], KAISA ROURANEN[1], TORSTEN SCHLESINGER[1], SIEGFRIED NAGEL[1], E. BAYLE[2], DAVID GIAUQUE & JOSEPHINE CLAUSEN[2]

[1]Universität Bern (Schweiz), [2]Universität Lausanne (Schweiz)

Einleitung

In Sportverbänden sind aufgrund interner und externer Herausforderungen Transformationsprozesse zu beobachten, die als Professionalisierung bezeichnet werden (Shilbury & Ferkins, 2011). Trotz des zunehmenden Forschungsinteresses und Systematisierungsversuchen bleibt unklar, was Professionalisierung genau bedeutet (Dowling et al., 2014). Dieser Beitrag analysiert verschiedene Facetten und Aspekte von Professionalisierung, mit dem Ziel ein tragfähiges Konzept von Professionalisierung in Sportorganisationen als Grundlage weiterer Forschung zu erarbeiten.

Methode

In einem ersten Schritt ist die wissenschaftliche Perspektive zu Professionalisierung in Sportverbänden zu erfassen. Bei der Analyse des Forschungsstands sind die Gemeinsamkeiten als auch Inkonsistenzen vorliegender Arbeiten herauszuarbeiten. In einem zweiten Schritt ist als Ergänzung auch die praxisbezogene Perspektive zu beleuchten, indem man über Experten Einschätzungen in aktuelle Entwicklungsprozesse von Sportverbänden erhält, die im Zusammenhang mit Professionalisierung stehen. Hierzu wurden Interviews mit sechs ausgewählten Experten durchgeführt, die über Insiderwissen verfügen und einen Überblick über die Entwicklung von Schweizer Sportverbänden haben.

Ergebnisse & Diskussion

Die Analyse des Forschungsstands zeigt, dass aus wissenschaftlicher Perspektive Professionalisierung (1a) einerseits im engen Sinne als struktureller Prozess der Verberuflichung verstanden wird; hierzu besteht weitgehender Konsens. (1b) Andererseits wird Professionalisierung in einem weiten Verständnis als organisationaler Wandel in Richtung „business-like" definiert, was aber inhaltlich unterschiedlich ausgelegt wird. Ergänzend bietet die praxisbezogene Perspektive eine Begriffsschärfung an. Die befragten Experten verstehen Professionalisierung als (2a) bezahlte Mitarbeit im Zusammenhang mit Kompetenzorientierung und einer „balanced governance" haupt- und ehrenamtlichem Personals, (2b) als veränderte Organisationsphilosophie bezüglich einer stärker strategischen Ausrichtung hin zu For-Profit und Effizienzsteigerung sowie (2c) als verstärkter Einsatz innovativer/effizienzbasierter Management- und Kommunikationsinstrumente. Führt man die Befunde der wissenschaftlichen und praxisbezogenen Perspektive zusammen, lässt sich ein Konzept von Professionalisierung synthetisieren, das aus drei Elementen besteht: Strategie und Aktivitäten, Personen und Positionen sowie Strukturen und Prozesse. Dieses Konzept kann als theoretisch-methodische Grundlage für weiterführende Studien zum Thema Professionalisierung eingesetzt werden.

Literatur

Dowling, M., Edwards, J. & Washington, M. (2014). Understanding the concept of professionalisation in sport management research. *Sport Management Review, 17* (4), 520-529

Shilbury, D., & Ferkins, L. (2011). Professionalisation, sport governance and strategic capability. *Managing Leisure, 16*, 108-127.

AK 2: Sport in bzw. an Schule, Universität, Berufskolleg

Modellprojekt „Merseburger Kindersport" (MERKS) – Ganzheitliche, sportartenübergreifende Bewegungs-, Spiel- und Sportangebote

BENJAMIN HELBIG[1] & RAINER WOLLNY[2]

[1]Stadt Merseburg, [2]Martin-Luther-Universität Halle-Wittenberg

Die schnell voranschreitende Verschlechterung der kindlichen Lebenswelten und die massive Veränderung der Freizeit- sowie Ernährungsgewohnheiten der Heranwachsenden führen dazu, dass sich bereits Kinder zunehmend weniger bewegen und der Bewegungsmangel schon bei Drei- bis Achtjährigen zu zivilisationsbedingten Gesundheits-, Entwicklungs- und Persönlichkeitsproblemen führt. Nach den übereinstimmenden Auffassungen zahlreicher Sportwissenschaftler, Pädagogen, Entwicklungspsychologen und des Deutschen Olympischen Sportbundes (DOSB) sowie dem ganzheitlichen gesellschaftlichen Bildungsauftrag muss bei Kindern neben der Gesundheitsprävention die körperlich-motorische und psychische Entwicklung zunächst breit gefächert gefördert werden.

In dem Vortrag soll das moderne Ausbildungskonzept des kommunal organisierten „Merseburger Kindersports" (MERKS) vorgestellt und diskutiert werden. Zentrale Zielstellungen sind die Gesundheitsprävention, die motorische, kognitive und kompetenzorientierte Frühförderung von drei- bis achtjährigen Kindern im Rahmen eines integrativen Vielseitigkeitstrainings, die Vermittlung der Freude am lebenslangen Sporttreiben und die begleitete Überführung der am Merseburger Kindersport teilnehmenden Kinder in die breitensport- oder sportartspezifischen Abteilungen der Merseburger Sportvereine. Die Auswahl der Bewegungs-, Spiel- und Sportangebote des ganzheitlichen, sportartenübergreifenden Kindersportprojektes basiert auf neuesten wissenschaftlichen Erkenntnissen, nach denen Kinder „durch und durch Bewegungswesen" und „Sport-Allrounder" sind (Roth & Kröger, 2011, S. 11).

Das von der Universität Halle-Wittenberg (Department Sportwissenschaft, Wollny, 2012) speziell für die Stadt Merseburg konzipierte Kindersportprojekt wird durch die Stadt Merseburg in Kooperation mit dem Ministerium für Inneres und Sport des Landes Sachsen-Anhalt sowie dem LandesSportBund Sachsen-Anhalt e. V. finanziell, personell und organisatorisch getragen. Im Mittelpunkt stehen die enge Zusammenarbeit der politischen Kommune und der Merseburger Kindertagesstätten, Grundschulen, Horte sowie Sportvereine, um im gesamten Stadtgebiet von Merseburg kindgerechte Bewegungs-, Spiel- und Sportangebote flächendeckend anzubieten und somit möglichst viele Kinder für Bewegung und Sport zu begeistern.

Literatur

Roth, K., & Kröger, C. (2011). *Ballschule – Ein ABC für Spielanfänger* (4., kompl. überarb. u. erweit. Aufl.). Schorndorf: Hofmann.
Wollny, R. (2012). *Modellkonzeption „Merseburger Kindersport" (MERKS) – Ganzheitliches Kindersportkonzept der Stadt Merseburg und der Merseburger Sportvereine*. Halle: Martin-Luther-Universität Halle-Wittenberg, Bewegungswissenschaft.

Evaluationsstudie der schulbasierten Intervention „läuft." zur Förderung eines aktiven Lebensstils bei Jugendlichen

VIVIEN SUCHERT, BARBARA ISENSEE, REINER HANEWINKEL & LÄUFT.-STUDIENGRUPPE

Institut für Therapie- und Gesundheitsforschung in Kiel (IFT-Nord)

Einleitung

Bisherige schulbasierte Interventionen zur Bewegungsförderung konnten vor allem die körperliche Aktivität im schulischen Setting steigern. Ein Transfer in den Alltag blieb jedoch häufig aus (De Meester et al., 2009). Die Intervention „läuft." zielt daher auf die Etablierung eines aktiven Lebensstils und die Förderung der körperlichen Aktivität ab.

Methode

In einer cluster-randomisierten Kontrollgruppenstudie mit 1.162 Jugendlichen im Alter von 12 bis 17 Jahren (M = 13,74; SD = 0,67) wurde die schulbasierten, 12-wöchigen Intervention „läuft." evaluiert (Suchert et al., 2013). Hierzu wurden zu zwei Messzeitpunkten (Baseline- und Post-Erhebung) die sportliche und körperliche Aktivität und das sitzende/liegende Verhalten mittels Fragebogen sowie die kardiorespiratorische Fitness mit Hilfe eines progressiven Lauftests erfasst. Hauptkomponenten der Intervention waren Schrittzähler für jede/n Schüler/in sowie Klassenwettbewerbe. Klassen mit den höchsten Schrittzahlen und den kreativsten Ideen zur Bewegungssteigerung im Schulalltag wurden ausgezeichnet.

Ergebnisse

Im Vergleich zur Kontrollgruppe konnten signifikante, positive Effekte unmittelbar nach der Intervention „läuft." sowohl für die außerschulische sportliche Aktivität (p = 0,008), den aktiven Transport (p = 0,001) als auch auf die Anzahl der Tage, an denen die empfohlenen 60 Minuten moderate bis intensive körperliche Aktivität erfüllt waren (p = 0,002), gefunden werden, nicht jedoch für die sitzenden/liegenden Verhaltensweisen (p = 0,881). Hinsichtlich der kardiorespiratorische Fitness zeigte sich ein tendenzieller Interventionseffekt (p = 0,065).

Diskussion

Trotz des niederschwelligen Ansatzes und des relativ kurzen Interventionszeitraumes, scheint die schulbasierte Intervention „läuft." die außerschulische sportliche und körperliche Aktivität zu steigern. Auch hinsichtlich der kardiorespiratorische Fitness zeigte sich eine tendenzielle Signifikanz. Jedoch scheinen spezifischere Interventionskomponenten notwendig, um das Ausmaß an sitzenden/liegenden Verhaltensweisen zu beeinflussen.

Literatur

De Meester, F., van Lenthe, F. J., Spittaels, H., Lien, N. & de Bourdeaudhuij, I. (2009). Interventions for promoting physical activity among European teenagers: a systematic review. *International Journal of Behavioral Nutrition and Physical Activity, 6* (82).

Suchert, V., Isensee, B., Hansen, J., Johannsen, M., Krieger, C., Müller, K., Sauer, I., Weisser, B., Sargent, J. D. & Hanewinkel, R. (2013). „läuft. – a school-based multi-component program to establish a physically active lifestyle in adolescence: study protocol for a cluster-randomized controlled trial. *Trials, 14* (1), 416.

Junge SportUni – ein Forschungs- und Entwicklungsprojekt zur Verknüpfung von Schule und Hochschule

KATJA SCHMITT, ANNA-KATHRARINA HINTKE & DOREEN BRAUN-REYMANN

Humboldt-Universität zu Berlin

Einleitung

Studien zeigen, dass die Vorbereitung auf ein Hochschulstudium durch die Schule oft als unzureichend erachtet wird (vgl. Heublein, Hutzsch, Schreiber, Sommer & Besuch, 2009). Hiervon sind auch Leistungssportler bzw. Leistungssportlerinnen betroffen, die häufig auf ein Studium zu Gunsten risikoarmer Varianten (z. B. Bundeswehr) verzichten (Emrich et al., 2008). Um jungen schulpflichtigen Leistungssportlern einen frühzeitigen Einblick und einen begleitenden Übergang in das (Sport-)Studium zu ermöglichen, wurde in Kooperation mit der Poelchau Oberschule als Eliteschule des Sports und der Berliner Senatsverwaltung das Forschungs- und Entwicklungsprojekt Junge SportUni initiiert.

Entwicklungsphase

Die Kombination aus schulischen, sportlichen und universitären Ansprüchen stellt eine hohe Herausforderung an die jungen Athleten und Athletinnen dar. Vor allem deren zeitlichen Ressourcen sind durch die doppelte Beanspruchung in Schule und Leistungssport begrenzt (vgl. Beckmann, Elbe, Szymanski & Ehrlenspiel, 2006). Vor diesem Hintergrund wurden fünf Module entwickelt, um den schulischen und universitären Ausbildungsbereich enger miteinander zu vernetzen und den fachlichen und wissenschaftlichen Austausch zu fördern. Seit Beginn des Schuljahres 2012 werden drei Module umgesetzt, eine systematische Weiterentwicklung führte zu zwei weiteren Modulen, die seit Schuljahresbeginn 2015 realisiert werden.

Forschungsphase

In einem längsschnittlichen Design soll geprüft werden, in wie fern die universitäre Frühförderung eine Auswirkung auf die Kompetenzen der Athleten und Athletinnen zeigt und zu einer Aufnahme eines (Sport-)Studiums führt. Um die Gesamtkonzeption für alle Beteiligten erfolgs- und bedarfsorientiert umzusetzen, wird zusätzliche eine projektbezogene Evaluation mit dem Anspruch durchgeführt, die Module in bestehende Strukturen zu implementieren.

Literatur

Beckmann, J., Elbe, A.-M., Szymanski, B. & Ehrlenspiel, F. (2006). *Chancen und Risiken: Vom Leben im Verbundsystem von Schule und Leistungssport. Psychologische, soziologische und sportliche Leistungsaspekte.* Köln: Strauß.
Emrich, E., Pitsch, W., Güllich, A., Klein, M., Fröhlich, M., Flatau, J., Sandig, D. & Anthes, E. (2008). Spitzensportförderung in Deutschland – Bestandaufnahme und Perspektiven. *Leistungssport, 38* (1), 1-20.
Heublein, U., Hutzsch, C., Schreiber, J. Sommer, D. & Besuch, G. (2009). *Ursachen des Studienabbruchs in Bachelor- und in herkömmlichen Studiengängen. Ergebnisse einer bundesweiten Befragung von Exmatrikulierten des Studienjahres 2007/08.* Zugriff am 03. Mai 2015 unter http://www.his.de/pdf/21/studienabbruch_ursachen.pdf.

Sport und Bildung – Sportgerontologie am Berufskolleg

HERBERT SCHULTE

Deutsche Sporthochschule Köln

Einleitung

Aus der Dringlichkeit des demographischen Wandels heraus entwickelte sich die Idee, Sport mit und für ältere Menschen am Berufskolleg zu integrieren und zu etablieren.

Methode

Ziel des Projektes ist es, die bisher kaum vorhandenen Bildungsangebote im Bereich der Sportgerontologie zu systematisieren und an Berufskollegs zu etablieren. Ausgehend von einer ersten Umsetzung bei einer Pretestgruppe im Bereich der „Zweijährigen Höheren Berufsfachschule" am Berufskolleg Bergkloster Bestwig (NRW) im Schuljahr 2011/12 entwickelte sich ein modulares System, das eine strukturierte Umsetzung in allen Bildungsbereichen des Berufskollegs ermöglicht. In Zusammenarbeit mit Fachkolleg/innen und weiteren Partnern wie dem Schwimmverband NRW und dem Landessportbund NRW habe ich ein modulares System kreiert. In insgesamt 27 Modulen werden sportgerontologische Inhalte thematisiert. Je nach Bildungsgang werden daraus zwischen 8 und 19 Module in 2 bis 3 Fächern unterrichtet.

Bei der Forschung handelt es sich um eine Lehrplan- bzw. Modulevaluation. Dazu wurden 100 Berufskollegs in NRW angeschrieben. 18 Schulen mit 1.007 Schülerinnen und Schüler beteiligten sich an der Forschung. Kern der Evaluation ist die Überprüfung der innerhalb der Module vermittelten Kompetenzen. Je Modul werden 2 Fragen mit einem hohen fachlichen Anspruch, 2 Fragen mit einem mittleren fachlichen Anspruch und 2 Fragen mit einem niedrigen fachlichen Anspruch gestellt. Dem jeweiligen fachlichen Anspruch wird eine Wertigkeit von 1–3 Punkten zugeordnet. Die zu erreichende Höchstpunktzahl für die Schülerinnen und Schüler beträgt 12 Punkte je Modul. Neben dieser fachlichen Überprüfung geben die Schülerinnen und Schüler eine Selbsteinschätzung und die Lehrerinnen und Lehrer eine Fremdeinschätzung in der Wertigkeit von 0–12 Punkten zu den erreichten Kompetenzen in den jeweiligen Modulen ab. So kann ein entsprechender Abgleich zwischen fachlicher Überprüfung der Kompetenzen, der Selbsteinschätzung und der Fremdeinschätzung erfolgen. Sowohl die Lehrerinnen und Lehrer als auch die Schülerinnen und Schüler geben in einem Abschlussfragebogen ihre Gesamteinschätzung zur schulischen Umsetzung der Sportgerontologie ab.

Ergebnisse

Je nach Bildungsgang liegen die Ergebnisse der relevanten fachlichen Überprüfung in den Fächern bisher zwischen 8,02 und 10,00 Punkten und werden als eine erfolgreiche Umsetzung gewertet. Die Resonanz zur Umsetzung sportgerontologischer Grundlagen, die u. a. in den Abschlussfragebögen überprüft wird, ist ausgesprochen positiv. Schülerinnen und Schüler nehmen das Projekt ebenso positiv auf wie die Lehrkräfte bzw. die jeweiligen Schulen. Einzelergebnisse der Bildungsbereiche bzw. der einzelnen Module werden voraussichtlich ab Herbst 2015 vorliegen. Die Modulergebnisse werden permanent aktualisiert und sind unter http://www.sportgerontologie.org/forschungErg.php einzusehen.

AK 3: dvs-Sektion Sportinformatik (in Kooperation mit der dvs-Sektion Sportpädagogik): Computer Games – Chancen, Risiken und Nebenwirkungen

AK Computer Games – Chancen, Risiken und Nebenwirkungen

JOSEF WIEMEYER[1] & JAN SOHNSMEYER[2]

[1]Technische Universität Darmstadt, [2]Ruprecht-Karls-Universität Heidelberg

Einleitung

Computer Games – hier verstanden als Oberbegriff für digitale Spiele, welche auf dem Computer, speziellen Konsolen oder mobilen Geräten gespielt werden können – haben mittlerweile viele Bereiche der Gesellschaft durchdrungen – von Kindern und Jugendlichen (z. B. MPFS, 2014) bis hin zu Senioren (ESA, 2014). Einerseits weisen Computer Games ein nicht unbeträchtliches Gefährdungspotenzial auf, welches von Suchtgefährdung über körperliche Gesundheitsgefährdungen und Verletzungen bis hin zur Aggressionsverstärkung reicht. Andererseits können Computer Games gezielt genutzt werden, um in verschiedenen Kompetenzbereichen (Sensomotorik, Kognitionen, Emotionen, Personale Kompetenzen, Sozialverhalten und Medienverhalten) positive Effekte zu erzielen. Computer Games, die dieser Doppelmission (Spielspaß und zusätzliche Effekte) dienen, werden als „Serious Games" bezeichnet. Durch die Verfügbarkeit neuer Interaktionstechnologien wurden Anwendungsoptionen eröffnet, welche auch für die Sportwissenschaft interessant sind. Die vorliegenden Befunde zeigen, dass die erhofften Effekte von Serious Games sich – nicht nur im Sport – teils nur unter ganz bestimmten Bedingungen und teils überhaupt nicht nachweisen lassen. Studien von hoher methodischer Qualität sind noch immer Mangelware (z. B. Wiemeyer & Hardy, 2013).

Ziel des Arbeitskreises ist es, die Vor- und Nachteile von Computer Games differenziert in den Blick zu nehmen. Ausgehend von der grundsätzlichen Diskussion aus sportinformatischer und sportpädagogischer Sicht werden ausgewählte Forschungsprojekte vorgestellt und spezielle Fragen diskutiert, um die Möglichkeiten und Grenzen von Computer Games differenziert zu verdeutlichen.

Literatur

ESA (2014). *Essential Facts about the computer and video game industry*. Abgerufen am 1. März 2015 von http://www.theesa.com/

Medienpädagogischer Forschungsverbund Südwest [MPFS] (2014). *JIM-Studie 2001 – 2013. Jugend – Information – (Multi-)Media. Basisuntersuchung zum Medienumgang 12- bis 19-jähriger in Deutschland*. Stuttgart: MPFS. (Online-Version der Forschungsberichte).

Wiemeyer, J. & Hardy, S. (2013). Serious Games and motor learning – concepts, evidence, technology. In K. Bredl & W. Bösche (eds.), *Serious Games and Virtual Worlds in Education, Professional Development, and Healthcare* (pp.197-220). Heshey, PA: IGI Global.

Serious Games im Sport –
Doppelmission aus sportinformatischer Sicht

JOSEF WIEMEYER

Technische Universität Darmstadt

Einleitung

Serious Games (SG) sind digitale Spiele, welche neben dem Unterhaltungszweck mindestens ein weiteres Ziel (z. B. motorisches Lernen) verfolgen. Eine derartige Doppelmission stellt besondere Herausforderungen an SG: Das ernsthafte Ziel muss erreicht werden, ohne den Spielspaß zu korrumpieren. Aktuell findet man in zahlreichen Anwendungsfeldern (z. B. Lernen, Gesundheit, Rehabilitation) eine Fülle von SG, welche entweder als kommerzielle Massenprodukte oder speziell entwickelte Einzelanwendungen eingesetzt werden (Überblicksarbeiten: Primack et al., 2012; Wiemeyer, 2014). Aus sportinformatischer Sicht ergeben sich zahlreiche Herausforderungen, welche für die adäquate Entwicklung und Evaluation von SG erfüllt werden müssen. Im Arbeitskreis-Beitrag werden diese Herausforderungen und mögliche Lösungsansätze im Überblick dargestellt und diskutiert.

Herausforderungen für die Entwicklung von Serious Games im Sport

Bei der Entwicklung von SG müssen Sportwissenschaft und Informatik die Erkenntnisse der relevanten Subdisziplinen integrieren, damit ein ganzheitliches Spieldesign entsteht, das der Doppelmission von SG gerecht wird. Die vorliegenden Modelle sind entweder theorie- oder praxisbasiert (Mueller & Isbister, 2014). Nach Mitgutsch und Alvarado (2012) müssen adäquate domänenspezifische Lösungen für die Bereiche Inhalt, Game-Mechanik, (multi-)modale Interaktion und Präsentation, narrative Rahmung, Zielgruppen- und Setting-Spezifität gefunden werden. Diese Bereiche stehen in wechselseitiger Abhängigkeit. So erfordert ein Gleichgewichtsspiel für Senioren altersgerechte Gleichgewichtsaufgaben und Übungsbedingungen, die der Lebenswelt, dem Leistungsniveau und den Bedürfnissen der Zielgruppe ebenso gerecht werden müssen wie den bewegungs-, lern- und trainingstheoretischen Grundlagen (z. B. Kliem & Wiemeyer, 2014).

Herausforderungen für die Evaluation von Serious Games im Sport

In vielen Überblicksarbeiten wird beklagt, dass empirische Studien hoher methodischer Qualität relativ selten sind. Die vorliegenden Studien prüfen – wenn überhaupt – lediglich die Erreichung des ernsthaften Ziels – unter Vernachlässigung des Spielerlebnisses.

Literatur

Kliem, A. & Wiemeyer, J. (2014). Gleichgewichtstraining mit Serious Games. *Neurologie & Rehabilitation, 20* (4), 195-206.

Mitgutsch, K., & Alvarado, N. (2012, May). Purposeful by design? A serious game design assessment framework. In *Proceedings of the International Conference on the foundations of digital games* (pp. 121-128). New York, NY: ACM.

Mueller, F., & Isbister, K. (2014). Movement-based game guidelines. In *Proceedings of the 32nd annual ACM conference on Human factors in computing systems* (pp. 2191-2200). New York, NY: ACM.

Primack, B. A., Carroll, M. V., McNamara, M., Klem, M. L., King, B., Rich, M., Chan, C. W. & Nayak, S. (2012). Role of video games in improving health-related outcomes: A systematic review. *American journal of preventive medicine, 42* (6), 630-638.

Wiemeyer, J. (2014). Serious Games in der Neurorehabilitation – ein Überblick. *Neurologie & Rehabilitation, 20* (4), 175-186.

Digitale Sportspiele als sportpädagogische Herausforderung – Zur Bedeutung digitaler Sportspiele für moralisches Verhalten und Entscheiden im Sport

JAN SOHNSMEYER

Ruprecht-Karls-Universität Heidelberg

Jugendliche wachsen in einer zunehmend durch multimediale Erfahrungen geprägten alltäglichen Lebenswelt auf. Medien sind daher in besonderer Weise sozialisationsrelevant. Sportwissenschaftliche Untersuchungen zum Transfer von Kompetenzen, die in digitalen Sportspielen erworben wurden, zeigten bereits, dass in bestimmten Domänen durchaus elementare Kompetenzen auf die Anforderungen der realen Welt übertragen werden können (Sohnsmeyer, 2011).

Sportpädagogisch relevant sind jedoch vor allem Transferprozesse auf moralische Verhaltens- und Entscheidungsprozesse im realen Sport. Diese werden in der sportwissenschaftlichen Forschung als pro- und antisoziales Verhalten gefasst (Kavussanu, 2008). Obwohl eine Vielzahl an Studien eine Verbindung zwischen gewalthaltigen digitalen Spielen und aggressivem Verhalten dokumentiert, wurden die potenziellen Effekte digitaler Sportspiele bisher nur wenig beachtet. Theoretisch unterliegen digitale Sportspiele jedoch den gleichen Wirkungsmechanismen (Sozial kognitive Lerntheorie und General Aggression Model), so dass gewalttätige Aktionen im digitalen Sportspiel antisoziale Verhaltensweisen im realen Sport verstärken könnten. In diesem Zusammenhang weisen z. B. Anderson und Carnagey (2009) in drei Experimenten nach, dass sich durch das Spielen eines gewalthaltigen Sportspiels aggressives Verhalten, aggressive Kognitionen und Emotionen sowie Einstellungen gegenüber Gewalt im Sport verändern.

Das Hauptanliegen des Forschungsprogramms, das in diesem Vortrag vorgestellt werden soll, ist daher die empirische Analyse der Wirkungen digitaler Sportspiele auf moralische Verhaltens- und Entscheidungsprozesse im realen Sport. Dazu wurde bereits eine Fragebogenstudie (N = 764) durchgeführt und pfadanalytisch ausgewertet. Erste Analysen bestätigen, dass das Ausmaß der Beschäftigung mit digitalen Sportspielen in einem direkten Zusammenhang mit antisozialem Verhalten im Sport steht. Der Pfad-Koeffizient des zugrunde liegenden Strukturgleichungsmodells wird signifikant und beträgt $\beta = .132$ (chi^2 (20) = 48.6, $p < .001$, CFI = .96, TLI = .94, RMSEA = .071, SRMR = .035). Um die Wirkrichtung aufzuklären, soll in Studie 2 im experimentellen Design unter im Labor kontrollierten Bedingungen der kurzfristige Effekt digitaler Sportspiele auf moralische Entscheidungsprozesse analysiert werden. Zuletzt soll eine Längsschnittstudie die langfristige Ursache-Wirkungs-Frage in den Blick nehmen. Dazu wird ein cross-lagged Panel Design verwendet, indem die Nutzung digitaler Sportspiele und das antisoziale Verhalten im Sport zweimal in einem zeitlichen Abstand von zwölf Monaten erfasst werden.

Literatur

Anderson, C.a. & Carnagey, N. L. (2009). Causal effects of violent sports video games on aggression: Is it competitiveness or violent content? *Journal of Experimental Social Psychology, 45*, 731-739.

Kavussanu, M. (2008). Moral behaviour in sport: a critical review of the literature. *International Review of Sport and Exercise Psychology, 1*, 124-138.

Sohnsmeyer, J. (2011). *Virtuelles Spiel und realer Sport. Über Transferpotenziale digitaler Sportspiele am Beispiel von Tischtennis*. Hamburg: Czwalina.

Computer Games – Genres, Devices und deren (Transfer-)Effekte

ANNA LISA MARTIN-NIEDECKEN
Zürcher Hochschule der Künste

Ziel des Vortrags ist es, die Beziehung zwischen Game Genre, Device und möglichen Transfer- bzw. Spieleffekten zu analysieren und speziell die Bedeutung für die Sportwissenschaft aufzuzeigen. Dazu wird zunächst ein Überblick ausgewählter Genres und Devices gegeben und anschließend deren (Transfer-)Effekte sowie Potentiale diskutiert. Das heutige Games-Spektrum reicht von den Genres für PC, Konsole oder mobile Geräte wie z. B. Adventure Games, Ego Shooter, MMORPGs und Lernspielen bis hin zu Exergames und RehabGames. Mischformen aus einzelnen Genres sind mittlerweile gängig. Gleichzeitig geht die neue Spielvielfalt mit einem großen Angebot innovativer Spielsteuerungen einher. Neben der klassischen PC-Tastatur und dem Gamepad wird die neue Game-Generation vom Spieler mittels Oculus Rift, komplexen Full-Body Controllern oder sensorbasierten psychophysiologischen Monitoring-Systemen angesteuert. Der Spieler und dessen Bewegungsapparat werden vermehrt ganzheitlich in die Interaktion mit dem Spiel eingebunden und dabei sensomotorisch gefordert und gefördert. Aus dem vielseitigen Angebot innovativer Interaktionstechnologien und Genres ergeben sich für den Spieler neue Wahrnehmungs- und Handlungs- bzw. Bewegungsräume, die wiederum große Potentiale im Hinblick auf mögliche Transfereffekte eröffnen. Einige Genres ermöglichen durch ihre thematische Ausrichtung und Game Mechanik (Regeln, Fähigkeiten, etc.) einen Transfer aus der Spielwelt in die „reale" (Sport-)Welt. So werden beim Spielen von Action Games beiläufig Wahrnehmungsprozesse trainiert (Bejjanki et al., 2014) und Exergaming verbessert die körperlichen Fitness (Sween et al., 2014). Neben genre-spezifischen (Trainings-)Effekten hat die Handhabung der Game Devices (ähnlich wie ein Sportgerät beim Ausüben einer Sportart) einen großen Einfluss auf den Spieler bzw. dessen (Game)Experience und somit natürlich auch auf die Ausprägung der Transfereffekte. Nur wenn der Spieler mit einer Spielsteuerung gut zurechtkommt und sie ihn weder über-/unterfordert, noch dass sie zu sehr (störend) oder zu wenig (nicht unterstützend) präsent ist, kann es zu einem immersiven und, im Sinne des Transfers, effektiven (Spiel-)Erlebnis kommen. Game Controller, die sich besonders natürlich in das Körperschema des Spielers integrieren lassen und deren Steuerung möglichst intentional und auf die vom Spiel geforderten Game-Tasks abgestimmt ist, gelten beim Spielen von Exergames als die für positive Game Experience förderlichsten Devices (Shafer et al., 2014). Die Beforschung der genrespezifischen Transfereffekte und der spielsteuerungsspezifischen Effekte birgt wichtige Ansatzpunkte für zukünftige (Sport-)Spiel- und Spieltechnologieentwicklungen.

Literatur

Bejjanki, V. R., Zhang, R., Li, R., Pouget, A., Green, C. S., Lu, Z.L. & Bavelier, D. (2014). Action video game play facilitates the development of better perceptual templates. In *Proceedings of the National Academy of Sciences, 111* (47), pp. 16961-16966.

Shafer, D. M., Carbonara, C. P. & Popova, L. (2014). Controller Required? The Impact of Natural Mapping on Interactivity, Realism, Presence, and Enjoyment in Motion-Based Video Games. *Presence: Teleoperators and Virtual Environments, 23* (3), pp. 267-286.

Sween, J., Wallington, S. F., Sheppard, V., Taylor, T., Llanos, A. A. & Adams-Campbell, L. L. (2014). The role of exergaming in improving physical activity: A review. *Journal of physical activity & health, 11* (4), pp. 864-870.

Personalisierte Belastungssteuerung in ausdauerorientierten Exergames

KATRIN HOFFMANN

Technische Universität Darmstadt

Einleitung

Optimale Anpassungen erfordern Trainingsbelastungen bzw. -beanspruchungen, die auf individuelle Eigenschaften der trainierenden Person abgestimmt sind. Dies gilt insbesondere für Exergames, d. h. Computerspiele, welche (Ganz-)Körperbewegungen zur Spielsteuerung nutzen. Für das Ausdauertraining wurde die individuelle Reaktion der Herzfrequenz (HF) in Exergames als Maß der Beanspruchung vielfach untersucht (vgl. Peng et al., 2011). Aufgrund der niedrigen, nicht systematisch angesteuerten körperlichen Belastung sind die erzielten Trainingseffekte jedoch deutlich geringer als bei einem regulären körperlichen Training. Es fehlen Studien, welche auf eine gezielte HF-Steuerung entsprechend definierter Trainingsvorgaben abzielen. Dieser Beitrag befasst sich mit der Machbarkeit einer gezielten Belastungssteuerung in ausdauerorientierten Exergames.

Methode

Die Daten (N = 16) wurden mit einem Ergometer-gesteuerten Exergame erhoben, in welchem ein Avatar über die Trittfrequenz kontrolliert wird („LetterBird"; vgl. Hardy et al, 2014). Eine gezielte Kontrolle der Belastung (Leistung, Trittfrequenz) wurde gewährleistet. Einerseits wurde das individuelle Anpassungsverhalten der HF auf definierte Belastungsänderungen innerhalb einer Kalibrierungsphase untersucht und anschließend eine vorgegebene HF gezielt hervorgerufen (vgl. Hoffmann et al, 2015). Der zweite Ansatz befasst sich mit der Vorhersage der HF Reaktion anhand einer Exponentialfunktion (vgl. Bunc et al, 1988). Der Unterschied zwischen tatsächlicher und berechneter HF wurde analysiert.

Ergebnisse

Durch die eingesetzte Kontrollmethode wird die vorgegebene HF innerhalb eines definierten Zeitbereiches hervorgerufen. Mit Hilfe der Exponentialfunktion kann die HF-Reaktion abgebildet und unter bestimmten Bedingungen vorhergesagt werden.

Diskussion

Die vorgestellten Ansätze zeigen die Machbarkeit der gezielten Belastungssteuerung innerhalb des Exergames „LetterBird". Der individuelle Verlauf der Anpassungsreaktion sowie weitere Einflussfaktoren auf die HF (z. B. Erholungszustand, Motivationseffekte) müssen für Weiterentwicklungen untersucht und über die Spielmechanik eingebunden werden.

Literatur

Bunc, V. P., Heller, J. & Leso, J. (1988). Kinetics of heart rate response to exercise. *Journal of Sports Science, 6* (1), 39-48.
Hardy, S., Dutz, T., Wiemeyer, J., Göbel, S. & Steinmetz, R. (2014). Framework for personalized and adaptive game-based training programs in health sport. *Multimedia Tools and Application*, 1-23.
Hoffmann, K., Hardy, S., Wiemeyer, J. & Göbel, S. (2015, accepted). Personalized adaptive control of training load in Exergames – a feasibility study. *Games4Health Journal*.
Peng, W., Lin, J. H. & Crouse, J. C. (2011). Is playing Exergames really exercising A metaanalysis of energy expenditure in active video games? *Cyberpsychology, Behavior, And Social Networking, 14* (11), 681-688.

AK 4: Ziele von Sportunterricht – ein ambivalentes Feld

Ziele von Sportunterricht – ein ambivalentes Feld

STEFAN MEIER & SEBASTIAN RUIN

Deutsche Sporthochschule Köln

Ziele von Sportunterricht sind seit jeher zentraler Diskussionspunkt der Sportpädagogik – was als *mainstream* gilt, ist zumeist Ausdruck des sportpädagogischen Zeitgeistes (vgl. Kurz, 1993; Stibbe, 2013). Während von den späten 1960er-Jahren bis etwa in die 1990er-Jahre hinein Sportunterricht vermehrt ausgelegt wurde als Vorbereitung für den außerschulischen Wettkampfsport, gab es in den 1990er-Jahren Suchbewegungen nach bildungstheoretischer Fundierung des Sportunterrichts. Damit öffneten sich sowohl die Fachdidaktik als auch die Sportlehrpläne für ein inhaltlich weiteres Verständnis der Ziele von Sportunterricht. Als Reaktion auf die „bildungspolitische Doktrin" der einzuführenden Standard- und Kompetenzorientierung (Thiele, 2008) ist erneut eine fachdidaktische Diskussion um die Intention von Sportunterricht entbrannt (Schierz & Thiele, 2013). Vor dem Hintergrund seiner großen Bedeutung für die Sportlehrerbildung greift der Arbeitskreis dieses ambivalente Themenfeld auf und thematisiert es unter verschiedenen Aspekten.

Hierzu schlagen wir folgende Beiträge vor:

Auf einer individuellen Ebene (Mikroperspektive) geht Fritschen (Universität Wuppertal) der Frage nach, wie Sportlehrkräfte die Ziele ihres Unterrichts strukturieren. Hierfür greift er auf die ihnen zu Grunde gelegten Haltungen zurück. Haltungen greift auch Böttcher (Deutsche Sporthochschule Köln) auf, wenn sie fachdidaktisch formulierte Absichten mit den Aussagen von Sportlehrkräften zu deren unterrichtlicher Umsetzung (beispielhaft an der pädagogischen Perspektive „Etwas wagen und verantworten") kontrastiert. Schließlich stellen Meier und Ruin (Deutsche Sporthochschule Köln) die von Sportlehrkräften geäußerten Zielsetzungen ihres Sportunterrichts den curricular festgelegten Bildungsansprüchen gegenüber.

Titel der Beiträge:

- Michael Fritschen: Wie strukturieren Sportlehrkräfte die Ziele ihres Unterrichts?
- Anette Böttcher: Wagniserziehung aus Sicht von Sportlehrkräften
- Stefan Meier & Sebastian Ruin: „Spaß an sportiver Bewegung" als Bildungsziel von Sportunterricht?

Literatur

Kurz, D. (1993). *Leibeserziehung und Schulsport in der Bundesrepublik Deutschland. Epochen einer Fachdidaktik.* Bielefeld: Univ. Bielefeld, Abt. Sportwiss.

Schierz, M. & Thiele, J. (2013). Weiter denken – umdenken – neu denken? Argumente zur Fortentwicklung der sportdidaktischen Leitidee der Handlungsfähigkeit. In H. Aschebrock & G. Stibbe (Hrsg.), *Didaktische Konzepte für den Schulsport* (S. 122-147). Aachen: Meyer & Meyer.

Stibbe, G. (2013). Zum Spektrum sportdidaktischer Positionen – ein konzeptioneller Trendbericht. In H. Aschebrock & G. Stibbe (Hrsg.), *Didaktische Konzepte für den Schulsport* (S. 19-52). Aachen: Meyer & Meyer.

Thiele, J. (2008). „Aufklärung, was sonst?". Zur Zukunft der Schulsportentwicklung vor dem Hintergrund neoliberaler Vereinnahmungen des Bildungssystems. *Spectrum der Sportwissenschaften, 20* (2), 59-74.

Wie strukturieren Sportlehrkräfte die Ziele ihres Unterrichts?

MICHAEL FRITSCHEN

Bergische Universität Wuppertal

Einleitung

Nach den Erkenntnissen der Schulsportkonzeptforschung sind die Ziele von Sportlehrkräften – im Unterschied zu Inhalten und Methoden – nicht zwangsläufig mit einem engen oder weiten Konzept verknüpft (vgl. Wuppertaler Arbeitsgruppe, 2012), weswegen sich für die Ebene der Ziele eine Vermischung unterschiedlicher konzeptueller Vorstellungen annehmen lässt. Im Anschluss an verschiedene Interviewstudien und qualitative Kategorisierungen (vgl. Wuppertaler Arbeitsgruppe, 2015) scheint eine Beschäftigung mit Subjektiven Theorien von Sportlehrkräften hinsichtlich der Struktur ihrer Zielvorstellungen lohnend, da die Ziele von Sportlehrkräften vermutlich als subjektive Kognitionen präsent sind.

Methode

Mit zehn leitfadengestützten Interviews, die 2015 an einem Gymnasium in Nordrhein-Westfalen durchgeführt wurden und sich auf die gesamte Fachgruppe Sport einer Schule beziehen, wurden Lehrkräfte zu ihren Unterrichtszielen befragt und anschließend aufgefordert, diese Ziele mithilfe der Struktur-Lege-Technik zu strukturieren (vgl. Scheele & Groeben, 1988). Im Folgenden dienten die Aussagen der Lehrkräfte auf Basis einer qualitativen Interviewauswertung nach Mayring (2010) dazu, die entstandenen Strukturbilder zu präzisieren sowie deren Argumentationsmuster abzubilden.

Ergebnisse

Anhand einzelner exemplarischer Zielstrukturen von Sportlehrkräften wird verdeutlicht, dass teils hierarchische, teils mehrpolare oder assoziative Zielstrukturen vorliegen, die sich an unterschiedlichen Faktoren (z. B. an Pädagogischen Perspektiven) orientieren. Dadurch lassen sich erste Typisierungen der Strukturmuster entwickeln, wobei auch beleuchtet wird, inwieweit Lehrkräfte Lehrplan-Ziele – beispielsweise „Lebenslanges Sporttreiben" – als relevant ansehen.

Diskussion

Auf Grundlage der vorgestellten Strukturmuster werden mögliche Orientierungspunkte für die Schulpraxis sowie für die Lehrerausbildung diskutiert, während auch „Lehrplankonzepte" im Zuge der Kompetenzorientierung aus Lehrerperspektive kritisch hinterfragt werden.

Literatur

Mayring, P. (2010). *Qualitative Inhaltsanalyse. Grundlagen und Techniken* (Beltz Pädagogik) (11. Aufl.). Weinheim: Beltz.
Scheele, B. & Groeben, N. (1988). *Dialog-Konsens-Methoden zur Rekonstruktion Subjektiver Theorien. Die Heidelberger Struktur-Lege-Technik (SLT), konsensuale Ziel-Mittel-Argumenta-tion und kommunikative Flußdiagramm-Beschreibung von Handlungen.* Tübingen: A. Francke Verlag.
Wuppertaler Arbeitsgruppe (2012). Schulsportkonzepte von Sportlehrkräften. Quantitative und qualitative Befunde. *sportunterricht, 61* (12), 355-360.
Wuppertaler Arbeitsgruppe (2015). Schulsportkonzepte in der Unterrichts- und Schulentwicklung. In E. Balz & D. Kuhlmann (Hrsg.), *Sportentwicklung vor Ort – Projekte aus deutschen Quartieren* (i. Vorb.). Aachen: Shaker.

Wagniserziehung aus Sicht von Sportlehrkräften

ANETTE BÖTTCHER

Deutsche Sporthochschule Köln

Einleitung

Wie wird die pädagogische Perspektive „Etwas wagen und verantworten", die seit der Lehrplanreform Ende der 1990er-Jahre in den Rahmenrichtlinien für den Sportunterricht in Nordrhein-Westfalen und in der Folge auch in anderen Bundesländern verankert ist, aus Sicht von Sportlehrkräften im Sportunterricht der Sekundarstufe I umgesetzt?

Methode

Insgesamt wurden im Schuljahr 2012/2013 Leitfadeninterviews mit 40 Sportlehrkräften (16 Frauen, 24 Männer) von 16 Gymnasien und 7 Gesamtschulen in NRW geführt, die die Grundlage für die Annäherung an die Unterrichtswirklichkeit bilden. Die Auswertung des Materials erfolgt mittels qualitativer Inhaltsanalyse nach Mayring (2010) und computergestützter Auswertung durch MAXQDA.

Ergebnisse

Im Lehrplan wird „Etwas wagen und verantworten" mit den Inhalten Turnen, Zweikampfsport, Wintersport bzw. Gleiten, Rollen, Fahren und Schwimmen verknüpft. Die befragten Lehrer nennen neben diesen Inhaltsbereichen auch noch Erlebnispädagogik und Vertrauensübungen, Cheerleading, Fechten, Leichtathletik, Tanzen (Rock'n Roll) und Voltigieren. Auf die Fragen wie die Lehrkräfte methodisch mit individuellen Unterschieden umgehen, werden ganz unterschiedliche Strategien genannt. Fast alle Lehrer geben an verschiedene Bewegungsaufgaben zu stellen um jeder Schülerin/jedem Schüler ein individuelles Wagnis zu ermöglichen.

Diskussion

Ist es im Unterrichtsalltag möglich, die Perspektive „Etwas wagen und verantworten" für alle Schülerinnen und Schüler in einem Unterrichtsvorhaben zu thematisieren? Wie kann man verhindern, dass durch Teilnahmepflicht am Unterricht und Notendruck ein Wagnis-„Zwang" entsteht? Wann wird ein sportliches Wagnis zur Wagniserziehung? Wie gehen die Lehrerinnen und Lehrer mit der Ambivalenz dieser Perspektive um?

Literatur

MSW NRW (1999). *Lehrpläne und Richtlinien für den Schulsport in Nordrhein-Westfalen*. Frechen: Ritterbach.
Neumann, P. (1999). *Das Wagnis im Sport. Grundlagen und pädagogische Forderungen*. Schorndorf: Hofmann.
Neumann, P. & Katzer, D. (2011). *Etwas wagen und verantworten im Schulsport – didaktische Impulse und Praxishilfen*. Aachen: Meyer&Meyer.
Pfitzner, M. (2001). *Das Risiko im Schulsport: Analysen zur Ambivalenz schulsportlicher Handlungen und Folgerungen für die Sicherheitsförderung in den Sportspielen*. Münster: Lit.
Schleske, W. (1977). *Abenteuer, Wagnis, Risiko im Sport. Struktur und Bedeutung aus pädagogischer Sicht*. Schorndorf: Hofmann.

„Spaß an sportiver Bewegung" als Bildungsziel von Sportunterricht?

STEFAN MEIER & SEBASTIAN RUIN

Deutsche Sporthochschule Köln

Einleitung

Bereits die Ergebnisse der DSB-*SPRINT*-Studie (DSB, 2006) zeigen, dass die curricularen Zielvorstellungen von Sportunterricht in einem Spannungsverhältnis zu jenen von Sportlehrkräften stehen. Mit der Umstellung auf kompetenzorientierte Lehrpläne in nahezu sämtlichen Bundesländern stellt sich die Frage, ob ein solches Spannungsverhältnis auch aktuell beobachtet werden kann.

Methode

Auf der Grundlage von im Jahr 2014 durchgeführten Leitfadeninterviews mit 55 Lehrkräften aller Schulformen (ausgenommen Berufskolleg) in NRW werden die Zielvorstellungen in den Blick genommen. Die aufgezeichneten Interviews wurden transkribiert und computerunterstützt (MAXQda) im Sinne der qualitativen Inhaltsanalyse nach Mayring (2007) ausgewertet. Zunächst wurden die deduktiv aus der DSB-*SPRINT*-Studie abgeleiteten Kategorien kodiert und diese anschließend induktiv ergänzt (vgl. Ruin & Meier, 2015). In einem weiteren Schritt wurden die curricular formulierten Ziele kompetenzorientierter Lehrpläne in einer Dokumentenanalyse herausgearbeitet, um diese mit den Ergebnissen der Interviewstudie zu kontrastieren.

Ergebnisse

Die in der Interviewstudie genannten Zielsetzungen weisen zwar gewisse Deckung zur curricularen Ebene auf, jedoch steht der „Spaß an sportiver Bewegung" bei den Lehrkräften im Mittelpunkt. Weitere, auch differenziertere Vorstellungen treten dabei vielfach in den Hintergrund. Auch werden curricular bedeutende Intentionen (z. B. Prinzipien eines erziehenden Sportunterrichts) kaum genannt.

Diskussion

Ob die von den Lehrkräften vertretenen Zielvorstellungen von Sportunterricht zur Einlösung der curricular formulierten Bildungszielen beizutragen vermögen, darf durchaus bezweifelt werden. Möglicherweise kommt an dieser Stelle ein implizit mitwirkendes fachkulturelles Selbstverständnis zum Vorschein (vgl. Thiele & Schierz, 2014).

Literatur

DSB (Deutscher Sportbund) (Hrsg.). (2006). *DSB-SPRINT-Studie – Sportunterricht in Deutschland. Eine Untersuchung zur Situation des Schulsports in Deutschland.* Aachen: Meyer & Meyer.
Mayring, P. (2007). *Qualitative Inhaltsanalyse. Grundlagen und Techniken.* Weinheim: Beltz.
Ruin, S. & Meier, S. (2015, i.Dr.). Sportunterricht im Lichte der Inklusionsdebatte – ein kritischer Blick auf die Haltungen von Sportlehrkräften. In G. Stibbe & N. Schulz (Hrsg.), *SchulSportEntwicklung.* Sankt Augustin: Academia.
Thiele, J. & Schierz, M. (2014). Schulsportforschung als Schul-Fach-Kulturforschung – Überlegungen zur theoretischen Fundierung qualitativer Mehrebenenanalysen im Schulsport. *Zeitschrift für Sportpädagogische Forschung*, 2 (2), 6-20.

AK 5: Status Quo: Blended Learning in der (Sport-)Lehraus- und Fortbildung

„Status Quo: Blended Learning in der (Sport-)Lehreraus- und Fortbildung"

THOMAS BORCHERT & ALMUT KRAPF

Universität Leipzig

Das Anliegen dieses Arbeitskreises besteht darin, die bislang vorliegenden Erkenntnisse und Erfahrungen zum Einsatz von Blended Learning Szenarien in den unterschiedlichen Phasen der (Sport-)Lehrerbildung in den Diskurs der empirischen Unterrichtsforschung des deutschsprachigen Raumes einzuordnen. In diesem Zusammenhang stellen eigene und fremde Unterrichtsvideos eine bedeutsame Ressource dar.

Die Sicherung, Verbesserung und Erweiterung der berufsrelevanten Handlungskompetenzen zählen zu den Standards der (Sport-)Lehreraus- und -fortbildung. Ausgehend von den Ergebnissen John Hattie's zur Bedeutsamkeit des Micro-Teaching und dessen Effekte auf die Schülerleistungen (d = 0,88; Rang 4 von 138) rücken Fragen nach der systematischen Implementation und den Möglichkeiten webbasierter Lehr-Lern-Umgebungen an der Schnittstelle von wissenschaftlicher Ausbildung und berufsfeldorientierter Kompetenzentwicklung in den Vordergrund. Dabei stehen insbesondere Verfahren zur verhaltenswirksamen Vermittlung einer reflexiven Unterrichtspraxis und deren Anschlussfähigkeit an eine Reflexive Lehrerbildung auf dem Prüfstand.

Vorliegende empirische Befunde zur Wirkung videobasierter Aus- und Fortbildungen in der Lehrerbildung verweisen darauf, dass Lehrkräfte dabei handlungsorientiertes Fachwissen erwerben können und in hohem Maße ihre Analyse- und Reflexionskompetenz weiterentwickeln. Verschiedene Untersuchungen konnten zeigen, dass Lehrkräfte mit eben diesen Kompetenzen einen lernwirksameren Unterricht gestalten. Weitere Befunde existieren zu Fragen der Verwendung eigener und fremder Unterrichtsvideos

Aus diesen Betrachtungen leiten sich Konsequenzen für die Entwicklung und den Einsatz videobasierter Materialien in der Lehreraus- und -fortbildung ab.

In den Beiträgen des Arbeitskreises werden diese Aspekte unter verschiedenen Blickwinkeln analysiert, erörtert und zu methodischen Empfehlungen aufbereitet. Folgende Kollegen werden für diesen Arbeitskreis ein Abstract einreichen:

1. Dr. Martin Fritzenberg (Universität Potsdam) & Jun.-Prof. Dr. Thomas Borchert (Universität Leipzig)
2. Dr. Ralf Schlöffel (Universität Leipzig)
3. Dr. Steffen Mehl & Prof. Dr. Georg Friedrich (Universität Gießen)
4. Jun.-Prof. Dr. Thomas Borchert (Universität Leipzig) & Dr. Almut Krapf (Universität Leipzig)
5. Pilar Sagasta, Nagore Ipiña & Begoña Pedrosa (Mondragon University)

Fachdidaktische Aspekte von Blended-Learning Szenarien in der (Sport-)Lehreraus- und Fortbildung

MARTIN FRITZENBERG[1] & THOMAS BORCHERT[2]

[1]Universität Potsdam, [2]Universität Leipzig

Die Entwicklung, Anwendung und Evaluation von Blended Learning-Szenarien an der Schnittstelle von wissenschaftlicher Ausbildung und berufsfeldorientierter Kompetenzentwicklung der im Fach Sport unterrichtenden Lehrkräfte hat sich in den letzten 15 Jahren als festes Themenfeld in der (sport-)pädagogischen Forschungslandschaft etabliert (Mehl, 2011). Mit dem Ziel der Reflexion der eigenen Unterrichtspraxis und der Weiterentwicklung des eigenen Unterrichts steht die didaktisch sinnvolle Verknüpfung von Präsenzlernen und elektronischen Lehr- und Lernkonzepten, wie z. B. durch onlinegestützte Lehr- und Lernumgebungen mittels Videosequenzen, im Mittelpunkt der Forschungsbemühungen verschiedener Arbeitsgruppen (u. a. Lipowsky, 2004; Reusser, 2003). Ergebnisse, Konzepte und Normativen liegen dabei für die unterschiedlichen Phasen der Lehrerbildung vor (u. a. Mehl, 2011; Kleinknecht & Poschinski, 2014; Schlöffel, Schwerin & Tups, in Druck). In der empirischen Unterrichtsforschung zum Fach Sport lässt sich jedoch ein Desiderat hinsichtlich der didaktisch-methodischen Aufbereitung von und der Arbeit mit Unterrichtsvideos, inklusive derer effektive Nutzbarmachung für eine reflexive Lehrerbildung ausmachen (Schlöffel, 2015).

Ausgehend von einer normativen Orientierung an den Merkmalen guten Unterrichts (sensu Klingberg) – wie sie Meyer (2004) für die Allgemeine Didaktik und Helmke (2009) für die Lehr-Lern-Forschung wiederentdeckt haben – werden die Gelingensbedingungen für eine gute videobasierte Unterrichtsanalyse vorgestellt. Der Fokus liegt dabei insbesondere auf der didaktischen Schwerpunktsetzung, der thematischen Auswahl von sportunterrichtlichen Alltagsszenen sowie der curricularen Passung der Unterrichtssequenzen im Kontext sich wandelnder Unterrichtskonzeptionen von Lehrern im Sportunterricht.

Literatur

Kleinknecht, M. & Poschinski, N. (2014). Eigene und fremde Videos in der Lehrerfortbildung. Eine Fallanalyse zu kognitiven und emotionalen Prozessen beim Beobachten zweier unterschiedlicher Videotypen. *Zeitschrift für Pädagogik, 60* (2014) 3, S. 471-490.
Helmke, A. (2009). Was wissen wir über guten Unterricht? Über die Notwendigkeit einer Rückbesinnung auf den Unterricht als dem „Kerngeschäft" der Schule. *IfR Informationen für den Religionsunterricht 63*, S. 55-59.
Lipowsky, F. (2004). Was macht Fortbildungen für Lehrkräfte erfolgreich? Befunde der Forschung und mögliche Konsequenzen für die Praxis. In *Die Deutsche Schule, 96* (4), S. 462-479.
Mehl, S. (2011). *Internetgestützte Videoanalyse im Rahmen der Schulpraktischen Studien im Rahmen der Sportlehrerausbildung – Entwicklung, Anwendung, Evaluation*. Köln: Sportverlag Strauß.
Meyer, H. (2004). *Was ist guter Unterricht?* Berlin: Cornelsen Scriptor.
Reusser, K. (2003). E-Learning als Katalysator und Werkzeug didaktischer Innovationen. In: *Beiträge zur Lehrerbildung, 21* (2), S. 176-191.
Schlöffel, R. (2015). *European Teacher Education Network annual conference. Applying digital media to a self-regulated development of teacher skills embedded in practical school training courses.* 2015 annual Conference of the European Teacher Education Network, 16-18 April in Copenhagen.
Schlöffel, R., Schwerin & T. Tups, L. (i. D.). Einsatz digitaler Medien zur selbstgesteuerten Entwicklung der Sportlehrerkompetenz im Rahmen der Schulpraktischen Studien II/III. *Leipziger Sportwissenschaftliche Beiträge, 56* (1).

Einsatz digitaler Medien zur selbstgesteuerten Entwicklung der Sportlehrerkompetenz

RALF SCHLÖFFEL

Universität Leipzig

Einleitung

Im Rahmen eines blended learning scenarios sollen Lehramtsstudierende Unterrichtsversuche selbst videografieren und auf einer Online-Plattform bereitstellen, um sie anschließend zu reflektieren. Ziel des Projekts ist es zu hinterfragen, wie die Wirkungen einer vornehmlich selbstgesteuerten Intervention durch Studierende wahrgenommen werden und wie die Kompetenzen zur Selbst- und Fremdreflexion der Studierenden gefördert werden. Daraus werden Ableitungen getroffen, die sowohl den Transfer in die verschiedenen schulpraktischen Ausbildungsabschnitte als auch die weiteren studierten Fächer innerhalb der Lehrerausbildung sowie andere sportwissenschaftliche Studiengänge ermöglichen.

Methode

Eine Evaluation im Rahmen der Schulpraktischen Studien II/III Sport verteilte sich über vier Semester (WiSe 2011/12 bis SoSe 2013) bei $N_{ges} = 108$ Studierenden des 5. und 6. Semesters (pol. BA Lehramt Sport). In Anlehnung an Mehl (2011) wurden die Studierenden mithilfe von leitfadengestützten Interviews am Ende des jeweiligen Semesters zu ihren subjektiven Wahrnehmungen hinsichtlich Wirkungen und Eindrücken in Bezug auf die eingesetzten Instrumente befragt. Die Auswertung der Interviews erfolgte mittels qualitativer Inhaltsanalyse nach Mayring (2010).

Daran anschließend wurden im WiSe 2014/15 und im SoSe 2015 vertiefende Interventionen im Rahmen der SPS II/III Sport durchgeführt, die sich vorwiegend auf die reflexive Praxis konzentrieren. Das didaktische Coaching der Studierenden, die Erstellung und Bearbeitung des Videomaterials sowie die Mitgestaltung des Moodle-Kurses durch die Studierenden stellten hier die zentralen Aspekte.

Zudem wurden Leitfäden sowie Video-Tutorials zur Aufnahme, Bereitstellung und Kommentierung von Unterrichtsvideos im blended learning scenario durch Studierende erstellt und erprobt. Die subjektiven Einstellungen zu den Auswirkungen dieser Intervention wurden analog zur Erstintervention (2011/12 bis 2013) mittels qualitativer Inhaltsanalyse nach Mayring (2010) evaluiert.

Ergebnisse und Diskussion

Erste Ergebnisse zur subjektiven Wahrnehmung der Studierenden in Bezug auf das Wirkpotenzial von kooperativ durchgeführten Videoanalysen, dem selbstgesteuerten Austausch auf einer Online-Plattform sowie der Einbettung dieser Elemente in die Gesamtdurchführung der SPS II/III sollen vorgestellt werden.

Literatur

Mayring, P. (2010). *Qualitative Inhaltsanalyse: Grundlagen und Techniken* (11. Auflage). Weinheim und Basel: Beltz.

Mehl, S. (2011). *Internetgestützte Videoanalyse im Rahmen der Schulpraktischen Studien in der Sportlehrerausbildung*. Köln: Sportverlag Strauss.

Internetgestützte Videoanalyse im Rahmen der Schulpraktischen Studien in der Sportlehrerausbildung

STEFFEN MEHL & GEORG FRIEDRICH

Justus-Liebig-Universität Gießen, Lehrerbildung, Blended Learning, Videoanalyse, Schulpraktische Studien

Einordnung

In Anlehnung an Terhart (2006) muss sich Lehrerbildung an Hochschulen fragen, wie Lehrkräfte die Fähigkeiten zur professionellen Ausübung ihres Berufes entwickeln können. Bietet die Kombination medialer Möglichkeiten wie Internet und Video in Verbindung mit Schulpraktischen Studien erfolgversprechende Ansätze? Um einen Beitrag zur Beantwortung dieser Frage zu liefern, wurde ein Blended Learning-Instrument entwickelt, angewendet und evaluiert.

Entwicklung und Anwendung

In die Konzeption des Instruments INVISPO fließen unterschiedliche Orientierungen ein: Konstruktionsmerkmale für Blended Learning-Szenarien (vgl. z. B. Reinmann-Rothmeier & Mandl, 2001), Nutzung von Unterrichtsvideos (vgl. z. B. Krammer & Reusser, 2005) oder Ansätze einer reflexiven Lehrerbildung (vgl. z. B. Dirks & Hansmann, 1999). Im Kern steht die webbasierte Reflexion von authentischen Videosequenzen mittels spezifischer Leitfragen (vgl. Friedrich, 2007). Die Studierenden reflektieren gegenseitig Sequenzen ihres Unterrichts im Praktikum im Hinblick auf mögliche Ziele des Unterrichts, die Perspektive der Schülerinnen und Schüler, alternative didaktisch-methodische Handlungsmöglichkeiten oder Verhaltensweisen als Lehrkraft.

Evaluation und Ausblick

Die Evaluation zielt auf die subjektive Nachzeichnung und Einschätzung des Wirkpotenzials durch die teilnehmenden Studierenden. Dazu wurden leitfadengestützte Interviews durchgeführt und diese kategorial ausgewertet. Von den Studierenden werden u. a. vielfältige Impulse zur Selbstreflexion sowie zur Vernetzung verschiedener Perspektiven auf Unterricht beschrieben (vgl. Mehl, 2011). Im Rahmen einer aktuellen Debatte ist die Implementierung in die Fort- und Weiterbildung von Lehrkräften zu diskutieren.

Literatur

Dirks, U & Hansmann, W. (Hrsg.). (1999). *Reflexive Lehrerbildung. Fallstudien und Konzepte im Kontext berufsspezifischer Kernprobleme.* Weinheim: Dt. Studien Verl.
Friedrich, G. (2007). Zur Entwicklung und Nutzung der Handlungskompetenzen von Sportlehrkräften durch Kollegiale Beratung. In W.-D. Miethling & P. Gieß-Stüber (Hrsg.), *Beruf: Sportlehrer/in* (S. 179-186). Hohengehren: Schneider.
Krammer, K. & Reusser, K. (2005). Unterrichtsvideos als Medium der Aus- und Weiterbildung von Lehrpersonen. *Beiträge zur Lehrerbildung, 23* (1), 35-50.
Mehl, S. (2011). *Internetgestützte Videoanalyse im Rahmen der Schulpraktischen Studien in der Sportlehrerausbildung – Entwicklung, Anwendung, Evaluation.* Köln: Sportverlag Strauß.
Reinmann-Rothmeier, G. & Mandl, H. (2001). Unterrichten und Lernumgebungen gestalten. In B. Weidenmann & A. Krapp (Hrsg.), *Pädagogische Psychologie* (S. 613-658). Weinheim: Beltz.
Terhart, E. (2006). Was wissen wir über gute Lehrer? 5. Folge. *Pädagogik, 58* (5), 42-47.

Zur Implementation webbasierter Lehr-Lern-Umgebungen in der dritten Phase der Lehrerbildung in Brandenburg (INVISPO-BB)

THOMAS BORCHERT & ALMUT KRAPF

Universität Leipzig

Einleitung

Fortbildungsangebote in der dritten Phase der Lehrerbildung zielen darauf ab, aktuelle Entwicklungsprozesse sowie neuere wissenschaftliche Forschungsergebnisse in den beruflichen Alltag einfließen zu lassen. Im Rahmen des Projekts INVISPO-BB (Internetgestützte Videoanalyse in der Sportlehrerfortbildung in Brandenburg) erfolgt in Anlehnung an die Arbeitsgruppe der Universität Gießen (INVISPO; Mehl, 2011) die Weiterentwicklung, Anwendung und Evaluation eines Blended Learning-Szenarios an der Schnittstelle von wissenschaftlicher Ausbildung und berufsfeldorientierter Kompetenzentwicklung der im Fach Sport unterrichtenden Lehrkräfte.

Methode

In einem ersten Arbeitsschritt wurde auf Grundlage der Erfahrungen des INVISPO-Projekts die webbasierte, didaktisch-strukturierte Lehr-Lern-Umgebung weiterentwickelt und mit den Erfordernissen der dritten Phase der Lehrerbildung abgestimmt. Hierzu wurden authentische Unterrichtsvideos (Tool 1), inklusive Begleitmaterialien und theoretisch fundierter Anleitungen entwickelt (Tool 2). Im einem zweiten Schritt soll die Qualifizierung der Sportfachberater zur Anwendung der Tools im Kontext der reflexiven Auseinandersetzung mit unterrichtlicher Praxis durch Micro-Teaching erfolgen (10/2015). Dies beinhaltet die Befähigung der Sportfachberater zur Herstellung eines Diskurses im Sinne der Aufbereitung und Mitteilung professionellen Steuerungswissens und der damit verbundenen Rekonstruktion von Handlungs- und Deutungsmustern der Akteure sowie der kollegialen Fallberatung auf Grundlage des Blended-Learnings. Im dritten Arbeitsschritt werden die Tools im Rahmen der Lehrerfortbildung im Fach Sport angewendet (01/2016). Dabei steht die reflexive Auseinandersetzung und Analyse der Lehrkräfte mit unterrichtlichen Handlungen und Prozessen zunächst anhand von fremden, später eigenen Videosequenzen im Vordergrund.

Ergebnisse

Die Aufbereitung erster Unterrichtsvideos sowie entsprechender Begleitmaterialien ist im Prozess und wird im zweiten Quartal 2015 abgeschlossen sein. Im dritten Quartal 2015 werden die Sportfachberater (Multiplikatoren) gezielt auf die Arbeit mit den Unterrichtsvideos und deren Einsatz im Rahmen der Lehrerfortbildung vorbereitet.

Literatur

Mehl, S. (2011). *Internetgestützte Videoanalyse im Rahmen der Schulpraktischen Studien im Rahmen der Sportlehrerausbildung – Entwicklung, Anwendung, Evaluation.* Köln: Sportverlag Strauß.

Video-aided reflection in continuing professional education

PILAR SAGASTA, NAGORE IPIÑA & BEGOÑA PEDROSA

Mondragon University

Introduction

Reflective practice in teacher education is considered one of the most important aspects to help teachers improve their teaching (Hatton & Smith, 1985; Loughran, 2002). Schön's (1983) seminal work showed how practitioners reflected in action and on action and developed knowledge which was useful for their job. Since then, reflection in teacher education has been promoted in teacher education programmes (Seidel et al, 2011; Tripp and Rich, 2012, Sagasta & Pedrosa, 2015). In these programmes videoplay has been used to enhance teacher reflection. The purpose of this study is to examine the impact of videoplay on teacher reflection and to analyze the quality of that reflection. Eight teachers enrolled in a blended learning programme of teacher education videotaped their lessons and confronted their practice in an interview with their supervisor.

Method

The interviews were audio recorded, transcribed and coded by applying the rubric developed by Ward and MacCotter (2004).

Results

Results show that all the teachers managed to articulate reflection on their practice, but differences were found with regards to the quality of their reflection.

Discussion

Further research is needed to analyse the impact of teacher prior learning experience as this study shows that it may have an effect on teacher reflection quality.

Literature

Hatton, N. & Smith, D. (1995). Reflection in teacher education: Towards definition and implementation. *Teaching and Teacher Education*, 11, 33-49.
Loughran, J. J. (2002). Effective reflective practice: In search of meaning in learning about teaching. *Journal of Teacher Education*, 53 (1), 33-43.
Sagasta, P. & Pedrosa, B. (2015). Reflective practice in teacher education: Mondragon University. European Teacher Education Network (ETEN) annual conference 2015. Denmark: University College UCC. 16-18 April.
Schön, D. (1983). *The reflective practitioner: How professionals think in action*. London: Temple Smith.
Seidel, T., Stürmer, K., Blomberg, G., Kobarz, M. & Schwuindt, K. (2011). Teacher learning from analysis of videotaped classrooms situations: Does it make a difference whether teachers observe their own teaching or that of others? *Teaching and Teacher Education*, 27, 259-267.
Tripp, T. R. & Rich, P. J. (2012). The influence of video analysis on the process of teacher change. *Teaching and Teacher Education, 28*, 728-739.
Ward, J. R. & McCotter, S. S. (2004) Reflection as a visible outcome for preservice teachers. *Teaching and Teacher Education, 20*, 243-257.

AK 6: Sport International

Föderale Strukturen im Sport – ein deutsch-österreichischer Vergleich

TORSTEN WOJCIECHOWSKI

Fachhochschule Kufstein Tirol

Einleitung

Die föderalen Strukturen des Sports sind bisher kaum untersucht (vgl. Ferkins & Shilbury, 2010). Überwiegend findet sich die Beschreibung eines Mehrebenensystems von den Vereinen über die Landesverbände hin zu den Bundesverbänden. Forschung, welche die Ausgestaltung dieses Systems analysiert fehlt bisher weitgehend. Hier setzt dieser Beitrag an und arbeitet die Ausgestaltung dieses Mehrebenensystems im Ländervergleich zwischen Deutschland und Österreich heraus. Dem Beitrag zu Grunde liegt eine organisations- und föderalismustheoretische Perspektive, aus welcher v. a. die Mitgliedschaftsbeziehungen der Vereine und Verbände im Mehrebenensystem sowie deren Stimmrechte in den Fokus geraten (vgl. Armingeon, 2002; Coleman, 1987; Ferkins & Shilbury, 2010).

Methode

Die föderalen Sportstrukturen werden im Ländervergleich zwischen Deutschland und Österreich untersucht. Diese Länder haben einen vergleichbaren historischen Hintergrund und können beide als unitaristische föderale Staaten betrachtet werden (vgl. Armingeon, 2002). Die empirische Analyse fokussiert auf die sportartspezifischen Verbände und nutzt die Satzungen der Verbände als Datengrundlage, um die Mitgliedschaftsbeziehungen und Stimmrechte in ihrer Typik und quantitativen Verteilung herauszuarbeiten.

Ergebnisse

Es zeigen sich vier verschiedene Typen föderaler Sportorganisation (indirekte, direkte, gemischte und asymmetrische Repräsentation). In Deutschland haben ca. 90% der Verbände eine indirekte Repräsentation der Vereine, in Österreich ca. 40%. Dort spielen darüber hinaus die direkte Repräsentation (ca. 30%) und die gemischte Repräsentation (20%) eine bedeutende Rolle. In beiden Ländern findet sich die asymmetrische Repräsentation bei etwa 10% der Verbände. Diese Modelle verknüpfen sich in unterschiedlicher Weise mit der Verteilung der Stimmrechte auf die Verbandsmitglieder.

Diskussion

Die beschriebenen Unterschiede können durch Faktoren wie Verbandsgröße und Sportartentypik ebenso wie durch länderspezifische Besonderheiten erklärt werden. Weitere Forschung kann daran anknüpfend Fragen nach der Effektivität, Effizienz sowie demokratischen Responsivität der unterschiedlichen föderalen Organisationsstrukturen fokussieren.

Literatur

Armingeon, K. (2002). Verbände und Föderalismus. Eine vergleichende Analyse. In A. Benz & G. Lehmbruch (Hrsg.), *Föderalismus. Analysen in entwicklungsgeschichtlicher und vergleichender Perspektive* (S. 213-233). Wiesbaden: Westdeutscher Verlag.
Coleman, W. D. (1987). Federalism and Interest Group Organization. In H. Bakvis & W.M. Chandler (Eds.), *Federalism and the Role of the State* (pp. 171-187). Toronto et al.: University of Toronto Press.
Ferkins, L. & Shilbury, D. (2010). Developing board strategic capability in sport organisations: The national-regional governing relationship. *Sport Management Review, 13*, 235-254.

Sportpolitik als parteipolitisches Handlungsfeld: Deutschland, Spanien und das Vereinigte Königreich im Vergleich

TILL MÜLLER-SCHOELL, NINJA PUTZMANN & DANIEL ZIESCHE
Deutsche Sporthochschule Köln

Einleitung

Konfligierende politische Orientierungen strukturieren auch sportpolitische Prozesse, insbesondere wenn es um die Verteilung von Ressourcen und Akzentsetzungen der staatlichen Steuerung geht. Klassische Konfliktlinien, die den Parteienwettbewerb prägen, existieren entlang der Gegensätze Markt vs. Staat, Autonomie vs. Intervention, egalitäre Verteilung vs. Elitenförderung, Zentralismus vs. Föderalismus, um nur einige zu nennen.

Methode

Wir begreifen Sport als Politikfeld, in dem Regierungen je nach parteipolitischer Konstellation gestaltend aktiv werden. Hinsichtlich der Operationalisierung klassischer Konfliktlinien für dieses Politikfeld erachten wir folgende Themen als einschlägig: Staatliche Eingriffe in die Eigengerichtsbarkeit des Sports, Kommerzialisierung und Privatisierung des Sports, Finanzierung von Breiten- und Spitzensportinfrastrukturen, Kompetenzverlagerung zwischen nationalen und regionalen Akteuren.
Vorgestellt wird ein Drei-Länder-Vergleich zwischen Deutschland, Spanien und dem Vereinigten Königreich. Der Forschungszeitraum setzt mit Beginn der 1990er Jahre ein, da ab diesem Zeitpunkt in allen untersuchten Ländern institutionelle Stabilität herrscht und sich gleichzeitig die parteipolitische Zusammensetzung der jeweiligen Regierungen im Wandel befindet. Letztere wird operationalisiert als Dominanz des sozialdemokratischen/sozialistischen/Labour-, des christdemokratischen und des konservativ-marktliberalen Lagers.
Die empirische Basis der qualitativen Untersuchung bildet eine vergleichende inhaltliche Analyse von Parteiprogrammen, Sitzungsprotokollen und Sportprogrammen.

Ergebnisse

Für das Vereinigte Königreich lässt sich für die Konfliktlinie Markt vs. Staat eine tendenzielle parteipolitisch vorstrukturierte Orientierung nationaler Sportpolitik konstatieren. In Spanien zeichnet sich in jüngerer Zeit eine sportpolitische Konfliktlinie entlang der Gegensätze Autonomie vs. Intervention und Zentralismus vs. Föderalismus ab. Vergleichbare Evidenzen lassen sich in Deutschland nur in stark abgeschwächter Form finden. Am ehesten lässt sich eine Konfliktlinie entlang zentralstaatliche Steuerung vs. föderal-subsidiäre Aufgabenteilung behaupten.

Diskussion

Parteipolitische Konfliktlinien sind zunehmend relevant, aber nicht der einzige Faktor der Sportpolitik bestimmt. Institutionelle Konfigurationen, wie z. B. Föderalismus, Vereins- und Verbandstraditionen und das jeweilige, zunehmend komplexere Sportsystem begrenzen ihre Prägekraft.

Spielerauktion als Transferkonzept in der indischen Hockeyliga und Auswirkungen auf das Leistungsniveau des Nationalteams

LAURENS FORM & HOLGER PREUß

Johannes Gutenberg-Universität Mainz

Einleitung

Seit geraumer Zeit bleiben im indischen Hockey Erfolge der Herrennationalmannschaft aus. Sportlich rangiert der Rekordolympiasieger international nur in der erweiterten Weltklasse, zuletzt stand bei den Olympischen Spielen 2012 mit Rang 12 der letzte Platz zu Buche, die Weltmeisterschaft 2014 beendete das Team auf Platz 9. Um die sportliche Misere zu beenden, wurden im indischen Hockey verschiedene Wege beschritten. Neben dem Wissenstransfer ausländischer Trainer, die als Coaches der Nationalmannschaft agierten, setzte man auf die Verbesserung des Spielniveaus einheimischer Akteure. Im Jahre 2012 entwickelte Indiens Verband mit finanzieller Hilfe von Sponsoren das Konzept einer Liga, in der der gezielte Einsatz leistungsstarker ausländischer Akteure dazu beitragen soll, die Leistungsfähigkeit indischer Spieler zu verbessern. Als strukturelle Besonderheit kann angesehen werden, dass die Teams auf Basis eines Franchise gegründet wurden und die ausländischen Spieler bei einer vor der Premierensaison 2013 durchgeführten Spielerauktion an die Mannschaften gegen finanzielle Gebote verteilt wurden.

Wir wollen eine erste inhaltliche Bewertung der neugegründeten indischen Hockeyliga vornehmen und die Spielerauktion als praktikables Element im Kanon verschiedener Transferkonzepte bewerten und mit anderen Sportligen und Sportarten vergleichen.

Methode

Als Grundlage des Beitrages dient eine umfassende Literatur- und Onlinerecherche zum Untersuchungsgegenstand der Struktur der indischen Hockeyliga sowie der durchgeführten Spielerauktion. Neben der inhaltsanalytischen Auswertung (Mayring, 2002) werden Informationen aus einer teilnehmenden Beobachtung aus der Saison 2013 genutzt.

Ergebnisse und Diskussion

Zuletzt konnte sich Indiens Nationalteam wieder besser platzieren. So wurden die Asienspiele 2014 gewonnen und das hochklassige besetzte Turnier der Champions Trophy 2014 auf Rang 4 beendet. Es gibt Hinweise darauf, dass sich das Leistungsniveau der Mannschaft, sowie einzelner Spieler auch dadurch verbessert hat, dass die ausländischen Spieler in der Liga die Fähigkeiten der einheimischen Spieler positiv beeinflusst haben und davon auch die Landesauswahl profitieren konnte. Besonderes Augenmerk wurde auf die Verteilung der Spieler gelegt, denn Indien wählt eine Auktionsform, die bisher im internationalen Sport unüblich ist. Es wird gezeigt, welche Vergabetechniken im Unterschied zu anderen großen Ligen und Sportarten das indische Modell ausmachen.

Literatur

Mayring, P. (2002). *Einführung in die Qualitative Sozialforschung.* 5. Auflage. Weinheim, Basel: Beltz.
Soumyakant, C., Anup, K. S. & Bagchi, A. (2015). Combinatorial auctions for Player Selection in the Indian Premier League (IPL). *Journal of Sports Economics 16* (1) 86-107.

Burden of disease attributable to physical inactivity: the European evidence

WALDEMAR KARPA[1] & SANDRINE POUPAUX[2]

[1]Kozminski University Warsaw, [2]Johannes Gutenberg-Universität Mainz

Introduction

This study investigates the causal effect of sport practice on health condition of population in a sample of the EU countries. It provides an empirical evidence on sport inactivity as an important risk factor for several chronic diseases, accounting for a significant part of related burden of disease.

Methodology

First, we correlate the sport participation data and epidemiological data on mortality and morbidity due to five non-communicable diseases (coronary heart disease, type 2 mellitus diabetes, obesity, colon cancer, stroke) with etiopathogeneses pointing out physical inactivity. In the second step, we provide the Cost-of-Illness estimates for our series of diseases based on Population Attributable Risk ratio accounting for physical inactivity.

Results

We find that sport activity positively reduces the morbidity for our sample of diseases. We also find that a substantial number of new illnesses would have been avoided due to physical activity. Finally, up to 10% of costs associated with our sample of diseases (both direct and indirect) are generated by physical inactivity.

Discussion and policy implications

WHO Member States have agreed on a set of nine voluntary global targets to be attained by 2025. One of them focuses on a 10 per cent reduction in the prevalence of insufficient physical inactivity while the another one concentrates on haltering the rise in diabetes and obesity – conditions for which physical inactivity remains an important risk factor. Referring to these goals, our study quantitatively evaluates the costs of diseases as a substantial burden for health systems and pledge in favor of adequate public incentives and pro-healthy lifestyle initiatives at both national and EU levels as an effective tool in raising health condition.

Exemplary Literature

Helmrich, S. P., Ragland, D. R., Leung, R. W. & Paffenbarger, R. S. Jr. (1991). Physical activity and reduced occurrence of non-insulin-dependent diabetes mellitus, New England. *Journal of Medicine, 325* (3),147-152.

(2004) The Costs of Illness Attributable to Physical Inactivity in Australia, Australian Government, Department of Helath, report available at http://www.health.gov.au/internet/main/publishing.nsf/Content/health-pubhlth-publicat-document-phys_costofillness-cnt.htm (access on: 2015.04.25)

(2014) Global status report on noncommunicable diseases, World Helath Organization, report available at: http://apps.who.int/iris/bitstream/10665/148114/1/9789241564854_eng.pdf?ua=1

FIFA Weltmeisterschaft 2014 Brasilien: Faktoren, die die Reisetätigkeit von Fußballfans beeinflussen

GERALD FRITZ

Johannes Gutenberg-Universität Mainz

Ziel der Studie

Die Studie fokussiert sich auf Fußballfans, die sich von Mega-Sportveranstaltungen angezogen fühlen und die FIFA Fußballweltmeisterschaft 2014 in Brasilien besucht haben. Die Befragten, vorrangig Mitglieder des DFB Fanclub Nationalmannschaft, überwinden persönliche Reisehemmfaktoren, die von ihrer inneren und sozialen Umwelt (push factors), aber auch von den externen Strukturen des Ausrichterlandes (pull factors) abhängen. Die Studie soll einen Einblick darüber geben, welche Reisemotive bzw. -inhibitoren unter den Fans vorhanden sind, wie sie miteinander abgewägt werden und ob sie sich gewissen Subgruppen zuordnen lassen. Die Studie besitzt eine hohe Relevanz für die Sporttourismusindustrie, um potentielle Besucher von Mega-Sportveranstaltungen besser zu charakterisieren und letztlich Reisetätigkeit zu initiieren.

Forschungsstand

In der Literatur existieren verschiedene Studien, die das geplante Reiseverhalten im Rahmen von Mega-Sportveranstaltungen hinsichtlich der Reisemotive (Kim & Chalip, 2004; Neirotti & Hilliard, 2006). Allerdings gibt es so gut wie keine Untersuchungen zum ausgeübten Reiseverhalten und damit zum aktiven Besuch von Mega-Sportveranstaltungen (Funk et al., 2009). Preuß (2005) spricht bei letzterem von „Eventbesuchern". Funk et al. (2007) konnten belegen, dass Reisemotive unter aktiven Teilnehmern einer internationalen Laufveranstaltung variieren. An dieser Stelle setzt diese Studie an und untersucht die Forschungslücke von Besuchern, passiven Sportteilnehmern, im Kontext einer Fußball WM.

Methodik & weiteres Vorgehen

Der Autor führte während und im Nachgang zur Fußball WM 2014 Einzelinterviews mit Mitgliedern des DFB Fanclub Nationalmannschaft und deutschen Fußballfans durch. Die Kontakte wurden zufällig an den DFB-Info-Mobilen in Rio de Janeiro und Belo Horizonte sowie im DFB-Fanhotel in Cabo Frio generiert. Insgesamt konnten 29 Einzelinterviews (n = 3 in Brasilien sowie n = 26 im Deutschland) durchgeführt und die Teilnehmer, darunter auch Nichtreisende (n = 6), nach ihren Reisemotiven befragt werden. Die Interviews wurden transkribiert und befinden sich aktuell (Mai' 15) in der Kodierungs- sowie Auswertungsphase.

Zusammenfassung & Ausblick

Diese qualitative Studie konzentriert sich auf die Bestimmung der Reisemotive von Fußballfans des DFB Fanclub Nationalmannschaft, nach Brasilien zu der FIFA WM 2014 zu reisen. Die Studie ebnet daneben den Weg für quantitative Folgestudien, die allgemein im Kontext des Fußballsporttourismus stehen. Im Besonderen bietet sich die Möglichkeit in Kooperation mit dem DFB, die Reisemotive seiner 50.000 Fanclub-Mitglieder differenzierter zu untersuchen, den Service gegenüber seinen Mitgliedern zu steigern und entsprechende attraktive Reiseangebote für zukünftige Großturniere zu schaffen.

Die Literatur ist beim Autor zu erfragen.

Der ökonomische Impakt der FIFA Fußball Weltmeisterschaft 2014 für Brasilien

NORBERT SCHÜTTE

Johannes Gutenberg-Universität Mainz

Einleitung

Vor der FIFA Fußballweltmeisterschaft 2014 in Brasilien fanden große Demonstrationen gegen den Event in ganz Brasilien statt. Dabei wurden vor allem die hohen Kosten kritisiert, die der Staat und damit die Bevölkerung von Brasilien aufzubringen hatten. Allerdings gab es auch die Möglichkeit, dass Gelder durch die ausländischen Eventbesucher in die Volkswirtschaft Brasilien zurückfließen, also dass zumindest ein Teil durch den Event selber gedeckt werden würde. Es stellt sich daher die Frage, wie hoch der ökonomische Impakt durch die Sporteventtouristen bei der WM war. Was waren die ökonomisch relevanten Besonderheiten dieser Weltmeisterschaft im Vergleich zu den Weltmeisterschaften 2006 in Deutschland und 2010 in Südafrika?

Methode

Zur Messung des Impacts wurde auf einen Bottom up Ansatz (Schütte, 2014, 284ff) zurückgegriffen, der auf Basis der Typologie von Preuß (2003) die ökonomischen Bedeutung verschiedener Touristengruppen bilanziert. Der Beitrag beruht dabei auf einer quantitativen Erhebung (N = 5.892) während der Weltmeisterschaft. Eventtouristen wurden vor den Stadien und auf FIFA Fanfesten in fünf verschiedenen Hostcitys mit Hilfe zufallsbasierter Klumpen-Stichproben befragt. Zusätzlich wurde auf das Datenmaterial der Weltmeisterschaften von 2006 (Preuß, Kurscheidt & Schütte, 2009) und 2010, welche mit Hilfe der gleichen Methode und nahezu identischen Fragebögen erhoben wurden, zurückgegriffen.

Ergebnisse

Der Impakt von Brasilien beträgt 1,3 Mrd. € und ist damit kleiner als der Deutsche von 2006 und größer als der von Südafrika. Dabei wird berücksichtigt, dass die Ticketeinnahmen bei Weltmeisterschaften seit 2014 nicht mehr an den Ausrichter gehen sondern an die FIFA, die damit allerdings Kosten u. a. aus der Organisation der Spiele deckt, die vorher von der Hostnation zu leisten waren.

Zahlreiche Besonderheiten konnten identifiziert werden. Von besonderer Wichtigkeit war die Zusammensetzung der teilnehmenden Nationalmannschaften sowie Besonderheiten der Fußballfankultur und der Geographie.

Man kann wieder einmal feststellen, dass es zwar einen gewissen „Payback" durch den Eventtourismus bei Megasportevent gibt, dieser aber die Kosten nicht deckt.

Literatur

Preuß, H. (2003). *Methodische Grundlagen*. In H. Preuß, H.-J. Weiss, *Torchholder Value Added – Frankfurt RheinMain 2012* (S. 17- 59). Eschborn: AWV.

Preuß, H., Kurscheidt, M. & Schütte, N. (2009). *Ökonomie des Tourismus von Sportgroßveranstaltungen. Eine empirische Analyse zur Fußball-Weltmeisterschaft 2006*. Wiesbaden: Gabler.

Schütte, N. (2014*). Impact Evaluation of Events*. In J. Beech, R. Kaspar & S. Kaiser (Ed.), *The Business of Events Management* (S. 281-292). München: Pearson.

AK 7: Motorische Schnelligkeit – ein interdisziplinärer Ansatz

Motorische Schnelligkeit – ein interdisziplinärer Ansatz

JÜRGEN KRUG

Universität Leipzig

Diskussionsschwerpunkte

Zur motorischen Schnelligkeit gibt es im Vergleich zu anderen Fähigkeiten unterschiedliche Standpunkte zum Konstrukt und zur Stellung im System motorischer Erscheinungsformen. In der Literatur gibt es auch differierende Auffassungen, ob die motorische Schnelligkeit eine eigenständige Dimension ist. Sehr weit gehen die Positionen auseinander, inwieweit motorische Schnelligkeit trainierbar ist. Im Arbeitskreis zur motorischen Schnelligkeit werden theoretische Positionen aus der Sicht der Wissenschaftsdisziplinen Motorik, Biomechanik, Neurowissenschaft, Genetik und Trainingswissenschaft begründet. Ausgewählte Untersuchungsergebnisse werden zur Trainierbarkeit der Schnelligkeit vorgestellt. Diese Ableitungen zum Training werden aus der Sicht verschiedener Wissenschaftsdisziplinen vorgenommen. Notwendige weitere Untersuchungsansätze sollen diskutiert und begründet werden.

Referate und Autoren im Arbeitskreis

Referat 1:
Krug, Wenzel, Ragert, Voß & Witt
„Das Konstrukt der elementaren motorischen Schnelligkeit"

Referat 2:
Wenzel & Ragert
„Zentralnervale und neuromuskuläre Determinanten der elementaren motorischen Schnelligkeit – kritische Reflexion und Ausblick"

Referat 3:
Kurth-Rosenkranz & Witt
„Elementare motorische Schnelligkeit in drei Alterskohorten"

Referat 4:
Berger, Krug & Kovacs
„Genetische Aspekte der elementaren motorischen Schnelligkeit"

Referat 5:
Saal, Lanwehr, Fiedler, Zinner, Mayer & Krug
„Praktische Applikationen zur Diagnostik der Schnelligkeit im Footbonaut"

Das Konstrukt der elementaren motorischen Schnelligkeit

JÜRGEN KRUG[1], UWE WENZEL[1], PATRICK RAGERT[1], GERALD VOß[2] & MAREN WITT[1]

[1]Universität Leipzig, [2]Sächsischer Leichtathletik-Verband

Einleitung und Problem

Motorische Schnelligkeit setzt sich aus elementaren (zyklischen und azyklischen) und komplexen Bewegungen zusammen, die mit reaktiver Schnelligkeit, Frequenzschnelligkeit und Reaktionsschnelligkeit in Verbindung gebracht werden. Das Konstrukt der elementaren motorischen Schnelligkeit wird dabei in der Literatur nicht einheitlich beschrieben. Ein Leistungsvollzug unter Zeitdruck mit muskulären, nervalen, energetischen und kognitiven Prozessen steht bei Voss, Witt und Werthner (2007) im Mittelpunkt. Schmidtbleicher (2009) sieht die azyklische oder zyklische Aktions- oder Bewegungsschnelligkeit nicht als eigenständige motorische Schnelligkeit an. Im Beitrag wird versucht, mit aktuellen Forschungsergebnissen das Konstrukt zu begründen.

Methode

Mit einem Diagnostikum (10 Tests) wurden die verschiedenen Aspekte der elementaren motorischen Schnelligkeit erfasst. An der Untersuchung nahmen 214 Studenten (95 Frauen, Alter M = 21,54, SD = 2,47 und 114 Männer, Alter M = 22,39, SD = 2,64) teil. Die Tests beinhalteten Reaktionsaufgaben (getrennt in Einfach- und Wahlreaktion), zyklische und azyklische Bewegungsaufgaben sowie reaktive und willkürlich initiierte Schnelligkeitsanforderungen. Schnellkrafttests sollten im Sinne von diskriminanter Validität eine Unabhängigkeit von der elementaren motorischen Schnelligkeit belegen. Das Konstrukt der elementaren motorischen Schnelligkeit wurde mit einer explorativen Faktorenanalyse (Hauptkomponentenanalyse, Varimax Rotation mit Kaiser-Normalisierung) untersucht.

Ergebnisse und Diskussion

Eine Vierfachstruktur mit Einfachreaktion/Wahlreaktion, willkürlich initiierter Schnelligkeit und zwei Schnellkraftkomponenten lässt sich extrahieren. Vertiefende Untersuchungen zur einfachen Reaktionsschnelligkeit (Hände-Füße, links-rechts, visuell-akustisch) belegen ihre Sonderstellung. Sie ist auf einen Faktor reduzierbar, es gibt keine signifikanten Unterschiede zwischen linker und rechter Extremität. Außerdem unterscheidet sie sich im genetischen Profil. Eine weitere Teiluntersuchung mit 78 Sportstudentinnen und -studenten mit alternierenden Handtappings unterstützt die Ergebnisse anderer Autoren mit einem eigenständigen Faktor Frequenzschnelligkeit. Reaktions- und Frequenzschnelligkeit sind offenbar als eigenständige Faktoren der elementaren Schnelligkeit zu interpretieren, während die reaktive und willkürlich initiierte azyklische Schnelligkeit sowohl Kraft- als auch Schnelligkeitsanteile besitzt.

Literatur

Schmidtbleicher, D. (2009). Entwicklung der Kraft und Schnelligkeit. In J. Baur, K. Bös, A. Conzelmann & R. Singer (Hrsg.), *Handbuch Motorische Entwicklung*. Schorndorf: Hofmann.
Voss, G., Witt, M. & Werthner, R. (2007). *Schnelligkeitstraining*. Aachen: Meyer & Meyer.

Zentralnervale und neuromuskuläre Determinanten der elementaren motorischen Schnelligkeit – kritische Reflexion und Ausblick

UWE WENZEL & PATRICK RAGERT

Universität Leipzig

Einleitung

Zur Diagnose der elementaren motorischen Schnelligkeit haben sich für die einzelnen Erscheinungsformen sportmotorische Tests etabliert, die z. T. jedoch komplexe Anforderungen enthalten (u. a. Fußtapping, Matchtest, Dropjump). Am Beispiel der Ergebnisse zum Plantarflexionstest (Wenzel et al., 2014) wird gezeigt, dass zentralnervale und neuromuskuläre Verfahren künftig wesentlich stärker in den Fokus der Diagnostik rücken sollten.

Methode

Mit 34 Leistungssportlern aus Schnelligkeits- (n = 16; Alter: 23,6 ± 3,91) und Ausdauerdisziplinen (n = 18; Alter: 26,5 ± 3,41) wurden am Beispiel des Plantarflexionstests Unterschiede der willkürlich initiierbaren Schnelligkeit geprüft. Die neuromuskuläre Diagnostik bestand aus der Erfassung der Nervenleitgeschwindigkeit des N. tibialis und einer EMG-Frequenzanalyse mittels Wavelets des M. gastrocnemius (lateralis: GaL und medialis: GaM) während Ausführung der Plantarflexion. Die zentralnervale Diagnostik erfolgte anhand funktioneller und strukturelle MRT-Analysen.

Ergebnisse

Die Gruppe der schnelligkeitsorientierten Sportler erreichte signifikant höhere Intensitätsbereiche (Effektstärken: $0,30 \geq r \leq 0,47$) in den höheren Frequenzbändern des EMG ab 73,9 Hz (GaL) bzw. 56,6 Hz (GaM). Dagegen lag die Signalintensität der Ausdauersportler in den mittleren Frequenzbereichen höher. Bei der funktionellen MRT-Analyse wurden globale Maxima in motorisch relevanten Hirnregionen (u. a. im supplementärmotorischen sowie primärmotorischen Kortex) identifiziert. Bedeutsam ist auch die Hirnaktivität im Lobus anterior des Cerebellums. Strukturelle Unterschiede mit einem signifikant größeren (FWE korrigiert) Volumen der grauen Substanz bei den schnelligkeitsorientierten Sportlern sowie eine signifikante Gehirn-Verhalten Korrelation (FWE korrigiert) in diesem Hirnbereich erhärten die Bedeutsamkeit der zentralnervalen Diagnostik.

Diskussion

Während EMG-Verfahren relativ schnell in die bisherige sportmotorische Diagnostik integriert werden können, werden MRT-Untersuchungen aufgrund hoher Kosten und komplexen Auswerteverfahren nur für ausgewählte Zwecke nutzbar sein. Andere nicht-invasive Verfahren wie die transkranielle Magnetstimulation (TMS) sowie EEG Ableitungen stellen eine interessante Alternative dar, um neuronale Aktivität in motorisch relevanten Hirnarealen zu untersuchen. Deren Anwendungsfelder im Bereich der zentralnervalen Diagnostik der elementaren motorischen Schnelligkeit werden in diesem Vortrag diskutiert.

Literatur

Wenzel, U., Taubert, M., Ragert, P., Krug, J. & Villringer, A. (2014). *Functional and Structural Correlates of Motor Speed in the Cerebellar Anterior Lobe*. PLoS ONE 9(5): e96871. doi:10.1371/journal.pone.0096871.

Veränderung elementarer motorischer Schnelligkeitsleistungen in drei Alterskohorten

RONNY KURTH-ROSENKRANZ & MAREN WITT

Universität Leipzig

Einleitung

Im Gegensatz zu Schnellkraftvoraussetzungen zeigen ausgewählte Schnelligkeitsleistungen keine frühzeitige Leistungsminderung (Bartzokis et al., 2010). In der vorliegenden Untersuchung sollten deshalb mit Hilfe von kognitiv orientierten Schnelligkeitstests Veränderungen über eine große Altersspanne untersucht werden.

Methode

N = 370 Probanden verschiedener Altersgruppen (AG 1: 6-11J [N = 63]; AG 2: 19-32 J [N = 263]; AG 3: ü55 [N = 44]) führten Fußtapping stehend (FTT_F), Handtapping alternierend, Einfachreaktionen visuell/akustisch mit Hand und Fuß (RH_a), den Match-Test, Armextension, Ausfallschritt (AFS) und den Zahlenverbindungstest (ZVT) aus. Unterschiede wurden mit dem Kruskal-Wallis-Test sowie dem Post-Hoc-Test nach Mann-Whitney geprüft (p = .05 sowie Bonferroni-Korrektur für multiples Testen).

Ergebnisse

Alle Schnelligkeitsleistungen zeigen Prozesse der Evolution und Involution (vgl. Tab. 1). Dies ist mit signifikanten Veränderungen zwischen den Altersgruppen verbunden. Im Vergleich von AG 1 und AG 3 zeigen sich geringere Unterschiede (FTT_F; AFS).

Tab. 1. *Übersicht für ausgewählte Schnelligkeitsparameter (RH_a [ms]; FTT_F [Hz]; AFS [ms]; ZVT [bit/st)*

Altersgruppe	RH_a	FTT_F	AFS	ZVT
	MW/SD (min/max)	MW/SD (min/max)	MW/SD (min/max)	MW/SD (min/max)
6-11J	266/42* (193/357)	9,1/1,5* (6,0/13,7)	137/27* (86/250)	1,5/0,5* (0,5/2,4)
19-32J	219/29* (170/328)	12,2/1,1* (8,9/15,0)	99/21* (66/312)	3,1/0,4* (2,0/4,2)
ü55	244/48* (181/377)	9,3/2,0 (6,4/12,9)	151/40 (97/286)	2,0/0,5* (1,0/3,0)

Diskussion

Am Beispiel aller Tests zur Reaktionsschnelligkeit wird deutlich, dass sich die Werte im Mittel zwar signifikant im Altersgang verändern, die Extremwerte jedoch sehr ähnlich sind. Dies spricht für ein hohes Potential in allen Altersbereichen.

Literatur

Bartzokis, G., Lu, P. H., Tingus, K., Mendez, M., Richard, A., Peters, D. G., Oluwadra, B., Barrall, K.A., Finn, J. P., Villablanca, P., Thompson, P. M. & Mintz, J. (2010). Lifespan trajectory of myelin integrity and maximum motor speed. *Neurobiology of Aging.* 31, 1554-1562.

Genetische Aspekte der elementaren motorischen Schnelligkeit

LUKAS BERGER[1], JÜRGEN KRUG[1] & PETER KOVACS[2]

[1]Universität Leipzig, [2]Integriertes Forschungs- und Behandlungszentrum Adipositas Erkrankungen (IFB), Universität Leipzig

Einleitung

Die Genetik liefert zunehmend mehr Methoden zur Aufklärung der motorischen Leistungsfähigkeit (Thomis, 2011). Das wird auch zur Schnelligkeit erwartet, die primär als eine informationelle Leistungsvoraussetzung beschrieben und mithin vom neuronalen System determiniert wird. Ihre zentralnervale und neuromuskuläre Bestimmtheit ist oftmals der Grund, warum sie als stark genetisch beeinflusst und anlagebedingt angesehen wird. Andere Studien beschreiben hingegen eine lebenslange kortikale Plastizität der motorischen Schnelligkeit. Nicht nur aufgrund der bisherigen theoretischen Einordnung und zugleich unzureichend beschriebenen Grundlagen, sondern auch aufgrund der trainingspraktischen Folgerungen besteht ein erheblicher Forschungsbedarf hinsichtlich der genetischen Determiniertheit der Variabilität von Schnelligkeit.

Methode

Die Studie teilt sich in phänotypische (Schnelligkeitsdiagnostik) und genotypische (Genotypisierung) Aspekte. Mit einem Diagnostikum (10 Tests) wurden die verschiedenen Faktoren der elementaren motorischen Schnelligkeit erfasst (214 Probanden). Parallel dazu wurden plausible physiologische Kandidatengene für diesen Phänotypen ausgewählt. DNA wurde aus dem entnommenen Blut der Probanden (bisher 86) gewonnen. Die Genotypisierung erfolgte mittels der TaqMan-Technik. Für die Untersuchung der Assoziation zwischen den untersuchten Polymorphismen und dem Phänotypen wurden die erhobenen phänotypischen Merkmale sowie die Genotypen mittels Korrelationsanalysen und linearer Regression analysiert.

Ergebnisse

Es konnte gezeigt werden, dass von den 7 bisher ausgewählten Genen (8 „single nucleotide polymorphisms" – SNPs) unter Verwendung von jeweils einem additiven, dominanten und rezessiven Modell 19 signifikante Assoziationen ($p < 0{,}05$) zwischen den SNPs und motorischen Testleistungen in bestimmten Tests gefunden wurden. Diese Assoziationen fokussieren sich insbesondere auf die zwei Gene „double cortin domain containing 2" (DCDC2) und „brain derived neurotrophic factor" (BDNF).

Diskussion

Auch wenn unsere Daten in größeren unabhängigen Studienkollektiven repliziert und damit validiert werden müssen, deutet die Studie an, dass genetische Varianten in der Regulation der elementaren motorischen Schnelligkeit eine wichtige Rolle spielen können.

Literatur

Schleinitz, D., Di Stefano, J. K. & Kovacs, P. (2011). Targeted SNP genotyping using TaqMan assay. *Methods in Molecular Biology, 700*, 77-87.
Thomis, M. A. (2011). Genes and Strength and Power Phenotypes. In C. Bouchard & E. P. Hoffman (Eds.), *Genetic and Molecular Aspects of Sport Performance* (pp. 159-176). Oxford, UK: Wiley-Blackwell.

Praktische Applikationen zur Diagnostik der Schnelligkeit im Footbonaut

CHRISTIAN SAAL[1], RALF LANWEHR[2], HARALD FIEDLER[2], JOCHEN ZINNER[3], JAN MAYER[4] & JÜRGEN KRUG[1]

[1]Universität Leipzig, [2]Business and Information Technology School Iserlohn, [3]Hochschule für Gesundheit und Sport, Technik und Kunst, [4]Deutsche Hochschule für Prävention und Gesundheitsmanagement

Einleitung

Der Footbonaut ist ein innovatives Mess- und Informationsgerät zur Beurteilung der Handlungszeit- und Passpräzision im Fußball (Saal, Zinner & Büsch, 2013). In vorhergehenden Studien konnten Alterseffekte und Unterschiede zwischen talentierten und weniger talentierten Spielern nachgewiesen werden (Saal, Müller, Fiedler, Mayer & Lanwehr, 2014; Saal, Krug, Zinner & Mayer, 2015). In dieser Untersuchung überprüfen wir verschiedene Klassifikationsmodelle um eine Interpretation des Merkmals im Footbonaut in der Praxis zu vereinfachen.

Methode

An der Untersuchung nahmen ausschließlich Nachwuchsfußballer (n = 89, M = 66 ± 9,2 kg, M = 176 ± 7,5 cm) aus verschiedenen Ligastufen im Alter zwischen 15 und 16 Jahren teil. Sämtliche Probanden absolvierten im Footbonaut 4 Messwiederholungen mit 32 identischen Versuchen. Die Mittelwerte wurden in der Analyse verwendet. Des Weiteren wurde ein Gruppeneinteilung nach der Zugehörigkeit zu einem DFB-lizenzierten Verein (Gruppe 1; n = 56) vorgenommen.

Ergebnisse

Mittels der Support Vector Machine und einer Kreuzvalidierung wurde die Fehlklassifikationsrate auf 22,47% geschätzt. Beispielsweise sollte ein Spieler der DFB-Lizenzierten Vereine bei einer Trefferquote von 50%, eine Handlungszeit von höchstens 2,4 s erreichen. Ein Vergleich mit alternativen Verfahren (Lineare Diskriminanzanalyse, Quadratische Diskriminazanalyse und Random Forest) liefert marginal höhere Fehlklassifikationsraten.

Diskussion

Die Fehlklassifikationsrate ist relativ niedrig, kann aber durch eine Erhöhung der Stichprobe wahrscheinlich noch weiter verringert werden. Vergleichbare Verfahren (u. a. LDA, QDA, RF) weisen eine höhere Fehlklassifikationsrate auf. Aufbauend auf diesem Ansatz könnte in Zukunft ein Modell entwickelt werden, um die Ergebnisse im Footbonaut besser beurteilen zu können.

Literatur

Saal, C., Krug, J., Zinner, J., & Mayer, J. (2015). Footbonaut. Ein innovatives Mess- und Informationssystem im Fußball. *Leistungssport, 1* (1),13-19.
Saal, C., Müller, S., Fiedler, H., Mayer, J.& Lanwehr, R. (2014, Oktober). *The Footbonaut as an Innovative Diagnostic System. Differentiating Response Times in Soccer Players of Different Age-Groups*. Vortrag auf dem 2. International Congress on Sport Sciences Research and Technology Support in Rom in Italy.
Saal, C., Zinner, J., & Büsch, D. (2013). Der Footbonaut als Mess- und Informationssystem im Sportspiel Fußball. *Zeitschrift Für Gesundheit & Sport, 1* (3), 54-61.

AK 8: Therapie und Rehabilitation im und durch Sport

Die Wirksamkeit bewegungstherapeutischer Maßnahmen auf die posturale Instabilität bei Morbus Parkinson: Eine Metaanalyse

SARAH KLAMROTH, SIMON STEIB, SURENDAR DEVAN & KLAUS PFEIFER

Friedrich-Alexander Universität Erlangen-Nürnberg

Einleitung

Posturale Instabilität tritt bereits in frühen Stadien der Parkinsonerkrankung auf und führt zu Einschränkungen der Mobilität und einem erhöhten Sturzrisiko (Michalowska et al., 2005). Ziel dieser Metaanalyse ist es die Effekte bewegungstherapeutischer Maßnahmen auf die posturale Instabilität von Parkinsonpatienten zu quantifizieren und die Wirksamkeit verschiedener Trainingsinhalte zu vergleichen.

Methode

Im Januar 2015 erfolgte eine systematische Literaturrecherche in relevanten elektronischen Datenbanken (PubMed, Scopus, PEDro). Folgende Suchbegriffe wurden in verschiedenen Kombinationen verwendet: "Parkinson's disease" oder „Parkinson", "exercise therapy" oder "exercise" und "balance". In die Metaanalyse eingeschlossen wurden randomisiert kontrollierte Studien (RCTs) von mittlerer bis hoher methodischer Qualität (PEDro Score $\geq$ 5). Zudem musste mindestens eines der folgenden Testverfahren zur Erfassung der posturalen Kontrolle verwendet worden sein: Berg Balance Scale, posturale Schwankung, Timed Up and Go, oder Functional Reach Test. Zur Bestimmung der Therapieeffekte wurden standardisierte Mittelwertdifferenzen (SMD) mit 95% Konfidenzintervallen (CI) berechnet und die Ergebnisse der Einzelstudien in einem random effects model gepoolt.

Ergebnisse

22 Studien (n = 1072) wurden in die Meta-analyse eingeschlossen. Die Ergebnisse zeigen eine signifikante Verbesserung der posturalen Stabilität (SMD 0,23; 95% CI 0,10 bis 0,36; $p < 0,001$) durch Bewegungstherapie im Vergleich zu keiner Intervention oder einer Placebobehandlung. Therapien, welche spezifische Gleichgewichtskomponenten beinhalten, erzielen die größte Wirksamkeit, mit moderaten bis hohen Effektstärken (SMD 0,43; 95% CI 0,21 bis 0,66; $p < 0,001$). Interventionen, welche nicht speziell auf eine Gleichgewichtsschulung abzielten sowie Heimtrainingsprogramme mit gemischten Trainingsinhalten zeigten eine geringe Wirksamkeit (SMD 0,02 - 0,20).

Diskussion

Bewegungstherapeutische Maßnahmen, vor allem solche die spezifische Inhalte zur Gleichgewichtsschulung beinhalten, stellen einen wesentlichen Bestandteil der Behandlung von posturaler Instabilität bei Parkinsonpatienten dar. Zukünftige Studien sollten die Langzeiteffekte untersuchen und die Dosis-Wirkungsbeziehung von Gleichgewichtstraining bei Morbus Parkinson evaluieren.

Literatur

Michałowska, M., Fiszer, U., Krygowska-Wajs, A. & Owczarek, K. (2005). Falls in Parkinson's disease. Causes and impact on patients' quality of life. *Functional Neurology, 20*, 163-8.

Akute Anpassungen des Gangbildes und Gleichgewichts an ein sensomotorisches Laufbandtraining bei Patienten mit Morbus Parkinson

SARAH KLAMROTH[1], SIMON STEIB[1], HEIKO GASSNER[2], JÜRGEN WINKLER[2], BJÖRN ESKOFIER[3], JOCHEN KLUCKEN[2] & KLAUS PFEIFER[1]

[1]Institut für Sportwissenschaften und Sport, Universität Erlangen-Nürnberg, [2]Abteilung für Molekulare Neurologie, Universitätsklinikum Erlangen-Nürnberg, [3]Lehrstuhl für Mustererkennung, Universität Erlangen-Nürnberg

Einleitung

Morbus Parkinson geht meist mit Gang- und Gleichgewichtsstörungen einher. Laufbandtraining gilt als eine wirksame Methode zur Verbesserung der Gehfähigkeit (Mehrholz et al., 2010), zudem wirken Übungen mit hohen Gleichgewichtsanforderungen der posturalen Instabilität entgegen (Allen et al., 2011). Um Gang- und Gleichgewichtstraining miteinander zu kombinieren, wurde ein Laufband entwickelt, welches durch kleine dreidimensionale Kippbewegungen der Lauffläche Perturbationen direkt während eines Gehtrainings induziert. Ziel dieser Studie ist es, spontane Anpassungen der Motorik an eine einmalige Trainingseinheit zu untersuchen, und die Verträglichkeit dieser Intervention bei Parkinsonpatienten zu prüfen.

Methode

39 Parkinsonpatienten (Alter 64.5 ± 9.3 Jahre; H&Y I–III) wurden dem konventionellen (CTT n = 20) oder dem Laufbandtraining mit Perturbationen (PTT n = 19) randomisiert zugeordnet. Alle Probanden absolvierten eine 15-minütige Trainingseinheit. Als primäre Outcomes wurden die selbstgewählte Gehgeschwindigkeit (10-Meter-Gang-Test) und die Körperschwankung (Schwankungsgeschwindigkeit [vCOP], -fläche [aCOP]) während des Romberg Tests vor (pre), unmittelbar nach (post) und 10 Minuten (follow-up) nach der Intervention gemessen. Mittels Varianzanalyse mit Messwiederholung und post-hoc-Analyse (Bonferroni) wurden Unterschiede zwischen den Gruppen über die Zeit untersucht.

Ergebnisse

Alle Teilnehmer absolvierten das Laufbandtraining ohne Probleme. Unmittelbar nach der Intervention zeigte die PTT-Gruppe eine signifikant erhöhte Gehgeschwindigkeit im Vergleich zur CTT-Gruppe (PTT: Δ+0,40 ± 1,76 m/s; CTT: Δ-0,65 ± 1,07 m/s; p = 0,046). Die Schwankungsgeschwindigkeit reduzierte sich in beiden Gruppen signifikant von post zu follow-up (PTT: Δ-0,90 ± 1,63 mm/s; CTT: Δ-1,40 ± 1,70 mm/s; p = 0,001).

Diskussion

Das neuartige Laufbandtraining mit zusätzlichen Gleichgewichtsanforderungen wurde von den Parkinsonpatienten gut toleriert. Vor dem Hintergrund der großen Varianz müssen die Daten mit Vorsicht interpretiert werden. Die Ergebnisse deuten unterschiedliche spontane Adaptationen des Gangs nach einmaligem Laufbandtraining mit Perturbationen an.

Literatur

Allen, N. E., Sherrington, C., Paul, S. S. & Canning, C. G. (2011). *Movement Disorders, 26* (9), 1605-1615.

Mehrholz, J., Friis, R., Kugler, J., Twork, S., Storch, A. & Pohl, M. (2010). *The Cochrane Database of Systematic Reviews*, (Issue 1): CD007830.

Visuelles Feedbacktraining vs. Training in virtueller Umgebung – Wiederherstellung des normalen Gangs nach Hüft- u. Knie-TEP

JULIANE PIETSCHMANN[1,2] & THOMAS JÖLLENBECK[1,2]

[1]Klinik Lindenplatz, Institut für Biomechanik, [2]Universität Paderborn

Einleitung

Untersuchungen konnten zeigen, dass das Gangbild von Patienten nach totalendoprothetischer Versorgung (TEP) auch Jahre post-op noch deutliche Defizite aufweist (Classen, 2007). Als Schlüsselparameter konnten u. a. reduzierte Flexions-Extensions-Bewegungen im Hüft- bzw. Kniegelenk identifiziert werden (Jöllenbeck, 2010). Ziel der vorliegenden Studie war der Vergleich eines visuellen Feedbacktrainings (VisF) mit einem Training in virtueller Bildschirmumgebung (VirtU) auf dem Laufband zur Beurteilung der Effektivität eines zusätzlichen Gangtrainings für TEP-Patienten in der orthopädischen Rehabilitation.

Methode

An der Studie nahmen 88 Patienten (Vpn) (♀ 46; ♂ 42; 57,8 ± 6,9 J; BMI 29 ± 4,8) in der AHB nach Hüft- u. Knie-TEP teil und absolvierten ein 14-tägiges Laufbandtraining (LT). Die Vpn wurden indikationsspezifisch randomisiert einer von zwei Interventionsgruppen zugeteilt (IG1: VisF, IG2: VirtU). Zu Beginn (Messzeitpunkt: MZP1) und am Ende (MZP2) wurde eine 3D-Ganganalyse durchgeführt. Das LT bestand aus je 6 Trainingseinheiten mit 3-min. Eingewöhnungsphase (EP) und max. 20-min. Trainingsphase (TP). Beim VisF wurden in EP wesentliche Gangparameter wie die individuellen Fußabdrücke erfasst. Lag eine Schrittlängendifferenz vor, wurden die Fußabdrücke per Software an die größere Schrittlänge angepasst, für TP auf das Laufband projiziert und die Vpn instruiert, diese möglichst genau zu treffen. Beim VirtU wurden die Vpn instruiert, einen virtuell dargestellten Waldweg abzuschreiten und den virtuell angeordneten Hindernissen möglichst gut auszuweichen.

Ergebnisse

Die bisher vorliegenden Ergebnisse zeigen bei Hüft- wie Knie-TEP signifikante Verbesserungen wesentlicher Gangparameter wie Geschwindigkeit (IG1: $p \leq .001$, $d_{cohen} = 0.87$; IG2: $p \leq .001$, $d_{cohen} = 1.08$) und Schrittlänge (IG1: $p \leq .00$, $d_{cohen} = 1.01$; IG2: $p \leq .001$, $d_{cohen} = 1.08$) mit gering ausgeprägtem Interaktionseffekt. Die Auswertung der 3D-Gang-analyse zur Beurteilung der wesentlichen Schlüsselparameter wird in Kürze abgeschlossen sein.

Diskussion

Die ersten Ergebnisse zeigen, dass ein zusätzliches Gangtraining mit VISF oder in VirtU einen wesentlichen Beitrag zur Normalisierung des Gangbildes nach Hüft- u. Knie-TEP leisten kann. Zur Absicherung der Ergebnisse und Einschätzung der Effektivität eines zusätzlichen Laufbandtrainings in der AHB werden derzeitig die Daten einer altersadäquaten Kontrollgruppe (24 Vpn) ohne Intervention ausgewertet und zum Vergleich herangezogen.

Literatur

Classen, C. (2007). Zur Biomechanik des prä- und postoperativen Ganges von Patienten mit Knie- oder Hüft-Totalendoprothese. Unveröffentlichte Diplomarbeit, Universität Paderborn.
Jöllenbeck, T., Neuhaus, D. & Grebe, B. (2010). Schlüsselparameter zur Optimierung des Gangverhaltens in der Rehabilitation bei Patienten nach Knie- und Hüft-TEP. *DRV-Schriften, 88*, 352-354.

Effekte von elastischem Tape auf Schmerz und Funktionalität bei Arthrose des Kniegelenks (ELTAK)

ANNA LINA RAHLF & ASTRID ZECH

Friedrich-Schiller-Universität Jena

Einleitung

Arthrose gilt weltweit als eine der häufigsten Erkrankungen des Muskel-Skelett-Systems. Durch die degenerative Zerstörung des Gelenkknorpels kommt es insbesondere im fortgeschrittenen Stadium zu Schmerzen und Funktionseinschränkungen des Gelenks. Zunehmend Anwendung in der Praxis findet die Behandlung mit elastischem Tape. Die Wirksamkeit ist bisher jedoch aufgrund der unzureichenden Studienlage unklar (Williams et al., 2012; Morris et al., 2012). Ziel dieser Studie ist es, die Effekte des elastischen Tapes auf Schmerz und Funktionalität bei Arthrose des Kniegelenks zu untersuchen.

Methode

Der Studie liegt ein prospektives, randomisiert kontrolliertes Design zugrunde. 45 (58,6 ± 14,3 Jahre) Patienten mit einer klinisch und radiologisch gesicherten Gonarthrose wurden per Zufall in drei unterschiedliche Gruppen eingeteilt (Tape-, Placebo-, Kontrollgruppe). Alle Teilnehmer absolvierten zwei Messtermine innerhalb einer Zeitspanne von drei Tagen. Als Hauptmessparameter für Schmerz und Bewegungseinschränkung dient der Western Ontario and MacMaster Universities Osteoarthritis Index (WOMAC). Sekundäre Outcomes sind Schmerz, Balance, Ganggeschwindigkeit und isokinetische Maximalkraft der Kniestreckmuskulatur. Die statistische Analyse erfolgt mit Hilfe der zweifaktoriellen ANOVA mit Messwiederholung.

Ergebnisse

Innerhalb der Gruppen zeigten sich keine signifikanten Unterschiede bezüglich der demografischen Daten. Es wurde eine signifikante Veränderung des WOMAC ($p < 0,05$) innerhalb der Gruppen über die Zeit festgestellt. Im Post-hoc-Test zeigte die Tapegruppe (-1,1 ± 0,7 Punkte) eine signifikante Differenz vom ersten zum zweiten Messtermin im Vergleich zur Placebo- (-0,4 ± 0,6 Punkte) und Kontrollgruppe (-0,4 ± 0,6 Punkte). Ebenfalls signifikante Effekte über die Zeit aber nicht zwischen den Gruppen, gab es bei dem Wal-king Test ($p < 0,05$) und dem BESS Test ($p < 0,05$).

Diskussion

Körperliche Aktivität ist ein Therapieschwerpunkt in der Behandlung von Arthrose Patienten. Die Ergebnisse der Untersuchung zeigen, dass das Tragen von elastischen Tapes die subjektiv wahrgenommene Funktionalität verbessert. Folglich könnte das Tragen von elastischem Tape eine unterstützende und bewegungsfördernde Maßnahme bei körperlicher Aktivität sein. Hierzu bedarf es jedoch weitere Untersuchungen die zusätzlich eine Bewegungsintervention vorsehen.

Literatur

Morris, D., Jones, D., Ryan, H. & Ryan, C. G. (2013). The clinical effects Kinesio® Tex taping: A systematic review. *Physiotherapy theory and practice, 29*, 259-270.

William, S., Whatman, C., Hume, P. A. & Sheerin, K. (2012). Kinesio taping in treatment and prevention of sports injuries. *Sports medicine, 42*, 153-164.

Effekte hochintensiven Intervalltrainings mit niedrigen Volumen vs. kontinuierlichen Ausdauertrainings auf die Symptomatik, Herzratenvariabilität und Fitness bei Major Depression: Aspekte zum Studiendesign

LARS DONATH & DANIEL HAMMES

Universität Basel

Einleitung

Depressive Erkrankungen können zu einem Verlust an Lebensjahren in guter Gesund führen. Es gibt zudem Hinweise, dass Depressionen mit einem erhöhten Risiko für kardiovaskuläre Erkrankungen assoziiert sind. Neben medikamentösen Therapien hat sich auch regelmäßiges aerobes Training etabliert. Studien zu Folge führt Ausdauertraining zu einer Verbesserung der depressiven Symptomatik und zu einem geringeren kardiovaskulären Risiko. Auch das autonome Nervensystem profitiert von regelmäßigem Ausdauertraining. Es ist bislang allerdings unklar, ob das autonome Nervensystem vom Trainingsvolumen oder dem Belastungswechsel zwischen Belastung und Pause stimuliert wird. Aus diesem Grunde untersucht die vorliegende Studie, den Einfluss eines niedrigvolumigen Intervalltrainings auf die Herzratenvariabilität (HRV) und die Symptomatik gegenüber einem klassischen kontinuierlichen Ausdauertrainings. Beide Trainingsregime sind kalorisch äquivalent konzipiert.

Methode

In einem zweiarmigen Studiendesign mit Parallelgruppen werden diagnosebestätigte Patienten mit einer monopolaren Depression randomisiert entweder einer Intervalltrainingsgruppe (INT) oder einer Ausdauertrainingsgruppe (AUS) zugewiesen. Als Strata im Sinne der Minimierungsmethode gelten Alter, Geschlecht, Aktivität und Beck Depressionsgrad. Das Intervalltraining wird 25-mal über 30 Sekunden bei 90% der maximalen Leistungsfähigkeit durchgeführt. Das kontinuierliche Ausdauertraining wird über 25 Minuten bei 60% der maximalen Leistung durchgeführt. Das Training findet über 4 Wochen stationär an drei Tagen in der Woche statt. Als primäre Endpunkte gelten die Depressionssymptomatik und die HRV. Als sekundäre Parameter werden die körperliche Fitness sowie psychosoziale und kardiovaskuläre Parameter (Mikrozirkulation am Augenhintergrund) untersucht

Ergebnisse und Diskussion

Studien zu Folge führen schon minimale Belastungen zu einem massiven Rückgang des dämpfenden Teils (Nervus Vagus) des autonomen Nervensystems. Aus diesem Grund vermuten wir, dass ein hochfrequenter Wechsel (n = 25) zwischen Belastung und Pause zu einer verstärkten Stimulierung des autonomen Nervensystems gegenüber einer kontinuierlichen Belastung führen Könnte. Diese Hypothese geht auf einen interessanten Fallbericht von Herbsleb und Kollegen (2014) zurück.

Literatur

Herbsleb, M. Mühlhaus, T. & Bär, K. J. (2014). Differential cardiac effects of aerobic interval training versus moderate continuous training in a patient with schizophrenia: a case report. *Front Psychiatry, 29*, 119.

Effekte hochintensiven Intervalltrainings vs. kontinuierlichen Ausdauertrainings auf Symptomatik, Schmerzschwellen und Hirnfunktion bei Migräne: Aspekte zum Studiendesign

LARS DONATH & OLIVER FAUDE
Universität Basel

Einleitung

Migräne betrifft etwa 15% der europäischen Bevölkerung und gilt als stark beeinträchtigende neurologische Hirnerkrankung. Neben geeigneten medikamentösen Behandlungsstrategien wird auch körperliche Aktivität empfohlen. Die Befundlage auf Basis qualitativ hochwertiger randomisierter Kontrollstudien ist allerdings noch unzureichend, um valide Therapieempfehlungen aussprechen zu können. Das betrifft insbesondere intensitätsabhängige Interventionsstudien. Aus diesem Grund untersucht die hier vorgestellte Studie den Einfluss eines hochintensiven Intervalltrainings- bzw. kontinuierlichen Ausdauertrainings auf die Migränesymptomatik, körperliche Fitness, Hirnfunktion und Schmerzschwellen.

Methode

In einem dreiarmigen Studiendesign mit Parallelgruppen werden diagnosebestätigte Patienten mit Migräne (2-10 monatliche Anfälle, keine regelmäßigen Medikamente, weniger als 2 h körperliche Aktivität pro Woche) randomisiert entweder einer Intervalltrainingsgruppe (INT), Ausdauertrainingsgruppe (AUS) oder Kontrollgruppe (KON) zugewiesen. Als Gruppenzuweisungskriterien (Strata) werden Alter, Geschlecht, Aktivität und Migränehäufigkeit herangezogen. Das Intervalltraining wird bei 90% der maximalen Herzfrequenz (HRmax) über 4 mal 4 Minuten mit 3 Minuten Pause (70% HRmax) durchgeführt. Das kontinuierliche Ausdauertraining wird über 40 Minuten bei 70% der maximalen Herzfrequenz durchgeführt. Das Training findet über 12 Wochen an zwei Tagen in der Woche statt. Neben einem Schmerztagebuch wird auch ein Tagebuch zur Erfassung der körperlichen Aktivität geführt. Als primäre Endpunkte gelten Schmerzhäufigkeit und -stärke. Als sekundäre Parameter werden die körperliche Fitness (VO_2max, ventilatorische Schwellen), Hitze- und Kälteschmerzschwellen und Hirnstruktur- bzw. -funktion erfasst.

Ergebnisse und Diskussion

Wir vermuten, dass die vorliegende Studie in beiden Interventionsarmen zu einer Reduktion der Schmerzhäufigkeit und -stärke führt. Auch die maximale und submaximale Fitness wird sich in beiden Gruppen gegenüber der Kontrollgruppe verbessern. Wir vermuten, dass das Trainingsvolumen hier der Haupttrainingsanpassungstrigger ist. Bei der Schmerzverarbeitung vermuten wir stärkerer Effekte in der Intervalltrainingsgruppe, da hohe Trainingsintensitäten die Schmerzverarbeitung möglicherweise anders als kontinuierliche Belastungen beeinflussen.

AK 9: Sprint

Erfassung von Bodenkontaktzeiten mittels Optojump beim Sprinten mit und ohne Spikes

MARCUS SCHMIDT[1], ALESSA VAN HAREN[1,2], THOMAS JAITNER[1] & DANIEL HAHN[2]

[1]Technische Universität Dortmund, [2]Ruhr-Universität Bochum

Einleitung

Zur Leistungsdiagnostik von Sprints wird Optojump Next (OJ) (MICROGATE, Italien) als mobiles Messsystem eingesetzt, um bspw. Bodenkontaktzeiten zu bestimmen. Bei Sprüngen weist das OJ eine hohe Validität auf (Glatthorn et al., 2011), beim Laufen in Spikes (SP) wurden jedoch zum Teil erhebliche Messfehler (-29,7 ± 31,1 ms) festgestellt (Ammann & Wyss, 2014). Folglich soll in der vorliegenden Studie überprüft werden, ob die o. g. Messfehler auf den Einsatz von SP zurückzuführen sind.

Methode

Sieben Sportler/innen absolvierten im Labor 20 Sprintabläufe in SP und 10 in Turnschuhen(TS). Zwei Sportler absolvierten lediglich Abläufe in SP. Die Kontaktzeiten (t_s) der ersten beiden Schritte wurden von OJ (1 kHz) und zwei Kraftmessplatten (KMP) (Kistler, Schweiz; 1 kHz, 5 N Schwellenwert) erfasst. Anhand von Mittelwerten und Standardabweichungen sowie Intraklassenkorrelationskoeffizienten (ICC) und Bland-Altman-Plots (BAP) wurde die Übereinstimmung zwischen OJ und KMP analysiert.

Ergebnisse

Die t_s für SP und TS betragen 188 ± 24 ms (OJ) bzw. 193 ± 23 ms (KMP). Zwischen OJ und KMP konnte ein hoher Zusammenhang für SP (ICC = .888) und TS (ICC = .994) festgestellt werden (p = .000). Die Abweichungen von OJ und KMP liegen für TS im Mittel bei 2 ± 2 ms und für SP bei 1 ± 12 ms. Die Limits of Agreement (LoA) der BAP betragen für TS -1,5 ms und. 3,5 ms sowie für SP -21,5 ms und 23,5 ms. Bei SP wurden sowohl große Überschätzungen (bis 65 ms) als auch Unterschätzungen (bis -34 ms) erzielt.

Diskussion

Während das OJ für TS akzeptable Messwerte liefert, deuten die LoA für SP auf einen unsystematischen Messfehler des OJ bei der Erfassung von t_s mit SP hin. Die in der vorliegenden Studie erfassten Kontaktzeiten sind länger als bei Ammann und Wyss (2014), führen jedoch zu vergleichbaren Ergebnissen. Weiterhin konnte über die beim Warm-Up erfassten t_s bei Tappings bestätigt werden, dass auch bei kürzeren t_s für SP (117 ± 9 ms) hohe Abweichungen (bis 21 ms) gemessen werden. Das Heranziehen der durch OJ ermittelten t_s sowie der daraus berechneten Parameter zur Leistungsdiagnostik im Sprint mit SP ist daher kritisch zu betrachten.

Literatur

Ammann, R. & Wyss, T. (2014). *Genauigkeit von Optojump in Bezug auf Bodenkontaktzeit beim Jogging und Sprint.* In L. Maurer et al. (Hrsg.), *Trainingsbedingte Veränderungen – Messung, Modellierung und Evidenzsicherung.* 10. gemeinsames Symposium der dvs-Sektionen Biomechanik, Sportmotorik und Trainingswissenschaft vom 17.-19. September 2014 in Gießen. Hamburg: Feldhaus.

Glatthorn, J. F., Gouge, S., Nussbaumer, S., Stauffacher, S., Impellizzeri, F. M. & Maffiuletti, N. A. (2011). Validity and Reliability of Optojump Photoelectric Cells for Estimating Vertical Jump Height. *The Journal of Strength & Conditioning Research, 25* (2), 556-560.

Einfluss des Startabstands zur ersten Lichtschranke auf die Ergebnisse des 5-m-Sprints

STEFAN ALTMANN, MARIAN HOFFMANN, GUNTHER KURZ, RAINER NEUMANN, ALEXANDER WOLL & SASCHA HÄRTEL

Karlsruher Institut für Technologie (KIT)

Einleitung

In der Schnelligkeitsdiagnostik werden häufig Linearsprints mit (Einfach-)Lichtschrankenmessungen durchgeführt (Yeadon et al., 1999). Insbesondere beim Start können vorschwingende Extremitäten ein verfrühtes Auslösen und eine Verfälschung der gemessenen Zeit zur Folge haben (Earp & Newton, 2012). Ziel der vorliegenden Studie war daher die Analyse des Einflusses verschiedener Startabstände zur ersten Lichtschranke auf die gemessene Zeit und Messgenauigkeit der Startlichtschranke des 5-m-Sprints.

Methode

13 männliche Sportstudenten absolvierten jeweils 3 gültige Antritte über 5 m mit einem Startabstand von 0,3, 0,5 und 1,0 m. Der Bereich um die Startlichtschranke (Einfachlichtschranke; Höhe: 1 m) wurde mit einer High-Speed-Kamera aufgenommen. Mithilfe der Videobilder wurde der zeitliche Abstand (definiert als Frühauslösung) des auslösenden Körperteils (z. B. Hand oder Schulter) zum Referenzpunkt (gekennzeichnet durch einen Marker an der Hüfte) berechnet.

Ergebnisse

Die gemessenen 5-m-Zeiten waren für den 1,0-m-Startabstand (0,98 ± 0,06 s) signifikant schneller als für den 0,5-m- (1,05 ± 0,07 s) sowie den 0,3-m-Startabstand (1,09 ± 0,08 s) ($p < .001$). Es zeigte sich kein signifikanter Unterschied hinsichtlich der Frühauslösung zwischen den Startabständen ($p = .078$).

Diskussion

Der Startabstand beeinflusst die 5-m-Zeiten, aber nicht die Frühauslösung an der Startlichtschranke. Ergebnisse, die mit unterschiedlichen Startabständen gewonnen wurden, sind daher nicht vergleichbar. Diese Erkenntnisse unterstreichen die Forderung nach einheitlichen Testprotokollen bzw. der genauen Angabe von Testmodalitäten (Cronin & Templeton, 2008). Folgestudien sollten den Einfluss verschiedener Höheneinstellungen, sowohl der Start- als auch der Folgelichtschranken, untersuchen.

Literatur

Cronin, J. B., & Templeton, R. L. (2008). Timing light height affects sprint times. *The Journal of Strength & Conditioning Research, 22* (1), 318-320.

Earp, J. E., & Newton, R. U. (2012). Advances in electronic timing systems: Considerations for selecting an appropriate timing system. *The Journal of Strength & Conditioning Research, 26* (5), 1245-1248.

Yeadon, M. R., Kato, T., & Kerwin, D. G. (1999). Measuring running speed using photocells. *Journal of sports sciences, 17* (3), 249-257.

Einfluss der Lichtschrankenhöhe auf die Ergebnisse des 30-m-Sprints

MAX SPIELMANN, STEFAN ALTMANN, RAINER NEUMANN, ALEXANDER WOLL & SASCHA HÄRTEL

Karlsruher Institut für Technologie (KIT)

Einleitung

Das Verwenden von Lichtschranken für Schnelligkeitsdiagnostiken ist an einige Vorüberlegungen bzgl. des Testdesigns geknüpft (Faude et al., 2010). Erhobene Daten sind oft durch vorschwingende Extremitäten verfälscht (Earp & Newton, 2012). Ziel dieser Studie war daher, den Einfluss der Lichtschrankenhöhe auf die erfassten Zeiten und Messgenauigkeit zu analysieren.

Methode

15 männliche Sportstudenten absolvierten jeweils 3 gültige Sprints über 30 m bei einem Startabstand von 30 cm, wobei 2 Einfachlichtschrankensysteme mit verschiedenen Höheneinstellungen die Zwischen- und Endzeiten parallel bei 5, 10 und 30 m erhoben. Das 64-cm-System mit einer durchgängigen Höheneinstellung von 64 cm und das individuelle Messsystem mit einer Startlichtschranke auf 25 und Folgelichtschranken auf 100 cm Höhe wurden parallel von High-Speed-Kameras an allen Messpunkten gefilmt. Mithilfe der Videobilder wurde der zeitliche Abstand (Frühauslösung) des ersten Durchbruchs der Lichtschranken und passierendem Referenzpunkt (Hüfte) ermittelt und die tatsächlich gelaufene („bereinigte") Zeit errechnet, die als Referenz diente (Altmann et al., 2015).

Ergebnisse

Die Zwischen- und Endzeiten beider Systeme unterschieden sich untereinander und von der bereinigten Zeit ($p < .001$). Bei allen Zwischen- und Endzeiten bestanden Zusammenhänge ($p < .001$) zur bereinigten Zeit, die mit zunehmender Streckenlänge größer wurden. Diese waren beim individuellen System durchgehend höher. Die Frühauslösung betrug an der Startlichtschranke 0,114 ± 0,05 s (64-cm-System) bzw. -0,056 ± 0,023 s (individuelles System) und sank an den Folgelichtschranken kontinuierlich auf 0,031 ± 0,009 bzw. 0,004 ± 0,004 bei 30 m.

Diskussion

Ergebnisse, die mit Einfachlichtschranken unterschiedlicher Höhe gewonnen werden, sind nicht vergleichbar. Eine valide Erfassung der Zwischenzeiten bei 5 und 10 m mittels der verwendeten Systeme ist nicht, der Endzeit bei 30 m eingeschränkt möglich. Doppellichtschranken bzw. Messsysteme mit Signalverarbeitung sind daher empfehlenswert.

Literatur

Altmann, S., Hoffmann, M., Kurz, G., Neumann, R., Woll, A. & Haertel, S. (2015). Different starting distances affect 5-m sprint times. *The Journal of Strength & Conditioning Research.*

Earp, J. E., & Newton, R. U. (2012). Advances in electronic timing systems: Considerations for selecting an appropriate timing system. *The Journal of Strength & Conditioning Research, 26* (5), 1245-1248.

Faude, O., Schlumberger. A., Fritsche, T., Treff, G. & Meyer, T. (2010). Leistungsdiagnostische Testverfahren im Fußball – methodische Standards. *Deutsche Zeitschrift für Sportmedizin, 61* (6), 129-133.

AK 10: Gehirn und Bewegung

Einfluss transkranieller Gleichstromstimulation auf die motorische Leistung bei einfachen Greifbewegungen

NILS HENRIK PIXA, FABIAN STEINBERG & MICHAEL DOPPELMAYR

Johannes Gutenberg-Universität Mainz

Einleitung

Transkranielle Gleichstromstimulation (tDCS) ist ein non-invasives Verfahren zur Modulation neuronaler Aktivität (Schmicker et al., 2011). Die Stimulation bewegungsrelevanter Gehirnareale mittels anodaler tDCS simultan zur Ausführung einer motorischen Aufgabe, kann die motorische Leistung verbessern (Reis & Fritsch, 2011). Unsere mehrtägige Studie im Messwiederholungsdesign untersuchte Effekte von anodaler High Definition (HD-) tDCS auf die Leistung bei einfachen motorischen Greifaufgaben beider Hände.

Methode

17 gesunde Versuchspersonen ($n = 17$, 6 Frauen, Alter $M = 23,18$; $SD = 1,94$) wurden randomisiert in 2 Gruppen (STIM & SHAM) eingeteilt. Aufgabe aller Versuchspersonen war ein einfacher manueller Greiftest, bestehend aus vier Subtests (Purdue Pegboard Test; PPT). Die Leistung im PPT wurde zu sechs Messzeitpunkten (Tagen) erhoben. Davon waren der Prä-, Post- & Follow-Up-Test je ohne Stimulation. Zwischen Prä- und Posttest erhielt die STIM Gruppe an drei Tagen simultan zur Ausführung des PPT eine anodale HD-tDCS via zwei *Pi-Elektroden* ($3,14$ cm^2) mit einer Stromstärke von 1,5 mA und einer Dauer von 15 Minuten über motorischen Arealen (C1 & C2). Die SHAM-Gruppe bekam lediglich eine Scheinstimulation appliziert. Der Follow-Up-Test hat 5-7 Tage nach dem Posttest stattgefunden.

Ergebnisse

Mann-Whitney U-Tests zeigen nach alpha-Fehler Korrektur für den Follow-Up Test signifikante Unterschiede zwischen beiden Gruppen, wobei die STIM-Gruppe eine bessere Leistung in den Subtest`s des PPT für die *rechte Hand* ($z = -3.12$, $p = .002$) und für die *Summe rechte + linke Hand* ($z = -2.11$, $p = .035$) erbringt.

Diskussion

Unsere Ergebnisse legen nahe, dass HD-tDCS einen signifikanten Einfluss auf die Leistung der dominanten rechten Hand bei einer seriellen-motorischen Aufgabe hat und stützen somit die Ergebnisse vorausgegangener Studien (Reis & Fritsch, 2011; Sohn et al., 2012). Weitere Studien sind nötig um die Effekte der Gehirnstimulation auf komplexere motorische Aufgaben zu untersuchen.

Literatur

Reis, J. & Fritsch, B. (2011). Modulation of motor performance and motor learning by transcranial direct current stimulation. *Current Opinion in Neurology, 24*, 590-596.

Schmicker, M., Sabel B. A. & Gall, C. (2011). Nicht-invasive Hirnstimulation: Neuromodulation durch transkranielle elektrische Stimulation und deren Wirkung auf neuropsychologische Erkrankungen. *Zeitschrift für Neuropsychologie, 22*(4), 285-301.

Sohn, M. K., Kim, B. O., & Song, H. T. (2012). Effect of stimulation polarity of transcranial direct current stimulation on non-dominant hand function. *Annals of Rehabilitation Medicine, 36*(1), 1-7.

Zerebrale Oxygenierung beim Jonglieren – Zur Reliabilität der funktionellen Nahinfrarotspektroskopie

DANIEL CARIUS[1], MANUEL REHM[1], MARTINA CLAUß[2], CHRISTIAN ANDRÄ[2], ANIKA SCHWAGER[2], CHRISTINA MÜLLER[2], JAN MEHNERT[3] & RAINER WOLLNY[1]

[1]Martin-Luther-Universität Halle-Wittenberg, [2]Universität Leipzig, [3]Max-Plank-Institut für Kognitions- und Neurowissenschaften Leipzig

Einleitung

Die funktionelle Nahinfrarotspektroskopie (fNIRS) stellt potentiell ein geeignetes Verfahren zur Objektivierung der kortikalen Hirnaktivität während der Ausführung komplexer motorischer Handlungen dar. fNIRS ermöglicht die Messung der hämodynamischen Änderungsraten der Gewebeoxygenierung und ist vergleichsweise wenig sensitiv für Bewegungsartefakte. Bei einfachen motorischen Stimulationen (Fingertapping- & Faustschlußaufgaben) wird für die zentralen sensomotorischen Areale eine gute Reliabilität berichtet (Bhambhani et al., 2006). Höhere Bewegungsintensitäten z. B. beim Gehen und Laufen verursachen höhere hämodynamische Antwortreaktionen. Die hier vorgestellte Arbeit zielt auf die Reliabilitätsprüfung der fNIRS zur Erfassung der kortikal-hämodynamischen Änderungsraten während der Ausführung der Balljonglage durch Jonglage-Experten.

Methode

An der Studie nahmen 15 Jonglageexperten teil (alle männlich, 26,3 ± 5,2 Jahre). Der Messplatz umfasst das 64-Kanal fNIRS-Messsystem NIRSport (NIRX Medizintechnik GmbH, Berlin). Die fNIRS-Messung erfolgte zum Test und zum Retest (20 min später) nach einem randomisierten Block-Design vor, während und nach der 2-Ball Jonglage (rechts & links), der 3-Ball- und der 5-Ball-Kaskade über jeweils acht mal 20 Sekunden mit einer Pausendauer von ca. 20 Sekunden zwischen den Einzelversuchen und Blockpausen von 60 Sekunden. Die 16 Optoden wurden über den zentralen motorischen und sensiblen Arealen (premotorischer, primärmotorischer & somatosensorischer Cortex) und dem visuellen Areal MT/V5 appliziert. Die Analyse der Zeitverläufe der Konzentrationsveränderungen von oxygeniertem und desoxygeniertem Hämoglobin (oxy-Hb, deoxy-Hb) erfolgte nach dem Differenzverfahren für *non-overlapping* Hämodynamik-Studien. Die Test-Retest-Reliabilität wurde mittels Intraklassenkorrelation analysiert (ICC(3,1), two-way mixed).

Ergebnisse

Für die mittlere Konzentrationsänderung von oxyHb (z. B. 5-Ball Jonglage: $ICC(3,1) = .82 - .94$) und deoxyHb (z. B. 5-Ball Jonglage: $ICC(3,1) = .81 - .96$) wird eine ausreichende bis gute Reliabilität belegt. Dies gilt für alle erhobenen Jonglageaufgaben und Messkanäle.

Diskussion

Die funktionelle Nahinfrarotspektroskopie stellt ein geeignetes Verfahren zur Objektivierung der kortikalen Hirnaktivität während der Ausführung der Balljonglage dar.

Literatur

Bhambhani, Y., Maikala, R., Farag, M., & Rowland, G. (2006). Reliability of near-infrared spectroscopy measures of cerebral oxygenation and blood volume during handgrip exercise in non-disabled and traumatic brain-injured subjects. *Journal of rehabilitation research and development, 43*, 845-856.

Neurale Effizienz im Ausdauersport: Effekt aerober Fitness auf die kortikale Aktivität

SEBASTIAN LUDYGA[1], THOMAS GRONWALD[2] & KUNO HOTTENROTT[3]

[1]Universität Basel, [2]Otto-von-Guericke-Universität Magdeburg, [3]Martin-Luther-Universität Halle-Wittenberg

Einleitung

Neurale Effizienz zeigt sich darin, dass Trainierte im Vergleich zu Untrainierten bei einer Aufgabe höhere Leistungen mit einer geringeren kortikalen Aktivität bewältigen (Del Percio et al., 2010). Bisher wurde dieses Phänomen vorwiegend in kognitiven Aufgabenstellungen untersucht. Dementsprechend untersucht die vorliegende Studie, ob das Leistungsniveau bzw. die aerobe Fitness einen Einfluss auf die kortikale Aktivität während einer Ausdauerbelastung hat.

Methode

Für die Querschnittsstudie wurden 29 Radsportler und Triathleten rekrutiert. Alle Teilnehmer absolvierten einen Stufentest mit Spirometrie zur Bestimmung der maximalen Sauerstoffaufnahmefähigkeit, woraufhin die Teilnehmer einer Gruppe mit mittlerer (MED; $VO_2max \leq 49$ ml/min/kg) oder hoher aerober Fitness (HIGH; $VO_2max \geq 50$ ml/min/kg) zugeordnet wurden. An einem separaten Labortermin erfolgte die Erfassung der Hirnaktivität mittels Elektroenzephalographie in Ruhe sowie während einer fahrradergometrischen Ausdauerbelastung an der individuellen anaeroben Schwelle.

Ergebnisse

Bezüglich der Alpha/Beta-Index zeigten sich Gruppenunterschiede frontal ($F = 4.01$; $p = 0.030$), zentral ($F = 3.93$; $p = 0.032$) and parietal ($F = 5.79$; $p = 0.008$). Bei der Ruhemessung zeigte sich im Vergleich zu MED in HIGH ein höherer Alpha/Beta-Index in allen erfassten Hirnregionen (frontal: $F = 8.17$; $p = 0.008$; zentral: $F = 6.34$; $p = 0.018$; parietal: $F = 7.15$; $p = 0.013$). Gleichermassen war der Alpha/Beta-Index während der Ausdauerbelastung in der Gruppe mit hoher aerober Fitness im frontalen ($F = 4.46$; $p = 0.044$) und parietalen Bereich ($F = 5.62$; $p = 0.025$) grösser als in MED.

Diskussion

Ein erhöhter Alpha/Beta-Index steht dafür, dass bei Sportlern mit einer höheren aeroben Fitness im Ruhezustand und während einer Ausdauerbelastung eine niedrige kortikale Aktivität vorliegt. Die Fähigkeit, eine gleichermassen beanspruchende Belastung mit geringerer Hirnaktivität bewältigen zu können, zeigt, dass neurale Effizienz aufgabenbezogen auch in Ausdauerathleten nachweisbar ist.

Literatur

Del Percio, C., Babiloni, C., Marzano, N., Iacoboni, M., Infarinato, F., Vecchio, F., Lizio, R., Aschieri, P., Fiore, A., Toràn, G. & Gallamini, M. (2010). "Neural efficiency" of athletes' brain for upright standing: a high-resolution EEG study. *Brain Res Bull*, *79* (3-4), 193-200.

AK 11: dvs-Sektion Sportsoziologie: Teilhabe am Sport – Diskussion verschiedener Konzepte, ihrer Reichweite, Schnittmengen und Leerstellen

Teilhabe am Sport – Diskussion verschiedener Konzepte, ihrer Reichweite, Schnittmengen und Leerstellen

ULRIKE BURRMANN[1], PETRA GIEß-STÜBER[2], BETTINA RULOFS,[3] SABINE RADTKE[4] & HEIKE TIEMANN[5]

[1]Technische Universität Dortmund, [2]Albert-Ludwigs-Universität Freiburg, [3]Deutsche Sporthochschule Köln, [4]Justus-Liebig-Universität Gießen, [5]Pädagogische Hochschule Ludwigsburg

Aktuelle Herausforderungen für die Sportentwicklung lassen sich auf zwei Ebenen ausmachen: (a) Die Einbeziehung einer Vielfalt von sozialen Gruppen (v. a. auch bisher unterrepräsentierter Gruppen) im Sinne der Schaffung von Zugängen im organisierten Sport. Diese Zielperspektive wird mit dem Begriff Integration, im aktuellen Diskurs aber auch immer häufiger mit dem Begriff Inklusion beschrieben. (b) Der Umgang mit der sozialen Vielfalt im Sinne eines wertschätzenden Miteinanders, der Bereitstellung von Chancengleichheit und Vermeidung von Diskriminierung. Diese Zielperspektive wird häufig mit Diversitätsmanagement, Interkulturalität oder auch mit Inklusion bezeichnet, findet sich jedoch auch in neueren Integrationskonzepten wieder (Gieß-Stüber et al., 2014).

Im Arbeitskreis werden die Teilhabechancen am Sport aus Perspektive der Diversitäts-, Inklusions-, Integrations- und Interkulturalitätsforschung aufgearbeitet. In analytischer Absicht befassen sich die Referenten/innen mit den Gemeinsamkeiten und Überschneidungen sowie Unterschieden und Abgrenzungen der o. g. Konzepte. Verschiedene Diskussionsstränge sollen zusammengeführt und Forschungsperspektiven unter einer intersektionalen Perspektive aufgezeigt werden (Winker & Degele, 2009).

Durch die differenzierte Auseinandersetzung mit den verschiedenen Begriffen wird sichtbar, dass sich die skizzierten Konzepte in der aktuellen Fachdiskussion für verschiedene Ungleichheitsdimensionen öffnen, und nicht mehr nur eine fokussieren (z. B. Behinderung oder Ethnie). Theoretisch würde allerdings der Ansatz der Intersektionalität die Aufmerksamkeit für die mögliche Verschränkung von sozialen Asymmetrien schärfen. Für die zukünftige Ausrichtung von sportpolitischen Programmen wird somit die Vermeidung einer Engführung wichtig sein. Stattdessen ist die Verwobenheit verschiedener Dimensionen für die Teilhabe am Sport kontextspezifisch zu analysieren und für die Ausrichtung von Programmen zu reflektieren.

Literatur

Gieß-Stüber, P., Burrmann, U., Radtke, S., Rulofs, B. & Tiemann, H. (2014). *Expertise „Diversität, Inklusion, Integration und Interkulturalität – Leitbegriffe der Politik, sportwissenschaftliche Diskurse und Empfehlung für den DOSB/dsj"*. Frankfurt am Main: DOSB.

Winker, G. & Degele, N. (2009). *Intersektionalität – Zur Analyse sozialer Ungleichheiten*. Bielefeld: transcript.

Teilhabe am Sport aus Sicht der Diversitätsforschung

BETTINA RULOFS

Deutsche Sporthochschule Köln

Einleitung

Sowohl in den Sozialwissenschaften als auch im Entwicklungsmanagement von Organisationen verbreitet sich in den letzten Jahren zunehmend die sog. Diversitäts-Perspektive. Diese Perspektive bedeutet für Analysen in den Sozialwissenschaften, die Relevanz von Unterschieden für die Partizipation an gesellschaftlichen Gütern zu untersuchen. Gesellschaftliche Machtverhältnisse und die damit verbundene Hegemonie und Marginalität von Gruppen werden in ihrer Auswirkung auf gesellschaftliche Teilhabe analysiert und dabei insbesondere beobachtet, wie verschiedene Differenzlinien miteinander wechselwirken (vgl. u. a. Winker & Degele, 2009).

Bei der Entwicklung von Organisationen oder Wirtschaftsunternehmen versteht sich das sogenannte Diversitäts-Management als ein Steuerungsinstrument zum Umgang mit Vielfalt, mit dem Ziel die Unterschiede zwischen Individuen wertzuschätzen und im Sinne der Organisationsziele konstruktiv zu nutzen, während etwaige Nachteile von heterogenen Belegschaften (wie z. B. Hierarchiekonflikte) bewältigt werden.

Ziele

Der Beitrag geht der Frage nach, ob und inwiefern diese „Diversitäts-Perspektive" auf den Gegenstand Sport übertragen werden kann – als theoretische Analyseperspektive oder als Ansatz für die Steuerung und Entwicklung von Sportorganisationen. Dabei sollen sowohl der relativ diffuse Begriff von „Diversität" als auch Konzepte des „Diversitäts-Managements" geklärt und Anknüpfungspunkte für den Sport aufgezeigt werden.

Ergebnisse

Insgesamt nimmt der Beitrag eine kritisch reflektierende Perspektive auf den Diversitäts-Ansatz ein, um zu vermeiden, dass Konzepte aus anderen Teilsystemen (wie z. B. Wirtschaft), unreflektiert auf den Sport übertragen werden und um zu bewerkstelligen, dass kontextspezifische Besonderheiten des Sports (wie z. B. die zentrale Bedeutung des Körpers und die spezifische Form als Freiwilligenorganisation) berücksichtigt werden (vgl. Rulofs & Dahmen, 2010).

Literatur

Rulofs, B. & Dahmen, B. (2010). Gender und Diversity im Sport – Konkurrenz oder Verstärkung? *GENDER – Zeitschrift für Geschlecht, Kultur und Gesellschaft*, 2, 10, 41-55.
Winker, G. & Degele, N. (2009). *Intersektionalität – Zur Analyse sozialer Ungleichheiten*. Bielefeld: transcript.

Teilhabe am Sport aus Sicht der Inklusionsforschung

HEIKE TIEMANN[1] & SABINE RADTKE[2]

[1]Pädagogische Hochschule Ludwigsburg, [2]Justus-Liebig-Universität Gießen

Einleitung

Der Inklusionsbegriff findet in den letzten Jahren auch im deutschsprachigen Raum zunehmend Berücksichtigung in sportwissenschaftlichen Diskursen. Anlass dafür ist das nach der Ratifizierung durch den Deutschen Bundestag und Bundesrat im März 2009 in Deutschland in Kraft getretene Übereinkommen der Vereinten Nationen über die Rechte von Menschen mit Behinderungen. Ziel der Konvention ist es, „den vollen und gleichberechtigten Genuss aller Menschenrechte und Grundfreiheiten durch alle Menschen mit Behinderungen zu födern, zu schützen und zu gewährleisten" (Bundesgesetzblatt, 2008, S. 1423). Die rechtsverbindliche Verankerung der Konvention zieht nach sich, dass alle gesellschaftlichen Kräfte, und so auch der Sport, gefordert sind, sowohl auf institutioneller als auch auf personeller Ebene entsprechende Grundvoraussetzungen für den Inklusionsprozess zu schaffen. Die Forderung nach Inklusion betrifft alle Ebenen des Sportsystems, das heißt sowohl den schulischen als auch den außerschulischen Sport, sowohl den Freizeit- und Breiten- als auch den Leistungs- und Spitzensport.

Ziele

Ziel des Vortrags ist es, aufbauend auf einer begrifflichen Verortung und dem Bezug auf rechtliche Vorgaben, die aktuellen Entwicklungen in Deutschland darzustellen. Die im deutschen Sprachraum bisher defizitäre Forschungslage wird differenziert nach relevanten Forschungsschwerpunkten im schulischen und außerschulischen Sport aufgearbeitet. Darüber hinaus werden Ergebnisse internationaler Studien reflektiert.

Ergebnisse und Diskussion

Zwischen dem politischen und pädagogischen Inklusionskonzept und dem aus Wirtschaft und Organisationsmanagement stammenden Diversity-Ansatz sind Parallelen auszumachen. Ziel ist es, Menschen mit all ihren Unterschieden im gesellschaftlichen Kontext zu berücksichtigen, einzubeziehen und daraus folgend als Ganzes von dieser Vielfalt zu profitieren (vgl. Stuber, 2009). Aktuell wird Inklusion in Deutschland vor allem als Spezialthema mit einer spezifischen Zielgruppe – Menschen mit Behinderung – diskutiert; ein solches Begriffsverständnis greift jedoch zu kurz.

Literatur

Bundesgesetzblatt (2008). *Gesetz zu dem Übereinkommen der Vereinten Nationen vom 13. Dezember 2006 über die Rechte von Menschen mit Behinderungen sowie zu dem Fakultativprotokoll vom 13. Dezember 2006 zum Übereinkommen der Vereinten Nationen über die Rechte von Menschen mit Behinderungen. Jahrgang 2008, Teil II Nr. 35, ausgegeben zu Bonn am 31. Dezember 2008.*
Stuber, M. (2009). *Diversity – Das Potenzial-Prinzip.* München: Luchterhand.

Teilhabe am Sport aus Sicht der Integrationsforschung

ULRIKE BURRMANN

Technische Universität Dortmund

Für Heitmeyer ist die Frage nach der Integrationsfähigkeit moderner Gesellschaften zu einem zentralen öffentlichen wie wissenschaftlichen Diskussionsthema avanciert. „Die Integrationsproblematik scheint sich angesichts der Ambivalenzen sozialer Modernisierung und angesichts der unübersichtlichen Folgen von Differenzierung und Individualisierung mit ihren schwer kalkulierbaren Konsequenzen, der Rasanz der ökonomischen Globalisierung und der neuerlichen Brisanz von Ethnizität zu radikalisieren. So wird deutlich, dass sich die Integrationsthematik, die lange Zeit politisch halbherzig und konjunkturell rhetorisch für die „Ausländer" und Zugewanderten reserviert war, massiv gewandelt hat" (2008, S. 29-30). Der Sport hat auch im ‚Nationalen Integrationsplan' der Bundesregierung (2007) ein eigenes und umfangreiches Kapitel erhalten: Hier wird angenommen, dass Zuwanderer im Sportverein soziale Beziehungen aufbauen und Freundschaften knüpfen, Sprachkompetenzen erwerben und mit kulturellen Normalitätsmustern der deutschen Gesellschaft vertraut gemacht werden können.

Ziel des Vortrags ist es, den bisherigen Forschungsstand zu den Integrationsleistungen des vereinsorganisierten Sports im Hinblick auf Menschen mit Migrationshintergrund aufzuarbeiten. Zuvor werden jedoch der Integrationsbegriff und verschiedene Vorstellungen von Integration in der (Sport-)Soziologie thematisiert (Gieß-Stüber et al., 2014).

Werden interaktionistische Integrationskonzepte aufgenommen und die -dimensionen entsprechend operationalisiert, dürften sich mehr Gemeinsamkeiten als Unterschiede zu anderen Konzepten (z. B. Inklusion) finden. Dem Sport werden eine Reihe von Integrationspotenzialen zugeschrieben. Integration findet aber nicht per se statt. Nicht zuletzt verändert die Einführung eines „neuen" Begriffs oder Konzepts noch nicht die Vereinspraxis.

Literatur

Bundesregierung (2007). *Der Nationale Integrationsplan*.
Gieß-Stüber, P., Burrmann, U., Radtke, S., Rulofs, B. & Tiemann, H. (2014). Expertise „*Diversität, Inklusion, Integration und Interkulturalität – Leitbegriffe der Politik, sportwissenschaftliche Diskurse und Empfehlung für den DOSB/dsj*". Frankfurt am Main: DOSB.
Heitmeyer, W. (2008). Einführung. In I. Imbusch & W. Heitmeyer (Hrsg.), *Integration – Desintegration* (S. 29-33). Wiesbaden: VS.

Teilhabe am Sport aus Sicht der Interkulturalitätsforschung

PETRA GIEß-STÜBER & AIKO MÖHWALD

Albert-Ludwigs-Universität Freiburg

Wenn „Integration in den Sport" gelingt, ist die Teilhabe der Menschen in einem kulturell und sozial heterogenen Sportverein von interkulturellen Begegnungen geprägt, die es konstruktiv zu gestalten gilt. Entsprechend der aktuellen kulturanthropologischen Perspektive wird die »interkulturelle« Dimension als allgemeine und „nicht als migrationsspezifische Dimension pädagogischer Interaktion betrachtet" (Mecheril, 2004, S. 109). In dem Vortrag gehen wir den Fragen nach:

- Wie wird Interkulturalität in der Sportwissenschaft ausgelegt und beforscht?
- Gibt es Evidenzen, dass interkulturelle Begegnungen im Sport anders – konstruktiver – ablaufen als in anderen Lebensbereichen?
- Kann interkulturelle Begegnung im Sport „geübt" werden? D. h. kann Sport ein Medium sein für ein übergeordnetes sozial-pädagogisches und politisches Anliegen?

Die Recherche zu Interkulturalitätsforschung im sportwissenschaftlichen Diskurs lässt deutlich werden, dass der Fokus bislang auf dem schulischen Kontext liegt und sich auf die ethnisch-kulturelle Dimension – implizit häufig verknüpft mit Geschlecht – bezieht. Möglichkeiten der Förderung von interkultureller Kompetenz bei Schülerinnen und Schülern durch spezifische Unterrichtskonzepte führen zu mehr oder weniger ermutigenden Ergebnissen. In allen Studien zum interkulturellen Lernen im Sportunterricht wird die Bedeutung einer interkulturell orientierten Sportlehrkraft und deren methodisch-didaktischer Kompetenz hervorgehoben. In außerschulischen Kontexten gibt es insgesamt wenig ausdifferenzierte empirische Untersuchungen zu interkultureller Bildung (Nohl & Rosenberg, 2012). Die wenigen außerschulisch-sportbezogenen Studien beziehen sich vor allem auf interkulturelles Konfliktpotential im Sport, insbesondere im Fußball. Zifonun (2007, S. 113) konstatiert, dass interkulturelle Begegnungen (im Fußball) oftmals durch Zuschreibungen, Vorurteile und Stereotypisierungen geordnet und grundsätzlich zu Gunsten der Mehrheitsgesellschaft gestaltet werden. Dieses als Alltagsrassismus beschreibbare Phänomen schränkt die Teilhabe von nicht-dominanten Gruppen ein und stabilisiert bestehende Hierarchien gesellschaftlicher Gruppen. Eine Herausforderung besteht in der kritischen Auseinandersetzung mit dem Distinktionsmerkmal „Migration", um der Komplexität von Inklusions- und Exklusionsmechanismen bezüglich der Teilhabe am Sport gerecht zu werden.

Literatur

Mecheril, P. (2004). *Einführung in die Migrationspädagogik*. Weinheim, Basel: Beltz.
Nohl, A.-M. & Rosenberg, F. v. (2012). Interkulturelle Bildungsprozesse in außerschulischen Kontexten. In U. Bauer, U. H. Bittlingmayer & A. Scherr (Hrsg.), *Handbuch Bildungs- und Erziehungssoziologie* (S. 847-861). Wiesbaden: Springer VS.
Zifonun, D. (2007). Zur Kulturbedeutung von Hooligandiskurs und Alltagsrassismus im Fußballsport. *Zeitschrift für Qualitative Forschung 8* (1), 97-117.

Die Entwicklung des PSR-Inventar – Ein intersektionales Analyseinstrument zur Bestimmung der Position im sozialen Raum

JOHANNES VOLLMER

Albert-Ludwigs-Universität Freiburg

Spätestens seit PISA wissen wir, dass Differenzkategorien wie biologisches Geschlecht, Bildungsniveau der Eltern, Migrationsstatus der Familie etc. einen Einfluss auf die Bildungsbeteiligung bzw. den Kompetenzerwerb von Schülerinnen und Schülern haben (u. a. Prenzel et al., 2004). Auch hinsichtlich der Teilhabe, im Besonderen an organisiertem Sport, konnten ähnliche Effekte einzelner Kategorien nachgewiesen werden (u. a. Mutz & Burrmann, 2011). Einschlägigen Studien im Bildungsbereich (Bacher, 2004; Baumert, Watermann, & Schümer, 2003) haben gezeigt, dass die einzelnen Kategorien nicht isoliert zu betrachten sind. Will man empirisch und theoretisch befriedigende Erkenntnisse bzw. entsprechende Ansatzpunkte für programmatische Entscheidungen, muss die Komplexität der Sozialstruktur als solche – das Wechselwirkungsgeflecht zwischen den einzelnen Kategorien – berücksichtigt werden. Es bleibt festzustellen, dass im Gegensatz zum Bildungsbereich, noch keine umfassende Untersuchung stattgefunden hat, welche diese Wechselwirkungverhältnisse vor dem Hintergrund von Sportpartizipation und Sportengagement explizit in den Blick nimmt. Ein möglicher Grund hierfür ist, dass die entsprechenden Instrumentarien fehlen. Der vorliegende Beitrag ist ein erster Versuch diese Lücke zu schließen. Ziel ist die Entwicklung eines Instrumentes, das, ausgehend von einem intersektionalen Analyseparadigma, anhand der Ausprägung definierter Struktur- und Prozessmerkmale die Zugehörigkeit eines Individuums zu einer bestimmten soziostrukturellen Gruppe – somit die Position im sozialen Raum – ermittelt. Diese Positionierung kann dann als Prädiktor für Sportpartizipation und Sportengagement fungieren. Das Instrument erfasst (1) Migrationsstatus, (2) soziales Kapital, (3) ökonomisches Kapital, (4) kulturelles Kapital, (5) biologisches/ soziales Geschlecht und (6) physisches Selbstkonzept, sowie Sportpartizipation (1') und Sportengagement (2'). Es setzt sich dabei aus selbst entwickelten Items und bereits bewährten Itembatterien wie z. B. der PSK-Skala nach Stiller, Würth und Alfermann (2004) zusammen. Bei der zur Diskussion stehenden Validierungsstudie, bildeten Bachelor und Lehramtsstudierende (N = 60) der Albert-Ludwigs-Universität Freiburg die Stichprobe.

Literatur

Bacher, J. (2004). Geschlecht, Schicht und Bildungspartizipation. *Österreichische Zeitschrift für Soziologie, 29* (4), 71-96. doi: 10.1007/s11614-004-0031-5.
Baumert, J., Watermann, R. & Schümer, G. (2003). Disparität der Bildungsbeteiligung und des Kompetenzerwerbs. Ein institutionelles und individuelles Mediationsmodell. *Zeitschrift für Erziehungswissenschaft, 6* (1), 46-72. doi: 10.1007/s11618-003-0004-7
Mutz, M. & Burrmann, U. (2011). Sportliches Engagement jugendlicher Migranten in Schule und Verein: Eine Re-Analyse der PISA- und der Sprint-Studie. In S. Braun & T. Nobis (Hrsg.), *Migration, Integration und Sport* (S. 99-124). doi: 10.1007/978-3-531-92831-9_6
Prenzel, M., Baumert, J., Blum, W., Lehmann, R., Leutner, D., Neubrand, M., Pekrun, R., Rolff, H.-G., Rost, J. & Schiefele, U. (2004). *PISA 2003: Der Bildungsstand der Jugendlichen in Deutschland – Ergebnisse des zweiten Ländervergleichs. Zusammenfassung.* Münster: Waxmann.
Stiller, J., Würth, S., & Alfermann, D. (2004). Die Messung des physischen Selbstkonzepts (PSK). *Zeitschrift für Differentielle und Diagnostische Psychologie, 25* (4), 239-257.

AK 12: Sozialisation und Sport (Teil 1: Sozialisation zum Sport)

Sozialisation und Sport (Teil 1: Sozialisation zum Sport)

CLAUDIA KLOSTERMANN[1], MICHAEL MUTZ[2] & ULRIKE BURRMANN[3]

[1]Universität Bern, [2]Georg-August-Universität Göttingen, [3]Technische Universität Dortmund

Trotz vielfältiger Bemühungen allen Bevölkerungsgruppen den Zugang zum aktiven Sporttreiben zu ermöglichen, variiert das Sportverhalten nach wie vor mit sozioökonomischen und soziokulturellen Merkmalen, z. B. der Sozialschichtzugehörigkeit oder dem Migrationshintergrund (u. a. Burrmann, Mutz & Zender, 2015; Hartmann-Tews, 2006; Haut & Emrich, 2011; Mutz, 2012). Zur Erklärung dieser Unterschiede können sozialisationstheoretische Ansätze herangezogen werden, welche unter der Perspektive „Sozialisation zum Sport" die Bedingungen untersuchen, die den Zugang zum Sport(verein) und die Entwicklung sportlich-aktiver Lebensstile fördern oder hemmen.

Insbesondere die familiären Bedingungen des Aufwachsens, die in der Familie vermittelten und angeeigneten Orientierungen und Haltungen zum Sport und zur Bewegung als auch die dort erfahrenen Unterstützungsleistungen können die Partizipation am Sport sowie die Aufrechterhaltung sportlicher Engagements mitstrukturieren (z. B. Thiel, Seiberth & Meyer, 2013). Aber auch Peers, Lehrkräfte, Trainer/innen, Medien und nicht zuletzt die Gelegenheitsstrukturen im sozialräumlichen Kontext können für die Sport- und Bewegungssozialisation bedeutsam sein.

Im Arbeitskreis *Sozialisation zum Sport* werden aktuelle Forschungsarbeiten präsentiert, welche die Zugangsbarrieren insbesondere von bislang im Sport unterrepräsentierten Bevölkerungsgruppen (z. B. Migranten und Migrantinnen) untersuchen. Dabei werden sowohl unterschiedliche Kontexte und Organisationsformen des Sporttreibens (z. B. Verein, Schulsport) als auch der Einfluss unterschiedlicher Sozialisationsinstanzen (z. B. Eltern) differenziert in den Blick genommen. Im Hinblick auf die methodischen Zugänge werden sowohl qualitative als auch quantitative Arbeiten im Arbeitskreis vertreten sein.

Literatur

Burrmann, U., Mutz, M. & Zender, U. (2015). *Jugend, Migration und Sport. Kulturelle Unterschiede und die Sozialisation zum Vereinssport*. Wiesbaden: VS Verlag für Sozialwissenschaften.
Hartmann-Tews, I. (2006). Social stratification in sport and sport policy in the European Union. *European Journal for Sport and Society, 3* (2), 109-124.
Haut, J. & Emrich, E. (2011). Sport für alle, Sport für manche. Soziale Ungleichheiten im pluralisierten Sport. *Sportwissenschaft, 41* (4), 315-326.
Mutz, M. (2012). *Sport als Sprungbrett in die Gesellschaft? Sportengagements von Jugendlichen mit Migrationshintergrund und ihre Wirkung*. Weinheim: Beltz Juventa.
Thiel, A., Seiberth, K., & Mayer, J. (2013). *Sportsoziologie. Ein Lehrbuch in 13 Lektionen*. Aachen: Meyer & Meyer.

Migrantinnen in interkulturellen Vereinen: Perspektiven zur Integration in den Sport

JENNY ADLER ZWAHLEN & YVONNE WEIGELT-SCHLESINGER

Universität Bern

Einleitung

Im deutschsprachigen Raum besteht ein hoher Anteil an sportlich inaktiven und in Sportvereinen unterrepräsentierten Migrantinnen (Burrmann et al., 2015; Lamprecht et al., 2014). Migrantinnen ist der Zugang zu Sportaktivitäten häufig erschwert aufgrund von Diskriminierung, Konflikten und Grenzziehungen. Häufig wurde das Potenzial der Integration in den Sport bzw. Sozialisation zum Sport von Migrantinnen in (ethnischen) Sportvereinen und im Schulsport untersucht. Hingegen ist zur Integration in den Sport in interkulturellen Vereinen wenig bekannt. Basierend auf dem theoretischen Ansatz *Boundary Work* (Lamont & Molnár, 2002) wurden geschlechtsbezogene und ethnische Grenzziehungsprozesse hinsichtlich der Sportpartizipation von Migrantinnen in einem interkulturellen Verein sowie vereinsbezogene Möglichkeiten, welche die Integration in den Sport fördern, untersucht.

Methode

Es wurden halbstrukturierte Interviews mit acht Migrantinnen und zwei Leiterinnen eines interkulturellen Vereins in der Schweiz sowie eine Gruppendiskussion mit sechs Migrantinnen durchgeführt. Die Datenauswertung erfolgte mittels qualitativer Inhaltsanalyse und dokumentarischer Methode.

Ergebnisse

Die Resultate indizieren vielfältige, verschränkte, sich überlagernde und durchlässige Grenzen, die das Geschlecht und die Ethnizität allgemein betreffen. Im Speziellen wirken migrations- und lebensphasenspezifisch geprägte Haltungen gegenüber „mütterlichen" Verpflichtungen, sprachlichen- und beruflichen Ausbildungspflichten sowie Praktiken der Körperverhüllung. Die jeweilige Struktur der Grenzverschränkungen wirkt z. T. mehrfach restriktiv. Zur Überwindung der Grenzen bietet der Verein z. B. professionelle Mitarbeiterinnen; Kinderbetreuung; niederschwellige, kosten- und zeitgünstige Sportangebote exklusiv für Frauen; und eine wohlwollende Atmosphäre mit gleichberechtigtem Zusammensein.

Diskussion

Interkulturelle Vereine können den Zugang zu Sportangeboten für Migrantinnen erleichtern und die Integration in den Sport bzw. die Sozialisation zum Sport fördern. Der auf Grenzziehung fokussierte theoretische Ansatz und die vorliegenden Resultate eröffnen neue Forschungsperspektiven im Bereich *Sport und Sozialisation* sowie *Integration*.

Literatur

Burrmann, U., Mutz, M. & Zender, U. (2015). *Jugend, Migration und Sport. Kulturelle Unterschiede und die Sozialisation zum Vereinssport*. Wiesbaden: Verlag für Sozialwissenschaften
Lamont, M. & Molnár, V. (2002). The Study of Boundaries in the Social Sciences. *Annual Review of Sociology, 28* (1), 167-195.
Lamprecht, M., Fischer, A. & Stamm, H.-P. (2014). *Sport Schweiz 2014. Sportaktivität und Sportinteresse der Schweizer Bevölkerung*. Magglingen: BASPO.

Zur Bedeutung habitueller sportbezogener Verhaltensmuster in der Familie für die Sportpartizipation Jugendlicher und junger Erwachsener

CHRISTELLE HAYOZ, CLAUDIA KLOSTERMANN, TORSTEN SCHLESINGER & SIEGFRIED NAGEL

Universität Bern

Einleitung

Der Zugang zum Sport wird insbesondere in der Kindheit stark durch die Eltern beeinflusst, weshalb die Einstellung der Eltern zum Sport sowie deren Sportaktivitäten hierbei von großer Bedeutung ist (Thiel, Seiberth & Meyer, 2013). Darüber hinaus kann eine erhöhte Sport- und Bewegungsaktivität im familialen Alltag die sportbezogenen Einstellungen der Kinder prägen und damit das Sportverhalten im Jugend- und jungen Erwachsenenalter beeinflussen (Baur, 1989). Im Familienalltag wird den Aspekten Bewegung und Sport ein ganz unterschiedlicher Stellenwert zugesprochen. In dieser Untersuchung soll deshalb der Frage nachgegangen werden, inwiefern sportbezogene Verhaltensmuster in der Familie sich unterscheiden und sich auf die Sportpraxis der Kinder im Jugend- und jungen Erwachsenenalter auswirken.

Methode

Basierend auf dem sozialisationstheoretischen Ansatz wurden mit Hilfe einer Online-Umfrage in 33 Gemeinden in der deutsch- und französischsprachigen Schweiz Jugendliche und junge Erwachsene im Alter zwischen 15 und 30 Jahren (n = 3677) zu ihrem aktuellen Bewegungs- und Sportverhalten sowie retrospektiv zum Stellenwert des Sports sowie den Sport- und Bewegungsgewohnheiten in der Familie befragt. Nebst dieser quantitativen Untersuchung wurden 13 leitfadengestützte mit Jugendlichen und jungen Erwachsenen im Alter zwischen 15 und 25 Jahren geführt. Der Schwerpunkt der Befragung war die individuelle Sportpraxis sowie die eigene sowie familiäre sport- und bewegungsbezogene Einstellung. Die Interviewauswertung fand mittels qualitativer Inhaltsanalyse (Mayring, 2002) statt.

Ergebnisse und Diskussion

Die Ergebnisse zeigen, dass bei derzeit inaktiven Jugendlichen und jungen Erwachsenen der familiäre Stellenwert des Sports (M = 2.49, SD = 1.30) signifikant geringer war als bei den Sportaktiven (M = 3.32, SD = 1.28, $F(1, 3042)$ = 179.08, $p < 0.01$). Darüber hinaus berichten die derzeit nicht sportaktiven 15- bis 30-Jährigen von einer signifikanten geringeren Unterstützung innerhalb ihrer Familien ($F(1, 3014)$ = 170.26, $p < 0.01$). Die qualitative Auswertung zeigt die unterschiedliche Wahrnehmung und Interpretation der elterlichen Unterstützungsprozesse auf. Nicht nur die Sportaktivität der Eltern, sondern auch die sport- und bewegungsbezogenen Gewohnheiten in der Familie sind offensichtlich für das individuelle Sportverhalten im Jugend- und jungen Erwachsenenalter relevant.

Literatur

Baur, J. (1989). *Körper- und Bewegungskarrieren*. Schorndorf: Hofmann.
Thiel, A., Seiberth, K., & Mayer, J. (2013). *Sportsoziologie. Ein Lehrbuch in 13 Lektionen*. Aachen: Meyer & Meyer.
Mayring, P. (2002). *Einführung in die Qualitative Sozialforschung*. Weinheim: Beltz.

Schülertypen im Sportunterricht der Sekundarstufe I und deren Bezug zum außerschulischen Sport

ULRIKE BURRMANN

Technische Universität Dortmund

Einleitung

Neuere Studien verdeutlichen, dass die Schule nach wie vor eher Wissens- und Handlungsmuster präferiert und unterstützt, die in bildungsnahen Milieus an die Heranwachsenden vermittelt werden. Die lebensweltlichen Repertoires bildungsfernerer Milieus scheinen innerhalb der schulischen Grundkoordinaten kaum brauchbare Anschlussmöglichkeiten zu finden (Grundmann et al., 2004). Vermehrt werden daher (wieder) Stimmen laut, die fordern, dass die milieuspezifischen Erfahrungen der Schülerinnen und Schüler und das ihnen schon vertraute informelle Lernen gezielter einbezogen, anerkannt und weiterentwickelt werden. In den Vorschlägen zum Sportunterricht in der Sekundarstufe I wird v. a. auf das Konzept der Handlungsfähigkeit (Kurz, 2013) Bezug genommen, welches diese Anschlüsse ermöglichen soll. Bisher wurde allerdings die Frage der milieuspezifischen Ausdifferenzierungen sportiver Handlungsfähigkeit kaum bearbeitet.

Ziele

Ziel des Beitrags ist es, auf der Grundlage der SPRINT-Studie (DSB, 2006) und eines personenorientierten Zugangs verschiedene Schülertypen unterrichtlicher Sportengagements zu ermitteln und deren Verhältnis zum außerschulischen Sport zu analysieren. In diesem Zusammenhang wird auch der Frage nachgegangen, inwieweit bestimmte Schülergruppen im Sportunterricht eher Anschluss finden als andere.

Ergebnisse und Diskussion

Mittels Clusteranalyse wurden fünf Schülertypen unterrichtlicher Sportengagements ermittelt, die sich auch in ihrem Verhältnis zum außerschulischen Sport voneinander unterscheiden. Entgegen der Erwartungen scheint es dem Fach Sport zu gelingen, bildungsnahe wie auch bildungsferne Milieus anzusprechen. Allerdings weisen die Befunde darauf hin, dass sich der Sportunterricht nach wie vor eher an den Interessen der Jungen als an denen der Mädchen orientiert. Die Befunde werden u. a. im Hinblick auf das Ziel des Sportunterrichts, allen Schülerinnen und Schülern die verschiedenen Seiten des Sports näher zu bringen und sie zu lebenslangem Sport zu erziehen, diskutiert.

Literatur

Deutscher Sportbund (Hrsg.). (2006). *DSB-SPRINT-Studie. Eine Untersuchung zur Situation des Schulsports in Deutschland.* Aachen: Meyer & Meyer.

Grundmann, M., Bittlingmayer, U. H., Dravenau, D. & Groh-Samberg, O. (2004). Die Umwandlung von Differenz in Hierarchie?. *ZSE, 24,* 124-145.

Kurz, D. (2013). Zur Entwicklung einer pragmatischen Fachdidaktik. In P. Neumann & E. Balz (Hrsg.), *Sportdidaktik* (S. 13-23). Berlin: Cornelsen.

Elterliche Erwartungen und Einschätzungen zur körperlich-sportlichen Aktivität von Kindern im Übergang vom Kindergarten zur Grundschule

KATRIN ADLER[1], JULIA ZIMMERMANN[2] & DIANA SIEGERT[2]

[1]Karlsruher Institut für Technologie, [2]Technische Universität Chemnitz

Einleitung

Der Schuleinstieg eines Kindes geht mit Veränderungen in den gewohnten Lebenszusammenhängen einher und fordert von der gesamten Familie adäquate Bewältigungs- und Anpassungsprozesse (Andresen et al., 2013). Empirische Befunde lassen darauf schließen, dass die Schuleinstiegsphase ein kritischer Zeitpunkt für rückläufige körperlich-sportliche Aktivität (KA) ist (Woll et al., 2008; Sigmund et al., 2009). Mit Blick auf familiale Sozialisationsmechanismen existieren Hinweise zum Einfluss von Lebenslagemerkmalen und elterlicher Orientierungen auf das Niveau und die elterliche Unterstützung der KA junger Kinder (Nagel et al., 2007; Zecevic et al., 2010). Der Studie unterliegt ein sozialisationstheoretischer Ansatz sowie die zentrale Frage nach den elterlichen Einschätzungen zum Aktivitätsniveau von Schulanfängern und deren sozialstruktureller Bedingtheit.

Methode

Im Rahmen einer Chemnitzer Schulanfängerstudie (KOMPASS) wurde im November 2014 eine schriftliche Befragung der Eltern von Erstklässlern (M_{Alter} = 6,52 ± 0,5 Jahre; ♂ = 46%) aus 17 Grundschulen (Rücklauf 66%, N = 390) vorgenommen und sozialstrukturelle Merkmale der kindlichen Lebenslage, elterliche Erwartungen sowie elterliche Einschätzungen zur kindlichen körperlich-sportlichen Aktivität in der Schuleinstiegsphase erfasst.

Ergebnisse

Aus Elternsicht nimmt nach Schuleinstieg die KA wochentags während der Schulzeit ab (T = -2,821; df = 375; p = .005). Eine Zunahme der KA konstatieren Eltern für das Wochenende (T = 5,938; df = 376; p < .001), für den Schulweg (T = 11,515; df = 374; p < .001) und organisierte Sportstunden (T = 19,519; df = 376; p < .001). Die Sportvereinsausstiegsrate liegt im Übergang bei 9 (♂) resp. 13% (♀), die Einstiegsrate bei 11 (♂) resp. 4% (♀). Disparitäten in den Elterneinschätzungen zeigen sich z. T. assoziiert mit dem Bildungsniveau, Wohnlagemilieu, den Erwartungen zu Bewegungsbedürfnissen und zur Bedeutung der KA für erfolgreiches Lernen und geringeres Stresserleben in der Schuleingangsphase.

Diskussion

Von Relevanz erscheint die Analyse elterlicher Erwartungen und Bewertungen zur KA insbesondere vor dem Hintergrund deren Auswirkungen auf elterliche bewegungsbezogene Unterstützungsleistungen und das Erreichen adäquater Aktivitätsniveaus im Übergang.

Literatur

Nagel, S. et al. (2007). Soziale Ungleichheit und Beteiligung am Kindersport. *Sportunterricht 56* (2), 2007.
Sigmund, E. et al. (2009). Changes in physical activity in preschoolers and first-grade children: longitudinal study in the Czech Republic. *Child: care, health and development, 35* (3), 376-82.
Woll, A. et al. (2008). Sportengagements und sportmotorische Aktivität von Kindern. In W. Schmidt (Hrsg.), *Zweiter Deutscher Kinder- und Jugendsportbericht* (S. 177ff.). Schorndorf: Hofmann.
Zecevic, C. A. et al. (2010). Parental influences on young children's physical activity. *International Journal of Pediatrics*, 1-9.

AK 13: Regenerationsmanagement (REGman)

Regenerationsmanagement (REGman)

MARK PFEIFFER[1] & MICHAEL KELLMANN[2]

[1]Johannes Gutenberg-Universität Mainz, [2]Ruhr-Universität Bochum

Trainingsumfang, Wettkampfdichte und medialer Druck sind in vielen Disziplinen des Leistungssports in den letzten Jahrzehnten deutlich angestiegen. Zur Vermeidung von Missverhältnissen zwischen Belastung und Belastbarkeit bietet die Regeneration im Gesamtgefüge der Trainingssteuerung eine bis heute unzureichend erforschte Chance. Dies sehen auch die Spitzenverbände des deutschen Sports und ihr Dachverband, der Deutsche Olympische Sportbund (DOSB), so. In Anbetracht dieses Unterstützungsbedarfes fördert das Bundesinstitut für Sportwissenschaft (BISp) in Bonn das WVL-Projekt „Regenerationsmanagement im Spitzensport" (REGman).

Ziel des Projektes ist die Erarbeitung evidenzgestützter Regenerationsstrategien, differenziert nach belastungs- und sportartspezifischen Gegebenheiten. Ferner sollen für die leistungssportliche Praxis Handlungsanweisungen zum Regenerationsmanagement formuliert und praktikable Instrumente zu deren Umsetzung entwickelt werden. REGman umfasst ein mehrstufiges Untersuchungsdesign, das zahlreiche Teiluntersuchungen (Module) vernetzt. Im Arbeitskreis werden in folgenden vier Beiträgen die Ergebnisse aus unterschiedlichen Teilstudien des REGman-Projekts vorgestellt:

1. Robert Collette, Michael Kellmann & Mark Pfeiffer (Johannes Gutenberg Univ. Mainz, Ruhr-Univ. Bochum): „Trainings- und Erholungsmonitoring im Leistungssport Schwimmen unter besonderer Berücksichtigung der Trainingsmonotonie".

2. Sarah Kölling & Michael Kellmann (Ruhr-Univ. Bochum): „Die Implementierung von Power Naps in das Trainingslager der U19-Nationalmannschaft im Rudern".

3. Max Pelka, Sarah Kölling & Michael Kellmann (Ruhr-Univ. Bochum): „Einfluss von psychologischen Entspannungsverfahren auf die Sprintleistung".

4. Alexander Döweling, Thimo Wiewelhove, Christian Raeder, Rauno Àlvaro De Paula Simola & Alexander Ferrauti (Ruhr-Univ. Bochum): „Einfluss von aktiver Regeneration und Kaltwasser-Immersion auf Ermüdungsmarker nach exzentrischem Krafttraining".

Trainings- und Erholungsmonitoring im Leistungssport Schwimmen unter besonderer Berücksichtigung der Trainingsmonotonie

ROBERT COLLETTE[1], MICHAEL KELLMANN[2] & MARK PFEIFFER[1]

[1]Johannes Gutenberg-Universität Mainz, [2]Ruhr-Universität Bochum

Einleitung

Die Trainingsbelastungen am Limit der individuellen Adaptationskapazität und die Gefahr von Übertrainingsprozessen sind ein Grundproblem im Leistungssport Schwimmen. Nach Foster (1998) wird diese Gefahr durch monotones Training (T_M) verstärkt, das zusammen mit hohen Trainingsbelastungen (T_L) zu Trainingstress (T_S) und negativen Adaptationen führen kann. Ein systematisches Monitoring der individuellen Trainingsbelastungen sowie der akuten Beanspruchungs- und Erholungszuständen nimmt daher eine Schlüsselrolle zur Vermeidung eines Missverhältnisses zwischen Belastung und Belastbarkeit ein.

Methode

Von sechs Leistungsschwimmerinnen (20,5 ± 3,02 Jahre; 14 ± 1 TE/Woche) wurde über einen Zeitraum von 18-20 Wochen jede Trainingseinheit (TE) dokumentiert. Für die Quantifizierung der individuellen Trainingsbeanspruchung wurde der Session-RPE (S_{RPE}) bestimmt und der akute Erholungs- und Beanspruchungszustand wurde von den Athletinnen (D1-6) täglich mit der Acute Recovery Stress Scale (ARSS) psychometrisch erfasst (Kölling et al., 2013). Es wurden jeweils die individuelle tägliche ($T_{L\text{-Day}}$), wöchentliche ($T_{L\text{-Week}}$) und mittlere T_L pro Woche ($T_{L\text{-Mean}}$) berechnet. Ebenso wurden T_M ($T_{L\text{-Mean}}$/Standardabweichung) sowie T_S ($T_{L\text{-Week}}$ * T_M) berechnet und mit den ARSS Daten in Verbindung gesetzt. Nach Überprüfung der seriellen Abhängigkeit der Daten (Autokorrelation) wurde der Zusammenhang zwischen den Zeitreihen T_M, T_S (lead variables) und den Erholungszuständen (lag variables) mittels Kreuzkorrelationen (R_{CC}) berechnet.

Ergebnisse & Diskussion

Die Korrelationen mit T_M für die Erholungsdimensionen (AE) liegen im Bereich von R_{CC} = -0,217 bis 0,406 und für die Beanspruchungsdimensionen (AB) von R_{CC} = -0,454 bis 0,236. Für T_S, ergeben sich für AE Korrelationen von R_{CC} = -0,351 bis 0,267 und für AB von R_{CC} = 0,218 bis 0,418. Die Lags für die signifikanten R_{CC} sind dabei höchst unterschiedlich (0 bis 7). Hoher T_S führt ausnahmslos zu höheren AB, was den allgemein zu erwartenden Trainings-Belastungs-Zusammenhang bestätigt. Für AE jedoch zeigen sich interindividuell sowohl positive wie negative Reaktionen und bzgl. T_M ist dies innerhalb AB auch intraindividuelle zu beobachten. Der Zusammenhang zwischen Trainingsmonotonie und negativen Trainingsadaptationen kann daher nicht so einfach generalisiert werden, vielmehr scheint für eine derartige Verallgemeinerung der Zusammenhang zwischen Erholungs-Beanspruchungszuständen zu komplex und hochgradig individuell zu sein.

Literatur

Foster, C. (1998). Monitoring training in athletes with reference to overtraining syndrome. *Medicine and science in sports and exercise, 30* (7), 1164-1168.

Kölling, S., Hitzschke, B., Holst, T., Ferrauti, A., Meyer, T., Pfeiffer, M. & Kellmann, M. (2015, angenommen). Validity of the Acute Recovery Stress Scale – Training Monitoring of the German Junior National Field Hockey Team. *International Journal of Sports Science & Coaching.*

Die Implementierung von Power Naps in das Trainingslager der U19-Nationalmannschaft im Rudern

SARAH KÖLLING[1] & MICHAEL KELLMANN[1,2]

[1]Ruhr-Universität Bochum, [2]University of Queensland

Einleitung

Eine generell empfohlene aber im Sport unzureichend untersuchte Erholungsstrategie ist ein kurzes Schläfchen tagsüber. Obwohl es in der wissenschaftlichen Literatur keine einheitliche Definition für „Power Naps" gibt, ist die allgemeine Empfehlung, 30 Minuten nicht zu überschreiten um tiefere Schlafphasen und zu vermeiden (Milner & Cote, 2009). Eine Untersuchung von Waterhouse und Kollegen (2007) konnte bereits positive Effekte auf die Sprintleistung aufzeigen. Allerdings fehlen Befunde für die Übertragbarkeit in die leistungssportliche Praxis.

Methode

Während eines Trainingslagers der U19-Nationalmannschaft im Rudern nahmen 13 Teilnehmer an acht aufeinander folgenden Tagen an einer 30-minütigen Power Nap-Intervention nach dem Mittagessen teil. Dreizehn weitere Teilnehmer, die an keinem Termin anwesend waren, wurden als Kontrollgruppe ausgewählt. Ein Tag vor Beginn und am letzten Tag der Intervention wurde der *Erholungs-Belastungs-Fragebogen im Sport* (Kellmann & Kallus, in Druck) ausgefüllt.

Ergebnisse

Vor Beginn der Intervention unterschieden sich die beiden Gruppen nicht, während danach ein Gruppeneffekt für das Erholungs-Beanspruchungs-Profil gefunden wurde, $F(19, 6) = 11.92$, $p < .01$, $\eta_p^2 = .97$. Insgesamt wies die Interventionsgruppe höhere Erholungs- und geringere Beanspruchungswerte auf. Während die Kontrollgruppe keine signifikanten prä-post-Unterschiede aufzeigte, gab es bei der Interventionsgruppe eine signifikante Verringerung der Skalen *Übermüdung* ($M_1 = 3.29 \pm 1.14$, $M_2 = 2.87$, $\pm .97$, $U = -2.37$, $p < .05$) und *Somatische Beanspruchung* ($M_1 = 2.33 \pm .07$, $M_2 = 1.87 \pm .63$, $U = -2.18$, $p < .05$).

Diskussion

Da in dieser Felduntersuchung verschiede Störfaktoren nicht kontrolliert werden konnten, sind die vorliegenden Ergebnisse als Pilotstudie zu beurteilen. Durch die positivere Erholungs-Beanspruchungs-Bilanz der Interventionsgruppe, unterstützt durch die Rückmeldung der Teilnehmer, deutet sich regelmäßiges Power Napping als vielversprechende Strategie zur Erholung im Kontext eines Trainingslagers ab.

Literatur

Kellmann, M. & Kallus, K. W. (in Druck). The Recovery-Stress Questionnaire for Athletes. In K. W. Kallus & M. Kellmann (Eds.), *The Recovery-Stress Questionnaires: User manual*. Frankfurt: Pearson.

Milner, C. E. & Cote, K. A. (2009). Benefits of napping in healthy adults: Impact of nap length, time of day, age, and experience with napping. *Journal of Sleep Research, 18*, 272-281.

Waterhouse, J., Atkinson, G., Edwards, B., & Reilly, T. (2007). The role of a short post-lunch nap in improving cognitive, motor, and sprint performance in participants with partial sleep deprivation. *Journal of Sports Sciences, 25*, 1557-1566.

Einfluss von psychologischen Entspannungsverfahren auf die Sprintleistung

MAXIMILIAN PELKA[1], SARAH KÖLLING[1] & MICHAEL KELLMANN[1,2]

[1]Ruhr-Universität Bochum, [2]The University of Queensland

Einleitung

Entspannungsverfahren sind im Sport stark verbreitet und werden u. a. genutzt um von alltäglichen sowie sportspezifischen Stressoren abzulenken und dem Auftreten von Untererholungssyndromen vorzubeugen (Kudlackova et al., 2013). Da viel von der Art der Pausengestaltung abhängt (Lehrer, 1996) und wissenschaftlich Belege rar sind, wurde in dieser Studie die Wirksamkeit verschiedener Entspannungsverfahren im Kontext einer Sprintbelastung verglichen.

Methodik

Die akute Wirksamkeit von ausgewählten Entspannungsverfahren wurde in einem randomisierten und ausbalancierten Cross-Over Design mit 27 Sportstudierenden (M_{Alter} = 25.22, SD_{Alter} = 1.08; 8 w) überprüft. Die Probanden durchliefen ein Testprotokoll mit zwei Sprinttests, unterbrochen durch eine 25-minütige Erholungspause, einmal pro Woche über den Verlauf von fünf Wochen. Inhalte der Erholungspause waren eine Atmungsstrategie, PMR, Yoga, Power Nap und eine Kontrollbedingung.

Ergebnisse

Eine ANOVA mit Messwiederholung ergab signifikante Wechselwirkungen zwischen den Konditionen mit Blick auf die Unterschiede zwischen den Sprinteinheiten des Tages. Eine der untersuchten Variablen war die durchschnittliche maximale Geschwindigkeit in den Sprinttests, $F(4,21)$ = 3.46, $p < .01$, $\eta^2 = .15$. Post-hoc Tests zeigten zudem signifikante Unterschiede zwischen Atemregulation und Kontrollbedingung, $F(1,24)$ = 5.02, $p < .05$, $\eta^2 = .18$.

Diskussion

Die Durchführung eines RCT im Sportkontext lässt den Schluss zu, dass Entspannungsverfahren die Qualität der Erholungsphase deutlich steigern und kurzfristig zu besseren Leistungen führen können. In den hier durchgeführten Versionen der Entspannungsverfahren zeigte sich, dass eine regulative Atmungsvariante zu besseren Ergebnissen führte als eine Kontrollbedingung und PMR.

Literatur

Kudlackova, K., Eccles, D. W. & Dieffenbach, K. (2013). Use of relaxation skills in differentially skilled athletes. *Psychology of Sport and Exercise, 14*, 468-475.

Lehrer, P. M. (1996). Varieties of relaxation methods and their unique effects. *International Journal of Stress Management, 3*(1), 1-15.

Einfluss von aktiver Regeneration und Kaltwasser-Immersion auf Ermüdungsmarker nach exzentrischem Krafttraining

ALEXANDER DÖWELING, THIMO WIEWELHOVE, CHRISTIAN RAEDER, RAUNO ÁLVARO DE PAULA SIMOLA & ALEXANDER FERRAUTI

Lehr- und Forschungsbereich Trainingswissenschaft, Ruhr-Universität Bochum

Einleitung

Für die Steigerung der Leistungsfähigkeit von Athleten ist eine angemessene Balance zwischen Belastung und Erholung unabdingbar. Bisher fehlen jedoch hinsichtlich regelmäßig durchführbarer Erholungsmethoden, insbesondere nach Krafttraining, zufriedenstellende Empfehlungen. Folglich war es das Ziel dieser Studie, den Einfluss von aktiver Erholung (AR) und Kaltwasser-Immersion (KWI) im Anschluss an ein exzentrisch akzentuiertes Parallelkniebeuge-Protokoll auf verschiedene Ermüdungsmarker zu untersuchen.

Methode

An der im randomisierten Messwiederholungs-Design konzipierten Untersuchung nahmen 13 krafttrainingserfahrene männliche Sportler (Alter: 25,0 ± 2,8 Jahre; Körpergröße: 182,9 ± 3,5 cm; Körpergewicht: 82,0 ± 6,1 kg) teil. Jeder Proband absolvierte im Anschluss an ein exzentrisches akzentuiertes Parallelkniebeuge-Protokoll (sechs Serien mit jeweils sechs Wiederholungen bei 100% 1RM exzentrisch und 70% 1RM konzentrisch) eine von drei 15-minütigen Regenerationsinterventionen (AR, KWI und passive Regeneration/PR). Leistungsdiagnostische (CMJ), muskelkontraktile (Dm, V_{10} und V_{90}), biochemische (CK) und psychometrische (DOMS) Parameter wurden zu den Messzeitpunkten pre-exercise, post-exercise, post-recovery, post 24h und post 48h erhoben.

Ergebnisse

Das Parallelkniebeuge-Protokoll führte akut (post-exercise) zu einer signifikanten ($p \leq 0.05$) Reduktion der Parameter CMJ, Dm, V_{10} sowie V_{90}. Die erhobenen Messwerte blieben bis zu 24 Stunden (Dm, V_{10} und V_{90}) bzw. bis zu 48 Stunden (CMJ) nach der Belastung herabgesetzt. Gleichzeitig verzeichneten CK sowie DOMS nach 24 Stunden einen signifikanten ($p \leq 0.05$) Anstieg. Zwischen den Regenerationsinterventionen ist post 24 h sowie post 48 h bei keinem der erhobenen Ermüdungsmarker ein Unterschied festzustellen. Anschließend durchgeführte Post-Hoc Tests zeigten, dass KWI zum Messzeitpunkt post-recovery im Vergleich zu AR und PR einen signifikanten Abfall ($p \leq 0.05$) der Parameter CMJ, V_{10} und V_{90} provozierte.

Diskussion

Die Ergebnisse dieser Untersuchung zeigen, dass keine der angewandten Regenerationsinterventionen die Erholung innerhalb der ersten 48 Stunden im Vergleich zu passiver Regeneration zu beschleunigen vermag. Darüber hinaus führt Kaltwasser-Immersion kurzfristig sowohl zu einer Beeinträchtigung der Sprungleistung als auch der Muskelkontraktilität. Dies sollte beim Einsatz zwischen zwei kurz aufeinanderfolgenden Belastungen berücksichtigt werden.

AK 14: dvs-Kommission „Sport und Raum": Raumgrenzen öffnen: ein interdisziplinärer Blick auf Bewegungsräume

Don't mind the Gap! Fixed-Gear Cycling und die Öffnung von Raum- und Denk-Grenzen

ROMAN EICHLER
Carl von Ossietzky Universität Oldenburg

Einleitung

Informelle Sportkulturen wie Skateboarden, Parkour oder Fixed-Gear Cycling haben traditionelle Sonderräume des Sports verlassen und erproben stattdessen Spielräume des urbanen Raumes. Das Fixed-Gear Cycling dreht sich zentral um technisch maximal reduzierte Fahrräder ohne herkömmliche Bremsen (genannt ‚Fixies'; dem Prinzip nach klassische Bahnräder), die im städtischen Verkehrsraum in unterschiedlichen Wettbewerbsformaten (z. B. ‚alleycat-races') aber auch zu Zwecken alltäglicher Mobilität bewegt werden (vgl. zur Anschauung: Brunelle & Zenga, 2012).

Methode

Der informelle, subkultureller Charakter besonders des ‚Fixie'-Fahrens verlangt vornehmlich einen qualitativ-empirischen Ansatz sowie im wahrsten Sinne des Wortes den Einsatz von ‚mobile methods' (Spinney, 2011). Dem Vortrag liegt entsprechend eine mehrjährige praxeologische Studie zugrunde, die Medienanalysen, Interviews und ‚beobachtende Teilnahme' im Sinne einer "enactive ethnography" (Wacquant, 2014) umfasst.

Ergebnisse

Es zeigt sich, dass die erforschte Bewegungskultur untrennbar mit dem Thema urbane Mobilität verknüpft ist und damit Sportwissenschaft und Ansätze eines ‚mobility turn' (Sheller & Urry, 2006) verbindet. Deutlich werden so Grenzöffnungen, insbesondere die von Sport und Raum sowie die von Sport und Mobilität.

Diskussion

Studien zu sportiven Bewegungskulturen jenseits des klassischen Sportbegriffs und außerhalb traditioneller Sporträume sind gewinnbringend, weil sie Zugänge zu sonst irritierenden Phänomene liefern. Andererseits sind sie kompliziert, weil sie dazu tendieren, disziplinäre Denkgrenzen aufzulösen. Gleichzeitig scheint genau darin die Chance zu liegen, sportwissenschaftliche Bewegungsräume interdisziplinär zu erweitern.

Literatur

Brunelle, L. & Zenga, B. (2012). *Line of Sight*. Cinematography by Lucas Brunelle, directed and edited by Benny Zenga, DVD, 60 min., Northeast Media Group, Inc.
Sheller, M. & Urry, J. (2006). The new mobilities paradigm. *Environment and Planning, 38* (2), 207-226. doi:10.1068/a37268.
Spinney, J. A. (2011). A Chance to Catch a Breath: Using Mobile Video Ethnography in Cycling Research. *Mobilities, 6* (2), 161-182. doi:10.1080/17450101.2011.552771.
Wacquant, L. (2014). For a Sociology of Flesh and Blood. *Qualitative Sociology, 38* (1), 1-11. doi 10.1007/s11133-014-9291-y.

Interdisziplinäre Zugänge zur Lösung kommunaler Sportstättenprobleme

ROBIN KÄHLER

Christian-Albrechts-Universität zu Kiel

Einleitung

Das Thema kommunale Sportstättenentwicklung ist in ein Spannungsverhältnis zwischen gemeinwohlorientierten Sportvereinen, staatlichen Bildungsinstitutionen und einer interessengeleiteten Kommunalpolitik eingebunden. Kommunen sehen sich vor dem Hintergrund geringer Finanzen kaum mehr in der Lage, eine angemessene Infrastrukturantwort auf den Sanierungsstau, die Vereinsentwicklung und das geänderte Sportverhalten der Menschen zu geben (Kähler & Rohkohl, 2014). Mit den derzeit üblichen, nicht-ökonomischen, interessengeleiteten oder kooperativen Analyse- und Planungsverfahren, Richtwertansätzen oder verhaltensbezogenen Ansätzen (vgl. Rütten, Nagel & Kähler, 2014), die innerhalb von kommunalen Sportentwicklungsplanungen angewendet werden, ist das Problem aber nicht zu lösen. Erst eine multiperspektivische Sicht auf und ein interdisziplinärer Zugang zu den Problemen im Umgang mit den kommunalen Sportstätten führen weiter. Hierbei können theoretische Ansätze aus der Immobilienökonomie (Jost, 2001; Beyersdorff, 2007) besonders beitragen.

Methode

12 Kommunen unterschiedlicher Größenklassen wurden im Hinblick auf die Ineffizienzen bei der Belegung, Nutzung und Bewirtschaftung ihrer insgesamt 173 Sporthallen und 113 Sportplätze untersucht. Auf der Basis eines Strategischen Managementansatzes wurden der Zustand, die Mängel, die Funktionalität, die Brauchbarkeit und die Qualität, die konkrete Belegung und tatsächliche Nutzung (Belegungsdichte), das Management der festgestellten Mängel und die Vergabepraxis der Sportstätten geprüft. Es kamen verschiedene empirisch-analytische und qualitative Verfahren zur Anwendung.

Ergebnisse

Die erhobenen Mängel aus Nutzersicht sind erheblich. Die tatsächliche Belegung und Belegungspraxis der Sportstätten ist in den meisten Fällen ineffizient und unsachgemäß, es gibt zu geringe Auslastungen, Investitionsplanungen beziehen kaum Daten der Stadtplanung und Nutzer ein. In der Summe gesehen, werden die vorhandenen Ressourcen nicht immer sachgemäß eingesetzt, die Nutzerpraxis nicht konsequent kontrolliert. Es werden Fehler beim operativen und strategischen Controlling gemacht.

Literatur

Beyerdorff, M. (2007). *Effektive Gestaltung des kommunalen Immobilienmanagements: eine ganzheitliche Analyse zur Gestaltung der Immobilienmanagement-Funktion deutscher Kommunalverwaltungen.* Books on Demand GmbH, Norderstedt

Jost, P.-J. (2001). *Die Prinzipal-Agenten-Theorie in der Betriebswirtschaftslehre.* Schäffer-Poeschel, Stuttgart

Kähler, R. & Rohkohl, F. (2014). Wie der Sanierungsstau bei kommunalen Sportanlagen behoben werden kann. In *Kommunalwirtschaft, 7,* S. 343-348

Rütten, A., Nagel, S. & Kähler, R. (Hrsg.). *Handbuch Sportentwicklungsplanung.* Hofmann, Schorndorf.

Der Einsatz von Geographischen Informationssystemen (GIS) zur Darstellung raumbezogener Daten – Wie ein ganzer Kreis sportinfrastrukturell erfasst wurde

FINJA ROHKOHL

Christian-Albrechts-Universität zu Kiel

Einleitung

Sportentwicklungsplanungen im Allgemeinen und raumbezogene Fragestellungen im Speziellen erfordern Kenntnisse über räumliche Anordnungen und Beziehungen von Orten, Objekten und Akteuren. Raumbezogene Daten wie diese können in einem Geographischen Informationssystem (GIS) verortet werden und bieten eine Basis für weiterführende Analysemöglichkeiten und Formen der anschaulichen Darstellung.

Methode

Die Implementierung einer GIS-gestützten Datenbank wurde im Rahmen einer Sportentwicklungsplanung im Kreis Rendsburg-Eckernförde (Flatau, Rohkohl, Matuszczak, Fuchs & Hamann, 2014) wissenschaftlich begleitet. Gegenstände dieser Untersuchung waren die Sportstätten/Sportgelegenheiten (bauliche bzw. räumliche Ebene) sowie die organisationale Ebene (Sportvereine, Volkshochschulen, Fitnessstudios) des Kreises. Zur Erfassung aller sportinfrastrukturellen Hauptinformationen dienten Daten, die im Rahmen der Sportentwicklungsplanung ermittelt worden sind (vgl. Wopp, 2012). Um die verschiedenen Informationen in diesem GIS zu strukturieren, wurde auf das „Layer-Konzept" zurückgegriffen (vgl. Lange, 2013, S. 139).

Ergebnisse

Das Ergebnis dieses Forschungsprojektes ist ein EDV-gestütztes Geographisches Informationssystem in Form eines Desktopprojektes. Es ermöglicht nachhaltig die Verwaltung von 992 realitätsabbildenden Elementen (Entitäten) auf raumbezogener (z. B. Sporthalle) und organisationaler (z. B. Sportverein) Ebene. Durch die Auswahl von benötigten Teilmengen an Informationen für konkrete (räumliche) Fragestellungen sind bedarfsgerechte, räumliche Darstellungsformen und Feinanalysen möglich.

Diskussion

In diesem Projekt bietet die Implementierung einer GIS-gestützten Datenbank räumlicher und thematischer Eigenschaften von Sportstätten und Sportgelegenheiten die Möglichkeit, komplexe Datenbestände (Themenbereiche übergreifend) miteinander zu verbinden und zu analysieren, beliebig zu ergänzen und kartographisch darzustellen.

Literatur

Flatau, J., Rohkohl, F., Matuszczak, D., Fuchs, A. & Hamann, J. (2014). *Gutachten zur Sportentwicklungsplanung des Kreises Rendsburg-Eckernförde.* Zugriff am 19. Januar 2015 unter http://www.ksv-rd-eck.de/sportentwicklungsplanung-sep/
Lange, N. (2013). *Geoinformatik: in Theorie und Praxis.* Berlin, Heidelberg: Springer-Verlag.
Wopp, C. (2012). Orientierungshilfe zur kommunalen Sportentwicklungsplanung. Landessportbund Hessen e.V. (Hrsg.), *Zukunftsorientierte Sportstättenentwicklung, 16,* Frankfurt am Main: Landessportbund Hessen e. V.

Transdisziplinarität als Forschungsansatz einer integrierten Bewegungsraum- und Stadtentwicklung

HAGEN WÄSCHE, RICHARD BEECROFT & OLIVER PARODI

Karlsruher Institut für Technologie

Die Lebensqualität einer Stadt hängt maßgeblich von ihren Sport- und Bewegungsräumen ab. Im Zuge einer rasanten Urbanisierung gilt es neben der Versorgung mit normierten Sportstätten insbesondere öffentliche Freiräume als wichtigste Sport- und Bewegungsräume zu berücksichtigen (BMVBS, 2011). Dem gegenüber steht eine oftmals disziplinär orientierte Sportentwicklungsplanung, welche v.a. die Interessen des organisierten Sports berücksichtigt. Daher wird zunehmend eine stärkere Verknüpfung der Sport- und Stadtentwicklung gefordert (BMVBS, 2011).

Urbane Reallabore als transdisziplinärer Forschungsansatz

Das Forschungsprinzip der Transdisziplinarität löst disziplinäre Isolierungen auf einer höheren methodischen Ebene auf (Mittelstraß, 2003). Unter der Prämisse der Analyse und Lösung lebensweltlicher Probleme werden die Kompetenzen verschiedener Disziplinen und das Wissen außerwissenschaftlicher Stakeholder zusammengeführt. Urbane Reallabore stellen einen gesellschaftlichen Kontext dar, in dem Interventionen im Sinne von Realexperimenten durchgeführt werden, um in einem transdisziplinären Prozess problemorientiert Transformationswissen zu gewinnen (Schneidewind, 2014). Als Teil einer nachhaltigen Quartiersentwicklung der Karlsruher Oststadt ist im aktuell laufenden Reallabor 131 die Organisationsform und thematische Ausrichtung durch Partizipation bestimmt. Im thematisch offenen Wechselspiel zwischen Bürgern, lokalen Akteuren und Wissenschaftlern wurde in Bürgerkonferenzen und einem BürgerForum ein umfassendes Bürgerprogramm festgelegt. Vorschläge wie die Entwicklung von Freiflächen, Grünanlagen und Parks, attraktives Radfahren oder die Schaffung von Räumen und Netzwerken für gemeinsame Aktivitäten ergeben verschiedene Ansätze für eine Sport- und Bewegungsraumentwicklung, welche derzeit in einem ko-produktiven Prozess zwischen Bürgern und Wissenschaftlern verschiedener Disziplinen gemeinsam weiterentwickelt und gestaltet werden.

Diskussion

Urbane Reallabore stellen einen neuen Ansatz in der Sport- und Bewegungsraumentwicklung dar. Zentral sind dabei die Transdisziplinarität und das Partizipationsprinzip im Sinne einer nachhaltigen Entwicklung. Die Lösung von einer „Beforschung" der Betroffenen eröffnet die Möglichkeit einer Gestaltung mit den Betroffenen in einem offenen Transformationsprozess. Darüber hinaus wird Sport- und Bewegungsraumentwicklung zum Teil einer kontextbezogenen Stadt- bzw. Quartiersentwicklung und erfüllt damit den Anspruch einer integrierten Sport- und Stadtteilentwicklung.

Literatur

BMVBS (Hrsg.). (2011). *Sportstätten und Stadtentwicklung.* Berlin: BMVBS.
Mittelstraß, J. (2003). *Transdisziplinarität – wissenschaftliche Zukunft und institutionelle Wirklichkeit.* Konstanz: UVK.
Schneidewind, U. (2014). Urbane Reallabore – ein Blick in die aktuelle Forschungswerkstatt. *PND Online* 3/14.

AK 15: Bewegen, Gehen, Laufen

Trial Protokoll: Biomechanische Belastungsanalyse der Kniegelenke bei Alltagsbewegungen von adipösen Kindern und Jugendlichen: eine randomisiert kontrollierte Studie

DAVID ARTNER[1], BARBARA WONDRASCH[1], ARNOLD BACA[2], BARBARA POBATSCHNIG[2], SUSANNE GREBER-PLATZER[3], STEFAN NEHRER[4] & BRIAN HORSAK[1]

[1]Fachhochschule St. Pölten, [2]Universität Wien, [3]Medizinische Universität Wien, [4]Donau-Universität Krems

Einleitung

Jedes sechste Kind in Deutschland ist übergewichtig und die Prävalenz ist in den letzten 10 Jahren um fast 50% gestiegen. Die Kombination aus erhöhtem Körpergewicht und biomechanischen Fehlstellungen (Genu Varum/Valgum) kann zu einer erhöhten Belastung der Gelenke der unteren Extremität führen. Ziel dieses Projektes ist es, ein speziell an die Bedürfnisse adipöser Kinder angepasstes Trainingsprogramm (TP) zu entwickeln und diese im Rahmen einer randomisiert-kontrollierten klinischen Studie aus biomechanischer und therapeutischer Sicht zu evaluieren. Hierfür werden die ungünstig veränderten Abläufe in Hüft- und Kniegelenken beim Gehen und Stiegen steigen mit Hilfe von biomechanischen Bewegungsanalyseverfahren und klinischen Instrumenten analysiert.

Methode

Vor Studiendurchführung wurde ein ausführliches Trial Protokoll erstellt, welches die verwendeten biomechanischen und klinischen Methoden der Studie im Detail beschreibt.

Ergebnisse

Insgesamt werden 50 übergewichtige Jugendliche im Alter von 10 bis 18 Jahren mit einem BMI über der 97-Perzentile rekrutiert und randomisiert zu einer Kontroll- und Interventionsgruppe zugeteilt. Die Fallzahlabschätzung erfolgte mittels G*Power 3.1.3 kalkuliert. Das TP findet für 12 Wochen statt und beinhaltet eine Kombination aus neuromuskulären- und Kräftigungsübungen für Hüftstabilisatoren und Oberschenkelmuskulatur. Mit Hilfe eines 8-Kamera infrarotbasierten Motion Capturing Systems (VICON) und zweier Kraftmessplatten (KISTLER) werden kinematische und kinetische Daten im Zuge einer 3D Ganganalyse beim Stiegen steigen und geradeaus Gehen erhoben. Diese werden mit 200 Hz zeitsynchron aufgezeichnet und anschließend für inversdynamische Berechnungen genutzt. Neben einigen biomechanischen Nebenzielgrößen wird das externe Knieadduktionsmoment als Hauptzielgröße definiert. Als klinische Hauptzielgrößen werden einzelne Items des Knee injury and Osteoarthritis Outcome Score sowie Daten einer orthopädischen Statuserhebung definiert. Alle Daten werden vor Beginn des Trainingsprogrammes und danach erhoben. Die statistische Auswertung erfolgt mittels ANCOVA mit Messwiederholung, wobei Kovariaten (z. B.: Gewichtsreduktion) im Modell berücksichtigt werden.

Diskussion

Dieses Projekt stellt ein interdisziplinäres Forschungsvorhaben zwischen den Professionen Sportwissenschaften, Physiotherapie und Medizin dar. Das entstandene Trial Protokoll ist die Grundlage für das weitere Vorgehen und bietet zugleich eine Basis für die Entwicklung zukünftiger Studien in diesem Bereich. Die Datenaufzeichnung beginnt im Herbst 2015 und soll bis Anfang 2017 abgeschlossen sein.

Einfluss von Schuhen auf die Laufbiomechanik von Kindern

KARSTEN HOLLANDER[1], KLAUS-MICHAEL BRAUMANN[1] & ASTRID ZECH[2]

[1]Universität Hamburg, [2]Friedrich-Schiller-Universität Jena

Einleitung

Die seit langem bestehende Diskussion über Laufschuhe und ihren Einfluss auf die Biomechanik (Nigg, 1986) ist in den vergangenen Jahren wieder vermehrter Teil sportwissenschaftlicher Forschung geworden (Lieberman et al., 2010). Während zahlreiche Untersuchungen die Beeinflussung des Laufstils bei Erwachsenen zeigen konnten, ist der Einfluss von Schuhen auf die Biomechanik von Kindern wenig untersucht. Ziel dieser Studie war es daher den Einfluss von Schuhen auf die Laufbiomechanik von Kindern zu untersuchen.

Methode

In dieser randomisierten Querschnittsstudie wurden 36 gesunde und normal entwickelte Kinder im Alter von 6-9 Jahren untersucht. Für jedes Kind wurden für 8 km/h und 10 km/h drei verschieden Laufbedingungen randomisiert verglichen: Barfußlaufen, Laufen mit einem minimalistischen Laufschuh und Laufen mit einem gedämpften Laufschuh. In einer instrumentellen Ganganalyse wurden gleichzeitig kinematische (VICON Motion System) und kinetische (ZEBRIS FDM-T System) Daten aufgezeichnet und anschließend statistisch ausgewertet.

Ergebnisse

Insgesamt konnten 210 Durchläufe aufgezeichnet und analysiert werden. Der Sprunggelenkswinkel beim Fußaufsatz unterschied sich statistisch signifikant zwischen den drei Laufbedingungen (p = 0,001). Barfußlaufen verringerte den Sprunggelenkswinkel um 5.97° [95% CI, 4.19; 7.75] für 8 km/h und 6.18° [95% CI, 4.38; 7.97] für 10 km/h verglichen zum gedämpften Laufschuhe. Der Unterschied zwischen Barfußlaufen und dem Laufen mit einem minimalistischen Laufschuh betrug 1.94° [95% CI, 0.19°; 3.69°] für 8 km/h and 1.38° [95% CI, -0.39°; 3.14°] für 10 km/h. Des Weiteren führte beschuhtes Laufen zu erhöhten Bodenreaktionskräften, längeren Schritten und Bodenkontaktzeiten, verringerter Kadenz, sowie einer höheren Rate von Fersenaufsätzen.

Diskussion

Die Ergebnisse der Studie weisen darauf hin, dass Schuhe bereits bei jüngeren Kindern zu einer Beeinflussung des Laufstils führen. Neben dem Sprunggelenkswinkel beim Fußaufsatz, konnte analog zu Lieberman et. al. (2010) auch eine Beeinflussung der auftretenden Bodenreaktion und der Häufigkeit von Fersenaufsätzen durch Schuhe nachgewiesen werden. Gedämpfte Laufschuhe haben dabei den größten Einfluss auf die Biomechanik von Kindern. Diese mögliche Beeinflussung sollte von Sportwissenschaftlern und Kinderärzten bei der adäquaten Schuhauswahl für Kinder berücksichtig werden.

Literatur

Lieberman DE, Venkadesan M, Werbel W. A., Daoud, A. I., D'Andrea, S., Davis, I. S., Mang'eni, R. O. & Pitsiladis, Y. (2010) Foot strike patterns and collision forces in habitually barefoot versus shod runners. *Nature, 463* (7280), 531-5.

Nigg, B. M. (1986). *Biomechanics of running shoes.* Champaign, IL: Human Kinetics.

Unterscheidung individueller Gangmuster mithilfe von Support Vektor Maschinen

FABIAN HORST, DAVID CORELL, KATRIN KRONEMAYER-WURM, MARKUS MILDNER, NATHALIE SCHERDEL & WOLFGANG SCHÖLLHORN

Johannes Gutenberg-Universität Mainz

Einleitung

Bewegungsmuster weisen individuelle Charakteristiken auf und sollten beim Lernen von Bewegungen berücksichtigt werden (Schöllhorn, 1999). Individuelle Unterschiede im Gang werden unter anderem über die inter-individuelle Variabilität von Gangmustern dargestellt (Winter, 1984). Innerhalb dieser Variabilität wurden bei relativ kleinen Stichprobenumfängen bereits Gangmuster einzelner Personen mittels Mustererkennungsverfahren erkannt und von Gangmustern anderen Personen unterschieden (Janssen et al., 2011). Das Ziel der vorliegenden Studie ist die Unterscheidung individueller Gangmustern mithilfe von Support Vektor Maschinen (SVM) bei einer vergleichsweise großen Stichprobe.

Methode

52 gesunde Probanden (24 weiblich, 28 männlich; 24.8 ± 12.4 Jahre) gehen 10-mal barfuß mit selbstbestimmter Geschwindigkeit über zwei Kraftmessplatten (Kistler, 1000 Hz). Das Signal der Bodenreaktionskraft wird mit einem Butterworth-Tiefpassfilter 2. Ordnung mit einer Grenzfrequenz von 30 Hz gefiltert und pro Bodenkontakt zeitnormalisiert. Eine Relativierung der Bodenreaktionskraft an der Masse der Probanden wird vorgenommen. Diese Verläufe der Bodenreaktionskraft werden mithilfe von SVM nach Probanden klassifiziert.

Ergebnisse

Die Klassifikationsrate individueller Gangmuster beträgt 100% und entspricht einer fehlerfreien Unterscheidung der Probanden anhand der Bodenreaktionskraftverläufe.

Diskussion

Auch bei vergleichsweise großer Stichprobe lassen sich mit SVM individuelle Gangcharakteristiken in höchstem Maße identifizieren. Analog einem Fingerabdruck lassen sich wohl auch Gangmuster eindeutig einer Personen zuordnen. Die hohe Individualität der Gangmuster verdeutlicht die Notwendigkeit und unterstützt die Forderung nach einer Individualisierung von Diagnose (Simonsen & Alkjaer, 2012) und Therapie (Schöllhorn et al., 2002).

Literatur

Janssen, D., Schöllhorn, W. I., Newell, K. M., Jäger, J. M., Rost, F. & Vehof, K. (2011). Diagnosing fatigue in gait patterns by support vector machines and self-organizing maps. *Human Movement Science, 30* (5), 966-975.

Schöllhorn, W. I. (1999). Individualität – ein vernachlässigter Parameter? *Leistungssport, 29* (2), 7-11.

Schöllhorn, W. I., Nigg, B. M., Stefanyshyn, D., & Liu, W. (2002). Identification of individual walking patterns using time discrete and time continuous data sets. *Gait & Posture, 15* (2), 180-186.

Simonsen, E. B. & Alkjær, T. (2012). The variability problem of normal human walking. *Medical Engineering & Physics, 34* (2), 219-224.

Winter, D. A. (1984). Kinematic and kinetic patterns in human gait: variability and compensating effects. *Human Movement Science, 3* (1), 51-76.

Identifikation individueller Bewegungsmuster im Biathlonschießen mittels nicht-linearer und linearer Mustererkennungsverfahren

THILO SCHWIND[1], WOLFGANG SCHÖLLHORN[1], HERMANN SCHWAMEDER[2] & GEROLD SATTLECKER[2]

[1]Johannes Gutenberg-Universität Mainz, [2]Paris-Lodron-Universität Salzburg

Einleitung

Das Techniktraining basierend auf der Informationstheorie betrachtet die sportliche Technik z.T. als eine Idealtechnik ohne individuelle Eigenschaften. Nach Gutewort & Sust zeigt sich jedoch, dass erfahrene Trainer durchaus eine „individuell-spezifische 'Optimierung' der sportlichen Technik" (1989, S. 21) durchführen und dabei Erfolge nachweisen können. Daher stellt sich die Frage, inwiefern individuelle Parameter im Techniktraining berücksichtigt werden sollten. Um diese Frage zu beantworten, bedarf es Untersuchungen der Individualität sportlicher Techniken. Ziel dieser Studie war es daher, den quasi-stabilen Zustand des Zielens beim Biathlonschießen auf individuelle Muster zu untersuchen.

Methode

Untersucht wurden 450 Schüsse von Biathleten der Welt- bzw. Europacupkader Österreichs. Jeder Athlet schoss 6 Serien á 5 Schuss. Je 3 Serien erfolgten ohne und 3 Serien mit vorheriger körperlicher Beanspruchung in Form einer 4 minütigen Belastung auf dem Fahrradergometer bei 90% der maximalen Leistung. Untersuchungsgegenstand war der Verlauf des Center of Pressure (CoP) in 90° zur Schussrichtung, in einem Zeitintervall von 0,6 s bis zum Abzug. Als Untersuchungsmethode wurde ein nicht-lineares Mustererkennungsverfahren mittels einer Self-organizing Map (SOM) angewandt. Durch das Training der SOM mit den Daten sollte eine selbstständige Klassifizierung der einzelnen Versuche stattfinden und sich zeigen, ob diese die Individuen jeweils mit und ohne Belastung identifizieren. Anschließend werden die Ergebnisse mit einer Clusteranalyse validiert.

Ergebnisse

Nach nicht-linearer und linearer Mustererkennungsverfahren bildeten sich sechs Cluster für 13 Versuchsreihen, wodurch keine eindeutige Aussage bzgl. der Individualität möglich ist. Jedoch sind gewisse Tendenzen diesbezüglich eindeutig zu erkennen. So beinhalten die identifizierten Cluster eine homogene Anhäufung einzelner Individuen und Versuche.

Diskussion

Da im Schießsport generell ein Minimum der CoP-Schwankungen während der Zielphase angestrebt wird, ist bereits die Erkenntnis von Tendenzen bzgl. interindividueller Unterschiede des CoP-Verlaufs erstaunlich. Diese Unterschiede ergeben sich aus dem unterschiedlichen Einsatz der Freiheitsgrade des Athleten. Bei quasi-statischen Bewegungen, wie dem Verlauf des CoP, sind eben diese Freiheitsgrade stark limitiert. Daher ist davon auszugehen, dass eine weitere Verfeinerung der Untersuchungsmethoden mittels nicht-linearer Verfahren durchaus vielversprechende Ergebnisse mit sich bringen.

Literatur

Gutewort, W. & Sust, M. (1989). Sporttechnische Leitbilder und individualspezifische Technikvarianten. *Theorie und Praxis des Leistungssports, 27*, 19-35.

The contribution of upper body and arm movements to balance regulation in a dynamic balance task

TIM DIRKSEN, KIM JORIS BOSTRÖM, KAREN ZENTGRAF & HEIKO WAGNER

Westfälische Wilhelms-Universität Münster

Introduction

Empirical evidence shows that upper body movements and arm movements (2, 3) make an additional contribution to postural control when subjects perform standing balance tasks. There are no studies which have investigated whether and to what extent multiple joints of the entire body contribute to balance regulation in a dynamic situation. We hypothesize 1) that along with motions between the ankle and hip joints, the upper body segments make a substantial additional contribution to balance regulation in dynamic balance tasks and 2) that especially arm movements may reduce postural sway in such demanding movement situations.

Methods

22 healthy males (24.27 ± 3.01 years) performed six steps across three balance beams with different widths (6 cm, 4.5 cm, 3 cm) and completed nine trials on each beam under three different experimental conditions: Balancing 1) with their hands on the thighs, 2) with outstretching their arms at an angle of about 90° and 3) with natural arm movements, applying 3D motion analysis with 41 markers attached to all major body segments. By applying a principal component analysis onto the captured joint kinematics, we calculated the contribution of upper and lower body to the determined principal components (PC). The influence of arm movements on postural sway was quantified by means of the Center of Pressure (CoP) excursion as a measure of postural sway.

Results

Regardless of arm position and beam width, the upper body is primarily represented in the first two PCs, whereas the lower body contributes more strongly to PC3 and PC4. There is a significant difference in PC contribution between upper and lower body marker groups for all experimental conditions ($p < .001$). Although there is a significant effect of beam width ($p < .001$), no significant influence of arm position on CoP excursion ($p = .077$) was found.

Discussion

The PCA results concerning joint kinematics support findings that upper body movements should also be taken into account in order to explain postural control mechanisms especially in dynamic situations (2). However, in contrast to other studies (3), we found no positive effect of arm movements on postural sway. One reason might be that the task was too easy; another could be that subjects, even without using the arms, can rely on sufficient degrees of freedom in other body segments to successfully perform the given task.

References

Daffertshofer, A., Lamoth, C. J., Meijer, O. G. & Beek, P. J. (2004). PCA in studying coordination and variability: a tutorial. *Clinical biomechanics*, *19* (4), 415-428.

Hsu, W. L., Scholz, J. P., Schöner, G., Jeka, J. J. & Kiemel, T. (2007). Control and estimation of posture during quiet stance depends on multijoint coordination. *Journal of Neurophysiology*, *97* (4), 3024-3035.

Milosevic, M., McConville, K. M. V. & Masani, K. (2011). Arm movement improves performance in clinical balance and mobility tests. *Gait & Posture*, *33* (3), 507-509.

Einfluss von täglichem Sportunterricht in der Schule auf die motorische Leistungsfähigkeit von Jugendlichen

RENÉ HAMMER & GERD THIENES

Georg-August-Universität Göttingen

Einleitung

Gegenstand des vorliegenden Beitrages ist eine empirische Studie, die sich mit der Problematik befasst, welche Unterschiede bezüglich der motorische Leistungsfähigkeit von Jugendlichen bestehen die eine tägliche Stunde Sportunterricht absolvieren. Als theoretisches Konstrukt wird auf die Rahmenkonzeption von Willimczik (2009), die sportmotorische Entwicklung in der Lebensspanne, sowie die normativ altersbezogenen, lebenslaufzyklischen Prädikatorenvariablen nach Wollny (2002) zurückgegriffen.

Methode

Es handelt sich um eine quantitativ-empirische Studie. Hierbei wurden mit dem 6 – Minutenlauf und dem Standweitsprung zwei Items aus dem Deutschen Motorik Test (DMT 6-18) in einer Feldstudie erhoben. In einer ersten Stichprobe (n = 21) wurden Jugendliche im Alter von 12 Jahren untersucht. Als Kontrollgruppe fungierte eine zweite Stichprobe (n = 20) im Anschluss. Alle SchülerInnen haben eine Stunde Sportunterricht pro Tag fest im Stundenplan verankert. Die Schule mit gymnasialer Oberstufe in Schleswig-Holstein hat dies grundsätzlich als Konzept in ihr Schulcurriculum aufgenommen. Verglichen wurden die diagnostizierten Werte mit den Normwerten aus dem DMT (vgl. Bös et al., 2009).

Ergebnisse

Signifikante Unterschiede in der sportmotorischen Leistungsfähigkeit ergaben sich bei beiden Testitems zugunsten der in der Stichprobe getesteten Schüler/innen. Im 6-Minutenlauf lagen vor allem die Mädchen mit durchschnittlich 1131 m im oberen Normbereich. Die Jungen sind mit 1061 m als durchschnittlich einzustufen. Ebenso beim Standweitsprung liegen die Mädchen mit 167 cm wieder im oberen Bereich und die Jungen mit durchschnittlich 170 cm im oberen mittleren Bereich. Auffällig sind die Leistungen der Mädchen in dieser Altersgruppe mit den überdurchschnittlichen Werten gegenüber ihren Gleichaltrigen.

Diskussion

Trotz der kleinen Stichprobe zeigen sich signifikante Unterschiede in den beiden Testitems. Eine Anschlussstudie zur Erfassung der weiteren der Parameter Schnelligkeit, Koordination und Beweglichkeit würde die zu erkennende Tendenz möglicherweise bestätigen. Bei der Schule in privater Trägerschaft handelt sich es dabei um keine Sportschule.

Literatur

Bös et al. (2009). *Deutscher Motorik Test 6-18*. Hamburg: Czwalina.
Willimczik, K. (2009). *Sportmotorische Entwicklung*. In W. Schlicht & B. Strauß (Hrsg.), *Grundlagen der Sportpsychologie*. Enzyklopädie der Psychologie. Göttingen: Hogrefe.
Wollny, R. (2002). *Motorische Entwicklung in der Lebensspanne*. Schorndorf: Hofmann.

AK 16: Körper und Leistung im Wandel – Neue Perspektiven für die Sportwissenschaft

Körper und Leistung im Wandel – Neue Perspektiven für die Sportwissenschaft

SEBASTIAN RUIN & STEFAN MEIER

Deutsche Sporthochschule Köln

Seit dem ausgehenden 20. Jahrhundert lassen sich auf gesellschaftlicher Ebene zahlreiche Phänomene beobachten, die den menschlichen Körper und seine Leistungsfähigkeit auf neue, besondere Weisen in den Fokus rücken: Fitnessboom, Gesundheitskampagnen, Organspendediskussion, mediale Inszenierungen von Sportereignissen, Human-Enhancement etc. (u. a. Gugutzer, 2006). Die fokussierten Aspekte werden in der Sportwissenschaft disziplinübergreifend virulent. Hierbei wird fraglich, wie diese Veränderungen in einzelne Felder des Sports hineinwirken. Im Bereich des Leistungssports lässt sich z. B. fragen, ob Prothesen möglicherweise zu einem unzulässigen Wettbewerbsvorteil im Sinne eines „Technik-Dopings" führen und, ob sie von ihren Trägern als Körperteil oder als Sportgerät in ihr Körperbild integriert werden. Grundsätzliche Vorstellungen darüber, wo der Körper endet und Technik anfängt stehen somit zur Diskussion (Lobinger & Musculus, 2015). Auch die Schule, die als Sozialisationsinstanz der Vermittlung bedeutender Kulturpraktiken verpflichtet ist, dürfte von derartigen Verschiebungen bezüglich Körper und Leistung – insbesondere vor dem aktuellen Hintergrund des Anspruchs einer inklusiven Schule – nicht unberührt bleiben (Meier & Ruin, 2015). Diese Veränderungen schlagen sich vermutlich auch in geänderten Vorstellungen bzw. Anliegen darüber nieder, was Schule vermitteln sollte. Daher werden Körper und Leistung im Kontext dieser „crossing boundaries"-Veranstaltung aus unterschiedlichen Blickrichtungen zu diskutiert.

Vielfältige Fragen werden hierbei virulent. So kommen weder der Leistungs- noch der Schulsport ohne grundsätzliche Diskussionen um Normsetzungen bezüglich Leistung und damit verknüpft Körper aus. Verschiebungen bezüglich der Auffassung von Körper und Leistung implizieren folglich veränderte Normsetzungen. So könnte man aufgreifen, ob eine potenziell veränderte Kultur des Leistungssports in gewisser Weise auch mit Veränderungen des Schulsports einhergeht. Ohnehin scheint es innerhalb der Sozialisationsinstanz Sport (wozu Schulsport und Leistungssport zählen) von grundsätzlicher Bedeutung das Verhältnis von Körper und Leistung und deren gesellschaftliche Bedeutung zu reflektieren.

Nach exemplarischen Impulsreferaten (Leistungspsychologie sowie Schulsportdidaktik) soll mit den an der Tagung teilnehmenden Akteuren aus den vielfältigen Feldern der Sportwissenschaft eine fach- und grenzübergreifende Diskussion angeregt werden. Als Moderator fungiert der Sportsoziologe Jan Haut. Ziel der Diskussion soll es auch sein, interdisziplinäre Forschungsperspektiven sichtbar zu machen.

Die Literatur ist bei den Autoren zu erfragen.

„Prothesengötter" und „Racketkings" – Zur Integration von Prothesen in das Körperbild von Leistungssportler(inne)n

BABETT LOBINGER & LISA MUSCULUS

Deutsche Sporthochschule Köln

Einleitung

Unterschenkelamputierte Leistungssportler/innen haben im vergangenen Jahr besonders in der Leichtathletik aufgrund herausragender Leistungen für rege Diskussionen gesorgt. Neben der primär biomechanischen Frage einer möglichen Wettbewerbsverzerrung oder gar eines „Technikdopings" stellt sich aus sportpsychologischer bzw. motorischer Sicht u. a. die Frage, ob die technisch ausgereiften Prothesen ähnlich wie Tennisschläger als Teil des Körpers wahrgenommen und ins Körperbild integriert werden (Iriki et al., 1996) so wie das etwa für den Werkzeuggebrauch gezeigt werden kann (Fourkas et al., 2008).

Methode

Zu einer ersten Auseinandersetzung mit dieser Forschungsfrage wurden zwei Interviews, mit einer Tischtennisspielerin und mit einem Tischtennisspieler mit Bein- und Armprothese, durchgeführt. Der halbstrukturierte Leitfaden war zuvor mit Tennisspielern und mit Behindertensportlern mit Prothesen erprobt worden und thematisierte den Umgang mit und die Einstellung zur Prothese. Die Einstellung wurde multidimensional, sowohl auf kognitiver, affektiver als auch behavioraler Ebene erfragt. Im Anschluss an die themenzentrierten Interviews wurden die Interviewpartner gebeten, das Ausmaß der Integration ihrer Prothese auf einer Skala von 0 *nicht ins Körperbild integriert* bis 10 *ins Körperbild integriert* einzuschätzen.

Ergebnisse

Die inhaltsanalytische Auswertung zeigt, dass für die befragten Tischtennisspieler/innen unabhängig vom wahrgenommenen Ausmaß der Integration der Prothese in ihr Körperbild vor allem die Gewöhnung an und die Funktionalität der Prothese eine wichtige Rolle spielen. Beide Aspekte waren darüber hinaus nach Meinung der Befragten Voraussetzungen für die erfolgte Integration der Prothese in das eigene Körperbild.

Diskussion

Diese Hinweise auf eine Integration der Prothesen in das Körperbild sind an einer größeren Stichprobe zu überprüfen. In weiterführenden Untersuchungen wäre zu klären, ob sich die Prothesenträger/innen in der mentalen Repräsentation der Bewegungsausführung (Bläsing et al., 2010) überhaupt von nicht-behinderten Sportler(inne)n unterscheiden.

Literatur

Bläsing, B., Schack, T. & Brugger P. (2010). The functional architecture of the human body: assessing body representation by sorting body parts and activities. *Experimental Brain Research, 203*,119-129.

Fourkas, A. D., Bonavolontà, V., Avenanti, A. & Aglioti, S. M. (2008). Kinesthetic Imagery and Tool-Specific Modulation of Corticospinal Representations in Expert Tennis Players. *Cerebral Cortex, 18*, 2382-2390.

Iriki, A., Tanaka, M. & Iwamura, Y. (1996). Coding of modified body schema during tool use by macaque postcentral neurons. *NeuroReport, 7*, 2325-2330.

Verschwimmende Grenzen – Körper und Leistung von Schüler(inne)n im Umbruch

SEBASTIAN RUIN & STEFAN MEIER

Deutsche Sporthochschule Köln

Einleitung

Im Zuge der sukzessiven Umsetzung inklusiver Beschulung im deutschen Bildungswesen werden die Haltungen von Lehrkräften – als Brücke zwischen Wissen und Handeln (Blömeke et al., 2008) – vielfach irritiert. Diese Veränderungen sind auch für den Sportunterricht höchst relevant. Am Körper, dem zentralen Medium des Sportunterrichts, ist Diversität (auch habituelle und kulturelle Prägungen) schließlich auf besondere Weise erfahrbar (Gieß-Stüber & Grimminger, 2008). Somit stellt sich die Frage, ob Lehrkräfte im Zuge ihrer Sozialisation Haltungen verinnerlicht haben, die für einen gelingenden inklusiven Sportunterricht begünstigend oder hinderlich sind.

Methode

Auf der Grundlage von Leitfadeninterviews (durchgeführt im Jahr 2014) mit 55 Lehrkräften aller Schulformen in NRW (ausgenommen Berufskolleg) werden die Haltungen von Sportlehrkräften gegenüber Körper und Leistung herausgearbeitet. Die Interviews wurden inhaltsanalytisch nach Mayring (2007) ausgewertet. Die Kategorisierung erfolgte zunächst anhand deduktiv aus theoretischen Erwägungen abgeleiteter Kategorien (normiertes, funktionales und ganzheitliches Körper- bzw. Leistungsverständnis) und wurde anschließend induktiv ergänzt.

Ergebnisse

Die Interviews zeigen, dass Lehrkräfte mit Erfahrung in inklusiven Unterrichtssettings vielfach Haltungen verinnerlicht haben, die Körper und Leistung in tendenziell ganzheitlicher Weise begreifen. Auch wird bei diesen eine ausgeprägte Sensibilität für die Individualität der Schülerinnen und Schüler sichtbar. Dagegen offenbare andere – meist Lehrkräfte mit weniger Erfahrungen in inklusiven Unterrichtssettings – eher funktional-normierte Auffassungen von Körper und Leistung.

Diskussion

Durch die Umstellung auf ein inklusives Schulsystem scheint das fachliche Selbstverständnis bezüglich der beiden für den Sportunterricht zentralen Kategorien Körper und Leistung irritiert zu werden, was es zukünftig näher zu betrachten gilt.

Literatur

Blömeke, S., Müller, C., Felbrich, A. & Kaiser, G. (2008). Epistemologische Überzeugungen zur Mathematik. In S. Blömeke, G. Kaiser & R. Lehmann (Hrsg.), *Professionelle Kompetenz angehender Lehrerinnen und Lehrer. Wissen, Überzeugungen und Lerngelegenheiten deutscher Mathematikstudierender und -referendare. Erste Ergebnisse zur Wirksamkeit der Lehrerausbildung* (S. 219-246). Münster: Waxmann.

Gieß-Stüber, P. & Grimminger, E. (2008). Kultur und Fremdheit als sportdidaktische Perspektive. In H. Lange & S. Sinning (Hrsg.), *Handbuch Sportdidaktik* (S. 223-244). Balingen: Spitta.

Mayring, P. (2007). *Qualitative Inhaltsanalyse. Grundlagen und Techniken*. Weinheim: Beltz.

AK 17: Sportlehrer und Sportlehrerausbildung

Sind Sportstudierende anders? – Studienmotive und berufsbezogene Einstellungen von Studienanfängern mit dem Fach Sport

MARION GOLENIA[1], NILS NEUBER[1], DANIEL KRAFT[2], RÜDIGER HEIM[2] & MIRIAM KEHNE[3]

[1]Westfälische Wilhelms-Universität Münster, [2]Ruprecht-Karls-Universität Heidelberg, [3]Universität Paderborn

Einleitung

Vor dem Hintergrund der Diskussion um die Rekrutierung und (Aus-)Bildung von kompetenten Lehrkräften wird den individuellen Lern-bzw. Eingangsvoraussetzungen von Lehramtsstudierenden aktuell viel Aufmerksamkeit geschenkt. Es wird davon ausgegangen, dass der Kompetenzerwerb im Studium nicht nur von der Ausbildungsqualität abhängt, „sondern auch entscheidend davon, wie Studierende vorhandene Lerngelegenheiten auf Basis ihrer individuellen Dispositionen nutzen" (Neugebauer, 2013, S. 158). Bedeutung beigemessen wird diesbezüglich: Überzeugungen und Werthaltungen, motivationalen Orientierungen, kognitiven Merkmalen sowie soziodemographischen Merkmalen (vgl. Bauer et. al, 2010; Neugebauer, 2013). Aus Sicht der Forschung zur hochschul- und beruflichen Sozialisation von Lehrern gibt es in diesem Zusammenhang plausible Argumente für fachspezifische Besonderheiten, insbesondere im Hinblick auf (angehende) Sportlehrerinnen und -lehrer (vgl. Baur, 1981). Standortübergreifende, aktuelle Studien zu Studierenden mit dem Berufsziel Sportlehrer/in fehlen in Deutschland jedoch. Daher wurde eine Längsschnittstudie mit dem Ziel konzipiert, die Eingangsvoraussetzungen sowie Entwicklungsverläufe von Sportstudierenden zu erforschen.

Methode

Zu Beginn des Wintersemesters 2014/15 wurden die Studienanfänger sportwissenschaftlicher Studiengänge an 12 Hochschulstandorten in Deutschland (N = 927) mit einem Onlinefragebogen befragt, der aus validierten Instrumenten des „Panels zum Lehramtsstudium" (vgl. Bauer u. a., 2010) besteht (u. a. Skalen zu Studien-/Berufswahlmotiven und zur motivationalen Orientierung). Zudem wurden Daten zum sportlichen Werdegang und zu pädagogischen (Vor-)Erfahrungen erfasst.

Ergebnisse

Im Vortrag werden erste Ergebnisse der Baseline-Erhebung präsentiert. Im Mittelpunkt steht die Beantwortung der Frage, welche spezifischen Ausprägungen die Studienanfänger Lehramt Sport (N = 654) in den zuvor genannten Facetten aufweisen (auch im Vergleich zum PaLea-Sample; N ≈ 4.400) und ob Unterschiede zu anderen Sportstudierenden (Nicht-Lehramt; N = 273) bestehen.

Die Literatur ist bei den Autoren zu erfragen.

Ausgangspunkt Studienwahlmotivation. Die professionelle Entwicklung angehender Sportlehrkräfte mittels Reflexions- und Beratungsangeboten unterstützen

BRITTA FISCHER

Deutsche Sporthochschule Köln

Einleitung

Warum entscheiden sich Menschen ein Lehramtsstudium aufzunehmen und später als Lehrer arbeiten zu wollen? Die Auseinandersetzung mit dieser Frage ist hinsichtlich der professionellen Entwicklung zukünftiger Sportlehrkräfte von Bedeutung, denn motivationale Aspekte spielen „eine wichtige Rolle in der Frage, auf welche Weise die Lern- und Entwicklungschancen einer Hochschulausbildung genutzt werden" (Drechsel, 2001, S. 73). Problematisch erscheint, dass bisherige Studien auf eher ungünstigere Motivationskonstellationen von Sportstudierenden lehramtsbezogener Studiengänge gegenüber Lehramtsstudierenden insgesamt hinweisen (Weis & Kiel, 2010). Demzufolge besteht die Zielsetzung der vorliegenden empirischen Untersuchung darin, die Motivation für die Aufnahme eines Lehramtsstudiums von Sportstudierenden zu erfassen und zu prüfen, inwiefern sich Differenzen zu anderen in fachunspezifischen Studien ermittelten Befunde bestätigen lassen, um darauf aufbauend Beratungs- und Unterstützungsangebote zu entwickeln.

Methode

152 Studienanfänger lehramtsbezogener Bachelorstudiengänge des Faches Sport wurden mittels einer modifizierten Form des FEMOLA (Pohlmann & Möller, 2010) hinsichtlich ihrer Studienwahlmotivation für das Lehramt befragt. Das Instrument basiert auf der Erwartungs-Mal-Werttheorie und bildet insgesamt sechs Facetten der Studienwahlmotivation ab, welche sich zudem einem extrinsischen und einem intrinsischen Motivationskomplex zuordnen lassen.

Ergebnisse

Insgesamt zeigt sich eine höher ausgeprägte intrinsische als extrinsische Motivation. Der Vergleich mit anderen Lehramtsstudierenden führt zu signifikanten Unterschieden in den Motivationsfacetten fachliches Interesse, Fähigkeitsüberzeugung, Nützlichkeit und Schwierigkeit des Lehramtsstudiums.

Diskussion

Ansatzpunkte für Reflexions- und Beratungsangebote bilden insbesondere das der Wahlentscheidung zugrundeliegende Interesse und das lehrerbezogene Selbstkonzept. Darüber hinaus ergeben sich aus den Befunden Implikationen für die Hochschuldidaktik.

Literatur

Drechsel, B. (2001). *Subjektive Lernbegriffe und Interesse am Thema Lernen bei angehenden Lehrpersonen*. Münster: Waxmann.
Pohlmann, B. & Möller, J. (2010). Fragebogen zur Erfassung der Motivation für die Wahl des Lehramtsstudiums (FEMOLA). *Zeitschrift für Pädagogische Psychologie, 24* (1), 73-84.
Weiß, S. & Kiel, E. (2010). Berufswunsch Sportlehrer/in. *sportunterricht, 59* (10), 308-311.

Belastungsbereiche im privaten Lebenskontext von Sportreferendaren

THOMAS KÖNECKE, NORMAN HÄNSLER, MICHAEL CONRADI, DANIEL HAUCK, TOM KOCUREK & CHRISTIAN SCHWAPPACHER

Johannes Gutenberg-Universität Mainz

Einleitung

Das (Sport-)Referendariat stellt im Leben angehender Lehrerinnen und Lehrer in vielerlei Hinsicht eine Veränderung dar. Nach der Beendigung des Studiums sehen sich die zukünftigen Lehrer mit einem neuen Ausbildungs- und Lebensabschnitt konfrontiert. In einschlägigen Studien bleibt jedoch die Frage weitgehend unberücksichtigt, inwieweit sich diese Umstellung im privaten Lebenskontext manifestiert. Es ist jedoch zu erwarten, dass nicht nur berufliche, sondern auch private Belastungen entstehen können, die ein erfolgreiches Absolvieren des Referendariats erschweren. Diese Forschungslücke wird im Rahmen der hier vorgestellten Studie beleuchtet. Damit wird das bereits von Ziert (2012, 2014) untersuchte berufliche Belastungspotential im Sportreferendariat um den privaten Lebenskontext erweitert, um einen umfassenderen Überblick zu erhalten.

Methode

Mittels eines leitfadengestützten Interviews wurden fünf Sportreferendare, die sich seit mindestens einem halben Jahr im Referendariat befinden, sowie sechs Sportlehrer, die das Referendariat vor maximal zwei Jahren abgeschlossen haben, zu Belastungsfaktoren bzw. Belastungsbereichen im Referendariat befragt. Fünf der Befragten waren weiblich, sechs männlich.

Ergebnisse

Es wurden insgesamt sechs Bereiche identifiziert, denen Belastungen im privaten Umfeld von Sportreferendare zugeordnet werden können, die jeweils wieder in Teilbereiche unterteilt werden konnten. Diese Bereiche sind: Selbst (ich), Familie und Freunde, Hobbys und Freizeit, Sport, Finanzen sowie Wohnsituation.

Diskussion

Im Rahmen der hier vorgestellten wurden sechs Bereiche identifiziert, denen im privaten Umfeld von Sportreferendaren Belastungen zugeordnet werden können. In Kombination mit den Arbeiten von Ziert (2012, 2014) kann hieraus ein umfassender Blick auf Belastungsbereiche gewonnen werden, denen Sportreferendare im beruflichen und privaten Kontext ausgesetzt sind. Dabei ist zu beachten, dass die Studie aufgrund ihres explorativen Charakters lediglich eine Stichprobe von elf Personen aus verschiedenen Bundesländern umfasst und somit keine umfassende Repräsentativität beanspruchen kann.. Zukünftig wäre es daher wünschenswert, die Ergebnisse mit größeren Stichproben zu überprüfen.

Literatur

Ziert, J. (2012). *Stressphase Sportreferendariat?! Eine qualitative Studie zu Belastungen und ihrer Bewältigung* (Forum Sportwissenschaft Bd. 24). Hamburg: Feldhaus.
Ziert, J. (2014). Stressphase Sportreferendariat?! Konzeption und ausgewählte Ergebnisse einer qualitativen Interviewstudie. *Leipziger Sportwissenschaftliche Beiträge, 55* (1), 136-156.

Entwicklung eines Kerncurriculums zur Kompetenzorientierung in der Sportlehrerbildung

MAREIKE AHNS & RALF SYGUSCH

Friedrich-Alexander Universität Erlangen-Nürnberg

Einleitung

Nachdem Kompetenzorientierung in der Lehrerbildung mittlerweile Einzug in verschiedene Fachdidaktiken und -wissenschaften gefunden hat, bewegt sich in der Sportwissenschaft bislang noch recht wenig. Zwar sind vorliegende Ansätze partiell anschlussfähig an den Kenntnisstand der empirischen Bildungsforschung (u. a. Kehne, 2013); insgesamt liegt aber noch kein systematischer Ansatz vor, der dem Anspruch nachkommt, Grundlage für die Kompetenzentwicklung in der Sportlehrerbildung und für deren empirische Analyse sein zu können. Mit der in Deutschland vorherrschenden zweiphasigen Struktur der Lehrerbildung ergibt sich ein zweiter Diskussionsstrang zur Weiterentwicklung kompetenzorientierter Sportlehrerbildung: das konsekutive System der Lehrerbildung wird von Schaper als „nicht ausreichend effektiv und zielführend" beschrieben (2009, S. 166). Die beiden Phasen scheinen isoliert hintereinander zu stehen. Das vorliegende Projekt greift beide Diskussionslinien auf. Angelehnt an jüngere Kompetenzansätze der Lehrerbildung sowie an hochschuldidaktische Kompetenzmodelle (u. a. Baumert & Kunter, 2006; Schaper, 2009) zielt es auf die Entwicklung eines kompetenzorientierten Kerncurriculums, das die I. und II. Phase der Sportlehrerbildung inhaltlich vernetzt und den Anspruch einer regionalen Umsetzbarkeit verfolgt. Die forschungsleitenden Fragestellungen lauten: *1. Welche Kompetenzen benötigen Sportlehrkräfte* und *2. Wann sollen die jeweiligen Kompetenzen in der Sportlehrerbildung vermittelt werden?*

Methode

Im ersten Schritt wird mittels normativ-hermeneutischer Verfahren ein Vorschlag für einen Kompetenzansatz der Sportlehrerbildung entwickelt. Im zweiten Schritt werden in einem kooperativen Planungsprozess regionale Vertreter von Sportwissenschaft, Politik und Praxis zu einer Expertengruppe herangezogen. In geplanten sechs Gruppendiskussionen erfolgt ein aktiver Austausch zur Validierung des Kompetenzansatzes, zur Festlegung von konkreten Kompetenzerwartungen sowie zu deren zeitlicher Verortung in der I. und II. Phase der Sportlehrerbildung. Die Auswertung der erhobenen Daten der Gruppendiskussionen erfolgt mittels qualitativer Inhaltsanalyse.
Im Vortrag wird der Entwurf des Kompetenzansatzes für die Sportlehrerbildung vorgestellt.

Literatur

Baumert, J. & Kunter, M. (2006). Stichwort: Professionelle Kompetenz von Lehrkräften. *Zeitschrift für Erziehungswissenschaft, 9* (4), 469-520.
Kehne, M., Seifert, A. & Schaper, N. (2013). Struktur eines Instruments zur Kompetenzerfassung in der Sportlehrerausbildung. *Sportunterricht, 62* (2), 53-57.
Schaper, N. (2009). Aufgabenfelder und Perspektiven bei der Kompetenzmodellierung und -messung in der Lehrerbildung. *Lehrerbildung auf dem Prüfstand*, (1), 166-199.

Zur Wirksamkeit verschiedener Formen von Reflexionsgesprächen im Rahmen der Schulpraktischen Studien im Fach Sport

ANDREAS ALBERT & VOLKER SCHEID
Universität Kassel

Die große Herausforderung der Lehramtsausbildung besteht u. a. in der Herausbildung persönlicher Handlungskompetenzen. Diese Handlungskompetenzen können nur am Gegenstand selber, d. h. am Lernort Schule in der Auseinandersetzung mit dem eigenen Tun erworben werden (Meyer, 2005). In diesem Kontext bilden die Schulpraktischen Studien einen bedeutenden Bestandteil innerhalb der Lehramtsausbildung. Schulpraktische Studien sind Theorie und Praxis integrierende Lehrveranstaltungen, die gewährleisten, dass Erziehungs- und Unterrichtspraxis erfahren und wissenschaftlich reflektiert werden kann. Die reflexive Unterrichtsnachbesprechung im Rahmen der SPS kann u. a. dabei helfen, unbewusste Handlungsschemen aufzudecken und ggf. zu korrigieren, verinnerlichte Verhaltensmuster offen zu legen und über Alternativen des unterrichtlichen Handelns nachzudenken. Ziel ist damit nicht nur eine Erweiterung des fachdidaktischen Wissens, sondern auch Studierende zu befähigen, ihren eigenen Unterricht konstruktiv zu reflektieren und somit einen gemeinsamen Austausch zu ermöglichen (Schüpach, 2007).

Auf der Grundlage der Ergebnisse eines abgeschlossenen Lehrinnovationsprojektes wird in einer weiteren Projektphase im SS 2015 der Fokus auf die Frage nach der Wirksamkeit verschiedener Reflexionsformen und deren Einfluss auf die Selbstbeurteilung des eigenen Unterrichts auf Seiten der Studierenden gelegt. Für die Unterrichtsbewertung, wird ein bereits entwickelter Fragebogen zur Selbst- und Fremdbeurteilung des Unterrichts (Albert, Scheid & Julius, 2015; 39 Items in 5 Kategorien) eingesetzt. Die Studierenden bewerten ihren Unterricht mittels Fragebogen direkt nach der Stunde und ein weiteres mal im Anschluss an das Reflexionsgespräch. Der Pädagogische Mitarbeiter beurteilt den Unterricht über die gleichen Fragen einmal direkt nach der Unterrichtsstunde.

Um die Frage nach dem Mehrwert einer durch Videografie unterstützten Unterrichtsreflexion zu klären, ist eine vergleichende Analyse zweier Reflexionen vorgesehen (Krammer & Reusser, 2005). Während ein Unterrichtsversuch „klassisch" nachbesprochen wird, soll der zweite Unterrichtsversuch mit Hilfe von Videomitschnitten analysiert werden. Die auf Video aufgezeichneten Reflexionsgespräche werden im Anschluss auf der Basis eines eigens entwickelten Beobachtungsrasters über die Bereiche „Inhalt", „Struktur des Gesprächs" sowie „Interaktion zwischen PäMi und Studierenden" analysiert und im Zusammenhang mit der Selbst- und Fremdbeurteilung des Unterrichts ausgewertet .

Der Vortrag stellt den Aufbau, sowie erste Ergebnisse der im SS 2015 durchgeführten Studie vor und diskutiert diese im Kontext der Entwicklung von Reflexionskompetenz.

Literatur

Albert, A., Scheid, V. & Julius, P. (2015). *Entwicklung von Reflexionskompetenz in der schulpraktischen Ausbildung im Sportstudium. Zum Einfluss von Videografie auf die Unterrichtsbeurteilung* (in Begutachtung).
Krammer, K. & Reusser, K. (2005). Unterrichtsvideos als Medium der Aus- und Weiterbildung von Lehrpersonen. In *Beiträge zur Lehrerbildung 23* (1), S. 35-50.
Meyer, H. (2005). *Türklinkendidaktik. Aufsätze zur Didaktik, Methodik und Schulentwicklung* (5. Aufl.). Berlin: Cornelsen Scriptor.
Schüpbach, J. (2007). *Über das Unterrichten reden die Unterrichtsnachbesprechung in den Lehrpraktika – eine „Nahtstelle von Theorie und Praxis"?* (1. Aufl.). Bern: Haupt.

Subjektives Belastungsempfinden von Sportlehrerinnen und Sportlehrern: Ein Vergleich des Fachs Sport mit anderen Fächern

THOMAS KÖNECKE, NORMAN HÄNSLER, KERSTIN HUCK, CHRISTOPH KAMPIK, JACQUELINE MAAS & CARINA STEINES

Johannes Gutenberg-Universität Mainz

Einleitung

Momentan liegen widersprüchliche Hinweise, allerdings keine Belege vor, ob Belastungen durch den Sportunterricht im Vergleich zu anderen Fächern stärker oder geringer einzuschätzen sind (Heim & Klimek, 1999, S. 36). Worin genau Unterschiede bestehen und welche fächerspezifischen Faktoren zu einem erhöhten subjektiven Belastungsempfinden beitragen, wurde jedoch bisher nicht hinreichend untersucht. Im Rahmen der Sportlehreraus- oder -weiterbildung und zur Prävention von psychischen Erkrankungen wäre es allerdings sinnvoll, hier vertiefende Forschung zu betreiben, um Belastungen aktiv begegnen zu können. Im Fokus der hier vorgestellten Studie steht daher die Beantwortung der Forschungsfrage: Wie unterscheidet sich das subjektive Belastungsempfinden von Sportlehrkräften in ihren beiden Fächern im Vergleich?

Methode

Zur Datenerhebung wurden narrative Interviews geführt. Die acht Interviewpartner sind alle an rheinland-pfälzischen Gymnasien tätig und wurden willkürlich nach Verfügbarkeit ausgewählt. Die Lehrkräfte unterrichten an drei unterschiedlichen Schulen, wovon zwei im städtischen Raum und eine im ländlichen Raum zu verorten sind. Es wird das Geschlecht, das Alter und die Fächerkombination beachtet, um eine gewisse Vielfalt der Stichprobe zu gewährleisten, wobei ein Fach immer Sport ist. Die weiteren Fächer werden in Kategorien zusammengefasst. Befragt werden jeweils vier Sportlehrer mit einem Zweitfach aus dem Bereich Naturwissenschaften (Mathematik, Biologie, Chemie) oder Gemeinschaftskunde (Erdkunde, Geschichte).

Ergebnisse

Das zentrale Ergebnis dieser qualitativen Studie zum subjektiven Belastungsempfinden von Sportlehrern in ihren beiden Fächern im Vergleich besteht darin, dass die Beanspruchung jeweils in anderen Bereichen des Unterrichts liegt. Die Befragten empfinden die Durchführung des Sportunterrichts vergleichsweise als eine subjektiv stärkere Belastung als die Durchführung des Unterrichts im jeweiligen Zweitfach. Vor- und Nachbereitung hingegen werden von allen Befragten in ihrem Zweitfach als subjektiv höher belastend empfunden.

Literatur

Heim, R. & Klimek, G. (1999). Arbeitsbelastungen im Sportlehrerberuf – Entwicklung eines Instruments zur Erfassung fachunterrichtlicher Stressoren. *Psychologie und Sport, 6* (2), S. 35-45.

AK 18: Varia aus Sozial- und Geisteswissenschaften

Dodgeball: „Voll auf die Nüsse"! Qualitative Analyse einer aktuellen Spielform und Turnierorganisation

MICHAEL KOLB & CHRISTOPH SANDER

Universität Wien

Einleitung

Derzeit ist die Entwicklung einer neuartigen Form von Spielturnieren, den Dodgeball-Turnieren, beobachtbar. Ausgelöst wurde diese Entwicklung durch den us-amerikanischen Film „Voll auf die Nüsse". Dieser Film lehnt sich an die Plots und die Bildsymboliken typischer us-amerikanischer Sportfilme an. Dabei werden die typischen Muster allerdings ironisiert, nicht zuletzt dadurch, dass ein tradiertes Abwurfspiel aus dem Sportunterricht in den USA ins Zentrum einer Wettkampfauseinandersetzung rivalisierender Erwachsenengruppen rückt. Die Gruppen treten im finalen Dodgeball-Entscheidungskampf zudem in Kostümen verkleidet an.

Offensichtlich hat diese besondere Inszenierung einer Auseinandersetzung zweier Gruppen in einem Wettkampf dazu beigetragen, dass zunehmend entsprechende Events von verschiedenen Organisatoren im deutschsprachigen Raum veranstaltet werden, bei denen phantasievoll verkleidete Teams in Dodgeball-Turnieren gegeneinander antreten.

Methode

Um einen Einblick in dieses neue Spielturnier-Phänomen zu gewinnen wurde eine qualitative ethnographische Studie durchgeführt. Es fanden teilnehmende Beobachtungen an verschiedenen Dodgeball-Turnieren in Wien und Graz statt. Dabei wurden auch kurze Leitfadeninterviews mit Teilnehmenden geführt, um Teilnahmemotivationen, Zusammenstellungen der Teams, Benennungen der Teams, Ziele der Team-Kostümierung etc. zu untersuchen. Die Beobachtungen und Interviewaufnahmen wurden transkribiert, in Anlehnung an die Grounded Theory (Glaser & Strauss, 1998) offen codiert und zu Kategorien gebündelt.

Ergebnisse und Diskussion

Derzeit sind die Beobachtungen und Interviews noch nicht vollständig abgeschlossen, aber es zeichnen sich schon deutliche Differenzen zu herkömmlichen Turnierorganisationsformen und typische Teilnahmemotive sowie Teilnehmendenkonstellationen ab.

Da es sich um eine der ersten Untersuchungen zu diesem Thema handelt, hat die Studie Pilotcharakter und wird in den kommenden Jahren um weitere Erhebungen erweitert werden.

Vertiefende Literatur

Glaser, B. & Strauss, A. (1998). *Grounded Theory: Strategien qualitativer Forschung. The discovery of grounded theory.* Bern: Huber.

Kassock, I. M. (2012). *The Philosophy of Dodgeball. A Treatise.* Kassock Bros. Publishing.

Ringen als antagonistische Praktik eines oder zweier Leiber?

Timm Wöltjen

Carl von Ossietzky Universität Oldenburg

Einleitung

Anders als bei anderen Formen des Sports ist beim Kampfsport der Körper des Gegners ganz wesentlich zum Erreichen des sportartspezifischen Ziels: Nur am beziehungsweise mit dem gegnerischen Körper lassen sich Treffer setzen, Punkte erzielen und Kämpfe gewinnen. Beim Ringen ist hierzu nicht nur der sehr enge Kontakt mit dem Gegner notwendig, sondern dieser wird nicht nur als Trefferfläche wie beim Boxen eingesetzt sondern gar als *Spielgerät*, das auf bestimmte Art und Weise kontrolliert und bewegt werden muss.

Miteinander zu Ringen bedeutet somit für die Teilnehmenden nicht nur der antagonistischen Ausrichtung der Sportart zu folgen, sondern hierbei auch kooperativ den Kampf hervorzubringen, was Loic Wacquant in Bezug auf den Boxkampf als antagonistische Kooperation bezeichnet hat (Wacquant, 2003).

Wahrnehmung und Misslingen

Dieser Antagonismus steht im Zentrum meines Interesses. Einerseits geht es mir darum zu ergründen, wie Ringer erspüren, welche Angriffsmöglichkeiten sich bieten, wie sie erahnen, was ihr Gegner vorhaben könnte und wie sie dies jeweils zu tun erlernen. Die Ausprägung der Wahrnehmung im Ringen beleuchte ich dabei im Anschluss an die Leibphänomenologie Merleau-Pontys (1966).

Andererseits widme ich mich dem Ringen aus einer praxistheoretischen Perspektive. Wurde sich bisher mit Praktiken der Güterproduktion (z. B. Schatzki, 2002) oder dem Hervorbringen von (sportlichen) Leistungen (z. B. Schmidt, 2012) eher kooperativer Praxis gewidmet, bietet Ringen hier neue Perspektiven: Die häufig vom Gelingen von Praktiken ausgehende Beschreibung des Sozialen als routinehaft ist aufgrund des unverkennbaren Antagonismus im Ringkampf nicht anzunehmen, eher ist Ringen als Folge von misslungenen Aktionen anzusehen und die Praktik zumindest in weiten Teilen nicht routiniert.

Praxis und Leib

An das Konzept des Vollzugsleibs (Alkemeyer & Michaeler, 2013) anknüpfend möchte ich abschließend zeigen, wie die Ringerkörper sich im Kampf gegenseitig aufeinander einstellen und einander einleiben.

Literatur

Alkemeyer, T. & Michaeler, M. (2013). Die Ausformung mitspielfähiger „Vollzugskörper". Praxistheoretisch-empirische Überlegungen am Beispiel des Volleyballspiels. In *Sport und Gesellschaft – Sport and Society 10* (3), 213-239.
Merleau-Ponty, M. (1966). Phänomenologie der Wahrnehmung. Berlin: De Gruyter.
Schatzki, Th. R. (2002). *The Site of the Social. A Philosophical Account of the Constitution of Social Life and Change.* University Park, PA: The Pennsylvania State University Press.
Schmidt, R. (2012). *Soziologie der Praktiken. Konzeptionelle Studien und empirische Analysen.* Berlin: Suhrkamp
Wacquant, L. (2003). *Leben für den Ring. Boxen im amerikanischen Ghetto.* Konstanz: UVK.

„Das Problem ist nicht, dass sie das nicht kann oder ihr das nicht könnt. Das Problem ist euer Zusammenspiel" – Praxissoziologische Perspektiven auf das ‚Machen' von Sport

KRISTINA BRÜMMER

Carl von Ossietzky Universität Oldenburg

Einleitung

Das ‚Machen' und Lernen von Sport sind ein beliebte Forschungsgegenstände der Bewegungswissenschaft und der Sportpsychologie. In der Sportsoziologie hingegen erweisen sie sich als weitgehend unbeachtet. Am Beispiel einer praxissoziologischen Analyse der Sportakrobatik (bzw. genauer: der Ausführung sportakrobatischer Figuren durch drei bis fünf Sportlerinnen) soll der Beitrag in diese Forschungslücke vorstoßen.

Methode

In praxissoziologischen Zugängen werden Praktiken als wiedererkennbare „Bündel von Aktivitäten" (Schatzki, 2002) verstanden, die durch ein verkörpertes *know how* organisiert werden, und an denen neben menschlichen auch materielle ‚Mitspieler' wie z. B. Artefakte beteiligt sind. Praktiken sind in dieser Perspektive beobachtbare, materiell eingebettete und kollektive Vollzüge, die sich im Zusammenspiel ihrer verschiedenen Teilnehmer entfalten. Zur Annäherung an die Frage, wie sportakrobatische Figuren (bzw. Praktiken) ‚gemacht' und erlernt werden, wurde das Training einer Sportakrobatinnen-Gruppe im Zuge eines zweijährigen ethnografischen Forschungsprozesses teilnehmend beobachtet. Verschiedene Trainingsepisoden wurden videografisch dokumentiert, mithilfe videogestützter Interviews „dicht" beschrieben (Geertz, 1987) und Schritt für Schritt analysiert.

Ergebnisse

Bei den sportakrobatischen Praktiken handelt es sich um anspruchsvolle Vollzüge, die von den Beteiligten neben *know how* bspw. Fähigkeiten zur Selbstbeobachtung und -korrektur erfordern, welche schrittweise in spezifischen materiellen Trainingsarrangements angebahnt werden. Gleichwohl stellen selbst umfangreiche, auf diese Weise angebahnte ‚Mitspielfähigkeiten' der einzelnen Beteiligten nicht sicher, dass die Figuren im Zusammenspiel der Sportlerinnen gelingen. Sie sind durch eine übersummative Eigendynamik gekennzeichnet, die sich der Kontrolle der einzelnen Beteiligten entzieht.

Diskussion

Die Studie macht auf Grenzen individualistischer Erklärungsansätze aufmerksam und ergänzt diese durch eine Perspektive, die die Kollektivität und materielle Einbettung des Lernens und Praktizierens von Sport in den Fokus rückt.

Literatur

Geertz, C. (1987). *Dichte Beschreibung.* Frankfurt/Main: Suhrkamp.
Hirschauer, S. (2004). Praktiken und ihre Körper. Über materielle Partizipanden des Tuns. In K.-H. Hörning, & J. Reuter (Hg.), *Doing Culture.* Bielefeld: transcript: S. 73-91.
Schatzki, T. (2002). *The Site of the Social.* University Park: Pennsylvania State University Press.

Die Olympische Idee – Anspruch und Wirklichkeit

RENATE SCHINZE

Damals

119 Jahre Olympische Idee
Samaranch: Best Games ever
Willi Daume 1981: „Wir müssen damit rechnen, dass die Olympischen Spiele überleben, nicht aber die Olympische Idee."

Heute

München 2013, Lillehammer 2014, Bosten 2015….: Nein zu Olympia !!!!
Beschäftigt man sich mit den Diskussionen bezüglich einer Bewerbung zur Austragung der Olympischen Spiele stellt man fest, dass Politiker und Sportfunktionäre einstimmig dafür, die Bevölkerung aber „nein" zu Olympia sagt. Begründung der Gegner: gigantische Kosten und mangelndes Vertrauen in Politiker und Sportfunktionäre. Auch eine Agenda 2020 hat daran, vor dem Hintergrund der Vergabe der Olympischen Spiele nach Peking, wenig geändert.

Aber sind es allein Gigantismus und Kosten, die die Euphorie für die Spiele bremsen? Liegt dem Unbehagen nicht die vielleicht noch nicht so richtig greifbare Erkenntnis zu Grunde, dass auch die Olympische Idee Coubertins nämlich die Erziehung durch Sport, die lautet: Leistung (citius, altius, fortius), Fairness, gegenseitige Achtung zu wenig sind, um heute noch Bestand zu haben? Gerade diese Ideen, die stark letztendlich verquickt sind mit Doping und Gigantismus?

Sind wir nicht aufgefordert, wenn wir an der geistigen Struktur unserer Zeit mitwirken wollen, die Möglichkeiten zu nutzen und über Sport und Medien einen Wandel des Denkens und nicht nur eine andere Ökonomisierung einzuleiten? Halten wir die Fahne hoch für etwas, das offensichtlich bis heute Gültigkeit hatte; müssen wir nicht Neuland betreten und die Olympische Idee neu gestalten? Gehen wir zurück zu den griechischen Philosophen in ein Zeitalter, in dem die Olympischen Spiele ihren Ursprung hatten! Damals ging es besonders um Beobachtung von Naturvorgängen, um die Einheit des Menschen mit der Natur. Und gerade um diese Einheit geht es auch heute. Im Zeitalter des Logos, der Machbarkeit, ist der Mythos verlorengegangen – und trotzdem spürbar. In Delphi findet man den Tempel des Apoll; eine Säule trug der Sage nach die Inschrift: Gnôthi seautôn und medèn ágan – Erkenne, Mensch, dass du ein Mensch bist (und kein Gott). Damit sollte auf die Schwäche und Begrenztheit des Menschengeschlechts hingewiesen werden. Für Platon eine Warnung vor der Überschätzung der generellen Möglichkeiten der Menschen und die Einsicht in die Unzulänglichkeit des menschlichen Wesens.

Mit diesem Spruch: Erkenne die selbst und alles mit Maßen sowie der Tatsache, dass der Mensch nur im Einklang mit der Natur überleben kann, entsteht für mich ein neuer pädagogische Inhalt für Olympische Spiele und Idee.

Crossing. Von der Kontingenz des Übergangs

MONIKA ROSCHER

Johannes Gutenberg-Universität Mainz

Phänomen
In unserer Disziplin wird das Streben nach einer Steigerung der Leistung durch eine Forschung zur Förderung der praktischen Vermögen bedient. An Technik und Taktik wird gefeilt, mentale Betreuung geleistet, soziale Komponenten mitgedacht, sei es unter der Leitidee der Bildung eines Bewegungsvermögens oder der Handlungsfähigkeit im Sport.

Problemstellung
Nur was wäre, wenn die praktischen Vermögen nur einen Aspekt des Könnens darstellten? Was wäre, wenn es eine Art inneres Prinzip gäbe, eine dem Akteur nicht bewusste Kraft? Wenn erst im Zusammenspiel mit dieser Kraft das Vermögen des Sportlers zu einem herausragenden Können würde? Unsere Praxis müsste vom Grunde auf neu gedeutet werden.

Theoretischer Rahmen
Herder versteht das Ästhetische als das Denken eines „inneren Prinzips", einer „Kraft", in der kein Subjekt waltet (vgl. Herder, 1993, S. 694; Menke, 2008, S. 22). Begreift man die Bildung des Ästhetischen als eine Fortbildung aus einem inneren Prinzip, das keinen bewussten Bezug auf dasselbe hat, ist dieses Prinzip nicht normativ und kann damit ferner kein Vermögen sein. Weiter unterbricht das sozialisierende Üben das ästhetische Spiel. Ebenso steht das Wirken des Ästhetischen dem Einbrechen durch das Üben des praktischen Vermögens nicht gleichgültig gegenüber, es stellt vielmehr die Bedingung für das übende Bilden dar: Das Spiel des Ästhetischen befreit das Handeln von Norm, Gesetz und Zweck. Damit drückt sich nicht nur die Differenz von ästhetischer Kraft und praktischen Vermögen aus, sondern es denkt den Menschen als Differenz.

Methode
Als Untersuchungsmethode wird ein stringent deduktives Vorgehen gewählt. Die Gegenstände sind Sequenzen aus „Kraft" (Menke, 2008). Ziel ist es, den Strukturkern, das generative Prinzip dieses Textes von Menke aufzudecken, um damit die Wirkungsweisen der Kraft explizit zu machen.

Prognose
In der Prognose wird eine systematische Verknüpfung zu der unmöglichen Möglichkeit eines vorhersehbaren Könnens sportlicher Praxis zu unternehmen: Der Sporttreibende ist in seiner Praxis selbstbewusstes Vermögen und rauschhaft entfesselte Kraft. Die Annahme einer Kontingenz des Übergangs bildet eine vollkommen neue Betrachtung des sportlichen Könnens.

Literatur
Herder, J. G. (1993). *Werke. Bd. 2./* Frankfurt a.M.: Deutscher Klassiker Verlag.
Menke, C. (2008). *Kraft. Ein Grundbegriff ästhetischer Anthropologie.* Frankfurt a.M.: Suhrkamp.

AK 19: Inklusion und Exklusion im und durch Sport

Exkludierte Körper. Behindertenpädagogische Anmerkungen zum exkludierenden Potential sportpädagogischer Menschenbilder

MARTIN GIESE

Humboldt-Universität zu Berlin

Einleitung

Aus der Perspektive der Behindertenpädagogik wird die Frage gestellt, ob sportpädagogische Anthropologien auch als Grundlage einer inklusiven Sportpädagogik fungieren können. Nach Grupe (2003) fußt die heutige Sportanthropologie auf einer philosophischen Anthropologie und fragt in kantischer Tradition nach dem Wesen des Sport treibenden Menschen. Ziel einer solchen Vorgehensweise sei, über die Analyse sport- und bewegungsbezogener Einzelphänomene, zu einem Gesamtverständnis des Menschen beizutragen.

So wird der Mensch bei Meinberg (2003) als Homo Sportivus beschrieben, wobei ein idealistisches Menschenbild kolportiert wird, dass sich unkritisch an normativen Vorstellungen einer individuellen Vollkommenheit, der Leistung und der körperlichen Robustheit orientiert. Im strukturalistischen Bildungsdiskurs wird – um einen weiteren Theoriestrang aufzugreifen – der Bildungsprozess eng an die selbstreflexiven Kompetenzen des Individuums gekoppelt.

Anthropologiekritik und Behindertenfeindlichkeit

Disziplinübergreifend soll gezeigt werden, dass solche Menschbilder zumindest aus zwei Perspektiven problematisch erscheinen, weil fundamentale Kritik an der philosophischen Anthropologie, wie sie sowohl in der Philosophie als auch in der Behindertenpädagogik formuliert wird, keine systematische Beachtung in der Sportpädagogik findet.

Im philosophischen Diskurs ist spätestens mit der Kritischen Theorie, eine grundsätzliche Skepsis gegenüber der Anthropologie verbreitet, weil „der Mensch anthropologisch, in seiner sinnlich-leiblichen Existenz alleine, nicht begriffen werden kann" (Habermas, 1977) und auch aus Sicht der Behindertenpädagogik „bleibt alle Anthropologie defizitär und potenziell behindertenfeindlich, da Behinderung in ihr nicht vorkommt, ja anthropologische Kategorien theoretisch wie praktisch zur Ausgrenzung der Betroffenen aus dem Menschlichen missbraucht wurden und werden" (Jakobs, 2009, S. 296).

Synopse

Spätestens seit der Ratifizierung der UN-Behindertenrechtskonvention muss sich auch die Sportpädagogik selbstkritisch der Frage stellen, ob auch hier immanente anthropologische Annahmen ein exkludierendes Potential gegenüber Menschen mit Behinderungen entfalten, was in diesem Vortrag kritisch angedacht werden soll.

Literatur

Grupe, O. (2003). Grundzüge und Themen einer sportbezogenen Anthropologie. In M. Krüger (Hrsg.), *Menschenbilder im Sport* (S. 20-37). Schorndorf: Hofmann.
Habermas, J. (1977). *Kultur und Kritik*. Frankfurt am Main: Suhrkamp.
Jakobs, H. (2009). Anthropologie/Anthropologiekritik. In M. Dederich & W. Jantzen (Hrsg.), *Behinderung und Anerkennung* (S. 293-301). Stuttgart: Kohlhammer Verlag.
Meinberg, E. (2003). Homo sportivus – Die Geburt eines neuen Menschen. In M. Krüger (Hrsg.), *Menschenbilder im Sport* (S. 95-114). Schorndorf: Hofmann.

Vorurteile und Determinanten im organisierten Sport

HANNES DELTO[1] & PETRA TZSCHOPPE[2]

[1]Promovend bei Prof. Dr. Zick (IKG), [2]Universität Leipzig

Einleitung

Vorurteile können als negative Einstellungen gegenüber Gruppen aufgrund ihrer Gruppenzugehörigkeit verstanden werden (Allport, 1954). Die Formen der Abwertung gegenüber Menschen können unter einem ‚Syndrom' der Gruppenbezogenen Menschenfeindlichkeit zusammengefasst werden (Heitmeyer, 2002-2012; Zick, Küpper & Heitmeyer, 2009). Dieses Syndrom wurde im Gesellschaftsbereich Sport erstmals empirisch identifiziert, und es können erstmals Aussagen über die Ausprägung von Abwertungen getroffen werden.

Methode

Der Survey wurde in einem standardisierten Verfahren durchgeführt, mit dem negative Einstellungen gegenüber bestimmten Gruppen zuverlässig und valide erfasst werden konnten. Auf der Grundlage einer quotiert geschichteten Stichprobe wurden insgesamt 1502 Personen, von denen 49,2% weiblich sind, im vereinsorganisierten Sport im Bundesland Sachsen befragt (Alter: M = 44,2 Jahre; SD = 17,7 Jahre). In der Stichprobe spiegeln 147 Sportvereine mit 38 Sportarten die Vielfalt der Sportpraxis wider.

Ergebnisse

Das Syndrom der Gruppenbezogenen Menschenfeindlichkeit im Sport konnte in einer konfirmatorischen Faktorenanalyse nachvollzogen werden. Die Fitindizes weisen auf eine gute Passung des Modells hin (CMIN/DF: 3,395; P-Close: 1; SRMR: 0,041; RMSEA: 0,040; AGFI: 0,949; CFI: 0,969; TLI: 0,963). Im organisierten Sport in Sachsen sind Fremdenfeindlichkeit, Islamfeindlichkeit, Homophobie und Rassismus besonders problematisch erscheinende Dimensionen hinsichtlich ihrer Ausprägung. Zudem lassen sich in OLS-Regressionen einflussreiche soziodemografische Determinanten und Prädiktoren wie Gewaltbilligung, Autoritarismus, Demokratieverständnis, Nationalismus, Werte im Sport identifizieren. Diese tragen bedeutsam zur Erklärung der untersuchten und eng miteinander verbundenen Vorurteilsdimensionen bei (Pearsons $r = 0,20$ bis $0,59$; $p \leq 0,001$).

Diskussion

Die körperlichen Eigenheiten können im Sport nicht nur Neugier und Bewunderung, sondern auch negative Gefühle wie Angst, Ekel oder Abscheu hervorrufen und schließlich zu Abwertungen führen (Bröskamp & Alkemeyer, 1996). Ansatzpunkte für Handlungsstrategien zum Praxistransfer könnten in den im Sport propagierten Werten liegen, welche robust und negativ mit feindseligen Einstellungen zusammenhängen.

Literatur

Allport, G. W. (1954). *The Nature of Prejudice*. Reading, MA: Addison-Wesley.
Bröskamp, B. & Alkemeyer, T. (Hrsg.). (1996). *Fremdheit und Rassismus im Sport*. St. Augustin: Academia.
Heitmeyer, W. (Hrsg.). (2002-2012). *Deutsche Zustände, Folge 1-10*. Frankfurt am Main: Suhrkamp.
Zick, A., Küpper, B. & Heitmeyer, W. (2009). Prejudices and Group-Focused Enmity: A Sociofunctional Perspective. In A. Pelinka, K. Bischof & K. Stögner (Hrsg.), *Handbook of Prejudice* (pp. 273-302). Amherst, NY: Cambria Press.

Passiver Sportkonsum und nationale Identität – Ein weiterer Beitrag des Sports zur Integration von Migranten?

JENS FLATAU[1] & SALIH ELMASCAN[2]

[1]Christian-Albrechts-Universität zu Kiel, [2]Deutsche Sporthochschule Köln

Einleitung

Nach gängigen Integrationstheorien ist die beispielsweise „emotional erlebte kollektive" Identifikation mit der Aufnahmegesellschaft als eine der vier wichtigen Determinanten gelingender Integration (Esser, 2001, S. 16f.). Die Integrationsleistung aktiven Sporttreibens im Sportverein konnte bereits in verschiedenen Studien empirisch belegt werden (z. B. Breuer & Wicker, 2008; Kleindienst-Cachay, Cachay & Bahlke, 2012). Für den passiven Sportkonsum in Form des Zuschauens und emotionalen Commitments bei wettkampfsportlichen Veranstaltungen mit Beteiligung deutscher Nationalmannschaften bzw. Athleten steht ein solcher Nachweis dahingegen bislang aus.

Methode

Mittels eines Online-Surveys wurden rund 300 Personen unterschiedlicher ethnischer Herkunft im Alter von 13 bis 60 Jahren zu ihrem nationalen Zugehörigkeitsgefühl, ihrem passiven Sportkonsum sowie verschiedenen soziodemografischen Merkmalen befragt. Zur Erfassung des Ersteren kam das Inventar von Leszczensky und Gäbs-Santiago (2014) zur Anwendung. Die Distribution der Fragebögen erfolgte per Schneeballsystem, die Hypothesenprüfung regressionsanalytisch.

Ergebnisse

Weder der Umfang des passiven Sportkonsums noch die emotionale Identifikation mit deutschen Teams und Athleten üben einen signifikanten Einfluss auf die nationale Identität der Befragten aus. Zudem empfinden sich Befragte, die stattdessen mit einer anderen Nation „mitfiebern", nicht in geringerem Ausmaß als deutsch.

Diskussion

Die Untersuchungsergebnisse lassen im Anschluss an Labuschagne (2008) vermuten, dass internationale Sportevents mit deutscher Beteiligung allenfalls einen kurzfristigen Effekt auf die nationale Identität von Migranten ausüben (vgl. auch Hilvoorde, 2010). Zur Prüfung dieser These empfiehlt sich für zukünftige Forschung die Durchführung einer Vergleichsstudie während eines populären internationalen Sportevents mit guten deutschen Erfolgsaussichten, idealiter angelegt als Panel mit einer zweiten Erhebungswelle.

Die Literatur ist bei den Autoren zu erfragen.

AK 20: Interaktiver Wissensaustausch – ein Ansatz zur nachhaltigen Implementierung evidenzbasierter Programme in der sportwissenschaftlichen Gesundheitsförderungsforschung

Interaktiver Wissensaustausch – ein Ansatz zur Implementierung evidenzbasierter Programme in der sportwissenschaftlichen Gesundheitsförderungsforschung

ALFRED RÜTTEN, ANNIKA FRAHSA, PETER GELIUS & VALENTIN SCHÄTZLEIN

Friedrich-Alexander-Universität Erlangen-Nürnberg

Einleitung

Die *crossing boundaries*-Veranstaltung diskutiert aktuelle Fragestellungen der sportwissenschaftlichen Gesundheitsförderungsforschung im Bereich des Wissenstransfers. Dabei wird insbesondere die Integration wissenschaftlicher und praktischer Evidenzproduktion im jeweiligen Implementierungskontext und die Überwindung deduktiver Modelle des Wissenstransfers fokussiert. Interaktive Ansätze erweisen sich als erfolgversprechende Alternativen. Sie verändern aber gleichzeitig die Zuständigkeiten von Wissenschaft, Politik und Praxis. „Capital4Health-Handlungsmöglichkeiten für aktive Lebensstile: Ein Forschungsverbund zum interaktiven Wissenstransfer in der Gesundheitsförderung" (BMBF-Präventionsforschung) zielt auf die Entwicklung und Erforschung von Handlungsmöglichkeiten für aktive Lebensstile bei unterschiedlichen Bevölkerungsgruppen und professionellen Akteuren sowie von strukturellen Kapazitäten auf organisationaler und Systemebene. Fünf empirische Teilprojekte entwickeln, implementieren und evaluieren Interventionen zur Förderung von Handlungsmöglichkeiten für aktive Lebensstile in der gesamten Lebensspanne und bei unterschiedlichen professionellen Akteuren sowie strukturelle Kapazitäten in relevanten Settings. Zwei Querschnittsprojekte beziehen auf Konzepte und Methoden der Entwicklung von Handlungsmöglichkeiten und interaktiven Wissensaustausch sowie Evaluation dieser Prozesse und verwandter Wirkungen.

Methode/Ablauf

Erfahrungen und Anfragen des Publikums werden zu Beginn auf Karten gesammelt, gebündelt und visualisiert. Ein Impulsvortrag zeigt vor dem Hintergrund bestehender theoretischer Ansätze und Pilotstudien anhand einer modellhaften Darstellung des Zusammenspiels von Wissenschaft, Politik und Gesundheitsförderungspraxis Überlegungen zur nachhaltigen Implementierung von Gesundheitsförderungsprogrammen auf. Der Vortrag systematisiert zentrale Prozesse des Zusammenspiels in Form interaktiven Wissensaustausches, Kapazitätsentwicklung, sowie Adaptierung von Intervention und Implementationskontext. Das anschließende Panel repräsentiert die unterschiedlichen am Forschungsverbund beteiligten sportwissenschaftlichen Disziplinen sowie die Perspektiven von Politik- und Praxisvertretern. Das Panel nimmt die zu Beginn gesammelten Erfahrungen und

Anfragen aus dem Publikum auf und diskutiert mit diesem Herausforderungen und Lösungsansätze.

Ergebnisse/Output

Im Nachgang der Veranstaltung soll ein Positionspapier mit Fragen, Herausforderungen und Empfehlungen zur nachhaltigen Implementierung evidenzbasierter Programme zur Förderung aktiver Lebensstile im Zusammenspiel von Praxis, Politik und Wissenschaft erarbeitet werden.

AK 21: Golf in Deutschland – Perspektiven der Professionalisierung

Golf in Deutschland – Perspektiven der Professionalisierung

TIM BREITBARTH[1], SEBASTIAN KAISER[2] & GEOFF DICKSON[3]

[1]Bournemouth University, [2]Hochschule Heilbronn, [3]AUT University

Arbeitskreis Themenüberblick

Seit Beginn des neuen Jahrtausends ist die Zahl der Aktiven und Interessierten im Golfsport weltweit gestiegen. Mittlerweile gibt es etwa 35.000 Golfkurse auf der Welt, 6.000 davon in Europa und 17.000 allein in den USA. International bedeutende Wettkämpfe sowie Turnierserien (z. B. PGA, LPGA, European Tours sowie Ryder Cup und Solheim Cup) erfreuen sich einem regen Zuschauer und Sponsoreninteresse. Die gestiegene Bedeutung des Sports wird auch dadurch manifestiert, dass Golf 2016 zum ersten Mal seit über 100 Jahren wieder Teil des offiziellen olympischen Programms sein wird. Darüber hinaus erhalten viele der 116 nationalen Mitgliedsverbände der International Golf Federation staatliche Unterstützung in dem Bemühen Golf als Breitensport zu etablieren.

Der Arbeitskreis blickt auf die Situation des Golfsports in Deutschland als Teil dieses globalen Kontexts. Insbesondere Fragen der Professionalisierung und Vermarktung stehen im Fokus.

Agenda

1) Das Image von Golf: Helfer oder Handicap?
   Sebastian Kaiser (Hochschule Heilbronn) & tba
2) Die Deutsche Golf Liga: Sportökonomische Überlegungen zur Konstruktion eines neuen Wettkampfsystems
   Timo Zimmermann, Andreas Parensen & Marie-Luise Klein (Ruhr-Universität Bochum)
3) Die Vermarktung des Golfsports in Deutschland: „Golf. Mitten ins Glück."
   N. N. (angefragt)
4) Von Kompetenzen und Karrieren: Golfmanagement-Bildungsprogramme aus internationaler Perspektive
   Tim Breitbarth (Bournemouth University)
5) Diskussion und Ausblick
   Arbeitskreisleiter und Arbeitskreisteilnehmer

Ablauf

Der 90-minütige Arbeitskreis legt Wert auf kompakten Experteninput sowie Interaktion und Diskussion mit den Zuhörern/Teilnehmern. Die wissenschaftlichen Referate dauern 10 Minuten und der Praktikerbeitrag 15 Minuten, jeweils gefolgt von etwa 5 Minuten F&A/Diskussion. Im Anschluss an alle Referate bietet sich Raum für übergreifende Diskussionen und Ausblicke.

Die Deutsche Golf Liga – Sportökonomische Überlegungen zur Konstruktion eines neuen Wettkampfsystems

TIMO ZIMMERMANN, ANDREAS PARENSEN & MARIE-LUISE KLEIN

Ruhr-Universität Bochum

Einleitung

Die 2013 eingeführte Deutsche Golf Liga (DGL) bietet sich als Beispiel an, den selten zu beobachtenden Prozess der Etablierung eines neuen Ligasystems, zudem in einer Individualsportart, zu untersuchen. Die DGL ist für den Deutschen Golf Verband (DGV) zentraler Bestandteil seiner „Vision Gold" im Hinblick auf Olympia 2020 mit dem Ziel der Förderung von Nachwuchs- und Leistungssportlern sowie der nationalen Wettspielkultur mit attraktiven, spannenden und qualitativ hochwertigen Wettkämpfen. Ziel dieses Beitrags ist es, die Konstruktion des neu eingeführten Ligawettbewerbs aus sportökonomischer Perspektive zu untersuchen und aktuelle Problembereiche zu diskutieren.

Methode

Theoretische Bezüge für die Analyse des Ligensystems der DGL bietet die Literatur zur Ökonomie des (professionellen) Ligasports (u. a. Daumann, 2011; Szymanski, 2003). Danach sind konstitutive Merkmale und Regelungen von Ligen, wie z. B. Ligagröße, Saisondauer, Auf- und Abstiegsregelungen, Teilnahmevoraussetzungen oder Lenkungsstrukturen, jeweils optimal zu gestalten, um eine sportliche Attraktivität des Wettbewerbs sicherzustellen sowie Vermarktungsmöglichkeiten zu maximieren. Welche Ausgestaltung des Ligensystems der DGV gewählt hat und welche Kompromisse er dabei eingehen musste, wird in dem Beitrag entlang der o. g. Ligamerkmale untersucht. Des Weiteren gehen Ergebnisse einer nach der ersten Saison (2013) durchgeführten Befragung der Stakeholder Athleten, Clubs, Trainer, Landesverbände und Sponsoren mit ein. Es wurde die Zufriedenheit mit dem gewählten Ligadesign ermittelt und Hinweise für eine Optimierung eingeholt. Darüber hinaus wurden sowohl nach der ersten als auch zweiten Saison (2014) Interviews und Gruppendiskussionen mit Verbands- und Clubvertretern durchgeführt, um die Problembereiche der DGL und deren mögliche Lösungen zu erörtern.

Ergebnisse

Die Auswertung der Ergebnisse zeigt, dass die Entwicklung des Wettkampfsystems der DGL insgesamt gelungen ist. Aus Sicht aller Stakeholder besteht grundsätzlich Zufriedenheit mit dem Ligamanagement und eine hohe Zustimmung zu der Spieltagorganisation, der Mannschaftswertung oder der Verzahnung mit Einzelmeisterschaften. Verbesserungsbedarf hingegen kann bei einzelnen Regelungen, insbesondere der Auf- und Abstiegsregelungen, der Finanzierung der Mannschaftsbudgets sowie bei der Eventisierung der Heimspiele identifiziert werden. Teilweise wurde hierauf von Seiten des DGV schon reagiert, wie z. B. durch Gestaltungsempfehlungen zur Eventisierung der DGL-Spieltage. Strukturelle Veränderungen am Ligadesign (z. B. Einführung einer Relegation) sind jedoch erst ab der Saison 2016 vorgesehen.

Literatur

Daumann, F. (2011). *Grundlagen der Sportökonomie*. Konstanz/München: UVK Verlagsgesellschaft.
Szymanski, S. (2003). The Economic Design of Sporting Contests. *Journal of Economic Literature, 41* (4), 1137-1187.

AK 22: Sozialisation und Sport (Teil 2: Sozialisation durch Sport)

Sozialisation und Sport (Teil 2: Sozialisation durch Sport)

CLAUDIA KLOSTERMANN[1], MICHAEL MUTZ[2] & ULRIKE BURRMANN[3]

[1]Universität Bern, [2]Georg-August-Universität Göttingen, [3]Technische Universität Dortmund

Sportlichen Aktivitäten werden vielfältige positive Sozialisationswirkungen zugeschrieben, z. B. im Hinblick auf Gesundheit und Wohlbefinden, Persönlichkeitsentwicklung oder soziale Integration (Breuer & Rittner, 2004). Diese Sozialisationsannahmen sind nicht nur in sportpolitischen Programmschriften enthalten, sondern finden auch in der öffentlichen Meinung weiten Zuspruch. Gerade aufgrund dieser Zuschreibungen erscheint es aus Sicht vieler gesellschaftlicher Akteure wünschenswert, dass möglichst viele Menschen Zugang zum aktiven Sporttreiben finden und von den vermuteten Sozialisationswirkungen profitieren können. Unter der Perspektive der „Sozialisation durch Sport" wird davon ausgegangen, dass nicht nur die sportliche Entwicklung der Heranwachsenden, sondern deren Entwicklung insgesamt durch die Beteiligung am Sport und das Involvement in soziale Kontexte des Sports günstig beeinflusst werde, wobei neben pädagogisch intendierten auch nicht intendierte Sozialisationseffekte in Betracht zu ziehen sind.

Bisherige Forschungsarbeiten und neuere Überblicksstudien zeigen, dass die Sozialisationseffekte des Sports aber oftmals sehr gering ausfallen, nur in bestimmten Personengruppen oder in besonderen sportlichen Kontexten auftreten (u. a. Coalter, 2007; Eime et al., 2013; Gerlach & Brettschneider, 2013; Mutz, 2012) oder nur im Rahmen pädagogisch-didaktischer Arrangements zu erwarten sind (Sygusch, 2007). Angesichts vieler, zum Teil auch inkonsistenter Forschungsbefunde erscheint weitere Forschung darüber, welche Leistungen der Sport unter welchen Rahmenbedingungen für welche Bevölkerungsgruppen tatsächlich erbringen kann, in jedem Fall sinnvoll und wünschenswert.

Im Arbeitskreis *Sozialisation durch Sport* werden aktuelle Forschungsarbeiten präsentiert, welche die Sozialisationseffekte der Sportpartizipation auf sozialer sowie personaler Ebene kritisch und differenziert beleuchten. Es handelt sich dabei sowohl um quantitative als auch qualitative Studien, in denen unterschiedliche Kontexte und Organisationsformen des Sporttreibens (z. B. Sportverein, informelles Sporttreiben) in den Fokus gerückt werden.

Literatur

Breuer, C. & Rittner, V. (2004). *Gemeinwohlorientierung und soziale Bedeutung des Sports*. Köln: Sport & Buch Strauß.
Coalter, F. (2007). *A wider social role for sport: Who's keeping score?* London: Routledge.
Eime, R. M., Young, J. A., Harvey, J. T., Charity, M. J. & Payne, W. R. (2013). A systematic review of the psychological and social benefits of participation in sport for children and adolescents: informing development of a conceptual model of health through sport. *International Journal of Behavioral Nutrition and Physical Activity*, 10, 98.
Gerlach, E. & Brettschneider, W.-D. (2013). *Aufwachsen mit Sport. Befunde einer 10-jährigen Längsschnittstudie zwischen Kindheit und Adoleszenz*. Aachen: Meyer & Meyer.
Mutz, M. (2012). *Sport als Sprungbrett in die Gesellschaft? Sportengagements von Jugendlichen mit Migrationshintergrund und ihre Wirkung*. Weinheim: Beltz Juventa.
Sygusch, R. (2007). *Psychosoziale Ressourcen im Sport. Ein sportartenorientiertes Förderkonzept für Schule und Verein*. Schorndorf: Hofmann.

Sozialisation durch den Vereinssport. Befunde längsschnittlicher Studien in der Sportwissenschaft

ERIN GERLACH[1] & WOLF-DIETRICH BRETTSCHNEIDER[2]

[1]Universität Potsdam, [2]Universität Paderborn

Speziell dem Vereinssport werden in programmatischen Annahmen vielfältige Wirkungen unterstellt. „Wo werden aus Talenten Meister?", „Wo wird Gesundheit mittrainiert?", „Das soziale Netz wird nicht nur von der Politik geknüpft", „Wer ist Freund und Vorbild unserer Kinder?", „Wer holt die Kinder von der Straße?", „Keine Macht den Drogen", „Wo kann man was für's Leben lernen?". Die Liste der populären Wirkungsversprechungen auf Seiten des organisierten Sports ließe sich leicht verlängern, wie dies auch die jüngere Kampagne des Deutschen Olympischen Sportbundes (DOSB) „Sport tut Deutschland gut" illustriert. Die empirische Befundlage zu Sozialisationswirkungen war in der Vergangenheit allerdings deswegen unzureichend und inkonsistent, weil längsschnittlich angelegte Studien Mangelware waren.

Die Paderborner Jugendstudie von Brettschneider und Kleine (2002) sowie die Kinder- und Jugendstudie von Gerlach und Brettschneider (2013) stehen als Beispiele für derartige längsschnittlich und quantitativ angelegte Studien zum Vereinssport. Sie ähneln sich weitgehend in der Berücksichtigung der untersuchten Konstrukte. Dabei wurden personale und soziale Ressourcen sowie Indikatoren der Gesundheit, des Wohlbefindens und der Persönlichkeit erhoben. Weiterhin wurden motorische Parameter miteinbezogen, was eine Verbindung der sportbezogenen Sozialisationsforschung mit der Forschung zu motorischer Entwicklung aufzeigt. Die Studien differieren jedoch in ihrer Laufzeit, in der Analyse der Altersgruppe und in der Frage, ob ökologische Wechsel in ihrem Design berücksichtigt wurden.

Die Befunde beider Studien zeigen, dass neben pädagogisch intendierten auch nicht intendierte Sozialisationseffekte zu finden sind. Stärker als Sozialisierungseffekte sind jedoch Selektionseffekte. Eine gute Gesundheit und Persönlichkeitsmerkmale sind eher Voraussetzungen als das Ergebnis einer Sozialisierung durch das Engagement im Verein.

Am Beispiel dieser Studien und ihrer Ergebnisse werden theoretische wie auch methodische Herausforderungen für die zukünftige sportbezogene Sozialisationsforschung diskutiert. Dies betrifft die Herausforderung der Integration unterschiedlicher theoretischer Versatzstücke in sozialisationstheoretische Rahmenmodelle wie auch die Herausforderung im Management längsschnittlicher Untersuchungen verbunden mit innovativen Analyseverfahren aus der empirischen Bildungsforschung.

Literatur

Brettschneider, W.-D. & Kleine, T. (2002). *Jugendarbeit in Sportvereinen. Anspruch und Wirklichkeit.* Schorndorf: Hofmann.

Gerlach, E. & Brettschneider, W.-D. (2013). *Aufwachsen mit Sport. Befunde einer 10-jährigen Längsschnittstudie zwischen Kindheit und Adoleszenz.* Aachen: Meyer & Meyer.

Körpergewicht, Körperzufriedenheit und Sport im Jugendalter

MIRIAM SEYDA

Westfälische Wilhelms-Universität Münster

Einleitung

Die „Veränderungen des Körpers und des eigenen Aussehens akzeptieren" stellt eine wichtige Entwicklungsaufgabe von Heranwachsenden dar (u. a. Oerter & Dreher, 2002). Die Zufriedenheit mit dem eigenen Körper kann sowohl abhängig vom Ausmaß des eigenen Körperwichts, als auch von einer Internalisierung (überhöhter) Normvorstellungen sein (Thompson, 1990). Die Rolle des Sportengagements scheint ambivalent (Burrmann, 2005). Diese Überlegungen sind Ausgangspunkt einer Studie zum Zusammenhang von normabweichendem Körpergewicht, Körperzufriedenheit und Sportengagement.

Methode

135 Heranwachsende (Hauptschule, Gymnasium) wurden je zu Beginn des 5., 6. und 7. SJ untersucht. Der Fokus des Beitrags liegt auf t_3 (MW Alter = 12,7 (SD = .62); 47% weiblich). Zu t_{123} wurden je Körpergröße und Gewicht gemessen, sowie Einschätzungen zur Körperzufriedenheit (physische Attraktivität (PA) (α = .62), Körperselbstwert (KW) (α = .82) nach Brettschneider & Gerlach, 2004) und zum Sportengagement (Partizipation an Vereins- bzw. AG-Sport, Häufigkeit pro Woche) mittels Fragebogen erfasst. Es wird der BMI berechnet und nach Kromeyer-Hauschild et al. (2001) normativ kategorisiert: normkonformes Gewicht = Normalgewicht, normabweichendes Gewicht = Über-/Untergewicht.

Ergebnisse

Übergewichtige Jugendliche weisen eine signifikant niedrigere Körperzufriedenheit in beiden Dimensionen auf als normalgewichtige Jugendliche (KW = F: 6.5; df: 2; p: .002; PA = F: 4.7; df: 2; p: .01). Untergewichtige Jugendliche verfügen in beiden Dimensionen über ähnlich hohe Einschätzungen wie normalgewichtige. Unterschiede im Sportengagement sowie systematische Effekte der Schulform bzw. des Geschlechts liegen nicht vor.

Diskussion

Eine Unzufriedenheit mit dem Körper findet sich im Jugendalter vor allem auf *einer* Seite der Normabweichung (Übergewicht). Das Sportengagement scheint in keinem systematischen Zusammenhang zur Körperzufriedenheit/-unzufriedenheit zu stehen.

Literatur

Brettschneider, W. D. & Gerlach, E. (2004). *Sportengagement und Entwicklung im Kindesalter – Dokumentation der Erhebungsinstrumente der Paderborner Kinderstudie.* Paderborn.
Burrmann, U. (2005). *Sport im Kontext von Freizeitengagements Jugendlicher: Aus dem brandenburgischen Längsschnitt 1998-2002.* Köln: Sport und Buch Strauß.
Kromeyer-Hauschild, K., Wabitsch, M., Kunze, D. et al. (2001). Perzentile für den Body-mass-Index für das Kindes- und Jugendalter unter Heranziehung verschiedener deutscher Stichproben. *Monatsschrift Kinderheilkunde, 149* (8), 807-818.
Oerter, R., & Dreher, E. (2002). Jugendalter. *Entwicklungspsychologie, 5,* 258-318.
Thompson, J. K. (1990). *Body image disturbance: Assessment and treatment.* Elmsford, NY: Pergamon Press.

Schlüsselereignisse im Sport und ihre individuelle Verarbeitung: Eine qualitative Studie zur Aneignung von Fairnessnormen im Fußball

KATHRIN WAHNSCHAFFE

Georg-August-Universität Göttingen

Einleitung

Sport im Allgemeinen und Fußball im Besonderen werden häufig positive Sozialisationswirkungen zugeschrieben, zu denen auch die Verinnerlichung der Fairnessnorm gehört. Empirische Studien zur Aneignung von Fairnessnormen im Fußball können hingegen zeigen, dass sich mit zunehmender Dauer der Vereinszugehörigkeit und steigendem sportlichen Niveau eines Wettbewerbs eher destruktive Sozialisationseffekte einstellen und sich das Handeln stärker an Leistungs- und Erfolgskriterien, als an Fairnessnormen ausrichtet (Pilz, 2005). In der Regel wird hierbei davon ausgegangen, dass sich Menschen das in einem bestimmten sportlichen Kontext dominierende und von signifikanten Bezugspersonen vermittelte und vorgelebte Fairnessverständnis in einem längerfristigen und weitestgehend unbewussten Prozess aneignen (Grundmann, 2008). Die Bedeutung von Schlüsselereignissen, die für die involvierten Sportler mit Emotionen wie Scham und Schuld einhergehen und zur Reflexion eigener Handlungsweisen anregen, stellt ein Desiderat in der sportlichen Sozialisationsforschung dar, dem dieser Beitrag nachkommen möchte.

Methode

Mit Hilfe qualitativer, leitfadengestützter Interviews wird Deutungsmustern von Fairness und Unfairness bei aktiven Fußballspielern (Amateure und Profis) im Erwachsenenalter nachgespürt. Prozesse der Aneignung und Habitualisierung von Fairnessnormen werden hermeneutisch erfasst und eingeordnet. Fairnessnormen im Fußball gelten hierbei paradigmatisch für ein generelles Normverständnis.

Ergebnisse und Diskussion

Es zeigt sich, dass im Selbsterleben einiger befragter Fußballer, schuld- und schamhaft besetzte Schlüsselereignisse eine prägende Rolle spielen. In der Regel handelt es sich um fremdschädigendes Verhalten, das einschneidende Konsequenzen zur Folge hat und das in der Selbstbeschreibung der Befragten einen Reflexionsprozess über das eigene Verhalten sowie ein Infragestellen der bis dahin verinnerlichten leistungs- und erfolgsorientierten Normvorstellungen nach sich zieht. Die Befragten geben an, sich seit diesem Ereignis anders zu verhalten, was wiederum zu inneren Spannungen führt, da das nun gezeigte Verhalten nur noch schwer mit den vorherrschenden Leistungsanforderungen und einem Erfolgsstreben zu vereinbaren ist. In einigen Fällen wird das erlebte Schlüsselereignis auch für das eigene „Scheitern", im Sinne eines Nichterreichens einer angestrebten Profikarriere, mitverantwortlich gemacht.

Literatur

Grundmann, M. (2006). *Sozialisation. Skizze einer allgemeinen Theorie.* Konstanz: UVK.
Pilz, G. A. (2005). Erziehung zum Fairplay im Wettkampfsport. Ergebnisse aus Untersuchungen im wettkampforientierten Jugendfußball. *Bundesgesundheitsblatt, Gesundheitsforschung, Gesundheitsschutz,* 48, 881-889.

Identitätsbildung jugendlicher Hauptschüler mit Migrationshintergrund im Kontext informeller Sport- und Bewegungsaktivitäten

JOHANNES MÜLLER

Georg-August-Universität Göttingen

Einleitung

Jüngere Ausarbeitungen zum Identitätsdiskurs gehen von der Annahme aus, dass sich Identitätsbildung (im Wechselspiel aus Selbst- und Fremdwahrnehmung) prozesshaft darstellt (vgl. Keupp et al., 2002) und Individuen mehrere Teilidentitäten aufweisen. Im Mittelpunkt dieses Projektes stehen (sportbegeisterte) männliche Jugendliche mit einem Migrationshintergrund und einem niedrigen Bildungsstatus. Wissenschaftliche Studien attestieren dieser Gruppe erhöhte Schwierigkeiten im Hinblick auf ihre Identitätsbildung, welche teilweise auf Misserfolgserfahrungen und Anerkennungsdefizite in zentralen Lebensbereichen zurückgeführt werden (vgl. Hurrelmann & Quenzel, 2013; Babka von Gostomski, 2003). Vor dem Hintergrund, dass sich die untersuchten Jugendlichen freiwillig vermehrt informellen Sport- und Bewegungsaktivitäten zuwenden, geht das Dissertationsprojekt der Frage nach, welche Bedeutung diese Aktivitäten für sie im Hinblick auf ihre Selbst- und Fremdwahrnehmung haben und welchen identitätswirksamen Nutzen sie aus der Teilhabe an diesem Handlungsfeld ziehen können.

Methode

Ausgehend davon, dass Identitätsdarstellung u. a. durch Narrationen sowie durch nonverbales ‚körperliches' Bewegungshandeln erfolgt, bedient sich die qualitativ angelegte Arbeit eines ethnographischen Zugangs und orientiert sich konzeptionell an der Grounded Theory. Auf der Basis von Feldbeobachtungen und leitfadengestützten Interviews soll die Identitätsbildung männlicher Heranwachsender im informellen Sport rekonstruiert werden.

Ergebnisse und Diskussion

Als eines der zentralen Ergebnisse der Studie zeigt sich, dass die Jugendlichen die informellen Sport- und Bewegungsaktivitäten als eine Gegenwelt zur ‚Lebenswelt Schule' erfahren, sofern sich die Teilidentitäten als äußerst kontrastiv erweisen: Der durch vielfältige Misserfolgserfahrungen und Zuschreibungen negativ geprägten Selbst- und (subjektiv erfahrenen) Fremdwahrnehmung im Kontext Schule stehen das Erfahren von Kompetenz und damit einhergehend von Anerkennung und hohem Ansehen gegenüber. Unter Berücksichtigung, dass das jeweilige Setting des Sports die Erfahrungsmöglichkeiten vorstrukturiert, zeigt sich, dass die informelle Rahmung der Aktivitäten für die Jugendlichen von besonderer Bedeutung ist, da bspw. unterschiedliche Handlungsrollen eingenommen werden können (z. B. die Rolle des Sportvermittlers) und diverse Gelegenheiten zur Präsentation sportlicher Fähigkeiten bestehen.

Literatur

Keupp, H, Ahbe, T., Gmür, W., Höfer, R., Mitzscherlich, B., Kraus, W. & Straus, F. (2002). *Identitätskonstruktionen. Das Patchwork der Identitäten in der Spätmoderne.* Reinbek: Rowohlt.
Babka von Gostomski, C. (2003). Gewalt als Reaktion auf Anerkennungsdefizite? *Kölner Zeitschrift für Soziologie und Sozialpsychologie, 55*, S. 253-277.
Hurrelmann, K. & Quenzel, G. (2013). Lebensphase Jugend. Weinheim: Beltz Juventa.

AK 23: dvs-Sektion Sportinformatik: Technologische Innovationen

dvs-Sektion Sportinformatik – Technologische Innovationen

MARTIN LAMES

Technische Universität München

Konzept des Arbeitskreises

Die Sektion Sportinformatik der dvs stellt sich traditionell auf dem Hochschultag mit Arbeitskreisen zu aktuellen Themen vor.

Technologische Innovationen stellen in mehrerer Hinsicht ein aktuelles Thema dar. Zunächst erlebt das Thema Innovationsmanagement gerade einen Boom mit Unternehmensgründungen, Schulungsseminaren und wissenschaftlichen Publikationen (Stern & Jaberg, 2010; Goffin, Mitchell & Herstatt, 2009). Wenn man aus sportwissenschaftlicher Sicht die Spitzensportsysteme auf ihre Leistungsfähigkeit hin untersucht, so gelangt man schnell zu der Erkenntnis, dass ein wesentliches Kriterium für Erfolg auf einem permanenten Strom von Innovationen beruht, die in die praktische Trainingsarbeit integriert werden müssen und die die – leider vergänglichen – jeweils entscheidenden Vorsprünge am Wettkampftag liefern (Lames, 2014).

Aus sportinformatischer Sicht ist hervorzuheben, dass gegenwärtig und wohl auch in Zukunft Innovationen für den Spitzensport vor allem aus dem Bereich der Informationstechnologie stammen werden. Hier sind vor allem von der Verarbeitung von Sensordaten und von Datenananalysetechnologien die größten Fortschritte zu erwarten.

Der Arbeitskreis kreiert einen Roten Faden, beginnend mit Best Practice Beispielen und der Innovationskonzeption am IAT, die wichtigste Einrichtung zur Entwicklung und Implementierung von Innovationen in der Praxis (Dr. Ina Fichtner, Leiterin des Fachbereichs MINT am IAT Leipzig). Danach wird ein Überblick über das Potenzial von Sensor- und Kommunikationstechnologie im Spitzensport gegeben (Prof. Dr. Thomas Jaitner, TU Dortmund). Exemplarisch wird die Genealogie einer technologischen Innovation in der Sprintdiagnostik durch den Übertrag eines funkbasierten Positionserfassungssystems, das für den Fußball entwickelt wurde, auf die Sprintdiagnostik berichtet (Thomas Seidl, Fraunhofer Institut für Integrierte Schaltungen, Nürnberg). Abschließend wird das Konzept eines Promotionsvorhabens dargelegt, das sich zum Ziel setzt, eine allgemeine Management-Theorie für die Entwicklung und Implementation technologischer Innovationen im Sport zu erarbeiten (Mina Ghorbani, TU München).

Literatur

Goffin, K., Mitchell, R. & Herstatt, C. (2009). *Innovationsmanagement*. München: FinanzBuch.
Lames, M. (2014). *Innovationen im Spitzensport*. Manuskript dvs-Sportspieltagung, Kassel.
Stern, Th. & Jaberg, H. (2010). *Erfolgreiches Innovationsmanagement* (4. Aufl.). Wiesbaden: Gabler.

Konzeption und Best Practice-Beispiele für IT-Innovationen am IAT

INA FICHTNER

Institut für Angewandte Trainingswissenschaft, Leipzig

Einführung und Problemstellung

Als ein zentrales Forschungsinstitut des deutschen Spitzen- und Nachwuchsleistungssports dient das Institut für Angewandte Trainingswissenschaft (IAT) in Leipzig schwerpunktmäßig der athletennahen, sportartspezifischen und prozessbegleitenden Trainings- und Wettkampfforschung. Der technologischen (Hardware/Software) Beteiligung, wie der Generierung sehr spezifischer Messplätze für bestimmte Sportarten, welche die eigentliche Bewegungsausführung nicht beeinträchtigen oder die Entwicklung spezieller Trainingsdatenanalysen, kommt in diesem Prozess eine immer stärkere Bedeutung zu, welche auch von Entwicklungstendenzen geeigneter IT-Innovationen, wie die genaue biomechanische Bewegungssimulation oder automatisches Tracking von Bewegungen, und deren Potenziale, Grenzen und Nutzungsszenarien geleitet wird.

Im Beitrag möchten wir mögliche Herangehensweisen und übergreifende Prozesse sowie aktuelle Entwicklungen im Bereich der Sportinformatik, Biomechanik und dem wissenschaftlichen Gerätebau zur Bereitstellung sehr spezifischer Messsysteme vorstellen und dabei auf grundlegende Erfahrungen und Anforderungen der Sportpraxis im Zusammenspiel von Hochleistungssport und wissenschaftlicher Unterstützung eingehen. Zielstellung dieser Wirksamkeiten ist das zentrale Anliegen und die dringende Notwendigkeit, Trainer, Athleten und Wissenschaftler langfristig durch konkrete Entwicklungen und Anwendungen zu unterstützen und so die Basis für eine Optimierung des Trainings im Hochleistungssport anzulegen. Das Spannungsfeld zwischen interdisziplinär aufgestellten, teils kommerziellen, Werkzeugen, Methoden und Innovationen gegenüber spezialisierten und detaillierten Anwendungen stellen besondere Herausforderungen bereit.

Es werden Best Practice-Beispiele für Entwicklungen in speziellen Sportarten als auch übergreifend vorgestellt und diskutiert. Wir werden hier auf komplexe Messsysteme in den Sportarten Gewichtheben, Gerätturnen (Turngerät Reck), Skisprung und im Bereich Wurf/Stoß (Diskus, Kugel und Speer) eingehen, in denen wir (biomechanischen) Parameter synchronisiert und (teilweise) automatisiert generieren. Diese Systeme sind Beispiele für extrem anwendungsorientierte Verfahren (Feedback und Echtzeit), welche durch Spitzenathleten und ihre Trainer angewendet werden und darüber hinaus durch biomechanische Simulationen und Analysen der Bewegungen ergänzt werden. Ziel hierbei ist es, trotz technologische Unterstützung, sehr nah an der eigentlichen Bewegungsausführung zu sein und reproduzierbare Szenarien zu schaffen, so dass die Prozesse einerseits vergleichbar sind und anderseits die Systeme möglichst auch zu Saisonhöhepunkten (Wettkampf) eingesetzt werden können.

Mobile Computing im Sport – Potenziale und Anwendungsfelder für Inertialsensorsysteme und funkbasierte Netzwerke

THOMAS JAITNER

Technische Universität Dortmund

Das Thema „Mobile Computing" hat in den letzten 10 Jahren auch im Sport an erheblicher Bedeutung gewonnen. Sowohl im Bereich der Mikroelektronik- und Prozessortechnologie als auch in der Funkkommunikation lässt sich ein Trend zu immer kleineren und energiesparenderen, aber gleichzeitig leistungsfähigeren Sensoren und Mikrocontrollern ausmachen, der es ermöglicht, gesundheits- oder leistungsrelevante Daten unter Feldbedingungen zu erfassen, mittels Funkkommunikation zu übertragen und darzubieten. Durch die Bereitstellung und unmittelbare Nutzbarkeit dieser objektiver Rück- oder Ergänzungsinformation über den aktuellen Leistungszustand durch den Sportler und/oder Trainer kann die Qualität des Trainings in erheblichem Maße verbessert werden. Da solche Systems den Sportler in seinem Bewegungsablauf kaum mehr beeinträchtigen, wird ihr Einsatz von Sportler- und Trainerseite mehrheitlich begrüßt, wenn nicht sogar gefordert (Fleming et. al, 2010, Sands, 2008). Aus Befragungen ergibt sich dabei, dass neben dem Gewicht, der Größe und der Breite des Anwendungsbereichs auch der Flexibilität eine besondere Bedeutung zukommt. Von besonderem Interesse sind dabei multifunktionale Systeme mit Real-Time-Feedback-Funktionalität (Fleming et al., 2010).

Kernstück vieler mobiler Messsysteme sind Inertialsensorsysteme, die u. a. zur Erfassung körperlicher Aktivität, zur Bewegungsanalyse und zunehmend auch zur Konditionsdiagnostik eingesetzt werden. In Verbindung mit Mikroprozessoren, die onboard eine (Vor-)Verarbeitung der Messdaten ermöglichen, und Kommunikationsstandards wie Bluetooth Low Energy™ lassen sie sich zu sensorbasierten Funknetzwerken erweitern. Der dadurch mögliche Einsatz von Smartphones und Tablets über einen Zeitraum von bis zu mehreren Stunden und die Möglichkeit zur Fusion verschiedener Sensorsystems wie u. a. GPS, führt zu einer beträchtlichen Erweiterung der Einsatzmöglichkeiten und Anwendungsgebiete solcher Messsystem (u. a. Dellaserra et al, 2013).

Im Rahmen dieses Beitrags werden anhand exemplarischer Anwendungsbeispiele zum Online-Monitoring biomechanischer und physiologischer Parameter von Sportlergruppen sowie zur Leistungsdiagnostik in Schnellkraftsportarten Möglichkeiten und Grenzen von Inertialsystemen und funkbasierten Sensornetzwerken dargestellt und anschließend Potenziale für künftige Weiterentwicklungen diskutiert.

Literatur

Dellaserra, C. L., Gao, Y. & Ransdell, L. (2014). Use of integrated technology in team sports: A review of opportunities, challenges, and future directions for athletes. *J Strength Cond Res 28* (2), 556-573.

Fleming, P., Young, C., Dixon, S. & Carré, M. (2010). Athlete and coach perceptions of technology needs for evaluating running performance. *Sports Engineering, 13*, 1-18.

Sands, W. A. (2008). Measurement issues with elite athletes. *Sports Technology, 1* (2-3), 101-104.

Innovative Leistungsdiagnostik im leichtathletischen Sprint

THOMAS SEIDL[1], MATTHIAS VÖLKER[1] & MARTIN LAMES[2]

[1]IIS Fraunhofer Nürnberg, [2]Technische Universität München

Problemstellung & Forschungsfrage

Die aktuelle Wettkampfdiagnostik im leichtathletischen Sprint arbeitet vor allem mit Teilzeiten, Geschwindigkeitsverläufen und Schrittlängen/-frequenzen (Letzelter & Letzelter, 2002). Letztere werden derzeit typischerweise als Durchschnittswerte berichtet (Hunter, Marshall & McNair, 2004). Eine kontinuierliche Messung dieser Parameter ist auf Basis videotechnischer Auswertungen sehr aufwändig und fehleranfällig (Letzelter & Letzelter, 2005). Das RedFIR-System des Fraunhofer Instituts für Integrierte Schaltungen IIS wurde zur Positionserfassung und -analyse in Echtzeit im Fußball entwickelt. Der erstmalige Einsatz dieser Technologie zum Zweck der Sprintdiagnostik ermöglicht die kontinuierliche, zeitlich hochaufgelöste Erfassung von Geschwindigkeitsverlauf sowie die zeitliche und räumliche Erfassung jedes einzelnen Schritts. Damit werden neue Möglichkeiten der Sprintdiagnostik durch einen innovativen Technologie-Einsatz geschaffen.

Methode

Dieser Beitrag beschreibt eine Pilotstudie, mit der die Übertragung der für den Fußball entwickelten Messtechnik sowie die Generierung sprintrelevanter Auswertungen erprobt werden sollte. Dazu werden miniaturisierte Sender auf dem Rist beider Schuhe und am Rücken der Sprinter angebracht. Die von den Sendern ausgesandten Funksignale werden von zwölf Antennen empfangen, die rund um die Laufbahn installiert sind. Die verwendete Messfrequenz beträgt 200 Hz pro Sender (bis zu 50.000 Messungen pro Sekunde könnten auf die Sender verteilt werden). Die Messgenauigkeit beträgt weniger als 1 dm (von der Grün, Franke, Wolf, Witt & Eidloth, 2011). 16 Nachwuchsläufern (Alter: 18.9 ± 2.8 Jahre; 9 Frauen, 7 Männer; regionales bis nationales Niveau) des LAC Quelle Fürth wurden aufgenommen. Es wurden je zwei 100m Sprints absolviert. Die 32 Sprints wurden hinsichtlich des Verlaufs der Geschwindigkeit, der Schrittlängen und Schrittfrequenzen analysiert.

Ergebnisse

Exemplarische und gruppenstatistische Vergleiche zwischen Männern und Frauen und leistungsstärkeren und -schwächeren Sprintern ergaben dabei typische Verläufe, die – differenziert nach einzelnen Sprintabschnitten – informative und relevante leistungsdiagnostische Aussagen im Sprint liefern. Neue Möglichkeiten für die Sprintdiagnostik, wie z. B. Phasenraumdarstellungen des Verhältnisses Schrittlänge/Schrittfrequenz und erste Annäherungen an die Erfassung von Bodenkontaktzeiten, werden vorgestellt.

Literatur

Hunter, J. P & Marshall, R. N. & McNair, P. J. (2004). Interaction of step length and step rate during sprint running. *Medicine and Science in Sports and Exercise, 36*, 261-271.
Letzelter, M. & Letzelter, S. (2002). Wettkampfdiagnostik im Sprint. *Leistungssport, 32* (1), 16-20.
Letzelter M. & Letzelter S. (2005). *Der Sprint. Eine Bewegungs- und Trainingslehre*. Niederhausen: Schors.
Von der Grün, T., Franke, N., Wolf, D. Witt, N. & Eidloth, A. (2011). A real-time tracking system for football match and training analysis. In A. Heuberger, G. Elst & R. Hanke (Eds.), *Microelectronic Systems* (pp.199-212). Berlin: Springer.

Elements of a Management Theory for Introducing IT-Innovations in Sports

MINA GHORBANI & MARTIN LAMES

Technische Universität München

Introduction & Problem

Recent improvements in training systems in top level sports mostly share their origin in IT-technologies. For example, the advent of new procedures in object detection made it possible to introduce position detection on a routine base. New generations of sensors and intelligent algorithms are about to start a revolution in field-based performance analysis.

These developments share many common features. First, very often an innovation origins in IT research. Then, its potential for improving daily work in sports has to be discovered and an application for sports has to be realized. Finally, if the innovation has become a routine procedure in sports practice, the life-cycle of an innovation has come to a positive end (Lames, 2014). Specific problems of this life cycle lie in the need for successful collaboration between different systems (basic sciences, sport science, scientific support systems for practice, sports practice).

Elements of a Management Theory

These communalities shared by most innovations in sports together with many positive and negative practical experiences led to the idea that it would make much sense to establish a management theory for the introduction of IT-innovations in sports. In economics there is a rich reservoir of theories dealing with relevant aspects of these processes. Most important approaches with a direct meaning for sports are (Eversheim, 2002; Rainey, 2005):

- *Product Life Cycle Management,* the process of managing the entire lifecycle of a product from inception to disposal of manufactured products.
- *Product Life Cycle Marketing*, the commercial management of life of a product in the business market with respect to costs and sales measures.
- *Phase Models of Product Life Cycle*, e. g. Phase 1: Introduction, Phase 2: Growth, Phase 3: Maturity, Phase 4: Decline.
- *Customer Relationship Management,* a system for managing a company's interactions with current and future customers assessing and evaluating the possible future.
- *Technology Management,* understanding the value of certain technology, argue when to invest on technology development and when to withdraw.

In future work these theories will be exploited in depth and compared to existing project management approaches in IT. Then, practical experiences will be analysed and generalized, and finally, a management theory for the introduction of innovations in sports will be compiled to provide helpful guidance.

References

Eversheim, W. (2002). *Innovationsmanagement für technische Produkte.* Berlin: Springer.
Lames, M. (2014). *Innovationen im Spitzensport.* Manuskript dvs-Sportspieltagung, Kassel, September 2014.
Rainey, D. (2005). *Product innovation.* Cambridge: University Press.

AK 24: Crossing Multiple Boundaries of Scientific Disciplines

Moderation WOLFGANG SCHÖLLHORN

Johannes Gutenberg-Universität Mainz

In dieser "Crossing Boundaries"-Veranstaltung werden die Wissenschaftsgrenzen aus unterschiedlichstem Blickwinkel und in verschiedenste Richtungen über das ganze Spektrum der Sportwissenschaft hinweg überschritten. Im ersten Beitrag von Karl Newell werden die zeitlichen Grenzen von stabilen Bewegungszustände durch dynamische Phasenübergänge überschritten. Eine Grenzüberschreitung der anderen Art wird von Michael Turvey durch eine innovative Brücke von der Bau-Architektur zur neuromuskulären Ordnung von Bewegung vollzogen. Eine kulturelle Brücke zwischen reduktionistisch orientierter, westlicher Forschung und fernöstlicher Gesundheitsphilosophie schlägt Diana Henz. Gleich mehrfache Grenzen überschreitet Till Frank mit einer „sozialen Physik" indem er Bewegungen von Gruppen thermodynamischen Prinzipien zugänglich macht, die bislang nur bei Bewegungen einzelner Personen oder in der Festkörperphysik Anwendung fanden. Auf der damit erreichten Ebene von Gruppen werden dann Grenzen zwischen Bewegungsgruppen und den sie beobachtenden Gruppen überschritten.

The Acquisition of Coordination in Sports Skills

KARL M. NEWELL

Department of Kinesiology, University of Georgia, Athens, USA

The learning and performance of sports skills reflects the perspective of Bernstein (1967) that skill is the mastery of the redundant degrees of freedom (DFs). The study of motor learning has been dominated by the task demands to scale an already producible coordination mode given the restricted joint space DFs of many laboratory motor tasks. The acquisition of sports skills, in contrast, tends to give emphasis to the coordination and control of multiple joint DFs and the motion of the torso. It is a challenge in theory and practice to understand the roles of the many DFs in the acquisition of coordination. Crossing the stability boundaries of existing coordination modes leads to the acquisition of new patterns of coordination in sports skills. The order of change in the DFs of movement patterns and the information that facilitates these changes is the focus of this presentation. The information for change in patterns of movement coordination is more forward looking than the backward looking forms of information feedback that have and still do dominate the field of motor learning.

Eastern medicine meets western research approaches: EEG brain activity in altered states of mind induced by Chinese Health Qigong training

DIANA HENZ & WOLFGANG I. SCHÖLLHORN

Johannes Gutenberg-Universität Mainz

Introduction

Qigong is a technique of Traditional Chinese Medicine (TCM) applied to strengthen physical and mental health. Changes in electroencephalographic (EEG) brain activity were demonstrated in meditational Qigong techniques (e. g. Qin, Yin, Lin & Hermanowicz, 2009). Less is reported on effects of Qigong techniques that afford bodily movement on brain activity. In four experiments, we aim to find correlates of brain activity to describe the Qi state hypothesized by the TCM theoretical framework and factors that foster this altered state of body and mind by applying a western neuroscientific paradigm. We investigated the temporal course of brain activity during Qigong training (Experiment 1), differences in experts and novices (Experiment 2), effects of accompanying music during Qigong training (Experiment 3), and effects of mental Qigong practice (Experiment 4) on EEG brain activity.

Methods

Participants (Experiment 1: $n = 12$, mean age 28.3 years; Experiment 2: $n = 24$, mean age 26.8 years; Experiment 3: $n = 19$, mean age 25.7 years; Experiment 4: $n = 21$, mean age 24.9 years) performed the Qigong technique Wu Qin Xi (five animals) for 15, and 30 minutes (Experiment 1), for 15 minutes in a between-subjects design comparing experts and novices (Experiment 2), for 15 minutes with and without accompanying music (Experiment 3), and for 15 minutes physically, and by mental practice (Experiment 4). EEG spontaneous activity was recorded from 21 electrodes according to the international 10-20 system with reference to the nose. Power density spectra were calculated using Fast-Fourier-Transforms for the theta (4-7.5 Hz), alpha (8-13 Hz), beta (13-30 Hz), and gamma band (30-70 Hz).

Results

EEG data show different temporal courses in theta and alpha activity in Qigong training (Experiment 1). Increased theta and alpha activity was observed in frontal, and central regions in experts compared to beginners after Qigong training (Experiment 2). Accompanying music led to a reduction in theta and alpha activity (Experiment 3). Mental practice led to an increase in EEG alpha activity, comparable to physical training (Experiment 4).

Discussion

We demonstrate systematical effects of Chinese Health Qigong training on EEG brain activity in terms of the western concept of evidence-based medicine. Our results have important implications for applications in health-centered and competitive sports, for basic research in cognitive science and neuroscience, and for applications in clinical settings.

References

Qin, Z., Yin, J., Lin, S. & Hermanowicz, N.S. (2009). A forty-five year follow-up EEG study of qigong practice. *International Journal of Neuroscience, 119,* 538-552.

Crossing the Border Between Neuromuscular Systems and Tensegrity Systems

MICHAEL T. TURVEY

University of Connecticut, Storrs, CT. USA & Haskins Laboratories, New Haven, USA

What is the basis for the everyday coherent, functional awareness of the body's time-varying posture (the orientations and movements of torso, limb segments, and head)? What is the principle determining the distribution of mechanoreceptors within the neuromuscular system? Both questions can be approached from the perspective of tensegrity systems, specifically the hypothesis of the body as a multifractal tensegrity (MFT) system. The shape and stability of the constituents at each of the body's scales (from muscle-joint complexes to local regions of the extracellular matrix) are derivative of continuous tension and discontinuous compression. Working hypotheses in respect to the two questions are (1) that the array of tensions in MFT is information about the body's time-varying posture, and (2) each component tensegrity of MFT is an adjustive mechanoreceptive unit.

Further Reading
Turvey, M. T. & Fonseca, S. T. (2014). The medium of haptic perception: A tensegrity hypothesis. *Journal of Motor Behavior, 46*, 143-187.

Taking thermodynamics from solid state physics to the life sciences to understand self-organization and coordination in small groups

TILL FRANK

University of Connecticut, Storrs, USA

Classical thermodynamics applies to equilibrium systems and phase transitions of solid state systems. The thermodynamic laws are derived from first principles using statistical mechanics. However, statistical mechanics has found many applications in the life sciences. Consequently, thermodynamic quantities such as entropy as a measure of microscopic disorder have found applications in the life sciences. In doing so, the focus has been on systems composed of many interacting subunits. In contrast, relatively little is known about the role of thermodynamic principles in systems composed of a relative small number of subsystems. In particular, thermodynamic aspects of self-organization and coordination in small groups are not well studied. In this lecture, it will be reviewed how thermodynamical aspects have been taken from solid state physics to the life sciences in the context of equilibrium and non-equilibrium many-body systems. Subsequently, recent developments to exploit thermodynamical concepts in small group research will be addressed.

How Context-Specific Actors Influence Spectators' Event Experience and Value

CHRIS HORBEL

University of Southern Denmark, Esbjerg

Project Collaborators: Bastian Popp, Herbert Woratschek & Bradley Wilson

Value creation through sport events clearly involves a large number of actors (e. g., teams, players, sponsors, facility owners, caterers, police and private security firms, spectators). However, the set of relevant actors and their contributions to value co-creation have differential impact. Clearly spectators that watch the event live at the venue compared with an at home viewing on TV or in another public setting (e. g., a live site public screening) or in a sports bar have markedly different experiences. Therefore, value co-creation through sport events is highly context-specific, in particular with regard to the social and economic actors involved in this process. Understanding the role of context-specific actors is therefore an imperative.

This research attempts to analyze context-specific actor contributions and value perceptions of consumers, thereby contributing to the application of the concepts of value co-creation and value-in-context. In particular, we address the following research questions:

1. How do the context-specific actors contribute to spectators' experience of watching a sport event?
2. How does overall spectators' value of watching a sport event differ across contexts?

For the various service providers involved in the value creation process for a sport event it is highly relevant to understand the degree to which they are able to actually influence spectators' experience of the event. The results clearly reveal that the relative influence of the contributions of the co-creating actors on spectators' experience and the respective importance of dimensions such as spectators' perceived value vary considerably depending on each context.

The results are highly relevant for sport managers who should consider context and establish cooperations with other context-specific actors in order to optimize offerings for sport event spectators.

AK 25: Akteure und Organisationen im Sport

Wissens- und Bildungsmanagement als integratives Kompetenzfeld am Beispiel traditioneller Organisationsstrukturen des organisierten Sports

MIRIAM KALLISCHNIGG

Fachhochschule für Sport und Management Potsdam

Durch die Professionalisierung des Sportsektors wächst die Bedeutung von Wissen (Nickelsburg, 2007). Globalisierung, Technologisierung und der demographische Wandel forcieren Wettbewerb. Dadurch wächst die Bedeutung von aktuellem Wissen (North, 2012). Wissen wie Wissensmanagement werden zur Kernressource eines jeden Menschen und einer jeder Organisation (Muckenhaupt et al., 2012). Die Existenz und die weltweite Verfügbarkeit durch (inter-)nationale Vernetzung von Wissen liefern den entscheidenden Produktionsfaktor im 21. Jahrhundert, wodurch die Notwendigkeit entsteht, Bildungs- und Wissensmanagement als Einheit zu betrachten. Somit greift die Verzahnung von Bildungs- und Wissensmanagement relevante Inhalte auf und formuliert eine Anregung zur gegenseitigen Bedingung von Wissens- und Bildungsmanagement. Über das Lizenzsystem des deutschen Sports und den notwendigen Weiter- und Fortbildungsmaßnahmen zur Erhaltung einer Lizenz, könnte der Aufbau eines individuellen sowie organisationalen Wissensmanagement initiiert werden. Parallel zum Aufbau von lebenslangen individuellen Bildungspfaden schaffen individuelle Lern-Umgebungen zur Dokumentation eigener Wissensbestände eine Ausweisung für Unternehmen und auf dem Arbeitsmarkt. Diese Wissenslogs begleiten Lernende entsprechend des Konzepts des Lebenslangen Lernens (Faulstich, 2003) und schaffen so einen Nachweis über die Bildungsschritte eines Individuums. Wissen wird automatisch dokumentiert, aktualisiert und verknüpft. Ein individuelles Wissensmanagement wird essentiell für jeden Einzelnen im Prozess des Lebenslangen Lernens (Kerres & Lahne, 2009) und eröffnet damit eine Schnittstelle zum organisationalen Wissensmanagement. Über die drei Perspektiven Person, Organisation und Bildungsinstitution wird der Ansatz Lebenslanges Lernen zur Realisierung der kongenialen Beziehung zwischen Bildungs- und Wissensmanagement in den Strukturen des organisierten Sports in Land Brandenburg diskutiert.

Literatur

Faulstich, P. (2003). *Weiterbildung: Begründungen lebensentfaltender Bildung.* München: Oldenbourg Wissenschaftsverlag.
Kerres, M. und Lahne, M, (2009). Chancen von E-Learning als Beitrag zur Umsetzung einer Lifelong-Learning-Perspektive an Hochschulen. In N. Apostolopoulos, H. Hoffmann, V. Mansmann und A. Schwill (Hrsg.), *E-Learning 2009 – Lernen im digitalen Zeitalter. Medien in der Wissenschaft*, Band 51 (S. 347-357). Münster: Waxman Verlag.
Muckenhaupt, M., Grehl, L., Lange, J. & Knee, R. (2012). *Wissenskommunikation und Wissensmanagement im Leistungssport – Empirische Befunde und Entwicklungsperspektiven.* Schorndorf: Hofmann Verlag.
Nickelsburg, A. K. (2007). *Wissensmanagement: Verfahren, Instrumente, Beispiele für Vereine und Verbände - Ein Trainingsbuch.* Herausgegeben von Friedrich-Ebert-Stiftung Akademie Management und Politik, 1. Auflage, Bonn: Warlich Druck Meckenheim.
North, K. (2012). *Wissensorientierte Unternehmensführung. Wertschöpfung durch Wissen.* 5. Auflage. Wiesbaden: Gabler Verlag.

Frauen als Agentinnen der Kommerzialisierung? Eine empirische Untersuchung zum Frauenprofil in Fußballstadien

OLIVER FÜRTJES

Universität Siegen

Einleitung

In deutschen Fußballstadien lässt sich in letzter Zeit ein wachsender Frauenanteil um etwa 5-10 Prozentpunkte auf gegenwärtig etwa 20-25% verzeichnen. Frauen als Agentinnen der Kommerzialisierung betrachtend wird dieser Anstieg in der Forschungsliteratur zumeist auf die erfolgreiche Bewerbung einer konsumorientierten Fußballkundschaft im Zuge der forcierten Kommerzialisierung der Fußballbranche zurückgeführt. So entspricht die Konsumentenhaltung einen zugleich bürgerlichen wie weiblichen Habitus, weshalb sich Frauen nicht nur in Bezug aufs Fantum von den traditionellen männlichen Vereinsanhängern deutlich unterscheiden, sondern auch in struktureller Hinsicht. Ferner wird neben dem beworbenen Familienpublikum zugleich das durch den Popstarkult der Starspieler angelockte weibliche Teenagerpublikum in den Stadien lokalisiert.

Methode

Konzeptionelle Grundlage ist ein ausgehend vom kulturalistischen Ansatz modifiziertes überprüfbares Hypothesenkonzept zur Analyse des Frauenprofils in Fußballstadien. Als Datengrundlage fungiert ein erstmals präsentierter Gesamtdatensatz, der verschiedene harmonisierte Fankonzept- und Strukturvariablen aus 18 repräsentativen Publikumsbefragungen beinhaltet (n = 14.310 Befragte, Datenquelle: Projekt „Publikumsforschung", DSHS Köln). Es können damit erstmals empirisch fundierte und statistisch gesicherte Aussagen zu den Einflussstärken fankonzeptbezogener (Konsumentenhaltung, Fantum) und struktureller (soziale Lagerung, Alter) Faktoren auf das Frauenprofil getroffen werden.

Ergebnisse

Die empirischen, regressionsanalytisch abgesicherten Ergebnisse zeigen auf, dass sich Frauen in Bezug aufs Fantum nur geringfügig von Männern unterscheiden. In affektiver Hinsicht bestätigt sich eine marginale Tendenz zur vermuteten Konsumentenhaltung, in kognitiver und verhaltensbezogener Hinsicht zeigen sich indes gar keine Unterschiede. In struktureller Hinsicht stammen Frauen tendenziell aus der Mittelschicht, altersmäßig sind dagegen kaum Unterschiede festzustellen.

Diskussion

Die Ergebnisse verdeutlichen, dass der wachsende Frauenanteil kaum auf die forcierte Fußballvermarktung zurückgeführt werden kann. Aus soziologischer Perspektive spricht stattdessen vieles dafür, das wachsende Fußballinteresse unter Frauen auf generelle De-Gendering-Prozesse in der Gesellschaft zurückzuführen.

Literatur

Fürtjes, O. (2014). Frauen, Fußball und Kommerz – Eine besondere Liaison? Eine empirische Untersuchung zum Frauenprofil in Fußballstadien. *Spectrum der Sportwissenschaften 26 (2)*, 7-34.

Rekrutierungsprozesse ehrenamtlicher Mitarbeiter in Sportvereinen – eine explorative Interviewstudie

JENS FLATAU

Christian-Albrechts-Universität zu Kiel

Einleitung

Ehrenamtliche Mitarbeit ist neben den monetären Mitgliedsbeiträgen die zentrale Ressource der meisten Sportvereine. Auch sie wird in aller Regel intern generiert. Dabei geht zu Beginn einer Ehrenamtslaufbahn die Initiative zumeist nicht vom Mitglied selbst, sondern vom Vereinsvorstand aus (Flatau et al., i. Dr.). Der Erfolg hierbei ist mithin ein wichtiger Faktor, um die Leistungserstellung des Vereins zu gewährleisten. Daher wurde dieser Rekrutierungsprozess in der vorliegenden Untersuchung näher analysiert.

Methode

Zur Datenerhebung wurden 20 semistandardisierte mündliche Leitfadeninterviews mit Vorstandsmitgliedern aus schleswig-holsteinischen Sportvereinen durchgeführt. Die Selektion der Stichprobe erfolgte nach dem Kriterium der größtmöglichen Unterschiedlichkeit der Vereine in Bezug auf strukturelle Merkmale wie beispielsweise Mitglieder- und Spartenanzahl. Neben Fragen zur Vereinskultur und zur Bedeutung ehrenamtlicher Mitarbeit für den Verein lag der thematische Schwerpunkt auf Merkmalen des Rekrutierungsprozesses wie etwa soziale Situation der Ansprache, Argumentation etc. Die Auswertung erfolgte mittels der Methode der Zusammenfassenden Inhaltsanalyse (Mayring, 2010).

Ergebnisse

Die Rekrutierungsvorgänge unterscheinen sich u. a. positionsspezifisch. Bei Vorstandspositionen sind neben spezifischen fachlichen Kompetenzen Vereinsbindung, Vertrauenswürdigkeit und gute Zusammenarbeit wichtig, weshalb insbesondere die persönliche Beziehung zum Kandidaten eine Rolle spielt. Die Anfrage erfolgt persönlich, doch durchaus in semiformellem Rahmen, um der zu besetzenden Position bereits bei der Rekrutierung eine gewisse Bedeutung zu verleihen. Die Rekrutierung von Mitarbeitern auf der Ausführungsebene erfolgt dahingegen mit weniger Vorbereitung und das Anforderungsprofil umfasst i. d. R. ausschließlich fachliche Qualifikationen (z. B. Trainerlizenzen). Einige Vereinsvorstände heben gegenüber jüngeren Kandidaten den Nutzen eines ehrenamtlichen Engagements für ihre spätere Berufslaufbahn hervor, um so einen Anreiz zu setzen.

Diskussion

Die erfahrungsbasierten Erkenntnisse stellen im Sinne der Grundlagenforschung einen weiteren Aspekt bei der Erklärung ehrenamtlichen Engagements dar. Darüber hinaus können sie in systematisierter Form im Rahmen sportwissenschaftlicher Beratungstätigkeit für andere Sportvereine und -verbände nutzbar gemacht werden.

Literatur

Flatau, J., Gassmann, F., Emrich, E. & Pierdzioch, C. (im Druck). Zur Sozialfigur des Ehrenamtlichen in Sportvereinen. Erscheint in L. Thieme (Hrsg.), *Der Sportverein – Versuch einer Bilanz*.
Mayring, P. (2010). *Qualitative Inhaltsanalyse. Grundlagen und Techniken* (11. Aufl.). Weinheim, Basel: Beltz.

Duale Karriere im Spitzensport?! Individuelle Karriereverläufe ausgewählter Spitzensportler an der Fachhochschule für Sport und Management Potsdam

DIANA LINDNER, MIRIAM KALLISCHNIGG, KRISTIN WICK & REGINA ROSCHMANN

Fachhochschule für Sport und Management Potsdam (FHSMP)

Die Realisierbarkeit einer dualen Leistungssport- und Hochschulkarriere bleibt trotz Weiterentwicklungen und Anpassungen akademischer Rahmenbedingungen aufgrund hoher zeitlicher Belastungen schwierig. Duale Karrieren scheinen einem dynamischen Prozess zu unterliegen, der in Abhängigkeit von sportlichen Karriereverläufen steht. „Dabei ist die Karriere im Hochleistungssport kein ‚Lifetime-Job'" (Nagel & Conzelmann, 2006, S. 238), sondern beschränkt sich auf eine Lebensphase der höchsten körperlichen Leistungsfähigkeit. Zeitgleich finden Ausbildung, Studium und/oder Berufseinstieg statt.
Dies kann bedeuten, dass Sport- und Bildungskarrieren parallel oder phasenweise konsekutiv organisiert werden müssen (Baumgarten, 2013). Von Seiten der Hochschule erfordert dies anpassungsfähige und individuell unterschiedliche Betreuungsleistungen in Abhängigkeit sportlicher Meilensteine.
Durch die besondere Art des Lehr-Lern-Arrangement (Blended Learning) können Studien- und Prüfungsleistungen in Abhängigkeit des sportlichen Karriereverlaufs geplant und umgesetzt werden, so dass grundsätzlich eine parallele bzw. konsekutive Studienverlaufsplanung an der FHSMP denkbar ist. Zudem unterstützt das Netzwerk aus Trainer, Athlet und Vertreter des OSP sowie der Hochschule eine flexible und individuelle Studiengestaltung entsprechend den aktuellen Erfordernissen des Leistungssports.
Inwieweit das Studienkonzept der FHSMP dem Anspruch der Flexibilisierung und Individualisierung einer Hochschulkarriere gerecht wird, erfolgt anhand der Betrachtungen von Karriereverläufen ausgewählter SpitzensportlerInnen (n = 13), die an der FHSMP studieren bzw. studiert haben sowie Auswertungen von Fragebögen, Interviews und Studienaktivitäten über die Lernplattform.
Die Ergebnisse geben einen ersten Eindruck über die von Spitzensportler/innen wahrgenommene Umsetzung von individualisierten Betreuungsleistungen an der FHSMP.
Zudem unterstützen die eruierten Karriereverläufe eine Klassifizierung von Karrieretypen sowie die Ableitung typengerichteter Interventionsstrategien im Betreuungsmanagement der FHSMP. Es bedarf weiterführender Untersuchungen.

Literatur

Baumgarten, S. (2013). Die Duale Karriere im Deutschen Spitzensport. In *Diskussionsgrundlage der Vollversammlung des DOSB in Köln*. Abgerufen von http://www.dosb.de/fileadmin/fm-dosb/aktuell/PPt_DK_SB_10PP_aktueller_Stand_VVS_23.11..pdf

Nagel, S. & Conzelmann, A. (2006). Zum Einfluss der Hochschulleistungssport-Karriere auf die Berufskarriere – Chancen und Risiken. *Sport und Gesellschaft – Sport and Society 3*, 237-261.

CEOs in der Sportbranche. Eine Fallstudie.

GERHARD TROSIEN, FLORIAN PFEFFEL & PETER KEXEL

Accadis Hochschule Bad Homburg

Einleitung

CEOs oder Vorstandsvorsitzende in der Sportbranche erhalten neuerdings eine überragende Aufmerksamkeit. Sind CEOs generell in Vorständen von großen Unternehmen seit langem im internationalen Business bekannt, so gab es zunächst nur einige wenige Personen mit diesem Titel in der Sportbranche in Deutschland. Aktuell sind weitere Sportunternehmen aus Sportindustrie und Sportfachhandel in ökonomische und globale Dimensionen vorgestoßen, die Unternehmensvorstände bedingten. Im englischsprachigen Vokabular werden Geschäftsführer/in bzw. Vorstandsvorsitzende/r zumeist als Chief Executive Officer (CEO) bezeichnet. Durch die zunehmende Professionalisierung und Privatisierung werden heute auch in Sportvereinen/-verbänden, also in Non-Profit-Sport-Organisationen, bzw. in deren Ausgliederungen Sport-Vorstände eingerichtet. Dieses Phänomen gilt es hinsichtlich strategischer und struktureller Konvergenzen zu prüfen.

Methode

Es handelt sich um eine explorative Fallstudie. Entsprechend der Analyse der Sportbranche werden verschiedene Positionen von Vorstandsvorsitzen bzw. CEOs ausgewählt sowie anhand veröffentlichter Daten (z. B. aus den jeweiligen Jahresberichten) ausgewertet.

Ergebnisse

Die empirische Analyse befindet sich im Prozess und ist mehrjährig angelegt. Erste Hinweise zeigen, dass in Vorstandsbereichen der Sportbranche Personal aus verschiedenen Sportsektoren qualifiziert ist, CEO-Verantwortung zu übernehmen, jedoch auch ein Wechsel in andere bzw. aus anderen Branchen hilfreich ist, mit Führungsverantwortung in der Sportbranche betraut zu werden.

Diskussion

Die Personalwechsel zwischen den Sportsektoren lassen erwarten, dass die Sportbranche – bei aller thematischen Vielfalt – sich personell immer intensiver vernetzt und frühere Barrieren bzw. Grenzen zwischen den Sportsektoren zugunsten der Durchlässigkeit von Karrieren reduziert werden. Grundsätzlich ist zu erwarten, dass auch aus anderen Branchen Führungskräfte relevante und lukrative Arbeitsgebiete in der Sportbranche finden.

Literatur

Kupfer, T. (2006) Erfolgreiches Fußballclub-Management. Analysen – Beispiele – Lösungen, 2. Aufl., Die Werkstatt.
Nowy, T., Wicker, P., Feiler, S. & Breuer, C. (2015) Organizational performance of nonprofit- and for-profit sport organizations. In: European Sport Management Quarterly, Volume 15, Number 2, April 2015, p. 155-175.
Trosien, G. (2012) Überblick über die Sportbranche. In G. Nufer & A. Bühler (Hrsg.), *Management im Sport* (3. Aufl., S. 87-113). Berlin: Schmidt Verlag.

AK 26: Training und Coaching

Neurokognition der Blicktäuschung: Eine Studie im Basketball

DIRK KOESTER[1,2], CHRISTOPH SCHÜTZ[1,2], IRIS GÜLDENPENNING[1,2] & THOMAS SCHACK[1,2,3]

[1]Universität Bielefeld, [2]CITEC, Bielefeld, [3]CoRLab, Bielefeld

Einleitung

Verhaltensdaten zeigen eine strategisch beeinflussbare Verarbeitung der Blickrichtung im Basketball, selbst wenn nur die Passrichtung beurteilt werden muss (z. B. Alaboud et al., 2012). Hier werden erstmalig die ereigniskorrelierten Potenziale (EKPs) der automatischen Verarbeitung von Blick- und Passrichtung (rechts-links) zwischen 2 Bildern eines Druckpasses im Basketball und die strategische Unterdrückung der Blickverarbeitung erforscht.

Methode

In einem unterschwelligen Primingexperiment (25 Novizen; 22,5 J.; rechtshändig; Primedauer 17 ms) sollte die Passrichtung eines Targetbildes beurteilt werden. Pass- und Blickrichtungen wurden unabhängig manipuliert (links vs. rechts; messwiederholtes, faktorielles 2 x 2-Design). Die Targetbilder zeigten entweder alle eine Blicktäuschung (Block A) oder Blick- und Passrichtung waren kompatibel (Block B). Eine optimale Bearbeitung sollte die Blickrichtung in Block A (der Blick passt nicht zum Pass), aber nicht in Block B, unterdrücken. Die Prime-Erkennungsleistung wurde ebenfalls getestet.

Ergebnisse

Die Prime-Erkennung lag auf Zufallsniveau (49%). Die Reaktionszeiten zeigten einen Haupteffekt der Passkongruenz in Block A ($F(1,24) = 105,2$; $p < .0001$) und Block B ($F(1,24) = 43,6$; $p < .0001$), einen Haupteffekt der Blickkongruenz nur in Block B ($F(1,24) = 10,6$; $p < .01$). Die EKP-Auswertung zeigte Amplitudenerhöhung für Passinkongruenz der P3-Komponente (Block A; Aufmerksamkeitsallokation; frontozentral) und in beiden Blöcken, eine Modulation der N2-Komponente (Konflikt-Monitoring; größere Amplitude für Blickinkongruenz; Block A: posterior; Block B: anterior & posterior).

Diskussion

Die Erkennungsleistung zeigt, dass die Ergebnisse automatische Effekte widerspiegeln. Eine Passinkongruenz zwischen Prime und Target verzögert die Beurteilung der Passrichtung. Eine Blickinkongruenz kann die Beurteilung auch verzögern, die Verarbeitung der Blickrichtung kann jedoch von Novizen strategisch gehemmt werden (Block A). Ähnlich zeigen die EKPs eine größere Amplitudenmodulation der N2-Komponente in Block B als in Block A. Die Blickrichtung scheint ohne strategische Unterdrückung (Block B) einen größeren Verarbeitungskonflikt hervorzurufen; dies deutet auf eine neurophysiologische Hemmung der Blickverarbeitung hin. P3-Amplitudeneffekte nur für den Block A deuten auf unterschiedliche Aufmerksamkeitsprozesse in der Passbeurteilung hin. Die EKPs ermöglichen es, die Verarbeitung verschiedener Informationskanäle (Blick- und Passrichtung) zu unterscheiden und Blicktäuschungen detaillierter, neurokognitiv zu untersuchen.

Literatur

Alaboud, M. A. A., Steggemann, Y., Klein-Soetebier, T., Kunde, W. & Weigelt, M. (2012). Eine experimentelle Untersuchung zur Wirkung der Häufigkeitsverteilung auf die Blicktäuschung im Basketball. *Zeitschrift für Sportpsychologie, 19*, 110-121.

Blickverhalten bei der Antizipation von Finten im Basketball

WALTRAUD STADLER[1], VERONIKA NEUBERT[1], CHARMAYNE M. L. HUGHES[2] & JOACHIM HERMSDÖRFER[1]

[1]Technische Universität München, [2]Nanyang Technological University, Singapore

Einleitung

In Zusammenhang mit der Vorhersage beobachteter Bewegungen stellt sich die Frage, welche kinematischen Informationen mit welchen Strategien genutzt werden (Cañal-Bruland & Williams, 2010). Mittels Eye-Tracking wurden hier am Beispiel Basketball Effekte von Expertise auf das Blickverhalten während der Durchführung einer videobasierten Aufgabe zur Antizipation echter und angetäuschter Pässe und Würfe untersucht.

Methode

Zwölf ExpertInnen und 12 NovizInnen der Sportart Basketball (jeweils 6 weiblich) trugen eine Eye-Tracking-Brille mit integrierter HD-Videokamera (SMI-ETG, 30 Hz Bildrate) während sie in einer Vorhersageaufgabe mit zeitlicher Okklusion 160 Videobeispiele von Basketballaktionen antizipierten, die mittels Videoprojektor nahezu lebensgroß (155,6 cm, Blickwinkel 38°) projiziert wurden. Die Bewegungssequenzen wurden bis zum vorletzten Videobild vor dem Zeitpunkt der Ballabgabe gezeigt. Die Probanden hatten die Aufgabe, vorherzusagen ob die beobachteten Würfe und Pässe tatsächlich ausgeführt oder nur angetäuscht wurden. Anzahl und Lokation der Fixationen wurden in Abhängigkeit der Vorhersageleistung erfasst und ausgewertet. Die Fixationslokationen wurden einer von 11 vordefinierten Körperregionen plus Ball, den „areas of interest" (AOIs), zugeordnet.

Ergebnisse

Die wichtigsten Resultate zeigten eine geringere Zahl an Fixationen bei Experten (1,9 im Vergleich zu 2,6 bei Novizen; $F(1,22) = 9,5$; $p < 0,01$; $\eta^2_P = 0.3$) und eine Interaktion zwischen Expertise und Vorhersageleistung ($F(1,22) = 5.32$; $p = 0.031$; $\eta^2_P = 0.2$), bedingt durch eine höhere Fixationszahl bei korrekten Vorhersagen nur bei Experten (2,2 vs. 1,5 bei falschen Vorhersagen). Experten wiesen jedoch mit 78% eine signifikant höhere Zahl richtiger Vorhersagen auf als Novizen (64%) ($F(1,11) = 32,45$; $p < 0.01$; $\eta^2_P = 0.75$). Während Experten gezielt Kopf und Brust fixierten (45% und 35,5% der Trials), ergab sich bei Novizen eine breitere Verteilung über die verschiedenen AOIs.

Diskussion

Die Blickanalyse spiegelt die Bedeutung der Ausrichtung des Kopfes und des Rumpfes bei der Identifikation von Täuschbewegungen im Basketball wider (Kunde et al., 2011). Experten fixierten diese Regionen gezielt. Die niedrigere Fixationszahl bei falschen Vorhersagen legt nahe, dass ein Abgleich zwischen Informationen zumindest zweier AOIs in dieser Aufgabe strategisch günstiger war.

Literatur

Cañal-Bruland, R., & Williams, A. M. (2010). Recognizing and predicting movement effects: Identifying critical movement features. *Experimental Psychology, 57*, 320-326.

Kunde, W., Skude, S. & Weigelt, M. (2011) Trust My Face: Cognitive Factors of Head Fakes in Sports. *Journal of Experimental Psychology: Applied, 17*, 110-127.

Räumliche Kompetenzen – Ursprung, Trainierbarkeit und Bedeutung

MELANIE DIETZ[1], ALEKSANDRA DOMINIAK[1] & JOSEF WIEMEYER[2]

[1]Graduiertenkolleg Topologie der Technik an der Technischen Universität Darmstadt,
[2]Institut für Sportwissenschaft der Technischen Universität Darmstadt

Einleitung

Die Fähigkeit, Reize aus der Umgebung, dem Raum, aufzunehmen und mit der Umwelt in Interaktion zu treten, ist für den Menschen essentiell. Motorische Aktivitäten sind somit immer räumliche Bewegungen, die von verschiedenen Faktoren abhängen. Biologische, medizinische, aber auch psychologische Forschung zum Verhältnis von Mensch und Raum hat eine lange Tradition, an die im Rahmen des GK „Topologie der Technik" angeknüpft wird. Der Fokus des hier vorgestellten crossing boundaries Beitrags liegt auf den räumlichen Kompetenzen, mit Hilfe derer räumliche Eindrücke perzeptiv, kognitiv und sensomotorisch verarbeitet und somit Aktionen und Reaktionen des Körpers ermöglicht werden. Im Vortrag werden räumliche Kompetenzen interdisziplinär aus den verschiedenen wissenschaftlichen Perspektiven im Hinblick auf Ursprung, Bedeutung und Trainierbarkeit betrachtet.

Explikation

Genderübergreifend sind individuelle räumliche Erfahrungen in verschiedenen Lebensabschnitten für die Ausbildung räumlicher Kompetenzen von großer Bedeutung (vgl. Deno, 1995). Hierzu zählt neben Erfahrungen in der Ausübung bestimmter Sportarten und Konstruktionsspiele auch das Videospielen. Somit werden räumliche Kompetenzen aus der Sicht der Sportpädagogik, -informatik, -motorik und -psychologie betrachtet.

Einschlägige Studien haben eine generelle Trainierbarkeit räumlicher Kompetenzen bestätigt, wobei Videospiele mit einer Effektstärke von $g = 0.54$ ($SE = 0.12$, $m = 24$, $k = 89$) den größten Trainingseffekt erzielten (Uttal et al., 2012). Im Hinblick auf den Effekt von digitalen Sportvideospielen sind noch viele Fragen ungeklärt, z. B. die Frage der Spezifität der Wirkungen.

In Bezug auf das Bewegungslernen hat sich gezeigt, dass gerade in einem frühen Lernstadium räumliche Informationen von besonderer Bedeutung sind (vgl. Panzer et al., 2007). Die genauen Mechanismen sind noch weitgehend unbekannt.

Hieraus ergeben sich folgende Fragestellungen: Sind alle Lebensabschnitte für die Ausbildung räumlicher Kompetenzen von gleicher Bedeutung? Wie können räumliche Kompetenzen anhand gestengesteuerter Sportspiele trainiert werden? Welche Mechanismen konstituieren den Zusammenhang zwischen räumlichen Kompetenzen und Bewegungslernen?

Literatur

Deno, J. A. (1995). The Relationship of Previous Experiences to Spatial Visualization Ability. *Engineering Design Graphics Journal, 59* (3), 5-17.

Panzer, S., Büsch, D., Shea, C. H., Mühlbauer, T., Naundorf, F. & Krüger, M. (2007). Dominanz visuell-räumlicher Codierung beim Lernen von Bewegungssequenzen. *Zeitschrift für Sportpsychologie, 14* (3), 123-129.

Uttal, D. H., Meadow, N. G., Tipton, E., Hand, L. L., Alden, A. R., Warren, C. et al. (2012). The Malleability of Spatial Skills: A Meta-Analysis of Training Studies. *Psychological Bulletin 139* (2), 352-402.

Die Rekonstruktion relevanter Coachingsituationen im Handball aus Trainer und Athletensicht

ALEXANDER BECHTHOLD

Universität Hamburg

Einleitung

Coaching gilt gemeinhin als zentrale Einflussmöglichkeit des Trainers auf die Athletenleistung im Wettkampf (vgl. König, 2008). Das interaktive Moment von Coachinghandlungen stand bislang jedoch kaum explizit im Fokus des wissenschaftlichen Interesses. In dieser Untersuchung wurde vor dem Hintergrund eines interaktionistischen Ansatzes (vgl. Blumer, 1981) ein Zugang verfolgt, der darauf abzielt, Coachingsituationen im Handball unter Einbezug der Akteursperspektiven möglichst ganzheitlich zu rekonstruieren. Die empirisch verankerten Erkenntnisse klären über die komplexen Interaktionsprozesse der Akteure auf und liefern Hinweise, wie diese für eine möglichst konstruktive Gestaltung von Coachingsituationen im Wettkampf einzuordnen und zu bewerten sind.

Methode

Die Untersuchung ist als qualitative Studie angelegt, in der konkrete Coachingsituationen (v.a. Einzelsituationen zwischen Trainer und Spieler) im Sportspiel Handball während des Wettkampfs dokumentiert wurden. Diese Situationen (N = 68) wurden zunächst aus Forschersicht als relevant entziffert und fallspezifisch analysiert. Ergänzt wurden diese Interpretationen durch die in episodischen Interviews (N = 80) eingeholten Sichtweisen der involvierten Akteure. Zusätzlich zu der fallbezogenen Auswertung wurde in Anlehnung an die grundlegenden Verfahren der ‚Grounded Theory' eine fallübergreifende Auswertung mit dem Ziel einer gegenstandsverankerten Modellbildung vorgenommen.

Ergebnisse

Auf Grundlage des empirischen Datenmaterials wurde ein Modell entwickelt, das die coachingspezifischen Interaktionsprozesse in ihrer Vielschichtigkeit abbildet. Das Modell gibt sowohl Aufschluss über relevante Inhalte und Kategorien (z. B. selbst- und fremdbezogene Spezifika) hebt darüber hinaus aber auch die inhärenten Reziprozitäten zwischen den einzelnen Aspekten hervor und verdeutlicht die prozessuale Verlaufslogik der coachingspezifischen Interaktionsprozesse (u. a. Einschätzungen im Vorwege/Nachgang).

Diskussion

Das im Rahmen der Untersuchung entwickelte Modell wird vor dem Hintergrund des theoretischen Bezugsrahmens sowie einer aus der diffusen Literaturlage des aktuellen Forschungsstandes heraus selbst entwickelten Heuristik ‚guten Coachinghandelns' diskutiert.

Literatur

Blumer, H. (1981). Der methodologische Standort des Symbolischen Interaktionismus. In Arbeitsgruppe Bielefelder Soziologen (Hrsg.), *Alltagswissen, Interaktion und gesellschaftliche Wirklichkeit, Bd. 1* (S. 80-146) Reinbek: Rowohlt.

König, S. (2008). Die Strukturen der Sieger: Überlegungen zu einer Theorie der Mannschaftsführung in Sportspielen. In A. Woll, W. Klöckner, M. Reichmann & M. Schlag (Hrsg.), *Sportspielkulturen erfolgreich gestalten. Von der Trainerbank bis in die Schulklasse* (S. 25-38). Hamburg: Czwalina.

Taktik-Analyse im Handball bei der EM 2014 mittels Perturbationen

CHRISTIAN WINTER, SVEN GAUBATZ & MARK PFEIFFER

Johannes Gutenberg-Universität Mainz

Einleitung

Sportspiele können als komplexe, dynamische Systeme verstanden werden, die sich zunächst in einem Zustand relativen Gleichgewichts befinden. Beide konkurrierenden Parteien versuchen, dieses instabile Gleichgewicht zu ihren Gunsten zu stören, um über einen Vorteil dem Punkterfolg näher zu kommen (Lames & McGarry, 2007; Reed & Hughes, 2006). Eine Untersuchung dieser Störungen (Perturbationen) kann somit interessante Informationen zum taktischen Verhalten von Mannschaften liefern. Nachdem bislang vorwiegend Rückschlagspiele und Fußball mit dieser Methode untersucht wurden, erfolgt ein Übertrag zum Handball. Dort ist die französische Herren-Nationalmannschaft mit 7 Titeln aus den letzten 10 Großereignissen aktuell dominierend. Aus trainingswissenschaftlicher Perspektive ist es daher interessant, ob es eine typische Spielweise dieses Teams gibt und wo Unterschiede zum taktischen Verhalten anderer Mannschaften zu finden sind.

Methode

Zur präsentierten Analyse wurden alle 8 Spiele der französischen Nationalmannschaft im Rahmen der EM 2014 betrachtet. Es wurden 7 unterschiedliche Perturbationskategorien definiert (1 gegen 1, Sperren, Stoßen, Pass, Kreuzen, Übergang, Sonstige), die ebenso wie Würfe ohne vorhergehende Perturbation die zentralen Beobachtungseinheiten bildeten. Weiterhin wurden Zeit und Ort (über ein Spielfeldzonenmodell) jeder Aktion erfasst, so dass das taktische Verhalten als Verlauf abgebildet wurde. Die Prüfung von Unterschieden in den Perturbationen erfolgte über den Wilcoxon-Vorzeichen-Rang-Test.

Ergebnisse

Die Überprüfung der Inter-Rater-Reliabilität des Beobachtungssystems ergab sehr gute Ergebnisse (Cohens Kappa > .75). Während es keine auffälligen Unterschiede zwischen Frankreich und deren Gegnern bei der Auswahl oder Effizienz der unterschiedlichen Perturbationskategorien gibt, zeigen sich die deutlichsten Unterschiede hinsichtlich der Torwürfe ohne vorhergehende Perturbation: Die Franzosen warfen seltener ($M = 15.0$) ohne vorherige Störung auf das Tor als deren Gegner ($M = 19.0$) ($z = -1.4$; $p = .18$), erzielten dabei aber mehr Tore (Frankreich: $M = 9.1$; Gegner: $M = 7.4$; $z = -1.5$; $p = .14$).

Diskussion

Die französische Nationalmannschaft warf seltener auf das Tor, ohne vorher die gegnerische Abwehr ins Ungleichgewicht gebracht zu haben, traf dabei aber häufiger. Auch wenn die Unterschiede nicht signifikant, sondern tendenziell sind, lässt dies entweder auf bessere Distanzschützen oder eine bessere Defensive (Abwehr und Torwart) schließen.

Literatur

Lames, M. & McGarry, T. (2007). On the search for reliable performance indicators in game sports. *International Journal of Performance Analysis in Sport, 7* (1), p. 62-79.

Reed, D. & Hughes, M. (2006). An Exploration of Team Sport as a Dynamical System. *International Journal of Performance Analysis in Sport, 6* (2), p. 114-125.

Das implizite Machtmotiv moderiert die Torschussleistung von Kindern im Fußball unter sozial-evaluativem Stress

MIRKO WEGNER[1], HENNING BUDDE[2] & JULIA SCHÜLER[1]

[1]Universität Bern, [2]Medical School Hamburg

Einleitung

Unter dem impliziten Machtmotiv versteht man das Bedürfnis einer Person mentalen, körperlichen oder emotionalen Einfluss auf andere auszuüben (McClelland, 1985). In früheren Studien mit Erwachsenen konnte gezeigt werden, dass Personen mit hohem Machtmotiv besonders auf Wettkampfsituationen mit sozial-evaluativem Charakter reagieren (Schultheiss & Rhode, 2002). Für Kinder und Jugendliche gibt es zu diesem Thema kaum Studien, obwohl auch im Nachwuchssport die Leistungen der Kinder ständiger Bewertung durch Mitspielende, Trainern/innen oder Eltern unterworfen ist. Die vorliegende Studie untersucht den Einfluss des impliziten Machtmotivs auf die Fußball-Torschussleistung bei Kindern.

Methode

An der Studie nahmen fußballspielende Jungen ($N = 35$) im Alter von 10 Jahren teil. Ihre horizontale Zielgenauigkeit beim 9-Meter-Torschuss wurde in einer sozial-evaluativen und einer Kontrollsituation untersucht. Die Kinder hatten in der Kontrollbedingung die Aufgabe das Ziel (eine 50 cm hohe vertikale Linie) so genau wie möglich zu treffen (Höhe der Abweichung: 1: 30 cm, 2: 60 cm, 3: 90 cm, ...). In der sozial-evaluativen Situation wurde ihnen gesagt, dass ihre Torschussleistung im Anschluss an ihre Mannschaftskameraden und den Trainer rückgemeldet werden. Ihr implizites Machtmotiv wurde mithilfe des Operanten Motivtest (OMT) erhoben. Am Ende der Intervention wurden die Kinder vollständig über die Untersuchung aufgeklärt und ihnen gesagt, dass keine Rückmeldungen an andere Personen erfolgen.

Ergebnisse

Eine hierarchische Regressionsanalyse, $R^2 = .25$, $F = 5.78$, $p = .007$, zeigte, dass die Torschussleistung der Kinder in der sozial-evaluativen Stresssituation durch das Machtmotiv ($\beta = -.35$) moderiert wird. In der Kontrollbedingung beeinflusste das Machtmotiv der Kinder die Torschussgenauigkeit nicht. Andere Motivthemen hatten keinen Einfluss auf die Torschussleistung.

Diskussion

Die Ergebnisse sprechen dafür, dass auch im frühen Alter sportliche Leistungen durch Situationen beeinflusst werden, in denen die Leistungen der Kinder und Jugendlichen evaluiert werden.

Literatur

McClelland, D. C. (1985). *Human motivation*. Glenview: Scott, Foresman & Co.
Schultheiss, O. C. & Rhode, W. (2002). Implicit power motivation predicts men's testosterone changes and implicit learning in a contest situation. *Hormones and Behavior, 41*(2), 195-202.

AK 27: Talentsichtung, Trainerausbildung, Schiedsrichter, Wettkampfstruktur

Kompetenzorientierte Qualifizierung im DOSB: Trainer Leistungssport zwischen Anspruch und Wirklichkeit (QuaTro)

RAPHAEL PTACK, SEBASTIAN LIEBL & RALF SYGUSCH

Friedrich-Alexander-Universität Erlangen-Nürnberg

Einleitung

Die Kompetenzorientierung hat – nach Schule- und Lehrerbildung – längst Eingang in die Trainerbildung gefunden. Während in der Sportwissenschaft nur einzelne Ansätze zur Ausdifferenzierung und Analyse von Trainerkompetenzen vorliegen (u. a. Borggrefe et al., 2006), hat die Sportpraxis spätestens 2005 mit den Rahmenrichtlinien zur Qualifizierung im DOSB (RRL) die Weichen auf Kompetenzorientierung gestellt. Die RRL konzipieren Handlungskompetenz, sensu Roth (1971), als *persönliche und sozial-kommunikative, Fach- und Methodenkompetenz*. Damit sind sie anschlussfähig an bildungspolitische Entwicklungen, die gegenwärtig mit dem Deutschen Qualifikationsrahmen (DQR) darauf abzielen, erworbene Kompetenzen in formalen und non-formalen Bildungsbereichen transparent und vergleichbar zu machen. Expertisen zur Einordnung der RRL in den DQR zeigten, dass die in den RRL formulierten Trainerkompetenzen von der C-Lizenz bis zum Diplomtrainer sehr hohe Werte für den non-formalen Bildungsbereich erreichen. Neben einer so dokumentierten *Transparenz nach außen* liegt der Fokus der QuaTro-Studie (gefördert vom BISp) auf der *Transparenz nach innen*. Ziel ist eine Analyse der Trainerbildung in DOSB-Mitgliedsverbänden zur übergreifenden Frage: *„Werden die Kompetenzansprüche der Ausbildungsrahmen des DOSB zum Trainer-Leistungssport in den Ausbildungskonzepten und der Ausbildungswirklichkeit der Mitgliedsverbände eingelöst?"*

Methode

Die Studie lehnt sich an den Differenzanalytischen Ansatz zur Untersuchung von Anspruch und Wirklichkeit in Bildungssettings an (u. a. Balz & Neumann, 2014). Im ersten Schritt werden in einer Dokumentenanalyse die Ausbildungskonzepte (Trainer Leistungssport C/B/A/Diplom) von vier Spitzenverbänden mit den Ausbildungsrahmen des DOSB abgeglichen. Dieser Abgleich erfolgt mit Hilfe der Kompetenzkategorien und Niveaustufen des DQR. Im zweiten Schritt werden die Ausbildungskonzepte (Anspruch) mit der Ausbildungspraxis (Wirklichkeit) verglichen. Die Analyse der Wirklichkeit erfolgt anhand videogestützter qualitativer Beobachtung, problemzentrierter und Stimulated-Recall-Interviews.

Ergebnisse

Die Dokumentenanalyse zeigt, dass den Ausbildungsdokumenten der Spitzenverbände ein Kompetenzverständnis zugrunde liegt, das dem der RRL des DOSB unterschiedlich nahe kommt. Überdies wurde eine große inner- und zwischenverbandliche Heterogenität in der Qualität der formulierten Kompetenzerwartungen festgestellt. Erste Einordnungen in den DQR zeigen ein mit den RRL vergleichbares Niveau auf der Anspruchsebene.

Literatur

Balz, E. & Neumann, P. (2014). *Schulsport: Anspruch und Wirklichkeit.* Aachen: Shaker Verlag.
Borggrefe, C. et al. (2006). *Sozialkompetenz von Trainerinnen und Trainern im Spitzensport.* Köln: Strauß.
Roth, H. (1971). *Pädagogische Anthropologie. Band 2. Entwicklung und Erziehung.* Hannover: Schroedel.

Talentdiagnostik im Nachwuchsleistungsfußball:
Eine retrospektive Analyse zur Ermittlung von Diskriminanten zur Identifikation von Toptalenten innerhalb der U19

KIRSTEN REINECKE, MEINOLF KROME, DAVID SCHRANGS, JOCHEN BAUMEISTER & CLAUS REINSBERGER

Universität Paderborn

Einleitung

Athletische sowie fußballspezifische Leistungsfähigkeit spielt eine bedeutende Rolle in der Talentdiagnostik und -selektion. Die Testbatterie „soccersense" verfolgt den Ansatz, athletische sowie technisch-koordinative Leistungsfähigkeit bei Nachwuchsfußballern zu erfassen, daraus individuelle Entwicklungsprofile zu erstellen sowie Defizitbereiche zu identifizieren und Interventionsmöglichkeiten anzubieten. Ziel dieser Studie ist, retrospektiv herauszufinden, ob innerhalb der Testitems von „soccersense" Diskriminanten zur Identifikation von Toptalenten bestehen.

Methode

In einer retrospektiven Analyse (2009-2014) der Altersklasse U19 in ausgewählten Nachwuchsleistungszentren deutscher Fußballbundesligisten wurden 20 Toptalente (TT) identifiziert (Kriterium: Einsatz in der 1. oder 2. Bundesliga Profis) und mit einer Referenzgruppe (RG; n = 20) nach Alter, Füßigkeit und Spielposition gematched. Beide Gruppen (TT: $17,9 \pm 0,6$ Jahre, $181,8 \pm 6$ cm, $77,0 \pm 6,7$ kg; RG: $17,9 \pm 0,6$ Jahre, $181,7 \pm 6,8$ cm, $77,6 \pm 6,0$ kg) wurden prüfstatistisch im Linearsprint (30 m) mit und ohne Ball, einem 20 m Richtungswechselsprint mit und ohne Ball, einer Sprungdiagnostik (Countermovement Jump, Drop Jump) sowie im Dribblingtest und einem Ballan- und -mitnahmetest (jeweils in den Druckbedingungen Zeitdruck, Präzisionsdruck und Komplexitätsdruck) mittels unabhängigem T-Test auf signifikante Unterschiede untersucht.

Ergebnisse

Im Dribblingtest kann in den Druckbedingungen Präzisionsdruck (TT: $24,6 \pm 1,7$; RG: $25,9 \pm 1,7$) und Komplexitätsdruck (TT: $25,7 \pm 2,4$ Sek.; RG: $27,3 \pm 2,2$) die bessere Leistung der Toptalente als statistisch signifikant klassifiziert werden (Präzision: $p \leq 0,03$; $r = 0,7$; Komplexität: $p \leq 0,04$; $r = 0,6$). In den anderen technisch-koordinativen Testitems erreichten die Toptalente nur deskriptiv bessere Ergebnisse als die Referenzgruppe. In den athletischen Tests (Sprint und Sprung) unterschieden sich die Gruppen nicht.

Diskussion

Innerhalb der Testbatterie „soccersense" könnte das technisch-koordinative Testitem „Dribbling" am ehesten als Diskriminante zur Identifikation von U19 Toptalenten in deutschen NLZs herangezogen werden. Rein athletische Tests konnten keine Gruppenunterschiede herausstellen. Weitere longitudinale Analysen der Jahrgänge U17 – U12 müssten Aufschluss darüber geben, ob sich eine ähnliche Diskrimination bereits in früherem Alter bei Leistungsfußballern nachweisen lässt und wie sich z. B. dieser Parameter der fußballspezifischen Leistungsfähigkeit im Vergleich zu anderen entwickelt.

„Das Auge ist viel entscheidender als das Ergebnis" – Beurteilung von Talent in Sichtungspraktiken im Leistungssport

ALEXANDRA JANETZKO

Carl von Ossietzky Universität Oldenburg

Einleitung

Bei Talentsichtungen stehen Trainer/innen vor der Aufgabe nicht (nur) die aktuelle Leistung, sondern das jeweilige Potenzial und damit etwas verborgenes, in der Zukunft liegendes zu beurteilen (vgl. Güllich, 2013). In meiner Untersuchung setze ich aus einer praxistheoretischen Perspektive an den impliziten Wissensbeständen von Bundestrainer/innen an und analysiere die bisherigen Sichtungspraktiken und Selektionsmechanismen. Um Ergebnisse nicht nur im Hinblick auf eine Sportart zu erlangen, sondern zu überprüfen, inwiefern sich Sichtungspraktiken und Attribute von Talent in unterschiedlichen Sportarten überschneiden, werden für die Untersuchung zwei möglichst kontrastreiche Sportarten herangezogen: Leichtathletik – insbesondere der Sprintbereich – und Lateinamerikanischer Tanz.

Methode

In beiden Sportarten werden die jährlich stattfindenden, mehrtägigen Talentsichtungen ethnografisch begleitet. Aus einer praxistheoretischen Perspektive gehe ich davon aus, dass ich erst durch die genaue Analyse der Sichtungspraktiken – also das ‚wie' der Sichtung – herausfinde, aufgrund welcher Deutungsrahmen Talent – das ‚was' der Sichtung – konstituiert wird. Einem Vorschlag Nicolinis (2012, S. 219ff.) folgend, werden die Sichtungspraktiken in einem Wechsel von Brennweiten beobachtet: Mikrologisch wird zunächst in diese Praktiken ‚hineingezoomt', um sie möglichst dicht beschreiben und detailliert analysieren und verstehen zu können. Anschließend werden durch das ‚Herauszoomen' transsituative Zusammenhänge erkennbar gemacht. Die Beobachtungen werden um videogestützte Interviews mit den TrainerInnen ergänzt, um auch die Bedeutsamkeit der beobachteten Ereignisse für und durch die TrainerInnen einzufangen.

Ergebnisse

Durch eine praxistheoretische Analyse von Sichtungspraktiken können die oftmals unhinterfragten und als objektiv angesehenen Auswahlverfahren und Talentzuschreibungen reflektiert und die impliziten Normativitäten der Sichtungslogik aus den praktischen Vollzügen herauspräpariert werden.

Ausblick

Basierend auf den Erkenntnissen aus der Untersuchung kann Hilfestellung bspw. in Form von Fortbildungen zum Reflektieren der eigenen Seh- und Bewertungspraxis und der dahinter liegenden Talentkonstruktionen gegeben werden.

Literaturauswahl

Güllich, A. (2013). Talente im Sport. In A. Güllich & M. Krüger (Hrsg.), *Sport: Das Lehrbuch für das Sportstudium* (S. 623-653). Berlin: Springer.

Nicolini, D. (2012). *Practice Theory, Work, and Organization. An Introduction*. Oxford: Oxford University Press.

Evaluation von technischen Innovationen zur Unterstützung von Schiedsrichtern im Fußball

OTTO KOLBINGER & MARTIN LAMES

Technische Universität München

Problemstellung

2012 genehmigte das International Football Association Board (IFAB) den Einsatz des Freistoßsprays und der Torlinientechnologie für alle Turniere und Verbände der FIFA. Die Einführung solcher Technologien sollte von einem umfassenden Evaluationsprozess begleitet werden, um Kosten und Nutzen der Innovationen zu analysieren. Im Auftrag der DFL wurde 2014 eine Studie zur Torlinientechnologie, inklusive einer Pilotstudie zum Thema Videobeweis durchgeführt (Kolbinger, Linke, Link & Lames, in Druck). Zudem befindet sich eine Studie zum Einsatz des Freistoßsprays in der Erhebungsphase.

Torlinientechnologie

Die Untersuchung zur Notwendigkeit von Torlinientechnologie in den Fußball-Bundesligen zeigte, dass nur 5,0% aller kritischen Tore Zweifel bzgl. der Linienüberschreitung betreffen. Pro Spielzeit fanden sich lediglich knapp vier Fälle in denen der Einsatz von Torlinientechnologie alternativlos nötig gewesen wäre. Den häufigsten Grund für kritische Torentscheidungen stellte Abseits dar (84,3%), während Foul- (7,3%) und Handspiel (3,3%) sich in der Größenordnung der kritischen Linienüberschreitungen bewegten. Diese 95,0% bleiben durch die Einführung der Torlinientechnologie unberührt.

Videobeweis

86,6% aller als kritisch bewerteten Tore, und 76,6% der aufgrund der Linienüberschreitung kritischen Tore, hätten mit Hilfe eines Videobeweises aufgeklärt werden können. Im Gegensatz zur Torlinientechnologie, wäre für die Einführung eines Videobeweises ein tiefgreifenderer Eingriff in das Regelwerk bzw. Spielgeschehen notwendig. Um diesen Einfluss abzuschätzen zu können, müssen sowohl Erkenntnisse über die Struktur der Sportart, als auch Erfahrungen aus anderen, den Videobeweis bereits anwendenden, Sportarten miteinbezogen werden.

Freistoßspray

Von der Einführung des Freistoßsprays versprach sich die DFL weniger Diskussionen und Regelverstöße bei der Ausführung von Freistößen und damit verbunden auch kürzere Unterbrechungsdauern. In einer derzeit laufenden Studie soll evaluiert werden, ob und in welchem Umfang diese Ziele erreicht werden konnten, sowie Nebenwirkungen des Einsatzes von Freistoßspray aufgezeigt werden.

Literatur

Kolbinger, O., Linke, D., Link, D. & Lames, M. (in Druck). Do we need Goal Line Technology in Soccer or could Video Proof be a more suitable Choice? In *Communications in Computer and Information Science*. Heidelberg: Springer.

Revision der Struktur im Mehrkampf der Leichtathletik 6.0

MICHAEL FRÖHLICH, FREYA GASSMANN, MICHAEL KOCH & EIKE EMRICH

Universität des Saarlandes

Einleitung

Die sportliche Leistung im Siebenkampf der Frauen und Zehnkampf der Männer setzt sich additiv aus den Leistungen in den Einzeldisziplinen zusammen, wobei die Disziplinen implizit und explizit leistungsabhängig in gleichem Maß das Gesamtergebnis bestimmen sollen. Daher werden die Einzelleistungen über eine seit 1985 gültige Umrechnungsformel anhand der Lauf-, Sprung- und Wurfdisziplinen bestimmt. Inwieweit dieses Disziplingleichgewicht aktuell gegeben ist, wird auf Grundlage der empirischen Ergebnisse diskutiert.

Methode

Die Datenanalyse erfolgte auf der Grundlage der erfassten Einzelleistungen sowie der erzielten Gesamtpunkte im Siebenkampf der Frauen bzw. Zehnkampf der Männer der jeweiligen Allzeitbestenliste (IAAF Stand 01.02.2015) mittels Korrelationsberechnungen, bi- und multivariater linearer Regressionen und Clusteranalysen. Erzielte eine Athletin bzw. ein Athlet mehrfach eine Top-100-Platzierung, so wurde nur das jeweils beste Resultat anhand der erzielten Gesamtpunkte gewertet. Als Datenquelle dienten die publizierten Siebenkampf- und Zehnkampfergebnisse in der Zeitschrift Leichtathletik, auf der Homepage Sports Reference – Sports Statistics Quickly, Easily und Accurately, der Homepage Athlestats sowie auf der offiziellen Webseite der IAAF.

Ergebnisse

Die jeweiligen Einzelleistungen gehen sowohl im Sieben- als auch im Zehnkampf nicht gleichgewichtet in das Gesamtwettkampfergebnis ein, sondern werden sehr stark durch „Sprint-Sprung" und „Kraft-Wurf" Leistungen, vor allem durch erstere, determiniert (Letzelter, 1985). Darüber hinaus haben in den schnelligkeitsorientierten Laufdisziplinen bereits kleinere Unterschiede einen hohen Einfluss auf das Endresultat. Die Ausdauerdisziplinen 800-m-Lauf und 1500-m-Lauf stehen in keinem direkten Zusammenhang mit der Siebenkampf- und Zehnkampfleistung und können als eigene Kategorie ausgewiesen werden (Fröhlich, Gassmann & Emrich, 2015). In der Allzeitbestenliste sind sowohl bei den 100 bestplatzierten Athletinnen und Athleten die „Sprint-Sprung-Typen" auf den vorderen Rängen zu finden.

Diskussion

Um dem Disziplingleichgewichtsprinzip gerecht zu werden, sollte einerseits eine Neubewertung der 30 Jahre alten Punkteformel vorgenommen werden. Andererseits könnte die Disziplinstruktur sowie die Anzahl an Disziplinen diskutiert bzw. geändert werden.

Literatur

Fröhlich, M., Gassmann, F. & Emrich, E. (2015). *Zur Strukturanalyse des Mehrkampfs in der Leichtathletik*. Universitätsverlag des Saarlandes: Saarbrücken.

Letzelter, M. (1985). Zur Struktur des Siebenkampfes: Einflusshöhe und interne Verwandtschaft der Einzelübungen. In N. Müller, D. Augustin & B. Hunger (Hrsg.), *Frauenleichtathletik* (S. 226-238). Niederhausen/Taunus: Schors-Verlag.

AK 28: Motorische Leistung von Kindern und Jugendlichen

Erfassung von motorischen Basiskompetenzen in der Grundschule – Entwicklung und Validierung eines Testinstruments

CHRISTIAN HERRMANN[1], ERIN GERLACH[2], CHRISTOPHER HEIM[3] & HARALD SEELIG[1]

[1]Universität Basel, [2] Universität Potsdam, [3]Johann Wolfgang Goethe-Universität Frankfurt/M.

Einleitung

Ein zentrales Ziel des Sportunterrichts ist die Förderung von motorischen Basiskompetenzen (MOBAK). Diese entwickeln sich aus situationsspezifischen Anforderungen, dienen zur Bewältigung von sportlichen Anforderungen und sind damit Voraussetzungen für eine aktive Teilhabe an der Bewegungs- und Sportkultur. Der Beitrag stellt das MOBAK-Testinstrument vor, welches aus acht dichotom skalierten Testaufgaben besteht und in zwei Validierungsstudien (Herrmann, Gerlach & Seelig, 2015) empirisch geprüft wurde.

Methode

Die Studie 1 (N = 317 Erstklässler ♀ = 55%; M = 7.0 Jahre) fand in Zürich (CH) statt, die Studie 2 (N = 1061 Erstklässler ♀ = 45%; M = 6.8 years) in Frankfurt (D). Der Fokus beider Studien lag auf der Überprüfung der Konstruktvalidität. Studie 1 untersuchte weiterhin die Beziehung zwischen den MOBAKs und den motorischen Fähigkeiten. In Studie 2 wurden zusätzlich unterschiedliche MOBAK-Profile identifiziert. Hierfür wurden exploratorische (EFA) und konfirmatorische Faktorenanalysen (CFA) sowie Latent-Class Analysen (LCA) in MPlus durchgeführt.

Ergebnisse

In beiden Studien bildeten jeweils vier Testaufgaben zwei latente Faktoren ab. Die EFA (Studie 1: CFI = .98; RMSEA = .024) und die CFA (Studie 2: CFI =.95; RMSEA = .044) erreichten eine gute Modellanpassung. Der erste Faktor "Sich-Bewegen" beinhaltete Ganzkörperbewegungen (z. B. Balancieren), der zweite Faktor „Etwas-Bewegen" Bewegungen mit dem Ball (z. B. Werfen). In Studie 2 konnten mittels der LCA vier Profile identifiziert werden, welche jeweils hohe oder niedrige Ausprägungen in den beiden Faktoren aufwiesen. Bei Hinzunahme von vier motorischen Fähigkeitstest (z. B. 20 m-Sprint, Seitspringen) in die EFA mit den acht MOBAK-Testaufgaben (Studie 1: CFI = .99; RMSEA = .031) änderte sich die faktorielle Struktur der MOBAKs nicht. Die MOBAK-Testaufgaben bilden eigenständige latente Faktoren ab.

Diskussion

Das entwickelte MOBAK-Testinstrument erfüllte die psychometrischen Validitätskriterien und bildet einen anderen Ausschnitt der Motorik ab, als etablierte Fähigkeitstests. Das zukünftige Anwendungsfeld liegt in der Evaluation der Effekte von Sportunterricht.

Literatur

Herrmann, C., Gerlach, E. & Seelig, H. (2015). Development and validation of a test in-strument in order to acquire basic motor competences in primary school. *Measurement in Physical Education and Exercise Science, 19* (2), 80-90.

Geschlechtsspezifische Unterschiede der motorischen Leistung bereits ab frühem Kindesalter?

JÜRGEN KRUG[1], JANA BACHMANN[1] & YOSHIO IZUHARA[2]

[1]Universität Leipzig, [2]University of Fukuoka (Japan)

Einleitung

Geschlechtsspezifische Unterschiede motorischer Leistungen werden im frühen und mittleren Kindesalter als im Wesentlichen unbedeutend eingeschätzt. In Reanalysen der Daten aus Untersuchungen von Bachmann (2014) in der Stadt Dresden von sechs- und achtjährigen Kindern sowie von Izuhara (2011) von sechsjährigen Kindern in den Städten Leipzig und Fukushima stand die Frage im Mittelpunkt, ob sich beide Geschlechter neben dem Niveau auch in der Struktur motorischer Leistungen unterscheiden?

Methode

Bachmann untersuchte in Dresden 114 sechsjährige Kinder im Jahr 2012 mit dem DTM 6-18 in Kindertagesstätten und zwei Jahre später 220 achtjährige Kinder der 2. Klasse, davon 31 in einer Panelstudie. Izuhara (2011) testete koordinative Fähigkeiten von jeweils 100 Kinder der 1. Klasse in Leipzig und Fukushima (Japan). Niveauunterschiede zwischen den Geschlechtern wurden mittels T-Test bzw. Varianzanalyse und als Reanalyse die Faktorenstruktur auf Grund der Probandenzahl explorativ (Hauptkomponentenanalyse mit Varimax Rotation) untersucht.

Ergebnisse

Bachmann (2014) fand die erwarteten signifikanten Unterschiede zwischen dem Niveau der zwei untersuchten Altersgruppen, die aber nur bei der Sprungkraft auch geschlechterspezifisch signifikant sind.

Bei der Faktorenstruktur der Dresdener Studie bestehen bereits bei den Sechsjähren Unterschiede in der Struktur der Testleistungen zwischen den weiblichen und männlichen Teilnehmern, die sich bei den Achtjährigen weiter vertieft. Bei den Untersuchungen deutscher und japanischer Kinder zu ihren koordinativen Leistungen in der 1. Klasse fanden wir signifikante Unterschiede der Gesamtgruppe beim Gleichgewichts-, Rhythmisierungs-, Orientierungs- und Differenzierungstest. Ein hoher signifikanter Unterschied bestand bei der Rhythmisierungsfähigkeit zwischen japanischen Mädchen und Jungen.

Diskussion

Als Gründe für die geschlechtsspezifischen Unterschiede werden curriculare, soziale, kulturelle, biologische und Trainingseinflüsse angenommen, die weiter zu untersuchen sind. Unterschiede in der Struktur der Leistungen sind mittels CFA noch abzusichern.

Literatur

Bachmann, J. (2014). Die Entwicklung der konditionellen Fähigkeiten von sechsjährigen Vorschulkindern zu achtjährigen Grundschülern, als Teilkomponente der körperlichen Gesundheit. Eine längsschnittliche Untersuchung mittels Deutschen Motorik-Test 6-18 im Raum Dresden. *Leipziger Sportwissenschaftliche Beiträge, 55* (2), 171-185.

Izuhara, Y. (2011). *Koordinative Fähigkeiten bei Schülern der ersten Klasse – Eine vergleichende Studie in Japan und Deutschland.* Unveröffentlichte Dissertation, Universität Leipzig.

Effekte körperlicher Aktivität auf motorische Fähigkeiten und grundlegende Bewegungsfertigkeiten bei Vorschulkindern – Systematisches Review und Meta-Analyse

KRISTIN WICK

Fachhochschule für Sport und Management Potsdam (FHSMP)

Ein hohes Maß an körperlicher Aktivität ist förderlich für den Gesundheitsstatus bereits in der frühen Kindheit (Roth et al., 2015). Graf und Kollegen (2007) weisen auf einen rückläufigen Trend kindlicher Aktivität hin, vor allem Alltagsaktivitäten (Wegbewältigung etc.) und das freie Spielen draußen leiden unten diesen Veränderungen. Dabei hat regelmäßige körperliche Aktivität (KA) während der Kindheit weitreichende positive Auswirkungen. Längsschnittuntersuchungen konnten einen Trend aufzeigen, dass das etablierte optimale Aktivitätsverhalten im Kindesalter bis ins Erwachsenenalter hinein aufrechterhalten werden kann (carry-over-Effekt). Ein aktiver Lebensstil wird also bereits in jungen (Kinder-)Jahren gelegt.

Der vorliegende Beitrag fasst Ergebnisse internationaler Studien zum Thema Einfluss von KA auf motorische Fähigkeiten und grundlegende Bewegungsfertigkeiten (GBF) im Vorschulalter in einem systematischen Review zusammen. In einem weiteren Schritt werden Längsschnittdaten einer Meta-Analyse hinsichtlich der Wirksamkeit von KA unterzogen. Bortz und Döring (2009) weisen darauf hin, dass die Effektgröße einer Maßnahme mit höherer Wahrscheinlichkeit bei Meta-Analysen identifiziert werden kann als bei Einzelstudien. Online-Datenbanken, wie PubMed, SPORTDiscus und ISI Web of Science, sowie alternative Bibliotheken wurden auf relevante Studien durchsucht. Einschlusskriterien waren gesunde Kinder (3-6 Jahren), Bewegungsintervention (Steigerung der KA Umfänge/Training der motorischen Fähigkeiten und GBF) mit Kontrollgruppe, Studiendesign (Pre- und Posttests), Messung der KA (Accelerometer, Pedometer), Messung der motorischen Leistungsfähigkeit (motorische Tests).

Erste Trends lassen sich abzeichnen, dass ein hohes Aktivitätsverhalten in moderater bis intensiver KA mit besseren motorischen Fähigkeiten (u. a. aerobe Ausdauer, Schnellkraft untere Extremitäten, Koordination) und verbesserten GBF (Fangen, Werfen, Schießen, etc.) verbunden ist und zudem zu geringeren Zeiten in sitzender Tätigkeit führt. Des Weiteren sollen Konsequenzen für eine nachfolgend angelegte Studie abgeleitet werden.

Literatur

Bortz, J. & Döring, N. (2009). *Forschungsmethoden und Evaluation für Human- und Sozialwissenschaftler* (4. Aufl.). Heidelberg: Springer Verlag.

Graf, C., Dordel, S. & Reinehr, T. (2007). *Bewegungsmangel und Fehlernährung bei Kindern und Jugendlichen*. Köln: Deutscher Ärzteverlag.

Roth, K., Kriemler, S., Lehmacher, W., Ruf, K. C., Graf, C. & Hebestreit, H. (2015). *Effects of a physical activity intervention in preschool children. Medicine and science in sports and exercise.* Published ahead of print.

Der Verein macht den Unterschied: Der Einfluss von motorische Aktivität auf die Förderung der motorischen Leistung bei chinesischen und deutschen Schulkindern

XINCHI YUAN

Universität Bayreuth

Objectives

Youths with greater physical activity may show a higher physical competence compared with peers with less activity. The purpose of this study was to examine the relationship between physical activity and motor proficiency in 6- to 8-year-old children in the district of Fulda, Germany, and the Yangpu district in the city of Shanghai, China.

Methods

N = 577 children (n = 311 girls and n = 266 boys) were studied over a one-year period. Each child's motor proficiency was determined with the German Motor Test 6-18 including 6-Min-Run, standing long jump, balancing backward, bend forward, 20-M-Sprint, sideward jumping, push-ups, sit-ups and a supplemental ball throw test. The children's motor activity levels were measured through a questionnaire that was administered to the children's parents. The questionnaire included family sport, club training, school sport, leisure-time sport and outside play activities of the children's sports participation.

Results

The children's motor activity was positively associated with motor proficiency. German children (n = 281) showed higher motor competence than their Chinese counterparts (n = 296), mostly due to more effective club sports training. The children's motor activity, physical education, and training effectiveness levels explained 23 percent of the motor proficiency variance in a multiple linear regression analysis after controlling for age.

Conclusions

Physical activity was positively associated with motor proficiency, but it was different in the two districts of Germany and China. An increase in the children's motor activity may be an appropriate target in the school and sports club system in China. Furthermore, outside play activities should be enhanced in China.

Die motorische Leistungsfähigkeit von Kindern und Jugendlichen an einer deutschen Auslandsschule auf den Philippinen

RENÉ HAMMER & GERD THIENES

Georg-August-Universität Göttingen

Einleitung

Gegenstand des vorliegenden Beitrages ist eine empirische Studie, die sich mit der Problematik befasst, welche Unterschiede bezüglich der motorischen Leistungsfähigkeit von Jugendlichen bestehen, die an einer anerkannten deutschen Auslandsschule eingeschult sind. Als theoretisches Konstrukt wird auf die Rahmenkonzeption zur sportmotorischen Entwicklung in der Lebensspanne von Willimczik (2009) sowie die normativ altersbezogenen, lebenslaufzyklischen Prädikatorenvariablen nach Wollny (2002), zurückgegriffen.

Methode

Es handelt sich um eine quantitativ-empirische Studie. Hierbei wurden neben der Erhebung von anthropogenen Daten von 47 SchülerInnen im Alter von 10 bis 14 Jahren Items aus dem Deutschen Motorik Test (DMT 6-18) in einer Feldstudie getestet. Die Schule mit internationaler Ausrichtung befindet sich in Manila. Die untersuchten SchülerInnen sind überwiegend deutscher und philippinischer Staatsangehörigkeit. Verglichen wurden die diagnostizierten Werte mit den Normwerten aus dem DMT 6-18 (vgl. Bös et al., 2009).

Ergebnisse

Signifikante Unterschiede in der sportmotorischen Leistungsfähigkeit ergaben sich bei den Testitems zuungunsten der in der Stichprobe getesteten SchülerInnen im Bereich der Ausdauer und der Schnelligkeit. Die Beweglichkeit ist im Normbereich vergleichbar mit in Deutschland eingeschulten Kindern. Kraft- und Koordinationsfähigkeiten sind im oberen Normbereich im Vergleich zu den gleichaltrigen Kindern und Jugendlichen zu finden.

Diskussion

Trotz der kleinen Stichprobe zeigen sich signifikante Unterschiede in den Testitems. Eine Anschlussstudie zur Erfassung eines Längsschnittdesigns würde die zu erkennende Tendenz möglicherweise bestätigen. Es schließt sich die Frage an, welche kulturwandelbezogenen Einflussfaktoren (vgl. Trommsdorff, 2007) eine Rolle bei der motorischen Entwicklung spielen. Somit leistet diese Studie als Pilotstudie für die sich anschließende Forschungsarbeit einen wichtigen Beitrag und schließt Lücken auf diesem Gebiet.

Literatur

Bös et al. (2009). *Deutscher Motorik Test 6-18*. Hamburg: Czwalina.
Trommsdorff, G. (2007). Entwicklung im Kulturvergleich. In G. Trommsdorff & H.-J. Kornstadt (Hrsg.), *Erleben und Handeln im kulturellen Kontext*. Göttingen: Hogrefe.
Willimczik, K. (2009). Sportmotorische Entwicklung. In W. Schlicht & B. Strauß (Hrsg.), *Grundlagen der Sportpsychologie*. Enzyklopädie der Psychologie. Göttingen: Hogrefe.
Wollny, R. (2002). *Motorische Entwicklung in der Lebensspanne*. Schorndorf: Hofmann.

Motor coordination of urban and rural school children in Egypt

NASSER ALWASIF

Al-Minia University, Egypt

Introduction

A better understanding of possible urban-rural differences in motor coordination may facilitate the development of more targeted physical activity interventions. The gross motor skills play a key role in the overall learning abilities of children.

Method

The purpose of this study was to describe and compare the motor coordination in urban-rural school children in the age average of 10.2 years old. 299 healthy school children were selected as sample from urban and rural areas from the region of Al-minia (Egypt). Motor coordination was assessed by the Body Coordination Test for Children (Körperkoordinations Test für Kinder KTK). The KTK battery consists of four subtests: walking backwards on a balance beam of different widths (WB), moving sideways on boxes (MS), hopping for height (HH) and jumping sideways with both feet together (JS). The data were analyzed using SPSS statistical package (Version 22).

Results

It was found in this study that the rural children scored generally lower on the total KTK battery than the urban children. Comparing the overall results, urban children scored significantly better than rural children in all of the Tests. The only exception to this result was by the (KTKBoard) test, which measured the muscular endurance.

Discussion

Suggesting urban children engaged in more physical activity than rural children. It's explain why several of the motor coordination tests were appeared more familiar to the urban than to the rural children. Limited familiarity with the tests may thus contribute to some of the contrasts between the samples. Indeed, some of the rural children had difficulty with the protocol for the KTK battery subtests.

Further Reading

Bös, K., Worth, A., Opper, E., Oberger, J., Romahn N., Wagner, M., Jekau, D., Mess, F. & Woll, A. (2009). *Das Motorik-Modul: Motorische Leistungsfähigkeit und Körperlich-sportliche Aktivität von Kindern und Jugendlichen in Deutschland* [The Motoric-module: Motor Performance Ability and Physical Activity of Children and Adolescent in Germany.]. Nomos-Verlag, Baden-Baden.

Fransen, J., D'Hondt, E., Bourgois, J., Vaeyens, R., Philippaerts, R. M., & Lenoir, T. (2014). Motor competence as assessment in children: Convergent and discriminate validity between the BOT-2 Short Form and KTK testing batteries. *Developmental Disabilities. 35*, 1375-1383.

Kiphard E. J. & Schilling F. (2007). *Körperkoordinationstest für Kinder*. Überarbeitete und ergänzte Auflage. Beltz Test GmbH: Göttingen. Germany.

AK 29: Sozial- und Wirtschaftswissenschaftliche Studien

Second Screen – Aktivierung ergänzender Medienkanäle in der Sportvermarktung

PETER KEXEL, ISABELLE IMSCHWEILER, CHRISTOPH KEXEL, KAROLINE GEES & FLORIAN PFEFFEL

accadis Hochschule Bad Homburg

Einleitung

Second Screen – die Parallelnutzung von Laptop, Tablet oder Smartphone gleichzeitig und in unmittelbarem Zusammenhang zum Fernsehprogramm – ist ein bedeutender, wissenschaftlich noch wenig betrachteter Trend in der Medienbranche (Rothensee 2014, S. 28). In 2014 stieg die Medien-Parallelnutzung um 6 Prozentpunkte auf 74 Prozent (Initiative 2014). Lassen sich diese Ergebnisse auch für Anhänger und Sympathisanten von Fußballclubs nachweisen, dann, so die Forschungshypothese, ergeben sich für die Sportmedienvermarktung, insbesondere von Organisationen, deren Fernsehrechte zentral vermarktet werden, Potentiale, die zu einem verstärktem Angebot von Second Screen Anwendungen und zu einer weiteren Differenzierung des Medienkonsums führen.

Methode

Nach den an der Hochschule durchgeführten Testbefragungen (n = 30) wird in Zusammenarbeit mit der Eintracht Frankfurt Fußball AG die Hauptbefragung im Juni und Juli 2015 stattfinden. Der Online-Survey (n > 1500) bei den Eintracht-Fans zur Ermittlung des Nutzungspotenzials von Second Screen-Angeboten wird durch eine Offline-Befragung ergänzt (n > 100), um den für den Untersuchungsgegenstand Second Screen vorliegenden Bias, der durch ausschließliche Online-Befragung entsteht, einordnen zu können.
Da in der Befragung auch Anhaltspunkte für die Preisbereitschaft konkreter Second Screen-Angebote gefunden werden sollen, geht der Befragung eine Analyse bestehender Second Screen-Angebote im Sport (Benchmark mit 35 internationalen Sportorganisationen unterschiedlicher Sportarten) voraus.

Ergebnisse

Die Testbefragung lässt vermuten, dass die bislang in der Literatur (Marketing-Agenturen) angegebenen Daten bzgl. der Second Screen-Nutzung zu hoch gegriffen sind. Dennoch kann der Trend auch bzgl. des Medienkonsums von Sportereignissen bestätigt werden.

Diskussion

Die Veränderung des Medienkonsums hat damit bereits ein Ausmaß erreicht, das eine wirtschaftliche Second Screen-Verwertung für Sportvereine sinnvoll erscheinen lässt – mit der Entwicklung konkreter Angebotspakete sowie angesichts von Stadion-WLAN-Upgrades der Übertragung von Second Screen auf den Stadionbesucher.

Literatur

Initiative (2014). „My Screens II". Zugriff am 29.04.2015 unter http://www.einfach-besser-kommuniziert.de/news/initiative-studie-my-screens-ii-zur-parallelnutzung-von-tv-und-zweitbildschirmen

Rothensee, Matthias (2014). Ethnografische Medienforschung zum Second Screen. In *Methodik vs. Technik: Medienforschung im Wandel*, S. 26-29.

Deutschland, einig Fußballland? Ost-West-Unterschiede in der Nachfrage nach Nationalmannschaftsspielen

HENK ERIK MEIER, KAI REINHART, MARA KONJER & MARCEL LEINWATHER

Westfälische Wilhelms-Universität Münster

Abstract

Nach einer kurzen Wiedervereinigungseuphorie ist in der politischen und akademischen Öffentlichkeit bald die „Mauer in den Köpfen" thematisiert worden. Inzwischen ist zu konstatieren, dass sich Einstellungs- und Mentalitätsunterschiede zwischen Ost und West auch mehr als zwei Jahrzehnte nach der Wiedervereinigung hartnäckig halten. Die jüngeren Debatten um einen „Fußballpatriotismus" werfen daher die Frage auf, inwieweit Deutschland zumindest ein „einig Fußballland" ist. Bekanntlich wird dem Sport eine besondere Bedeutung für nationale Identifikationen zugesprochen, gleichzeitig fand während der deutschen Teilung auch ein „Kalter Krieg auf der Aschenbahn" statt. Obwohl eine skeptische Interpretation der Rolle des Sports für nationale Identifikationen angebracht scheint, wird die These formuliert, dass die deutsche Fußball-Nationalmannschaft eher als nationale Ikone der „alten Bundesrepublik" gilt und daher im Osten weniger akzeptiert wird. Analysen regionaler Einschaltquoten zeigen, dass Fußball zwar einen Großteil der Deutschen als virtuelle Nation versammeln kann, die Ostdeutschen aber signifikant und dauerhaft weniger an der Nationalmannschaft interessiert ist als die Westdeutschen. Selbst der Fußball vermag das Erbe deutschen Teilung also nicht vollständig zu überwinden.

On the (in-)stability of physical activity patterns

UTE SCHÜTTOFF[1], TIM PAWLOWSKI[1] & MICHAEL LECHNER[2]

[1]Eberhard Kalrs Universität Tübingen, [2]Universität St. Gallen

Introduction

Sports participation can be influenced by seasonality and the subsequent weather conditions which can therefore lead to instability of activity level in the course of the year (Hagströmer, Rizzo & Sjöström, 2014). However, the determinants of this variation are rarely explored. In this study, we analyze the factors causing possible variation of activity level over the year as well as the factors influencing the amplitude of variation.

Method

Data is taken from the innovation sample (IS) of the representative German Socio-Economic Panel (GSOEP) collected in 2013 (n = 3,223). 60% of the sample (n = 1,914) state to be sports active with an average participation rate of 2.68 times per week. Participation rates are surveyed for all four seasons. The standard deviation (sd) of the four participation rates displays possible variation of activity level in the course of the year. Variation of activity level is found for 41% of the sports active participants (n = 794; mean sd = 0.98). To explore which factors have an influence on possible variation of activity level as well as the factors causing the amplitude of variation a double hurdle model according to Cragg (1971) is employed.

Results

Preliminary results show that being male, participating in sports competitions and practicing sports privately organized together with others positively influences variation of activity level over the year. In contrast, practicing sports in a sports club has a significant and negative impact on possible variation. With regard to the amplitude of variation, household income as well as practicing sports alone (privately organized) and practicing a second sport enhances the amplitude of variation. Besides, having a-levels, being full-employed and participating in competitions has a negative influence on the amplitude of variation.

Discussion

Results highlight that in particular practicing sports in an organized format (e. g. sports club) fosters stability of activity level over the course of year, in contrast practicing sports in an unorganized way (informal participation) leads to a variation of activity level. The amplitude of variation increases especially for participants who are also engaged in a second sport (indicating a substitution effect). Determinants which have an influence on the (in-)stability of sports participation should be considered when planning (year-long) sports activity interventions.

Literature

Cragg, J. G. (1971). Some statistical models for limited dependent variables with application to the demand for durable goods. *Econometrica, 39* (5), 829-844.

Hagströmer, M., Rizzo, N. S. & Sjöström, M. (2014). Associations of season and region on objectively assessed physical activity and sedentary behaviour. *Journal of Sports Sciences, 32* (7), 629-634.

Wirtschaftsfaktor Sport in Deutschland – Aktuelle Ergebnisse des Sportsatellitenkontos und demografische Einflüsse bis 2030

IRIS AN DER HEIDEN[1] & GERD AHLERT[2]

[1]2hm & Associates GmbH, [2] Gesellschaft für Wirtschaftliche Strukturforschung (GWS) mbH

Einleitung
Die Europäische Kommission hat in 2007 für die Mitgliedsstaaten gefordert, die wirtschaftliche Bedeutung des Sports VGR-konform in Satellitenkonten abzubilden. Ziel ist, der Dimension Sport in der gesamten Europapolitik volle Anerkennung zu verschaffen.

Methode
Für die Erstellung des SSK (Berichtsjahre 2008 & 2010) wurden umfangreiche Primärstudien durchgeführt. Für die Teilprojekte „Sportbezogener Konsum privater Haushalte", „Bedeutung des Spitzen- und Breitensports im Bereich Werbung, Sponsoring und Medienrechte" und „Wirtschaftliche Bedeutung des Sportstättenbaus uns -betriebs" wurden ca. 20.000 Telefon-, Onlinepanel- und Experteninterviews durchgeführt. Für die Projektionsrechnungen der Sportinfrastruktur 2030 wurden neben den amtlichen Bevölkerungsvorausberechnungen zusätzliche Onlinepanel-Interviews zu den saisonal schwankenden Zeitaufwänden sowie den Orten der Sportausübung erhoben.

Ergebnisse
Im Zeitraum 2008 bis 2010 ist die wirtschaftliche Bedeutung des Sports insgesamt gestiegen ist. Absolut nahm die Bruttowertschöpfung um 4,3 Mrd. € auf 77,4 Mrd. € zu. Bis 2030 ist aufgrund von demografischen Effekten nur mit minimalen Rückgängen der Sportaktivitätenquote zu rechnen (- 0,3%), jedoch mit deutlichen Änderungen der Sportartenzusammensetzung (bis zu -18% bzw. +7% Sport (in Stunden) für einzelne Sportarten).

Diskussion
Das SSK und darauf aufbauende Folgestudien ermöglichen erstmalig eine deutschlandweite sportartenübergreifende und wirtschaftliche Perspektive auf den Sport. Die Studien zeigen jedoch auch Bedarfe für regionale Detailbetrachtungen sowie den Erhalt des Wirtschaftsfaktors Sport auf.

Vertiefende Literatur
Ahlert, G. & an der Heiden, I. (2015). *Die ökonomische Bedeutung des Sports in Deutschland. Ergebnisse des Sportsatellitenkontos 2010 und erste Schätzungen für 2012.* GWS THEMENREPORT 2015/01. GWS [Hrsg.], Osnabrück.

an der Heiden, I., Stöver, B., Meyrahn, F., Wolter, M. I., Ahlert, G., Sonnenberg, A. & Preuß, H. (2013). *Sportstätten im demografischen Wandel.* Forschungsbericht (Kurzfassung) im Auftrag des Bundesministeriums für Wirtschaft und Energie (BMWi), Mainz.

Commission of the European Communities (COM) (2007). *White Paper on Sport.* COM(2007)391 final, Brussels.

Preuss, H., Alfs, C. & Ahlert, G. (2012). *Sport als Wirtschaftsbranche – Der Sportkonsum privater Haushalte in Deutschland.* Springer Gabler Research, Wiesbaden.

AK 30: Health.edu – Implementation und Evaluation von Maßnahmen zum Thema Gesundheit in Sportunterricht und Sportlehrerbildung

Health.edu – Implementation und Evaluation von Maßnahmen zum Thema Gesundheit in Sportunterricht und Sportlehrerbildung

RALF SYGUSCH[1], HANS PETER BRANDL-BREDENBECK[2], SUSANNE TITTLBACH[3], JULIA JÄGER[1], MANDY LUTZ[2] & KATHARINA HEß[3]

[1]Friedrich-Alexendar-Universität Erlangen-Nürnberg, [2]Universität Augsburg, [3]Universität Bayreuth

Einleitung

Gesundheit ist eine zentrale Perspektive modernen Sportunterrichts. Die aktuelle sportdidaktische Diskussion zielt dabei auf die Entwicklung gesundheitsbezogener Handlungsfähigkeit. Schüler sollen Kompetenzen entwickeln, mit denen sie ihre Gesundheit mittels Sport und Bewegung selbstständig aufrechterhalten und wieder herstellen können (u. a. Töpfer & Sygusch, 2014). Diese Ausrichtung hat in Teilen Eingang in Lehrpläne für das Unterrichtsfach Sport gefunden. Aus der Implementations- und der Unterrichtsforschung ist jedoch bekannt, dass konzeptionelle bzw. curriculare Vorgaben in der Praxis zumeist in geringerem Maße als vorgesehen umgesetzt werden. Die Gründe für entsprechende Differenzen rücken insbesondere die Rolle einer systematischen Implementation in der schulischen Wirklichkeit sowie der Lehrerbildung in den Mittelpunkt.

Hier setzt das dreijährige BMBF-geförderte Projekt „Health.edu" an. Übergreifendes Ziel ist die nachhaltige Implementation und die Evaluation von Maßnahmen zum Thema Gesundheit im Sportunterricht sowie in der I. und II. Phase der Sportlehrerbildung.

Implementation und Evaluation

Implementation und Evaluation erfolgen in Anlehnung an die Transdisziplinäre Forschung (Bergmann & Schramm, 2008). Deren Grundprinzip ist es, die beteiligten Stakeholder in kooperative Planungen zur Entwicklung struktureller und prozessbezogener Maßnahmen sowie von Forschungsausrichtungen einzubinden, um nachhaltige Wirkungen zu erzielen.

Die Implementation (15 Monate) umfasst eine kooperative Planungsphase, eine Umsetzungsphase sowie die Sicherung der Nachhaltigkeit. In allen drei Settings werden dazu Vertreter von Sportwissenschaft, I. und II. Phase der Lehrerbildung, schulischer Praxis und Politik eingebunden. Zur Evaluation erfolgt eine vorwiegend qualitative Analyse der angestrebten strukturellen und prozessualen Entwicklungen sowie ihrer Wirkungen.

Im Arbeitskreis werden im einleitenden Vortrag zunächst die theoretischen Bezüge (Kompetenzorientierung, Transdisziplinäre Forschung) sowie der grundlegende Projektansatz vorgestellt (Sygusch, Brandl-Bredenbeck, Tittlbach, Jäger, Lutz & Heß). Die weiteren Vorträge befassen sich mit der settingspezifischen Implementation und Evaluation im Sportunterricht (Vortrag 2: Tittlbach & Heß; Vortrag 3: Töpfer & Sygusch) sowie in der I. und II. Phase der Sportlehrerbildung (Vortrag 4: Brandl-Bredenbeck, Sygusch, Lutz & Jäger).

Literatur

Bergmann, M. & Schramm, E. (2008). *Transdisziplinäre Forschung. Integrative Forschungsprozesse verstehen und bewerten*. Frankfurt / New York: Campus-Verlag.
Töpfer, C. & Sygusch, R. (2014). Gesundheitskompetenz im Sportunterricht. In S. Becker (Hrsg.), *Aktiv und Gesund? Interdisziplinäre Perspektiven auf den Zusammenhang zwischen Sport und Gesundheit* (S. 153-179). Wiesbaden: Springer VS.

Health.edu – Das Thema Gesundheit im Sportunterricht

SUSANNE TITTLBACH & KATHARINA HEß

Universität Bayreuth

Einleitung

Schulsportforschung zeigt, dass die Realität von Sportunterricht von den in Curricula festgelegten Aspekten abweicht (u. a. Brettschneider & Brandl-Bredenbeck, 2011). Es liegen bisher kaum Kenntnisse über erfolgreiche Implementationsstrategien von fachdidaktischen Konzepten oder Curricula in den Sportunterricht vor; und damit auch nicht zur Umsetzung der Perspektive Gesundheit. Dieser Beitrag stellt die spezifische Vorgehensweise für das Setting Schule im Rahmen des Projektes Health.edu vor. Ziel ist die nachhaltige Implementation und Evaluation von Maßnahmen zum Thema Gesundheit im Sportunterricht, um bei Schülern die Entwicklung Sportbezogener Gesundheitskompetenz (SGK) zu erreichen.

Implementation

Der Implementationsprozess umfasst drei sich überschneidende Schritte der (1) Kooperativen Planung über ca. 15 Monate (u. a. schuleigene Konzepte, Netzwerke, methodisch-didaktische Maßnahmen für den Sportunterricht), der (2) Umsetzung der Maßnahmen über ein Schuljahr hinweg sowie der (3) Sicherung der Nachhaltigkeit (ca. 6 Monate) im Anschluss an das Schuljahr. Beteiligt sind Vertreter der Sportwissenschaft und der schulischen Praxis (Schulleitungen, Fachleitungen, Lehrkräfte, Schüler).

Evaluation

Die Evaluation erfolgt im Rahmen einer kontrollierten Längsschnittstudie durch Bestandsaufnahme (t_0) und follow-up (t_1) im zeitlichen Abstand von ca. 15 Monaten. Die Bestandsaufnahme findet in den drei Monaten vor der Intervention an den Projektschulen statt und analysiert, inwieweit fachdidaktische und curriculare Ansprüche zum Thema Gesundheit in der Wirklichkeit von Schule realisiert werden. Das follow-up findet während bzw. nach der Implementation statt und analysiert, inwieweit die geplanten Maßnahmen nachhaltig implementiert wurden und welche Wirkungen auf SGK bei Schülern erzielt werden konnte. Zu beiden Messzeitpunkten werden Problemzentrierte und Stimulated-Recall-Interviews und videogestützte Beobachtungen der teilnehmenden Lehrkräfte durchgeführt sowie der Fragebogen zur Erfassung der SGK (sh. Beitrag Töpfer & Sygusch in diesem AK) bei Schülern eingesetzt. Zu t_0 findet zusätzlich eine Dokumentenanalyse für die Anspruchsanalyse statt. Die Stichproben umfassen je vier Projekt- und Kontrollschulen (je zwei Gymnasien und Realschulen) mit insgesamt 16 Lehrern.

Ergebnisse

Im Vortrag werden bis dahin vorliegenden Ergebnisse der Basiserhebung im Hinblick auf Anspruch und Wirklichkeit zum Thema Gesundheit im Setting Schule dargestellt.

Literatur

Brettschneider, W.-D. & Brandl-Bredenbeck, H.P. (2011). ‚Claims and Reality: An Empirical Study on the Situation of School Physical Education in Germany. In K. Hardman & K. Green (Eds.), *Contemporary Issues in Physical Education: an International Perspective* (pp 30-46). Aachen: Meyer & Meyer Verlag.

Health.edu – Das Thema Gesundheit in der Sportlehrerbildung

HANS PETER BRANDL-BREDENBECK[1], RALF SYGUSCH[2], MANDY LUTZ[1] & JULIA JÄGER[2]

[1]Universität Augsburg, [2]Friedrich-Alexander-Universität Erlangen-Nürnberg

Einleitung

Ein zentraler Grund für Differenzen zwischen fachdidaktischem Anspruch und schulischer Wirklichkeit zum Thema Gesundheit im Sportunterricht wird in der Rolle der Lehrkraft, deren Kompetenzen und Einstellungen gesehen. Die dazu vorliegenden Studien zeigen, dass Sportlehrkräfte dem Thema Gesundheit zwar eine gewisse Bedeutung zuschreiben, zumeist aber ein sportimmanent-funktionales Verständnis vorliegt, nachdem Gesundheitsförderung im Sportunterricht auf die Gewährleistung von Bewegungszeit reduziert wird (u. a. Kastrup, 2009; Oesterreich & Heim, 2006).

Die Entwicklung von Kompetenzen und Einstellungen von Lehrkräften – hier zum Thema Gesundheit – ist eine zentrale Aufgabe der zweistufigen Lehrerbildung. Das Teilmodul Health.edu zielt auf (1) die Implementation des Themas in der universitären Lehrerbildung (I. Phase) und im Vorbereitungsdienst (II. Phase) sowie (2) auf die Evaluation des kooperativen Planungsprozesses und der darin entwickelten Maßnahmen.

Implementation und Evaluation

Die Implementation umfasst drei sich überschneidende Phasen in settingspezifischen Planungsgruppen: 9 Monate kooperative Planung (u. a. institutionsinterne Konzepte, Netzwerke, methodisch-didaktische Maßnahmen für Lehrveranstaltungen), 12 Monate Umsetzung (Erprobung, Weiterentwicklung), 6 Monate Sicherung der Nachhaltigkeit (Zielvereinbarungen, Milestones zur Fortführung). Die Planungsgruppen bestehen aus Vertretern von Sportwissenschaft, Politik (regionale Ministerialbeauftragte), der I. Phase (Zentren für Lehrerbildung, Studiengangkoordinatoren, Dozenten, Studierende) bzw. der II. Phase (Fachleiter der Studienseminare, Seminarlehrer, Lehramtsanwärter).

Zur Evaluation der Durchführung und Wirkungen werden zu mehreren Messzeitpunkten Dokumentenanalysen, videogestützte Beobachtungen, problemzentrierte sowie Stimulated-Recall-Interviews durchgeführt und inhaltsanalytisch ausgewertet. Die Stichproben umfassen in der universitären Lehrerbildung zwei sportwissenschaftliche Institute (Augsburg, Erlangen); im Vorbereitungsdienst acht Seminarschulen.

Ergebnisse

Im Vortrag werden Ergebnisse der Bestandsaufnahme (t_0) der Dokumentenanalyse der universitären Modulhandbücher und der Curricula des Vorbereitungsdienstes vorgestellt.

Literatur

Kastrup, V. (2009). *Der Sportlehrerberuf als Profession: eine empirische Studie zur Bedeutung des Sportlehrerberufs*. Schorndorf: Hofmann.

Oesterreich, C. & Heim, R. (2006). Der Sportunterricht in der Wahrnehmung der Lehrer. In DSB & DSJ (Hrsg.), *Die DSB-SPRINT-Studie. Eine Untersuchung zur Situation des Schulsports in Deutschland* (S. 153-180). Aachen: Meyer & Meyer.

AK 31: Sportmedizin: Muskeln und Faszien

Intermuskulärer Spannungsübertrag im Verlauf myofaszialer Meridiane: Eine systematische Übersicht

FRIEDER KRAUSE, JAN WILKE, LUTZ VOGT & WINFRIED BANZER

Johann Wolfgang Goethe-Universität Frankfurt/M.

Einleitung

Aktuelle Studien weisen zunehmend auf die Existenz myofaszialer Meridiane hin. Deren funktionelle Bedeutung, insbesondere die Fähigkeit zum Spannungsübertrag, ist bislang jedoch nicht hinreichend untersucht. Das Ziel dieser systematischen Übersichtsarbeit ist daher, die Evidenz für den Spannungstransfer entlang myofaszialer Meridiane anhand von anatomischen Dissektionsstudien und in vivo-Experimenten darzustellen.

Methode

Eine systematische Literaturrecherche wurde in den Datenbanken MEDLINE (Pubmed), ScienceDirect, und Google Scholar (je 1900-2014) durchgeführt. Eingeschlossen wurden Human-Dissektionsstudien sowie in vivo-Experimente, die den Spannungsübertrag auf benachbarte Gewebe thematisieren. Eingang fanden peer-review Veröffentlichungen zu drei myofaszialen Ketten nach Myers (oberflächliche Rückenlinie, funktionelle Rückenlinie sowie funktionelle Frontallinie). Die Bewertung der Studienqualität erfolgte durch zwei unabhängige Gutachter mittels einer validierten Skala mit 13 dichotomen Einzelitems (QUACS).

Ergebnisse

Die methodische Qualität der 8 eingeschlossenen Studien war moderat bis exzellent. Solide Evidenz besteht für einen Spannungsübertrag in Teilen der oberflächlichen Rückenlinie (Plantarfaszie und Achillessehne: 2 Studien; biceps femoris und ligamentum sacrotuberale: 3 Studien) sowie Teilen der funktionellen Rückenlinie (latissimus dorsi und kontralateraler glutaeus maximus: 3 Studien). Für die funktionelle Frontallinie fand eine Studie einen nicht signifikanten Spannungsübertrag zwischen adductor longus und kontralateraler distaler Rektusscheide.

Diskussion

Die Resultate belegen einen Spannungsübertrag für Teile der untersuchten myofaszialen Meridiane. Dies bietet mögliche Erklärungsansätze für ausstrahlende Schmerzsymptome und Überlastungsschäden in der klinischen Praxis. Die unterschiedlichen Methoden der Spannungsinduktion und -messung erschweren die Vergleichbarkeit der Ergebnisse. Anatomische Variationen der einzelnen Strukturen sowie histologische Unterschiede sind bei der Ergebnisinterpretation zu beachten. Weitere in-vivo Studien zum linearen Spannungsübertrag während aktiver oder passiver Anspannung in Verbindung stehender Muskeln sind notwendig.

Ferneffekte von Dehnübungen der unteren Extremität: Evidenz für myofasziale Ketten?

JAN WILKE, DANIEL NIEDERER, LUTZ VOGT & WINFRIED BANZER

Johann Wolfgang Goethe-Universität Frankfurt/M.

Einleitung

Entgegen früherer Annahmen sind die Muskeln des Körpers nicht voneinander unabhängig, sondern durch fasziale Gewebe morphologisch verbunden (Wilke et al., 2014). Da das Bindegewebe seinen Spannungszustand modifizieren kann (Yagia et al., 1993), ist ein Krafttransfer im Verlauf myofaszialer Ketten (z. B. oberflächliche Rückenlinie, bestehend aus Plantarfaszie, M. gastrocnemius, ischiokruraler Muskulatur und M. erector Spinae) plausibel. Ergebnisse aus experimentellen Untersuchungen am Präparat stützen diese Hypothese; es liegen jedoch noch keine Daten aus in-vivo-Untersuchungen vor. Das Ziel der vorliegenden Studie war deshalb, die Auswirkung von Dehnübungen der unteren Extremität auf das zervikale Bewegungsausmaß (Range of Motion, ROM) zu überprüfen.

Methode

26 gesunde Probanden (16 Männer, 30 ± 6 Jahre) wurden in die vorliegende Untersuchung eingeschlossen. Eine Interventionsgruppe (n = 13) dehnte beidseitig 3 x 30 s zunächst die Waden- und anschließend die ischiokrurale Muskulatur. Eine alters- und geschlechtsgematchte Kontrollgruppe (n = 13) blieb für den entsprechenden Zeitraum inaktiv. Vor und nach der Intervention wurde der maximale zervikale ROM mithilfe eines ultraschallbasierten 3 D-Bewegungsanalysesystem (Abtastrate 20 Hz) erfasst. Die statistische Überprüfung von Gruppen- und Zeiteffekten erfolgte per ANOVA mit Messwiederholung und im Falle signifikanter Differenzen inklusive adjustierter post hoc-Tests.

Ergebnisse

Zwischen beiden Gruppen ergaben sich überzufällige Unterschiede ($p < .05$). In der Interventionsgruppe nahm der zervikale ROM um gut 4% zu (pre: 143,3 ± 13,9°, post: 148,2 ± 14°; $p < .05$), während er in der Kontrollgruppe unverändert blieb (144,6 ± 16,8 / 143,3 ± 16,8°; $p > .05$).

Diskussion

Dehnübungen der unteren Extremität scheinen ein geeignetes Mittel zur Steigerung des zervikalen ROM darzustellen. Die Resultate bestätigen die Erkenntnisse vorangegangener in-vitro-Studien und liefern Hinweise für die Existenz myofaszialen Spannungstransfers. Basierend auf diesen Pilotdaten sind weitere randomisiert-kontrollierte Studien notwendig, um Bedingungen, Faktoren und Ausmaß der Kraftübertragung näher zu bestimmen.

Literatur

Wilke, J., Krause, F., Vogt, L. & Banzer, W. (2014). Anatomische Korrelate myofaszialer Meridiane. Eine systematische Übersichtsarbeit. *Deutsche Zeitschrift für Sportmedizin, 65,* 185.

Yahia, L. H., Pigeon, P. & DesRosiers, E. A. (1993). Viscoelastic properties of the human lumbodorsal fascia. *Journal of Biomedical Engineering, 15,* 425-429.

Einfluss von Dehn- und Aktivierungsübungen der unteren Extremität auf mechanische Eigenschaften des lumbalen Rückenstreckers

JAN WILKE, DANIEL NIEDERER, LUTZ VOGT & WINFRIED BANZER

Johann Wolfgang Goethe-Universität Frankfurt/M.

Einleitung

Histologische Studien zeigen, dass Faszien ihren Spannungszustand modifizieren können (Yahia et al., 1993). Da das Bindegewebe die Skelettmuskulatur zu myofaszialen Ketten verbindet (Wilke et al., 2014), ist dies von Bedeutung für das Bewegungssystem. Ein Spannungsübertrag im Verlauf der Meridiane könnte so etwa ausstrahlende Schmerzen und Ferneffekte lokaler Behandlungen erklären. Studien am Präparat deuten die Möglichkeit eines Spannungstransfers an; jedoch liegen kaum experimentelle in-vivo Daten vor. Das Ziel dieser randomisierten Cross-Over-Studie war deshalb, am Beispiel der oberflächlichen Rückenlinie (Plantarfaszie, M. gastrocnemius, ischiokrurale Muskulatur, M. erector spinae) zu überprüfen, ob Dehn- oder Aktivierungsübungen der unteren Extremität zu einem Spannungstransfer nach kranial führen.

Methode

Dreizehn gesunde Probanden (7 Frauen, 25.5 ± 6 Jahre) absolvierten bei je einer Woche Washout drei Interventionen in randomisierte Reihenfolge: (1) statisches Stretching des M. gastrocnemius und der ischiokruralen Muskulatur, (2) Aktivierungsübungen für den M. gastrocnemius und die ischiokrurale Muskulatur (20% der statischen Maximalkraft; elektromyografisch kontrollierte Inaktivität des lumbalen M. erector spinae), (3) Wartekontrolle. Vor und nach den Interventionen wurden die Elastizität und die Stiffness des lumbalen Rückenstreckers mithilfe der Myometrie erfasst. Der statistische Vergleich der relativen pre-post-Differenzen erfolgte mittels Friedman-Tests inklusive post-hoc Wilcoxon-Tests.

Ergebnisse

Die Datenanalyse ergab signifikante Unterschiede zwischen den drei Bedingungen ($p < .05$). Nach dem Dehnen der Beinmuskeln war die Elastizität des M. erector spinae (+1,7%) gegenüber der Kontrollbedingung (-4,8%) systematisch erhöht. Die Aktivierungsübungen reduzierten die Elastizität (-6,3%), allerdings nicht signifikant im Vergleich zur Wartekontrolle. Die Stiffness blieb bei allen drei Bedingungen unverändert ($p > .05$).

Diskussion

Die vorliegende Studie liefert erste in-vivo Hinweise für einen dehnreizinduzierten Spannungstransfer zwischen der unteren Extremität und dem Rumpf. Weitere Studien mit größerer Fallzahl und zusätzlichen Follow-up-Messungen sind notwendig, um Ausmaß und Bedingungen dieses Effekts näher zu bestimmen.

Literatur

Wilke, J., Krause, F., Vogt, L. & Banzer, W. (2014). Anatomische Korrelate myofaszialer Meridiane. Eine systematische Übersichtsarbeit. *Deutsche Zeitschrift für Sportmedizin, 65,* 185.

Yahia, L. H., Pigeon, P. & DesRosiers, E. A. (1993). Viscoelastic properties of the human lumbodorsal fascia. *Journal of Biomedical Engineering, 15,* 425-429.

AK 32: Regulation im Fußball

Die 50+1-Regel im deutschen Profifußball – Eine Diskussion regulatorischer Lösungsansätze auf Basis einer Analyse bestehender Umgehungen

SEBASTIAN B. BAUERS[1,2], JOACHIM LAMMERT[1] & GREGOR HOVEMANN[1]

[1]Universität Leipzig, [2]Hochschule Wismar

Einleitung

Die sogenannte 50+1-Regel im deutschen Profifußball erfährt aus sportökonomischer sowie -soziologischer Perspektive breiten Zuspruch, wird möglicherweise jedoch mehrfach von Fußballklubs umgangen. Erweckt wird dieser Eindruck aufgrund der diskutierten Fälle TSG 1899 Hoffenheim und RB Leipzig sowie der medialen Berichterstattung bezüglich weiterer Klubs. Der Ausschluss einer Fremdbestimmung durch Investoren sowie die Erfüllung weiterer regulatorischer Ziele ist damit gefährdet (vgl. DFB, 1999, S. 1 f.).

Methode

Vor diesem Hintergrund fokussiert der Beitrag die Indikatoren eines beherrschenden Einflusses (vgl. Lammert u. a., 2009) aus einer qualitativen, empirischen Perspektive. Mittels explorativer Experteninterviews wurden zunächst Hinweise auf relevante Klubs gesammelt, die auf Umgehungen der Regel hindeuten. Die anschließende nicht-reaktive Erhebung der Daten von den Klubs FC Augsburg, FC Ingolstadt 04, Hannover 96, RB Leipzig, TSG 1899 Hoffenheim sowie TSV 1860 München ermöglichte eine Beurteilung der jeweiligen Konstellationen hinsichtlich der Ausprägung relevanter Indikatoren.

Ergebnisse

Die untersuchten Konstellationen weisen – unabhängig von den klubspezifischen Merkmalen Ligazugehörigkeit, sportlicher Erfolg, Mitgliederanzahl, Ausgliederung der Lizenzspielerabteilung und Rechtsform des Lizenznehmers – maßgebliche Ausprägungen der rechtlichen sowie wirtschaftlichen Indikatoren für beherrschenden Einfluss auf. Letztere existieren bei allen Konstellationen.

Diskussion

Die identifizierte Artendiversität der Umgehungen veranschaulicht die Ineffektivität des regulatorischen Eingriffs und weist im Besonderen auf die Notwendigkeit einer Regulation von wirtschaftlich bedingtem Einfluss hin. Ferner zeigt die ausgeprägte Verbreitung der Umgehungen die erhöhte Dringlichkeit des Modifikationsbedarfs, da negative Auswirkungen von Umgehungen verstärkt auftreten können. Um dem Rechnung zu tragen und einen Beitrag zur Lösung des vorliegenden multidimensionalen Problems zu leisten, werden drei Regulationsvorschläge betrachtet und diskutiert.

Literatur

DFB (1999). Sicherstellung der „Eckwerte" des DFB bei der Ausgliederung von Kapitalgesellschaften aus Fußballvereinen der Bundesligen. *Amtliche Mitteilungen, Nr. 3., 31. März.* Frankfurt am Main.

Lammert, J., Hovemann, G., Wieschemann, C. & Richter, F. (2009). Das Spannungsverhältnis von Finanzierungsinteressen und der Vermeidung eines beherrschenden Einflusses im deutschen Profi-Fußball. *Sport und Gesellschaft, 6* (3), 203-233.

Die diskursive Konstruktion von UEFA Financial Fair Play

MATHIAS SCHUBERT & THOMAS KÖNECKE

Johannes Gutenberg-Universität Mainz

Einleitung

Mit Beginn der Spielzeit 2013/14 traten alle Maßnahmen des UEFA Financial Fair Play-Konzeptes (FFP) in Kraft. Vornehmliches Ziel dieses regulatorischen Eingriffs ist es, der wachsenden Verschuldungsrate auf Seiten der europ. Vereine sowie der zunehmenden Abhängigkeit von Investoren entgegenzusteuern. Während die potentiellen Auswirkungen des Konzeptes in der Literatur hinreichend adressiert wurden, besteht ein Forschungsdefizit hinsichtlich der Genese und der Hintergründe hinter dessen Einführung. Der vorliegende Beitrag füllt diese Lücke, indem durch eine Analyse des Diskurses im Vorfeld der Verabschiedung die Ursprünge von FFP untersucht werden. Die übergeordnete Forschungsfrage lautet: Welche Bedingungen wurden von wem als illegitim empfunden und wie wurden diese zu einem sozialen Problem konstruiert, dessen sich die UEFA letztlich mit FFP annahm?

Methode

Wir folgen den Empfehlungen Schetches (2014) zur Analyse der „Karriere sozialer Probleme". Da soziale Probleme heutzutage ihre Gültigkeit in der Regel durch die Verbreitung in den Massenmedien erreichen, analysieren wir englische und deutsche Printmedien in den zehn Jahren vor dem Inkrafttreten von FFP im Jahr 2010. Dieser Datensatz wurde ergänzt durch diverse Veröffentlichungen relevanter Stakeholder (z. B. UEFA, EU, ECA). Die Datenanalyse orientiert sich an der Prozedur für Thematic Analyses.

Ergebnisse

Einflussreiche Diskurskoalitionen formierten sich um überzeugende Narrative, wie bspw. der Interpretation von Schulden als „unfair" und „Betrug" sowie der Überzeugung, dass traditionelle Werte im europäischen Fußball zunehmend von kommerziellen Motiven untergraben werden. Akteure nutzten solche Argumentationen, um sich gezielt als moralische Instanzen zu inszenieren. Zudem wurde auf diese Weise eine starke moralische Legitimierung für FFP konstruiert.

Diskussion

Die Studie zeigt erhebliche Abweichungen zwischen dem öffentlichen Diskurs und der Forschungsdiskussion. Darüber hinaus schlägt sie eine verbesserte Heuristik für das Verständnis diskursiver Praktiken vor, die zukünftigen Untersuchungen sozialer Probleme im Sport zuträglich sein kann.

Literatur

Schetsche, M. (2014). *Empirische Analyse sozialer Probleme: Das wissenssoziologische Programm* (2. Aufl.). Wiesbaden: Springer VS.

Perceived competitive balance in professional football

TIM PAWLOWSKI[1], DENNIS COATES[2] & GEORGIOS NALBANTIS[1]

[1]Eberhard Karls Universität Tübingen, [2]University of Maryland Baltimore County

Introduction

Since Rottenberg (1956) it is argued that sports competitions need to be tight to be attractive for spectators. Yet some recent findings on match level attendance and on TV viewership seldom find support or point only towards a partial relevance of this uncertainty of outcome hypothesis (UOH) (e. g. Tainsky, Xu & Zhou, 2014), challenging therefore the presumption that fans understand "suspense of a game" in the same way as sport economists measure (game) uncertainty. Indeed, Pawlowski and Budzinski (2013) recently introduced a stated preference approach to measure "perceived" competitive balance (PCB) by the fans and detected that PCB within a league differs from "objectively" measureable competitive balance (OCB). In contrast to this first strand of PCB literature, our study focus is on single games as well as on the home teams perceived winning probabilities.

Methodology

Data was collected with two online surveys (November, 2014 and April, 2015). The total (gross) sample (N = 6,332) consists of Germany based respondents and was drawn randomly from an online access panel population based on socio-demographic data. The impact of PCB on the fans' intention to consume is estimated with multinomial response models controlling for various covariates, such as socio-demographic characteristics (e. g. gender, age etc.) and opportunity costs (e. g. travel distance). The dependent variable takes three possible values associated with the survey respondent's stated intention "to neither watch the game on TV nor in the stadium", "to watch the game on TV" or "to watch the game in the stadium". The variable of interest (PCB) is measured on a scale of 0-10 with the question: "How likely do you think will be a home win in the upcoming games?"

Results and discussion

Preliminary results suggest that PCB influences intentions to consume, and do so in interesting ways: for instance, in contrast to the UOH a u-shaped relationship between PCB and the probability of TV viewing is observed. This central finding that demand rises as certainty (either of a home win or a home loss) rises is consistent with previous findings on attendance demand suggesting that fans may be hoping to see an upset. Final models and results are expected to be available at the end of June.

Literature

Pawlowski, T., & Budzinski, O. (2013). The (monetary) value of competitive balance for sport consumers – A stated preference approach to European professional football. *International Journal of Sport Finance, 8* (2), 112-123.
Rottenberg, S. (1956). The baseball player's labour market. *Journal of Political Economy, 64* (3), 242-258.
Tainsky, S., Xu, J., & Zhou, Y. (2014). Qualifying the game uncertainty effect: A game-level analysis of NFL postseason broadcast ratings. *Journal of Sports Economics, 15* (3), 219-236.

AK 33: Selbstkonzept und Selbstwahrnehmung

Verarbeitung von Rückmeldungen im Sport – selbstwertdienlich oder selbstkonsistent?

FABIENNE ENNIGKEIT[1] & FRANK HÄNSEL[2]

[1]Johann Wolfgang Goethe-Universität Frankfurt/M., [2]Technische Universität Darmstadt

Einleitung

Für die Verarbeitung von Rückmeldungen zur eigenen Person werden zwei gegenläufige Motivlagen diskutiert: das Streben nach 1) einem positiven Selbstbild und 2) nach widerspruchsfreiem Wissen über sich selbst. Für Rückmeldungen zu Persönlichkeitseigenschaften zeigt sich, dass die Art der Informationsverarbeitung von der Stärke der kognitiven Repräsentation (Selbstschema) in diesem Bereich abhängt: Personen mit entsprechenden Selbstschema bevorzugen konsistente Informationen, Personen ohne Selbstschema dagegen positive Informationen über die eigene Person (Petersen et al., 2000). In zwei Studien wird untersucht, ob sich dieser Effekt auch für sportbezogene Rückmeldungen zeigt.

Methode

Die Fragestellung wurde in einem Online- (N = 472 Personen, davon n = 263 Personen mit Exercise Schema, 52.2% weiblich, Alter: M = 31.35 Jahre, SD = 11.90) sowie einem Laborexperiment (N = 215 Studierende, davon n = 98 Personen mit Exercise Schema, 64.2% männlich, Alter: M = 23.82, SD = 2.32) untersucht. In beiden Studien erhielten die Vpn manipulierte Rückmeldungen über ihre Fitness. Diese stimmten entweder mit ihrer Selbsteinschätzung überein oder wichen positiv bzw. negativ von dieser ab. Im Anschluss an jede Rückmeldung wurden affektive (z. B. Zufriedenheit) und kognitive Reaktion (z. B. Güte der Rückmeldung) über Fragebogenitems gemessen.

Ergebnisse

Beide Studien zeigen varianzanalytisch übereinstimmend, dass die affektive Reaktion den Prinzipien der Selbstwerterhöhung folgt, d. h. die Vpn bevorzugen unabhängig vom Exercise Schema positive Rückmeldungen gegenüber konsistenten ($p < .001$). Für die kognitive Reaktion sind die Ergebnisse weniger eindeutig: Die ursprüngliche Hypothese wurde in beiden Studien nicht bestätigt, allerdings fanden sich jeweils unterschiedliche erwartungswidrige Interaktionseffekte zwischen Exercise Schema und Art der Rückmeldung.

Diskussion

Der in Bezug auf Persönlichkeitseigenschaften empirisch belegte Moderationseffekt des Selbstschemas im Hinblick auf die selbstwerterhöhende bzw. selbstkonsistente Verarbeitung selbstbezogener Informationen ließ sich für den Bereich des Sports nicht nachweisen. Im Unterschied zu Persönlichkeitseigenschaften, bei denen häufig ein Optimum erstrebenswert ist (z. B. möchte man weder überhaupt nicht noch extrem spontan sein), wird im Bereich des Sports meist ein Maximum angestrebt (man möchte gerne extrem fit sein). Dies könnte die generelle Dominanz des Selbstwerterhöhungsmotivs im Sport erklären.

Literatur

Petersen, L.-E., Stahlberg, D. & Dauenheimer, D. (2000). Effects of self-schema elaboration on affective and cognitive reactions to self-revelant information. *Genetic, Social, and General Psychology Monographs, 126* (1), 25-42.

Zum Erleben „Psychischer Behinderung" im Kontext Bewegung und Sport – Rekonstruktion der Perspektive betroffener Jugendlicher

NICOLA BÖHLKE[1]

[1]Georg-August-Universität Göttingen

Einleitung

Ausgehend von stetig wachsendem Auftreten psychischer Auffälligkeiten im Kindes- und Jugendalter (vgl. KiGGS-Studie, 2008) rückt diese Gruppe Betroffener zunehmend in den Fokus öffentlichen Interesses. Konstruktivistische Sichtweisen auf das Phänomen „psychische Auffälligkeit" lenken den Blick über eine individuumsbezogene Engführung hinaus auf die soziale Umwelt des Menschen (vgl. u. a. Cloerkes, 2007). Ausgangspunkt ist die Annahme, dass (seelische oder geistige) Behinderung erst im Verhältnis mit der Umwelt bzw. der Interaktion mit Anderen entsteht. Dass Sport als gesellschaftlicher Teilbereich an der Konstruktion der Kategorie körperlicher Behinderung beteiligt ist, wurde bereits empirisch belegt (vgl. Tiemann, 2007). Analysen zur Bedeutung und Herstellung psychischer Behinderung im Sport fehlen bislang.

Übergreifendes Ziel der Studie ist die Rekonstruktion der subjektiven Perspektive Jugendlicher, denen psychische Auffälligkeiten zugeschrieben werden. Der Analysefokus liegt hierbei auf ihren subjektiven Erfahrungen, Einstellungen und Handlungsweisen zum Thema „psychisches Anderssein" im Setting Sport und Bewegung. Die Befunde ermöglichen zudem die Erfassung und Analyse sportkonstituierender, institutioneller wie ideologischer Bedingungen, die den Zugang der Jugendlichen zum Feld vorstrukturieren.

Methode

Die Studie ist qualitativ angelegt. Insgesamt 15 Jugendliche, die sich zum Zeitpunkt der Gespräche in einer Rehabilitationseinrichtung befanden, wurden zu ihren Erfahrungen im Kontext Sport und Bewegung mittels Leitfadeninterviews befragt. Die Interpretation der Daten ist an hermeneutisch orientierte textwissenschaftliche Verfahren (u. a. Soeffner & Hitzler, 1994) angelehnt.

Ergebnisse und Diskussion

Erste Ergebnisse zeigen, dass die Erwartungshaltung im Sport facettenreich ist und auf mehreren Mikroebenen rekonstruiert werden muss. Normalitätserwartungen im Sport sind nicht alleinig durch motorische Kompetenzen zu befriedigen, sondern konstituieren sich ebenso in einer Bandbreite psycho-sozialer Fähigkeiten. So erweisen sich kontextspezifische Kommunikationsformen (z. B. sportinterner „Smalltalk") als für die Befragten voraussetzungsvoll sowie erschwerend bezüglich der Partizipation am Sport.

Literatur

Cloerkes, G. (2007). *Soziologie der Behinderung. Eine Einführung, 3., neu bearbeitete und erweiterte Auflage.* Heidelberg: Winter.
Soeffner, H.-G. & Hitzler, R. (1994). Qualitatives Vorgehen – „Interpretation". In T. Herrmann & W. H. Tack (Hrsg.), *Methodologische Grundlagen der Psychologie* (S. 98-136). Göttingen: Hogrefe.
Tiemann, H. (2006). *Erfahrungen von Frauen mit Körperbehinderung im Hochleistungssport: eine empirische Untersuchung.* Hamburg: Kovač.

Der Einfluss von Übergewicht und Adipositas auf das kindliche Selbstkonzept – Ergebnisse der Kids-Club-Studie

PAVEL DIETZ[1] & ANTJE DRESEN[2]

[1]Karl-Franzens-Universität Graz, [2]Johannes Gutenberg-Universität Mainz

Einleitung

In 30 Vereinen und Kapitalgesellschaften (Clubs) der Fußball Bundesliga werden in den sogenannten Kids-Clubs zunehmend fußballübergreifende Bewegungs- und Lernangebote geschaffen, an denen etwa 120.000 Kinder teilnehmen. Von April 2013 bis April 2015 wurden die Kids-Clubs evaluiert. Ziel dieser formativ angelegten Querschnittsstudie war, durch quantitative und qualitative Methoden Soziodemografie und Einstellungen der Mitglieder (Kids), Fragen zu Marken- und Imagebildung sowie Facetten des kindlichen Selbstkonzepts und physischer Gesundheit darzulegen und zu bewerten (Dresen & Dietz, 2014, 2015). Unter anderem wurde dabei der Frage nachgegangen, ob Mitglieder in einem Kids-Club gesünder sind als Kinder, die nicht teilnehmen.

Dieser Vortrag bezieht sich schwerpunktmäßig auf die Gesundheitsdimension der Studie, welche durch das relative Körpergewicht in Kombination mit dem kindlichen Selbstkonzept abgebildet wird.

Methode

In fünf quantitativen Erhebungswellen wurden mittels SECA-Messinstrumenten Körperhöhe, Körpergewicht und Bauchumfang von 486 Mädchen und Jungen (11,5% bzw. 88,5%) zwischen sechs und 14 Jahren erfasst. Zur alters- und geschlechtsspezifischen Systematisierung wurden BMI-Perzentile nach Kromeyer-Hauschild (2001) herangezogen. Unter Verwendung des Harter-Fragebogens für Kinder ab neun Jahren (Askendorpf & van Aken, 1993) sind im selben Kollektiv die Selbstkonzept-Facetten der kognitiven Kompetenz, Peerakzeptanz, Sportkompetenz, Aussehen und Selbstwertgefühl erhoben und mittels parameterfreier Tests auf statistische Unterschiede zwischen Normal- und Übergewichtigen geprüft worden.

Ergebnisse und Handlungsempfehlungen

Die Prävalenz für Übergewicht (BMI > 90. Perzentile) beträgt im Untersuchungskollektiv 17,7%. Bei knapp sieben Prozent der untersuchten Mädchen und Jungen liegt Adipositas (BMI > 97. Perzentile) vor. Obwohl die Kids-Clubs den Fußballvereinen, also sportlichen Institutionen zugehörig sind, übersteigen diese Zahlen die im Jahr 2007 im Rahmen des Jugendgesundheitssurveys (KIGGS-Studie) vorgestellten Daten (Kurth & Schaffrath Rosario, 2007). Des Weiteren zeigt sich, dass die Facetten des Selbstkonzepts der untersuchten Kinder bei allen fünf Dimensionen durchweg hoch ausgeprägt sind. Die Wahrnehmungen zur Peerakzeptanz ($p = 0,005$) und Sportkompetenz ($p < 0,001$) sowie zum Aussehen ($p < 0,001$) waren außerdem bei unter- und normalgewichtigen Kindern signifikant höher ausgeprägt als bei übergewichtigen bzw. adipösen Kindern.

Um die Prävalenz von Übergewicht zu senken empfiehlt sich, gezielt Inhalte zu Ernährung und Bewegung in das bereits bestehende vielfältige Angebot der Kids-Clubs zu integrieren und weiterhin Freude an Bewegung zu transportieren. Die Literatur ist beim Autor zu erfragen.

Die Literatur ist bei den Autoren zu erfragen.

AK 34: Fußball im Kontext sozial-kultureller Bildungsprozesse

„Fußball im Kontext sozial-kultureller Bildungsprozesse"

ELKE GRAMESPACHER[1] & ROLF SCHWARZ[2]

[1]Pädagogische Hochschule FHNW, [2]Pädagogische Hochschule Karlsruhe

Fußball ist wahrscheinlich die bekannteste Sportart der Welt (Brandt et al., 2012). Bei Jungen ist Fußball die populärste Sportart – auch im Sportunterricht (Wydra, 2001). Bei Mädchen genießt Fußball seit der Weltmeisterschaft 2011 in Deutschland nahezu konstant an hoher Beliebtheit (DFB, 2014), und in der Schweiz steigt seine Beliebtheit bei Mädchen (Lamprecht et al., 2008). Nicht zuletzt aufgrund seines hohen Bekanntheits- und Beliebtheitsgrads, der sich auch unabhängig von sozialen Verhältnissen entwickeln kann (Weiss & Norden, 2013), bildet Fußball für sozial-kulturelle Bildungsprojekte ein ansprechendes und sinnvolles Thema.

Ein Projekt zum Thema Fußball ohne (sport-)pädagogisch fundierte Zielperspektiven und Konzeption allerdings regt kaum gezielte sozial-kulturelle Bildungsprozesse an. Wie allerdings die zugrunde liegenden Projektziele systematisch und auf überdauernde Effekte hin evaluiert werden können, ist eine noch offene Forschungsfrage.

Im Arbeitskreis „Fußball im Kontext sozial-kultureller Bildungsprozesse" soll das Bildungspotential sozialer und/oder kultureller und auf das Thema Fußball bezogener Kinder- und Jugendprojekte in Schulen, Sportvereinen und Kommunen ausgelotet werden. Dazu werden folgende einschlägige Projekte aus Deutschland und aus der Schweiz präsentiert wie auch zur Diskussion gestellt: „Lernen durch Fußball", „Fremdheitserfahrungen und interkulturelles Lernen im Kontext außerunterrichtlicher – Mädchenfußballangebote", „Fußball trifft Kultur" – Spiel- und handlungsorientierte Sprachintegration von Migrantenkindern" und „Die Evaluation des fächerübergreifenden Projekts „kick&write® 2014"".

Literatur

Brandt, C., Hertel, F. & Stassek, C. (2012). Einleitung – Zur Popularität des Fußballs. In C. Brandt, F. Hertel & C. Stassek (Hrsg.), *Gesellschaftsspiel Fußball. Eine sozialwissenschaftliche Annäherung* (S. 9-16). Wiesbaden: Springer.
Deutscher Fußball Bund (DFB) (2014). *Fußballstatistiken*. Zugriff am 20. November 2014 unter http://www.dfb.de/verbandsstruktur/mitglieder
Lamprecht, M., Fischer, A. & Stamm, H. (2008). *Sport Schweiz 2008. Kinder- und Jugendbericht*. Magglingen: Bundesamt für Sport BASPO.
Weiss, O. & Norden, G. (2013). *Einführung in die Sportsoziologie* (2. überarbeitete u. aktualisierte Ausgabe). Münster: Waxmann.
Wydra, G. (2001). Beliebtheit und Akzeptanz des Sportunterrichts. *sportunterricht, 50* (3), 67-72.

Lernen durch Fußball

ULF GEBKEN & ELLEN KÖTTELWESCH
Universität Duisburg-Essen

Gegenwärtig besteht eine bisher nicht geordnete Vielzahl von Fußball-Konzepten und - Programmen mit Kindern und Jugendlichen im Kontext sozial-kultureller Bildungsprozesse. Mit diesem Beitrag möchten die Autoren einen ersten Überblick und eine Analyse nationaler und internationaler Ideen und Fußball-Initiativen auch außerhalb des organisierten Sports geben, in denen der Sport Chancen für das Aufwachsen junger Menschen bietet und Lernprozesse anregt. Eine enorme Verbreitung erfahren die beiden funktionierenden internationalen Netzwerke: streetfootballworld und Laureus Sport for Good Foundation. Für diese Projekte gilt, dass sie aus einer lokalen Initiative durch engagierte Praktiker*innen entstanden sind. Sie setzen an örtlichen Problemlagen und Herausforderungen an und bieten Kindern und Jugendlichen Möglichkeiten der Partizipation und des verantwortlichen Handelns (vgl. Gebken & Köttelwesch, 2015). Der Fußball wird dabei als Medium, zugleich als Zugang und als Instrument u. a. im Rahmen der Gewalt- und Aidsprävention, der Friedens- und Fairnesserziehung sowie der Integrationsförderung genutzt.

Diese Fußballprojekte verfügen über beachtenswerte Potentiale, auf soziale und kulturelle Veränderungen einzugehen und zu wirken. Den Initiativen gelingt es im Sinne von „Best-Practice", über Bewegung, Spiel und Sport sozial benachteiligte Kinder und Jugendliche zu erreichen und zu Lernprozessen anzuregen (vgl. Gebken & Vosgerau, 2014). Dazu ist es erforderlich, zunächst über den Fußball einen Zugang zu der Zielgruppe zu erreichen und das Angebot adressatenorientiert auszurichten. Zudem gilt es, qualifiziertes Personal (hauptamtlich und ehrenamtlich) – in Zusammenarbeit mit Partnern – in die Projektarbeit zu etablieren. Exemplarisch sei hier das Modell der RheinFlanke Köln genannt, das Fußball und Jugendhilfe miteinander vereint. Das Konzept beruht auf der Idee, dass Jugendliche zunächst über den Fußball angesprochen werden. Darauf aufbauend wird durch Sozialarbeiter*innen Streetwork mit sozialer Gruppenarbeit und ggfs. pädagogischer Einzelfallhilfe kombiniert. In der Initiative „Traumpass" werden Schüler/innen der Jahrgangsstufe 9 und 10 mit erhöhtem Förder- und Hilfebedarf bezüglich des Übergangs von der Schule in das Berufsleben z. B. hinsichtlich der folgenden Zielsetzungen gefördert:

- Verbesserung der sozialen und kommunikativen Kompetenzen,
- Erweiterung von Lernerfahrungen durch neue außerschulische Bildungsimpulse („politische Bildung" als Vorbereitung zur Teilhabe und Partizipation im Übergang Schule/Beruf),
- Förderung sozialer, kognitiver und emotionaler Kompetenzen durch gruppenpädagogische (z. B. Fußballtraining, Theaterworkshops) und einzelfallbezogene Prozesse (Einzel-Coaching, Elternarbeit)" (vgl. Lützenkirchen, 2014, S. 75).

Literatur

Gebken, U. & Vosgerau S. (Hrsg.). (2014). *Fußball ohne Abseits – Ergebnisse und Perspektiven des Projekts „Soziale Integration von Mädchen durch Fußball"*. Wiesbaden: Springer.

Gebken, U. & Köttelwesch, E. (2015) Von anderen Lernen. In W. Schmidt u. a. (Hrsg.), *Dritter Kinder- und Jugendsportbericht*. Schorndorf. Hofmann, S. 226-240

Lützenkirchen, H.-G. (Hrsg.) (2014) Fußball und Jugendhilfe. Das Modell der RheinFlanke Köln. Eine Dokumentation der Fachtagung „Mitspielen. Mitreden. Mitgestalten." Köln: RheinFlanke gGmbh.

Fremdheitserfahrungen und interkulturelles Lernen im Kontext außerunterrichtlicher Mädchenfußballangebote

PETRA GIEß-STÜBER & KATHRIN FREUDENBERGER

Albert-Ludwigs-Universität Freiburg

Einleitung

„Kick for girls" ist ein integrativ ausgerichtetes Mädchenfußballprojekt, an dem überwiegend Schülerinnen aus sozial benachteiligten, zugewanderten Familien teilnehmen. Interkulturelles Lernen ist eine der pädagogischen Zielperspektiven. Evaluation in diesem wenig strukturierten Setting wird im Sinne der Programmentwicklung eingesetzt und versteht sich im wörtlichen Sinne als „formativ" (vgl. Kromrey, 2001, S. 115). Die Befunde dienen der Steuerung innerhalb der Projektarbeit und zugleich der Weiterentwicklung des theoretischen Rahmenkonzepts und der didaktischen Konzeption (Gieß-Stüber, 2008). Das Evaluationsdesign wird skizziert und Ergebnisse einer Teilstudie berichtet, die den Fragen nachgeht, welche Differenzlinien und Fremdheitskonstruktionen in der Praxis relevant sind und wie interkulturelles Lernen in informellen Räumen des Sportangebots rekonstruiert werden kann.

Methode

Drei Fußball-Arbeitsgemeinschaften an drei Schulen wurden mehrere Wochen durch teilnehmende Beobachtung begleitet. Mit je drei Teilnehmerinnen und mit den Kursleiterinnen wurden theoriegeleitete leitfadengestützte Interviews durchgeführt. Die Auswertung verbindet inhalts- und sequenzanalytische Strategien.

Ergebnisse

Kulturelle Heterogenität ist für die untersuchte Population Alltag und zur Normalität geworden. So zeigt die Studie, dass ein Wissensaustausch über Herkunft oder kulturelle Aspekte nur im Erstkontakt mit neuen Mitspielerinnen erfolgt. Durch Kontrastierung der Gruppen wird die Bedeutung der Beziehungsqualität unter den Teilnehmerinnen sowie zur Leiterin sehr gut erkennbar. Interkulturelles Lernen benötigt informelle (Zeit-)Räume. Umkleiden, Warten, eigenständiges Üben sind günstige Gelegenheiten. Bildungsniveau und Sprachkenntnisse unterscheiden den Grad der Kompetenz mit Fremdheitserfahrungen konstruktiv umgehen zu können.

Diskussion

Sport hat das Potential, sozial-kulturelle Bildungsprozesse anzuregen. Entsprechende Prozesse sind voraussetzungsvoll und in hohem Maße kontextabhängig.

Literatur

Gieß-Stüber, P. (2008). Reflexive Interkulturalität und der Umgang mit Fremdheit im und durch Sport. In P. Gieß-Stüber & D. Blecking (Hrsg.), *Sport – Integration – Europa. Neue Horizonte für interkulturelle Bildung* (S. 234-248). Baltmannsweiler: Schneider.

Kromrey, H. (2001). Evaluation – Ein vielschichtiges Konzept. Begriff und Methodik von Evaluierung und Evaluationsforschung. Empfehlungen für die Praxis. In *Sozialwissenschaften und Berufspraxis, 24* (2). 105-131.

„Fußball trifft Kultur" – Spiel- und handlungsorientierte Sprachintegration von Migrantenkindern

ROLF SCHWARZ

Pädagogische Hochschule Karlsruhe

Einleitung

Sprachentwicklung ist ein entscheidender Teil der kognitiven und sozial-emotionalen Entwicklung von Kindern (z. B. Weinert, 2012). Die angemessene Beherrschung der Sprache innerhalb eines Kulturkreises gilt als Schlüssel für gesellschaftliche Teilhabe, Bildungserfolg und Aufstieg und wird deshalb von der Bundesregierung als „Nationale Aufgabe" betrachtet (BAMF, 2012). Der entwicklungstheoretischen Bedeutsamkeit und dem politischen Willen entgegen steht einerseits der empirische Befund, dass insbesondere Jungen beim Lesen signifikant schlechter abschneiden als Mädchen und andererseits Migrantenkinder eine substantiell geringere Lesekompetenz besitzen (OECD, 2015). Ein wesentlicher Grund wird in der kultur- und geschlechterunsensiblen Sozialisation der Kinder gesehen: speziell Jungen und Migranten allgemein erwerben eine leseferne Haltung.

Ziel

Das prämierte Bildungsprogramm „Fußball trifft Kultur" (FtK) der Deutschen Buchmesse versucht in Zusammenarbeit mit Jugendtrainern der Bundesligavereine VfB Stuttgart, HSV, Eintracht Frankfurt u. a. mittels eines kombinierten Fußball-Sprache-Trainings (1) die sprachliche Integration von Migrantenkindern durch (2) kultur- und geschlechtersensible Literacy-Förderung (Lesen und Schreiben) zu verbessern.

Ergebnisse und Diskussion

Die längsschnittliche, kontrollierte und teilrandomisierte Evaluation des Programms (Schwarz, 2014) zeigte im ersten Programmdurchlauf insgesamt heterogene Effekte: Während die Jungen nicht bis wenig profitieren konnten, zeigte FtK besonders bei Mädchen einen Effekt auf die schulisch-soziale Integration und den Selbstwert. Nach Analyse der Stärken und Schwächen des Programms wird im überarbeiteten Programmkonzept der Fokus auf eine stärkere Handlungsorientierung bei den Jungen und einen höheren Erlebnischarakter („Geschichten fußballerisch explorieren") gelegt. Der Vortrag präsentiert die erneuerte Didaktik fußballerischer Sprachförderung in Abhängigkeit der Befunde.

Literatur

BAMF – Bundesamt für Migration, Flüchtlinge und Integration (2012). *Nationaler Aktionsplan Integration-NAP-I.* Zugriff am 03.04.2015 unter www.bundesregierung.de/Webs/Breg/DE/Bundesregierung/BeauftragtefuerIntegration/nap/nationaleraktionsplan/_node.html.

OECD (2015). *The ABC of Gender Equality in Education. Aptitude, Behaviour, Confidence.* doi:10.1787/9789264229945-en

Schwarz, R. (2014). Fußball spielen und Sprache fördern – zur Wirksamkeit des Integrationsprogramms „Fußball trifft Kultur" aus Gender-Perspektive. In A. Treibel & M. Soff (Hrsg.), *Gender interdisziplinär* (S. 123-140). Karlsruhe: Helmes-Verlag.

Weinert, S. & Grimm, S. (2012). Sprachentwicklung. In W. Schneider & W. Lindenberger (Hrsg.), *Entwicklungspsychologie* (S.433-456). Weinheim, Basel: Beltz.

Die Evaluation des fächerübergreifenden Projekts „kick&write 2014"

ELKE GRAMESPACHER, MATHILDE GYGER, CHRISTINE BECKERT, PETER KOCH & PETER WEIGEL

Pädagogische Hochschule FHNW, Institut Vorschul- und Unterstufe, Windisch

Einleitung

Fächerübergreifende Projekte gestatten eine mehrperspektivische Betrachtung von Lehrinhalten (Hildebrandt et al., 2014) und wirken auf Kinder motivierend. Das Fach Deutsch bildet z. B. in Hauptschulen oft den Teil einer Fächerkombination, Sportunterricht hier eher in Ausnahmefällen (vgl. Maier, 2005, Abs. 37f.). Im Vorfeld der Fußball-WM 2014 wurde das Projekt „kick&write 2014" in beiden Schulfächern durchgeführt (www.kickandwrite.ch). Das Projekt hat das Interesse der Kinder an der Sportart aufgegriffen (Brandt et al., 2012) und teambezogene sport- und sprachbezogene Bildungsziele verknüpfend verfolgt: Fußball spielen (lernen) sowie die Förderung rezeptiver und aktiver Sprachfertigkeiten.

Methode

Die Projektintervention (15 Wochen; Jan. bis Juni 2014) fand mit Expert/innen (Autor/innen, Fußballtrainer) in Deutsch- und Sportunterrichtslektionen statt (Interventionsgruppe: n = 79; Kontrollgruppe (nur im Sport): n = 18). Zu drei Messzeitpunkten wurden verschiedene Tests durchgeführt [u. a. fußballbezogene Fertigkeiten, ELFE 1-6 (Lenhard & Schneider, 2006)]. Die Auswertung erfolgte in einem 2 x 3-Messdesign. Zudem wurde mit allen Expert/innen ein Interview geführt, die primär inhaltsanalytisch ausgewertet wurden.

Ergebnisse

Kinder der Inventionsgruppe verbessern sich vom Prä- zum Posttest in den fußballspezifischen (Ballkontrolle: $r = .65$, $p < .001$; Dribbling: $r = .81$, $p < .001$; Spielintelligenz: $r = .46$, $p < .001$) und in den sprachbezogenen Lernbereichen (Textverständnis: $r = .71$, $p < .001$). Der Vergleich mit der Kontrollgruppe zeigt für den sportpraktischen Bereich keine signifikanten Differenzen (z. B. Dribbling: $F_{(1,80)} = .883$, $p = .35$). Eine erste Interview-Auswertung deutet auf die konstruktiven und lernförderlichen Prozesse im Projekt „kick&write 2014".

Diskussion

Fachspezifisch zeigen sich für beide Stichproben Lernfortschritte. Der Mehrwert des Projekts „kick&write 2014" bezieht sich allerdings vorrangig auf fächerübergreifende Lernprozesse. Ihre Analyse und Interpretation muss allerdings noch differenziert erfolgen und verdeutlicht das hohe Anspruchsniveau der Evaluation fächerübergreifender Aspekte.

Literatur

Brandt, C., Hertel, F. & Stassek, C. (2012). Einleitung – Zur Popularität des Fußballs. In C. Brandt, F. Hertel & C. Stassek (Hrsg.), *Gesellschaftsspiel Fußball. Eine sozialwissenschaftliche Annäherung.* (S. 9-16). Wiesbaden: Springer.
Hildebrandt, E., Peschel, M. & Weisshaupt, M. (Hrsg.). (2014). *Lernen zwischen freiem und instruiertem Tätigsein.* Bad Heilbrunn: Klinkhardt.
Lenhard, W. & Schneider, W. (2006). *ELFE 1-6. Ein Leseverständnistest für Erst- bis Sechstklässler.* Göttingen: Hogrefe.
Maier, U. (2005). Formen und Probleme von fächerübergreifendem Unterricht an baden-württembergischen Hauptschulen [73 Absätze]. *Forum Qualitative Sozialforschung 7*(1), Art. 3, Zugriff am 08.04.2015 unter http://nbn-resolving.de/urn:nbn:de:0114-fqs060130

AK 35: Bildung und Erziehung zum Sport, im Sport und durch Sport

Erziehender Sportunterricht zwischen Anspruch und Wirklichkeit

JULIA HAPKE

Friedrich-Alexander-Universität Erlangen-Nürnberg

Einleitung

Erziehender Sportunterricht und seine Auslegung unter pädagogischen Perspektiven wie Miteinander und Leistung, gelten als zentrale fundierte und konsensfähige normative Leitidee der aktuellen sportpädagogischen Diskussion. Deren Umsetzung in die Praxis des Sportunterrichts geschieht durch das Handeln von Sportlehrenden, welches weniger durch fachdidaktische Vorgaben als vielmehr durch die individuellen handlungsleitenden Kognitionen der Lehrkräfte gesteuert wird (Groeben & Scheele, 2010). Angesichts diesbezüglicher empirischer Desiderate zielt die Studie auf die Frage ab, inwiefern die Ansprüche der Fachdiskussion den Weg über die handlungsleitenden Kognitionen sowie das Handeln von Sportlehrenden in die Wirklichkeit des Sportunterrichts finden.

Methode

Das Vorgehen orientiert sich an vorliegenden Differenzstudien (Balz & Neumann, 2014):
(I.) Analyse der Ansprüche (Dokumentenanalyse): Publikationen der Fachdiskussion zu den Perspektiven Miteinander und Leistung (N = 93) werden kriteriengeleitet gesammelt und in ihrer Grundgesamtheit formal charakterisiert. Eine repräsentative Auswahl an Beiträgen (n = 28) wird mittels strukturierender qualitativer Inhaltsanalyse ausgewertet.
(II.) Analyse der Wirklichkeit (Fallanalysen): Das die beiden Perspektiven betreffende Handeln (beobachtbares Verhalten und handlungsleitende Kognitionen) von Sportlehrenden (HE/BY, Gym., Sek. I) (N = 9) wird triangulativ mittels problemzentrierter Interviews, videobasierter Unterrichtsbeobachtung und Stimulated-Recall-Interviews erfasst und inhaltlich strukturierend zunächst einzelfallbezogen, dann typenbildend ausgewertet.
(III.) Analyse der Differenzen: (1) Durch den Vergleich von Ansprüchen und Wirklichkeit entlang der Hauptkategorien der Gesamtstudie (je Perspektive Begriffsverständnis, Begründungen, Ziele, Inhalte, Methoden) werden Differenzen zunächst identifiziert. (2) Diese werden dann auf Zusammenhänge mit weiteren Hauptkategorien der Wirklichkeitsanalyse (Sportbiografie, berufliche Anforderungen, berufliches Selbstverständnis) geprüft und im Hinblick auf Gründe und Ursachen gedeutet.

Ergebnisse

Die vorliegenden Auswertungen weisen auf Differenzen in allen Kategorien hin. Sehr deutlich treten diese innerhalb der Kategorie Methoden und hier bspw. im Hinblick auf das Gestalten reflexiver Phasen auf. Diese werden zugunsten anderer beruflicher Anforderungen (z. B. „Noten machen", „viel bewegen") teilweise systematisch vermieden.

Literatur

Balz, E. & Neumann, P. (Hrsg.). (2014). *Schulsport: Anspruch und Wirklichkeit. Deutungen, Differenzstudien, Denkanstöße*. Aachen: Shaker.
Groeben, N. & Scheele, B. (2010). Das Forschungsprogramm Subjektive Theorien. In G. Mey & K. Mruck (Hrsg.), *Handbuch Qualitative Forschung in der Psychologie* (S. 151-165). Wiesbaden: VS.

Erziehung durch Sport?!
Eine empirische Studie in der stationären Jugendhilfe

ANDREAS BÖHLE [1] & RALF GEDECK [2]

[1]Universität Kassel, [2]Sportinternat Bad Sooden-Allendorf

Einleitung

Der Beitrag präsentiert Ergebnisse einer Gemeinschaftsdissertation die im Institut Sozialwesen der Universität Kassel durchgeführt wird. Die Dissertation untersucht die Einflüsse auf die Persönlichkeitsentwicklung junger Menschen durch Sport in der stationären Erziehungshilfe. Dabei verbindet die Untersuchung sozialpädagogische und sportwissenschaftliche Perspektiven.

Methode

Die Untersuchung wurde durchgeführt in einer Einrichtung der stationären Hilfen zur Erziehung, die sich mit einem explizit an *Erziehung durch Sport* orientierten Konzept für einen auf ca. 6 Monate begrenzten Zeitraum mit besonders herausfordernden Jugendlichen im Spannungsfeld zwischen Jugendhilfe und Justiz widmet.

Anhand von Analysen längsschnittlich geführter Interviews mit den Adressaten werden die Persönlichkeitsentwicklung und deren Zusammenhänge mit sportiven Aktivitäten anhand narrativer Identitätsarbeit (vgl. Lucius-Hoene & Deppermann, 2004) rekonstruiert. Über den Untersuchungszeitraum wurden anhand von Dokumentenanalysen die Intensität des Sportprogramms sowie die physiologische Leistungsentwicklung dokumentiert. Die Rekonstruktion subjektiver Deutungen wird auf diesem Wege mit einer trainingswissenschaftlichen Perspektive verbunden.

Anhand quantitativer Dokumentenanalysen und trainingswissenschaftlicher Untersuchungen können Aussagen über die Intensität und physiologischen Auswirkungen auf die Teilnehmer getroffen werden und auch Wirkungen des Sports auf Welt- und Selbstverhältnisse im Sinne einer transformatorischen Bildungstheorie (Kokemohr, 2007; Koller, 2012) dargelegt werden.

Ergebnisse

Die jungen Menschen weisen moderate Leistungszuwächse während der Teilnahme an der stationären Erziehungshilfe auf und deuten die subjektiv wahrgenommenen Veränderungen im Kontext anstehender Entwicklungsaufgaben. Die sportlichen Aktivitäten über den Untersuchungszeitraum und ihre Auswirkungen vermitteln die Entwicklungsfähigkeit in besonderem Maße, da sie sich am Körper der Adressaten materialisiert und über Krisenerlebnisse und die Steigerung physiologischer Leistungsfähigkeit Transformationen des Welt- und Selbstverhältnisses beeinflusst.

Diskussion

Theoretisch wird von einer breiten Wirkungspalette des Sporttreibens auf die menschliche Entwicklung ausgegangen (vgl. Brinkhoff, 2000). Die vorliegenden empirischen Befunde – insbesondere querschnittlich, quantitativ angelegter Studien – lassen die Validität theoretischer Wirkungsannahmen auf die Persönlichkeitsentwicklung allerdings fragwürdig erscheinen (vgl. Singer, 2000). Anhand eines Fallbeispiels werden spezifische Wirkungen des Sports auf die Welt- und Selbstverhältnisse vorgestellt und theoretisch an das Konzept einer Erziehung durch Sport zurückgebunden. Die präsentierten Analysen liefern empirisch fundierte Ergebnisse darauf, dass „… ein pädagogisch arrangierter Sport immer auch einen Beitrag zur »allgemeinen« Persönlichkeitsentwicklung der Heranwachsenden und zur Bewältigung von »Entwicklungsaufgaben« leisten…" kann und „… weiterreichende, über die Entwicklung von sportbezogenen Kompetenzen hinausweisende Erziehungs- und Bildungsprozesse in Gang zu setzen" (Baur & Braun, 2000, S. 379) vermag.

Literatur

Baur, J. & Braun, S. (2000). Über das Pädagogische einer Jugendarbeit im Sport. *Deutsche Jugend*, *48* (9), S. 378-386.

Brinkhoff, K.-P. (2000). Über die psychosozialen Funktionen des Sports im Kindes- und Jugendalter. *Deutsche Jugend*, 48 (9), S. 387-395.

Kokemohr, R. (2007). Bildung als Welt- und Selbstentwurf im Anspruch des Fremden. Eine theoretisch-empirische Annäherung an eine Bildungsprozesstheorie. In H.-C. Koller, W. Marotzki & O. Sander (Hrsg.), *Bildungsprozesse und Fremdheitserfahrungen S. 13-68*, Bielefeld: transcript.

Koller, H.-C. (2012). *Bildung anders denken. Einführung in die Theorie transformatorischer Bildungsprozesse*. Stuttgart: Verlag W. Kohlhammer.

Lucius-Hoene, G. & Deppermann, A. (2004). Narrative Identität und Positionierung. In: *Gesprächsforschung – Online-Zeitschrift für verbale Interaktion*, *5*, S. 166-183.

Singer, R. (2000). Sport und Persönlichkeit. In H. Gabler, J. R. Nitsch, & R. Singer (Hrsg.), *Einführung in die Sportpsychologie*. 3. erweiterte und überarbeitete Auflage, Schorndorf: Verlag Karl Hofmann.

Effekte von Interventionsstudien zur Förderung sozialer Kompetenz durch Sport in der Schule

IRIS SCHÜLLER & YOLANDA DEMETRIOU

Technische Universität München

Einleitung

Die Förderung von sozialer Kompetenz ist eine der zentralen Aufgaben des Sportunterrichts. Dies wird im pädagogischen Konzept der Mehrperspektivität von Kurz (2008) und in den Lehrplänen deutlich. Da die bloße Interaktion zwischen Lehrern, Schülern und Schülergruppen untereinander für die Förderung sozialer Kompetenz nicht ausreichend ist (z. B. Goudas & Magotsiou, 2009), ist die Durchführung von gezielten Maßnahmen zur Vermittlung sozialer Kompetenz im Sportunterricht notwendig. Einen systematischen Review, der die Effekte von Bewegungsprogrammen auf die soziale Kompetenz von Schülerinnen und Schülern untersucht, findet man derzeit nicht. Ziel des Reviews ist es einen Überblick über bereits bestehende Maßnahmen und deren Effekte auf die soziale Kompetenz zu erstellen.

Methode

Nach der Durchführung einer computerbasierten Suche in sieben elektronischen Datenbanken (ISI Web of Science, Scopus, MedLine, ERIC, PsycInfo, Psyndex and SportDiscus), wurden aus der Gesamtzahl der 1893 gefundenen Artikel, Studien extrahiert, welche die Inklusionskriterien erfüllten. Diese umfassten die Kriterien: a) das Interventionsprogramm fördert die soziale Kompetenz, b) outcome variable ist die sozialen Kompetenz und c) das Programm wird im Setting Schule durchgeführt. Weitere Bedingungen sind: d) eine Stichprobe von Schülerinnen und Schülern im Alter zwischen 6 und 19 Jahren, e) ein quasi-experimentelles oder experimentelles Design und f) die Veröffentlichung der Studie in einer wissenschaftlichen Zeitschrift in englischer oder deutscher Sprache. Im weiteren Auswahlprozess wurde die Anzahl passender Studien schrittweise eingegrenzt.

Ergebnisse und Diskussion

Erste deskriptive Ergebnisse zeigen: 1) Eine große Bandbreite an Definitionen zur Bestimmung von sozialer Kompetenz und 2) eine Vielzahl an Methoden zur Erfassung sozialer Kompetenz (Fragebögen, Beobachtungssysteme, Ratingskalen) die, über zusätzliche Eltern-, Peer- und Lehrerbefragungen sowohl die Eigen- als auch Fremdwahrnehmung der sozialen Kompetenz einbeziehen. In einem letzten Schritt werden die Effekte der Bewegungsprogramme auf die soziale Kompetenz der Schülerinnen und Schüler diskutiert und in Bezug zur aktuellen Schulsportsituation gesetzt.

Literatur

Goudas, M., & Magotsiou, E. (2009). The effects of a cooperative physical education program on students' social skills. *Journal of Applied Sport Psychology, 21* (3), 356-364.

Kurz, D. (2008). Von der Vielfalt sportlichen Sinns zu den pädagogischen Perspektiven im Schulsport. In D. Kuhlmann & E. Balz (Eds.), *Sportpädagogik: Ein Arbeitstextbuch* (pp. 162-173): Czwalina.

Mobilitätsförderung und Aktionsraumerweiterung als sportpädagogisches Thema

SOPHIE KNECHTL & PETRA GIEß-STÜBER

Albert-Ludwigs-Universität Freiburg

Einleitung

Kinder benötigen für eine umfassende Entwicklung Zugänge zu materiellen und sozialen Räumen. Neben Alter, Geschlecht, Herkunft und SES ist auch das Bildungsniveau (Schmidt, 2008) ausschlaggebend für das Mobilitätsverhalten von Kindern. Wachsen diese in sozialen Brennpunktstadtteilen auf, wird überdies neben der leiblichen Mobilität auch die soziale Mobilität eingeschränkt (Deinet, 2009; Löw, 2001). Das Anliegen eines außerunterrichtlichen Schulsportprojekts war es, Mädchen aus Stadtteilen mit Entwicklungsbedarf Zugang zu neuen Räumen zu eröffnen, um eigenständige Mobilität zu fördern. Die Teilnehmerinnen wurden in Kleingruppen zu urbanen und naturnahen Plätzen der Stadt begleitet jeweils verbunden mit einem attraktiven Bewegungsangebot.

Methode

Die teilnehmenden Mädchen ($n = 27$; 7-14 J.) dreier Freiburger Schulen wurden mittels Fragebogen zu ihrem Mobilitätsverhaltens und der Wahrnehmung ihrer Wohnumgebung vor, während und nach den jeweiligen Projektaktionen (Zeitraum Nov/14 – Feb/15) befragt. Protokolle der Trainerinnen ergänzen das Datenmaterial.

Ergebnisse

Es zeigt sich, dass die Mobilitätsbereitschaft mit steigender Entfernung vom Wohnort sinkt. Die selbst attestierte negative Wahrnehmung der eigenen Wohnumgebung scheint keinen Einfluss auf die Mobilität zu haben. Das nahe Umfeld wird kaum verlassen. Obwohl die Kinder umfangreiche Lernerfahrungen an neuen Orten machen und diese emotional positiv besetzen, ändert sich das Mobilitätsverhalten kaum. Mit Begleitung einer Kursleiterin hätten die Befragten großes Interesse an weiteren Aktionen.

Diskussion

Habitualisiertes Mobilitätsverhalten verändert sich offenbar nicht allein dadurch, dass neue Möglichkeitsräume aufgezeigt werden. Das explorativ angelegte Projekt regt weiterführende Forschungsfragen an und verweist auf innovatives Potential für Bewegungs-Bildungs-Angebote im schulischen Ganztag.

Literaturverzeichnis

Deinet, U. (2009). Sozialräumliche Aneignung und die Bedeutung des öffentlichen Raums für Jugendliche. In U. Deinet. (Hrsg.), *Betreten erlaubt! Projekte gegen die Verdrängung Jugendlicher aus dem öffentlichen Raum* (S. 13-28). Opladen (u. a.): Budrich.

Löw, M. (2001). *Raumsoziologie* (Suhrkamp-Taschenbuch Wissenschaft, 1506) (1. Aufl., Orig.-Ausg). Frankfurt am Main: Suhrkamp.

Schmidt, W. (Hrsg.). (2008). *Zweiter Deutscher Kinder- und Jugendsportbericht. Schwerpunkt: Kindheit* (Deutscher Kinder- und Jugendsportbericht, 2.2008). Schorndorf: Hofmann.

AK 36: Konzeptionelle Überlegungen zum inklusiven Sportunterricht

Konzeptionelle Überlegungen zum inklusiven Sportunterricht

HEIKE TIEMANN

Pädagogische Hochschule Ludwigsburg

Für die Fachdidaktik Sport stellt sich seit dem Inkrafttreten der UN Konvention über die Rechte von Menschen mit Behinderung in Deutschland im Jahr 2009 zunehmend die Frage nach geeigneten Konzepten und Modellen für den inklusiven Sportunterricht. In diesem Arbeitskreis soll aufbauend auf einem für alle konzeptionellen Überlegungen grundlegenden und vertieften Diskurs zur Begrifflichkeit, dieser Frage aus unterschiedlichen Perspektiven nachgegangen werden. Vorgestellt werden das „Drei-Ebenen-Modell der Unterrichtsentwicklung inklusiven Sportunterrichts" (Friedrich & Scheid, 2015) und das „Handlungsmodell inklusiver Sportunterricht" (Tiemann, 2015). Einen spezifischen Blick wirft der vierte Beitrag, der Überlegungen zu einer inklusive Sportspieldidaktik anstellt und konzeptionelle Ansätze diskutiert.

Folgende vier Beiträge sollen in diesem AK verortet werden:

- Beitrag 1: Dr. Anne Rischke, Universität Paderborn „Behinderung" als Kategorie des inklusiven Sportunterrichts? Systematisierende Überlegungen aus sportpädagogischer Perspektive
- Beitrag 2: Prof. Dr. Georg Friedrich & Prof. Dr. Volker Scheid, Universität Gießen & Universität Kassel: „Aspekte der Unterrichtsentwicklung zum inklusiven Sportunterricht"
- Beitrag 3: Prof. Dr. Heike Tiemann, Pädagogische Hochschule Ludwigsburg: „Das ‚Handlungsmodell Inklusiver Sportunterricht' – theoretische Verortung, konzeptionelle Ableitungen und Empfehlungen für die Praxis"
- Beitrag 4: Lena Krone, Pädagogische Hochschule Ludwigsburg: „Inklusive Sportspieldidaktik. Sportspiele gestalten in und mit heterogenen Lerngruppen".

Literatur

Friedrich, G. & Scheid, V. unter Mitarbeiter von A. Sommer, S. Flach und S. Gräfe (2014). Entwicklung von inklusivem Sportunterricht (Handreichung zum Verbundprojekt in drei Teilen). Gießen, Kassel.
Tiemann, H. (2015). Inklusiven Sportunterricht gestalten – didaktisch-methodische Überlegungen. Giese, M. & Weigelt L. (Hrsg.) *Inklusiver Sportunterricht in Theorie und Praxis* (S. 53-66). Aachen: Meyer und Meyer.

„Behinderung" als Kategorie des inklusiven Sportunterrichts? Systematisierende Überlegungen aus sportpädagogischer Perspektive

ANNE RISCHKE

Universität Paderborn

Im deutschen Schulsystem wird Schülerinnen und Schülern eine „Behinderung" mittels der Diagnose eines „sonderpädagogischen Förderbedarfs" zugeschrieben, der gemäß der Kultusministerkonferenz in acht verschiedenen „Förderschwerpunkten" festgestellt werden kann (KMK, 2011). In weiten Teilen der inklusionspädagogischen Diskussion wird der Verzicht auf derartige Kategorisierungen gefordert, da sie als ent-individualisierende Etikettierungen interpretiert werden, die zur Reproduktion und Verstetigung nicht erwünschter sozialer Differenzierungen beitragen (vgl. Moser, 2012).

Jenseits einer pauschalen Befürwortung oder Ablehnung solcher Forderungen vertritt Dederich (2015, S. 192) die These, dass „pädagogische Konzeptionen, die der Komplexität der im Kontext von Behinderung erfahrbaren Phänomene gerecht werden wollen, eine begrifflich-kategoriale Fundierung benötigen". Angesichts ihrer potenziell diskriminierenden Effekte ist aber von prinzipieller Bedeutung, dass Kategorien „eine nicht einholbare Unbestimmtheit und Offenheit aufweisen, die sich daraus ergibt, dass Bezeichnung und Bezeichnetes niemals völlig zur Deckung kommen können" (ebd.). Aus sportpädagogischer Perspektive ist darüber hinaus die weitergehende Annahme relevant, dass Versuche der begrifflichen Kategorisierung kontextabhängige, „eben nicht ‚ontische'" Aspekte beschreiben (ebd., S. 205): Damit ist auf die Notwendigkeit verwiesen, das Phänomen „Behinderung" bzw. Versuche seiner Beschreibung fachspezifisch zu reflektieren, da der Sportunterricht als Bewegungsfach den einzigen „Lern-Kontext" der Schule bildet, in dem ausdrücklich körperbezogene Formen der Interaktion und Kommunikation hervorgebracht werden.

Vor diesem Hintergrund soll im vorliegenden Beitrag versucht werden, „die in der Kategorie ‚Behinderung' subsumierten Phänomene" (ebd., S. 204) sowohl in ihrer Unbestimmtheit und Offenheit als auch in ihrer fachspezifischen Kontextabhängigkeit zu beschreiben. Ziel des Beitrages ist es demnach, die skizzierte Argumentation Dederichs nachzuzeichnen und für sportpädagogisch reflektierte Aussagen zu einem zentralen Problembereich der aktuellen Diskussion um schulische Inklusion nutzbar zu machen.

Literatur

Kultusministerkonferenz (2011). *Inklusive Bildung von Kindern und Jugendlichen mit Behinderungen in Schulen* (Beschluss v. 20.19.2011). Berlin: Eigendruck.
Dederich, M. (2015). Kritik der Dekategorisierung. Ein philosophischer Versuch. *Vierteljahresschrift für Heilpädagogik und ihre Nachbargebiete, 84 (3)*, 192-205. doi:10.2378/vhn2015.art24d
Moser, V. (2012). Braucht die Inklusionspädagogik einen Behinderungsbegriff? Zeitschrift für Inklusion, 0(3). Abgerufen am 04.05.2015 unter: http://www.inklusion-online.net/index.php/inklusion-online/article/view/40/40

Aspekte der Unterrichtsentwicklung zum inklusiven Sportunterricht

GEORG FRIEDRICH[1] & VOLKER SCHEID[2]

[1]Justus-Liebig-Universität Giessen, [2]Universität Kassel

Einleitung

Die Herausforderungen, welche sich aus dem Auftrag einer inklusiven schulischen Bildung aus der Ratifizierung der UN-Behindertenrechtkonvention ergeben, sind mittlerweile vom deutschen Bildungssystem in allen ihren Facetten erkannt (vgl. u. a. KMK, 2011). Umfangreiche Aktivitäten auf der politischen Ebene und ebenso auf der Ebene der Lehrerbildung sind angelaufen. Dabei wird deutlich, dass Vorschläge und Entwürfe auch für den inklusiven Sportunterricht bereits umfangreich vorliegen, die dem Druck insbesondere im Bereich der Lehrerbildung nachzugeben versuchen. Dementgegen sind erhebliche Desiderata auf dem Feld der theoretischen Einordnung und Grundlegung sowie auf der Ebene der empirisch-analytischen Prüfung festzustellen, die es gilt aufzuarbeiten. Der Beitrag versucht zunächst eine Einordnung in bereits vorliegende integrationspädagogische Ansätze und Befunde zu liefern, um daraus Konsequenzen und Aufgaben für die Inklusionsforschung abzuleiten. Desweiteren werden in Anlehnung an eine inklusive Didaktik (sensu Reich, 2012, 2014) und deren ausgearbeitete Leitlinien für einen inklusiven Unterricht empirisch-unterrichtsanalytischen Fragestellungen systematisiert dargelegt. Die Einordnung hierzu erfolgt entlang eines Drei-Ebenen-Modells der Unterrichtsentwicklung zu einem inklusiven Sportunterricht, das von den beiden Referenten in die aktuelle Fachdiskussion eingebracht wurde. (Scheid & Friedrich, 2015). Das Modell differenziert in Ziel-, Konstrukt- und Unterrichtsebene auf denen die für den inklusiven Sportunterricht relevanten Grundlagen und Entwicklungselemente verortet sind.

Literatur

Kultusministerkonferenz (2011). *Inklusive Bildung von Kindern und Jugendlichen mit Behinderungen in Schulen* (Beschluss v. 20.19.2011). Berlin: Eigendruck.
Reich, K. (2012). *Inklusion und Bildungsgerechtigkeit.* Weinheim u. Basel: Beltz.
Reich, K. (2014). *Inklusive Didaktik. Bausteine für eine inklusive Schule.* Weinheim u. Basel: Beltz.
Scheid, V. & Friedrich, G. (2015). Ansätze zur inklusiven Unterrichtsentwicklung. In Meier, S. & Ruin, S. *Inklusion als Herausforderung, Aufgabe und Chance für den Schulsport* (S.35-52) Berlin: Logos-Verlag

Das „Handlungsmodell Inklusiver Sportunterricht" – theoretische Verortung, konzeptionelle Ableitungen und Empfehlungen für die Praxis

HEIKE TIEMANN

Pädagogische Hochschule Ludwigsburg

Seit dem Inkrafttreten der UN Konvention über die Rechte von Menschen mit Behinderung in Deutschland im Jahr 2009 wird das Thema Inklusion in fachdidaktischen Diskursen zunehmend erörtert. Auch für die Fachdidaktik Sport stellt sich mit Blick auf die Herausforderungen im Kontext schulischer Inklusion die Frage nach der Entwicklung spezifischer Konzepte und Modelle für einen inklusiven Sportunterricht.

Ziel des Vortrages ist es, dass „Handlungsmodell Inklusiver Sportunterricht" (vgl. Tiemann, 2015), welches als Anknüpfungspunkt zur Gestaltung inklusiven Sportunterrichts gesehen werden kann, vorzustellen und zu diskutieren. Diesem Modell liegt eine kritische Sichtweise gegenüber dem, den Inklusionsdiskurs oftmals dominierenden Bezug auf die Kategorie Behinderung zugrunde. Die „Theorie der integrativen Prozesse" von Reiser (1991), der die Dialektik von Gleichheit und Differenz herausarbeitet, bildet das theoretische Fundament.

Der Anspruch eines inklusiven Sportunterrichts, sowohl die Unterschiedlichkeit als auch die Gleichheit der Individuen zu berücksichtigen und damit eine gleichberechtigte Teilhabe aller Schüler und Schülerinnen möglich zu machen, bildet sich im Handlungsmodell in der Verknüpfung sogenannter, sich hinsichtlich inklusionsrelevanter Charakteristika voneinander unterscheidender „Aktivitätstypen" (Tiemann, 2015) und „Lernsituationen" (Wocken, 1998) ab. Da einzelne Lernsituationen, die in spezifischer Weise Gleichheit und Differenz repräsentieren, charakteristisch sind für bestimmte Aktivitätstypen, kann über die Entscheidung für einzelne Aktivitätstypen auch die Balance von Gleichheit und Verschiedenheit gesteuert werden. Die Relevanz von Modifikationen, für deren Strukturierung das „6+1-Modell eines adaptiven Sportunterrichts" (vgl. Tiemann, 2013) herangezogen werden kann, ist abhängig von den Aktivitätstypen.

Mit Hinweisen auf Anwendungsoptionen soll deutlich gemacht werden, auf welche Weise dieses Modell dazu beitragen kann, Entscheidungsprozesse von Sportlehrkräften im Kontext inklusiven Sportunterrichts zu strukturieren und damit zu unterstützen.

Literatur

Reiser, H. (1991). Wege und Irrwege zur Integration. In A. Sander & P. Raidt, (Hrsg.), *Saarbrücker Beiträge zur Integrationspädagogik* (13-33). St. Ingbert: Röhrig Verlag.
Tiemann, H. (2013). Inklusiver Sportunterricht: Ansätze und Modelle. *Sportpädagogik, 37 (6)*, 47-50.
Tiemann, H. (2015). Inklusiven Sportunterricht gestalten – didaktisch-methodische Überlegungen. In M. Giese, M. & L. Weigelt (Hrsg.), Inklusiver Sportunterricht in Theorie und Praxis. Aachen: Meyer & Meyer (im Druck).
Wocken, H. (1998). Gemeinsame Lernsituationen. Eine Skizze zur Theorie des gemeinsamen Unterrichts. In A. Hildeschmidt & I. Schnell (Hrsg.), *Integrationspädagogik. Auf dem Weg zu einer Schule für Alle* (S. 37-52). Weinheim: Juventa Verlag.

Inklusive Sportspieldidaktik. Sportspiele gestalten in und mit heterogenen Lerngruppen.

LENA KRONE

Pädagogische Hochschule Ludwigsburg

Abstract

Die Ratifizierung der UN-Behindertenrechtskonvention (2009) hat die Bildungseinrichtungen vor neue Herausforderungen gestellt; die Fächer und Fachdidaktiken sind gefordert, allen Lernenden „Teilhabe- und Teilnahmechancen an Bildungs- und sozialen Prozessen" (Ziemen, 2014, S. 51) zu ermöglichen sowie exkludierende Momente zu identifizieren und abzubauen. Die Gestaltung inklusiver Lernsettings erfordert ein Umdenken hinsichtlich der methodisch-didaktischen Unterrichtsgestaltung (vgl. Leinweber et al., 2015, S. 11); Ausgangspunkt aller konzeptionellen Überlegungen zur Gestaltung von Unterricht müssen stets die individuellen Potentiale und Bedürfnisse aller Schülerinnen und Schüler der Lerngruppe sein (vgl. Tiemann, 2015, S. 56). Vielfalt wird zur Norm und deren Berücksichtigung zum Parameter, an welchem sich die Qualität inklusiven Unterrichts messen lassen muss. Vor diesem Hintergrund mag es zunächst fragwürdig erscheinen, komplexe Anforderungen wie technisch und taktisch anspruchsvolle Sportspiele zum Thema inklusiven Schulsports zu machen, die, so Weichert (2008), wohl die größte Herausforderung für den Sportunterricht in heterogenen Lerngruppen darstellen und durch ihre starke Regelorientierung dem Anspruch der individualisierten Lernzugänge diametral gegenüber stehen. Diese besondere Aufgabe anzugehen und methodisch-didaktische Lösungsvorschläge zu diskutieren, ist Ziel dieses Vortrags. Grundlage für die Diskussion bilden zum einen inklusionspädagogische Modelle sowie bereits bestehende Vermittlungskonzepte für die Thematisierung von Sportspielen im schulischen Kontext, hier scheint besonders der Ansatz des genetischen Lernens (vgl. Loibl, 2001) die Chance zu bieten, die Spannung zwischen den konstitutiven Elementen des Sportspiels und der Forderung der gleichberechtigten Teilhabe aller Lernenden aufzulösen und didaktisch nutzbar zu machen. Zum anderen konkretisieren Erfahrungen aus der schulischen Praxis inklusiven Sportunterrichts jene theoretischen Überlegungen.

Literatur

Leineweber, H. et al. (2015). Alle inklusive? Subjektive Theorien von Sportlehrkräften zu Inklusion. *Sportunterricht, 64* (1), 9-14.
Loibl, J. (2001). *Basketball-genetisches Lernen: spielen-erfinden-erleben-verstehen.* Schorndorf: Hofmann.
Tiemann, H. (2015). Didaktische Konzepte für einen inklusiven Sportunterricht. In S. Meier & S. Ruin (Hrsg.), *Inklusion als Herausforderung, Aufgabe und Chance für den Schulsport* (S. 53-66). Berlin: Logos Verlag.
Weichert, W. (2008). Integration durch Bewegungsbeziehungen. In F. Fediuk (Hrsg.), *Inklusion als bewegungspädagogische Aufgabe. Menschen mit und ohne Behinderungen gemeinsam im Sport* (S. 55-96). Baltmannsweiler: Schneider Verlag.
Ziemen, K. (2014). Inklusion und deren Herausforderungen für die (Fach-)Didaktik. In B. Amrhein & M. Dziak-Mahler (Hrsg.), *Fachdidaktik inklusiv. Auf der Suche nach didaktischen Leitlinien für den Umgang mit Vielfalt in der Schule* (S. 45-55). Münster: Waxmann.

AK 37: Inklusion

Fremdheit als Bildungsanlass?
– Eine videobasierte Studie im Sportunterricht

AIKO MÖHWALD

Albert-Ludwigs-Universität Freiburg

Einleitung

Ein Strukturmerkmal moderner Gesellschaften ist ihre kulturell heterogene Zusammensetzung. Die Herausforderung der Förderung eines konstruktiven Umgangs mit kultureller Vielfalt und den sich eventuell daraus ergebenden Fremdheitserfahrungen wird im sportpädagogischen Bereich vom Konzept der interkulturellen Bewegungserziehung (Erdmann, 1999) aufgegriffen, welches sozialpsychologische und identitätstheoretische Ansätze zum Umgang mit Fremdheit vereint. Theoretisch wurde die interkulturelle Bewegungserziehung um eine bildungstheoretische Dimension erweitert und in die transformatorische Bildungstheorie von Koller (2012) eingebettet. Basierend auf die interkulturelle Bewegungserziehung wurde ein theoriegeleitetes Sportunterrichtsvorhaben konzipiert und durchgeführt. Die Studie untersucht, ob und wie die Schüler/innen auf didaktisch inszenierte ‚Fremdheitstrigger' – z. B. ausgelöst durch heimliche Regeländerungen – reagieren. Diese ‚Trigger' werden aus theoretischer Sicht als Anlass für Bildungsanregungen angesehen.

Methode

Insgesamt durchliefen 69 Schüler/innen der Jahrgangsstufe 6 ein sechswöchiges Unterrichtsvorhaben nach den didaktischen Leitideen von Gieß-Stüber (1999) zum Umgang mit Fremdheit. Die videographierte Intervention wurde inhaltlich segmentiert und kategorisiert. Mithilfe der Sequenzanalyse können die unterschiedlichen Handlungsstrategien und deren Sinngehalt rekonstruiert und anhand sozialpsychologischer, identitäts- und bildungstheoretischer Ansätze interpretiert werden. Die im Anschluss an die ‚Fremdheitstrigger' geführten Reflexionsgespräche dienen als weitere Interpretationsfolie für die Fragen, inwiefern die ‚Trigger' die Schüler/innen irritiert haben und wie diese von ihnen verarbeitet und ggf. in ihren Lebensalltag eingeordnet wurden.

Ergebnisse

Die Schüler/innen weisen im Umgang mit Fremdheit in der Regel Handlungsketten auf, die verschiedene theoretisch angenommene Handlungsstrategien – von einem neugierig-explorativen bis hin zu einem abwehrenden Verhalten – miteinander verknüpfen. Insgesamt scheint der Dosierungsgrad von ‚Fremdheit' für die Handlungsverläufe und die Anregung von potentiellen Bildungsanlässen bedeutend zu sein. Aus theoretischer Sicht kann vermutet werden, dass zu niedrig bzw. zu hoch dosierte ‚Fremdheitstrigger' keine Bildungsanlässe initiieren können. Die Reflexionsgespräche deuten darauf hin, dass Schüler/innen in der Lage sind, das im Spiel Erlebte in ihren Lebensalltag einzuordnen.

Literatur

Gieß-Stüber, P. (1999). Der Umgang mit Fremdheit. In R. Erdmann (Hrsg.), *Interkulturelle Bewegungserziehung* (S. 42-60). Sankt Augustin: Academia.
Erdmann, R. (Hrsg.). (1999) *Interkulturelle Bewegungserziehung.* Sankt Augustin: Academia.
Koller, H.-C. (2012). *Bildung anders denken. Einführung in die Theorie transformatorischer Bildungsprozesse.* Stuttgart: Kohlhammer.

Freiwurf Hamburg – Qualitative Evaluation eines inklusiven Sportprojekts

STEFFEN GREVE

Universität Hamburg

Einleitung

Freiwurf Hamburg e. V. ist ein Verein für Handball-Teams mit Menschen mit und ohne geistiges Handicap. Der Verein besteht aus sieben Teams in einem Ligabetrieb, wobei in jedem Team Jugendliche und Erwachsene mit und ohne Beeinträchtigung miteinander spielen. Die Liga wird vom Deutschen Handball-Bund unterstützt und bemüht sich nach seinem schriftlich fixierten Selbstverständnis inklusiv zu agieren. Alle Teilnehmer, unabhängig von ihren körperlichen oder geistigen Voraussetzungen, sollen ‚Bewegungsfreiheit' erfahren, um ins Spiel zu kommen und daran freudvoll teil zu haben. Die Spieler gelten somit nicht als beeinträchtigt, sondern als Handballer mit spezifischen Bedürfnissen. Dieses Grundverständnis von Inklusion entspricht der Haltung, die in der aktuellen sportpädagogischen Diskussion gefordert wird. Dabei wird Vielfalt als eine Qualität, die das Leben bereichert anerkannt und wertgeschätzt (vgl. Tiemann, 2013).

Methode

Im Rahmen einer Kooperation mit der Universität Hamburg wird eine nutzer-fokussierte Evaluation (Patton, 2008) des Projektes durchgeführt. Dabei wurden in einem ersten Schritt die Akteursperspektiven von Spielern mit und ohne Beeinträchtigung, Trainern, Schiedsrichtern und Eltern der Spieler durch Interviews rekonstruiert und in Anlehnung an die Verfahren der Grounded Theory ausgewertet (vgl. Strauss & Corbin, 1996). In einem zweiten Schritt werden diese Ergebnisse mit den Projektbeteiligten diskutiert und ggf. gemeinsam in Handlungsempfehlungen überführt. In einem weiterführenden Schritt soll dann die Umsetzung dieser Handlungsempfehlungen evaluiert werden.

Ergebnisse und Diskussion

Im Vortrag werden die Zwischenergebnisse der qualitativen Evaluation im Sinne Pattons vorgestellt. Ein Fokus liegt dabei auf dem Selbstverständnis der Freiwurfbewegung, das u. a. spezifische Auslegungen von Begriffen wie *Leistung* und *Freude am Spiel* beinhaltet. Die Diskussion der Ergebnisse erfolgt in methodenkritischer wie inklusionstheoretische Hinsicht.

Literatur

Patton, M. Q. (2008). *Utilization-Focused Evaluation* (4th ed.). Thousand Oaks: Sage.
Strauss, A. & Corbin, J. (1996). *Gronded Theory: Grundlagen qualitativer Sozialforschung*. Weinheim: Beltz.
Tiemann, H. (2013). Inklusiver Sportunterricht – Ansätze und Modelle. *Sportpädagogik, 37* (6), 47-50.

Inklusiver Sportunterricht – Untersuchungen zur Rolle der Schulleitung

MARIA DINOLD, THERESA SCHMELZER, HARALD LEONHARTSBERGER & ALEXANDER SIX

Universität Wien

Einleitung

Den theoretischen Grundlagen zur inklusiven Pädagogik im Schulsport folgend (z. B. Tiemann & Hofmann, 2010; Weichert, 2008) bietet gemeinsamer Sportunterricht die Chance, positive interpersonale Beziehungen zwischen Kindern und Jugendlichen mit und ohne Behinderungen zu aktivieren sowie zur individuellen persönlichen Entwicklung jedes einzelnen Kindes beizutragen. Zur Erreichung dieser Absichten muss auch die Schulleitung einbezogen werden. Dieser Beitrag erforscht die Rolle, das Wissen, die Kompetenzen und die Verantwortlichkeiten der Schulleiter/innen. Es wurden ihnen (im Rahmen von Diplomarbeiten) Fragen zu den Rechtsgrundlagen und dem theoretischen Hintergrund von Inklusion – generell und für Bewegung und Sport sowie auch hinsichtlich Ausmaß und Qualität der räumlichen und personellen Ausstattung und Barrierefreiheit der Schulen – gestellt.

Methode

Die Untersuchungen wurden mittels online Fragebögen (Web-Survey) an die Schulleiter/innen der inklusiv geführten Schulen der Sekundarstufe I im Burgenland (BGL), in Oberösterreich (OÖ) und Wien (W) umgesetzt. Für die Fragebogenkonstruktion und die Durchführung der Befragung wurde das Programm „Unipark" verwendet. Die erhaltenen Daten wurden mit der Software für Onlinebefragungen EFS (Enterprise Feedback Suite) Survey verarbeitet. Die Anzahl der antwortenden Schulen variierte zwischen 26 (28% W), 28 (57,1% BGL) und 48 (45,7% OÖ). Nachdem die Befragungen viele verschiedene Aspekte (Demographie, theoretisches Wissen, Zusammenarbeit, Beteiligung, u. A. m.) ansprachen, werden hier nur beispielhaft Ergebnisse zum Informationsstand der Schuldirektionen ausgewählt.

Ergebnisse

Es wurden große Unterschiede zwischen den Bundesländern hinsichtlich Räumlichkeiten, Ausstattung, Barrierefreiheit und Einsatz von zusätzlichem Personal festgestellt. Während in den Wiener Schulen ein relativ gutes Personenverhältnis für Team-Teaching angegeben wurde, hatten diese schlechter ausgestattete und häufig unzugänglichere Sporthallen. Die Schulstrukturen schienen in Oberösterreich auf besserem Niveau zu sein, aber dennoch nicht ausreichend für guten inklusiven Sportunterricht.

Diskussion

Abgesehen von den Schwierigkeiten von repräsentativen Ergebnissen (wegen relativ geringer Compliance), verdeutlicht der Vergleich der Untersuchungsergebnisse aus drei Bundesländern, dass das Bewusstsein der Schulleiter/innen für inklusiven Sportunterricht vorhanden ist, aber nicht wirklich als Priorität gesehen wird.

Die Literatur ist bei den Autoren zu erfragen.

Konzeption und Validierung eines anforderungsspezifischen Erhebungsinstruments zu Haltungen von Sportlehrkräften zu Inklusion

STEFAN MEIER & SEBASTIAN RUIN

Deutsche Sporthochschule Köln

Einleitung

Mit der sukzessiven flächendeckenden Einführung der Inklusion im deutschen Bildungssystem ergeben sich veränderte und herausfordernde Rahmenbedingungen für die Akteure im Schulsystem. Im Blickpunkt stehen hier vor allem die Haltungen von Lehrkräften, da sie hierüber maßgeblich zum Gelingen inklusiver Praktiken beitragen (Gather Thurler & Kühn-Ziegler, 2013). Haltungen gelten zudem als einflussreiche Variablen für die Gestaltung von Unterricht. Darüber hinaus ist aus dem Bereich der Mathematik bekannt, dass sich Schülerleistungen am ehesten (empirisch) erklären lassen, wenn sie fach- und anforderungsspezifisch erfasst werden, wobei zumeist geeignete Instrumente fehlen (Blömeke et al., 2008).

Methode

Bei der Testkonstruktion wird auf Erkenntnisse qualitativer Studien (Leineweber, Meier & Ruin, 2015) aufgebaut. Hierüber konnte eine Matrix zur Konstruktion der Items erstellt werden. Diese sieht vor, dass die Haltungen von Lehrkräften zu Inklusion in drei inhaltlichen Dimensionen – Körper, Leistung und Didaktik – konzeptualisiert werden. Weiterhin können diese drei Dimensionen in drei Kategorien (normiert, funktional, ganzheitlich) ausdifferenziert werden. Inhaltsdimensionen und Kategorien bilden somit eine Matrix, deren Zellen eine Heuristik für die vorzunehmende Itementwicklung darstellen, um die Abdeckung konzeptionell bedeutsamer Aspekte durch Items zu gewährleisten.

Ergebnisse

Auf der Grundlage erster Pilotierungsschleifen ($N = 400$) können sowohl die inhaltliche Ausdifferenzierung als auch Kennwerte, die Aussagen zur Validität implizieren berichtet werden. U. a., dass das konstruierte Testinstrument sensitiv für verschiedene Gruppenunterschiede, Lehramtsstudierende ohne das Fach Sport sowie Sportstudierende ohne Lehramt ist.

Diskussion

Die Konstruktion des Testinstruments zur anforderungsspezifischen Erfassung zu Haltungen von Sportlehrkräften zu Inklusion eröffnet unterschiedliche Horizonte. Z. B. kann es im Rahmen quasi-experimenteller Interventionsstudien zur Veränderung von Haltungen angehender Sportlehrkräfte zu Inklusion eingesetzt werden. Hierüber ließe sich ein Beitrag zur gezielten Anbahnung der geforderten inklusiven Praktiken schaffen.

Literatur

Blömeke, S., Müller, C., Felbrich, A. & Kaiser, G. (2008). Epistemologische Überzeugungen zur Mathematik. In S. Blömeke, G. Kaiser & R. Lehmann (Hrsg.), *Professionelle Kompetenz angehender Lehrerinnen und Lehrer. Wissen, Überzeugungen und Lerngelegenheiten deutscher Mathematikstudierender und -referendare. Erste Ergebnisse zur Wirksamkeit der Lehrerausbildung* (S. 219-246). Münster: Waxmann.
Gather Thurler, M. & Kühn-Ziegler, R. (2013). Inklusion I. Editorial. *Journal für Schulentwicklung* (3), 4-8.
Leineweber, H., Meier, S. & Ruin, S. (2015). Alle inklusive?! Subjektive Theorien von Sportlehrkräften zu Inklusion. *sportunterricht, 64* (1), 11-16.

AK 38: Trainieren und Lernen im Sport und durch Sport

Zum Zusammenhang zwischen subjektivem Gesundheitsempfinden und motorischer Leistungsfähigkeit

KATHRIN RANDL & GERD THIENES

Georg-August-Universität Göttingen

Einleitung

Vor dem Hintergrund der Zunahme von chronischen Erkrankungen bei Kindern und Jugendlichen ist die Erforschung der gesundheitsbezogenen Lebensqualität von erhöhter Bedeutung. Zur Erfassung der subjektiven Gesundheit gilt international der Short Form (SF)-36 Health Survey als Standardinstrumentarium ab 14 Jahren (Morfelder, Kirchberger & Bullinger, 2011). Es liegen aber bis dato wenige Befunde mit gesunden Kindern und Jugendlichen vor. Die vorliegende Untersuchung überprüft daher den Zusammenhang zwischen Gesundheit und motorischer Leistungsfähigkeit bei dieser Zielgruppe.

Methode

Die Personenstichprobe bestand aus 111 Schülerinnen und Schülern (w = 66/m = 45), die sich aus sechs Schulklassen (7.-10. Klasse) im Alter von 12 bis 17 Jahren (M = 14,34 Jahre) zusammensetzte. Als Messinstrument zur Erfassung des Gesundheitszustandes der Schülerinnen und Schüler wurde der SF-36 verwendet. Die acht Dimensionen sollen die körperliche und psychische Gesundheit abbilden. Die motorische Leistungsfähigkeit wurde mittels des 20 m-Shuttle-Run-Tests sowie fünf Testitems (Balancieren rückwärts, Seitliches Hin- und Herspringen, Sit-Ups, Liegestütz, Standweitsprung) des Deutschen Motorik-Tests 6-18 (DMT) überprüft. Die Auswertung erfolgte regressionsanalytisch.

Ergebnisse

Die höchsten Werte wurden von den Schülerinnen und Schülern in der Subdimension *Körperliche Funktionsfähigkeit* mit 92,66 von 100 Punkten erreicht. Es besteht ein überzufälliger Zusammenhang zwischen der motorischen Leistungsfähigkeit und dem Gesundheitsempfinden der Schülerinnen und Schüler, dies zeigt sich erwartungsgemäß beim Zusammenhang zwischen dem *Körperlichen Summenmaß* und der Ausdauerleistungsfähigkeit ($F(1,109) = 13,544$; $p = ,001$). Die differenziertesten Angaben liefert die Subskala *Vitalität*, auch hier zeigen sich signifikante Zusammenhänge zur motorischen Leistungsfähigkeit ($F(1, 109) = 10,542$; $p = ,002$).

Diskussion

Der Einfluss des subjektiven, physischen Gesundheitsempfindens auf die motorische Leistungsfähigkeit konnte anhand des SF-36 belegt werden. Einzelne Subdimensionen des SF-36 liefern dafür aussagekräftige Ergebnisse. Die Zusammenhänge zu den psychischen Komponenten der Gesundheit sind weiter zu prüfen.

Literatur

Bös, K., Schlenker, L., Büsch, D., Lämmle, L., Müller, H., Oberger, J., Seidel, I. & Tittlbach, S. (2009). *Deutscher Motorik-Test 6-18 (DMT 6-18)* (dvs Band 186). Czwalina: Hamburg.
Morfeld, M., Kirchberger, I. & Bullinger, M. (2011). *SF-36 Fragebogen zum Gesundheitszustand. Manual* (2., erg. und überarb. Aufl.). Göttingen: Hogrefe.

Simulative Trainingswirkungsanalyse am Beispiel Schwimmen

CHRISTIAN RASCHE & MARK PFEIFFER

Johannes Gutenberg-Universität Mainz

Einleitung

Bei der zeitreihenbasierten Simulation der Wechselbeziehung zwischen Training und Leistung wird das Training modellseitig in eine bzw. zwei Variablen differenziert (Taha & Thomas, 2003; Perl & Pfeiffer 2011). Ein Vergleich der existierenden antagonistischen Modelle steht aus und wurde mittels Daten aus dem Leistungsschwimmen durchgeführt.

Methode

Die Trainings- und Leistungsdaten von 5 DSV-Schwimmern (17-27 Jahre, 1 w/4 m) wurden über 25 Wochen erhoben und das Schwimmtraining tageweise anhand der geschwommenen Meter (Umfang) in acht Belastungszonen (Intensität) dokumentiert (Mujika et al., 1996; Rudolph, 2008). Die schwimmspezifische Leistung wurde zweimal wöchentlich über einen Semi-Tethered-Test (3 x 20 m Freistil, steigender Widerstand) ermittelt. Die gemessenen Daten wurden tageweise in zwei (Training/Leistung) und drei (Training in Umfang/Intensität und Leistung) Zeitreihen aufbereitet. Anschließend wurde die Wirkung des Trainings auf die Leistung simulativ über die Analyse der Zeitreihen mit Hilfe des Fitness-Fatigue-Modells (FF-Modell, eine Trainingsvariable), des Performance-Potential-Modells (PerPot, eine Trainingsvariable) und des Performance-Potential-Double-Modells (PerPot DoMo, zwei Trainingsvariablen s. o.) abgebildet. Die Beurteilung der Modellgüte erfolgte anhand der mittleren absoluten prozentualen Abweichungen (MAPE) und der Intraklassen-Korrelationskoeffizienten (ICC) zwischen empirischen und simulierten Leistungswerten.

Ergebnisse

Der MAPE lag im Mittel aller Probanden bei 3,07 ± 1,81% (FF-Modell), 2,94 ± 1,23% (PerPot) und 2,58 ± 1,16% (PerPot DoMo) und die ICCs entsprechend bei .65, .72 und .81.

Diskussion

Die Modellanpassungen können gemessen an der Streuung der Leistungswerte für alle Modelle insgesamt als gut beurteilt werden. Das PerPot DoMo kann durch die in Umfang und Intensität differenzierte Eingabe des Trainingsreizes die Dynamik des Leistungsverlaufs im Durchschnitt sowohl bezüglich des MAPEs als auch des ICCs besser abbilden, als das FF- und PerPot-Modell.

Literatur

Mujika, I., Busso, T., Lacoste, L., Barale, F., Geyssant, A. & Chatard, J. C. (1996). Modeled responses to training and taper in competitive swimmers. *Medicine and science in sports and exercise, 28* (2), 251-258.
Perl, J. & Pfeiffer, M. (2011). PerPot DoMo: Antagonistic Meta-Model Processing two Concurrent Load Flows. *International Journal of Computer Science in Sport 10* (2), 85-92.
Rudolph, K. (2008). Belastungszonen – Problemzonen. In W. Leopold (Hrsg.), *Schwimmen. Lernen und Optimieren* (Band 28) (S. 34-40). Beucha: Deutsche Schwimmtrainer-Vereinigung e. V.
Taha, T. & Thomas, S. G. (2003). Systems modelling of the relationship between training and performance. *Sports Medicine, 33* (14), 1061-1073.

Effekte unterschiedlicher Bewegungsinterventionen auf die Schulleistung von Schülerinnen und Schülern

KARIN BORISS & TIM DIRKSEN

Westfälische Wilhelms-Universität Münster

Einleitung

Koordinative und kognitive Leistungen werden als zusammenhängende Fähigkeitsbereiche betrachtet, die in ihrer Verbindung maßgeblich zu schulischen Leistungen von Schülerinnen und Schülern beitragen (Duckworth & Seligman, 2005; Tomporowski, Davis, Miller & Naglieri, 2008). Schulleistungen durch den gezielten Einsatz von Bewegung, Spiel und Sport im Schulalltag zu verbessern und damit die individuelle Förderung von Schülerinnen und Schülern voranzubringen, war das Ziel eines interdisziplinären Projektes, das kognitionspsychologische sowie bewegungswissenschaftliche Grundlagen im sportunterrichtlichen Setting zusammenführte. Die Ergebnisse des Projektes werden in diesem Beitrag vorgestellt.

Methode

In einer Feldstudie mit insgesamt 449 Schülerinnen und Schülern (11.98 ± 0.44 Jahre; 51.89% männlich) wurden über einen Zeitraum von 20 Wochen drei unterschiedliche bewegungsbasierte Förderprogramme durchgeführt, die eigens für diese Studie entwickelt und in den schulischen Sportunterricht integriert wurden: Ein exekutiv-funktionales, ein koordinatives sowie ein Förderprogramm, das beide Anforderungsbereiche integrierte. Vor und nach der Intervention kamen Schulleistungstests (Mathe, Schreiben, Lesen) zum Einsatz. Mittels messwiederholter ANOVAs erfolgte eine Überprüfung von Entwicklungsunterschieden zwischen den Gruppen, wobei Probanden mit unregelmäßiger Teilnahme an Testungen oder Fördereinheiten von den Berechnungen ausgeschlossen wurden (Dropout-Quote: 16.7%).

Ergebnisse

Die Ergebnisse zeigen, dass sich die drei Förderprogramme unterschiedlich auf die Leistungsbereiche auswirken. Das exekutiv-funktionale Förderprogramm hat einen Effekt auf die Mathematikleistung ($F[1, 183] = 4.41$, $p = .037$, $Eta^2 = .024$), das koordinative Programm auf die Schreibleistung ($F[1, 187] = 4.30$, $p = .039$, $Eta^2 = .022$) und das gemischte Programm ebenfalls auf die Schreibleistung der Schülerinnen und Schüler ($F[1, 181] = 4.56$, $p = .034$, $Eta^2 = .025$).

Diskussion

Die Ergebnisse untermauern das Potenzial einer bewegten Schulkultur und haben in Anbetracht der Absicht, schulische Leistungen von Schülerinnen und Schülern zu verbessern, eine große Relevanz für die Gestaltung von Bildungsprozessen. Implementierungsmöglichkeiten der durchgeführten Förderprogramme werden in der Präsentation diskutiert.

Literatur

Duckworth, A.L. & Seligman, M.E.P. (2005). Self-discipline outdoes IQ in predicting academic performance of adolescents. *Psychological science, 16* (12), 939-944.

Tomporowski, P.D., Davis, C.L., Miller, P.H. & Naglieri, J.A. (2008). Exercise and Children's Intelligence, Cognition, and Academic Achievement. *Educational Psychology Review, 20* (2), 111-131.

Der differenzielle Lernansatz im Krafttraining bei der Übung Kniebeuge

PATRICK HEGEN, GREGOR POLYWKA & WOLFGANG I. SCHÖLLHORN

Johannes Gutenberg-Universität Mainz

Einleitung

Der Verstärkung von Schwankungen wird im Ansatz des differenziellen Lehrens und Lernens (1999) eine zentrale Bedeutung zugeschrieben, die positive Effekte in zahlreichen Sportarten und der Physiotherapie zeigt (Schöllhorn, Beckmann & Davids, 2010). Ziel dieser Untersuchung ist der erstmalige Transfer des Ansatzes auf die konditionelle Fähigkeit Kraft am Beispiel der Kniebeuge.

Methode

An der prä-post-test-Studie nehmen 24 männliche, gesunde und sportlich aktive Probanden teil (25,5 ± 2,5 Jahre), die parallelisiert in zwei Gruppen aufgeteilt werden. Eine klassisch trainierende Gruppe (KTG) trainiert mit einer Intensität von 60 bis 97,5% gemäß den Prinzipien des vorherrschenden, klassischen Krafttrainings. Die differenziell trainierende Gruppe (DTG) trainiert hingegen mit einer Intensität von ca. 60% nach dem differenziellen Ansatz, d. h. mit einer geringeren Intensität, jedoch mit größeren Bewegungsvariationen (= Schwankungen). Während der Interventionsphase trainieren die beiden Gruppen mit gleicher Gesamtwiederholungszahl. Im Prä- und Posttest werden das Einerwiederholungsmaximum (1RM), die Sprunghöhen im Countermovement Jump (CMJ), Squat Jump (SJ) und Drop Jump (DJ) bestimmt. Die Datenanalyse erfolgt mittels einer Varianzanalyse mit Messwiederholung.

Ergebnisse

Beide Gruppen können ihre 1RM-Leistung im Untersuchungszeitraum hochsignifikant mit großer Effektstärke auf dem Faktor Zeit steigern ($F_{1, 22} = 128,0$, $p = 0,000$; $\eta^2 = 0,853$). Die Faktoren Gruppe ($F_{1, 22} = 0,672$; $p = 0,421$; $\eta^2 = 0,003$) und der Faktor Zeit und Gruppe ($F_{1, 22} = 0,088$, $p = 0,769$; $\eta^2 = 0,004$) weisen keine statistischen Effekte auf. Signifikante Ergebnisse bezüglich des Faktors Zeit sind auch bei allen drei Sprungformen mit großen Effektstärken zu beobachten (CMJ: $F_{1, 22} = 59,037$, $p = 0,000$; $\eta^2 = 0,729$; SJ: $F_{1, 22} = 48,850$, $p = 0,000$; $\eta^2 = 0,689$; DJ: $F_{1, 22} = 52,825$, $p = 0,000$; $\eta^2 = 0,706$). Lediglich das Ergebnis des Faktors Zeit und Gruppe bei dem CMJ ist signifikant bei einer mittleren Effektstärke ($F_{1, 22} = 5,308$, $p = 0,031$; $\eta^2 = 0,194$) zugunsten der KTG.

Diskussion

Die Ergebnisse der DTG in Bezug auf das 1RM führen zu einem Überdenken traditioneller Ansätze, da gleiche Steigerungen mit einer deutlich geringeren Intensität realisiert werden konnten. Der Transfer des differenziellen Ansatzes auf die konditionelle Fähigkeit Kraft liefert umfangreich Ansätze und Probleme, die in zukünftigen Studien vertieft zu untersuchen sind. Weiterer Forschung bedürfen die Effekte hinsichtlich der Sprungergebnisse.

Literatur

Schöllhorn, W. I. (1999). Individualität – ein vernachlässigter Parameter? *Leistungssport, 29* (2), 7-11.
Schöllhorn, W. I., Beckmann, H., & Davids, K. (2010). Exploiting system fluctuations. Differential training in physical prevention and rehabilitation programs for health and exercise. *Medicina, 46* (6), 365-373.

Differenzielles Lernen vs. Analogielernen einer Zielwurfaufgabe

THOMAS JAITNER

Technische Universität Dortmund

Einleitung

Das Lernen mit Analogien wird als eine Form impliziten Bewegungslernens verstanden. Lam et al. (2009) wiesen anhand eines modifizierten Basketballwurfs nach, dass Analogielernen und explizites Lernen sich hinsichtlich der Behaltensleistung nicht unterscheiden, Analogielerner jedoch keine Leistungseinbußen im Transfer verzeichnen. Legt man nun die Annahme zugrunde, dass differenziell Lernende sich durch das vielfältige Variieren der Aufgabenstellung den Strukturen der Bewegungsaufgabe ebenfalls nicht bewusst sind, sollten ähnliche Effekte zu erwarten sein. Ziel war es daher in Anlehnung an Lam et al. (2009) Differenzielles Lernen (D) und Analogielernen (A) zu vergleichen.

Methode

Bewegungsaufgabe war eine Zielwurfaufgabe, bei der aus dem Sitz ein Tennisball in einen 2,5 m entfernten, 1,85 m hohen Basketballkorb (Ø 0,21 m) geworfen wurde. 18 Sportstudierende (5 w/13 m; D:8/A:10) absolvierten an aufeinanderfolgenden Tagen drei Trainingseinheiten à 160 Würfe sowie eine Testeinheit. Die A-Gruppe wurde mit der Cookie-Jar-Analogie (Lam et al., 2009) instruiert, die D-Gruppe variierte von Wurf zu Wurf die Arm- und Handbewegung, die Rumpflage, Abwurf- und Sitzposition sowie den Abstand zum Korb und das Ballgewicht. In der Testeinheit führten die Probanden zweimal zwei Blöcke á 20 Würfen unter „normalen" Bedingungen (RT1, RT2) aus, dazwischen erfolgte eine Transferaufgabe (TT, 2 Blöcke), bei der zusätzlich in Dreierschritten rückwärts gezählt wurde. Bei allen Würfen wurde die Trefferquote anhand einer fünfteiligen Skala erfasst. Die gemittelten Trefferquoten der einzelnen Blöcke der Testeinheit wurden anschließend mittels nicht parametrischer Verfahren analysiert.

Ergebnisse

Die Trefferquote der D-Gruppe lagen in RT1 bei $1,7 \pm 1,0 / 1,8 \pm 0,5$, in TT bei $2,2 \pm 0,6 / 2,1 \pm 0,5$ und in RT2 bei $2,1 \pm 0,5 / 2,2 \pm 0,5$. Gruppe A erreichte $1,6 \pm 0,5 / 1,9 \pm 0,6$ (RT1), $1,7 \pm 0,6 / 2,1 \pm 0,6$ (TT) und $2,0 \pm 0,3 / 2,1 \pm 0,3$. Signifikante Unterschiede zwischen den Gruppen zeigten sich nur hinsichtlich der Änderungsraten von RT1/Block2 zu TT/Block1 sowie von TT/Block1 zu TT/Block2.

Diskussion

Die zusätzliche Beanspruchung kognitiver Ressourcen im Transfertest führt bei den differenziell Lernenden zu keiner Leistungseinbuße, was dafür spricht, dass nicht explizit gelernt wird. Die Unterschiede zur Analogiegruppe resultieren daraus, dass diese im Transfertest zunächst ihre Trefferquote verringern und erst im zweiten Block steigern. Dies deutet womöglich auf einen stärkeren Anteil expliziter Wissensaneignung in dieser Gruppe.

Literatur

Lam, W. K., Maxwell, J. P. & Masters, R. S. W. (2009). Analogy versus explicit learning of a modified basketball shooting task: Performance and kinematic outcomes. *Journal of Sports Sciences, 27*, 2, 179-191.

Auswirkungen von unterschiedlich geblocktem Differenziellen Lernen auf das Lernen von Basketball-Passtechniken bei Novizen

HENDRIK BECKMANN, STEFAN BARMSCHEIDT & WOLFGANG I. SCHÖLLHORN

Johannes Gutenberg-Universität Mainz

Einleitung

Das Differenzielle Lernen integriert sowohl Lernansätze die vielfältige Bewegungsausführungen ohne jegliche Wiederholungen favorisieren als auch solche Lernansätze, die auf das geblockte Wiederholen einer Bewegung abzielen (z. B. geblocktes Kontextinterferenz-Lernen; vgl. Schöllhorn et al., 2006). Die Studie überprüft die Auswirkungen verschiedener Blockungen innerhalb des DL auf das motorische Lernen.

Methode

Dreißig Basketball-Novizen (13 Frauen, 17 Männer; M [Alter] = 22,8 Jahre; sd = 1,2) wurden quasi-randomisiert auf drei Gruppen verteilt: DL ohne Wiederholungen (DL-0) sowie DL mit drei (DL-3) und fünf (DL-5) Wiederholungen einer Bewegungsvariation. An einem Tag wurden mit drei verschiedenen Passvarianten 90 Trainingsversuche absolviert (9 Blöcke à 10 Pässe) auf ein 5 m entferntes Ziel gepasst. Die Abweichung vom Ziel wurde mit einer 11-stufigen Punkteskala bestimmt (Porter & Magill, 2010). Nach 24 Stunden absolvierten alle Probanden einen Retentions- und einen Transfertest (6-m-Distanz mit neuem, konstantem Ziel). Nach einer Woche wurde der Retentionstest wiederholt und ein zweiter Transfertest ausgeführt (6-m-Distanz mit neuem, variierendem Ziel).

Ergebnisse

Die Gruppenunterschiede sind in den Retentions- ($F_{[2;27]} = 455,58$; $p = .000$; $Eta^2 = 0.944$) und Transfertests signifikant (24-h-Transfer: $F_{[2;27]} = 9,729$; $p = .001$; $Eta^2 = 0,491$; 1-Woche-Transfer: $F_{[2;27]} = 11,371$; $p = .000$; $Eta^2 = 0,451$). Post-Hoc-Analysen zeigen in allen Tests Vorteile für DL-0 gegenüber DL-5 (24-h-Retention: $p = .001$; 1-Woche-Retention: $p = .004$; 24-h-Transfer: $p = .001$; 1-Woche-Transfer: $p = .001$) während sich DL-0 und DL-3 nur im 24-h-Retentionstest ($p = .001$) und DL-3 und DL-5 nicht signifikant unterscheiden.

Diskussion

Die Ergebnisse bestätigen bisherige Befunde, dass größere und häufigere Variationen (DL-0) während der Aneignung das Lernen positiv beeinflussen. Außerdem scheint die ‚Blockung' ab einer bestimmten Wiederholungszahl (DL-5) die Gedächtniskonsolidierung zu stören (Shea et al., 2000).

Literatur

Porter, J. M. & Magill, R. A. (2010). Systematically increasing contextual interference is beneficial for learning sport skills. *Journal of Sports Sciences, 28,* 1277-1285.

Schöllhorn, W. I., Beckmann, H., Michelbrink, M. Sechelmann, M., Trockel, M. & Davids, K. (2006). Does noise provide a unification for motor learning theories? *International Journal of Sports Psychology, 37,* 34-42.

Shea, C. H., Lai, Q., Black, C. & Park, J. H. (2000). Spacing practice sessions across days benefits the learning of motor skills. *Human Movement Science, 19,* 737-760.

AK 39: Qualitätsvolle Bewegungsförderung in der frühen Kindheit im internationalen Vergleich

„Qualitätsvolle Bewegungsförderung in der Frühen Kindheit im internationalen Vergleich"

ROLF SCHWARZ

Pädagogische Hochschule Karlsruhe

Mit dem massiven institutionellen Ausbau der frühkindlichen Erziehung in Deutschland geht gleichermaßen die Notwendigkeit hoher qualitativer Bildungsangebote einher (Peucker et al., 2010). Wie bildungsökonomische Effektstudien zeigen, erweist sich insbesondere die Frühe Kindheit als wichtigste lernbiografische Phase, in der hochwertige Erziehungsprogramme die stärksten Effekte aufweisen (Carneiro & Heckmann, 2003). Sofern die Qualitätsdimensionen von Struktur und Prozess optimal abgestimmt werden, ist ein starker Outcome auf die gesamte Persönlichkeitsentwicklung zu erwarten (Donabedian, 1980; Tietze, Becker-Stoll, Bensel et al., 2013).

Strukturelle Qualitätsmerkmale betreffen aus bewegungserzieherischer Sicht insbesondere die Gestaltung von Räumen, die neben dem innen liegenden Bewegungsraum auch und vor allem das Außengelände betreffen. Wie internationale Studien zeigen, besteht hier großes Potential für die Erhöhung körperlicher Aktivität sowie die Verbesserung prosozialen Verhaltens (Schwarz, 2013).

Die frühkindliche Prozessqualität kommt insbesondere in der Erzieherin-Kind-Interaktion zum Tragen. Strukturierte Bewegungsangebote, responsives Verhalten sowie die kindgerechte Übertragung theoretischer Kenntnisse zur motorischen Entwicklung auf die praktische Bewegungserziehung sind Bestandteile der Kompetenz von Erzieherinnen und ihrer Professionalität gemäß aktueller frühkindlicher Bildungs- und Lehrpläne. Welche Rolle dabei die Ausbildungsqualität auf das praktische Handeln nimmt, zeigt die PRIMEL-Studie für Deutschland und die Schweiz (Kucharz, Mackowiak, Ziroli et al., 2014).

Outcome-Aspekte schließlich umfassen die konkreten Ergebnisse auf die Persönlichkeitsentwicklung von Kindern. Eine besondere Rolle spielen hierbei geschlechtersensible Fragen, deren soziokulturelle Beeinflussung im internationalen Vergleich Hinweise auf die jeweiligen länderspezifischen kindheitspädagogischen Diskurse geben (Gramespacher, 2013).

Literatur

Carneiro, P., Heckman, J. J. (2003). Human capital policy. In J. J. Heckman & A. Krueger (Eds.), *Inequality in America: What Role for Human Capital Policy?* (pp. 77-240). Cambridge, Mass.: MIT Press.

Donabedian, A. (1980). *Explorations in Quality Assessment and Monitoring. The Definition of Quality and Approaches to its Assessment* (Vol. 1). Michigan: Health Administration Press.

Gramespacher, E. (2013). Gender – eine sportdidaktisch relevante Kategorie. In R. Messmer (Hrsg.), *Fachdidaktik Sport* (S. 221-232). Bern: UTB.

Kucharz, D., Mackowiak, K., Ziroli, S., Kauertz, A., Rathgeb-Schnierer & Dieck, M. (Hrsg.). (2014). *Professionelles Handeln im Elementarbereich (PRIMEL). Eine deutsch-schweizerische Videostudie*. Münster: Waxmann.

Schwarz, R. (2013). Draußen spielen und bewegen – optimale Faktoren für ein naturnahes Außengelände. *KiTa aktuell, 22* (11), 266-268.

Tietze, W., Becker-Stoll, F., Bensel, J., Eckhardt, A.G., Haug-Schnabel, G., Kalicki, B. Keller, H. & Leyendecker, B. (Hrsg.). (2013). NUBBEK. *Nationale Untersuchung zur Bildung, Betreuung und Erziehung in der frühen Kindheit*. Berlin: Verlag das Netz.

Zum Handeln von Fachkräften in Bewegungsangeboten und Freispielsituationen

SERGIO ZIROLI

Pädagogische Hochschule Weingarten

Einleitung

Internationale Vergleichsstudien haben in der vergangenen Dekade zu einer intensiven Diskussion über die Qualität frühkindlicher Bildung sowie die Professionalisierung von Frühpädagog/innen geführt (OECD, 2000). Es wird die frühe Kindheit als lernintensive Phase verstanden, die zunehmend auch für domänenspezifische Bildungsprozesse genutzt werden soll, um wichtige Grundlagen für weitere Bildungsprozesse zu legen. Das Erkennen, Bereitstellen und Begleiten domänenspezifischer Bildungsgelegenheiten in frühpädagogischen Einrichtungen hat hierdurch an enormer Bedeutung (Ellermann, 2007; Ebert, 2008; Thiesen, 2010, Kucharz et al., 2012) gewonnen. Zudem belegen Befunde aus Längsschnittstudien den Einfluss fachlicher Kompetenzen des Personals auf die Entwicklung von Kindern (Sylva et al., 2004), dabei geraten neben pädagogisch-psychologischen zunehmend bereichsspezifische fachliche Kompetenzen in den Fokus, hier insbesondere die Dimension des praktischen Handelns.

Methode

Das BMBF-Forschungsprojekt „PRIMEL" (Professionalisierung im Elementarbereich, Literatur bei vorherigen Abstract) untersucht die Qualität des pädagogischen Handelns von Fachkräften im Freispiel sowie in domänenspezifischen Bildungsangeboten in Kindertageseinrichtungen und vergleicht dabei Fachkräfte mit unterschiedlichem Ausbildungshintergrund: Erzieher/innen mit fachschulischer Ausbildung in Deutschland, Kindheitspädagog/-innen mit akademischer Ausbildung in Deutschland sowie Kindergartenlehrpersonen mit akademischer Ausbildung in der Schweiz.

Jede Fachkraft wurde sowohl in sogenannten Freispielsituationen, also eher ungelenkten Lernsituationen, als auch in gelenkten Lernsituationen videografiert, in denen sie den Kindern bereichsspezifische Bildungsangebote machte. Dabei wurden die Domänen Mathematik, Bewegung/Sport, Kunst und Naturwissenschaften beobachtet. Weiterhin wurden Einstellungen und Settingvariablen mittels Fragebogen erhoben und Zusammenhänge überprüft.

Ergebnisse

Eine im Fokus des Forschungsprojekts PRIMEL stehende Frage war, wie Fachkräfte mit unterschiedlichem Ausbildungshintergrund in Deutschland und der Schweiz kindliche Lern- und Bildungsprozesse in verschieden stark strukturierten Settings (Freispiel vs. domänenspezifische Bildungsangebote) gestalten. Die Analysen des Interventionsverhaltens und somit der Prozessqualität in der Domäne Bewegung und Sport zeigen wenig Unterschiede zwischen fachschulisch und akademisch ausgebildeten Fachkräften. Wenn Unterschiede auftreten, schneiden im Bewegungsbereich die Fachschulausgebildeten in der Regel besser ab. Des Weiteren zeigen die Ergebnisse, dass es allen Fachkräften schwer fällt, die in der Praxis besonders geforderten kognitiv aktivierenden Strategien einzusetzen.

Sport und Geschlecht in der Kindheitspädagogik der Länder Deutschland, Österreich und Schweiz – eine vergleichende Bestandsaufnahme theoretischer und empirischer Ansätze und Projekte

ROSA DIKETMÜLLER[1], ELKE GRAMESPACHER[2] & ANJA VOSS[3]

[1]Universität Wien, [2]Pädagogische Hochschule FHNW, [3]Alice Salomon Hochschule für Angewandte Wissenschaft,

Eine vergleichende Bestandsaufnahme der Länder Deutschland, Österreich und Schweiz stellt dar, inwiefern die soziale Kategorie Geschlecht in der auf Bewegungsförderung und Sport bezogenen Kindheitspädagogik verhandelt wird: mit Blick auf den aktuellen Stand der empirischen Forschung, der Praxis in kindheitspädagogischen Arbeitsfeldern und ihrem Niederschlag in den jeweils gültigen Bildungs- und Lehrplänen.
Während sich Studien zur Situation von Bewegung z. B. in Kindergärten finden (z. B. Wannack, 2012; Kucharz et al., 2014), weist die auf die Kategorie Gender bezogene Situationsanalyse vor dem Hintergrund aktueller theoretischer Konzepte insgesamt ein Manko an interdisziplinären und/oder intersektional angelegten Studien aus. Diese Forschungslücke trägt bislang eher zur Reproduktion bestehender Differenzen als Praktiken der Differenzierungen (Geschlechterverhältnisse, Hierarchien) bei.
Diskutiert werden Konsequenzen für kindheits- und bewegungspädagogische Konzepte durch eine stärkere Fokussierung auf Doing/Undoing Gender-Prozesse in der Forschung (Rabe-Kleberg, 2006; Voss, 2011) sowie auf die Ausbildung von Genderkompetenzen bei PädaogogInnen in der frühkindlichen Bildung (Kelle & Bolling, 2006; Budde & Venth, 2010).

Literatur

Budde, J. & Venth, A. (2010). *Genderkompetenz für lebenslanges Lernen. Bildungsprozesse geschlechterorientiert gestalten.* Bielefeld: Bertelsmann.
Kelle, H., & Bollig, S. (2006). Geschlechteraspekte als Elemente frühpädagogischen Orientierungswissens? Ein kritischer Kommentar zu den Bildungsplänen in Hessen und NRW. *Betrifft Mädchen, 19* (3), 105-110.
Kucharz, D., Mackowiak, K., Ziroli, S., Kauertz, A., Rathgeb-Schnierer, E., & Dieck, M. (Hrsg.). (2014). *Professionelles Handeln im Elementarbereich (PRIMEL): Eine deutsch-schweizerische Videostudie.* Münster: Waxmann.
Rabe-Kleberg, U. (2006). Gender als Bildungsprojekt. Wie Mädchen und Jungen sich die zweigeschlechtliche Welt aneignen. *Betrifft Mädchen, 19* (3), 100-104.
Voss, A. (2011). Geschlechteralltag im Bewegungskindergarten. In A. Voss, (Hrsg.), *Geschlecht im Bildungsgang. Orte formellen und informellen Lernens von Geschlecht im Sport* (S. 45-56). Hamburg: Czwalina.
Wannack, E. (2012). Bewegungsangebote und ihre Nutzung im freien Spiel des Kindergartens. In J. Košinár & U. Carle (Hrsg.), *Aufgabenqualität in der Grundschule* (S. 81-92). Baltmannsweiler: Schneider.

Das Außengelände von Kitas – Evidenzbasierte Interventionsparameter zur Förderung des Bewegungs- und Sozialverhaltens 3-6jähriger

ROLF SCHWARZ

Pädagogische Hochschule Karlsruhe

Einleitung

Der Anteil natürlicher Bewegungsflächen für 3-6jährige hat in den vergangenen Jahren drastisch abgenommen (UBA, 2015). Mit der quantitativen Reduktion gehen qualitative Verschlechterungen der Spiel- und Bewegungsmöglichkeiten einher, die sich in einer infrastrukturellen Zerschneidung des Wohnumfeldes zeigt und somit zur reduzierten "walkability" führt (Bucksch & Schneider, 2014), den zeitlichen Aufenthalt in der Wohnung erhöht (Quigg et al., 2010) und sedentäres Verhalten begünstigt (Owen et al., 2014). Diese defizitären Umweltbedingungen können weder in Art noch Anzahl durch öffentliche Spielplätze angemessen kompensiert werden (Schwarz, 2013). Da gleichzeitig 97% der bundesdeutschen Kitas über ein Außengelände verfügen, liegt hier ein hohes, jedoch bislang ungenutztes Bewegungsförderungspotential.

Methode

Ziel der Untersuchung ist die Extraktion aktueller Befunde zu evidenzbasierten Interventionsparametern systematischer Bewegungsförderung im Außengelände des Settings Kindergarten. Um den nationalen wie internationalen Stand der Forschung zu erheben, wurde in einschlägigen Datenbanken (Fachportal Pädagogik [BASE, ERIC, FIS Bildung], Vifa Sport, PubMed; letzter Prüfstand: 04.03.2015) sowie in ausgewiesenen Fachzeitschriften (z. B. Motorik, Frühe Bildung, Kindergarten heute, Kita aktuell) recherchiert.

Ergebnisse

Für Deutschland existiert nur eine einzige kontrollierte, randomisierte Studie mit objektiven Messverfahren, auf deren Grundlage valide Interventionsparameter zum nachweislichen Positiveffekt auf bestimmte Entwicklungsbereiche von 3-6jährigen Kindern gefunden werden konnten. Mehr als 95% der deutschsprachigen Literatur besteht aus Praxisvorschlägen zur didaktischen Nutzung. Die internationale Literatur hingegen verweist auf empirische Befunde zum Einfluss von Zonierung, Spielmaterial, Bepflanzung und Geländemodellierung auf die körperliche Aktivität, Wahl der Bewegungsarten und das Sozialverhalten.

Literatur

Bucksch, J. & Schneider, S. (Hrsg.). (2014). *Walkability. Das Handbuch zur Bewegungsförderung in der Kommune.* Bern: Huber.
Owen, N., Salmon, J., Koohsari, M. J. et al. (2014). Sedentary behavior and Health: mapping environmental and social contexts to underpin chronic disease prevention. *BJ of Sports Medicine, 48* (3), 174-177.
Quigg, R., Gray, A., Reeder, A. I. et al. (2010). Using accelerometer and GPS units to identify the proportion of daily physical activity located in parks with playgrounds in New Zealand children. *Preventive Medicine, 50* (5-6), 235-240.
Schwarz, R. (2013). Draußen spielen und bewegen – optimale Faktoren für ein naturnahes Außengelände. *KiTa aktuell 22* (11), 266-268.
UBA – Umweltbundesamt (2015). *Flächenverbrauch in Deutschland.* Zugriff am 01.03.2015 unter http://www.umweltbundesamt.de/indikator-anstieg-der-siedlungs-verkehrsflaeche

AK 40: Ergebnisse und Limitationen der Diagnostik im Sport

Physiologische Beanspruchung deutscher Nachwuchsleistungsbasketballer beim Basketball Exercise Simulation Test (BEST)

RICHARD LATZEL[1], SEBASTIAN KAUFMANN[1], SEBASTIAN STIER[1], VOLKER FRESZ[1], DOMINIK REIM[1], RALPH BENEKE[2] & OLAF HOOS[1]

[1]Universität Würzburg, [2]Philipps-Universität Marburg

Einleitung

Professioneller Basketball stellt hohe energetische Anforderungen. Neben dem im Spielsport bereits etablierten YoYo-IR-1 (Bangsbo et al., 2008) wurde jüngst der Basketball Exercise Simulation Test (BEST) mit basketballspezifischem Bewegungsprofil für die Ausdauerleistungsdiagnostik vorgeschlagen (Scanlan et al., 2012). Ziel der vorliegenden Studie war es, die physiologische Beanspruchung des BEST als Test der basketballspezifischen Ausdauerleistungsfähigkeit im deutschen Nachwuchsleistungsbasketball zu evaluieren.

Methode

9 männliche Spieler der höchsten deutschen u16-Spielklasse im Basketball (JBBL: n = 9, Alter: 14,9 ± 0,6 Jahre, Größe: 178,6 ± 8,9 cm, Gewicht: 62,6 ± 10 kg) absolvierten den BEST (20 Runden im Halbfeld mit Kombination aus moderatem Tempo, max. Sprints, Sprüngen, Shuffles und kurzen Pausen), wobei Herzfrequenz (HF), Sauerstoffaufnahme (VO2) und Blutlaktat (BL) sowie die Runden- (R) und Sprintzeiten (S) gemessen wurden. Im Vorfeld wurde ein YoYo-IR1 Test zum Abgleich durchgeführt.

Ergebnisse

Im BEST wurde eine hohe physiologische Beanspruchung erreicht (HFmax: 201 ± 9 S/min, BLmax: 10,3 ± 2,2 mmol/l, VO_2max: 57,5 ± 3,9 ml/min/kg) bei R: 21,59 ± 0,91 s und S: 1,64 ± 0,15 s. Die VO_2max im BEST korrelierte signifikant ($p < 0,05$) mit S über alle Runden ($r = -0,75$) bzw. S über die letzten 10 Runden ($r = -0,78$). Bei vergleichbarer HFmax (202 ± 10 S/min) und signifikant ($p < 0,05$) niedrigerer geschätzter VO_2max (47,6 ± 3,4 ml/min/kg) war die Laufleistung im YoYo-IR1 (1337 ± 408 m) mit R ($r = -0,125$) bzw. VO_2max ($r = 0,53$) aus dem BEST nur niedrig bis moderat korreliert.

Diskussion

JBBL-Spieler erreichen im BEST bei hoher physiologischer Beanspruchung Lauf- bzw. Sprintleistungen, die etwas unterhalb derer von Erwachsenen aus dem Profibereich liegen (Scanlan et al., 2012). Das spezifische Belastungsprofil des BEST provoziert im Vergleich zum YoYo-IR1 deutlich höhere VO_2-Werte, die vor allem mit kurzen basketballtypischen Wiederholungssprints verbunden sind. Der BEST scheint im Nachwuchsleistungsbasketball geeignet, eine basketballspezifische Ausdauerleistungsfähigkeit abzubilden, wobei ein vollständiges energetisches Profil zukünftig noch abzuklären wäre.

Literatur

Bangsbo, J., Iaia, F. M. & Krustrup, P. (2008). The yo-yo intermittent recovery test. A useful tool for evaluation of physical performance in intermittent sports. *Sports Med, 38* (1), 37-51.

Scanlan, A., Dascombe, B. & Reaburn, P. (2012). The construct and longitudinal validity of the basketball exercise simulation test. *J Strength Cond Res, 26* (2), 523-530.

Validitätsaspekte der Kraftdiagnostik in den Zweikampfsportarten

RONNY LÜDEMANN & DIRK BÜSCH

Institut für Angewandte Trainingswissenschaft, Leipzig

Einleitung

Die Kraft und deren Stabilität unter dem Einfluss der wettkampfspezifischen konditionellen Belastung sind in den Zweikampfsportarten (ZKS) wesentliche Einflussfaktoren auf die Wettkampfleistung und deshalb auch ein permanenter Bestandteil der formativen Evaluationsforschung in diesen Sportarten. Die Ableitung trainingspraktischer Konsequenzen infolge von Untersuchungsergebnissen und deren Transfer in die Sportpraxis ist jedoch nicht unproblematisch, da die externe und die interne Validität nicht gleichzeitig in ausreichendem Maße gegeben sein können. Aus dem breiten Spektrum der Herangehensweisen an diese Validitätsproblematik in den ZKS (Heinisch, Knoll & Kindler, 2015) wird insbesondere eine empirische Untersuchungsreihe zum Verlauf der Maximal- und Schnellkraft im Ringen (Lüdemann, 2014) in Anlehnung an die Strategie multipler Aufgaben (Heuer, 1988, 1993) herausgestellt.

Methode

Im Rahmen der Untersuchungsreihe zum Einfluss konditioneller Belastungen im Ringen auf die Maximal- und Schnellkraft werden sportartspezifische Kraft- und Belastungsanforderungen durch verschiedene Mess- und Trainingsgeräte simuliert und hinsichtlich ihrer Affinität zum Wettkampf systematisch variiert (Lüdemann, 2014). Nachteile aufgrund der jeweiligen Orientierung zur Labor- bzw. Feldforschung sollten minimiert werden. Damit sollte weitestgehend eine Generalisierbarkeit der Ergebnisse erreicht werden.

Ergebnisse

Die Ergebnisse weisen eindrucksvoll darauf hin, dass sich die Maximal- und Schnellkraft unter den jeweiligen Untersuchungsbedingungen sowohl statistisch und praktisch bedeutsam ($d \geq 0{,}7$) reduzieren.

Diskussion

Neben den Ergebnissen sollen am o. g. Beispiel Möglichkeiten und Grenzen eines an der Strategie multipler Aufgaben orientierten methodischen Vorgehens diskutiert werden, insbesondere aus der Perspektive des Leistungssports in den Zweikampfsportarten. Aus Sicht der Autoren hat sich dieser methodische Ansatz bewährt und wird auch für weitere Forschungsprojekte im Spitzensport empfohlen.

Literatur

Heinisch, H.-D., Knoll, K. & Kindler, M. (2015, April). *Entwicklung, Evaluierung und praktischer Einsatz eines judospezifischen Griffkraftmessgeräts*. Vortrag. 17. Frühjahrsschule des IAT. Leipzig: IAT.
Heuer, H. (1988/1993). Motorikforschung zwischen Elfenbeinturm und Sportplatz. In R. Daugs (Hrsg.), *Neuere Aspekte der Motorikforschung* (S. 52-69). Clausthal-Zellerfeld: dvs-Eigenverlag.
Lüdemann, R. (2014). Belastungsinduzierte Veränderungen der Kraft – *Zum Einfluss konditioneller Belastungen im Ringen auf die Maximal- und Schnellkraft*. Dissertation, Universität Leipzig.

Hautoberflächentemperaturveränderung nach 10-minütiger Erwärmung

MICHAEL FRÖHLICH[1], PHILIP ZELLER[1], OLIVER LUDWIG[1] & HANNO FELDER[2]

[1]Universität des Saarlandes, [2]Olympiastützpunkt Rheinland-Pfalz/Saarland

Einleitung

Die Infrarot Thermographie (IRT) stellt einerseits ein nicht-invasives, kontaktfreies Verfahren zur Diagnostik der Hautoberflächentemperatur (HOT) dar und kann andererseits als effektives, sicheres und relativ günstiges Diagnosetool zur Abschätzung der Veränderung der HOT angesehen werden (Hildebrandt, Zeilberger, Ring & Raschner, 2012). Während in zahlreichen medizinischen Anwendungsgebieten (z. B. Krebsdiagnostik, Rheumatologie, Dermatologie) die IRT sich als Diagnosetool etabliert hat, steht die sportwissenschaftliche Forschung erst am Anfang. Daher soll untersucht werden, inwieweit die IRT zur Diagnose der HOT nach 10-minütigen Erwärmung genutzt werden kann.

Methode

An der Studie nahmen 20 männliche Sportstudenten teil (23,0 ± 1,6 Jahre; 75,8 ± 9,0 kg; 181,0 ± 6,8 cm). Nach standardisierter Präparation erfolgte die Bestimmung der HOT im Ruhezustand für obere und untere Extremität sowie für den Rumpf. Danach folgte eine 10-minütige Erwärmung auf einem Radergometer mit 1,5 W/kg Körpergewicht und einer Trittfrequenz von 60-80 rpm. Nach der Erwärmung wurde für die 1. bis 10. Minute in der Nachbelastungsphase die HOT erneut bestimmt (IRT System TVS 200 EX von NEC Avio).

Ergebnisse

Durch die 10-minütige Erwärmung kam es zu einer signifikanten Veränderung der HOT über die Messzeitpunkte ($p < 0,05$; $\eta^2_p = 0,16$). Des Weiteren konnte ein signifikanter Unterschied der HOT je nach analysierter Region gefunden werden ($p < 0,05$; $\eta^2_p = 0,15$). Die Interaktion von Messzeitpunkt und analysiertem Messareal war ebenfalls signifikant ($p < 0,05$; $\eta^2_p = 0,16$). Die 95%-Konfidenzintervalle der HOT betrugen für die Rumpfmuskulatur 30,77-31,01°C, für die Armmuskulatur 31,07-31,26°C und für die Beinmuskulatur 30,74-30,88°C. Der HOT-Abfall vom Ruhezustand zur ersten Messung nach der 10-minütigen Erwärmung betrug 1,16°C bzw. 3,7% bei der analysierten Rumpfmuskulatur. Bei der Armmuskulatur kam es zu einer Verringerung um 0,59°C (1,9%) und bei der Beinmuskulatur um 1,12°C (3,6%). Zehn Minuten nach Erwärmung erreichte die HOT von Armen und Beinen wieder das Ausgangsniveau vor der Belastung, während die HOT des Rumpfes immer noch um 0,74°C (2,3%) geringer war.

Diskussion

Die IRT hat sich als Diagnosetool zur HOT im sportwissenschaftlichen Kontext bewährt. Mittels IRT lässt sich ein charakteristischer HOT-Verlauf nach muskulärem Aufwärmprogramm zeigen. Je nach Körperregion kommt es zu unterschiedlichen HOT-Änderungen, was es bei standardisierten Erwärmungen auf dem Radergometer zu berücksichtigen gilt.

Literatur

Hildebrandt, C., Zeilberger, K., Ring, E. F. J., & Raschner, C. (2012). The application of medical infrared thermography in sports medicine. In K. R. Zaslav (Eds.), *An international perspective on topics in sports medicine and sports injury* (pp. 257-274). Rijeka: InTech.

Effekt von intensiver Erwärmung auf die Sauerstoffaufnahme im Rampentest

MAX NIEMEYER & RALPH BENEKE

Philipps-Universität Marburg

Einleitung

Neuere Befunde zeigen, dass die Levelling-Off-Inzidenz durch eine intensive Erwärmung bedeutsam gesteigert werden kann. Möglicherweise ist dies durch eine Änderung des Anstiegs der Sauerstoffaufnahme in Rampentest ($\Delta VO_2/\Delta W$) bedingt. Bezüglich des Effekts einer intensiven Erwärmung auf die $\Delta VO_2/\Delta W$ bestehen jedoch in der Literatur widersprüchliche Angaben. Es wird sowohl eine Steigerung, eine Reduktion, als auch keine Änderung der $\Delta VO_2/\Delta W$ berichtet (Jones et al., 2004; Boone et al., 2012; Marles et al., 2006). Das Ziel dieser Studie ist es den Effekt einer intensiven Erwärmung auf die $\Delta VO_2/\Delta W$ zu untersuchen.

Methode

14 männliche Probanden (Alter: 25,7 ± 2,4 J; Größe: 182,3 ± 7,6 cm; Gewicht: 81,6 ± 7,2 kg; VO_2max: 4,12 ± 0,41 l/min) absolvierten je einen Eingangsrampentest (Start: 1 W/kg; Belastungssteigerung 25 W/min) und einen Doppelrampentest. Letzterer bestand aus zwei aufeinanderfolgenden Rampentest (Start: 1 W/kg; Belastungssteigerung 25 W/min) mit einer Pause von 10 Minuten zwischen den Tests. Die $\Delta VO2/\Delta W$ wurde mittels linearer Regressionsanalysen für einen niedrigintensiven (< 1. ventilatorische Schwelle = S1), einen intensiven > 1. ventilatorische Schwelle = S2), sowie den gesamten Belastungsbereich (ST) bestimmt. Für den Vergleich der $\Delta VO_2/\Delta W$ kamen t-Tests für verbundene Stichproben zum Einsatz.

Ergebnisse

Die $\Delta VO_2/\Delta W$ unterschied sich in keinem der drei Belastungsbereiche signifikant zwischen dem unerwärmten und dem erwärmten Zustand (Test 1 vs. 2 des Doppelrampentests): 10,17 ± 0,96 vs. 10,32 ± 1,07 ml/W (S1); 10,80 ± 1,14 vs. 10,49 ± 1,14 ml/W (S2); 10,64 ± 0,80 vs. 10,48 ± 0,88 ml/W (ST) (alle $p > 0,05$).

Diskussion

Entgegen den Befunden von Jones et al. (2004) und Boone et al. (2012) hatte die intensive Erwärmung keinen Effekt auf die $\Delta VO_2/\Delta W$. Dies ist wahrscheinlich auf eine langsamere Belastungssteigerung als bei den oben genannten Studien zurückzuführen.

Literatur

Boone, J., Bouckaert, J., Barstow, TJ. & Bourgois, J. (2012). Influence of priming exercise on muscle deoxy [Hb + Mb] during ramp cycle exercise. *European Journal of Applied Physiology, 112,* 1143-52.

Jones, AM. & Carter, H. (2004). Oxygen uptake-work rate relationship during two consecutive ramp exercise tests. *International Journal of Sports Medicine, 25,* 415-20.

Marles, A., Mucci, P., Legrand, R., Betbeder, D. & Prieur, F. (2006). Effect of Prior Exercise on the V˙O2/Work Rate Relationship During Incremental Exercise and Constant Work Rate Exercise. *International Journal of Sports Medicine, 27,* 345-350.

Die Auswirkung von Dauer und Intensität einer Dauerbelastung auf die Konzentration der zell-freien, zirkulierenden DNA

NILS HALLER, SUZAN TUG, ARNE JÖRGENSEN & PERIKLES SIMON

Johannes Gutenberg-Universität Mainz

Einleitung

Zell-freie, zirkulierende DNA gewinnt in der klinischen Diagnostik zunehmend an Bedeutung (Van der Vaart & Pretorius, 2008; Schwarzenbach, Hoon & Pantel, 2013). Auch wurden Anstiege nach erschöpfenden sportlichen Belastungen gezeigt (Breitbach, Tug & Simon, 2012). Wir untersuchten erstmals die Auswirkungen einer moderaten Dauerbelastung auf die Konzentration der cfDNA im Plasma.

Methode

13 Teilnehmer (Alter: 24,48 Jahre ± 2,90 Jahre; Größe: 176 cm ± 10,06 cm; Gewicht: 69,54 kg ± 12,22 kg) durchliefen zunächst einen Test bis zur subjektiven Ausbelastung. Mittels Laktatdiagnostik konnte die Individuelle Anaerobe Schwelle (IAS) bestimmt werden (Bereich: 10,8 - 13,4 km/h). Im Folgenden führten wir zwei Dauerläufe á 40 Minuten mit einer Geschwindigkeit von 9,6 km/h durch (Test-Retest). Vor Beginn, alle zehn Minuten während und nach den Dauerläufen wurden kapilläre cfDNA-Proben sowie Laktat abgenommen und die Läufer wurden nach ihrer subjektiven Selbsteinschätzung befragt (RPE). Für die statistische Auswertung wurden zwei Gruppen bezogen auf den Median der IAS (12,8 km/h) gebildet.

Ergebnisse

Sichtbare Laktatanstiege zeigten sich nur innerhalb der ersten 10 Minuten, während die cfDNA konstant über 40 Minuten anstieg. Die Gruppe oberhalb des Medians der IAS zeigte geringere relative und absolute cfDNA-Anstiege. Die Retest-Reliabilität wurde für das Gesamtkollektiv mit $r = 0,71$ bestimmt. Die gemessenen cfDNA-Konzentrationen korrelierten etwas besser mit der RPE ($r = 0,58$) als mit Laktat, welches eine moderate Reliabilität erreichte ($r = 0,32$).

Diskussion

Dauer und Intensität einer Dauerbelastung scheinen Auswirkungen auf die cfDNA-Konzentrationen im Plasma zu haben. Ebenfalls zeigten sich eine hohe Retest-Korrelation und ein Zusammenhang zwischen RPE und cfDNA. Diese Ergebnisse sind interessant, da die Hälfte der Teilnehmer in einem regenerativen Trainingsbereich lief. Kommende randomisierte Längsschnitt-Studien werden das Potenzial der cfDNA als Belastungsmarker zeigen.

Literatur

Breitbach, S., Tug, S., & Simon, P. (2012). Circulating Cell-Free DNA. *Sports Medicine, 42 (7)*, 565-586. doi: 10.2165/11631380
Schwarzenbach, H., Hoon, D. S., & Pantel, K. (2011). Cell-free nucleic acids as biomarkers in cancer patients. *Nature Reviews Cancer, 11 (6), 426-437*. doi: 10.1038/nrc3066
Van Der Vaart, M., & Pretorius, P. J. (2008). Circulating DNA. *Annals of the New York Academy of Sciences, 1137 (1), 18-26*. doi: 10.1196/annals.1448.022

Über die Grenzen der praktischen Relevanz genetischer Tests im Sport

ELMO NEUBERGER & PERIKLES SIMON

Johannes Gutenberg-Universität Mainz

Einleitung

Seit der Antike werden für sportliche Erfolge zwei wesentliche Faktoren angeführt: Talent und Training. Mit dem raschen Fortschreiten der technischen Entwicklung der gendiagnostischen und vor allem auch der genetischen Screening-Verfahren kam es auch in der Sportwissenschaft zu einer Intensivierung der Untersuchungen von Genotyp-Phänotyp Assoziationen mit dem Ziel der Eruierung ihrer Bedeutung für die sportliche Leistungsfähigkeit und die sportliche Leistungsentwicklung.

Methode

Mittels Literaturanalyse wurde der aktuelle Stand molekularbiologischer Forschung in Bezug zu genombasierter Vorhersage komplexer phänotypischer Eigenschaften in den Bereichen Medizin und Sportwissenschaft gesichtet und verglichen. Daraus ableitend können mögliche Grenzen und auftretende Hürden aufgezeigt werden, die sich in Bezug auf den prädiktiven Wert genombasierter Screening-Methoden im Sport ergeben.

Ergebnisse

Es zeigt sich, dass aus dem Bereich der genetischen Erkrankungen entlehntes monogenetisch deterministisches Erklärungsmodell für den Faktor „Talent", nicht zutreffend ist und einem polygenetischen, probabilistischen Erklärungsmodell weichen muss. Ziel vieler Studien in der Sportwissenschaft ist es bis heute auf dieser Basis positiv prädiktive Aussagen über Leistungsmerkmale und deren Entwicklung zu treffen. Viele dieser Arbeiten zählen mittlerweile zu den am häufigsten in der Sportwissenschaft zitierten Studien und ihre Ergebnisse bilden sowohl bereits die Grundlage für eine direkte industrielle Umsetzung erster kommerzieller Talenttests, als auch einen Nährboden für sozialwissenschaftliche Debatten. Neuere Erkenntnisse in der Vererbungslehre, insbesondere unter Berücksichtigung epigenetischer Mechanismen, die ein komplexes Geflecht aus Gen-Umweltinteraktionen erkennen lassen, rütteln jedoch an den Grundfesten eines rein polygenetischen Erklärungsmodells (Breitbach, Tug & Simon, 2014).

Diskussion

Die aktuellen Ergebnisse genom-weiter Screening Untersuchungen erbrachten durch die Bank ein im Sinne einer prädiktiven Gendiagnostik ernüchterndes Ergebnis. Auch vermeintlich einfache und problemlos diskret messbare körperliche Merkmale wie die Körpergröße lassen sich derzeit in einem sehr geringen Maße über genetisches Screenen und einfache polygenetisch probabilistische Erklärungsmodelle aufklären. Offen bleibt, ob genetische Tests in fernerer Zukunft ein Zugewinn zur Vorhersage von Risikogruppen im Sport bzgl. möglicher Krankheiten wie z. B. primärer Kardiomyopathien leisten können.

Literatur

Breitbach, S., Tug, S. & Simon, P. (2014). Conventional and genetic talent identification in sports: will recent developments trace talent? *Sports Med, 44* (11), 1489-1503.

AK 41: Physische und psychische Leistung

Testosteron moderiert den Einfluss eines 10-wöchigen Ausdauertrainings auf die Kognitionsleistung bei Grundschulkindern

FLORA KOUTSANDRÉOU[1,2], MIRKO WEGNER[2] & HENNING BUDDE[1,3]

[1]Medical School Hamburg, [2]Universität Bern, [3]Reykjavik University

Einleitung

Eine Vielzahl von Studien zeigt, dass vermehrte Bewegung die Kognitionsleistung auch bei Kindern verbessern kann. Über die neurobiologischen Mechanismen dieses Zusammenhangs im Kindesalter ist jedoch wenig bekannt. Vermehrte Bewegung beeinflusst die Aktivität der Hypothalamus-Hypophysen-Gonaden-Achse (HPG, Endprodukt Testosteron), die mit verschiedenen neurobiologischen Wachstumsprozessen verbunden ist und daher einen Erklärungsansatz für verbesserte kognitive Prozesse liefert. Akut veränderte Testosteronausschüttungen wurden in der Vergangenheit entsprechend mit verbesserten kognitiven Leistungen assoziiert (Budde et al., 2010).

Methode

66 Kinder im Alter von $M = 9.4$ Jahren ($SD = 0.6$) nahmen an einer 10-wöchigen Interventionsstudie teil. Sie wurden zufällig drei Gruppen zugeordnet. In der Ausdauer- (AG) und Koordinationsgruppe (KG) erhielten sie dreimal wöchentlich für 45 Minuten zusätzliche Bewegungsinterventionen. Die Probanden der Kontrollgruppe (KON) wurden während der Hausaufgaben betreut. Die AG absolvierte ein Ausdauertraining mit einer Intensität von 60-70% der HF_{max}, während die KG ein Koordinationstraining mit einer Intensität von 55-65% der HF_{max} erhielt. Die Arbeitsgedächtnisleistung (AGL) wurde mit dem Buchstabenzahlentest erfasst (LDS; Gold et al., 1997). Der Testosterongehalt wurde vor und nach der Intervention jeweils aus drei Speichelproben bestimmt.

Ergebnisse und Diskussion

Eine hierarchische Regressionsanalyse in drei Schritten zeigte Haupteffekte für die Veränderung der Testosteronspiegel und beide Interventionsgruppen. Eine Zunahme an Testosteron war bei allen Kindern mit verbesserter AGL assoziiert, $B = .392$, $SE = .174$, $t = 2.26$, $p = .028$. Zudem zeigten sowohl die Teilnehmenden in der KG, $B = .973$, $SE = .205$, $t = 4.74$, $p = .001$, als auch in der AG Verbesserungen in der AGL, $B = .729$, $SE = .207$, $t = 3.52$, $p = .001$. Nur in der AG war die Veränderung der AGL durch die Veränderung der Testosteronwerte über den Zeitraum der Intervention moderiert, $B = .516$, $SE = .243$, $t = 2.13$, $p = .038$. Kinder, die während der 10 Wochen zusätzlichen Ausdauertrainings höhere Testosteronzuwächse erfuhren, profitierten folglich mehr in ihrer Kognitionsleistung.

Literatur

Budde, H., Voelcker-Rehage, C., Pietrassyk-Kendziorra, S., Machado, S., Ribeiro, P., & Arafat, A. M. (2010). Steroid hormones in the saliva of adolescents after different exercise intensities and their influence on working memory in a school setting. Psychoneuroendocrinology, 35 (3), 382-391.

Gold, J. M., Carpenter, C., Randolph, C., Goldberg, T. E., & Weinberger, D. R. (1997). Auditory working memory and Wisconsin Card Sorting Test performance in schizophrenia. Archives of general psychiatry, 54 (2), 159-165.

Mentale Bewegungsrepräsentation der Schlagwurfbewegungen bei Kidern und Jugendlichen im Alter von sechs bis 16 Jahren

MICHAEL GROMEIER[1], DIRK KOESTER[1,2] & THOMAS SCHACK[1,2,3]

[1]Neurocognition and Action – Biomechanics-Research Group, Universität Bielefeld, [2]Center of Excellence "Cognitive Interaction Technology" (CITEC), [3]Research Institute for Cognition and Robotics (CoR-Lab)

Einleitung

In einer prospektiven Studie haben wir das Wurfverhalten von Kindern und Jugendlichen untersucht. Dabei wurden die Zusammenhänge der mentalen Repräsentationen und der Qualität von Wurfbewegungen in Abhängigkeit von Geschlecht, Alter und Leistungsniveau herausgestellt.

Methode

In einer Querschnittsstudie wurden männliche (n = 56) und weibliche Probanden (n = 48) zu einem Motoriktest und einem Kognitionstest eingeladen. Im Motoriktest wurde die Wurfgenauigkeit mit der Wurfhärte in einer Bewegungsaufgabe kombiniert. Die Bewegungsbeurteilung erfolgte nach der Komponentenanalyse von Halverson und Roberton (1984). Mittels Splitverfahren (vgl. Schack, 2010) erfolgte im Kognitionstest ein Bild-Bild-Vergleich der Schlagwurfbewegung. Die Probanden sollten Bilder technisch korrekter und unkorrekter Bewegungsausführung entsprechend ihres Bewegungsempfindens zu- oder wegordnen.

Ergebnisse

Insgesamt korreliert die Trefferquote signifikant ($p = ,000$) mit der gezeigten Bewegungsqualität. Dabei lassen sich Geschlechterunterschiede hinsichtlich der Trefferquote ($p = ,000$) und der Bewegungsqualität der analysierten Knotenpunkte (Oberkörperbewegung $p = ,000$; Unterarmbewegung $p = ,004$; Fußstellung $p = ,032$; Rückschwung $p = ,001$) zu Gunsten des männlichen Geschlechts erkennen. In Bezug auf das kalendarische Alter lassen sich in der Gruppe der Novizen geschlechterübergreifend signifikante Verbesserungen in den Bewegungsqualitäten der Oberarmbewegung ($p = ,044$) und Unterarmbewegung ($p = ,007$) finden. Die Trefferquote korreliert nicht mit dem kalendarischen Alter ($p = ,896$) und eine Entwicklung der kognitiven Bewegungsrepräsentation bleibt ebenfalls aus. In der Gruppe der Experten steigen mit zunehmendem Leistungsniveau die Bewegungsqualität und die Trefferquote signifikant. Dabei entwickelt sich die mentale Repräsentation im Sinne einer Ausdifferenzierung von Bewegungscluster.

Diskussion

Ohne ein gezieltes Fertigkeitstraining entwickelt sich die Bewegungsqualität nur in einzelnen Knotenpunkten (Oberarm- und Unterarmbewegung). Darüber hinaus kommt es zu keiner Weiterentwicklung der mentalen Repräsentation der Schlagwurfbewegung.

Literatur

Halverson, L. E. & Roberton, M. A. (1984). *Developing Children – Their Changing Movement*. Philadelphia: Lea & Febiger.
Schack, T. (2010). Die kognitive Architektur menschlicher Bewegungen: innovative Zugänge für Psychologie, Sportwissenschaft und Robotik. In T. Schack (Hrsg.), *Sportforum 21*. Aachen: Meyer & Meyer.

Konditionelles Profil jugendlicher Fußballspieler. Vergleich von Längs- und Querschnittsdaten

KAI WELLMANN[1,2], KLAUS-MICHAEL BRAUMANN[1], JAN SCHRÖDER[1], CHRISTINE GRÄFIN ZU EULENBURG[3] & ASTRID ZECH[2]

[1]Universität Hamburg, [2]Universität Jena, [3]Universitätsklinikum Hamburg-Eppendorf

Einleitung

Bisher existieren nur vereinzelt empirische Daten über die längsschnittliche Entwicklung konditioneller Fähigkeiten von jugendlichen Leitungsfußballern, wobei Veränderungen sowohl auf körperliche Wachstumsfaktoren (Meyer et al., 2005), als auch auf gesteigerte Trainingsintensitäten (Kollath et al., 2013) zurückgeführt werden. Bisherige Erkenntnisse basieren jedoch auf wiederholten Querschnittsanalysen, deren Gültigkeit vor dem Hintergrund der sich verändernden Mannschaftszusammensetzung (Selektionsdruck) fraglich erscheint. Ziel dieser Studie ist die Überprüfung der Validität wiederholter Querschnittsdaten anhand von tatsächlichen Längsschnittdaten im Nachwuchsleistungsfußball.

Methode

Über einen Zeitraum von 5 Jahren wurden einmal jährlich Sprintschnelligkeit (0-5 m, 0-30 m), Sprungkraft (Counter Movement Jump CMJ), sowie Ausdauerleistungsfähigkeit (Geschwindigkeit an der individuell aerob-anaeroben Schwelle IAAS) in den Altersklassen U16-U23 (n = 227) eines Nachwuchsleistungszentrums (NLZ) getestet. Die Daten der jeweiligen Altersklasse wurden für die wiederholte Querschnittsanalyse herangezogen. Athleten (n = 140), die die Tests an mindestens zwei aufeinanderfolgenden Jahren absolvierten, wurden für die Längsschnittanalyse berücksichtigt. Altersbedingte Einflüsse (14-21 Jahre) auf Zielparameter wurden mit Hilfe einer Regressionsanalyse für Quer- und Längsschnittgruppen überprüft. Ein direkter Vergleich beider Gruppen erfolgte anhand des Anstiegs der Regressionsgeraden (b) zwischen dem kalendarischen Alter und den Zielgrößen. Für die Querschnittdaten wurde zusätzlich eine Korrelation nach Pearson berechnet.

Ergebnisse

Die Ergebnisse wiesen in allen erhobenen Kenngrößen vergleichbare Regressionsdaten zwischen beiden Gruppen auf. So zeigte sich im CMJ beispielsweise anhand der wiederholten Querschnittsdaten ein signifikanter Zusammenhang ($r = 0,47$ $p < 0,001$) zwischen Alter und der Sprunghöhe bei einem Anstieg der Regressionsgeraden um $b = 1,42$. In der Längsschnittanalyse betrug die Steigung der Regressionsgeraden zwischen dem Alter und der Sprunghöhe $b = 1,50$ ($p < 0,001$). Ebenfalls signifikante Zusammenhänge ($p < 0,001$) bei vergleichbaren Regressionsgeraden zwischen beiden Gruppen zeigten sich in den Sprint- und Ausdauerleistungen.

Diskussion

Daten aus wiederholten Querschnittsmessungen mit unterschiedlichen Spielern zeigen eine ähnliche Entwicklung über das Alter, wie Daten aus Längsschnittmessungen und scheinen daher geeignet zu sein, die Leistungsentwicklung im professionellem Nachwuchsfußball zu beschreiben.

Die Literatur ist bei den Autoren zu erfragen.

Einfluss einer unterschiedlichen Pausengestaltung auf die Aufmerksamkeits-Konzentrationsleistung bei Studierenden

CHRISTIAN ANDRÄ, LUISA ZIMMERMANN & CHRISTINA MÜLLER

Universität Leipzig

Einleitung

Wissenschaftliche Studien zeigen, dass eine bewegte Pausengestaltung ausgewählte Faktoren der kognitiven Leistungsfähigkeit positiv beeinflussen kann (für eine Übersicht: Rasberry et al., 2011). Noch weitgehend unklar ist dabei, ob nach relativ kurzen kognitiven Belastungsphasen (bewegte) Pausen sinnvoll erscheinen und ob die postulierten Effekte der Bewegung tatsächlich unmittelbare Auswirkung haben. Die Hypothese lautet daher: Nach 10-minütiger kognitiver Vorbelastung steigert eine bewegte Pause die nachfolgende Aufmerksamkeits-Konzentrationsleistung im Vergleich zu einer Sitzpause mit freiwilliger Aktivität am Mobiltelefon und zu keiner Pause zwischen den jeweiligen Kognitionsphasen.

Methode

In zwei quasi-experimentellen Studien wurden insgesamt 59 Studierende der Universität Leipzig untersucht. In einem Cross-Over-Design absolvierten die Probanden zunächst eine 10-minütige kognitive Vorbelastung (modifizierter KLT-R, Düker & Lienert, 2001) und nach zwei Minuten Überleitung einen Aufmerksamkeits-/Konzentrationstest (Studie 1: FAIR 2, Moosbrugger, Oehlschlägel & Steinwascher, 2011 bzw. Studie 2: D2-R, Brickenkamp, Schmidt-Atzert & Liepmann, 2010). Zwischen Vorbelastung und Überleitung erfolgte jeweils eine unterschiedliche 10-minütige Pausengestaltung (bewegte Pause: Treppensteigen mit einer Herzfrequenz von ca. 130 Schlägen/min bzw. Sitzpause: aktive Beschäftigung am Mobiltelefon). In einer dritten Bedingung wurde keine Pausenzeit eingeräumt. Der Zeitraum zwischen den Tests betrug jeweils eine Woche. Die zwei verschiedenen psychologischen Testverfahren gewährleisten eine höhere Aussagekraft. Zusätzlich wurde über alle Messabschnitte die Herzfrequenz als physiologischer Parameter analysiert.

Ergebnisse

Die Daten werden gegenwärtig analysiert und aufbereitet. Die Resultate könnten zum besseren Verständnis der Struktur der kognitiven Leistungsfähigkeit im Lehr- und Lernbereich bei jungen Erwachsenen beitragen. Darüber hinaus könnten spezifische Erkenntnisse abgeleitet werden, wie Situationen mit erhöhten Leistungsanforderungen optimal gestaltet werden. Dies betrifft den Lehrenden, der Seminare plant, genauso wie Studierende oder Schüler, die dadurch eventuell ihr Pausenverhalten kritisch hinterfragen.

Literatur

Brickenkamp, R., Schmidt-Atzert, L. & Liepmann, D. (2010). *Test d2 – Revision. Aufmerksamkeits- und Konzentrationstest*. Göttingen: Hogrefe.
Düker, H. & Lienert, G. A. (2001). *KLT-R. Konzentrations-Leistungs-Test. Revidierte Fassung*. Göttingen: Hogrefe.
Moosbrugger, H., Oehlschlägel, J. & Steinwascher, M. (2011). *FAIR-2 Frankfurter Aufmerksamkeits-Inventar 2*. Bern: Huber.
Rasberry, C. N., Lee, S. M., Robin, L., Laris, B. A. & Russell, L. A. (2011). The association between school-based physical activity, including physical education, and academic performance: A systematic review of the literature. *Preventive Medicine, 52* (1), 10-20.

Training älterer Radfahrer/innen – Förderung motorischer Leistungsfähigkeit und Fitness bei älteren Radfahrer/innen

NIKOLA EINHORN[1], PETRA WAGNER[1], HEIKE BUNTE[2] & CARMEN HAGEMEISTER[2]

[1]Universität Leipzig, [2]Technische Universität Dresden

Einleitung

Die körperliche Aktivität Radfahren leistet einen hohen Beitrag zum Erhalt der Mobilität älterer Menschen. Mit dem Alter zunehmende Probleme im Bereich der Motorik machen das Radfahren unfallträchtiger und beschwerlicher. Auch alterstypische Degenerationsprozesse haben Einfluss auf die sichere Ausübung des Radfahrens im Alter (Hagemeister & Tegen-Klebingat, 2011). Ziel der Studie ist die Prüfung der Effekte eines strukturierten Trainingsprogramms in der Halle auf die für das Radfahren benötigten physischen und psychosozialen Voraussetzungen und der Verkehrssicherheit sowie der Radnutzung.

Methode

In einer kontrollierten, randomisierten Längsschnittstudie an 14 Standorten in Sachsen und Sachsen-Anhalt wurden die Effekte eines 6-monatigen Trainingsprogramms (2 Einheiten/Woche) überprüft (Trainingsgruppe IG: N = 148, ♂: 55.4%; Alter: M = 67.5; Kontrollgruppe KG: N = 168, ♂: 64.3%; Alter: M = 67.6). Die Überprüfung der Trainingseffekte fand zu Beginn und 6 Monate später anhand eines Fahrradparcours als Maß für Verkehrssicherheit, sportmotorischer Tests (u. a. Gleichgewichtstest, 6-Minuten-Gehtest) sowie einer Befragung statt (z. B. Radfahrverhalten, Sicherheitsempfinden).

Ergebnisse

Durch das Training haben sich motorische Fähigkeiten, die für die Leistung im Fahrradparcours relevant sind, verbessert. Beispielsweise verbesserten sich die aerobe Ausdauer und das statische Gleichgewicht in der IG signifikant stärker als in der KG (Zeiteffekt Ausdauer: F = 57.83; $p < .001$; $\eta^2 = .19$; Interaktionseffekt Gruppe x Zeit: F = 9.18; $p < .01$; $\eta^2 = .04$; Zeiteffekt Gleichgewicht: F = 78.06; $p < .001$; $\eta^2 = .25$; Interaktionseffekt Gruppe x Zeit: F = 9.65; $p < .01$; $\eta^2 = .04$). Dagegen wurden im Parcours keine signifikant besseren Ergebnisse erzielt. Die Häufigkeit und Dauer des Radfahrens nahm in beiden Gruppen zu. Das Sicherheitsempfinden verbesserte sich in der IG tendenziell.

Diskussion

Durch die verbesserten physischen Ressourcen ergeben sich Sicherheitspotenziale für das Radfahren. Um die geschulten Fähigkeiten auf dem Fahrrad anwenden zu können, wäre künftig auch eine Kombination des Trainingsprogramms mit radfahrspezifischen Elementen zur Fahrsicherheit zu prüfen. Weiterhin sollte der Einfluss eines riskanten Fahrverhaltens oder einer unrealistischen Selbsteinschätzung bei der Unfallentstehung untersucht werden. Durch eine Senkung des Unfallrisikos mit dem Fahrrad kann zur Teilhabe sowie preisgünstigen Alltagsmobilität älterer Menschen beigetragen werden.

Literatur

Hagemeister, C. & Tegen-Klebingat, A. (2011). *Fahrgewohnheiten älterer Radfahrerinnen und Radfahrer*. Köln. TÜV Media GmbH.

Lateralität und Drehpräferenz im Gerätturnen

FABIAN LOTZ & KATJA FERGER

Justus-Liebig-Universität Gießen

Einleitung

Während im Trampolinturnen eine zu Beginn des Trainingsprozesses festgelegte Drehrichtung elementübergreifend konstant vermittelt wird, findet man im Gerätturnen keine Regeln die eine bestimmte Drehrichtung vorgeben und damit durchaus Änderungen der Drehrichtung in Abhängigkeit von unterschiedlichen Elementen (Andergassen, Velentzas, Vinken & Heinen, 2012). Ziel der Studie ist eine Analyse der Zusammenhänge hinsichtlich der Drehrichtung zwischen den Elementen sowie zwischen der Drehrichtung der Elemente und den Lateralitätsdimensionen.

Methode

Untersucht werden in diesem Zusammenhang insgesamt 25 Turner davon 15 Kaderathleten der Nationalmannschaft des DTB sowie 10 Bundesligaturner hinsichtlich ihrer Drehrichtung bei unterschiedlichen Elementen in aufrechter Haltung und bei Überkopfbewegungen. Die abhängigen Variablen sind die Bewegungsbeobachtung und das Lateralitätspräferenz-Inventar (Büsch, Hagemann & Bender, 2009). Die untersuchten Elemente sind Strecksprung mit halber Drehung, Kreisflanken, Radwende und Salto vorwärts mit einer halben Drehung.

Ergebnisse

Im Gegensatz zu Andergassen u. a. (2012) konnten keine Ergebnismuster zwischen den Elementen gefunden werden. Bezogen auf den Zusammenhang zwischen der Lateraltitätsdimension und der Drehrichtung der Elemente konnten u. a. signifikante Zusammenhänge zwischen der Ausprägung Äugigkeit und der Drehrichtung des Salto vorwärts mit halber Drehung, $\chi^2 (2, N=25) = 6{,}772$, $p = .034$ festgestellt werden. Turner, die eine linkskonsistente Äugigkeit aufweisen, turnen den Salto vorwärts häufiger mit Linksrotation und umgekehrt.

Diskussion

Unter Berücksichtigung der inkonsistenten Ergebnisse und vor dem Hintergrund der Blackout-Problematik im Gerätturnen ist eine frühzeitige Vermittlung einer elementübergreifend konstanten Drehrichtung zu diskutieren.

Literatur

Andergassen, T., Velentzas, K., Vinken, P. M., & Heinen, T. (2012). Zusammenhang zwischen Drehpräferenz und Rotationsexpertise mit besonderer Berücksichtigung der koordinativen Anforderungen im leistungsorientierten Gerät- und Kunstturnen. *Zeitschrift für angewandte Trainingswissenschaft, Sonderheft 1*, 26-31.
Büsch, D., Hagemann, N. & Bender, N. (2009). Das Lateral Preference Inventory: Itemhomogenität der deutschen Version. *Zeitschrift für Sportpsychologie, 16 (1)*, 17-28.

AK 42: Diskussionsforum: Chancen des Sports zur Krisenbewältigung und Entwicklungsförderung

Offenes Diskussionsforum: „Chancen des Sports zur Krisenbewältigung und Entwicklungsförderung"

Das Forum zum Thema **„Chancen des Sports zur Krisenbewältigung und Entwicklungsförderung"** bietet drei themenverwandte Präsentationen zur offenen Diskussion (Forschungsstand, konzeptioneller Ansatz/Case Study und praxisorientierte Umsetzung). Zunächst stellt DR. NICO SCHULENKORF den aktuellen Stand der Forschung im Bereich Sport für Entwicklung vor, der auf einer umfassenden Literaturanalyse aus dem Zeitraum 2000-2014 basiert. Die Forschungsergebnisse werden kritisch beleuchtet und aktuelle sowie zukünftige Herausforderungen und Möglichkeiten in diesem stetig wachsenden Forschungsbereich diskutiert. In der sich anschliessenden zweiten Präsentation stellt MARC-ANDRÉ BUCHWALDER die konzeptionelle und organisatorische Seite des Bereiches Sport und Entwicklung in (ehemaligen) Krisenländern vor. Aus Sicht der Scort Foundation beschreibt er zwei internationale Projekte aus Uganda und Kolumbien und analysiert die individuellen Erfolge der Fördermassnahmen für Vertreter einer sich neu bildenden jungen Zivilgesellschaft.

Abschliessend erläutert MICHAEL ARENDS aus praxisorientierter Sicht die Durchführung von Integrationsprojekten für Migranten und Asylsuchende anhand von Projekte des Fussball-Bundesligisten SV Werder Bremen. Er beschreibt die praktische Arbeit in den Projekten und diskutiert die Erwartungen, Möglichkeiten und Limitationen im Umfeld der Stadt Bremen. Im Anschluss an die drei Vorträge laden wir zur offenen Diskussion sowie zum Erfahrungsaustausch zum theoretischen und praktischen Arbeiten zum Thema „Chancen des Sports zur Krisenbewältigung und Entwicklungsförderung" ein.

Sport für Entwicklung – Ein Forschungsüberblick

NICO SCHULENKORF[1], EMMA SHERRY[2] & KATIE ROWE[3]

[1]University of Technology Sydney, [2]La Trobe University, [3]Deakin University

Einleitung

Seit Beginn des Jahrtausends hat der Bereich „Sport für Entwicklung" (SfE) an Popularität und Bedeutung signifikant hinzugewonnen. Politischer und institutioneller Zuspruch hat weltweit tausende Projekte entstehen lassen, die Sport als Mittel zur Förderung von sozialen, kulturellen, bildungs- sowie gesundheitsrelevanten Themen nutzen (Schulenkorf & Adair, 2014). Trotz stetig steigender Publikationszahlen ist das weitreichende Feld SfE bisher nicht konsequent und allumfassend analysiert worden. Unser Paper beantwortet daher die Frage nach dem Status Quo in der Forschung zum Thema SfE.

Methode

Unsere umfassende Literaturanalyse orientierte sich an Whittemore und Knafl's (2005) 5-Stufen Prozess, der Problemidentifikation, Literatursuche, Datenauswertung, -analyse sowie -präsentation beinhaltet. Unser Vorgehen zielte speziell auf Nachweise zum Status Quo in den Publikationsdaten, Forschungskontexten, -schwerpunkten, -ergebnissen, Theoretischen und Methodischen Modellen und Sportprogrammen im Bereich SfE ab. Insgesamt lieferte die in Scopus und SPORTDiscus durchgeführte Literatursuche 610 Artikel, von denen 437 als relevant betrachtet und zur Analyse herangezogen wurden.

Ergebnisse

SfE Forschung ist stark auf soziale Auswirkungen und Jugendsport fokussiert, mit Fussball als meistgenutzte Sportaktivität. Seit dem Jahr 2000 ist ein steigender Trend von Publikationen ersichtlich, der mit 96 Artikeln im Jahr 2013 seinen vorläufigen Höhepunkt fand. Fachzeitschriften in den Bereichen Sportsoziologie und -management zeigen sich für die Großahl an Veröffentlichungen verantwortlich, welche mehrheitlich qualitative Projektauswertungen auf Community-Ebene präsentieren. Youth Development und Sozial-kapital sind die meistgenutzten theoretischen Frameworks. Ein interessantes Paradox ist zudem erkennbar, da die Mehrheit der Projekte in Entwicklungsländern stationiert ist, während 90% der Forscher in den USA, Europa und Australien beheimatet sind.

Diskussion

Aufbauend auf den hier vorgelegten Forschungsergebnissen diskutieren wir die verschiedenen Faktoren, die zu den Resultaten beigetragen bzw. diese zu verantworten haben. Wir stellen aktuelle Forschungslücken im Bereich SfE sowie neue Möglichkeiten und Wege für das Forschungsfeld vor. Zudem erörtern wir aktuelle Theorien und Konzepte, die das Feld beeinflussen und stellen infrage, ob eine spezifisch definierte Sport-for-Development Theorie von Nutzen und in der Praxis anwendbar ist.

Literatur

Schulenkorf, N., & Adair, D. (Eds.). (2014). *Global Sport-for-Development: Critical Perspectives.* Basingstoke: Palgrave Macmillan.
Whittemore, R., & Knafl, K. (2005). The integrative review: updated methodology. *Journal of Advanced Nursing, 52* (5), 546-553.

AK 43: „Inklusionspotenziale im Schneesport" – Möglichkeitsräume im Sport eröffnen und nutzen

„Inklusionspotentiale im Schneesport" – Möglichkeitsräume im Sport eröffnen und nutzen

Arbeitsgemeinschaft Schneesport an Hochschulen (ASH)

Mit der Ratifizierung der UN Behindertenrechtskonvention im Jahr 2009 hat sich die Auseinandersetzung mit der Inklusionsthematik als verbindlichem gesamtgesellschaftlichem Thema deutlich intensiviert. Die Arbeitsgemeinschaft Schneesport an Hochschulen (ASH), als Kommission Schneesport der dvs, möchte mit dem hier beschriebenen Arbeitskreis zum Diskurs über konkrete Ansätze in Handlungsfeldern des Sports beitragen. Im Zentrum steht die Frage, welche Potentiale der Schneesport als Handlungs- und Erfahrungsfeld bietet und wie ein inklusiver Zugang eröffnet wird bzw. werden kann. Das dabei zugrunde gelegte Begriffsverständnis einer Inklusion im Bereich Bewegung und Sport fußt auf den Aussagen der UN-Behindertenrechtskonvention, den entsprechenden Positionspapieren der Sport-Dachverbände (u. a. DOSB, 2013; DBS, 2014) sowie Stellungnahmen aus der sportwissenschaftlichen Diskussion (u. a. Radtke & Tiemann, 2014; Giese & Weigelt, 2015).

Das Verständnis des Inklusionsbegriffs folgt einer weiten Auslegung und richtet den Fokus auf die Kernaspekte der Teilhabe und der Autonomie der handelnden Subjekte. Dabei wird Heterogenität als Normalfall gesellschaftlichen Zusammenlebens verstanden, wodurch sich der Blick weg von einer äußeren Differenzierung bzw. Etikettierung hin zu der Frage notwendiger Rahmenbedingungen und Zielsetzungen zum Umgang mit variablen Voraussetzungen richtet (DBS, 2014; Radtke & Tiemann, 2014; Giese & Weigelt, 2015). Das Ziel einer selbstverständlichen Teilhabe (im Sinne der Eröffnung von materialen und sozialen Erfahrungsräumen sowie dem Zugang zu entsprechenden Ressourcen) und Autonomie (u. a. im Sinne einer Selbstbestimmung) bezieht sich auf alle Felder sportbezogener Aktivitäten im gesellschaftlichen Kontext (u. a. Schul-, Breiten-, Gesundheits- ebenso wie Leistungssport). Die Frage, worauf sich Teilhabe und Autonomie im Kontext des Sports beziehen können, umfasst dabei ein weites Spektrum – vom Erwerb motorischer Fähigkeiten und Fertigkeiten als Schlüssel zur Nutzung von Erfahrungsräumen bis zur Erschließung ökonomischer Ressourcen (z. B. als Werbeträger).

Die ASH sieht eine hohe Relevanz in der wissenschaftlichen Begleitung bzw. Fundierung im Kontext einer normativ geprägten Diskussion, die sich – angesichts einer enormen Heterogenität des Feldes – im Spannungsfeld individueller Erfahrungen, evaluativer Begleitung und der Erfassung generalisierbarer Erkenntnisse sieht. Vor diesem Hintergrund richten sich die Beiträge des Arbeitskreises auf folgende Aspekte:

In einem einleitenden Teil wird die Intention des Arbeitskreises erläutert sowie das den Beiträgen zugrunde liegende Verständnis des Inklusionsbegriffs im Spiegel der oben genannten Quellen dargestellt (Moderation: Verena Oesterhelt, Universität Salzburg).

Teil zwei umfasst zwei Erfahrungsberichte aus verschiedenen Handlungsfeldern im Schneesport, einmal durch eine Vertreterin aus dem Leistungssport (Andrea Eskau, Bundesinstitut für Sportwissenschaft) und zum anderen durch einen Vertreter aus dem Schul- bzw. Breitensport. Im Sinne von „nicht ohne uns über uns" (DOSB, 2013, S. 3), wird in diesen Beiträgen ein Einblick in die persönliche Bedeutsamkeit und die Besonderheiten einer Teilhabe im Schneesport gegeben.

In Teil drei werden fünf Projekte aus dem Bereich des Schneesports vorgestellt, die aus normativer und empirischer Perspektive verschiedene Facetten von Teilhabe im Schneesport beleuchten: Maren Goll (TU München) befasst sich mit dem paralympischen Skirennlauf und dem Anforderungsprofil für sitzende Athleten im Hinblick auf Physiologie, Biomechanik und Material, Andreas Märzhäuser (Universität zu Kiel) präsentiert mit dem Projekt „snow and eyes" einen Ansatz zur Ermöglichung schneesportspezifischer Erfahrungen für Sehbehinderte, Hans-Georg-Scherer (Universität der Bundeswehr München) setzt sich mit dem Thema „Blinde Schneesportler in Schule und Verein – vom Kompetenzerwerb zur autonomen Teilhabe" auseinander, Nico Kurpiers (Universität Hildesheim) stellt das Projekt „Wintersport in der Rehabilitation krebskranker Kinder" vor und Joachim Boos (Klinikum der Universität Münster) diskutiert Lösungsstrategien und Probleme der Inklusion von krebskranken Kindern und Jugendlichen in schulischen Skifahrten.

Ziel des Arbeitskreises ist es, Einblick zu geben in die Potentiale des Schneesports als Erfahrungs- und Handlungsfeld sowie bereits existierenden empirischen Ansätze einer wissenschaftlichen Begleitung aufzuzeigen, um damit zur Unterstützung der weiteren Entwicklung des Feldes beizutragen.

Literatur

Deutscher Behindertensportverband (Hrsg.). (2014). *Index für Inklusion im und durch Sport. Ein Wegweiser zur Förderung der Vielfalt im organisierten Sport in Deutschland.* Frechen: Selbstverlag.

Deutscher Olympischer Sportbund (2013). *Inklusion Leben. Positionspapier des Deutschen Olympischen Sportbundes (DOSB) und der Deutschen Sportjugend (dsj) zur Inklusion von Menschen mit Behinderungen.* Zugriff am 12.2.2015 unter http://www.dosb.de/fileadmin/fm-dosb/arbeitsfelder/Breitensport/Inklusion/Downloads/DOSB-Positionspapier_zur_Inklusion.pdf

Giese, M. & Weigelt, L. (2015). *Inklusiver Sportunterricht. Theorie, Empirie, Praxis.* Aachen: Meyer und Meyer.

Radtke, S. & Tiemann, H. (2014). Inklusion – Umgang mit Vielfalt unter besonderer Berücksichtigung der Kategorie Behinderung. In DOSB (Hrsg.), *Expertise. „Diversität, Inklusion, Integration und Interkulturalität – Leitbegriffe der Politik, sportwissenschaftliche Diskurse und Empfehlung für den DOSB und die dsj.* S. 14-20. Eigenverlag.

Arbeitskreise „Olympiatag"

AK 44: Olympische Spiele

Lokal, national, global? Zur Entscheidung der Olympiabewerbung von Berlin und Hamburg 2015

HANS-JÜRGEN SCHULKE

macromedia-Hochschule Hamburg

Einleitung

Olympische Sommerspiele sind das größte Fest der Menschheit und das meistgesehene Medienereignis. Die Zahl der Städte und Länder, sie ausrichten zu wollen, ist groß und zunehmend einseitiger. Immer weniger Industrienationen mit einer demokratischen Verfassung erklären ihre Bewerbung. Umgekehrt ist das IOC mehr denn je daran interessiert, solche Länder im Bewerbungspitch zu haben, um das friedenstiftende Image zu erhalten und eine lukrative Vermarktung zu sichern. Es wird die These vertreten, dass bis zur Nominierung der Stadt Hamburg zwischen den Akteuren eine Interessenidentität nur insoweit bestand, überhaupt eine deutsche Stadt für eine Bewerbung zu gewinnen und der mit dem geringsten Risiko frühen Scheiterns die Zustimmung zu geben.

Methode

Ausgehend von einer polit-ökonomischen Akteursanalyse werden zunächst auf 3 Ebenen die relevanten Institutionen mit ihren jeweiligen Interessen analysiert: Lokal (Regierungen und Sportbünde Berlin, Hamburg), national (DOSB, Bundesregierung) und global (IOC, UNO). In einem zweiten Schritt werden Verbindungen und Abhängigkeiten zwischen den 3 Ebenen identifiziert. Sodann wird der Entscheidungsprozess zwischen Berlin und Hamburg mittels Inhaltsanalysen der Tagespresse rekonstruiert.

Ergebnisse

Die Untersuchungen zeigen, dass Hamburg als Bewerberstadt insgesamt keine eindeutigen Vorzüge gegenüber Berlin hatte. Ausschlaggebend war die durch kreative PR erreichte höhere Zustimmung der Bevölkerung und die politische Stabilität der Stadt.

Diskussion

Es bleibt fraglich, ob genannte Entscheidungsgründe für ein Referendum der Hamburger Bevölkerung, mehr noch Entscheider im IOC ausreichen bzw. was Hamburg konzeptionell und organisatorisch leisten muss, um eine Mehrheit im IOC zu erhalten.

Weiterführende Literatur kann beim Autor erfragt werden.

Paralympische Jugendlager – ein Versuch für den Leistungssport zu motivieren. Nachhaltigkeitsstudie zu den Paralympischen Jugendlagern von 1992-2012

NORBERT FLEISCHMANN

Einleitung

Olympische Jugendlager haben in Deutschland eine lange erfolgreiche Tradition. Die Deutsche Behindertensportjugend (DBSJ) übernahm diese Idee und führt seit den Paralympics Barcelona 1992 Paralympische Jugendlager (PJL) während der Sommerspiele und seit Vancouver 2010 auch bei den Winterspielen durch.
Teilnehmer sind Jungen und Mädchen zwischen 14 und 18 Jahren. Seit Sydney 2000 auch Teilnehmer ohne Behinderung.
Neben der Heranführung an Olympische/Paralympische Werte sind die beiden Hautziele: Motivation für den paralympischen Leistungs-Hochleistungssport und/oder Gewinnung neuer Mitglieder für die ehrenamtliche Betätigung in der DBSJ.

Methode

Von Barcelona 1992 bis Vancouver 2010 nahmen 201 Jugendliche mit einer Behinderung an den PJL teilgenommen.
In einem Fragebogen (Versand 2011) wurden u. a. Fragen zum persönlichen Erleben der PJL, dessen Angebote und darüber hinaus, wie und in welcher Form das PJL Einfluss auf das weitere sportliche Engagement der Probanden hatte, welche Ziele sie sich setzten und ob diese erreicht wurden.
Um das Ergebnis der Befragung bei einem Rücklauf von 34% abzusichern, wurden zusätzliche leitfadengestützte Interviews mit den ehemaligen Teilnehmern durchgeführt und eine weitere Befragung nach dem PJL London 2012, bei der ein Rücklauf von 90% erzielt wurde.

Ergebnisse

Die quantitative und qualitative Auswertung dieser Befragung, ebenso der Befragung vom PJL London, belegen an mehreren Stellen sehr eindeutig, dass die von der DBSJ formulierte Zielsetzung, Jugendliche zum Wettkampfsport zu motivieren bzw. sie in diesem evtl. schon vorhandenen Wunsch zu bestärken, erreicht wird. Bei letzteren ist eine „Initialmotivation" für den Leistungssport nicht mehr unbedingt notwendig. Das PJL verstärkt und fokussiert aber den Wunsch alles zu versuchen ein höheres Leistungsniveau zu erreichen und selbst aktiv an den Paralympics teilzunehmen. In der Werteterminologie des IPC wird dieses Streben als „personal excellence" bezeichnet und.

Diskussion

Das PJL verstärkt und fokussiert den Wunsch alles zu versuchen ein höheres Leistungsniveau zu erreichen und selbst aktiv an den Paralympics teilzunehmen.
Die Erlebnisse und Eindrücke des PJL haben zur Folge, dass sich ca. 80% der Befragten höhere Ziele im Sport setzen und dann konsequenter Weise angeben auch dafür intensiver trainieren zu wollen. Können die Ziele erreicht werden und was „behindert"?

Deutscher Spitzensport am Scheideweg? Die verfehlten Zielvereinbarungen von London und Sotschi in den Medien

ANJA SCHEU, MATHIAS SCHUBERT, THOMAS KÖNECKE & HOLGER PREUß

Johannes-Gutenberg-Universität Mainz

Einleitung

Der Spitzensport genießt in Deutschland ein hohes Ansehen und ist ein wichtiges politisches Instrumentarium wenn es um die Repräsentation und internationale Positionierung des Landes geht. Nach abnehmenden Erfolgen bei den zurückliegenden Olympischen Spielen steht der deutsche Spitzensport derzeit jedoch am Scheideweg (SZ, 2015). Sowohl bei den Olympischen Sommerspielen in London 2012 als auch bei den Winterspielen 2014 in Sotschi lag die deutsche Olympiamannschaft weit hinter den vom DOSB mit den Spitzenverbänden getroffenen Zielvereinbarungen zurück, wodurch jeweils Diskussionen über das deutsche Sportfördersystem entfacht wurden. Die von den Verantwortlichen und Betroffenen aufgeführten Gründe für das schlechte Abschneiden sind vielschichtig und es kann insgesamt von einer Multikausalität ausgegangen werden. Das Ziel des explorativen Projekts ist es, die über ausgewählte Medien transportierten Gründe dafür zu erfassen und zu analysieren, um daraus Chancen und Potenziale für eine Neustrukturierung ableiten zu können.

Methode

Für die Beantwortung der Forschungsfrage wird eine Medienanalyse in deutschen Tageszeitungen und Zeitschriften vor, während und nach den Olympischen 2012 und 2014 durchgeführt. Die Auswertung der Daten erfolgt mithilfe der qualitativen Inhaltsanalyse und einer induktiven Kategorienbildung nach Mayring (2015). Die gebildeten Kategorien sollen Aufschluss über mögliche Probleme in der deutschen Spitzensportförderung geben.

Ergebnisse

Aktuell liegen noch keine Ergebnisse vor, da die Medienanalyse noch im Gange ist. Die Autoren versichern, dass zum Zeitpunkt des Kongresses die Ergebnisse vorliegen.

Diskussion

Der deutsche Spitzensport soll zurück in die Spitzengruppe geführt werden. Hierfür ist eine Reform der Spitzensportförderung geplant, deren Konzept bis zu den Olympischen Spielen in Rio de Janeiro 2016 stehen soll (SZ, 2015). Die aus der Medienanalyse gewonnenen Ergebnisse können als Diskussionsgrundlage dienen und mögliche Ansatzpunkte für die angestrebte Reformierung darstellen.

Literatur

Mayring, P. (2015). *Qualitative Inhaltsanalyse: Grundlagen und Techniken* (12. überarb. Aufl.). Weinheim [u. a.]: Beltz.
Süddeutsche Zeitung (2015, 06. Februar). De Maizière warnt: Deutscher Spitzensport am Scheideweg. Zugriff am 09.05.2015 unter: http://www.sueddeutsche.de/news/politik/sportpolitik-de-maizire-warnt-deutscher-spitzensport-am-scheideweg-dpa.urn-newsml-dpa-com-20090101-150206-99-04726

Eröffnungsfeier der Olympischen Sommerspiele 2012: Eine religionswissenschaftliche Untersuchung der Inhalte und Funktionsweise des implizierten Wertediskurses

SENATA WAGNER

Universität Zürich

Einleitung

Die medial inszenierte olympische Eröffnungsfeier als offizieller Auftakt der Olympischen Spiele erfreut sich immenser, kulturübergreifender Beliebtheit. Angesicht der Tatsache, dass es sich bei massenmedial inszenierten Anlässen die Meinungsbildung der Rezipierenden stets massgeblich beeinflussen, stehen folgende Fragen im Mittelpunkt meiner Untersuchung: Welche Werte werden in der olympischen Eröffnungsfeier im Jahr 2012 repräsentiert? Inwiefern widerspiegeln diese die Werte des Olympismus? Und welche Wechselwirkungen bestehen zwischen dem Wertediskurs in der Eröffnungsfeier und dem Feld der Religion?

Methode technischen Ebene

Die Analyse der Eröffnungsfeier stützt sich auf die Liveaufnahmen des Schweizer Radio und Fernsehen (SRF). Da die olympische Eröffnungsfeier diskursives Ereignis innerhalb des olympischen Dispositivs bezeichnet werden kann, wurden die SRF-Aufnahmen mit einer diskursanalytisch-visuellen Methode analysiert. Nach einer intensiven Sichtung des gesamten Materials, eignete ich mir ein fundiertes Kontextwissen an, um eine Verortung der Inhalte vornehmen zu können. Danach wurden vier Schlüsselszenen feinanalytisch bearbeitet. Zuletzt wurden die getroffenen Aussagen auf ihren Wertegehalt sowie ihre Referenzbeziehungen geprüft und die gemachten Beobachtungen miteinander in Verbindung gesetzt.

Ergebnisse

Disziplin, Ehrlichkeit, Fortschrittsglaube, Gemeinschaftssinn, Glaube an das Gute, Individualismus, Jugend, Natur, Sportgeist und Toleranz werden in der Feier in gleichem Masse betont wie die olympischen Grundwerte (Chancengleichheit, Friedensgedanke, Gerechtigkeit, Internationalismus, Leistungsanspruch, Nationalismus, Respekt).
Eine Besonderheit der Eröffnungsfeier liegt darin, dass sie einen ideologischen Charakter aufweist, der zeitweise in einer religionsäquivalenten Funktion mündet. Dies zeigt sich darin, dass die Aussagen temporär wirklichkeitsabbildend und zugleich wirklichkeitsstrukturierend wirken. Ähnlich religiöser Symbolsysteme werden in der Eröffnungsfeier Interpretations- sowie Organisationsprinzipien bereitgestellt und sowohl das Gemeinschaftsempfinden, als auch Identitätformierungsprozesse gefördert.

Diskussion

Dieser Beitrag ist an der Schnittstelle zwischen »Religion«, »Olympismus« und »Medien« angesiedelt. Er soll zu einem besseren Verständnis der Botschaftenlektüre auf individueller, intersubjektiver und kultureller Ebene beitragen, ergründen, welche Praktiken auf den Kommunikationsprozess einwirken und reflektieren, wodurch die Bedeutungsfindung beeinflusst wird.

Die Wahrnehmung von und Einstellungen zu Olympischen Spielen zwischen Wert- und Erfolgsorientierung im Zeitverlauf – eine sozioökonomische Analyse

JENS FLATAU & KONSTANTIN WEIER

Christian-Albrechts-Universität zu Kiel

Einleitung

In Bezug auf die klassische Weber'sche (1972, S. 12) Unterscheidung der beiden rationalen Handlungsorientierungen bringt Coubertin (z. B. 1908, S. 109ff.) bei seiner Konzeption der Olympischen Spiele seine wertrationale Präferenz eindeutig zum Ausdruck, beispielsweise in dem allbekannten „Dabeisein ist alles". Man kann daher zurecht von einer *Olympischen Idee* sprechen, welche sich jedoch von Beginn an gegenüber der zweckrationalen, jedem Wettkampfsport inhärenten Erfolgslogik im Widerspruch befindet. Kritische Beobachter sehen gerade die in der jüngeren Geschichte der Olympischen Spiele mit Dopingskandalen und rasanter Kommerzialisierung deutliche Anzeichen ihrer zunehmenden Zweckrationalisierung. Der vorliegende Beitrag prüft diese These empirisch.

Methode

Bei sechs verschiedenen Olympischen Spielen im 21. Jahrhundert wurden Zuschauer anhand mehrerer Items zu ihren Einstellungen zu den Olympischen Spielen sowie dem IOC einerseits und ihren eigenen Werthaltungen im Zusammenhang mit den Olympischen Spielen schriftlich befragt (n = 7.858).

Ergebnisse

Die hypothesengeleitete inferenzstatistische Auswertung belegt die Veränderungen von Wahrnehmungen und Werthaltungen im Zeitverlauf. Darüber hinaus variieren kritische Bewertungen des IOCs und eine vergleichsweise hohe Wertorientierung aber auch mit soziodemografischen Merkmalen wie dem Bildungsniveau, dem Alter und der Haushaltsgröße der Befragten.

Diskussion

Bei aller Widersprüchlichkeit sind Wettkampf- und Höchstleistungen einerseits sowie die Olympischen Werte andererseits Komplemente, deren Balance den Markenkern der Olympischen Spiele ausmacht und somit ihre Marktgängigkeit beeinflusst. Bei zunehmender faktischer Werteerosion dürfte aber eine funktionale Strategie des IOCs gemäß dem Thomas-Theorem (Thomas & Thomas, 1928) in Investitionen in den Anschein der Wertgeltung, wie sie sich heute bereits an pathetisch-zeremoniellen Veranstaltungen wie Eröffnungs- und Abschlussfeiern zeigen, bestehen.

Literatur

Coubertin, P. de (1908*).* Les *„Trustees" des l'idee olympique.* In: Revue Olympique (1908).
Thomas, W. I., & Thomas, D. S. (1928). *The Child in America*: Behavior Problems and Programs. New York (NY): Knopf.
Weber, M. (1972). *Wirtschaft und Gesellschaft. Grundriss der verstehenden Soziologie* (5., revidierte Aufl.). Tübingen: Mohr (Original veröffentlicht 1921-22).

Contingent Valuation Measurement und Zeitreiheneffekte – Limitationen bei der Bewertung Olympischer Spiele

HOLGER PREUß

Johannes Gutenberg-Universität Mainz

Die Contingent Valuation Methode (CVM) wird häufig benutzt, um den Wert zu bestimmen, den die Bevölkerung einer zukünftigen Investition der öffentlichen Hand beimisst, oder auch nur, um die Wertschätzung der Bevölkerung zu messen. 2024 will sich Hamburg um die Olympischen Spiele bewerben, sofern die Bevölkerung dem im November 2015 zustimmt. München hatte über ein Referendum eine Bewerbung um die Winterspiele 2022 gestoppt.

Wir nutzen die CVM zur Ermittlung der Zahlungsbereitschaft der Bevölkerung für die Ausrichtung Olympischer Spiele. Da nur außerhalb von München befragt wurde, zeigt sich so die Wertschätzung der Spiele, da infrastrukturelle und finanzielle Wirkungen hier nicht zu erwarten waren.

So stellten sich folgende Fragen bezüglich der Wertschätzung Olympischer Winterspiele in München 2018:

„Welche Faktoren beschreiben diejenigen, die eine Zahlungsbereitschaft für Olympische Spiele haben?". „Verändert sich der Anteil an Personen und die Höhe der Zahlungsbereitschaft für Olympische Spiele im Verlauf der Zeit?" "Wird die Anwendung der CVM aussagekräftiger, wenn die Zahlungsbereitschaft im Verhältnis zum Einkommen dargestellt wird?"

Über drei Wellen wurden von 2009 bis 2011 über 3.400 Personen im Rhein-Main Gebiet (paper & pencil, convenient sample) über deren Wertschätzung Olympischer Winterspiele in München 2018 befragt (Preuß & Werkmann, 2011). Über Bootstrap (Hall, 1994) konnten die leicht verzerrten Stichproben bevölkerungsrepräsentativ und damit vergleichbar gemacht werden.

Auf Grundlage eines binären Logikmodells konnte gezeigt werden, dass die Zahlungsbereitschaft (ZB) vom Sportinteresse, der generellen Einschätzung der Olympischen Spiele und dem Einkommen abhängt. Es zeigt sich, dass die ZB in den 3 Erhebungswellen hoch signifikant unterschiedlich ist und von exogenen Einflüssen abhängt. Insbesondere die Einschätzungen von positiven und negativen Statements zu den Auswirkungen der Spiele hatten einen signifikanten Einfluss auf die Höhe der ZB. Letztlich aber darf die Höhe der Wertschätzung Olympischer Spiele nicht über die ZB in Geldeinheiten gemessen werden, da das Einkommen einen signifikanten Einfluss auf die Höhe der ZB hat. Daher schlagen wir in diesem Beitrag vor, für zukünftige Bewertungen mit Hilfe der CVM eine relative ZB zu ermitteln. Außerdem sind für eine Bewertung mehrere Messungen durchzuführen, um den Einfluss exogener Einflüsse zu nivellieren.

Literatur

Hall, P. (1994). *Methodology and Theory for the Bootstrap.* Handbook of Econometrics (Volume 4) Eds: Robert F. Engle and Daniel L. McFadden. North Holland.

Preuß, H. & Werkmann, K. (2011). Erlebniswert Olympischer Winterspiele in München 2018. *Sport und Gesellschaft, 8* (2), 97-123.

AK 45: Verschiedene sporthistorische Projekte

Zur wissenschaftlichen Begleitung des Fußballs in der DDR. Strukturen, Inhalte und Transfer

JUSTUS KALTHOFF

Westfälische Wilhelms-Universität Münster

Einleitung

Viele Bereiche des DDR-Fußballs wurden aus verschiedenen Blickwinkeln historisch erforscht, doch die damalige Auseinandersetzung der Wissenschaft der DDR mit der Sportart Fußball erfuhr bislang noch keine umfassende Erforschung. Dies soll durch ein laufendes Promotionsprojekt im Rahmen eines maßgeblich durch den DFB geförderten Projekts zur historischen Erforschung des DDR-Fußballs geleistet werden.
Barsuhn (2006, S. 375f.) attestiert dem DDR-Fußball eine Sonderrolle. So sei der Fußball als populärste Sportart der DDR – trotz der geringen Aussichten auf olympische Medaillen sowie internationale Erfolge und trotz der hohen Kosten für Mannschaftssportarten – dennoch dem intensiv geförderten Bereich Sport I zugeordnet worden. Vor dem Hintergrund dieser Förderung und der engen Verzahnung von Leistungssport und Sportwissenschaft in der DDR (vgl. Balbier, 2007, S. 139) entstanden verschiedene, z. T. fußballspezifische Forschungsinstitutionen (vgl. Teichler & Reinartz, 1999, S. 270ff., 307ff.).

Vorgehen

Für den Zeitraum von Anfang der 1960er Jahre bis 1990 werden die an der Forschung zum Fußball beteiligten Institutionen wie u. a. das Wissenschaftliche Zentrum des Deutschen Fußball-Verbands (DFV) der DDR, die Forschungsgruppe Fußball an der Deutschen Hochschule für Körperkultur in Leipzig und der Sportmedizinische Dienst der DDR im politischen, staatlichen und sportlichen Kontext der DDR verortet und strukturell untersucht. Hierbei finden sowohl formelle wie auch informelle Strukturen und ihre personelle Besetzung Beachtung. In einem weiteren Schritt wird der Blick über die Strukturen hinaus einerseits auf die Forschungsinhalte und andererseits auf sowohl den Theorie-Praxis-Transfer als auch die Impulsgebung durch die Praxis gelegt.
Quellengrundlage für diese Untersuchung sind relevante Archivbestände u. a. des Bundesarchivs, der BStU und des DFV-Archivs beim Nordostdeutschen Fußballverband in Berlin sowie Zeitschriftenauswertungen, vor allem die „Theorie und Praxis der Körperkultur" und die „Theorie und Praxis des Leistungssports".

Literatur

Balbier, U. A. (2007). Die Grenzenlosigkeit menschlicher Leistungsfähigkeit. Planungsgläubigkeit, Konkurrenz und Leistungssportförderung in der Bundesrepublik und der DDR in den 1960er Jahren. *Historical Social Research, 32* (1), S. 137-153.
Barsuhn, M. (2006). Die Wende und Vereinigung im Fußball 1989/90. In J. Braun & H. J. Teichler (Hrsg.), *Sportstadt Berlin im Kalten Krieg. Prestigekämpfe und Systemwettstreit* (Forschungen zur DDR-Gesellschaft, S. 376-425). Berlin: Links.
Teichler, H. J. & Reinartz, K. (Hrsg.). (1999). *Das Leistungssportsystem der DDR in den 80er Jahren und im Prozeß der Wende.* (Schriftenreihe des Bundesinstituts für Sportwissenschaft, 96). 1. Aufl. Schorndorf: Hofmann.

Gunst und Gewalt
Sport in nationalsozialistischen Konzentrationslagern

VERONIKA SPRINGMANN

In meiner Promotion untersuche ich die Formen und Ausprägungen von Sport in den nationalsozialistischen Konzentrationslagern. Anhand einer systematischen Analyse verschiedener Quellen (unter anderem Erinnerungsberichte und Zeichnungen) zeige ich, dass erstens Sport (Fußball) ab 1943 in den Konzentrationslagern einer Gruppe von Häftlingen erlaubt wurde, als Anreiz, um ihre Arbeitskraft zu stärken. Als Unterhaltung für die SS, fanden in einigen Konzentrationslagern regelmäßig Boxkämpfe statt, in denen Häftlinge gegeneinander kämpfen mussten. Sportliche Übungen wurden aber vor allem von den SS-Aufsehern genutzt, um die Häftlinge zu demütigen und zu quälen.

Die Häftlinge mussten rollen, hüpfen oder Liegestützen machen, in den meisten Fällen über individuelle Grenzen der Erschöpfung hinweg, und „ohne Rücksicht auf alte oder kranke Männer". Diese Praktik der Gewalt knüpft an militärische Praktiken des Exerzierens und des militärischen Sports an. Ich beschreibe diese gegenderte Praxis in ihrer Performativität. Unter Einbeziehung der Kategorien gender und race, gelingt es mir zu zeigen, dass diese Praxis ein „doing otherness" war, mit der die Häftlinge sicht- und spürbar aus dem Referenzrahmen einer hegemonialen Männlichkeit ausgeschlossen werden sollten und konnten.

Der erlaubte Sport in den Konzentrationslagern wiederum war eine Gunstbezeugung. Es gelang einigen Häftlingsgruppen in einer bestimmten Phase des Lagers, Fußball- oder Boxwettkämpfe unter Duldung der SS zu organisieren. Dazu bedurfte es jedoch im Kontext der Lager einen privilegierten Zugriff auf materielle Ressourcen, wie Lebensmittel und Kleidung.

Mit diesem analytischen Nahblick auf Sport eröffne ich eine Perspektive, die das gegensätzliche Erleben von verschiedenen Gefangenengruppen darstellt. Zugleich ist es mir möglich, Entwicklungen in der Macht- und Gewaltstruktur der Lager herauszuarbeiten.

Meine Arbeit ist ein neuer Beitrag zur Frage nach dem Wechselverhältnis von Geschlecht (insbesondere Männlichkeit), Sport und Gewalt, der Alltagsgeschichte der Konzentrationslager und nicht zu letzt zu den Wirkungsweisen von Macht und Gewalt.

Akademische Olympien – Feste der akademischen Turn- und Sportbewegung (1909-1927)

ALEXANDER PRIEBE

Philipps-Universität Marburg

Akademische Olympien wurden erstmalig 1909 anlässlich des Universitätsjubiläums in Leipzig ausgerichtet, dann in wechselnden Jahresrhythmen bis zu den Deutschen Akademischen Olympien 1927 in Königsberg. In ihnen begegneten sich Studenten der deutschen Universitäten zu turnerischen und zunehmend auch sportlichen Wettkämpfen. Standen die Olympien im Kaiserreich in der Tradition der Akademischen Turnbewegung und wurde deren Ausrichtung wesentlich von den im Akademischen Turnbund (ATB) vereinten Akademischen Turnverbindungen (ATV) getragen, übernahm nach 1920 das neu gegründete Deutsche Hochschulamt für Leibesübungen (DeHofL) deren Ausrichtung. Neben den akademischen Turnern waren nun auch die in akademischen Verbindungen organisierten Sportler und auch alle Freistudenten zur Teilnahme aufgefordert.

Ähnlich wie der ATB als Mitgliedsverband der Deutschen Turnerschaft ein aufgeschlossener Vermittler zum Zentralausschuss für Volks- und Jugendspiele war und manche Neuerung im turnerischen Programm unterstützte, so kann auch das DeHofL als ein Mittler der traditionsreichen Turn- und der aufstrebenden Sportbewegung in der akademischen Welt verstanden werden. Die tiefgreifenden Konflikte der Turn- und Sportbewegung der 1920er Jahre wurden in den akademischen Leibesübungen jedenfalls sehr viel moderater ausgetragen – und damit vielleicht auch ein Weg in eine gemeinsame Zukunft gewiesen.

Neben den Korporationen und den Akademischen Ausschüssen für Leibesübungen der Universitäten wurden die seit 1923 gegründeten Institute für Leibesübungen die tragenden Institutionen der Akademischen Olympien. Diese Großereignisse dienten damit insbesondere 1924 in Marburg und auch 1927 in Königsberg als Initiationsveranstaltungen akademischer Institute, die zugleich für die akademische Ausbildung der Leibeserzieher verantwortlich und in unterschiedlicher Ausprägung in die Fakultäten der Universitäten eingebunden wurden. Ist damit die Bedeutung der akademischen Olympien für die Einbindung der Leibesübung an den Universitäten aufgezeigt, so sind diese Feste auch in einem national- und wehrpolitischen Zusammenhang zu deuten.

Die Literatur ist beim Autor zu erfragen.

AK 46: Spiele im Dialog – Die Bewerbung Hamburgs um die Olympischen und Paraolympischen Spiele 2024

Spiele im Dialog – Die Bewerbung Hamburgs um die Olympischen und Paralympischen Spiele 2024

Deutsche Olympische Akademie (DOA)

Der Deutsche Olympische Sportbund (DOSB) hat in seiner Außerordentlichen Mitgliederversammlung im März 2015 entschieden, sich mit Hamburg um die Olympischen und Paralympischen Spiele 2024 sowie ggf. 2028 zu bewerben.
Auch vor dem Hintergrund der gescheiterten Bemühungen Münchens um die Spiele 2018 und 2022 findet seitdem ein breiter öffentlicher Diskurs über (Erfolgs-)Chancen und Risiken eines neuerlichen Anlaufs statt.
Sicher ist: Es warten viele Aufgaben auf Hamburg, die Ende Juni gegründete Bewerbungsgesellschaft und den deutschen Sport. Die wichtigste Hürde auf nationaler Ebene ist das Referendum in der Hansestadt, bei dem am 29. November 2015 die Hamburgerinnen und Hamburger über eine Kandidatur abstimmen werden.
In dem Dialogforum der Deutschen Olympischen Akademie sollen aus verschiedenen Perspektiven Meinungen aufgegriffen und diskutiert werden.
Zunächst wird ein Vertreter der Bewerbungsgesellschaft die Chancen und Herausforderungen einer Bewerbung Hamburgs um die Olympischen und Paralympischen Spiele in den Fokus nehmen.
Das öffentliche Meinungsbild über eine Bewerbung wird von einem Vertreter des ZDF skizziert. Dabei wird auch die Frage berührt, inwieweit hierzulande noch eine „Faszination Olympia" spürbar ist.
Welchen Einfluss hat eine Bewerbung um die Olympischen und Paralympischen Spiele auf die Sportwissenschaft, welche Rolle kann diese dabei einnehmen? Diesen Leitgedanken wird sich ein Experte aus der Fachdisziplin widmen.
Im Anschluss an jeden Vortrag wird ein Mitglied des DOA-Vorstandes oder ein Experte bzw. eine Expertin dem Referierenden pointierte Rückfragen stellen, bevor das Dialogforum für alle Zuhörerinnen und Zuhörer geöffnet wird.

AK 47: Sporthistorische Vorträge

Die Selbstdarstellung hellenistischer Athleten: politische Identitäten, soziale Identitäten, ethnische Identitäten

SEBASTIAN SCHARFF

Universität Mannheim

Das Projekt setzt bei der Beobachtung einer erstaunlichen Forschungslücke an. Während zahlreiche Untersuchungen zur archaisch-klassischen wie auch zur kaiserzeitlichen Agonistik existieren, war der hellenistische Sport bisher noch nicht Gegenstand einer monographischen Untersuchung. Dieser Befund geht darauf zurück, dass der Hellenismus lange als eine „hässliche" Epoche der Sportgeschichte betrachtet wurde. Nach dem ‚goldenen Zeitalter' der Agonistik in archaischer und klassischer Zeit, in der der Sport noch einen fairen Wettkampf unter Aristokraten dargestellt habe, deren Siegeswille allein auf Ruhmstreben, nicht auf finanziellen Gewinn ausgerichtet gewesen sei, sei es im Hellenismus – so die lange gängige Meistererzählung – durch das Aufkommen von Berufsathleten aus den unteren Schichten zu einem Verfall der Agonistik gekommen. Der ehemals reine Sport sei brutalisiert und v. a. ökonomisiert worden. Dieses Dekadenzmodell, in den älteren sportgeschichtlichen Handbüchern Grundwissen, ist seit den 1970er Jahren demontiert worden, indem gezeigt werden konnte, dass es sich bei dieser Idealisierung zum einen um eine Projektion der Ideale der modernen Olympiabewegung auf die Antike handelte und dass zum anderen die Präsenz von Athleten aus der Oberschicht auch bei den nachklassischen Agonen nicht signifikant abnahm. Auch wenn der Hellenismus nunmehr von dem Stigma einer hässlichen Epoche befreit ist, ist er dennoch in sportgeschichtlicher Hinsicht noch nicht in den Fokus der Forschung gerückt. Dies gilt es zu ändern.

Wenn die hellenistische Agonistik bisher doch einmal in den Blick der Forschung geriet, so rückten die Institution des Gymnasions, der Zuwachs und die Ausdifferenzierung von Wettkämpfen oder eine regelrechte Sportförderung der Poleis für ihre Athleten in den Mittelpunkt des Interesses. Im Zentrum der bisherigen Bemühungen standen mithin die Feste und ihre Organisation. Die Athleten selbst fanden kaum Beachtung. Dies ist gerade deshalb verwunderlich, da sich, wenn man von den Athleten her denkt, eine Vielzahl von Fragen stellen lässt, die sich gut in die laufenden Debatten um die hellenistische Geschichte (hellenistische Polis, Euergetismus) einfügen lassen. Zudem hat sich in den letzten Jahren die Quellenlage signifikant verbessert. So hat die Auffindung eines Mailänder Papyrus mit Gedichten des Posidipp von Pella die Zahl der erhaltenen Siegerepigramme deutlich erhöht. Die Siegerepigramme stellen die wichtigste Quellengattung für die Untersuchung dar, da sich in ihnen die Selbstdarstellung der Athleten manifestiert. Die Art und Weise, wie die meist aristokratischen oder königlichen Sieger ihre Erfolge preisen ließen, ist weder in politischer noch sozialer oder ethnischer Hinsicht zufällig, sondern stellt das Produkt bewusster Entscheidungen dar. Im Projekt soll daher gefragt werden, wie die siegreichen Athleten und ihre Heimatstädte mit dem Siegesruhm (*kydos*) umgingen. Es steht zu vermuten, dass ein hellenistischer König dies anders tat als ein Mitglied seiner Dynastie, einer seiner Höflinge oder ein griechischer Polisbürger.

Das Olympische Dorf von 1936. Einblicke in Organisation und Durchführung der Olympischen Spiele 1936

EMANUEL HÜBNER

Westfälische Wilhelms-Universität Münster

Einleitung

Über die Olympischen Spiele des Jahres 1936 ist schon viel geschrieben worden und das Meiste scheint bereits erforscht zu sein. Bei genauerem Hinsehen zeigt sich allerdings, daß dies nicht der Fall ist. Im Rahmen eines Promotionsprojektes sind in den Jahren 2009 bis 2014 die näheren Umstände von Planung, Bau und Nutzung des Olympischen Dorfes von 1936 untersucht worden. Am Beispiel des Olympischen Dorfes kann erstmals gezeigt werden, wie die Olympischen Spiele im Detail organisiert und außerhalb von Berlin wahrgenommen wurden (Hübner, 2009, 2014).

Ergebnisse

Das Olympische Dorf in Döberitz – ca. 14 km westlich von Berlin gelegen – war die Gemeinschaftsunterkunft des Großteiles der ca. 4.000 männlichen Teilnehmer der Olympischen Sommerspiele 1936. Die Aufgabe des Dorfes sollte nach dem Willen der Organisatoren – wie schon vier Jahre zuvor bei der entsprechenden Einrichtung in Los Angeles – über die einer reinen Beherbergungsstätte weit hinausgehen. Für die Organisatoren der Berliner Spiele hatte das Dorf sowohl hinsichtlich des betriebenen Aufwandes als auch für die angestrebte Außendarstellung dieser Spiele eine herausgehobene Bedeutung. Gleichzeitig zeigt sich in der Anlage eine Ambivalenz: Einerseits sollte sich im Olympischen Dorf die Jugend der Welt friedlich versammeln. Andererseits war das Reichskriegsministerium Bauherr und unterhielt die Anlage. Wenn dieses auch für die Dauer der Olympischen Spiele die Verwaltung dem Organisationskomitee übertragen hatte, so gehörte doch ein Großteil des Personals der Wehrmacht an, die zu dieser Zeit bereits für den Krieg rüstete. Das Olympische Dorf war für eine Nutzung als Kaserne geplant. Nach den Spielen diente es, wie vorgesehen, in zwei Bereiche unterteilt dem Militär. Ein Teil behielt den Namen „Olympisches Dorf" und diente der Offiziersausbildung der Infanterie. Der andere diente unter dem Namen „Olympia-Lazarett" der Wehrmacht als Reserve-Lazarett.

Am Olympischen Dorf läßt sich nicht nur beispielhaft untersuchen, wie solch ein Großbauprojekt als Teil der Olympiavorbereitungen in der nationalsozialistischen Diktatur durchgeführt wurde, sondern auch, welche verschiedenen Intentionen und Absichten der beteiligten Protagonisten und Institutionen hierbei mit hineinspielten.

Literatur

Hübner, E. (2009). Das Olympische Dorf von 1936. Greifbare Sportgeschichte vor den Toren Berlins. In A. Bruns & W. Buss (Hrsg.), *Sportgeschichte erforschen und vermitteln* (Schriften der Deutschen Vereinigung für Sportwissenschaft, 187, S. 151-168). Hamburg: Czwalina.

Hübner, E. (2014). The Olympic Village of 1936: Insights into the Planning and Construction Process. *The International Journal of the History of Sport, 31* (12), 1444-1461.

AK 48: Gesellschaft für Internationale Zusammmenarbeit (GIZ)

From Science to Policy to Practice – „Nachhaltigkeit von Sportgroßveranstaltungen" als Querschnittsthema in Wissenschaft, Politik und Praxis

BEN WEINBERG

Geseellschaft für Internationale Zusammenarbeit (GIZ)

Mögliche Teilnehmer/innen

ICSSPE (N. N.), Deutsche Sporthochschule Köln (Prof. Mittag, angefragt), Universität Mainz (Prof. Preuss), BMZ/GIZ (N. N.), Bundesinnenministerium (Dr. Quade, angefragt), Bundesinstitut für Sportwissenschaft (Herr Fischer, angefragt), Bundeskanzleramt (Dr. Persch, angefragt), DOSB (Herr Klages, angefragt)

Inhalte

Die weltweite Debatte um Sportgroßveranstaltungen umfasst Aspekte ökologischer, sozialer, politischer und ökonomischer Sinnhaftigkeit und Nachhaltigkeit. Einerseits wird das Potenzial solcher Events in Hinblick auf positive Veränderungsprozesse hervorgehoben, andererseits wird eine Vernachlässigung nachhaltigkeitsrelevanter Herausforderungen kritisiert. Mögliche Bewerberstädte und Regionen begegnen zusehends neuen Problemfeldern, die einer stärkeren Koordinierung bedürfen. In diesem Kontext spielen insbesondere Fragen zu Legitimation, Partizipation, Transparenz und Breiten- bzw. Langzeitwirkung eine wichtige Rolle.

Hieran anknüpfend verfolgt diese Veranstaltung das Ziel die verschiedenen Facetten des Themas in einem breiteren Kontext zu verorten und aus multi-sektoraler Sicht aufzuzeigen, welchen Querschnitt und welche Ankerpunkte das Thema in Hinblick auf einen interdisziplinären Diskurs innerhalb der Sportwissenschaft aufweist. Einblicke in die Schnittstellen zwischen Sport und nachhaltiger Entwicklung gebend, werden die Notwendigkeit eines koordinierten Austauschs zwischen Wissenschaft, Politik und Praxis hervorgehoben und entsprechende Wirkungszusammenhänge dargestellt.

AK 49: Sporthistorische Perspektiven auf Olympia

Dopingkontrollen als Problemlösungsversprechen. Eine kulturhistorische Analyse

MARCEL REINOLD

Westfälische Wilhelms-Universität Münster

Es gibt kaum ein Phänomen des Sports, das so stark vom gegenwärtigen Standpunkt her, d. h. in erster Linie im Lichte seiner vermeintlichen Ineffektivität interpretiert wurde wie das Dopingkontrollsystem. Eine solche Beschreibung ist aus historischer Sicht nicht unproblematisch, gerät doch dadurch zweierlei aus dem Blick: Erstens die zeitgenössischen Wirklichkeitsdeutungen, die noch nicht durch spätere Deutungen und das Wissen um die Schwierigkeiten der Dopingbekämpfung überformt sind. Und zweitens die grundlegendere Frage, wie es kam, dass es ein solch umfangreiches Dopingkontrollsystem überhaupt gibt. Dass Dopingkontrollen existieren und dass sie – wohlgemerkt trotz massiver Kritik – nicht nur fortbestehen, sondern historisch gesehen sogar einen Prozess enormer Expansion erfahren haben, ist keine Selbstverständlichkeit. Der Beitrag beginnt daher nicht beim Misserfolg, sondern – so absurd das vor dem Hintergrund der üblicherweise angenommenen Ineffizienz klingen mag – beim Erfolg dieses Problemlösungsansatzes. Das Unternehmen begann mit vereinzelten erzieherischen Appellen von Sportmedizinern in der ersten Hälfte des 20. Jahrhunderts und mündete schließlich in ein umfangreiches Kontrollsystem, das standardmäßig mit einer hohen Zahl an Urin- und Blutkontrollen in- und außerhalb von Wettkämpfen arbeitet (vgl. Dimeo, 2007). Die zentrale Frage dieses Beitrags lautet daher, wie Dopingkontrollen als Problemlösungsversprechen diskursiv geschaffen wurden, dass sie so dauerhaft bestehen und immer weiter ausgebaut werden konnten. Ein Kontrollsystem, das finanziell und organisatorisch gesehen allmählich ein beträchtliches Ausmaß erreichte und gleichzeitig immer stärkere Eingriffe in die Privatsphäre von Menschen vornahm, die in anderen Kontexten durchaus als ein inakzeptabler Bruch mit Persönlichkeitsrechten eingestuft werden würden, basiert ohne Zweifel auf einer erfolgreichen Deutungs-, und Legitimationsarbeit. Unter der analytischen Perspektive eines kulturhistorischen Vokabulars (vgl. Landwehr, 2003 & 2009) fragt dieser Beitrag daher nach den Prozessen der Sinn- und Bedeutungskonstruktion, durch die dieses Kontrollsystem in den 1960er und 1970er Jahren geschaffen wurde.

Der Schwerpunkt liegt dabei auf dem Internationalen Olympischen Komitee (IOC) als Organisation, die bis zur Gründung der Welt Anti-Doping Agentur im Jahre 1999 die Anti-Dopingpolitik weltweit wohl am nachhaltigsten beeinflusste (vgl. Hunt, 2011). Als Quellengrundlage dienen in erster Linie Protokolle der IOC-Mitgliederversammlungen, des Exekutivkomitees und der Medizinischen Kommission aus dem IOC-Archiv in Lausanne.

Literatur

Dimeo, P. (2007). *A History of Drugs Use in Sport. Beyond Good and Evil.* London & New York: Routledge.
Hunt, T. (2011). *Drug Games. The International Olympic Committee and the politics of doping, 1960-2008.* Austin: University of Texas Press.
Landwehr, A. (2003). Diskurs – Macht – Wissen. Perspektiven einer Kulturgeschichte des Politischen. *Archiv für Kulturgeschichte, 85,* 71-117.
Landwehr, A. (2009). *Historische Diskursanalyse.* Frankfurt/M.: Campus.

Die Tätigkeiten der Subkommission „Doping und Biochemie" der Medizinischen Kommission des Internationalen Olympischen Komitees zwischen 1980 und 1988 und deren Auswirkungen auf den internationalen Anti-Doping Kampf

JÖRG KRIEGER

Deutsche Sporthochschule Köln

Auf Grundlage von zeithistorischen Quellen aus dem Archiv des *Internationalen Olympischen Komitees* (IOC) und des *Carl und Liselott Diem-Archivs* (CuLDA) der *Deutschen Sporthochschule Köln* (DSHS) beschäftigt sich dieser Beitrag mit der Gründung, den Tätigkeiten und der politischen Einflussnahme der Subkommission „Doping und Biochemie" (IOC MSD) der Medizinischen Kommission des IOC zwischen 1980 und 1988. Anhand einer Dokumentenanalyse wird dargelegt, dass die IOC MSD in bisherigen sporthistorischen Untersuchungen ein unterbewertetes Anti-Doping Gremium ist.

Es wird aufgezeigt, dass die Mitglieder der Kommission – ausschließlich Anti-Doping Laborleiter mit Fachkompetenzen im Bereich der Dopinganalyse – die Anti-Doping Politik des IOC in den 1980er Jahren maßgeblich beeinflusst haben. Unter der Leitung von Prof. Dr. Manfred Donike initiierte die IOC MSD bereits in den ersten Jahren nach ihrer Gründung im Jahr 1980 wegweisende Anti-Doping Aktivitäten in drei verschiedenen Bereichen. 1) Sie führte ein Akkreditierungsverfahren für Anti-Doping Labore ein und schaffte damit ein institutionelles Netzwerk zur Unterstützung des Anti-Doping Kampfes des IOCs. 2) Die IOC MSD Mitglieder waren für die technische Weiterentwicklung der Testverfahren zuständig, die es ermöglichten die Liste der verbotenen Substanzen zu erweitern. 3) Die Kommission installierte Schulungs- und Weiterbildungsmöglichkeiten für internationale Labormitarbeiter um die Zuverlässigkeit der Dopinganalysen zu erhöhen und den Wissensaustausch zu fördern. Während sich sportpolitische Akteure wie Juan Antonio Samaranch, Primo Nebiolo und Peter Ueberroth in der Öffentlichkeit positiv über die Initiativen der IOC MSD äußerten, hatte der zunehmende Einfluss von Manfred Donike und anderen IOC MSD Mitgliedern auch externe und kommissionsinterne Konflikte zur Folge. Diese sind dokumentiert in zahlreichen Briefen und Protokollen, welche umfangreich darlegen, dass die Tätigkeiten der IOC MSD nicht unumstritten waren.

Die Entwicklungen, die in diesem Beitrag aufgezeigt werden, erlauben es abzuleiten, dass eine vollständige Darstellung des Anti-Doping Kampfes des IOC in den 1980er Jahren nur unter Einbezug der besonderen Rolle der IOC MSD möglich erscheint. Darüber hinaus behandelt der Beitrag auch die Forschungslücke zur Geschichte der Dopinganalytik und deren Einfluss auf die Anti-Doping Politik des IOCs (Dimeo, 2007; Spitzer et al., 2013).

Literatur

Dimeo, P. (2007). *A History of Drug Use in Sport 1876-1976*. London: Routledge.
Spitzer, G., Eggers, E., Schnell, H. & Wisniewska, Y. (2013). *Siegen um Jeden Preis. Doping in Deutschland: Geschichte, Recht, Ethik 1972-1990*. Köln: Verlag Die Werkstatt.

Können olympische Boykotts die Menschenrechte stärken?

MICHAEL REITER

Universität Wien

In dieser Präsentation möchte ichklären, inwiefern der sportliche, politische und/oder sportpolitische Einsatz für Menschenrechte Boykotts beziehungsweise Boykottandrohungen bei Olympischen Spielen bedingte. Zudem soll aufgezeigt werden, welche Konsequenzen aus solchen Teilnahmeverweigerungen oder den Androhungen selbiger, sowohl für die Boykottierenden als auch die Boykottierten, hervorgingen. Unter dem Begriff *Menschenrechte* soll in diesem Zusammenhang die *Allgemeine Erklärung der Menschenrechte durch die Vereinten Nationen* vom Dezember 1948 verstanden werden, die mit ihren 30 Artikeln den Grundstein für die hierbei verwendete Definition bildet.

Wie bereits dem Titel zu entnehmen ist, möchte ich den menschenrechtlichen Auswirkungen von Boykotts und Boykottandrohungen auf den Grund gehen: Konnten und können sportliche Boykotts die Menschenrechte stärken, beziehungsweise können sie dafür sorgen, dass sich die Menschenrechtslage zum Positiven verändert? Welchen Einfluss hatten die einzelnen Boykottströmungen auf die Menschenrechtspolitik des Internationalen Olympischen Komitees (IOC)?

Der Fokus liegt dabei auf den Olympischen Spielen im Zeitraum von 1948 bis 1984. Zusätzlich dazu sollen aktuellere Vorkommnisse, wie etwa die Diskussionen um die Olympischen Sommerspiele 2008 in Peking oder die Winterspiele 2014 in Sochi, das historische Bild ergänzen. Ebenfalls berücksichtigt werden sollen die verschiedenen Kooperationen und Projekte des IOC mit den Vereinten Nationen sowie internationalen Hilfsorganisationen.

Zu den wichtigsten Quellen zählen dabei die Protokolle der IOC-Sessions sowie themenrelevante Dokumente aus den *Historical Archives* des *Olympic Studies Centres* in Lausanne. Ergänzt wird das Forschungsmaterial durch Material diverser Menschenrechtsorganisationen (Amnesty International, Human Rights Watch) sowie entsprechender Sekundärliteratur.

Vertiefende Literatur

Filzmaier, P. (1993). *Politische Aspekte der Olympischen Spiele. Analyse des Stellenwertes der Olympischen Spiele als Faktor der nationalen und internationalen Politik unter besonderer Berücksichtigung der zentralen Konfliktformationen nach dem Zweiten Weltkrieg*. Wien: Dissertation.
Giulianotti, R. & McArdle, D. (Hrsg.). (2007). *Special issue: Sport, Civil Liberties and Human Rights*. London und New York: Taylor & Francis.
Scherer, K. A. (Hrsg.). (1995). *100 Jahre Olympische Spiele. Idee, Analyse und Bilanz*. Dortmund: Harenberg.
Zirin, D. (2005). *What's my name, fool? Sports and Resistance in the United States*. Chicago: Haymarket Books.

Arbeitskreise
Kommission Gesundheit

Schwerpunkt Sportwissenschaft in klinischer Forschung & Praxis

AK 50: Bewegungstherapie in der onkologischen Patientenversorgung

Bewegung als supportive Therapiemaßnahme für Patienten mit Harnblasenkrebs: eine systematische Literaturübersicht

TIM BECKER, PATRICK MIKOLAI & LUTZ SCHEGA

Otto-von-Guericke-Universität Magdeburg

Einleitung
Bewegung hat sich als Supportivtherapie in der Behandlung vieler Krebserkrankungen etabliert. Obwohl das Blasenkarzinom zu den häufigsten Krebserkrankungen zählt, scheint der Einsatz von Bewegung bei dieser Krebsentität bisher nur unzureichend untersucht zu sein. Ziel dieses Beitrages ist es, eine Übersicht über die Studienlage zur Durchführbarkeit und Effektivität bewegungsorientierter Interventionen für Blasenkrebspatienten zu geben.

Methode
In sechs Literaturdatenbanken (Scopus, Medline, Cochrane Library, PsycInfo, Web of Science, SportDiscus) wurde anhand von Schlagwörtern mit Bezug zur Harnblase (z. B. 'bladder', 'urothelium'), zu Krebserkrankungen (z. B. 'cancer', 'tumor') und zu Bewegung (e. g. 'physical activity', 'exercise') relevante englisch- und deutschsprachige Literatur recherchiert. Die systematische Recherche, das Screening der identifizierten Publikationen sowie die Datenextrahierung wurden von zwei unabhängigen Untersuchern vorgenommen.

Ergebnisse
Die Recherche ergab insgesamt 3.566 Treffer. Nach Titel-, Abstract- und Volltext-Screening wurden sechs Publikationen identifiziert, die die Ergebnisse von drei randomisiert-kontrollierten Studien (Banerjee et al., 2013; Jensen et al., 2014; Porserud et al., 2014) und einer Fallstudie präsentierten. In den Studien führten Blasenkrebspatienten vor bzw. nach radikaler Zystektomie verschiedene bewegungsorientierte Interventionen durch, die sich positiv auf die körperliche Leistungsfähigkeit und die Lebensqualität auswirkten.

Diskussion
Diese Ergebnisse lassen vermuten, dass bewegungsorientierte Interventionen für zystektomierte Blasenkrebspatienten durchführbar und effektiv sind. Aufgrund der geringen Anzahl an Studien sollten die Ergebnisse jedoch mit Vorsicht interpretiert werden. Weitere Studien sind notwendig, um die Rolle von Bewegung als supportive Therapiemaßnahme für Blasenkrebspatienten detaillierter zu untersuchen.

Literatur
Banerjee, S., Manley, K., Thomas, L., et al. (2013). Preoperative exercise protocol to aid recovery of radical cystectomy: results of a feasibility study. *European Urology Supplements, 12*, 125.

Jensen, B., Jensen, J., Laustsen, et al. (2014). Multidisciplinary rehabilitation can impact on health-related quality of life outcome in radical cystectomy: Secondary reported outcome of a randomized controlled trial. *Journal of Multidisciplinary Healthcare, 7*, 301-311.

Porserud, A., Sherif, A. & Tollbäck, A. (2014). The effects of a physical exercise programme after radical cystectomy for urinary bladder cancer: a pilot randomized controlled trial. *Clinical Rehabilitation, 28*, 451-459.

Machbarkeitsstudie eines individualisierten Bewegungsprogramms in der onkologischen Regelversorgung

BETTINA BARISCH-FRITZ[1], STEFANIE HENGST[1], ULRIKE WILDE-GRÖBER[1,2], INGA KRAUß[1], GORDEN SUDECK[2] & ANDREAS NIEß[1]

[1]Universitätsklinik Tübingen, [2]Eberhard Karls Universität Tübingen

Einleitung

Individualisierte Bewegungsprogramme (IB) zeigen bei onkologischen Patienten positive physische und psychische Wirkungen (Schmitz, 2010). Die bewegungstherapeutische Praxis ist jedoch basierend auf den Ergebnissen von Forschungsaktivitäten stark entitätsorientiert. Individualisierung und damit stärkere Nebenwirkungsorientierung der bewegungstherapeutischen Versorgung werden aktuell verlangt (Wiskemann, 2014) und sind mit der Frage nach der Machbarkeit in der onkologischen Regelversorgung Ziel dieser Studie.

Methode

Basierend auf dem *5-A-Konzept* für Gesundheitsverhaltensänderungen (Sudeck, 2007), werden zunächst trainings- und verhaltensrelevante Faktoren über Fragebogen, Leistungs- und Kraftdiagnostik erfasst (*assess*). Diese führen durch Zuweisung zu einem von neun Trainingsmodulen zu individualisierten Trainingsempfehlungen (*advise*). Trainings- und Verhaltensziele werden gemeinsam vereinbart (*agree*) und in der Trainingsumsetzung unterstützt (*assist*). Nach Ablauf des 24-wöchigen Trainings werden Nachkontakte zur Sicherung der Nachhaltigkeit arrangiert (*arrange*).

Ergebnisse

Aktuell wurden 52 Probanden (15 m; 37 w; 58 ± 10 Jahre; diverse Entitäten) eingeschlossen, von denen bisher 25 Probanden mit durchschnittlich 33 ± 10 (Spannweite 10-44) Trainingseinheiten das IB beendeten. Trotz mehrheitlich regelmäßigem Training (1-2 x/Woche) kam es insgesamt zu Trainingsausfällen bedingt durch allgemeine (Urlaub, Termindiskrepanzen etc.) sowie krankheitsbedingte Gründe (Schmerzen, Unwohl-Sein, Müdigkeit, sowie Depression etc.). Neun Probanden brachen das IB vorzeitig ab (Zeitaufwand, Rezidiv).

Diskussion

Mit der Studie konnte gezeigt werden, dass ein IB in der Regelversorgung bei heterogenen Gruppen mit intensiver Diagnostik, Modularisierung und Betreuung möglich ist und mit einer hohen Compliance einhergeht. Kritisch anzumerken ist, dass IB eine hohe Komplexität und damit Aufwand erfordern. Dessen Kosten sind in der Regelversorgung noch nicht ausreichend abgebildet, was die Etablierung entsprechender Therapiepfade erschwert.

Literatur

Schmitz, K. H. et al. (2010). American College of Sports Medicine roundtable on exercise guidelines for cancer survivors. *Medicine and Science in Sports and Exercise, 42* (7), 1409-1426.
Sudeck, G. (2007). Bewegungsberatung im medizinischen Setting. In R. Fuchs, W. Göhner & H. Seelig (Hrsg.), *Aufbau eines körperlich-aktiven Lebensstils: Theorie, Empirie und Praxis*. Göttingen: Hogrefe.
Wiskemann, J. & Scharhag-Rosenberger, F. (2014). Nebenwirkungsorientierte Behandlungspfade für die bewegungstherapeutische Betreuung onkologischer Patienten. *Bewegungstherapie & Gesundheitssport, 30* (4), 146-150.

Bewegungsintervention bei Patienten mit fortgeschrittenem Lungenkrebs: erste Baseline-Daten zu Rekrutierung und Machbarkeit aus der POSITIVE-Studie Teil III.

CHRISTINA DIEPOLD[1], JOACHIM WISKEMANN[1,2], SIMONE HUMMLER[3] & MICHAEL THOMAS[3]

[1]Nationales Centrum für Tumorerkrankungen (NCT) und Deutsches Krebsforschungszentrum, Heidelberg; [2]Nationales Centrum für Tumorerkrankungen (NCT) und Universitätsklinikum Heidelberg; [3]Thoraxklinik am Universitätsklinikum Heidelberg

Einleitung

Die Behandlung des fortgeschrittenen Lungenkarzinoms stellt Betroffene, deren Angehörige sowie die professionell Beteiligten vor Herausforderungen. Der Ansatz mittels körperlicher Aktivität einen wichtigen Beitrag zur Erhaltung oder sogar zur Verbesserung der Lebensqualität und der körperlichen Leistungsfähigkeit leisten zu können ist vielversprechend (Kuehr, Wiskemann et al., 2014). In diesem Abstract sollen Rekrutierung und Machbarkeit der aktuell deutschlandweit größten Studie in diesem Feld präsentiert werden.

Methodik

Seit November 2013 werden in einer randomisierten, kontrollierten Studie (Ziel n = 250) die Auswirkungen von Sport- und Bewegungstherapie auf die Lebensqualität bei Patienten mit fortgeschrittenem Lungenkrebs untersucht (ClinicalTrials.gov: NCT02055508). Als Basisintervention bieten wöchentliche Telefonkontakte über den Zeitraum von 24 Wochen allen Studienpatienten eine erweiterte Möglichkeit der Beratung und Betreuung. Die Hälfte der Teilnehmer führt zusätzlich mind. 3x/Woche ein individuell angepasstes, kombiniertes Kraft- und Ausdauertraining durch. Primäre Endpunkte sind Lebensqualität und Fatigue nach 12 Wochen. Anhand von ersten Baseline-Daten sollen die Entwicklung in der Rekrutierung aufgezeigt und die Adhärenz der Patienten dargestellt werden.

Ergebnisse

Bislang konnten 101 Patienten eingeschlossen werden. 134 Patienten haben eine Teilnahme aufgrund von fehlendem Interesse abgelehnt. Die meistgenannten Gründe für eine Nichtteilnahme waren ein zeitlich zu hoher Aufwand (46,4%) und fehlende Motivation (14,6%). Hinsichtlich der Machbarkeit und Umsetzung der Studieninhalte zeigen bisher 81,3% aller Studienpatienten eine gute und 18,7% eine eingeschränkte oder inadäquate Adhärenz. In der Interventionsgruppe liegt bei 72,5% eine gute und bei 27,5% eine eingeschränkte oder inadäquate Adhärenz vor.

Diskussion

Die vorläufigen Ergebnisse zeigen eine Rekrutierungsrate von 43%. Bei der überwiegenden Mehrheit der Studienpatienten liegt eine gute Adhärenz vor. Dies ist auch in der Interventionsgruppe zu beobachten.

Literatur

Kuehr, L. & Wiskemann J. et al. (2014). Exercise in patients with non-small cell lung cancer. *Medicine and Science in Sports and Exercise, 46* (4), 656-63.

Trainingsadhärenz von Pankreaskarzinompatienten im Rahmen einer randomisierten kontrollierten Interventionsstudie

DOROTHEA CLAUSS[1], KAREN STEINDORF[1], CHRISTINE TJADEN[2], MARCEL BANNASCH[1], THILO HACKERT[2] & JOACHIM WISKEMANN[1]

[1]Nationales Centrum für Tumorerkrankungen (NCT) Heidelberg, Universitätsklinikum Heidelberg und Deutsches Krebsforschungszentrum (DKFZ), [2]Universität Heidelberg

Einleitung

Nach der onkologischen Therapie ist die Lebensqualität und körperliche Fitness von Pankreaskarzinompatienten stark eingeschränkt. Es ist bekannt, dass regelmäßige körperliche Aktivität bei Krebserkrankungen die körperliche Fitness und die Lebensqualität steigern[1]. Im Rahmen einer randomisierten kontrollierten Studie bei Pankreaskarzinompatienten, die die Interventionseffekte auf die Lebensqualität und körperliche Fitness der Patienten untersucht, wird die Trainingsadhärenz der ersten 20 eingeschlossenen Patienten evaluiert.

Methode

Die randomisierte, kontrollierte Studie wird den Effekt eines 6-monatigen Krafttrainingsprogramms bei Pankreaskarzinompatienten (Stadium I-IV) auf die Lebensqualität, körperliche Fitness und Fatigue untersuchen. Die Patienten werden in eine von zwei Trainingsgruppen oder in die Kontrollgruppe (keine Intervention) randomisiert. Die beiden Interventionsgruppen unterscheiden sich durch Modus und Intensität des Krafttrainings: Eine Gruppe absolviert 2-mal pro Woche ein moderates bis hochintensives, überwachtes, progressives Krafttraining an Geräten mit einer Intensität von 60-80% des 1-RM (Trainingsgruppe vor Ort). Die andere Gruppe absolviert 2-mal pro Woche ein telefonisch betreutes Heimtrainingsprogramm mit einer Intensität von 14-16 (Borg-Skala) (Heimtrainingsgruppe). Die Erfassung der Endpunkte erfolgt alle 3 Monate innerhalb eines Jahres.

Ergebnisse

Erste Ergebnisse der Interventionsstudie zeigen, dass ein Krafttraining bei Pankreaskarzinompatienten machbar ist. Von 24 zu absolvierenden Trainingseinheiten in 3 Monaten wurden durchschnittlich 18,9 Trainingseinheiten (SD 10,3; n = 20) realisiert. Die Heimtrainingsgruppe erreichte 84,3% der zu absolvierenden Trainingseinheiten (*M* 20,2; SD 12,2; n = 13) im Vergleich zu 67,9% der Trainingsgruppe vor Ort (*M* 16,3; SD 5,3; n = 7).

Diskussion

Die erste Datenanalyse zeigt, dass ein 2-mal pro Woche durchzuführendes Krafttraining in diesem schwierigen Patientenklientel machbar und sicher ist. Sowohl ein progressives Krafttraining an Geräten als auch ein Heimtrainingsprogramm scheint für Pankreaskarzinompatienten während der Therapie realisierbar zu sein.

Vertiefende Literatur

Lakoski, S. G., Eves, N. D., Douglas, P. S. & Jones, L. W. (2012). Exercise rehabilitation in patients with cancer. *Nat Rev Clin Oncol, 9*, 288-296.

AK 51: Diagnostik der Funktions- und Leistungsfähigkeit onkologischer Patienten

Ist der maximale Respiratorische Quotient bei onkologischen Patienten höher als bei Gesunden?

EMANUEL SCHEMBRI[1,2], FRIEDERIKE SCHARHAG-ROSENBERGER[1,2], MARTINA SCHMIDT[2], KAREN STEINDORF[2] & JOACHIM WISKEMANN[2]

[1]Deutsche Hochschule für Prävention und Gesundheitsmanagement DHfPG, Saarbrücken, [2]Universitätsklinikum Heidelberg und Deutsches Krebsforschungszentrum (DKFZ)

Einleitung

Bei Spiroergometrien war aufgefallen, dass der Respiratorische Quotient (RER) bei Brustkrebspatientinnen während Chemotherapie (CTx) und Patienten nach allogener Stammzelltransplantation häufig auffällig hoch ist. Ob ein systematischer Unterschied zwischen onkologischen Patienten und Gesunden besteht, ist jedoch bisher unklar. Deshalb wurde der maximale RER bei den o. g. Patientengruppen und Gesunden verglichen.

Methode

Analysiert wurden im Rahmen von Studien durchgeführte Spiroergometrien von 20 Brustkrebspatientinnen während CTx (Mamma-Ca, Alter 50 ± 11 Jahre, ca. 90 Tage nach Beginn der CTx), 17 Patientinnen nach allogener Stammzelltransplantation (allo-HCT, Alter 50 ± 10 Jahre, ca. 180 Tage nach allo-HCT) sowie von 20 gesunden Kontrollprobandinnen (KON, Alter 53 ± 9 Jahre). Erhoben wurden u. a. die maximale Sauerstoffaufnahme (VO_{2max}), der maximale RER (RER_{max}), die maximale Herzfrequenz (HF_{max}) und die Testdauer[1]. Gruppenunterschiede wurden mittels ANOVA und Zusammenhänge mittels Korrelation überprüft.

Ergebnisse

Mamma-Ca (17 ± 5 ml/min/kg) und allo-HCT (20 ± 5 ml/min/kg) wiesen eine signifikant niedrigere VO_{2max} auf als KON (28 ± 7 ml/min/kg, p < 0,001). Der RER_{max} unterschied sich signifikant zwischen allen Gruppen (p ≤ 0,033): Mamma-Ca: 1,19 ± 0,06; allo-HCT: 1,26 ± 0,11; KON: 1,10 ± 0,07. Es bestand kein signifikanter Zusammenhang zwischen RER_{max} und HF_{max} (r = 0,201; p = 0,137), RER_{max} und Testdauer (R = -0,216; p = 0,107) sowie RER_{max} und Alter (r = -0,168; p = 0,213).

Diskussion

Patientinnen während CTx und nach allo-HCT weisen im Vergleich zu Gesunden einen höheren RER_{max} und damit einen erhöhten anaeroben Stoffwechsel auf. Eine mögliche Ursache könnte eine Schädigung der Mitochondrien und damit des aeroben Stoffwechsels durch die Therapien sein, was in weiteren Untersuchungen geprüft werden sollte.

Vertiefende Literatur

Scharhag-Rosenberger, F. & Schommer, K. (2013). Die Spiroergometrie in der Sportmedizin. *Deutsche Zeitschrift für Sportmedizin, 64* (12), 362-366.

Belastungstests bei Krebspatienten: Die Borg-Skala zur Einschätzung physiologischer Schwellen

KATHARINA SCHMIDT, ANDREAS BERNARDI, LUTZ VOGT & WINFRIED BANZER

Johann Wolfgang Goethe-Universität Frankfurt/M.

Einleitung

Der Einsatz des Beanspruchungsempfindens (ratings of perceived exertion, RPE) dokumentiert via Borg-Skala ist in verschiedenen Bereichen zur Einschätzung der Belastungsintensität sowie zur Trainingssteuerung etabliert. Wenngleich Assoziationen zwischen RPE und objektiven Belastungsparametern wie Laktat sowie metabolischem und ventilatorischen Schwellen in verschiedenen Populationen nachgewiesen wurden, fehlen entsprechende Untersuchungen als Rationale für den Einsatz der Borg-Skala bei Krebspatienten. Ziel der Studie war die Evaluation des RPE in Relation zu objektiv ermittelten physiologischen Belastungsparametern bei Krebspatienten.

Methode

Nach schriftlicher Einwilligung absolvierten 31 Krebspatienten (87% w., 50 ± 10 J., VO_{2max}: 22,8 ± 5,3 ml/min/kg) eine Spiroergometrie bis zur Ausbelastung (Respiratorischer Quotient: RQ > 1,1) auf dem Fahrradergometer (0+25 W, 3 Min.). Am Ende jeder Stufe sowie nach Testabbruch schätzten die Teilnehmer ihr Anstrengungsempfinden via Borg-Skala (6-20) ein. Zur Bestimmung von ventilatorischer Schwelle (VT), Respiratorischem Kompensationspunkt (RCT), Laktatschwelle (LT) und individueller anaerober Schwelle (IAT) kamen etablierte Methoden zum Einsatz. Nachfolgend wurden die individuellen RPE-Werte an VT, RCT, LT und IAT mittels kubischer Polynomialfunktion (RPE vs. Leistung) bestimmt.

Ergebnisse

Die mittlere Beanspruchung an LT, VT, IAT und RCP lag bei 50,1 ± 5%, 53,8 ± 9,5%, 73,1 ± 7,5% bzw. 83,6 ± 5,3% der VO_{2max}. Der mittlere RPE an LT, VT, IAT und RCT betrug 10,3 ± 2,1; 10,5 ± 2; 13,3 ± 1,8 bzw. 14,4 ± 1,9. Sporthistorie und kardiorespiratorische Fitness hatten keinen signifikanten Einfluss auf den RPE an submaximalen Schwellen. Bei einem RQ von 1,24 ± 0,14 bei Testabbruch ergab sich ein mittlerer RPE von 18 ± 1,2.

Diskussion

Die durchschnittlichen RPE-Werte von Krebspatienten an physiologischen Schwellen sowie bei Testabbruch in der maximalen Spiroergometrie sind vergleichbar zu denen, die für Athleten, gesunde Ältere und Patienten mit koronarer Herzerkrankung (Scherr et al., 2013) beschrieben werden. Die Selbsteinschätzung via Borg-Skala scheint auf Basis der vorliegenden Daten bei Krebspatienten ähnlich gut geeignet wie in anderen Kollektiven, um physiologische Schwellen im Stufentest annäherungsweise zu identifizieren. Nachfolgende Studien könnten unter anderem das Potenzial der Borg-Skala zur Steuerung der Trainingsintensität bei Krebspatienten evaluieren.

Literatur

Scherr, J., Wolfarth, B., Christle, J., Pressler, A., Wagenpfeil, S. & Halle, M. (2013). Associations between Borg's rating of perceived exertion and physiological measures of exercise intensity. *European Journal of Applied Physiology, 113*, 147-155.

Reduzierte Gangstabilität bei Patienten nach allogener hämatopoetischer Zelltransplantation (alloHZT)

ANTONIA PAHL[1], ELISA STRAUB[1], ANNE-KATHRIN ILAENDER[2], ANJA WEHRLE[1], ANDREAS MUMM[2], SARAH KNEIS[1] & ALBERT GOLLHOFER[3]

[1]Uniklinik Freiburg, [2]Klinik für Tumorbiologie, Freiburg, [3]Albert-Ludwigs-Universität Freiburg

Einleitung

Durch lange und intensive medizinische Behandlungen können posturale Instabilitäten und Verschlechterungen des Gangbildes entstehen. Zusätzlich kommt es häufig zu einer Verringerung der Ganggeschwindigkeit (V_{Gang}), was einen Prädiktor für Morbidität und Mortalität älterer Menschen (Studenski et al, 2011) darstellt. Demnach kann vermutet werden, dass Patienten nach einer alloHZT infolge des Bewegungsmangels von einer Reduktion der dynamischen posturalen Kontrolle betroffen sind.

Methode

Die Gangstabilität wurde innerhalb dieser Querschnittsuntersuchung von 31 Probanden mittels Sensorsohlen (OpenGo science®) evaluiert. Dabei wurden über eine Strecke von 10m die Anzahl der Schritte (n), V_{Gang} (km/h), die Kadenz (Schritte/min), die Zweibeinstandphase (sec) und die Schritt-zu-Schritt-Variabilität (CV%) unter drei Bedingungen erhoben: normales Gehen (nG), schnelles Gehen (sG) und normales Gehen mit kognitiver Zusatzaufgabe (DT). Die Daten der Patienten (Pat, n = 16) wurden mit denen von gematchten Kontrollpersonen (Kon, n = 15) verglichen.

Ergebnisse

Normales Gehen zeigt keine Gruppenunterschiede. Beim sG zeigen Pat eine signifikant langsamere V_{Gang} ($p < 0,01$), niedrigere Kadenz ($p<0,01$), längere Zweibeinstandphase ($p = 0,01$) und eine höhere Schrittzahl ($p < 0,05$) als Kon; beim DT wurde ein signifikanter Unterschied nur bzgl. V_{Gang} ($p < 0,05$) festgestellt. Auch die V_{Gang}-Zunahme von nG zu sG war bei Kon signifikant höher als bei Pat (Kon: +66%; Pat: +40%; $p < 0,05$). Zusätzlich zeigen Pat > 60 Jahre eine niedrigere V_{Gang} als Pat < 60 Jahre (-21%). Hinsichtlich der Schritt-zu-Schritt Variabilität konnten keine signifikanten Unterschiede festgestellt werden.

Diskussion

Vor allem das Unvermögen von Pat, V_{Gang} beim schnellen Gehen zu erhöhen, bestätigt die Hypothese, dass Patienten nach alloHZT deutliche Mobilitätseinschränkungen aufweisen. Die Subgruppenanalyse deutet darauf hin, dass v.a. ältere Patienten nach alloHZT einem erhöhten Morbiditätsrisiko ausgesetzt sind. Demnach sollten Programme zur Förderung der körperlichen Aktivität schon während der Akutphase implementiert werden.

Literatur

Studenski, S., Perera, S., Patel, K., Rosano, C., Faulkner, K., Inzitari, M., Brach, J., Chandler, J., Cawthon, P., Barrett Connor, E., Nevitt, M., Visser, M., Kritchevsky, S., Badinelli, S., Harris, T., Newman, A. B., Cauley, J., Ferrucci, L. & Guralnik, J. (2011). Gait Speed and Survival in Older Adults. *JAMA, 305* (1), 50-58.

Körperliche Aktivität und Alltagsbewältigung von Patientinnen mit Tumoren vor einer chemotherapeutischen Behandlung

KATRIN GUTEKUNST[1], CLAUS BOLLING[2], LUTZ VOGT[1] & WINFRIED BANZER[1]

[1]Johann Wolfgang Goethe-Universität Frankfurt, [2]Agaplesion Markus Krankenhaus, Frankfurt

Einleitung

Querschnittsstudien zeigen bei Patienten mit Tumoren eine geringe körperliche Aktivität und Muskeldegradation während Chemotherapie (CHT). Als Folge werden u. a. Beeinträchtigungen der Selbstständigkeit im Alltag postuliert. Unklar ist jedoch, ob bereits vor Beginn der CHT solche Einschränkungen bestehen. Die vorliegende Studie untersucht, ob Tumorpatienten in Abhängigkeit der Entität und einer erhöhten Prävalenz zu Kachexie bereits ohne chemotherapeutische Behandlung nachweisbare Veränderungen der Alltagsaktivität und -bewältigung aufweisen.

Methode

In einer dreiarmigen Studie wurden 16 Patientinnen vor First-Line-CHT mit fortgeschrittenem (UICC ≥ III) gastrointestinalem Tumor (n = 8; 69,7 ± 2,1 Jahre; BMI 24,1 ± 0,18 kg/m^2) bzw. Mammakarzinom (n = 8; 69,9 ± 3,1 Jahre; BMI 23,9 ± 1,2 kg/m^2) sowie 10 gesunde altersentsprechende Frauen (69,7 ±1 ,4 Jahre; BMI 24,1 ± 1,2 kg/m^2) untersucht. Zur objektiven Erfassung der körperlichen Aktivität (Aktivitätscounts, Schritte/Tag) wurden Akzelerometer (Actigraph GT1M) über 7 Tage getragen. Mittels standardisiertem Functional Independence Measure (FIM; 1-7) wurden funktionelle Einschränkungen im Alltag wie z. B. der Fortbewegung, Kommunikation und sozio-kognitiven Fähigkeiten dokumentiert. Ergänzend kam der spezifischere instrumental Activities of Daily Living Fragebogen (iADL; 1-8) zur Einschätzung der Alltagskompetenz bei zentralen instrumentellen Aktivitäten des täglichen Lebens zum Einsatz.

Ergebnisse

Eine ANOVA wies keine signifikanten Unterschiede zwischen Patientinnen mit Mammakarzinomen, mit gastrointestinalen Tumoren und gesunden altersentsprechenden Frauen sowohl in den Aktivitätscounts (245 ± 42 vs. 220 ± 52 vs. 313 ± 51 cpm; p = .33), als auch in den Schritten pro Tag (6258 ± 1035 vs. 5780 ± 1359 vs. 8955 ± 1505 Schritte: p = .17) auf. Für den FIM und iADL wurden keine signifikanten Unterschiede zwischen den Gruppen nachgewiesen (p < .05). Keine Studienteilnehmerin ist gemäß fragebogenspezifischer Cut-Offs als eingeschränkt in der selbstständigen Alltagsbewältigung zu beurteilen.

Diskussion

Die Resultate zeigen, dass Patientinnen mit fortgeschrittenem Mammakarzinom oder gastrointestinalem Tumor vor Beginn einer CHT kein reduziertes Aktivitätsniveau im Vergleich zu gesunden Gleichaltrigen aufweisen. Auch die subjektiv wahrgenommene Alltagsbewältigung scheint nicht eingeschränkt zu sein. Dennoch sind die Empfehlungen von 10.000 Schritte pro Tag des American College of Sports Medicine deutlich unterschritten. Daher scheinen bereits zu diesem Zeitpunkt zielgerichtete bewegungsbezogene Interventionen relevant, um einem inaktivitätsbedingten Dekonditionierungsprozess entgegenzuwirken.

AK 52: Psychosoziale Aspekte der Bewegungstherapie

Patientensicht auf eine stärker person-orientierte Bewegungstherapie

WILLY BELIZER[1], GERHARD HUBER[2] & GORDEN SUDECK[1]

[1]Eberhard Karls Universität Tübingen, [2]Ruprecht-Karls-Universität Heidelberg

Einleitung

In einem Projekt zur Entwicklung einer person-orientierten Bewegungstherapie wurde ein Inventar zur Erfassung personaler Voraussetzungen für eine Bewegungstherapie (IPV-BT) entwickelt. Es erlaubt die Zuordnung von Patienten zu Segmenten mit ähnlichen personalen Voraussetzungen (Huber & Sudeck, 2014). Die empirische Grundlage des IPV-BT bildet eine Querschnitterhebung bei 1075 Rehabilitanden aus verschiedenen Indikationsbereichen. Die indikationsspezifische Segmentbildung erfolgte anhand sieben personaler Merkmale: Motiv Gesundheit/Fitness, Planung, Selbstwirksamkeit, Steuerungskompetenz körperliches Training, affektive Einstellungen, Barriere Unsicherheit Körper-Bewegung und motorischer Funktionszustand. Gegenstand vorliegender Untersuchung war die Frage, inwieweit sich die quantitativ orientierte Diagnostik in der Patientensicht wiederspiegelt.

Methode

Im Rahmen einer qualitativen Evaluation wurden 37 Patienten (M_{Alter} = 50.1 Jahre, SD_{Alter} = 3.6; 24 Frauen) der metabolischen und orthopädischen Rehabilitation mit dem IPV-BT konfrontiert. Zunächst erfolgte die computerbasierte Erfassung durch das IPV-BT und die Vorstellung der generierten Ergebnisse mit der individuellen Profillinie und des zugeordneten Segments. Im Anschluss erfolgte die Durchführung der qualitativen Interviews entlang festgelegter Leitfragen. Das Tonmaterial der Interviews wurde transkribiert und in die Analysesoftware ATLAS.ti eingegeben. Für die Selektion relevanter Informationen wurde eine strukturierte Inhaltsanalyse anhand eines induktiv erstellten Kategoriensystems vorgenommen (z. B. Passung der individuellen Profillinie und Segmentzuordnung; Gewichtung der personalen Merkmale für das individuelle Aktivitätsverhalten; Ergänzungen zu den personalen Merkmalen des IPV-BT).

Ergebnisse & Diskussion

Die Auswertung der Interviews machte deutlich, dass sich die Patienten in der durch das IPV-BT berechneten individuellen Profillinie (76% Übereinstimmung) und der Segmentzuordnung (89% Übereinstimmung) gut charakterisiert sehen. Die kommunizierte Diskrepanz gründet sich hierbei auf eine subjektiv wahrgenommen Unterschätzung. Darüber hinaus werden weitere Merkmale, primär umweltbezogene Kontextfaktoren, z. B. soziale Unterstützung genannt, welche aus Patientensicht von Bedeutung für körperlich-sportliche Aktivität sind.
Die Befragung der Patienten zeigte, dass das IPV-BT eine individuelle Bedarfsfeststellung ermöglichen und eine substanzielle Ergänzung für eine patientenorientierte Planung von Bewegungstherapie bieten kann. Fragen zur Kommunizierbarkeit und Nutzbarkeit für die partizipative Entscheidungsfindung in der Therapieplanung sind weiter zu klären.

Literatur

Huber, G. & Sudeck, G. (2014). *Entwicklung einer person-orientierten Bewegungstherapie in der medizinischen Rehabilitation*. Projektbericht, Universität Heidelberg, Institut für Sport und Sportwissenschaft.

Veränderung der körperlichen Aktivität und Selbstwirksamkeit durch eine verhaltensorientierte Bewegungsintervention in der stationären Rehabilitation von Patienten mit pneumologischen Berufskrankheiten

KATRIN MÜLLER[1], NICOLA KOTSCHY-LANG[2] & PETRA WAGNER[1]

[1]Universität Leipzig, [2]BG-Klinik Falkenstein

Einleitung

Die Aufrechterhaltung der körperlichen Aktivität (KA) von Patienten mit chronischen Atemwegserkrankungen stellt ein bedeutendes Ziel im nachhaltigen Krankheitsmanagement dar, um die abwärts gerichtete Inaktivitätsspirale zu durchbrechen. Innerhalb des Gesundheitsverhaltens nehmen Selbstwirksamkeitserwartungen (SWE) eine wichtige Rolle ein. Die vorliegende Untersuchung überprüft die Wirkung einer verhaltensorientierten Bewegungsintervention auf die Aufrechterhaltung der KA und die Erhöhung der SWE bei Patienten mit pneumologischen Berufskrankheiten (BK).

Methode

In einer randomisierten, kontrollierten Pilotstudie wurden von 121 Patienten ($\male$: n = 109; Alter: M = 69,3; FEV_1 = 2,18l; IG: n = 64) mit pneumologischen BK zu Beginn (T1), zum Ende (T2) sowie 2 (T3), 6 (T4) und 12 (T5) Monate nach Beendigung der stationären Rehabilitation in der BG-Klinik für Berufskrankheiten in Falkenstein Daten mittels Fragebogen zur KA (*FFkA*; in h/Wo), zur krankheitsspezifischen (*CSES-D*) sowie aktivitätsbezogenen SWE erhoben. Im Vergleich zur Kontrollgruppe (KG) erhielt die Interventionsgruppe (IG) neben den standardisierten Rehabilitationsmaßnahmen zusätzlich eine verhaltensorientierte Bewegungsintervention.

Ergebnisse

IG und KG unterschieden sich zu T1 nicht signifikant in Bezug auf die KA (T = 0,827, p > 0,05), krankheitsspezifische (T = -0.043, p > 0.05) und aktivitätsbezogene (T = -0.238, p > 0.05) SWE. Für die *CSES-D* bestehen signifikante Zeiteffekte zu T2 und keine Interaktions- und Zeiteffekte für T3 bis T5. Für die KA_{gesamt} zeigen sich signifikante Zeiteffekte zu T3, T4 und T5 mit höheren Aktivitätszeitanstiegen für die IG. Für die motivationale SWE ergeben sich Interaktionseffekte zu T3 ($F_{(1,116)}$ = 4.13; p < 0.05) mit höheren Werten für die IG und Zusammenhänge zur KA_{gesamt} (r = .363, p < .001).

Diskussion

Die stationäre Rehabilitation führte zu einer Erhöhung der Gesamtaktivität der Patienten mit pneumologischen BK. Zusammenhänge zwischen der KA und aktivitätsbezogenen SWE bestätigten sich (Hartman et al., 2013). Ob die zusätzliche verhaltensorientierte Bewegungsintervention zu diesen beobachteten Effekten führte, bleibt vorerst offen. Weitere Zusammenhangsanalysen folgen.

Literatur

Hartman, J. E., ten Hacken, N. H. T., Boezen, H. M. & de Greef, H. G. (2013). Self-efficacy for physical activity and insight into its benefits are modifiable facotrs associated with physical activity in people with COPD: a mixed-methods study. *Journal of Physiotherapy, 59* (2), 117-124.

Systematische Übersichtsarbeit zum Berichten von Nebenwirkungen, Trainingsadhärenz und Dropout in randomisiert-kontrollierten Trainingsstudien bei Menschen mit Typ-2 Diabetes Mellitus

WOLFGANG GEIDL[1], BARBARA NEUMAIER[2], MARIA VELANA[1] & KLAUS PFEIFER[1]

[1]Friedrich-Alexander Universität Erlangen-Nürnberg, [2]Mathias Hochschule Rheine

Einleitung

Körperliches Training ist ein hochwirksames, nicht-pharmakologisches Therapeutikum für Menschen mit Typ-2 Diabetes Mellitus (T2DM). Die Anhebung des körperlichen Aktivitätsniveaus, z. B. durch den Start eines Trainingsprogramms, kann jedoch auch Nebenwirkungen hervorrufen, die in der Folge zu Trainingsunterbrechungen und Dropouts aus Bewegungsprogrammen führen können. Die negativen Folgen körperlichen Trainings werden in wissenschaftlichen Trainingsstudien, die vor 2008 publiziert wurden, kaum systematisch erhoben und selten qualitativ-hochwertig berichtet (Riddell & Burr, 2011). Diese systematische Übersichtsarbeit zielt auf eine Abschätzung des Berichtens von Nebenwirkungen, Trainingsadhärenz und Dropouts in jüngeren randomisiert-kontrollierten Studien (RCTs).

Methode

Systematische Übersichtsarbeit von RCTs, die körperliches Training bei Erwachsenen mit T2DM evaluieren. Hierfür erfolgte eine Literaturrecherche in den Datenbanken Scopus und Medline im Zeitraum von Januar 2008 bis April 2013. Daten wurden aus den Volltexten mittels standardisierter Form von zwei Personen unabhängig extrahiert und bewertet.

Ergebnisse

Die Suche ergab 48 RCTs mit insgesamt 3399 Personen (48% Frauen; Durchschnittsalter: 57.3 Jahre). Die Studiendauer lag zwischen 3 Wochen und 24 Monaten (Median = 3 Monate). 48% (23/48) der Studien machen keinerlei Angaben zu Nebenwirkungen. 56% (27/48) berichten die Trainingsadhärenz und 38% (18/48) der RCTs benennen die Gründe für Dropouts.

Diskussion

Die minderwertige, nicht-standardisierte Berichterstattung von Nebenwirkungen, Trainingsadhärenz und Dropout in wissenschaftlichen Trainingsstudien könnte zu einer Überschätzung des therapeutischen Effektes von körperlichem Training bei Menschen mit T2DM führen.

Literatur

Riddell, M. & Burr, J. (2011). Evidence-based risk assessment and recommendations for physical activity clearance: diabetes mellitus and related comorbidities. *Applied Physiology, Nutrition, and Metabolism, 36* (Suppl 1), 154-89.

Sport- und Bewegungstherapie bei Depression: Eine Evaluationsstudie

ANDRE BERWINKEL[1], MARTIN DRIESSEN[2], THOMAS BEBLO[2], STEFAN HEY[3] & MATTHIAS WEIGELT[1]

[1]Universität Paderborn, [2]Forschungsabteilung Ev. Krankenhaus Bielefeld, [3]Karlsruher Institut für Technologie

Einleitung

Sport- und bewegungstherapeutische Interventionen sind fest im Behandlungskonzept depressiver Erkrankungen verankert und können auch präventiv genutzt werden (z. B. BGM). Aus wissenschaftlicher Sicht bietet ein aerobes Ausdauertraining die höchste Evidenz, während kombinierte Sportprogramme kaum erforscht sind (Weigelt et al., 2013). Die vorliegende Studie prüft, ob ein kombiniertes Sportprogramm eine vergleichbare Wirkung wie ein aerobes Ausdauertraining entfalten kann.

Methode

Insgesamt nahmen 62 Patienten mit depressiven Erkrankungen in tagesklinischer Behandlung an der Untersuchung teil und wurden quasi-randomisiert einer Experimentalgruppe (EG; n = 31; Alter: 43 ± 12 J.) oder einer Kontrollgruppe (KG; n = 31; Alter: 41 ± 12 J.) zugeordnet. Die Gruppen wurden im Prä-Posttest-Design verglichen und unterschieden sich hinsichtlich des durchgeführten Sport- und Bewegungsprogramms. Die EG absolvierte ein kombiniertes Trainingsprogramm (Qi Gong, Nordic Walking, PMR, allg. Bewegungstherapie) auf Grundlage der Handlungsempfehlungen (Weigelt et al., 2013) und die KG ein Ausdauertraining (Nordic Walking) über den Zeitraum ihrer Behandlung (je 3 h/Woche, Ø 4 Wochen). Zur psychologischen Diagnostik wurde u. a. das Beck-Depressionsinventar (BDI-II), eine Kurzform des Symptom-Checkliste (SCL-9-K), die Soziale Aktivität Selbstbeurteilungs-Skala (SASS) und der Multidimensionale Selbstwertfragebogen (MSWS) eingesetzt. Der Kcal-Verbrauch wurde zur Dosierungsempfehlung über Akzelerometer erfasst.

Ergebnisse

Die statistische Auswertung für die Faktoren „Testzeitpunkt" und „Gruppe" mittels Varianzanalyse zeigte signifikante Haupteffekte (alle p's < .05) für den Testzeitpunkt der eingesetzten Fragebögen, jedoch keine signifikanten Ergebnisse für den Faktor „Gruppe" und die Interaktion von „Testzeitpunkt x Gruppe". Die gefundenen Haupteffekte liefern Hinweise darauf, dass sich die Befindlichkeit der Probanden zum zweiten Messzeitpunkt verbessert. Der Kcal-Verbrauch der EG war im Training höher als in der KG (p < .05).

Diskussion

Es ergaben sich keine signifikanten Gruppenunterschiede in den psychologischen Tests. Der Kcal-Verbrauch unterschied sich jedoch signifikant, während sich die Befindlichkeit der Patienten insgesamt verbesserte. Demnach entfaltet ein kombiniertes Training eine vergleichbar positive Wirkung auf die Depressionssymptome wie ein aerobes Ausdauertraining, obwohl die körperliche Intensität des kombinierten Trainings niedriger war.

Literatur

Weigelt, M., Berwinkel, A., Steggemann, Y., Machlitt, D. & Engbert, K. (2013). Sport und psychische Gesundheit – Ein Überblick und Empfehlungen für die Sport- und Bewegungstherapie mit depressiven Patienten. *Leipziger Sportwissenschaftliche Beiträge*, *54* (1), 65-89.

Untersuchung zur Auswirkung des Therapeutischen Kletterns auf die Befindlichkeit von Patienten mit Depressionen

ANDREA IRIS SCHMID[1], CLAUDIA KERN[1], BIRGIT BÖHM[1], MARGOT ALBUS[2] & RENATE OBERHOFFER[1]

[1]Technische Universität München, [2]kbo-Isar-Amper-Klinikum München Ost

Einleitung

Klettern ist eine komplexe Ganzkörpersportart. Aufgrund ihrer spezifischen Anforderungen fordert sie den Körper, die Psyche und die sozialen Kompetenzen des Kletternden und beinhaltet dadurch ein großes Potenzial für die Behandlung von depressiven Störungen.

Methode

Die Veränderungen der allgemeinen, biologischen, psychischen und sozialen Befindlichkeit von depressiven Patienten durch das Therapeutischen Klettern wurden mit Hilfe des Selbsteinschätzungsfragebogens Bf-SR (Befindlichkeits-Skala – revidierte Fassung) erhoben und mit einer Kontrollgruppe, der allgemeinen Bewegungstherapie, verglichen. In dem Zeitraum von Mai bis September 2014 beantworteten die Patienten einer psychiatrischen Einrichtung im Prä-Post-Design den Fragebogen ein- bis zweimal wöchentlich. Die Stichprobe setzte sich aus jeweils 15 Probanden im Alter von 18-53 Jahren zusammen, die hinsichtlich des Geschlechts, des Alters und der Ausprägung der depressiven Störung statistisch gematcht wurden.

Ergebnisse

Es traten sowohl nach der Klettertherapie (KT: Allg.: $p < .0001$; Bio: $p = .002$; Psycho: $p < .0001$; Sozial: $p < .0001$) als auch der allgemeinen Bewegungstherapie (BT: Allg.: $p < .0001$; Bio: $p < .0001$; Psycho: $p < .0001$; Sozial: $p < .01$) signifikante Besserungen bei den differenzierten Befindlichkeitsarten auf. Hinsichtlich ihrer Wirksamkeit konnten keine statistisch signifikanten Unterschiede zwischen den beiden Gruppen festgestellt werden ($p = .238$). Bei Betrachtung der jeweiligen Effektstärke zeigten sich Abweichungen zwischen den Gruppen, die auf eine unterschiedliche Eignung schließen lassen. So erzielte die Klettertherapie sowohl bei der allgemeinen (KT: $d = 1.64$; BT: $d = 1.38$), als auch bei der sozialen Befindlichkeit (KT: $d = 1.25$; BT: $d = .78$) höhere Effekte.

Diskussion

Sowohl die allgemeine Bewegungstherapie als auch das Therapeutische Klettern zeigten signifikante Verbesserungen in der Befindlichkeit. Die Eignung des Therapeutischen Kletterns bei der Behandlung depressiver Patienten kann nicht nur bestätigt werden, sie erweist sich in manchen Bereichen sogar wirkungsvoller als die allgemeine Bewegungstherapie. Zusätzlich kann das Klettern durch seinen motivationalen Charakter Freude an der Bewegung wecken und bei den Patienten zu einer selbstständigen und regelmäßigen Betätigung führen.

Vertiefende Literatur

Schnitzler, E. E. (2009). Loslassen um weiter zu kommen – Praxisbericht: Therapeutisches Klettern in der psychosomatischen Rehabilitation. *Rehabilitation, 48,* 51-58.

Wittchen, H.-U., Jacobi, F., Klose, M. & Ryl, L. (2010). *Gesundheitsberichterstattung des Bundes Heft 51 – Depressive Erkrankungen.* Berlin: Robert Koch-Institut.

AK 53: Sporttherapie in der Pädiatrischen Onkologie

Sporttherapie in der Pädiatrischen Onkologie

KATHARINA ECKERT[1] & REGINE SÖNTGERATH[2]

[1]Universität Leipzig; [2]Universitätsklinikum Leipzig

Bereits während der Therapie einer onkologischen Erkrankung im Kindes- und Jugendalter zeigen sich bei den Patienten körperliche sowie motorische Leistungseinbußen. Diese Leistungsminderungen sind oftmals bei Langzeitüberlebenden noch nachweisbar. Die Wirksamkeit von sporttherapeutischen Interventionen im klinischen Setting und in der Nachsorge von Krebserkrankungen konnte bereits durch einige Studien belegt werden (Baumann, Bloch, & Beulertz, 2013). Im Arbeitskreis werden neue Erkenntnisse zum Thema „Körperliche Aktivität und Krebs im Kindes- und Jugendalter" vorgestellt und diskutiert. Dabei stehen die Identifikation des Bedarfs an Trainingsinterventionen (z. B. durch Erhebungen der körperlichen Aktivität oder Leistungsfähigkeit) und die Entwicklung geeigneter bewegungstherapeutischer Maßnahmen im Sinne der Tertiärprävention bzw. Rehabilitation im Fokus. Der Arbeitskreis gibt insgesamt einen Einblick in aktuelle sporttherapeutische Interventionen im klinischen Setting in den Bereichen Akutbehandlung und Nachsorge.

Folgende Fragen sind zu diskutieren: Welche Patienten brauchen welche Maßnahmen in Abhängigkeit der Entität? In welchen Phasen der Behandlung sind welche sporttherapeutischen Maßnahmen sinnvoll? Was ist im klinischen Setting bzw. in der Nachsorge umsetzbar? Und welche Effekte sind durch sporttherapeutische Interventionen zu erzielen?

Der Arbeitskreis strukturiert sich aus folgenden vier Beiträgen:

1. Aktivitätsverhalten von Überlebenden einer Krebserkrankung im Kindes- und Jugendalter – eine multizentrische Fall-Kontroll-Studie (Stößel, S. et al.; Mainz)
2. Körperliche Aktivität bei Knochentumorpatienten im Kindes- und Jugendalter (Götte, M. et al.; Münster)
3. Effekte auf die Kraft und Ausdauer einer behandlungsbegleitenden sporttherapeutischen Intervention im klinischen Setting bei krebskranken Kindern und Jugendlichen (Söntgerath, R. et al., Leipzig)
4. Einfluss einer 6-monatigen gruppenbasierten Sportintervention auf die motorische Leistungsfähigkeit krebskranker Kinder und Jugendlicher nach stationärer, medizinischer Therapie (Rustler, V., Köln)

Literatur

Baumann, F., Bloch, W., & Beulertz, J. (2013). Clinical exercise interventions in pediatric oncology: a systematic review. *Pediatric Research, 74* (4), S. 366-374.

Körperliches Aktivitätsverhalten von Kindern und Jugendlichen nach einer Krebserkrankung

SANDRA STÖSSEL[1], VANESSA RUSTLER[2], KATHARINA ECKERT[3], VIVIAN KRAMP[3], REGINE SÖNTGERATH[3], JÖRG FABER[1], WILHELM BLOCH[2], JULIA BEULERTZ[2], FABIENNE FRICK[2] & FREERK T. BAUMANN[2]

[1]Universitätsmedizin Mainz, [2]Deutsche Sporthochschule Köln, [3]Universität Leipzig,

Einleitung

Eine Krebstherapie im Kindes- und Jugendalter kann nachweislich zu Langzeitbeeinträchtigungen auf physiologischer, psychologischer und sozialer Ebene führen. Auch das körperliche Aktivitätsniveau der Überlebenden während und bis über zwanzig Jahre nach der Therapie scheint davon betroffen (Florin et al., 2007; Winter et al., 2009). In der vorliegenden Studie wurde daher das Aktivitätsverhalten von ehemaligen Patienten (EP) mit gesunden Gleichaltrigen (GG) analysiert und verglichen.

Methode

Bei 30 Kindern und Jugendlichen nach Abschluss der Intensivtherapie (4 bis 18 Jahre, verschiedene Diagnosen) und bei 30 gematchten Gesunden wurde das Aktivitätsverhalten mittels modifiziertem KiGGS-Fragebogen erhoben. Es wurden Items zum Aktivitätsniveau, der Aktivitätsintensität und zu Motivation und Hindernissen für körperliche Aktivität und Sport erfragt und zwischen EP und GG verglichen. Zusätzliche Informationen wurden durch ein Bewegungstagebuch und ein halbstrukturiertes Interview gewonnen.

Ergebnisse

Erste Ergebnisse zeigen, dass weniger EP als GG am Vereins- und Schulsport teilnehmen. Auch im Bereich der Aktivitätsintensität unterscheiden sich beide Studiengruppen. So üben EP weniger intensiven Vereinssport aus als GG. Gesundheitliche Probleme als Hindernis für Sporttreiben werden deutlich häufiger von EP als von GG genannt. Spaß beim Sport ist für GG eine größere Motivation zum Sporttreiben als für EP.

Diskussion

Das Aktivitätsverhalten von EP und GG unterscheidet sich in Aktivitätsform und -intensität. Da Vereins- und Schulsport die körperliche und soziale Entwicklung fördern können, sollte in weiteren Studien geklärt werden, ob angepasste sporttherapeutische Maßnahmen die Integration in den Vereins- und Schulsport steigern können. Um derartige Angebote an die o. g. gesundheitlichen Hindernisse der EP zu adaptieren, sollte in einer größeren Stichprobe untersucht werden, ob sich das Aktivitätsverhalten abhängig von der Tumorart bei EP unterscheidet und Trainingsinhalte eine entsprechende Individualisierung benötigen.

Literatur

Florin, T. A., Fryer, G. E., Miyoshi, T., Weitzman, M., Mertens, A. C., Hudson, M. M. et al. (2007). Physical inactivity in adult survivors of childhood acute lymphoblastic leukemia: a report from the childhood cancer survivor study. *Cancer Epidemiology Biomarkers & Prevention, 16* (7), 1356-1363.

Winter, C., Muller, C., Brandes, M., Brinkmann, A., Hoffmann, C., Hardes, J. et al. (2009). Level of activity in children undergoing cancer treatment. *Pediatr Blood Cancer, 53* (3), 438-443.

Körperliche Aktivität bei Knochentumorpatienten im Kindes- und Jugendalter

MIRIAM GÖTTE[1], SABINE KESTING[1], CORINNA SEIDEL[2], JOACHIM BOOS[1] & DIETER ROSENBAUM[2]

[1]Pädiatrische Hämatologie und Onkologie, Universitätsklinikum Münster, [2]Institut für Muskuloskelettale Medizin, Universitätsklinikum Münster

Einleitung

Die Folgen der Chemotherapie und lokaltherapeutischer Maßnahmen bei Kindern und Jugendlichen mit Knochentumoren für Aktivitätslevel (Winter et al., 2009), Knochendichte (Müller et al., 2010) und Sporttreiben/Spielen (Götte et al., 2014) wurden in unseren Vorarbeiten bereits untersucht. Die sportmotorischen Fähigkeiten und die Reintegration in Sportstrukturen sind insbesondere wichtige Voraussetzungen für die soziale Teilhabe am Therapieende; doch hierzu lagen bisher keine Daten vor.

Methode

Die motorische Leistungsfähigkeit wurde mit dem MOON (MOtoriktest in der Pädiatrischen ONkologie) bei 16 Knochentumorpatienten (14,8 ± 2,6 Jahre; 69% m) zeitnah zur letzten intensiven Chemotherapie und bei 21 Patienten (15,2 ± 2,1 Jahre; 62% m) 9,4 ± 7,4 Mon. nach Therapieende erfasst und mit Normwerten gesunder Kinder verglichen. Für die Analyse des Integrationsstatus diente ein modifizierter Fragebogen der KiGGS-Studie (n = 21).

Ergebnisse

Am Ende der Akuttherapie traten Einschränkungen in den Dimensionen Auge-Hand-Koordination, Beweglichkeit und Beinkraft ($p < 0,001$) sowie Gleichgewicht, Reaktionsschnelligkeit und Schnellkraft ($p < 0,05$) auf. In der Nachsorge waren Auge-Hand-Koordination, Beweglichkeit, Reaktionsschnelligkeit und Schnellkraft reduziert ($p < 0,001$). Die Handkraft war altersentsprechend. Zwei von 21 Patienten nahmen regulär am Schulsport teil. Hinsichtlich Vereinssportaktivitäten waren fünf aktive Mitglieder (n = 5/19) und eine Aussteigerrate von 50% zu verzeichnen.

Diskussion

Die sportmotorischen und funktionalen Einschränkungen scheinen zu Problemen bei der Wiederaufnahme körperlicher Aktivitäten zu führen. Deshalb besteht gerade bei dieser Patientengruppe Handlungsbedarf in Form von spezifischem Training, Beratung sowie Coaching der Sportlehrer und Trainer. Ziel ist die kontinuierliche Begleitung über das Therapieende hinaus und die Unterstützung bei der Rückkehr in geeignete Sportarten.

Literatur

Götte, M., Kesting, S., Winter, C. et al. (2014) Comparison of self-reported physical activity in children and adolescents before and during cancer treatment. *Pediatr Blood Cancer, 61*, 1023-8.
Müller, C., Winter, C. C., Rosenbaum, D. et al. (2010) Early decrements in bone density after completion of neoadjuvant chemotherapy in pediatric bone sarcoma patients. *BMC Musculoskelet Disord, 11*, 287.
Winter C, Müller C, Brandes, M. et al. (2009) Level of activity in children undergoing cancer treatment. *Pediatr Blood Cancer, 53*, 438-43.

Effekte auf Kraft und Ausdauer einer behandlungsbegleitenden sporttherapeutischen Intervention im klinischen Setting bei krebskranken Kindern und Jugendlichen

REGINE SÖNTGERATH[1], MARKUS WULFTANGE[1], PETRA WAGNER[2] & KATHARINA ECKERT[2]

[1]Selbstständigen Abteilung für Pädiatrische Onkologie, Uniklinikum Leipzig, [2]Universität Leipzig

Einleitung

Jährlich erkranken in Deutschland ca. 2000 Kinder und Jugendliche an Krebs. Durch die verbesserte Prognose ist der Fokus auf Nebenwirkungen und Spätfolgen der Behandlung gerückt, zu denen eine verminderte körperliche Leistungsfähigkeit zählt (Hoffman et al., 2013). Die Wirksamkeit frühzeitiger Trainingsinterventionen bezüglich Fatigue und Muskelkraft konnte bereits mehrfach belegt werden (Baumann et al., 2013). Ziel der Studie ist die Evaluation einer behandlungsbegleitenden, individualisierten sporttherapeutischen Intervention zur Minimierung therapiebedingter Nebenwirkungen im Sinne der Tertiärprävention.

Methode

Zur Förderung der körperlichen Leistungsfähigkeit (kLF) wurde eine einjährige Intervention für an Krebs erkrankte Kinder und Jugendliche entwickelt. Diese umfasst ein körperliches Training für Patienten von 6-18 J. unter konventioneller Chemo- und Strahlentherapie während der stationären und ambulanten Behandlung. Die angestrebte Fallzahl beträgt N = 20. Erste Daten der Längsschnittuntersuchung befinden sich in der Auswertung. Zu 5 Messzeitpunkten im Abstand von 3 Monaten (t0-t4) werden die Maximalkraft der Extremitäten (CITEC-Dynamometer), die Ausdauer mittels 6-Minuten-Gehtest (6MWT) und die Leistungsfähigkeit der unteren Extremitäten mittels Chair-Rise-Test (CRT) erhoben. Bislang sind 6 vollständige Datensätze vorhanden, die in Einzelfallberichten ausgewertet werden.

Ergebnisse

Präsentiert werden Häufigkeit, Dauer und Inhalte des Trainings, individuelle Verläufe der kLF (Kraft, 6MWT, CRT) über den Interventionszeitraum und Vergleiche zur Altersnorm.

Diskussion

Die Querschnittsdaten zu t1, wie auch die Daten im Längsschnitt, zeigen den hohen Bedarf an sporttherapeutischen Interventionen in der Kinderonkologie. Die deskriptive Auswertung der Trainingshäufigkeit belegt die Machbarkeit im klinischen Setting. Die Heterogenität der Fälle verdeutlicht die Notwendigkeit einer altersgerechten Individualisierung der Therapie.

Literatur

Baumann, F., Bloch, W., & Beulertz, J. (2013). Clinical exercise interventions in pediatric oncology: a systematic review. *Pediatric Research, 74* (4), S. 366-374.

Hoffman, M., Mulrooney, D., Steinberger, J., Lee, J., Baker, K., & Ness, K. (2013). Deficits in physical function among young childhood cancer survivors. *J Clin Oncol, 31* (22), S. 2799-805.

Einfluss einer 6-monatigen, gruppenbasierten Sportintervention auf die motorische Leistungsfähigkeit krebskranker Kinder und Jugendlicher nach stationärer, medizinischer Therapie

VANESSA RUSTLER[1], FREERK T. BAUMANN[1], WILHELM BLOCH[1], ARAM PROKOP[2] & JULIA BEULERTZ[1]

[1]Deutsche Sporthochschule Köln, [2]Kliniken der Stadt Köln gGmbH, Kinderkrankenhaus Amsterdamer Straße, Klinik für Kinder- und Jugendmedizin, Pädiatrische Onkologie/Hämatologie

Einleitung

Die aktuelle Studienlage zeigt, dass bewegungstherapeutische Interventionen in der pädiatrischen Onkologie positive Effekte auf physische und psychosoziale Faktoren von krebskranken Kindern und Jugendlichen nehmen können (Baumann et al., 2013; Patti et al., 2013). Jedoch konnte in noch keiner Studie ein signifikanter Einfluss von körperlicher Aktivität auf die motorische Leistungsfähigkeit nachgewiesen werden. Die Datenlage zu gruppenbasierten Sportinterventionen für den Zeitraum der Nachsorge ist außerdem stark limitiert.

Methode

20 onkologisch erkrankte Kinder und Jugendliche (verschiedene Diagnosen) im Alter von 4-17 Jahren nahmen nach Abschluss ihrer stationären Therapie für 6 Monate einmal wöchentlich an einer gruppenbasierten, 60-minütigen Sportintervention (IG) sowie an motorischen Testungen zu Beginn (t1) und nach Abschluss (t2) der Intervention zur Überprüfung der motorischen Leistungsfähigkeit (MOT4-6, DMT6-18) teil. 13 weitere krebskranke (KG[1], 4-17 Jahre, verschiedene Diagnosen) sowie 20 gesunde Kinder und Jugendliche (alters- und geschlechtsgematched, KG[2]) dienten als Kontrollgruppen und nahmen lediglich an den motorischen Testungen zu t1 und t2 teil.

Ergebnisse

Die Ergebnisse der Baseline-Messung zeigen eine deutlich reduzierte motorische Leistungsfähigkeit der IG im Vergleich zur KG[2] und eine leicht reduzierte Leistungsfähigkeit im Vergleich zur KG[1]. Es konnten signifikante Unterschiede in der Entwicklung der motorischen Leistungsfähigkeit zwischen der IG und beiden Kontrollgruppen festgestellt werden. Zum Testzeitpunkt t2 lag kein Unterschied zwischen den drei Gruppen mehr vor.

Diskussion

Die gruppenbasierte Sportintervention bietet das Potential, krebskranke Kinder in einem Zeitraum von 6 Monaten an das das Leistungsniveau gesunder Gleichaltriger heranzuführen. Es bedarf jedoch weiterer wissenschaftlicher Studien, um den Nachweis der Wirksamkeit valide absichern zu können.

Literatur

Baumann, F. T., Bloch, W. & Beulertz, J. (2013). Clinical exercise interventions in pediatric oncology: a systematic review. *Pediatr Res, 74*, 366-374.

Patti, A., Paolo, A., Bianco, A.,& Palma, A. (2013). Pediatric exercise programs in children with hematological cancer: a systematic review. *EJSS Journal, 1* (2), 71-86.

AK 54: Neurologische Erkrankungen

Zusammenhang von Mobilität, Gesundheitszustand und Wohlbefinden bei Parkinsonpatienten

ANDREA DINCHER & GEORG WYDRA

Universität des Saarlandes

Einleitung

Parkinsonpatienten leiden mit zunehmender Dauer ihrer Erkrankung an einer immer stärker werdender körperlichen Symptomatik. Diese schränkt die Mobilität erheblich ein (Fries, & Liebenstund, 1992). Der Mobilität kommt hierbei als Funktionalitätskriterium für die gesellschaftliche Partizipation eine besondere Bedeutung zu. Es ist deshalb davon auszugehen, dass dadurch auch subjektive Aspekte der Gesundheit und des Wohlbefindens negativ tangiert wird. Es soll geklärt werden, welche Zusammenhänge zwischen Mobilität, Gesundheitszustand und Wohlbefinden bei Parkinsonpatienten bestehen.

Methode

An der Studie nahmen insgesamt 21 Parkinsonpatienten teil (Alter 75,6 ± 5,8 Jahre; Schweregrades der Krankheit nach Hoehn und Yahr (1967) 2 ± 1,2). Die Patienten wurden mittels Fragebögen FAHW-12 zum allgemeinen habituellen Wohlbefinden (Wydra, 2014) und SF-12 zum Gesundheitszustand (Bullinger, & Kirchberger, 1998) befragt. Zusätzlich wurde der TUG zur Erfassung der Mobilität (Podsiadlo, & Richardson, 1991) durchgeführt. Berechnet wurden die Korrelationen nach Pearson (r) bzw. Spearmann (R).

Ergebnisse

M ± SD der Variablen: FAHW-12: 5,1 ± 8,9; SF-12: 81,4 ± 21,7: TUG: 20,6 ± 12,2 s. Signifikante Korrelationen bestehen lediglich zwischen FAHW-12 und SF-12 ($r = .75$) sowie Hoehn-Yahr-Skala und TUG ($R = .87$).

Diskussion

Die gefundenen signifikanten Zusammenhänge entsprechen den theoretischen Erwartungen. Die fehlenden Zusammenhänge zwischen der Mobilität (TUG und Hoehn-Yahr-Skala) und subjektiven Aspekten der Gesundheit sollten in weitergehenden Studien mit größeren und heterogeneren Stichproben beleuchtet werden. Hierbei sollten auch einzelnen Dimensionen des Wohlbefindens und der Funktionsfähigkeit in den Blick genommen werden.

Literatur

Bullinger, M., & Kirchberger, I. (1998). *SF-36, Fragebogen zum Gesundheitszustand*. Göttingen: Hogrefe.
Fries, W., & Liebenstund, I. (1992). *Krankengymnastik beim Parkinson-Syndrom: ein Leitfaden zur Bewegungstherapie*. München: Pflaum.
Hoehn, M., & Yahr, M. (1967). Parkinsonism: onset, progression and mortality. *Neurology, 17*(5), 427-442.
Podsiadlo, D., & Richardson, S. (1991). The Timed "Up & Go": A Test of Basic Functional Mobility for Frail Elderly Persons. *Journal of the American Geriatrics Society, 39* (2), 142-148.
Wydra, G. (2014). Der Fragebogen zum allgemeinen habituellen Wohlbefinden (FAHW und FAHW-12). Entwicklung und Evaluation eines mehrdimensionalen Fragebogens (5. überarbeitete und erweiterte Version). Zugriff am 29.04.2015 unter http://www.sportpaedagogik-sb.de/pdf/FAHW-Manual.pdf.

Quantifizierung von Einschränkungen der Aktivitäten des täglichen Lebens von Patienten mit chemotherapieinduzierter peripherer Polyneuropathie (CIPN)

MAXIMILIAN KÖPPEL[1,2], MARCEL BANNASCH[1], GERHARD HUBER[2] & JOACHIM WISKEMANN[1]

[1]Nationales Centrum für Tumorerkrankungen Heidelberg, [2]Universität Heidelberg

Einleitung

Die Schwierigkeit die multidimensionalen Effektbündel der Bewegungstherapie adäquat zu quantifizieren, liegt oftmals im Mangel an inhaltsvaliden Instrumenten begründet (Huber, 1999). Daher ist es notwendig Verfahren zu validieren, welche dem fähigkeitsorientierten, individuellen Anspruch der Bewegungstherapie (Baldus et al., 2007) gerecht werden und zu deren Planung genutzt werden können. Inwieweit der Handfunktionstest nach Jebsen und Taylor (JTT) bzw. der Provokationstest mit medio-lateraler Irritation (MLP) auf dem Posturomed (Haider Bioswing: Pullenreuth) dies für Patienten mit CIPN erfüllen, ist Gegenstand dieser Untersuchung.

Methode

Zunächst wurden per Literaturrecherche bei CIPN-Patienten eingeschränkte Alltagsaktivitäten identifiziert. Diese wurden dichotom (Vorhanden/Nicht vorhanden) skaliert und in inhaltlich validen Skalen zu Einschränkungen der oberen (α = .780), wie der unteren (α = .725) Extremität zusammengefasst. Die Validierungsstichprobe bestand aus 20 Patienten mit diagnostizierter CIPN. Diese füllten den Einschränkungsfragebogen aus und führten die motorischen Tests (JTT & MLP) durch. Zur Validitätsprüfung wurden die Testergebnisse mit den Scores der korrespondierenden Fragebogenskalen per linearer Regressionsanalyse in Relation gesetzt und mittels ROC-Analyse auf ihre Fähigkeit als Klassifikator für Alltagseinschränkungen geprüft.

Ergebnisse

Für den JTT [R^2 = .215, $F_{(1,18)}$ = 5,504 (p = .040)] sowie für den MLP [R^2 = .197 $F_{(1,18)}$ = 4,420 (p = .050)] ergeben sich im Regressionsmodell signifikante Zusammenhänge zu den Skalen. Die ROC-Kurve zeigt für keinen der Tests ein signifikantes Ergebnis, lediglich der JTT schafft es mit einem Integral von AUC = .758, einer Sensitivität von 92,3% und einer Spezifität von 71,4% in die Nähe des Alpha-Niveaus (p = .069).

Diskussion

Die explorativen Ergebnisse der Untersuchung deuten die Eignung des JTT und des MLP als Tests einerseits zur Evaluation bewegunstherapeutischer Interventionen, andererseits zur Kategorisierung der Patienten an. Ferner können aus dem Regressionsmodell klinisch relevante absolute Effektgrößen abgeleitet werden, mit deren Hilfe physikalisch quantifizierbare Interventionsziele formuliert und evaluiert werden können. Dennoch müssen die Ergebnisse an einer, den Hypothesen entsprechenden teststärkeren Population repliziert werden, um eine empirisch haltbare Absicherung zu schaffen.

Literatur

Baldus, A., Huber, G., Pfeifer, K., & Schüle, K. (2007). Qualitätsmodell für die medizinische Rehabilitation. *B&G Bewegungstherapie und Gesundheitssport, 23* (01), 6-18.
Huber, G. (1999). *Evaluation gesundheitsorientierter Bewegungsprogramme.* Sport Consult-Verlag.

Die Auswirkungen eines sensomotorischen Trainings auf die Standstabilität von Patienten mit chemotherapie-induzierter peripherer Neuropathie

ANJA WEHRLE[1], SIMON SCHNEIDER[1], SARAH KNEIS[1], JANA MÜLLER[1], HARTMUT BERTZ[1], ALBERT GOLLHOFER[2] & CHRISTOPH MAURER[1]

[1]Universitätsklinik Freiburg, [2]Albert-Ludwigs-Universität Freiburg

Einleitung

Eine Polyneuropathie (PNP) kann durch die primären sensorischen und motorischen Defizite zu funktionellen Einschränkungen wie Gleichgewichtsstörungen, Kraftverlust und Mobilitätseinschränkungen führen. Aus der Diabetesforschung ist bekannt, dass körperliche Aktivität die PNP-Symptome lindern kann. Ziel dieser Studie ist es daher die Auswirkung von sensomotorischem Training auf die Standstabilität sowie auf die Symptome der chemotherapie-induzierten peripheren Neuropathie (CIPN) zu untersuchen.

Methode

50 Tumorpatienten (Alter: 63,46 ± 9,78 Jahre, davon weiblich n = 36) mit bestehender CIPN-Symptomatik wurden nach Therapieabschluss randomisiert einer Interventions- (IG) oder aktiven Kontrollgruppe (KG) zugewiesen. Die Interventionsphase erstreckte sich über 12 Wochen (2x pro Woche). Die IG führte ein Ausdauer- und Sensomotoriktraining durch, wohingegen die KG lediglich ein Ausdauertraining auf dem Fahrradergometer absolvierte. Die Prä-, Post und Follow-up (12 Wochen nach Intervention) Messungen beinhalten die Analyse der Standstabilität unter statischen und dynamischen Bedingungen. Diese werden durch die Schwankungen des Kraftangriffpunktes (Kistler®) und die Auslenkungen des Körpers im Raum (Optotrak®) dargestellt. Neben dem Spontanschwanken wird die Antwort auf externe Störreize (pseudorandomisierte Kippbewegung in sagittaler Ebene) analysiert und anhand eines einfachen Feedback Models interpretiert. Zudem werden die subjektive Symptomwahrnehmung und die Lebensqualität (FACT/GOG-Nxt, EORTC-QLQ-CIPN20 und -C30) erfasst.

Ergebnisse

Nach Abschluss der Follow-up Phase werden die Ergebnisse aller Patienten im Juni 2015 vorliegen. Ein erster Gruppenvergleich im Rahmen einer Zwischenauswertung (IG n = 10, KG n = 7; T0-T1) lässt bereits erkennen, dass das Sensomotoriktraining einen positiven Einfluss auf das Spontanschwanken hat ($p = 0,0011$). Einen Trainingseffekt auf die Reizantwort unter dynamischer Bedingung konnte mit gegebener Fallzahl (n = 17) bisher nicht gezeigt werden.

Diskussion

Die Auswertung des gesamten Datensatzes soll einerseits Aufschlüsse über die Standstabilität von CIPN Patienten und andererseits die Veränderung der posturalen Kontrolle infolge des Trainings darlegen. Ferner sollen mit Hilfe von Transferfunktionen sowie Modellsimulationen Standstrategien aufgedeckt werden. Zudem wird ein Zusammenhang zwischen der Standstabilität und der subjektiven Symptomwahrnehmung sowie der Lebensqualität angenommen.

AK 55: Diagnostik und Assessment

Heidelberg Health-Score 3.0 (HHS 3.0) – ein Instrument zur Bedarfserhebung, Steuerung und Analyse der Effektivität gesundheitsorientierter Maßnahmen in Unternehmen

SASKIA ZIESCHE, MAXIMILIAN KÖPPEL, ANASTASIA PENNER, KLAUS WEIß & GERHARD HUBER

Ruprecht-Karls-Universität Heidelberg

Einleitung

Der demographische Wandel, eine immer älter werdende Belegschaft und die damit entstehenden steigenden Krankentage sind Themenfelder mit denen sich Unternehmen in den kommenden Jahren auseinandersetzen müssen. Der HHS 3.0 wurde zur Früherkennung unternehmensspezifischer Handlungsbedarfe konstruiert und soll die Arbeitsfähigkeit der Beschäftigten abbilden. Da der psychischen Gesundheit hierbei eine wichtige Rolle zukommt, soll der HHS 3.0 hinsichtlich dieser Aspekte auf seine konvergente Validität getestet werden.

Methode

Innerhalb der ersten Erhebung wurden neben dem HHS 3.0 der GHQ-12, der den psychischen Gesundheitszustand quantifiziert, sowie der SCL-K-9, der den psychischen Beschwerdedruck erfasst, von einer Stichprobe von n = 155 Studierenden ausgefüllt. In einer zweiten Erhebung an n = 57 Mitarbeitern der Universität Heidelberg wurde zusätzlich der Short-Form-36 (SF-36), der die Lebensqualität der Probanden in verschiedenen Dimensionen misst, beantwortet.

Ergebnisse

In der studentischen Stichprobe mit einem Durchschnittsalter von 23,0 Jahren (SD = 2,8) zeigte sich eine Korrelation mittlerer Stärke von $r(154) = .532$ ($p < .001$) des HHS 3.0 mit dem SCL-K-9 sowie ein schwacher Zusammenhang mit dem GHQ-12 [$r(152) = .265$ ($p = .001$)]. In der Befragung der Universitätsmitarbeiter (M = 43,5 Jahre, SD = 10,6) ergaben sich zu allen erhobenen SF-36 Dimensionen signifikante, positive Zusammenhänge [$r(56) = .295 .551$ ($p < .05$)] seitens des HHS 3.0.

Diskussion

Die Ergebnisse bestätigen die konvergente Validität des HHS 3.0 in Bereichen psychischer Gesundheit und Lebensqualität. Demzufolge könnte mit dem HHS 3.0 ein einfaches und effektives Assessmenttool zur Identifikation risikobehafteter Mitarbeiter gefunden worden sein. Weitere Validierungshypothesen stehen noch zur Prüfung aus und sollen sowohl im querschnittlichen, wie auch im längsschnittlichen Design mit objektiven und subjektiven Messmethoden getestet werden.

Die Literatur ist bei den Autoren zu erfragen.

Hierarchische Regression zur Varianzaufklärung zervikaler Bewegungscharakteristika

DANIEL NIEDERER, LUTZ VOGT, JAN WILKE & WINFRIED BANZER

Johann Wolfgang Goethe-Universität Frankfurt/M.

Einleitung

In der relevanten Literatur werden, unter anderem, sowohl das Alter als auch der Body-Mass-Index (BMI) als negative Einflussfaktoren auf zervikaler Bewegungscharakteristika diskutiert. Angesichts der hohen Evidenzklasse der durchgeführten Studien und plausiblen physiologischen Modellen ist dies beim Alter nachvollziehbar, in Bezug auf den BMI jedoch nicht systematisch untersucht. Vor diesem Hintergrund ist das Ziel der vorliegenden Studie, die Relevanz multivariater Analysen am Beispiel der Varianzaufklärung zervikaler ROM aufzuzeigen.

Methode

Gesunde Probanden (n = 171; 18 – 75 a; BMI = 16,0 – 37,4 kg/m^2; 72♀) absolvierten sitzend fünf repetitive maximale zervikale Flexions-/Extensionsbewegungen in selbst gewählter Geschwindigkeit. Die kinematischen Messungen erfolgten ultraschalloptometrisch mit einer Abtastrate von 20 Hz. Als Charakteristika des Bewegungsverhaltens diente das maximale individuelle Bewegungsausmaß (range of motion, ROM). Nach der Überprüfung der Modellprämissen (Linearität, Homoskedastizität, Autokorrelation und vernachlässigbare Multikollinearität) wurde eine hierarchische Mediatorenanalyse per multipler Regression mit schrittweiser Selektion (Kriterien: Wahrscheinlichkeit von F-Wert für Aufnahme ≤ 0,05, Wahrscheinlichkeit von F-Wert für Ausschluss ≥ 0,1) mit der abhängigen Variable = ROM und den unabhängigen Variablen = Alter und BMI durchgeführt.

Ergebnisse

Die Analyse ergab nach der Selektion und der daraus resultierenden Modell-Variablen (entfernt = BMI sowie aufgenommen = Alter) die Gütemaße: R^{2}korr = 0,54, F = 132, se = 17,8, p< 0,001 sowie die Regressionsgeradenkenngrößen: β= -0,728, ŷ = ROM = -1,104 (± 0,1 a) + 168,3° (±3,9°).

Diskussion

Das Alter leistet nach Entfernung der Mediatorenvariable BMI eine totale Varianzaufklärung von 54%. Der BMI beeinflusst das zervikale Bewegungsausmaß nicht. Die Resultate illustrieren einerseits die Bedeutung der Berücksichtigung möglichst aller potentiellen Prädiktoren in einem Kausalmodell und andererseits die Relevanz multivariater Analysen in der biomedizinischen Forschung und Bewertung von Probandenmerkmalsausprägungen zur Vermeidung von evidenzbasierenden Confoundern, Scheinkorrelationen und Einflussnahme durch Surrogatparameter.

Trennschärfe-Indizes der Wirbelsäulenbewegung bei Patienten mit chronisch-unspezifischem Rückenschmerz

FLORIAN GIESCHE[1], FRIEDER KRAUSE[1], DANIEL NIEDERER[1], MARCUS RICKERT[2], LUTZ VOGT[1] & WINFRIED BANZER[1]

[1]Johann Wolfgang Goethe-Universität Frankfurt, [2]Universitätsklinik Friedrichsheim Frankfurt

Einleitung

Rückenschmerzpatienten weisen gegenüber symptomfreien Personen dysfunktionale Bewegungsmuster der Wirbelsäule (WS) auf (Laird et al., 2014). Aktuell besteht noch kein abschließender Konsens über in der Praxis anwendbare Testverfahren zur Diskriminierung symptomatischer und asymptomatischer WS-Bewegungen mit hinreichender Testgüte (Airaksinen et al., 2006). Diese Studie prüft, ob sich ausgewählte kinematische Parameter und eine abgeleitete Winkel-Zeit-Matrix (WZM) der WS-Bewegung als trennscharfes Diagnosekriterium bei chronisch-unspezifischem Rückenschmerz (CLBP) eignen.

Methode

Es führten 17 gesunde (38 ± 16 Jahre; 11 ♀) und 16 Personen mit CLBP (44 ± 14 Jahre; 10 ♀) bei selbstgewählter Bewegungsgeschwindigkeit (V) max. Lateralflexionen der WS aus Neutralposition durch. Die Messung erfolgte 3D-ultraschalloptometrisch unter Verwendung von äquidistant an BWS und LWS platzierten Einzelmarkern. Zielgrößen waren das max. Bewegungsausmaß (ROM [°]), die mittl. Winkelgeschwindigkeit (V [°/sec]) und die jeweiligen rel. Differenzen im Seitenvergleich [%]. Die Bewertung der WZM erfolgte raterverblindet auf einer Likert-Skala (1 = physiologisch, = unphysiologisch). Unabhängige t-Tests, eine ROC-Analyse zur Bestimmung optimaler Cut-Offs zur Trennung der Kollektive sowie Kontingenztafeln zur Bewertung der Trennschärfe wurden berechnet.

Ergebnisse

Weder im ROM (Patienten: 60,5 ± 22,2°; Gesunde: 63,5 ± 14,8°) noch in der V (8,8 ± 4,3; 7,4 ± 2,9°/sec) unterschieden sich die Gruppen signifikant (p>0,05). Beide Charakteristika differierten im rel. Seitenvergleich systematisch zwischen den Gruppen (29,0 ± 19,4 vs. 16,0 ± 10,2%; 38,9 ± 18,4 vs. 21,8 ± 12,5%, p < 0,05). Gemäß ROC-Analyse zeigte sich der optimale Cut-Off (Sensitivität = 73%, Spezifität = 72%) bei Seitenasymmetrien der V von 30%. Hinsichtlich der Bewertung der WZM ergab sich am detektierten Trennwert eine Sensitivität von 56% und eine Spezifität von 63%.

Diskussion

Seitenasymmetrien der V können als trennscharfes Kriterium zur Diskriminierung von Rückengesunden und Personen mit CLBP gelten. WZM scheinen zur Bewertung des WS-Bewegungsverhaltens nur von eingeschränktem diagnostischem Wert zu sein.

Literatur

Airaksinen, O., Brox, J. I., Cedraschi, C., Hildebrandt, J., Klaber-Moffett, J., Kovacs, F., Mannion, A. F., Reis S., Staal, J. B., Ursin, H. & Zanoli, G. (2006). European guidelines for the management of chronic nonspecific low back pain. *Eur Spine J., 15* (2), 192-300.
Laird, R. A., Gilbert, J., Kent, P. & Keating, J. L. (2014). Comparing lumbo-pelvic kinematics in people with and without back pain: a systematic review and meta-analysis. *BMC Musculoskelet Disord., 15*, 215-229.

Unterschiedliche Akuteffekte von bergauf und bergab Dauerläufen auf die cfDNA und gängige Belastungsmarker

DAVID OCHMANN & PERIKLES SIMON

Johannes Gutenberg-Universität Mainz

Einleitung

In vorhergehenden Untersuchungen konnte beobachtet werden, dass Laufbelastungen zu deutlich höheren freizirkulierenden DNA (cfDNA) Werten führen, als Fahrradbelastungen. Hier wurde untersucht, wie sich unter kontrollierten Laborbedingungen Dauerläufe, die bergab (exzentrischer) oder bergauf (konzentrischer) bei gleicher auf die VO_2-max adjustierten Belastungsintensität durchgeführt werden, auf Belastungsmarker und die cfDNA auswirken.

Methode

Zehn gesunde männliche Triathleten wurden an vier Untersuchungstagen nach definiertem Aufwärmen je 30 min bei 60% und 80% der VO_2-max bei 3,5% Gefälle oder 6,5% Steigung auf dem Laufbandergometer belastet. Spiroergometrische Messgrößen wurden kontinuierlich sowie Herzfrequenz, Laktat, cfDNA und rate of perceived exertion (RPE) zu definierten Zeitpunkten erhoben (Breitbach, Sterzing, Magallanes, Tug & Simon, 2014). Die normalisierten und homoskedastischen Daten wurden mittels MANOVA und bei erfüllten Sphärizitätsbedingungen mit entsprechenden unadjustierten univariaten F-Tests analysiert.

Ergebnisse

Die exzentrischere bergab Belastung führte, bereinigt gegen die Intensität und den Messzeitpunkt, bei folgenden Belastungsmarkern zu signifikant höheren Werten: cfDNA (62%; CI: 42-85%; $p = 5,2*10^{-10}$), Laktat (22%; CI: 11-35%; $p = 4,3*10^{-4}$), RPE (8,7%; CI: 5,1-13%; $p = 2,5*10^{-5}$), Herzfrequenz (3,4%; CI: 1,9-4,8%; $p = 5,7*10^{-5}$) und RER (1,8%; CI: 0,5-3,1%; $p = 0,03$). Signifikante Anstiege im Messzeitverlauf von 30 min fanden sich für die cfDNA (87%; CI: 59-120%; $p = 4,7*10^{-11}$), RPE (12%; CI: 7,4-17%; $p = 1,8*10^{-6}$), Herzfrequenz (5,1%; CI: 3,3-6,9%; $p = 4,2*10^{-7}$) aber nicht für Laktat und RER. Erwartungsgemäß stiegen alle Marker bei 80% hochsignifikant stärker an als bei 60% der VO_2max.

Diskussion

Im Vergleich zu anderen Belastungsmarkern reagiert die cfDNA nicht nur hoch sensitiv auf Intensitätsunterschiede, sondern sie weist insbesondere gegenüber dem Laktat eine stärkere Assoziation mit exzentrischer Belastung und mit der Dauer einer Belastung auf. Dies legt nahe, dass die cfDNA insbesondere in intermittierenden Sportarten mit variierender Intensität und Dauer sowie insbesondere variierenden exzentrischen Belastungsanteilen ein sensitiverer Belastungsmarker sein könnte als konventionelle Marker.

Literatur

Breitbach, S., Sterzing, B., Magallanes, C., Tug, S. & Simon, P. (2014). Direct measurement of cell-free DNA from serially collected capillary plasma during incremental exercise. *Journal of Applied Physiology, 117* (2), 119-130. doi: 10.1152/japplphysiol.00002.2014.

AK 56: Gesundheit im Kindes- und Jugendalter

Körperlich-sportliche Aktivität von Kindern und Jugendlichen und Veränderungen der Sportaktivität vom Kindes- zum Jugendalter

KRISTIN MANZ & SUSANNE KRUG

Robert Koch-Institut

Einleitung

Körperliche Aktivität hat eine positive Wirkung auf die Gesundheit und Gewichtsentwicklung im Kindes- und Jugendalter (Hills, King & Armstrong, 2007). Anhand der Daten der ersten Folgebefragung des Kinder- und Jugendgesundheitssurveys (KiGGS Welle 1, 2009-2012) des Robert Koch-Instituts soll das Aktivitätsverhalten von Kindern und Jugendlichen beschrieben werden. Ferner wird längsschnittlich, unter Einbezug der KiGGS-Basiserhebung (2003-2006), analysiert, in welchem Ausmaß sportliche Aktivitäten vom Kindes- bis zum Jugendalter beendet werden.

Methodik

Die Analyse zum Aktivitätsverhalten (KiGGS Welle 1) schloss mittels telefonischer Interviews erhobene Daten von 10.426 Kindern und Jugendlichen im Alter von 3 bis 17 Jahren ein. Kinder ab 11 Jahren beantworteten die Fragen selbst, während für jüngere Kinder ein Elternteil befragt wurde. In der längsschnittlichen Analyse fanden die Daten von über 2000 Kindern Berücksichtigung, die zur KiGGS-Basiserhebung im Mittel 7 Jahre und zur KiGGS Welle 1 13 Jahre alt waren.

Ergebnisse

77,5% (95%-KI: 76,0-78,9) der Kinder und Jugendlichen im Alter von 3 bis 17 Jahren trieben Sport und 59,7% (58,1-61,3) waren Mitglied in einem Sportverein. Kinder mit niedrigem sozioökonomischem Status (SES) waren seltener sportlich aktiv als Kinder mit höherem SES. Die WHO-Empfehlung (2010), für mindestens 60 Minuten am Tag körperlich aktiv zu sein, wurde von 27,5% (26,0-28,9) der Teilnehmenden erreicht. Von den zur Basiserhebung sportlich aktiven Kindern beendete vom Kindes- zum Jugendalter etwa jedes dritte Kind seine Vereinssportaktivität und jedes sechste Kind hörte komplett auf Sport zu treiben. Weitere Analysen der längsschnittlichen Daten sind in Bearbeitung.

Diskussion

Trotz des relativ hohen Anteils sportlich aktiver Kinder und Jugendlicher, werden die Bewegungsempfehlungen mehrheitlich nicht erreicht. Dies lässt darauf schließen, dass die Alltagsaktivität der Kinder zu niedrig ist und im Rahmen präventiver Maßnahmen gefördert werden sollte. Darüber hinaus sollten Möglichkeiten eruiert werden, die das Sporttreiben für Jugendliche weiterhin attraktiv erscheinen lassen.

Literatur

Hills, A. P., King, N. A., & Armstrong, T. P. (2007). The contribution of physical activity and sedentary behaviours to the growth and development of children and adolescents: implications for overweight and obesity. *Sports Med, 37* (6), 533-545.
World Health Organization (WHO) (2010). *Global recommendations on physical activity for health.* WHO, Geneva.

Einfluss von Klassenstufe, Medienbesitz und Vereinszugehörigkeit auf die Sitzzeiten von Kindern und Jugendlichen

MAXIMILIAN KÖPPEL & GERHARD HUBER

Ruprecht-Karls-Universität Heidelberg

Einleitung

Obwohl die Energiezufuhr in den westlichen Industrienationen unverändert blieb (Weinsier et al., 1998), ist in den letzten Jahrzehnten ein alarmierender Anstieg der Adipositas- und Diabetesprävalenz sowohl bei Erwachsenen (Flegal et al., 2010), als auch bei Kindern und Jugendlichen (Ogden et al., 2012) zu beobachten. Das Verschwinden von körperlicher Alltagsaktivität zugunsten längerer Sitzzeiten kann hierbei als Kausalfaktor vermutet werden. Wie sich der Umfang der Sitzzeiten in Relation zur Klassenstufe sowie verschiedener Lebensstilfaktoren entwickelt, ist Gegenstand der vorliegenden Untersuchung.

Methode

In fünf Kohorten mit insgesamt n = 3 883 Schülern in einem Alter von 5 bis 20 Jahren (M= 11,39, SD = 2,944) wurden die täglichen Sitz- und Bewegungszeiten, die Klassenzugehörigkeit, der Besitz eines TV-Gerätes und/oder eines Computers sowie die Mitgliedschaft in einem Sportverein mittels Fragebogen erhoben. Per mehrfaktorieller Varianzanalyse wurden die Faktoren auf Haupteffekte geprüft. Die einzelnen Klassenstufen wurden mit Kontrasten versehen, da hier von einer monotonen Zunahme der Sitzzeiten ausgegangen wurde.

Ergebnisse

Die Modellannahme des zur Klassenstufe monoton ansteigenden Umfangs an Sitzzeiten konnte mit einem mittleren Effekt von $\eta^2 = .136$ bestätigt werden [$F_{(12,3246)} = 42,584$ ($p < .001$)]. Ebenfalls führt der Besitz eines TV-Gerätes bei kleinem Effekt ($\eta^2 = .014$) zu signifikant höheren Sitzzeiten [$F_{(1,1205)} = 16,793$ ($p < .001$)]. Kinder in Vereinen zeigten bei ebenfalls kleinem Effekt ($\eta^2 = .028$) signifikant niedrigere Sitzzeiten, als Kinder ohne Mitgliedschaft im Sportverein [$F_{(1,1205)} = 33,823$ ($p < .001$)]. Geschlecht und der Besitz eines Computers zeigten hingegen keinen Einfluss auf die Sitzzeiten.

Diskussion

Die Ergebnisse demonstrieren eine geschlechterübergreifende, zur Klassenstufe monotone Zunahme an körperlicher Inaktivität von Kindern und Jugendlichen. Diese wird durch den Besitz eines TV-Gerätes und dem hiermit eingehenden Konsum weiter verstärkt. Als einzige sitzzeitenreduzierende Variable konnte die Vereinszugehörigkeit identifiziert werden.

Literatur

Flegal, K. M., Carroll, M. D., Ogden, C. L., & Curtin, L. R. (2010). Prevalence and trends in obesity among US adults, 1999-2008. *Journal of the American Medical Association, 303*(3), 235-241.

Ogden, C. L., Carroll, M. D., Kit, B. K., & Flegal, K. M. (2012). Prevalence of obesity and trends in body mass index among US children and adolescents, 1999-2010. *Journal of the American Medical Association, 307* (5), 483-490.

Weinsier, R. L., Hunter, G. R., Heini, A. F., Goran, M. I., & Sell, S. M. (1998). The etiology of obesity: relative contribution of metabolic factors, diet, and physical activity. *The American journal of medicine, 105* (2), 145-150.

Elaboration der Environmental Stress Hypothesis – Ergebnisse einer populationsbasierten Längsschnittstudie

MATTHIAS WAGNER[1], DARKO JEKAUC[2], ANNETTE WORTH[3] & ALEXANDER WOLL[4]

[1]Universität Konstanz, [2]Humboldt Universität Berlin, [3]Pädagogische Hochschule Karlsruhe, [4]Karlsruher Institut für Technologie

Einleitung

Kinder mit umschriebenen Entwicklungsstörungen motorischer Funktionen (UEMF) zeigen oftmals auch physische und psychosoziale Auffälligkeiten; die Relevanz der UEMF für die Entwicklung ebd. Auffälligkeiten ist in der Environmental Stress Hypothesis (ESH; Cairney et al., 2013) modelliert. Ziel des Beitrages ist die längsschnittliche Elaboration der ESH auf Basis der MoMo-Studie (Wagner et al., 2013). Hierzu wird angenommen, dass im Vergleich zu motorisch unauffälligen Kindern, Kinder mit einer potenziellen UEMF ein höheres Risiko für persistente motorische Probleme (H1), Übergewicht/Adipositas (H2), Inaktivität (H3), Peerprobleme (H4) sowie internalisierende Probleme (H5) im Jugendalter aufweisen.

Methode

MoMo (i) begann mit einem populationsbasierten Querschnitt der Vier- bis 17-Jährigen in Deutschland (T1), der nach sechs Jahren längsschnittlich weitergeführt wurde (T2) und (ii) beinhaltet standardisierte Instrumente in den Bereichen Motorik, Aktivität und Gesundheit. Basis der längsschnittlichen Betrachtung sind die Sechs- bis Zehnjährigen Kinder zu T1 ($N = 1.681$; $M = 8{,}27$ Jahre, $SD = 1{,}48$; 50,4% Jungen); diese wurden zu T2 als Zwölf- bis 16-Jährige Jugendliche erneut untersucht ($N = 940$; Response: 55,9%; $M = 14{,}37$ Jahre, $SD = 1{,}46$; 49,1% Jungen). Die Identifikation von Kindern/Jugendlichen mit einer potenziellen UEMF erfolgte über drei grossmotorische Tests und unter Verwendung des alters- und geschlechtsspezifischen, 15. Perzentils. Zur Analyse dienen logistische Regressionen.

Ergebnisse

Kinder mit einer potenziellen UEMF zeigen im Vergleich zu motorisch unauffälligen Kindern ein höhere Risiko für (i) persistente grossmotorische Probleme ($OR = 7{,}98$, $p < .01$), (ii) Übergewicht/Adipositas ($OR = 1{,}75$, $p < .05$), (iii) Inaktivität ($OR = 7{,}41$, $p < .05$), (iv) Peerprobleme ($OR = 1{,}52$, $p < .05$) sowie (v) internalisierende Probleme ($OR = 1{,}57$, $p < .05$) im Jugendalter.

Diskussion

Die Ergebnisse zeigen, trotz möglicher response-bedingter Verzerrungen, die Relevanz der UEMF für die Entwicklung physischer und psychosozialer Auffälligkeiten. Im Zentrum der Folgeanalysen stehen die Einflüsse der personalen und sozialen Ressourcen.

Literatur

Cairney, J., Rigoli, D., & Piek, J. (2013). Developmental coordination disorder and internalizing problems in children: The environmental stress hypothesis elaborated. *Developmental Review, 33*, 224-238.

Wagner, M. O., Bös, K., Jekauc, D., Karger, C., Mewes, N., Oberger, & Woll, A. (2013). Cohort Profile: The Motorik-Modul (MoMo) Longitudinal Study – Physical Fitness and Physical Activity as Determinants of Health Development in German Children and Adolescents. *International Journal of Epidemiology, 43* (5), 1410-1416.

Entwicklung der motorischen Leistungsfähigkeit und Sportaktivität unter Berücksichtigung von hyperkinetischen Auffälligkeiten bei Kindern – ausgewählte Ergebnisse der Motorik-Modul-Längsschnittstudie

ELKE OPPER[1], CLAUDIA ALBRECHT[1, 2], ANNETTE WORTH[1], ROBERT SCHLACK[3] & ALEXANDER WOLL[2]

[1]Pädagogische Hochschule Karlsruhe, [2]Karlsruher Institut für Technologie, [3]Robert Koch-Institut

Einleitung

Die Aufmerksamkeitsdefizit-/Hyperaktivitätsstörung (ADHS) zählt zu den aktuell häufig diagnostizierten chronischen Störungen im Kindes- und Jugendalter (Schlack, Hölling, Kurth & Huss, 2007). Längsschnittliche Studien – insbesondere zur motorischen Leistungsfähigkeit und Sportaktivität unter Berücksichtigung des hyperkinetischen Syndroms – stehen erst am Anfang. In diesem Beitrag wird die Entwicklung der motorischen Leistungsfähigkeit und Sportaktivität von Kindern mit ADHS-Symptomen analysiert. Grundlage dazu sind die Daten des Kinder- und Jugendgesundheitssurveys und der Motorik-Modul Längsschnittstudie (2003 bis 2012, BMBF-Forschungsvorhaben Förderkennz. 01 ER 0823).

Methode und Ergebnisse

Die bislang gefundenen querschnittlichen Tendenzen zum Vorliegen motorischer Defizite bei koordinativen Aufgaben (vgl. Opper & Schlack, 2011) und die Befunde zur Sportaktivität von Kindern mit ADHS werden auf längsschnittlicher Datenbasis des Motorik.Moduls überprüft (N = 1.009; Alter 6-19 Jahre). Die aufgestellten Hypothesen werden mittels univariaten Varianzanalysen zum ersten Messzeitpunkt und Varianzanalysen mit Messwiederholung überprüft (kontrolliert für BMI-SDS und Sozialstatus). Klinische Untersuchungen zur Überprüfung von grundlegenden motorischen Funktionen bei Kindern mit ADHS konnten zeigen, dass überschießende und unwillkürliche Bewegungen sowie Reaktions- und Rhythmisierungsprobleme vermehrt bei Kindern mit ADHS auftreten. Auch die Ergebnisse des Motorik-Moduls zur motorischen Leistungsfähigkeit von Kindern mit ADHS im Alter zwischen 6 und 10 Jahren bestätigen die Entwicklungsverzögerung bei Aufgaben zur großmotorischen Koordination. In den koordinativen Aufgaben Balancieren rückwärts und seitliches Hin-und Herspringen zeigten sich signifikant schwächere Leistungen der Kinder mit ADHS im Vergleich zu unauffälligen Gleichaltrigen im motorischen Ausgangsniveau zum ersten Messzeitpunkt (Bal.rw: Gruppe: $F1, 514 = 8{,}73$, $p = .00$, $\eta = .02$; seitl. Hin & Herspringen Gruppe: $F1, 508 = 9{,}68$, $p = 0{,}09$, $\eta = .01$)

Diskussion

Die motorischen Defizite bei Kindern mit ADHS stehen im Zusammenhang mit einer Einschränkung der Lebensqualität, sodass die Ergebnisse weiterführender Studien zu Verbesserung dieser Situation beitragen könnten.

Literatur

Opper, E., & Schlack, R. (2011). Motorische Leistungsfähigkeit von Kindern mit ADHS. In: S. Baadte, K. Bös, S. Scharenberg & A. Woll (Hrsg.) „Tagungsband zum Kongress „Kinder bewegen – Energien nutzen" Karlsruhe, 17.-19. Februar (S.94-103). Landau: Verlag Empirische Pädagogik.
Schlack, R., Hölling, H., Kurth, B.-M., & Huss, M. (2007). Die Prävalenz der Aufmerksamkeitsdefizit-/Hyperaktivitätsstörung (ADHS) bei Kindern und Jugendlichen in Deutschland. *Bundesgesundheitsblatt, 50* (5-6), 827-835.

Do media use and physical activity behavior compete in adolescents?

SARAH SPENGLER[1], FILIP MESS[1] & ALEXANDER WOLL[2]

[1]Technische Universität München, [2]Karlsruher Institut für Technologie

Introduction

The displacement hypothesis (Marshall et al., 2004) predicts that physical activity and media use time compete in adolescents; however, to date evidence supporting this hypothesis is scarce. According to Manz et al. (2014) a more differentiated approach at determining the co-occurrence of physical activity and media use behaviors within persons may be warranted. The aim of this study was to determine the co-occurrence of physical activity and media use by identifying specific behavior patterns of adolescents including physical activity in various settings (school, sports club, leisure time) and different types of media use (watching TV, playing console games, using PC/Internet).

Methods

Cross-sectional data of 2,083 adolescents (11–17 years) from all over Germany were collected between 2009 and 2012 in the Motorik-Modul Study (Wagner et al., 2013). Physical activity and media use were self-reported. Cluster analyses (Ward's method and K-means analysis) were used to identify behavior patterns of boys and girls separately.

Results

Eight behavior patterns were identified for boys and seven for girls. Both sexes showed a pattern with low engagement in both physical activity and media use. In boys and in girls, three patterns had low physical activity levels (girls: 1.5-1.8 hrs/week; boys: 2.0-2.6 hrs/week) and high media use (girls: > 4 hrs/day; boys: > 5 hrs/day). Three (girls) to four (boys) patterns had high physical activity levels (girls: 5.2-7.8 hrs/week; boys: 5.4-10.6 hrs/week) and moderate media use (girls: 2.1-2.5 hrs/day; boys: 2.3-3.8 hrs/day).

Discussion

The results of this study support to some extent the hypothesis that media use and physical activity compete: Very high media use occurred with low PA behavior, but very high PA levels co-occurred with considerable amounts of time using any media. Overall, the high importance of other leisure activities became evident, which seem to compete with PA as well as media use behaviors.

References

Manz, K., Schlack, R., Poethko-Muller, C. et al. (2014). Körperlich-sportliche Aktivität und Nutzung elektronischer Medien im Kindes- und Jugendalter. Ergebnisse der KiGGS-Studie: Erste Folgebefra-gung (KiGGS Welle 1). *Bundesgesundheitsbl Gesundheitsforsch Gesundheitsschutz, 57* (7), 840-8.

Marshall, S.J., Biddle, S.J., Gorely, T. et al. (2004). Relationships between media use, body fatness and physical activity in children and youth: a meta-analysis. *Int J Obes Relat Metab Disord, 28* (10), 1238-46.

Wagner, M. O., Bös, K., Jekauc, D. et al. (2013). Cohort Profile: The Motorik-Modul Longitudinal Study: physical fitness and physical activity as determinants of health development in German children and adolescents. *Int J Epidemiol, 43* (5), 1410-6.

AK 57: Voraussetzungen und Effekte körperlich-sportlicher Aktivität

Sportmotive bei Personen mit Multipler Sklerose

WOLFGANG GEIDL, RENÉ STREBER, ALEXANDER TALLNER & KLAUS PFEIFER

Friedrich-Alexander Universität Erlangen-Nürnberg

Einleitung

Die Bindung an regelmäßige körperlich-sportliche Aktivität stellt ein Kernziel der Bewegungstherapie dar. Für eine Steigerung des Bewegungsverhaltens sollten bewegungstherapeutische Inhalte an die individuellen Ausgangslagen der Teilnehmenden angepasst werden. Aktuell werden bei der Gestaltung der Bewegungstherapie insbesondere Voraussetzungen im Bereich Körperfunktionen/-strukturen beachtet. Demgegenüber werden für das Bewegungsverhalten bedeutsame psychische Handlungsvoraussetzungen, wie z. B. persönliche sportbezogene Ziele und Motive, bislang kaum systematisch berücksichtigt. Ziel dieser Arbeit ist eine Erhebung von Sportmotivprofilen bei Personen mit Multipler Sklerose (PmMS) unter Berücksichtigung des habituellen Sport- und Bewegungsverhalten.

Methode

Web-basierte Querschnittserhebung bei erwachsenen PmMS. Mittels Berner Motiv- und Zielinventar (BMZI) (Sudeck et al., 2011) wurden sportbezogenen Motive und Ziele abgefragt. Mit 28 Items erfasst das BMZI acht verschiedene Motivbereiche. Jedes Item wird auf einer fünfstufigen Likert-Skala (1 - „trifft überhaupt nicht zu" bis 5 - „trifft völlig zu") bewertet. Das Sport- und Bewegungsverhaltens wurde mittels des Fragebogen zur Messung der habituellen körperlichen Aktivität (Wagner et al., 2003) erhoben.

Ergebnisse

Die Stichprobe umfasst 1100 PmMS (73% Frauen) mit einem Altersdurchschnitt von 45 Jahren (SD = 10, Range = 20-82) und einer durchschnittlichen Krankheitsdauer von 13 Jahren (SD = 9). Gesundheit (MW = 4.0; SD = 0.9) und Fitness (MW = 4.1; SD = 0.9) sind die bedeutsamsten Sportmotive, Geselligkeit (MW = 2.2; SD = 1.0) sowie Wettkampf/Leistung (MW = 1.8; SD = 1.0) spielen nur eine untergeordnete Rolle. Regelmäßig Sporttreibende unterscheiden sich von den Nicht-Sportlern insbesondere in den Motivbereichen Fitness sowie Aktivierung/Freude. In Anlehnung an Sudeck et al. (2011) werden weiterführende clusteranalytische Bestimmungen typischer Motivprofile präsentiert.

Diskussion

Diese Arbeit liefert erstmals einen Einblick in die Sportmotivprofile von PmMS in Deutschland. In Kombination mit weiteren körperlich-funktionellen und psychischen Merkmalen bildet die Bestimmung sportbezogener Motivprofile eine Grundlage für die Entwicklung einer zielgruppenspezifischen, person-orientierten Bewegungstherapie bei Menschen mit chronischen Erkrankungen.

Literatur

Sudeck, G., Lehnert, K. & Conzelmann, A. (2011). Motivbasierte Sporttypen: Auf dem Weg zur Personorientierung im zielgruppenspezifischen Freizeit- und Gesundheitssport. *Zeitschrift für Sportpsychologie, 18 (1)*, 1-17.

Wagner, P., Singer, R. (2003). Ein Fragebogen zur Erfassung der habituellen körperlichen Aktivität verschiedener Bevölkerungsgruppen. *Sportwissenschaft, 33 (4)*, 383-397.

Veränderungen bewegungsbezogener Gesundheitskompetenz im Freizeit- und Gesundheitssport

GORDEN SUDECK[1], STEPHANIE HAIBLE[1] & KLAUS PFEIFER[2]

[1]Eberhard Karls Universität Tübingen, [2]Friedrich-Alexander-Universität Erlangen-Nürnberg

Einleitung

Die Förderung personaler Gesundheitskompetenz stellt eine WHO-Strategie der Gesundheitsförderung dar. Vor diesem Hintergrund haben Pfeifer et al. (2013) eine bereichsspezifische Konzeption für die bewegungsbezogene Gesundheitskompetenz vorgenommen. Für Teilfacetten wurde ein Erhebungsverfahren bisher in Querschnittsstudien entwickelt und validiert. Das Verfahren umfasst zum einen die Steuerungskompetenz, die auf eine adäquate Aktivitätsgestaltung für körperliche Trainingseffekte (SKT) sowie befindenregulative Effekte (BR) abzielt. Zum anderen wurde für den motivational-volitionalen Bereich eine Kurzskala für die Selbstkontrolle bei der Verhaltensumsetzung (SEKO) erprobt, die bestehende Verfahren ergänzen kann. In diesem Beitrag werden die Veränderungen dieser Facetten bewegungsbezogener Gesundheitskompetenz durch die Teilnahme an Freizeit- und Gesundheitssportprogrammen analysiert, um Aussagen zu Güteeigenschaften des Erhebungsverfahrens und inhaltliche Veränderungsanalysen vornehmen zu können.

Methode

Im Rahmen einer Beobachtungsstudie mit zwei Erhebungen im Abstand von 13 Wochen beendeten 1141 Teilnehmerinnen und 157 Teilnehmer des Hochschulsports im Fitness-, Gesundheits- oder Freizeitsportbereich (M_{Alter} = 26.6 Jahre; SD = 9.7) einen Online-Fragebogen zu Kursbeginn (Prätest). Von 752 Personen lagen Informationen aus einer zweiten Online-Befragung am Kursende vor (Posttest; Response-Rate: 54.7%). Neben den neu entwickelten Erhebungsskalen für SKT (6 Items), BR (4 Items) und SEKO (3 Items) wurde die Häufigkeit der wöchentlichen Teilnahme im Posttest erfragt. Die Veränderungsanalysen wurden für Personen, die einen Kurs erstmalig besuchten, ohne regelmäßige Teilnahme (< 50% Anwesenheit; n = 43) sowie mit regelmäßiger Teilnahme (> 75%; n = 185) vergleichend analysiert.

Ergebnisse und Diskussion

In der Gesamtgruppe zeigten sich gute Retest-Reliabilitäten für die Skalen für SKT (r = .69) und BR (r = .64) sowie SEKO (r = .69). Erwartungsgemäß ergaben sich keine signifikanten Veränderungen für Personen, die nicht regelmäßig an den Kursen teilnahmen (d_{SKT} = 0.05; d_{BR} = 0.17; d_{SEKO} < 0.01; je p > .05). Für die Personen mit regelmäßiger Teilnahme zeigten sich statistisch signifikante, jedoch kleine positive Veränderungen (d_{SKT} = 0.28; d_{BR} = 0.16; d_{SEKO} < 0.14; je p < .05). Die Ergebnisse deuten an, dass sich insbesondere die Steuerungskompetenz für körperliches Training durch Impulse in Sportprogrammen positiv verändert. Das Erhebungsverfahren scheint geeignet, um solche Veränderungen, die durch noch systematische Ansteuerung größer ausfallen dürften, zu identifizieren.

Literatur

Pfeifer, K., Sudeck, G., Tallner, A. & Geidl, W. (2013). Bewegungsförderung und Sport in der Neurologie – Kompetenzorientierung und Nachhaltigkeit. *Neurologie und Rehabilitation, 1*, 7-19.

Action for men – Bedürfnisse, Barrieren und Motivation hinsichtlich körperlich-sportlicher Aktivität von Männern 50+

HELMUT STROBL[1], SUSANNE TITTLBACH[1], JULIKA LOSS[2] & BERIT WARRELMANN[2]

[1]Universität Bayreuth, [2]Universität Regensburg

Einleitung

Männer im Alter von 50 Jahren und älter (50+) stellen eine Zielgruppe mit erhöhtem Bedarf für gesundheitsförderliche körperlich-sportliche Aktivität dar. Ihr Aktivitätsniveau nimmt mit zunehmendem Alter ab, weil die gewohnten Wettkampfsportarten aufgrund körperlicher Einschränkungen nicht mehr durchgeführt werden können. Bislang gibt es jedoch nur wenige Erkenntnisse dazu, wie die Teilnahme an körperlich-sportlicher Aktivität von Männern 50+ verbessert werden kann (Robertson et al., 2008). Ein vielversprechender Ansatz scheinen zielgruppenspezifische Angebote zu sein, die den lokalen Bedürfnissen und Barrieren von älter werdenden Männern gerecht werden (Cordier & Wilson, 2013). An dieser Stelle setzt das dreijährige BMBF-geförderte Projekt *Action for men* an. In zwei vergleichsweise sozioökonomisch benachteiligten bayerischen Gemeinden im Landkreis Amberg-Sulzbach sollen lokale Arbeitsgruppen aus Schlüsselpersonen in der Gemeinde (z. B. Vertreter von Politik, Verwaltung, Bildungsinstitutionen und Sportvereinen) gebildet werden (Capacity Building), die zielgruppenspezifische Aktivitätsangebote für die Zielgruppe Männer 50+ entwickeln und umsetzen. Grundlage hierfür ist eine umfassende Analyse von Bedürfnissen und Barrieren sowie des Motivationsgrades hinsichtlich körperlich-sportlicher Aktivität von älter werdenden Männern in diesen Gemeinden.

Vorgehen

Mittels einer standardisierten quantitativen Erhebung werden die Bedürfnisse von Männern 50+ hinsichtlich körperlich-sportlicher Aktivität, die wahrgenommenen (insbesondere strukturellen) Barrieren, sowie die aktuelle Motivation zur Ausübung von körperlich sportlicher Aktivität (Intention, Selbstwirksamkeit und Stufen der Verhaltensänderung) erfasst. Hierzu wird an etwa 50% der männlichen Einwohner im Alter von 50 Jahren und älter der Fragebogen postalisch versendet. Die Ziehung der Adressen erfolgt zufällig über das Einwohnermeldeamt (geschichtet nach Alter). Ergänzend werden zu den genannten Indikatoren semi-standardisierte Interviews mit 15 Männern geführt. Auf Basis dieser Ergebnisse werden von den lokalen Arbeitsgruppen innerhalb von 12 Monaten Programme zur Förderung von körperlich-sportlicher Aktivität von Männern 50+ entwickelt und umgesetzt und über eine Prozess- und Ergebnisevaluation wissenschaftlich begleitet.

Ergebnisse

Im Vortrag werden die Ergebnisse der standardisierten quantitativen Befragung zu Bedürfnissen und Barrieren der Männer 50+ in den ausgewählten Gemeinden vorgestellt.

Literatur

Cordier, R. & Wilson, N. J. (2014). Community based Men's Sheds: promoting male health, wellbeing and social inclusion in an international context. *Health Promotion International, 29* (3), 483-93.
Robertson, L. M., Douglas, F., Ludbrook, A., Reid, G. & Teijlingen, E. (2008). What works with men? A systematic review of health promoting interventions targeting men. *BMC health services research, 8,* 1-9.

Entwicklung und Evaluation des Gesundheitssportprogramms „AOKardio" in Zusammenarbeit mit der AOK NORDWEST

RITA WITTELSBERGER[1], MICHAEL TIEMANN[2], ALEXANDER WOLL[1] & KLAUS BÖS[1]

[1]Karlsruher Institut für Technologie, [2]AOK NORDWEST

Einleitung

Gesundheitssportprogramme sind zu einem festen Bestandteil des Angebots von Sportvereinen, Fitness-Studios und Krankenkassen geworden (vgl. z. B. Brehm et al., 2002; Tiemann, 2010). Gleichwohl sind bislang nur recht wenige Programme hinsichtlich ihrer Wirkungen untersucht und evaluiert. Im Rahmen dieses Beitrages wird das neu entwickelte und evaluierte Ausdauerprogramm „AOKardio" vorgestellt.

Methode

Das Gesundheitssportprogramm „AOKardio" wurde in Kooperation mit der AOK NORDWEST entwickelt. Es richtet sich an Erwachsene mit Bewegungsmangel sowie an Bewegungseinsteiger und -Wiedereinsteiger. Damit entspricht das Programm dem Präventionsprinzip „Reduzierung von Bewegungsmangel durch gesundheitssportliche Aktivität" des Leitfadens Prävention (vgl. GKV-Spitzenverband, 2014).
Strukturell ist das kombinierte Indoor- und Outdoorprogramm an den FITT-Empfehlungen für Gesundheitssport ausgerichtet. Es findet über 10 Wochen, 1x pro Woche à 90 Minuten statt und ist in 7 Sequenzen strukturiert. Inhaltlich liegt der Schwerpunkt auf der Förderung der Ausdauer, wobei klassische und neuere Ausdaueraktivitäten miteinander kombiniert werden. Das Programm ist insgesamt so angelegt, dass es nach Kursende in den Alltag integriert werden kann.

Ergebnisse

Die Evaluation umfasst sowohl eine Prozess- als auch eine Ergebnisevaluation. Im Rahmen der Ergebnisevaluation werden die Effekte des Programms (orientiert an den sechs Kernzielen von Gesundheitssport) mittels einer kontrollierten Studie im Prä-Post-Testdesign untersucht. Die Ergebnisse zeigen, dass sich die Interventionsgruppe im Gegensatz zur Kontrollgruppe stärker verbessert, wobei die Gruppenunterschiede allerdings nur teilweise signifikant ausfallen.

Diskussion

Das Kursprogramm ist ein „real life setting"-Programm, das von der AOK NORDWEST seit 2014 in Westfalen-Lippe und Schleswig-Holstein durchgeführt wird. Zur standardisierten Umsetzung des Programms wurden die Kursleiter geschult sowie ein umfangreiches Kursmanual und Teilnehmerunterlagen entwickelt. Die Ergebnisse deuten auf eine bessere Entwicklung der Interventionsgruppe in Gegensatz zu Kontrollgruppe hin.

Literatur

Brehm, W., Bös, K., Opper, E., Saam, J. (2002). *Gesundheitssportprogramme in Deutschland.* Reihe „Sport" 13. Schorndorf: Hofmann.
GKV-Spitzenverband (Hrsg.). (2014). *Leitfaden Prävention.* Berlin: GKV-Spitzenverband.
Tiemann, M. (2010). *Öffentliche Gesundheit und Gesundheitssport.* Baden-Baden: Nomos.

Unterbrechungen sedentären Verhaltens und subjektive Befindlichkeit

TOBIAS ENGEROFF, ESZTER FÜZÉKI, LUTZ VOGT & WINFRIED BANZER

Goethe-Universität, Frankfurt am Main

Einleitung

Sedentäres Verhalten gilt als eigenständiger Risikofaktor für die körperliche Gesundheit. Dessen aktive Unterbrechung wird als positiver Einflussfaktor diskutiert. Über die psychosozialen Auswirkungen körperlicher Aktivität im Rahmen längerer Sitzphasen ist bislang wenig bekannt. Ziel dieser Studie war es, die Effekte standardisierter Bewegungsinterventionen im Rahmen 4 stündiger experimenteller Sitzphasen auf die subjektive Befindlichkeit zu untersuchen.

Methode

18 gesunde Frauen (25.6 y ± 2.6, BMI 21.5 kg/m^2 ± 2.0, VO_{2max} 41.9 ml/min/kg ± 4.8) nahmen an einer balancierten Crossover-Studie mit Kontroll- und 2 verschiedenen Bewegungsarmen teil. Die Studienarme umfassten eine 4 stündige Sitzphase und eine standardisierte Frühstücksmahlzeit. Während der Bewegungsinterventionen fuhren die Probandinnen 30min am Stück vor (Dauerbewegung) oder in 5x je 6min ual Pause (Bewegungspausen) der Sitzphase auf einem Radergometer (70% VO_{2max}). Die Probandinnen durften während der Sitzphase einen Computer benutzen oder lesen. Am Ende der Versuchstage wurde die aktuelle Befindlichkeit anhand von 8 Stimmungsbereichen (Aktiviertheit, Gehobene Stimmung, Besinnlichkeit, Ruhe, Ärger, Erregtheit, Deprimiertheit, Energielosigkeit) mittels einer 40 Items umfassenden Adjektivskala (Abele-Brehm & Brehm 1986) bewertet. Weiterhin wurde das subjektive Empfinden bezüglich der beiden Bewegungsvarianten und der ununterbrochenen Sitzphase mittels einer visuellen Analogskala dokumentiert.

Ergebnisse

Die Probandinnen gaben nach Absolvierung der Sitzphase mit Bewegungspausen signifikant niedrigere Werte für die Stimmungsbereiche Deprimiertheit, im Vergleich zur Kontrollbedingung (p = .013), und Erregtheit, verglichen zu beiden anderen Studienarmen (p = .004), an. Für Aktiviertheit wurden im Arm mit Bewegungspausen, verglichen zur Kontrollbedingung, höhere Werte angegeben (p = .006). Nach beiden Bewegungsarme gaben die Probandinnen höhere Werte für den Stimmungsbereich Ruhe an (p < .05). Die Pausen zwischen den Sitzphasen wurden angenehmer wahrgenommen als die Bewegung vor der Sitzphase (p = .004) oder die Sitzphase ohne Bewegung (p = .001).

Diskussion

Körperliche Aktivität allgemein führt zu größerer Ruheempfindung nach längeren Sitzphasen. Regelmäßige aktive Pausen lösen größeres Wohlbefinden aus. Die Unterbrechung sedentären Verhaltens wirkt sich somit positiv auf die wahrgenommene Befindlichkeit aus und nimmt Einfluss auf die subjektiv empfundene Lebensqualität. Weitere Studien sind notwendig um langzeitliche Auswirkungen auf die psychosoziale Gesundheit oder auf Faktoren wie Produktivität und Zufriedenheit im privaten oder beruflichen Alltag zu untersuchen.

Literatur

Abele-Brehm, A., & Brehm, W. (1986). Zur Konzeptualisierung und Messung von Befindlichkeit: Die Entwicklung der „Befindlichkeitsskalen" (BFS). *Diagnostica (1986)*.

AK 58: Gesundheitsförderung und Bewegungsverhalten bei Menschen mit Behinderung

Gesundheitsförderung und Bewegungsverhalten von Menschen mit Behinderung

REINHILD KEMPER

Friedrich-Schiller-Universität Jena

Der eingereichte Arbeitskreis zu dem Thema ‚Gesundheitsförderung und Bewegungsverhalten von Menschen mit Behinderung' soll im Rahmen der Jahrestagung der dvs-Kommission Gesundheit installiert werden.
Der Arbeitskreis besteht bisher aus drei Beiträgen, die folgende Beiträge enthalten:

1. Kaschke, I.: Gesundheitsförderung für Menschen mit geistiger Behinderung – Angebote des Healthy Athletes Programms von Special Olympics Deutschland.
2. Wegner, M.: Ernährungs- und Bewegungsverhalten von Menschen mit geistiger Behinderung: Sportaffine und Inaktive im Vergleich und
3. Schulke, H.-J.: Zwischen Gutwilligkeit und Gesetz: Institutionelle Bedingungen für sportliche Gesundheitsförderung von Menschen mit Behinderungen.

In dem ersten Beitrag wird das Healthy Athletes Programm von Special Olympics vorgestellt, welches Angebote in sechs verschiedenen medizinischen Bereichen umfasst und kostenlose, umfassende Beratungen und Untersuchungen, u. a. zur Seh- und Hörfähigkeit, der Zahn- und Mundgesundheit sowie der gesunden Lebensweise ermöglicht. Empirische Daten zum Gesundheitsstatus der Athleten und Athletinnen werden vorgestellt.
Der zweite Beitrag befasst sich mit der Übergewichtsproblematik und der Bewegungsunlust bei Menschen mit einer geistigen Behinderung. Mögliche Ursachen wie einer verminderten Affekt- und Triebkontrolle, soziale Einflüsse der Familie, aber auch fehlende Lernerfahrungen werden diskutiert. Die Ergebnisse aus leitfadengestützten Interviews mit sportaffinen und eher inaktiven Erwachsenen mit einer geistigen Behinderung werden vor dem Hintergrund des Wissen um gesunde Ernährung sowie des Ess- und Bewegungsverhalten erfasst, kategorisiert und statistisch ausgewertet.
Beitrag drei thematisiert die Inklusion behinderter Menschen als ein wichtiges wie widersprüchliches Thema in der öffentlichen Diskussion und der politischen Gestaltung. In den Beitrag einbezogen werden der instabile Gesundheitsstatus vieler behinderter Menschen, der eine Teilhabe u. a. am Arbeitsleben beeinträchtigt sowie die salutogenetische Wirkung des Sporttreibens. Probleme bei der praktischen Umsetzung in den Institutionen (Behindertenwerkstätten und -wohnheimen, Familien, Schulen, Vereinen) werden aufgezeigt, die auch aus institutionellen Vorgaben resultieren.

Zwischen Gutwilligkeit und Gesetz: Institutionelle Bedingungen für sportliche Gesundheitsförderung von Menschen mit Behinderungen

HANS-JÜRGEN SCHULKE

macromedia-Hochschule Hamburg

Einleitung

Die Inklusion behinderter Menschen ist ein wichtiges wie widersprüchliches Thema in der öffentlichen Diskussion und der politischen Gestaltung. Dazu gehört der instabile Gesundheitsstatus vieler behinderter Menschen, der eine Teilhabe u. a. am Arbeitsleben beeinträchtigt. Inklusives Sporttreiben hat in Deutschland an Aufmerksamkeit und Förderung gewonnen. Verschiedentlich wird organisiertes Sporttreiben als Inklusionsmotor bezeichnet, die salutogenetische Wirkung wird hervorgehoben. Zahlreiche Vereine engagieren sich bei der Umsetzung der BRK. Die praktische Umsetzung in den Institutionen (Behindertenwerkstätten und -wohnheimen, Familien, Schulen, Vereinen) zeigt verschiedene Probleme, die auch aus institutionellen Vorgaben resultieren.

Methode

Es wird eine Synopse der relevanten gesetzlichen Vorgaben vorgenommen (Behindertengleichstellungsgesetz, Gleichbehandlungsgesetz, Behindertenrechtskonvention der UN, Teilhabegesetz, Präventionsgesetz, Sportfördergesetze u. a.), um Ansprüche und Gestaltungsräume für inklusives Sporttreiben zu klären. Sodann werden in zwei Fallstudien aus Behinderteneinrichtungen gesundheitsstabilisierende Sportangebote für Werkstattmitarbeiter und sportrelevante Qualifizierungsmaßnahmen für unterschiedliche Zielgruppen in der Behindertenhilfe vorgestellt. Sie werden insbesondere in ihrer Vernetzung mit strategischen Kooperationspartnern analysiert.

Ergebnisse

Die Untersuchungen liefern u. a. erste Ergebnisse zur verbesserten Teilhabe behinderter Menschen am Arbeitsleben durch sportliche Aktivitäten sowie eine zielgenaue Qualifizierung der beteiligten Akteure.

Diskussion

Der Beitrag zeigt, dass strategische Kooperationen zwischen Werkstätten und Sportorganisationen noch am Anfang stehen. Die rechtlich verfassten Ansprüche könnten insbesondere Angeboten der Sportorganisationen weitere Gestaltungsräume ermöglichen, wenn sie transparenter und effizienter abgestimmt werden. Unterschiedliche Zuständigkeiten zwischen Ministerien und der Bundes- wie Landesebene erschweren das. Qualifizierungssysteme beider Bereiche sind effektiver zu koordinieren

Weiterführende Literatur kann beim Autor erfragt werden.

Ernährungs- und Bewegungsverhalten von Menschen mit geistiger Behinderung: Sportaffine und Inaktive im Vergleich

MANFRED WEGNER & SYLVIA HÄNSEROTH

Christian-Albrechts-Universität Kiel

Einleitung

Übergewicht und Bewegungsunlust sind bei Menschen mit einer geistigen Behinderung häufig anzutreffen. Als mögliche Ursachen gelten neben einer verminderten Affekt- und Triebkontrolle, soziale Einflüsse der Familie, aber auch fehlende Lernerfahrungen (Luxen, 2003; Wegner, 2014). In Leitfaden gestützten Interviews mit sportaffinen und eher inaktiven Erwachsenen mit einer geistigen Behinderung werden das Wissen um gesunde Ernährung sowie das Ess- und Bewegungsverhalten in Interviews erfasst, kategorisiert und statistisch ausgewertet. Es wird erwartet, dass sich die Probanden (sportaffine Erwachsene vs. Inaktive) aufgrund gesundheitsrelevanter Variablen unterscheiden.

Methode

Die Stichprobe umfasst 62 Personen, die in Inaktive (N = 37) und Sportaffine (N = 25) getrennt werden. In den Wohnstätten wurden 16 Frauen und 14 Männer interviewt, während der Nationalen Spiele von Special Olympics Deutschland, 2014 in Düsseldorf, 25 Männer und 7 Frauen. 16 sind normalgewichtig, 18 übergewichtig und 24 fettleibig. Das Alter der Probanden liegt im Mittel bei 39 Jahren. Die strukturierten Interviews umfassten geschlossene Fragen zu präferierten Lebensmitteln, Wissen um Ernährung sowie Aussagen zum Bewegungs- und Sportverhalten. Die Fragen werden durch Abbildungen verdeutlicht. Zusätzlich wurde der BMI und der Taillenumfang erfasst.

Ergebnisse

Sportaffine und Inaktive unterscheiden sich statistisch bedeutsam anhand verschiedener Variablen. BMI und Taillenumfang sind mit steigender Inaktivität erhöht. Inaktive Personen neigen eher zu Adipositas. Sportaffine verfügen über ein fundierteres Ernährungswissen und ein gesünderes Ernährungsverhalten. Deutliche Unterschiede zeigt das Bewegungsverhalten. Antriebsärmere üben im Berufsleben eher sitzende Tätigkeiten aus und auch ihr Freizeitverhalten ist durch wenig sportliche Aktivität geprägt.

Diskussion

Die zahlreichen Unterschiede zwischen den Probanden und die korrelative Zusammenhänge der untersuchten Parameter weisen auf eine risikoreichere Lebensweise der Inaktiven hin. Hier zeigt sich weitergehender Forschungsbedarf. Kommunikationsbarrieren konnten nicht festgestellt werden, da die Datenerfassung graphisch unterstützt und die Sprache entsprechend angepasst wurde.

Literatur

Luxen, U. (2003). Emotionale und motivationale Bedingungen bei Menschen mit geistiger Behinderung. In D. Irblich & B. Stahl (Hrsg.), *Menschen mit geistiger Behinderung* (S. 230-267). Göttingen: Hogrefe.

Wegner, M. (2014). Inklusiver Sport: Leistungsverhalten und emotionale Kompetenz im Sport von Menschen mit geistiger Behinderung. In A. Hebbel-Seeger, T. Horky & H.-J. Schulke (Hrsg.), *Sport und Inklusion – ziemlich beste Freunde?!* (S. 247-263). Aachen: Meyer & Meyer.

Gesundheitsförderung für Menschen mit geistiger Behinderung – Angebote des Healthy Athletes Programms von Special Olympics Deutschland

IMKE KASCHKE

Special Olympics Deutschland e. V.

Special Olympics Deutschland (SOD) unter der Schirmherrschaft von Daniela Schadt ist die deutsche Organisation der weltweit größten, vom Internationalen Olympischen Komitee offiziell anerkannten Sportbewegung für Menschen mit geistigen und mehrfacher Behinderung. SOD ist als Verband mit besonderen Aufgaben im Deutschen Olympischen Sportbund und verschafft heute mehr als 40.000 Menschen mit geistiger Behinderung selbstbestimmte Wahlmöglichkeit von behinderungsspezifischen bis hin zu inklusiven Angeboten. Dazu gehört auch das Healthy Athletes Programm, das Angebote in sechs verschiedenen medizinischen Bereichen umfasst und kostenlose, umfassende Beratungen und Untersuchungen, u. a. zur Seh- und Hörfähigkeit, der Zahn- und Mundgesundheit sowie der gesunden Lebensweise ermöglicht. Es ist bekannt, dass Menschen mit geistiger und mehrfacher Behinderung ein um 40% höheres Risiko für gesundheitliche Beeinträchtigungen haben. Hinzu kommt, dass mit Hilfe strukturierter Prophylaxeprogramme zwar der Gesundheitszustand in Deutschland generell verbessert werden konnte, aber Menschen mit Behinderung nicht in gleichem Maße von dieser Entwicklung profitieren. Die epidemiologische Datenlage weist insbesondere auf die Notwendigkeit der Verbesserung im Präventionsbereich hin. Auch die Ergebnisse der Healthy Athletes Untersuchungen zeigen, dass ein noch größeres Augenmerk auf die Gesundheit der Athleten gerichtet werden muss. Nahezu 40% von ihnen sind übergewichtig und mehr als 70% haben Nagel – oder Hauterkrankungen. Fast jeder dritte Teilnehmer am Gesundheitsprogramm benötigt eine Weiterbehandlung beim Hörspezialisten oder HNO Arzt und sogar jeder zweite untersuchte Athlet eine zahnärztliche Behandlung. Mehr als die Hälfte der untersuchten Athleten erhielt beim Programm Opening Eyes kostenlos eine korrekte Sehhilfe. Seit 2004 wurden mit Unterstützung von ca. 2.000 ehrenamtlichen Volunteers (Ärzte, Zahnärzte, Optometristen, Physiotherapeuten, Podologen, medizinisches Fachpersonal und Studenten, Schüler) mehr als 28.000 Untersuchungen und Beratungen bei Veranstaltungen durchgeführt. Das Gesundheitsprogramm kooperiert erfolgreich mit der Bundeszahnärztekammer und der Bundesärztekammer. Darüber hinaus bestehen Vereinbarungen mit dem Verband der Augenoptikerinnung, dem Deutschen Verband für Physiotherapie (ZVK) e.V. sowie dem Zentralverband der Podologen und Fußpfleger Deutschlands e. V. Mit den Projekten „Selbstbestimmt gesünder", durch das Bundesministerium für Gesundheit seit 2011 gefördert, werden diese Angebote mit dem Ziel, Prävention und Gesundheitsaufklärung für Menschen mit geistiger und Mehrfachbehinderung zu verbessern, um Selbstbestimmung und Teilhabe an der eigenen Gesundheitsvorsorge zu erreichen, vor allem regional ausgebaut.

AK 59: Gesundheitsförderung im Kindes- und Jugendalter

Effekte bewegungsbezogener Interventionen im Schulsetting auf das gesundheitsbezogene Wissen von Schülerinnen und Schülern: ein systematischer Review

YOLANDA DEMETRIOU[1], GORDEN SUDECK[2], ANSGAR THIEL[2] & OLIVER HÖNER[2]

[1]Technische Universität München, [2]Eberhard Karls Universität Tübingen

Einleitung

Die Forschung im Themengebiet Physical Literacy zeigt, dass die Vermittlung von Wissen eine zentrale Aufgabe des Sportunterrichts ist (Lloyd, Colley, & Tremblay, 2010). Dies gilt insbesondere für die Gesundheitsförderung und die Prävention chronischer Erkrankungen. Dieser systematische Review füllt die Forschungslücke hinsichtlich der Effekte bewegungsbezogener Interventionen im Schulsetting zur Förderung des gesundheitsbezogenen Wissens von Schülerinnen und Schüler.

Methode

Eine Literaturrecherche in elektronischen Datenbanken wurde im Mai 2014 durchgeführt. Es wurden Studien berücksichtigt, die ein bewegungsbezogenes Interventionsprogramm im Schulsetting zur Förderung des Wissens von Schülerinnen und Schülern durchgeführt hatten. Die Studien hatten ein experimentelles oder quasi-experimentelles Design und wurden in wissenschaftlichen Zeitschriften in englischer Sprache publiziert.

Ergebnisse

Insgesamt wurden 34 relevante Studien identifiziert. Die Mehrheit der Studien (79.4%) zeigten signifikant positive Interventionseffekte auf das gesundheitsbezogene Wissen von Schülerinnen und Schülern. Studien, die Jugendliche untersuchten (oder: die sich auf Jugendliche bezogen) (87.5%), hatten häufiger positive Effekte auf das Wissen im Vergleich zu Studien mit Kindern (75%). Studien mit einer geringen methodischen Qualität (88.8%) wiesen im Vergleich zu Studien mit einer mittleren Qualität (75%) häufiger positive Effekte auf. Die Studieneffekte auf das Wissen waren unabhängig von Moderatorvariablen wie z. B. Interventionsinhalt, -dauer und -häufigkeit. Die deskriptive Analyse des Zusammenhangs zwischen positiven Interventionseffekten auf das Wissen und einer Veränderung der körperlichen Aktivität bei den Schülerinnen und Schülern zeigte, dass nur wenige Programme beide Variablen gleichzeitig positiv veränderten. Insgesamt wurde häufiger eine Veränderung im Wissen erzielt als eine Veränderung des Verhaltens.

Diskussion

Die analysierten Programme hatten einen positiven Einfluss auf das gesundheitsbezogene Wissen von Schülerinnen und Schülern. Dennoch bleibt die praktische Relevanz dieser Veränderungen offen. Weitere Forschungsarbeiten sind notwendig, um den Einfluss von gesundheitsbezogenem Wissen auf die Reflexionsfähigkeit, die körperliche Aktivität und die Physical Literacy von Schülerinnen und Schülern zu beleuchten.

Literatur

Lloyd, M., Colley, R. C., & Tremblay, M. S. (2010). Advancing the debate on 'fitness testing' for children: Perhaps we're riding the wrong animal. *Pediatric Exercise Science, 22* (2), 176-182.

„läuft." – Qualitative Evaluation eines Klassenwettbewerbs zur Steigerung der Alltagsaktivität bei Jugendlichen

KATRIN STEINVOORD & „LÄUFT."-PROJEKTGRUPPE

Universität Hamburg

Einleitung und theoretischer Hintergrund

Das Forschungsprojekt „läuft." (gefördert von: Deutsche Krebshilfe e. V.) basiert auf der Annahme, dass die Etablierung eines gesunden Lebensstils mit ausreichend Bewegung im Kindes- und Jugendalter zu einem geringeren Risiko für viele Krankheiten im Erwachsenenalter führt (Malina, 2001). Zur Aktivierung der Jugendlichen wurde eine Intervention durchgeführt: insgesamt 61 Klassen aus Schleswig-Holstein nahmen teil. Die Interventionsklassen absolvierten mehrere theoretische und praktische Unterrichtseinheiten, erhielten Pedometer, sammelten ihre Schrittzahlen (Schrittzählerwettbewerb) und entwickelten kreative Ideen für mehr Bewegung im Alltag (Kreativwettbewerb). Die hier eingebrachte sportpädagogische Perspektive lehnt sich in theoretischer Hinsicht an Prohls (2010) bewegungsbezogenes Bildungsverständnis sowie an die von Ehni (1977) beschriebenen sportpädagogisch-konstruktivistischen Facetten. Konstruktivistisch-didaktische Ansätze von Reich (2008) ergänzen den theoretischen Rahmen. Das breite Gesundheitsverständnis von Antonovsky (1987) bildet weitergehend die gesundheitstheoretische Basis.

Methode

Das Projekt wurde umfassend quantitativ und qualitativ evaluiert, wobei in diesem Vortrag die qualitative Teilstudie im Fokus steht. Die kriterien- und theoriebasierte qualitative Evaluation im Sinne Pattons (2008) beruht erhebungsmethodisch auf Interviews (mit den Lehrkräften) und Gruppendiskussionen (mit ausgewählten Schüler/innen). Die Auswertung erfolgt entlang der Kodierverfahren der Grounded-Theory-Methodologie.

Ergebnisse

Der Vortrag wird das Design der Studie präsentieren sowie ausgewählte Ergebnisse der qualitativen Evaluation darstellen. Diese betreffen insbesondere die Phänomene der *Abhängigkeit des Projekterfolgs von der Lehrerrolle* sowie eng damit zusammenhängend die *Motivation und das Engagement der Schüler* – hier v. a. im Kreativwettbewerb.

Diskussion

Die Verzahnung von Theorie und Ergebnissen lässt erste Rückschlüsse darauf zu, dass das Lehrerhandeln schon in der Interventionsplanung stärker in den Fokus genommen werden müsste, um so das angestrebte Schülerhandeln besser unterstützen zu können.

Literatur

Antonovsky, A. (1987). *Unraveling the mystery of health*. San Francisco, London: Jossey Bass Publishers.
Ehni, H. (1977). *Sport und Schulsport*. Schorndorf: Hofmann.
Malina, R. (2001). Physical Activity and Fitness: Pathways From Childhood to Adulthood. *American Journal of Human Biology, 13* (2), 162-172.
Patton, M.Q. (2008). *Utilization-Focused Evaluation* (4. Aufl.). Los Angeles, California: SAGE Publications.
Prohl, R. (2010). *Grundriss der Sportpädagogik* (3. Aufl.). Wiebelsheim: Limpert.
Reich, K. (2008). *Konstruktivistische Didaktik. Lehr- und Studienbuch mit Methodenpool*. Weinheim: Beltz.

Gesundheitsbezogenes Fitness-Wissen im Kindes- und Jugendalter: Ein systematischer Review zur Diagnostik

CARMEN VOLK[1], YOLANDA DEMETRIOU[2] & OLIVER HÖNER[1]

[1]Eberhard Karls Universität Tübingen, [2]Technische Universität München

Einleitung

Die Vermittlung von gesundheitsbezogenem Fitness-Wissen („health-related fitness knowledge" (HRFK)) stellt ein wesentliches Ziel des Sportunterrichts dar (Society of Health and Physical Educators, 2014). Zur Erforschung des HRFK im Sportunterricht bedarf es zuverlässiger Diagnostiken. Dieser Review soll einen systematischen Überblick zu bestehenden HRFK-Messinstrumenten geben und die erfassten Wissensbereiche näher beschreiben.

Methode

Es wurde – orientiert am PRISMA Statement – eine systematische, schlagwortbasierte Literaturrecherche in einschlägigen Datenbanken durchgeführt. Eingeschlossen wurden Fragebögen für Kinder und Jugendliche, die für den Sportunterricht entwickelt, in Interventionsstudien in der Schule eingesetzt oder in Untersuchungen zum Zusammenhang von Wissen und Bewegungsverhalten genutzt wurden. Die Bewertung der Qualität der Fragebögen erfolgte anhand der Kategorien des Testbeurteilungssystems der Föderation deutscher Psychologenvereinigungen (Testkuratorium, 2010). Als Grundlage zur Kategorisierung der Wissensbereiche dienten die Items der Fragebögen.

Ergebnisse

In den Review wurden 21 Diagnostiken eingeschlossen, deren Items sich neun verschiedenen Wissensbereichen (z. B. Wissen zu gesundheitswirksamen Effekten körperlicher Aktivität, Wissen zur Anatomie und Physiologie) zuordnen ließen. Lediglich für eine Diagnostik (FitSmart; Zhu, Safrit & Cohen, 1999) aus den USA lagen Angaben zur Reliabilität, Validität und Normierung vor. Zu den übrigen Diagnostiken waren nur vereinzelt Angaben zur Reliabilität (n = 10; r = .38-.95) und/oder Validität (n = 9) dokumentiert.

Diskussion

Die aktuelle Forschung basiert auf testtheoretisch häufig unzureichend abgesicherten HRFK-Diagnostiken, die unterschiedliche Wissensbereiche adressieren, häufig spezifisch für eine jeweilige Interventionsstudie entwickelt und nur selten für den deutschsprachigen Raum adaptiert wurden. Eine besondere Herausforderung für die notwendige Entwicklung theoretisch fundierter und psychometrisch erprobter Diagnostiken ist darin zu sehen, eine systematisch begründete Definition des HRFK zu erarbeiten.

Literatur

Society of Health and Physical Educators (Hrsg.). (2014). *National Standards and Grade-Level Outcomes for K-12 Physical Education*. Champain, IL: Human Kinetics.
Testkuratorium (2010). TBS-TK. Testbeurteilungssystem des Testkuratoriums der Föderation Deutscher Psychologenvereinigungen. Revidierte Fassung vom 9. September 2009. *Psychologische Rundschau, 61*, 52-56.
Zhu, W., Safrit, M. J. & Cohen, A. S. (1999). *FitSmart Test User Manual: High School Edition*. Champain, IL: Human Kinetics.

Determinanten der Patientenzufriedenheit in der juvenilen Adipositastherapie

HAGEN WULFF, FRANZISKA RAU & PETRA WAGNER

Universität Leipzig

Einleitung

Der Einfluss der Patientenzufriedenheit auf Therapieergebnisse ist in der juvenilen Adipositastherapie weitestgehend unerforscht. Untersuchungen mit Erwachsenen weisen auf Zusammenhänge zwischen der Patientenzufriedenheit und der Compliance hin, welche sich auf eine langfristige Verbesserung des Gesundheitszustandes auswirken können (Doyle et al., 2012). Ziel dieser Studie ist die Analyse der Zusammenhänge zwischen der subjektiven Zufriedenheit mit dem Gesamtergebnis, dem Gewichtsverlust sowie dem Wohlbefinden und organisatorisch-strukturellen und inhaltlichen Aspekten der Adipositastherapie.

Methode

In der letzten Therapiewoche wurden 92 Therapieteilnehmer im Alter von 9-20 Jahren (MW = 13,43) mittels Fragebogen befragt. Zusammenhänge zwischen organisatorisch-strukturellen und inhaltlichen Variablen der Therapie und der Therapiezufriedenheit wurden mittels Korrelationsanalyse und Zusammenhänge zwischen Therapiezufriedenheit und sozioökonomischen Variablen mittels logistischer Regression überprüft.

Ergebnisse

Signifikante Zusammenhänge zeigen sich zwischen der Gesamttherapiezufriedenheit und organisatorisch-strukturellen bzw. inhaltlichen Variablen. Als relevant erweisen sich die „Inhalte" ($r = .491$), „affektiv-emotionale Bewertung" ($r = .505$), „Trainingsempfehlungen" ($r = .531$), „Alltagsübertragbarkeit" ($r = .598$) und „Material-für-zu-Hause" ($r = .608$). Im Hinblick auf das Wohlbefinden sind die Variablen „Alltags-Übertragbarkeit" ($r = .512$) und „Material-für-zu-Hause" ($r = .593$) bedeutsam. Zudem zeigen sich Zusammenhänge zwischen der Zufriedenheit mit beteiligten Therapie-Professionen und der Gesamttherapiezufriedenheit. Sporttherapeuten erreichen dabei die höchsten Korrelationskoeffizienten ($r = .451$).

Diskussion

Therapiezufriedenheit steht in einem Zusammenhang mit den organisatorisch-strukturellen und inhaltlichen Variablen. Inhaltliche, affektiv-emotionale Aspekte sowie die Informationen zu weiterführenden Sportangeboten haben einen starken Einfluss auf die Zufriedenheit. Unter den Professionen der Schulungsteams kommt dem Sporttherapeuten eine bedeutende Stellung zu. Therapieanbieter sollten diese Aspekte bei der Konzeption und Durchführung von Therapieangeboten beachten, da eine hohe Zufriedenheit sowie ein gesteigertes Wohlbefinden mit der Therapietreue und dem Therapieerfolg assoziiert sind.

Literatur

Doyle, C., Lennox, L., & Bell, D. (2012). A systematic review of evidence on the links between patient experience and clinical safety and effectiveness. *British Medical Journal*, (3), 1-18.

Schwimmfähigkeit im Kindesalter – Definition und Prävalenz unter Berücksichtigung des „Düsseldorfer Modells"

THEODOR STEMPER & MAIKE KELS

Bergische Universität Wuppertal

Einleitung

Das Thema Schwimmfähigkeit von Kindern, das alljährlich vor allem aufgrund medienwirksam publizierter Zahlen der DLRG zu Ertrinkungstoten aufgegriffen wird (DLRG, 2014), soll hinsichtlich Definition und Prävalenz einer kritischen Prüfung unterzogen werden.

Methode

Zur Frage der Definition der Schwimmfähigkeit wurde eine Analyse der schwimmspezifischen fachmethodischen Publikationen durchgeführt. Zusätzlich wurden die deutschen Lehrpläne für die Grundschule hinsichtlich Definition und Operationalisierung analysiert. Auf Basis der vorgefundenen Definitionen und Erfassungsmethoden und Operationalisierungen (Fertigkeiten und/oder Schwimmabzeichen) zur Schwimmfähigkeit wurden vorfindbare Aussagen zur Prävalenz zusammengestellt. Die Daten des sog. „Düsseldorfer Modells" (www.check-duesseldorf.de) 2003-2014, in dem neben motorischen Tests u. a. auch Befragungen zur Schwimmfähigkeit erfolgen, wurden ebenfalls dahingehend ausgewertet.

Ergebnisse

Die zusammengefassten Ergebnisse des Literatursurveys und der Lehrplananalyse werden im Überblick vorgestellt. Es zeigen sich divergierende Definitionen und Operationalisierungen, und abhängig davon stark differierende Zahlen zur Prävalenz von Nichtschwimmern, die am Ende der Grundschulzeit von 3% bis über 30% reichen. Sie verdeutlichen, dass keine Klarheit zu diesem Thema besteht. Das gleiche Bild ergibt sich auch bei der Analyse der Lehrpläne für die Grundschule, in denen trotz einer akzeptierten Rahmenvorgabe (Deutschen Prüfungsordnung Schwimmen – Retten – Tauchen DSV, 2002) keine einheitlichen Zielvorgaben vorzufinden sind.

Diskussion

Auf Basis der unterschiedlichen Definitionen und Konzepte zur Schwimmfähigkeit wird die Problematik der nicht eindeutig belastbaren und vergleichbaren Aussagen zur Prävalenz von schwimmfähigen Kindern verdeutlicht. Eigene empirische Daten aus dem „Düsseldorfer Modell der Bewegungs-, Sport- und Talentförderung" untermauern diese Ergebnisse. Ein konstruktiver Vorschlag zum zukünftigen Umgang mit der Thematik, u. a. basierend auf der „Deutschen Prüfungsordnung" (DSV, 2002), wird am Ende vorgestellt.

Literatur

Deutsche Lebens-Rettungs-Gesellschaft (DLRG) (2014). DLRG-Barometer 2013. In Deutschland ertranken 446 Menschen. Zugriff am 05.05.2015 unter http://www.dlrg.de/fileadmin/user_upload/DLRG.de/Ueber_uns/Statistiken/Statistik2013/PI_Ertrinken_2013.pdf.

Deutscher Schwimmverband (DSV) (2002). Deutsche Prüfungsordnung Schwimmen-Retten-Tauchen. Zugriff am 02.01.2015 unter http://backup.dsv.de/fileadmin/dsv/documents/fitness_und_gesundheit/Prüfungsordnung_KMK.pdf.

Arbeitskreise Kommission „Kampfkunst und Kampfsport"

AK 60: Grundlagen

Kategorien des Kämpfens – ein Differenzierungsansatz

OLAF ZAJONC

Leibniz Universität Hannover

Einleitung

Erklärende Konstruktionen einer wissenschaftlichen Untersuchung erfordern die exakte Bestimmung des Gegenstands. Um eine tiefer gehende wissenschaftliche Untersuchung des menschlichen Kampfes und der im zugeschriebenen (sozialerzieherischen) Funktionen vornehmen und hiernach vergleichbare Rückschlüsse auf z. B. gewaltpräventive Eignungen und notwendige Gestaltungen (Pilz, 2002) ziehen zu können, ist die nähere Bestimmung der Erscheinungsformen unumgänglich. Die Unterscheidung in Richtung der beiden Gattungen Kampf-Sport und Kampf-Kunst, wie sie sich im alltäglichen Sprachgebrauch manifestiert und die fachliche Diskussion der letzten Jahre bestimmt hat, erscheint hierfür zu grob gerastert, unpräzise und weitläufig zu sein.

Methode

Die Frage wird anhand der Konstruktion eines deskriptiven Systems erörtert, dass die Bildung unterschiedlicher Kategorien des menschlichen Kampfes ermöglicht. Der Praxisbezug des Modellentwurfes wird mittels qualitativer Befragungen von Trainern und Trainierenden im Zuge einer aktuellen Feldstudie eingestuft wird. Den theoretischen Bezugsrahmen der Konstruktion bildet die phänomenologische Analyse der Merkmale einer Formalstruktur des menschlichen Kampfes von Binhack (1998).

Ergebnisse

Die Bestimmung von Kategorien des menschlichen Kampfes, die bedeutende strukturbezogene Merkmale, Gemeinsamkeiten oder Unterschiede aufweisen, liefert die tragfähige Basis für einen stilartenunabhängigen strukturierten Differenzierungsansatz, der sich hilfreich in Hinsicht des Problems der Vergleichbarkeit wissenschaftlicher Untersuchungen erweisen kann (Zajonc, 2013) und in der Praxis abbildet.

Diskussion

Sind die formalstrukturell begründeten Kategorien ausreichend definiert, kann über sie die Vergleichbarkeit unterschiedlicher Untersuchungen zum Kämpfen erreicht werden und wird die bestehende Vielfalt von Stilarten und Ausprägungen ausreichend berücksichtigt?

Literatur

Binhack, A. (1998). *Über das Kämpfen. Zum Phänomen des Kampfes in Sport und Gesellschaft.* Dissertation. Frankfurt/New York: Campus Verlag.

Pilz, G. A. (2002). Möglichkeiten, Notwendigkeiten und Grenzen sport-, körper- und bewegungsbezogener sozialer Arbeit am Beispiel der Gewalt und Gewaltprävention im, um und durch den Sport. In G. A. Pilz & H. Böhmer (Hrsg.), *Wahrnehmen – Bewegen – Verändern* (S. 13-59). Blumhardt Verlag.

Zajonc, O. (2013). Kämpfen als Mittel zur Gewaltprävention – Bedingungen, Anforderungen und Perspektiven. In S. Happ & O. Zajonc (Hrsg.), *Kampfkunst und Kampfsport in Forschung und Lehre 2012* (S. 37-50). Feldhaus Edition Czwalina.

Kämpfen als Gegenstand: Wir nähern wir uns einer transparenten Begriffsverwendung im Diskurs?

HOLGER WIETHÄUPER[1] & DOMINIQUE BRIZIN[2]

Universität Paderborn[1], Universität zu Köln/Universität Plovdiv[2]

Einleitung und Fragestellung

Die bisherigen Versuche eines gemeinsamen Diskurses über Kampfkunst und Kampfsport (Martial Arts & Combat Sports) offenbaren zum einen das Fehlen einer Gegenstandsbestimmung und begrifflichen Fassung der unterschiedlichen Perspektiven. Es fehlt an einem begrifflich-konzeptuellen Minimalkonsens oder näherungsweisen Systematik, um die unterschiedlichsten Phänomene und Aspekte transparent zu diskutieren. Zum zweiten entsteht der Eindruck eines uneinheitlichen Nebeneinanders der unterschiedlichen Grundannahmen und disziplinären Zugriffe. Wenn sich bedingt durch die Vielfalt des Feldes eine vereinheitlichende Systematik nicht oder nur langfristig im Konsens entwickeln lässt, stellt sich die Kernfrage, auf welche Weise eine transparente Verständigung über das Feld und seine Perspektiven möglich ist.

Methode

Zur Annäherung an eine mögliche Antwort werden die Ergebnisse einer Literaturrecherche in Form eines fokussierten Reviews zusammengetragen und innerhalb des Vortrages mit zwei Schwerpunktensetzungen präsentiert: *Erstens* erfolgt eine vergleichende Betrachtung bestehender Definitionen und Systematisierungen (u. a. Channon & Jennings, 2014; Buckler et al., 2009). Ausgehend von den bestehenden und in der Regel eng gefassten Klassifizierungen wird unter exemplarischem Einbezug der begrifflichen Unklarheiten der Vorschlag für eine frageorientierte bzw. komparative Heuristik unterbreitet. Die leitende Frage ist hierbei: Wie gelangt man zu einer Binnendifferenzierung im Feld? Welche Fragekomplexe lassen sich unterscheiden? *Zweitens* wird unter Rückgriff auf phänomenologische Bestimmungen zur menschlichen Bewegungspraxis (z. B. Binhack, 1996) eine begriffliche Orientierungsfolie angeboten, um zumindest näherungsweise eine Verständigung über die Perspektivenvielfalt von Kämpfen anzuregen. Leitfrage: Lässt sich (Zwei-)Kämpfen von anderen Bewegungs- und Handlungsfeldern unterscheiden? Worin besteht das zentrale und gemeinsame Merkmal von Kampfkunst & Kampfsport?

Ergebnisse und Diskussion

Mit diesem ersten Einstieg in die Vielgestaltigkeit des Feldes soll die Begründung eines Diskurses erfolgen, um zu einer stärkeren Konkretion der verwendeten Begriffe und einer transparenteren Darlegung zu gelangen.

Literatur

Binhack, A. (1998). Über das Kämpfen. Zum Phänomen des Kampfes in Sport und Gesellschaft. Frankfurt/Main: Campus.
Buckler, Scott, Castle, Paul & Peters, D. M. (2009). Defining the Martial Arts: A Proposed Inclusive Classification System. In *Journal of Sports Science and Medicine*, 1-9.
Channon, A. & Jennings, G. (2014) Exploring embodiment through martial arts and combat sports: a review of empirical research. In *Sport in Society: Cultures, Commerce, Media, Politics, 17* (6). Zugriff am 14.04.2015 unter DOI: http://dx.doi.org/10.1080/17430437.2014.882906.

Das Kamehameha-Problem. Eine phänomenologische Gegenstandsbestimmung des Zweikampfsports

MARTIN MEYER

Universität Vechta

Einleitung und Fragestellung

Neben (trend-)sporttypischen Entwicklungstendenzen wie Rationalisierung, Hybridisierung, Ästhetisierung und Extremisierung haben kampfsportspezifische Einflüsse wie Mystifizierung, Transzendierung sowie die Entkoppelung vom kämpferischen Urzweck dazu geführt, dass Kampfkunst und Kampfsport idiomatische Kunstbegriffe sind, die Abgrenzung weder innerhalb noch außerhalb des Feldes leisten können.

Methode

Die definitorische Lücke erfordert, eine Phänomenologie des Zweikampfs heranzuziehen, um die Grundbedingungen einer Zugehörigkeit zu Kampfkunst und Kampfsport klarzustellen. Imzugedessen werden gesellschaftliche, kampfsportwissenschaftliche und juristische Perspektiven eingenommen, um anhand von Fallbeispielen übliche Merkmale von Kampfkunst und Kampfsport zu untersuchen. Zu diesen Merkmalen zählen Bewegungscharakteristik (Fallbeispiele: Taiji-Bailong, Shaolin Soccer, MMA, Capoeira, Show-Wrestling), Historie (Fallbeispiele: Ninjutsu, Koryu, Wushu, Taekwondo), Kleidung (Fallbeispiele: MMA, Aikido/Iaido, Judo/Karate, Capoeira), Bewaffnung (Fallbeispiele: Kobudo, Peking-Oper) und Sinnzuschreibungen (Fallbeispiele: Studien zur Kampfsportfaszination, Hooliganismus, Randori-Kata-Polarität).

Ergebnisse und Diskussion

Anhand der (fiktiven, dem Shōnen-Genre entlehnten) Kamehameha-Technik wird aufgezeigt, dass ausschließlich die theoretische Kampfwertigkeit eines Bewegungssystems als Maßstab herangezogen werden kann, ob es sich um eine Kampfsportart oder -kunst handelt. Die theoretische Kampfwertigkeit selbst ist letztlich ein subjektives, veränderliches Konstrukt des Aktiven oder der Gründerfigur.

Das Kamehameha-Problem löst insofern den Gegensatz von Kampfsport und Kampfkunst auf und stellt die Frage nach einem einheitlichen Arbeitsbegriff zur Benennung zweikämpferischer Bewegungssysteme. Außerdem hat das Kamehameha-Problem maßgeblichen Einfluss auf die thematische und theoretische Reichweite der Kampfsportwissenschaft, da es gängige disziplinäre Barrieren infrage stellt.

Literatur

Buckler, S., Castle, P. & Peters, D.M. (2009). Defining the Martial Arts. A Proposed Inclusive Classification System. *Journal of Sports Science and Medicine*, 1-9.

Leffler, T. (2010). Zum Verhältnis von Kampfkunst und Kampfsport. In T. Leffler & H. Lange (Hrsg.), *Kämpfen-lernen als Gelegenheit zur Gewaltprävention?! Interdisziplinäre Analysen zu den Problemen der Gewaltthematik und den präventiven Möglichkeiten des „Kämpfenlernens"* (S. 171-188). Hohengehren: Schneider.

AK 61: Selbstverteidigung

Ist Deeskalation auch Selbstverteidigung? – Die Intension und Extension von Kernbegriffen im Bereich der Selbstverteidigung

MARIO STALLER, OLIVER BERTRAM & OLIVER WITTMANN

Handlungskompetenzen für potentielle Bedrohungs- und Angrifssszenarien werden in Deutschland in den unterschiedlichsten Ausübungsformen trainiert. Der in der Regel hierfür verwandte Terminus „Selbstverteidigung" ('self-defence') ist allerdings in seiner Extension und Intension uneinheitlich (Angleman, Shinzato, Van Hasselt, & Russo, 2009; Banks, 2010; Brecklin & Middendorf, 2014; Harasymowicz, 2007). Gleiches gilt für weitere in diesem Zusammenhang gebräuchliche Begrifflichkeiten wie beispielsweise Deeskalation (Cowin et al., 2003; Wesuls, Heinzmann, & Brinker, 2005) oder realitätsbasiertes Training (Hoff, 2012; Murray, 2004; Oudejans, 2008; Wollert, Driskell, & Quali, 2011). Für eine Kommunikation über System-, Organsiations- und Verbandsgrenzen hinweg, erscheint ein einheitlicher Gebrauch von Kernbegriffen sinnvoll. Voraussetzung hierfür sind zunächst klare Definitionen der in diesem Zusammenhang gebräuchlichen Termini.

Im vorliegenden Beitrag werden bereits vorhandene Definitionen in Bezug auf ihre Intension und Extension analysiert. Sofern erforderlich werden diese im Bereich der Selbstverteidigung gebräuchlichen Begrifflichkeiten präzisiert und zur Diskussion gestellt.

Literatur
Angleman, A. J., Shinzato, Y., Van Hasselt, V. B., & Russo, S. A. (2009). Aggression and Violent Behavior. *Aggression and Violent Behavior, 14* (2), 89-93.
Banks, A. (2010). Self-Defense Education. *Journal of Physical Education, Recreation & Dance, 81*(6), 13–25.
Brecklin, L. R., & Middendorf, R. K. (2014). The Group Dynamics of Women's Self-Defense Training. *Violence Against Women, 20* (3), 326-342.
Cowin, L., Davies, R., Estall, G., Berlin, T., Fitzgerald, M., & Hoot, S. (2003). De-escalating aggression and violence in the mental health setting. *International Journal of Mental Health Nursing, 12* (1), 64-73.
Harasymowicz, J. (2007). Competences of combat sports and martial arts educators in light of the holistic fair self-defence model of training. *Archives of Budo, 3*, 7-14.
Hoff, T. (2012). Training for Deadly Force Encounters. *FBI Law Enforcement Bulletin*, (3), 20-24.
Murray, K. R. (2004). Training at the Speed of Life, Volume One: The Definitive Textbook for Military and Law Enforcement Reality Based Training. Gotha, FL: Armiger Publications.
Oudejans, R. R. D. (2008). Reality-based practice under pressure improves handgun shooting performance of police officers. *Ergonomics, 51* (3), 261-273.
Wesuls, R., Heinzmann, T., & Brinker, L. (2005). *Professionelles Deeskalationsmanagement* (ProDeMa). Unfallkasse Baden-Württemberg. Zugriff am 07. Juli 2015 unter http://uk-bw.de/fileadmin/Altbestand/download/broschuere_prodema.pdf
Wollert, T. N., Driskell, J. E., & Quali, J. (2011). Stress Exposure Training Guidelines: Instructor Guide to Reality-Based Training. Homeland Security. Zugriff am 07. Juli 2015 unter http://www.virtualtacticalacademy.com/files/stress_exposure_training_manual_9-26B.pdf

Quo Vadis Selbstverteidigung? Richtungen, Ansätze und Perspektiven der Selbstverteidigung in Deutschland

MARIO STALLER, OLIVER BERTRAM & OLIVER WITTMANN

Selbstverteidigungstraining ist eine der drei möglichen Ausübungsformen im Bereich der Kampfkunst- und Kampfsportarten (Channon & Jennings, 2014) und damit auch ein wichtiger Bestandteil der deutschen Kampfsportlandschaft. Der vorliegende Beitrag beabsichtigt einen strukturierten Überblick über die in Deutschland exisiertenden Ausübungsformen von Selbstverteidigung zu geben und mögliche Perspektiven für weitere Forschung im Bereich der Selbstverteidigung aufzuzeigen.

Mittels Internetrecherche und Analyse von Trainingscurrricula werden verschiedene Ausübungsformen identifiziert und nach Stilrichtungen im Sinne von Wetzler (2015) und Institutionalisierung (organisierter Verband im DOSB, kommerzieller Anbieter oder staatliche Institution) differenziert. Sofern Angaben zu inhaltlichen und didaktischen Ausgestaltung vorliegen, werden diese in Bezug auf mögliche Unterschiede analysiert.

Erste Ergebnisse zeigen eine starke Schwerpunktsetzung der identifizierten Ausübungformen auf technisch-taktische Konzepte („Was"). Die methodische Ausgestaltung der motorischen und kognitiven Fertigkeitsentwicklung („Wie") erscheint hierbei zweitrangig.

Im Rahmen eines Training von Handlungskompetenz im Bereich der Selbstverteidigung, welche motorische und perzeptuel-kognitive Elemente beeinhaltet (Staller, 2015), kommt der methodischen Ausgestaltung des Trainings eine tragende Rolle zu (Abraham & Collins, 2011). Perspektiven künftiger Forschung bestehen in einer Fokussierung auf die methodische Ausgestaltung des Selbstverteidigungstrainings im Vergleich zu einer Orientierung an den konkreten technischen und taktischen Konzepten der entsprechenden Ausübungsform.

Literatur

Abraham, A., & Collins, D. (2011). Effective skill development: how should athletes' skills be developed? In D. Collins, A. Button, & H. Richards, *Performance Psychology: A Practitioner's Guide* (S. 207-229). Chuchill Livingstone: Elsevier.

Channon, A., & Jennings, G. (2014). Exploring embodiment through martial arts and combat sports: a review of empirical research. *Sport in Society, 17*(6), 773-789.

Staller, M. S. (2015). Entscheiden und Handeln: Didaktische Überlegungen im polizeilichen Einsatztraining anhand eines Reglermodells für motorische und kognitive Anforderungen. *Polizei & Wissenschaft*, (2), 24-36.

Wetzler, S. (2015, Juni). *Comparative martial arts studies as a cultural-historical discipline: Possible objects, necessary sources, applicable methods.* Vortrag auf der Martial Arts Studies Conference in Cardiff, Wales.

AK 62: Postersession

‚Ringen und Raufen' geschlechtersensibel angeleitet – Fragebogenerhebung im mixed-method Design zum Outcome

MONE WELSCHE & SINA FLAMM
Katholische Hochschule Freiburg

Einleitung

Ringen, Rangeln und Raufen (RRR) stellt für Beudels und Anders ein Bewegungs- und Handlungsfeld dar, welches auf kindlich-archaische Bewegungswünsche und Bedürfnisse aufbaut. Funke-Wieneke betont die Bedeutung „spielerische(r) Rangelei" (2004, S. 92) für die Entwicklung von Jungen und Mädchen. Bislang existieren keine Konzepte für eine geschlechtersensible Didaktik von RRR Angeboten. Studien konnte allerdings zeigen, dass Phänomene eines Doing Gender wie auch weitere geschlechtsbezogene Aspekte im RRR sichtbar sind (Hartnack, 2013; Welsche, 2013).

Methode

Mit der Untersuchung wurde folgender Frage nachgegangen: Wie erleben Kinder ein geschlechtssensibel angeleitetes RRR Projekt? Es wurde ein Fragebogen im mixed-method Design entwickelt. Die Befragung fand zum Ende des Projektes mit allen TeilnehmerInnen der dritten Klassen (n = 49), Alter 8-10 Jahre, statt. Fragen zum Sinnverstehen von RRR wie zum individuellen Erleben der unterschiedlichen Inhalte bildeten den Fokus. Die Geschlechterkategorie wurde lediglich durch die Namensnennung aufgegriffen. Die Auswertung der geschlossenen Fragen erfolgte quantitativ-deskriptiv, die offenen Fragen wurden qualitativ ausgewertet. Das Projekt umfasste 18 Einheiten á 120 Minuten, fand wöchentlich statt und wurde von zwei Frauen geleitet.

Ergebnisse

Eine erste Sichtung der Ergebnisse zeigt, dass sich geschlechtertypische Muster kaum abbilden. Die differenzierte Auswertung wird zur Tagung vorliegen.

Diskussion

Interessante Diskussionspunkte werden in der Frage liegen, wie diese von den bisherigen Studienergebnissen abweichenden Ergebnisse zustande gekommen sein können. Mögliche Einflussfaktoren liegen im Geschlecht der Anleiterinnen, der Art der Anleitung wie auch der Gestaltung des Fragebogens.

Literatur

Funke-Wieneke, J. (2004). Handlung, Funktion, Dialog, Symbol. Menschliche Bewegung aus entwicklungspsychologischer Sicht. In G. Klein (Hrsg.), *Bewegung. Sozial- und kulturwissenschaftliche Konzepte* (S. 79-106). Bielefeld: transcript Verlag.
Hartnack, F. (2013). Geschlechterkampf = Geschlechterkonstruktion? Feeling-Gender in der Zweikampfsituation im Sportunterricht. In S. Liebl, S. & P. Kuhn (Hrsg.*), Menschen im Zweikampf – Kampfkunst und Kampfsport in Forschung und Lehre 2013* (S. 185-193). Hamburg: Feldhausverlag.
Welsche, M. (2013). Wie erleben Mädchen und Jungen „Ringen und Raufen?" Eine qualitative Erhebung mittels geschlechtsspezifischer Gruppendiskussion. In S. Liebl & P. Kuhn, P. (Hrsg.), *Menschen im Zweikampf – Kampfkunst und Kampfsport in Forschung und Lehre 2013* (S. 194-201). Hamburg: Feldhausverlag.

Review zu empirischen Studien über Wirkungen von Kampfsport auf die Persönlichkeitsentwicklung von Kindern und Jugendlichen

SEBASTIAN LIEBL[1], SIGRID HAPP[2] & OLAF ZAJONC[3]

[1]Friedrich-Alexander-Universität Erlangen-Nürnberg, [2]Universität Hamburg, [2]Leibniz Universität Hannover

Einleitung

„Wie man sich ohne Waffen verteidigt, lernen Kinder bei asiatischen Kampfsportarten. Nebenbei trainieren sie Selbstvertrauen und Sozialverhalten" (Focus-Schule, 2009). Solche und ähnliche Wirkungen auf die Persönlichkeit von Kindern und Jugendlichen werden dem Kampfsport gerne zugeschrieben. Inhaltlich begründet wird dies meist mit Hinweisen auf spezifische – v. a. ethisch-moralische – Werte und Prinzipen, die insbesondere in asiatischen Kampfsportarten zu finden sind. Seit der sogenannten Brettschneider-Studie (2002) wissen wir jedoch, dass Wirkungen von Sport auf die Persönlichkeitsentwicklung von Kindern und Jugendlichen oftmals überschätzt werden. Effekte sportlichen Engagements sind im Längsschnitt kaum zu finden (Gerlach & Brettschneider, 2013). Bildet der Kampfsport auf Grund seiner erwähnten Besonderheiten hier eine positive Ausnahme?

Methode

Diese Frage wird in Form einer Review-Arbeit zu empirischen Studien (n = mindestens 14) über Wirkungen von Kampfsport auf die Persönlichkeitsentwicklung von Kindern und Jugendlichen beantwortet. Die Ergebnisse der ausgewählten Studien werden kritisch bewertet, zusammengefasst und u. a. den Ergebnissen entsprechender Überblicksarbeiten des ersten und zweiten Deutschen Kinder- und Jugendsportberichts (Schmidt, Hartmann-Tews & Brettschneider, 2003; Schmidt, 2008) gegenüber gestellt.

Ergebnisse

Hierbei wird deutlich, dass hinsichtlich der nachweisbaren Wirkungen auf die Persönlichkeitsentwicklung von Kindern und Jugendlichen keine wesentlichen Unterschiede zwischen Kampfsport und Nicht-Kampfsport bestehen.

Diskussion

Insbesondere qualitative Studien weisen jedoch auf spezifische pädagogische Potenziale von Kampfsport hin, die u. a. mit den eingangs genannten Werten und Prinzipien in Zusammenhang gebracht werden können (z. B. Liebl, 2013). Anhand von Ergebnissen der Kinder- und Jugendsportforschung lassen sich aber auch pädagogische Risiken von Kampfsport identifizieren.

Literatur

Brettschneider, W.-D. & Kleine, T. (2002). *Jugendarbeit in Sportvereinen: Anspruch und Wirklichkeit.* Schorndorf: Hofmann.
Focus-Schule (2009). *Mut wächst aus der leeren Hand.* Zugriff am 16.03.2015 unter http://www.focus.de
Gerlach, E. & Brettschneider, W.-D. (2013). *Aufwachsen mit Sport. Befunde einer 10-jährigen Längsschnittstudie zwischen Kindheit und Adoleszenz.* Aachen: Meyer & Meyer.
Liebl, S. (2013). *Macht Judo Kinder stark?* Aachen: Meyer & Meyer.
Schmidt, W., et al. (2003). *Erster Deutscher Kinder- und Jugendsportbericht.* Schorndorf: Hofmann.
Schmidt, W. (2008). *Zweiter Deutscher Kinder- und Jugendsportbericht.* Schorndorf: Hofmann.

‚Ringen und Raufen' für Jugendliche mit einer geistigen Behinderung, Auswirkungen auf die Ich- und Sozialkompetenz

MONE WELSCHE & LEONIE SCHÄFFLER

Katholische Hochschule Freiburg

Einleitung

Ringen, Rangeln und Raufen (RRR) ist ein Bewegungsfeld, in welchem Bewegungsbedürfnisse, die im Kindes- und Jugendalter im Zusammenhang mit den relevanten Entwicklungsaufgaben stehen, aufgegriffen werden können. Die Zielsetzung für den Einsatz von Angeboten zum RRR liegt vielfach in der Stärkung der Ich- und Sozialkompetenz. Menschen mit leichter geistiger Behinderung zeigen häufig Störungen im Sozialverhalten (Fiedler, 2007). RRR im Sinne des Konzeptes von Beudels und Anders (2008) wird vereinzelt in der pädagogischen Arbeit mit Menschen mit einer geistigen Behinderung eingesetzt. Zu den etwaigen Effekten existieren bislang dazu keine Untersuchungen.

Methode

Die Untersuchung geht folgender Fragestellung nach: Zeigen sich Entwicklungen der Ich- und Sozialkompetenz bei Jugendlichen (n = 8) zwischen 12-16 Jahren mit einer geistigen Behinderung im Rahmen eines 3-monatigen RRR-Projektes? Mittels einer modifizieren Fassung der Leuvener Beobachtungsskala (LOVIPT) (Simons, Van Coppenolle, Pierloot, & Wauters, 1989; Welsche & Romer, 2005) wurde die Ich- und Sozialkompetenz der Jugendlichen für jede Einheit (12 Termine) dokumentiert, um ein Entwicklungsprofil abbilden zu können. Zusätzlich wurden Experteninterviews über die Entwicklung der Teilnehmer mit den das Angebot begleitenden Lehrern durchgeführt und ausgewertet.

Ergebnisse

Bei drei von acht Schülern zeigen die Ergebnisse des LOVIPT eine positive Veränderung in allen Kategorien, bei drei weiteren Schülern eine positive Veränderung in einzelnen Kategorien. Zwei Schüler zeigten über den gesamten Projektverlauf eine angemessene Ich- und Sozialkompetenz.

Diskussion

Die Ergebnisse weisen darauf hin, dass RRR auch für Jugendliche mit einer geistigen Behinderung als Ansatz zur Förderung der Ich- und Sozialkompetenz eingesetzt werden kann, wobei die Art der Beeinträchtigung eine prägnante Rolle zu spielen scheint.

Literatur

Beudels, W. & Anders, W. (2008). *Wo rohe Kräfte sinnvoll walten: Handbuch zum Ringen, Rangeln und Raufen in Pädagogik und Therapie*. Dortmund: Borgmann.
Fiedler, D. (2007). *Soziale Kompetenz bei Menschen mit geistiger Behinderung*. Bad Heilbrunn: Julius Klinkhardt.
Simons, J.,Van Coppenolle, H., Pierloot, R. & Wauters, M. (1989). Zielgerichtete Beobachtung des Bewegungsverhaltens in der Psychiatrie. *Motorik, 12*, 66-71.
Welsche, M. & Romer, G. (2005). Qualitative Bewegungsbeobachtung in der erlebnis-und bewegungspädagogischen Gruppenarbeit mit Jugendlichen im psychiatrisch klinischen Setting. *Bewegungstherapie und Gesundheitssport, 21*, 206-214.

Koedukation im Kampfsportunterricht

ANDRÉ HERZ

Immanuel-Kant-Schule Leipzig & Friedrich-Schiller-Universität Jena

Einleitung

Koedukation und Kampfsport – geht das überhaupt? Der geschlechtssensible Unterricht stellt nach Kugelmann (2002) eine große Herausforderung für jede Lehrkraft dar. Diketmüller (2009) beobachtet, dass die Koedukation seit den 80er Jahren häufig erfolglos betrieben wird. Mädchen und Jungen nehmen gemeinsam am Sportunterricht teil, erfahren jedoch zu wenig Ansporn, um sich mit geschlechtsbedingten Konflikten auseinanderzusetzen. Unzweckmäßig durchgeführte Koedukation wirkt dem eigentlichen Anspruch des Unterrichtsprinzips entgegen. Wie sollte ein koedukativer Kampfsportunterricht methodisch gestaltet sein, um den Ansprüchen beider Geschlechter gerecht zu werden?

Methode

In Praxiseinheiten an Berliner und Leipziger Schulen wurde ein methodisches Modell zur Koedukation im Kampfsportunterricht in der Praxis erprobt und evaluiert. Dazu wurden als Untersuchungsmethoden strukturierte Unterrichtsbeobachtungen, Reflexionsgespräche mit den Schülern und ein Fragebogen eingesetzt.

Ergebnisse

Bedeutsam für erfolgreichen koedukativen Kampfsportunterricht sind ein selbst erarbeitetes Regelwerk der Schüler, das Prinzip der Freiwilligkeit, die Reflexion des Unterrichtsgeschehens sowie das Verhalten und methodische Vorgehen der Lehrkraft.

Diskussion

In der Debatte über die methodische Gestaltung des koedukativen Sportunterrichts nahmen zwei differente Modelle eine zentrale Stellung ein – das Modell der Mädchenparteilichkeit und das der reflexiven Jungenarbeit (Diketmüller, 2009). Gegenwärtig hat sich das Prinzip der reflexiven Koedukation als methodisches Modell für den gemeinsamen Sportunterricht von Jungen und Mädchen durchgesetzt (Voss, 2002). Für das Modell des koedukativen Kampfsportunterrichts wurde sich daran orientiert und aus den Ergebnissen fünf Schwerpunkte erfolgreichen Handelns abgeleitet: Methodik, Rolle der Lehrkraft, Grundprinzipien, Regeln/Rituale und Reflexion. Im Zentrum erfolgreicher Koedukation steht nach wie vor die Lehrkraft zum Ausgleich der unterschiedlichen Interessen der Geschlechter.

Literatur

Kugelmann, C. Zipprich, C. (2002). *Mädchen und Jungen im Sportunterricht – Beiträge zum geschlechtssensiblen Unterrichten.* Hamburg. Czwalina
Diketmüller, R. (2009). Geschlecht als didaktische Kenngröße – Geschlechtssensibel unterrichten im mono- und koedukativen Schulsport. In H. Lange & S. Sinning (Hrsg.), *Handbuch Sportdidaktik* (S. 245-259). Balingen: Spitta.
Voss, A. (2002). Koedukativer Sportunterricht pro und kontra. Empirische Befunde zur Sicht von Lehrerinnen und Lehrern. In C. Kugelmann & C. Zipprich, C. (Hrsg.), *Mädchen und Jungen im Sportunterricht. Beiträge zum geschlechtssensiblen Unterrichten* (S. 62-72) (dvs Band 125). Hamburg: Czwalina.

AK 63: Motive und Training

Faszination Kampfsport? Bedeutung des Engagements im Judo aus Sicht der Akteure

SIGRID HAPP[1] & SEBASTIAN LIEBL[2]

[1]Universität Hamburg, [2]Friedrich-Alexander-Universität Erlangen-Nürnberg

Einleitung

Die dvs-Kommission Kampfkunst & Kampfsport fragt neben Untersuchungen zur Vielfalt und Ausdifferenzierung von Kampfdisziplinen nach den Gemeinsamkeiten und Zuordnungen. Hier rücken z. B. philosophische, bewegungswissenschaftliche oder soziologische Perspektiven in den Fokus. In diesem Kontext ist das kampfsportübergreifende Forschungsvorhaben „Faszination Kampfsport" entstanden, das auf Grundlage der direkten Befragung klären will, welche Perspektiven für die Akteure handlungsleitend sind.

Fragestellung

Nach der Befragung von Karateka (Kuhn & Macht, 2014) wurde nun eine Studie zur „Faszination Judo" durchgeführt. Analog zu Kuhn und Macht wurde den Judoka durch eine offene Frage nach den faszinierenden Aspekten des Judo die Möglichkeit zum freien Antworten eröffnet. Die Fragestellungen des Beitrags lauten a) Was fasziniert Judoka an ihrer Tätigkeit? und b) Welche kampfsportübergreifenden Faszinationsaspekte deuten sich an, wenn man die Ergebnisse der Karate-Befragung einbezieht?

Methode

Zur Beantwortung der Fragestellung (a) wurde erwachsenen und jugendlichen Judoka von Juni bis August 2014 in einer Online-Befragung der offene Item „Am Judo fasziniert mich…" bzw. bei Judoka unter 13 Jahren „Am Judo finde ich toll…" gestellt. Die Befragung wurde über die sozialen Medien des Deutschen Judobundes (Homepage, Portal, Facebook) verbreitet und hat insgesamt 1.750 erwachsene und 297 jugendliche Judoka erreicht. Das o. g. Item wurde von 1.071 (61,2%) erwachsenen und 129 (43,4%) jugendlichen Judoka beantwortet. Die Auswertung der qualitativen Befragung erfolgt entsprechend Mayring's induktiver Kategorienbildung (Mayring, 2010), die Ergebnisse werden unter Hinzuziehung weiterer Quellen interpretiert.

Ergebnisse und Diskussion

Am Symposium werden erste Ergebnisse zu beiden Fragestellungen präsentiert. Sofern sich spezifische Unterschiede im Judo und Karate zeigen, können die Ergebnisse zur Klärung der Bedeutung unterschiedlicher Kampfdisziplinen aus Sicht der Akteure beitragen.

Literatur

Kuhn, P. & Macht S. (2014). Faszination Kampfsport – Erste Ergebnisse einer qualitativen Studie am Beispiel Karate. In S. Liebl & P. Kuhn (Hrsg.), *Tagungsband zum 3. Symposium der dvs-Kommission Kampfkunst und Kampfsport vom 7.-9.11.2013 in Erlangen.* Hamburg: Feldhaus.
Mayring, P. (2010). Qualitative Inhaltsanalyse. Grundlagen und Techniken. Weinheim: Beltz.

Bedeutung von Angriffshandlungen und Motorischen Basiskompetenzen in den Mixed Martial Arts (MMA)

JAN WELZ & DIETMAR POLLMANN
Universität Bielefeld

Einleitung

Für einzelne Kampfsportarten sind Anforderungsprofile erstellt und Hinweise zur Trainingsgestaltung abgeleitet (z. B. Lippmann, 2009). Demgegenüber liegt für die MMA bisher keine wissenschaftlich begründete Anforderungsstruktur vor. Im Rahmen der vorliegenden Studie wird auf Basis einer bewegungswissenschaftlichen Betrachtung und unter Einbezug von Kampfdaten aus 1500 MMA-Kämpfen ein hierarchisches Strukturmodell der Angriffshandlungen in den drei Aktionsräumen Stand, Clinch und Boden entwickelt. Basierend auf einem etablierten Systematisierungsansatz (Roth & Kröger, 2011), wird ein Bausteinmodell 20 motorischer Basiskompetenzen für die Bereiche Taktik, Koordination und Technik abgeleitet. Im zweiten Schritt prüft eine Trainerbefragung die Validität der Annahmen.

Methode

Mittels Online-Fragebogen (78 Items, Likertskalierung) erfolgt bei 30 MMA-Trainern ein aktionsraumbezogenes Rating für Angriffshandlungen und motorische Basiskompetenzen. Die Typikalität (AV) von 6 Angriffshandlungen (Faustschlag, Ellbogenstoß, Fußtritt, Kniestoß, Takedown & Wurf, Aufgabegriff) sowie die Bedeutung der mot. Basisqualifikationen (AV) für die verschiedenen Aktionsräume (UV) wurde über Cue-Validitäten (CV) operationalisiert und abgeschätzt (Roth & Haverkamp, 2006). Für die Faktoren Aktionsraum bzw. Angriffstechnik erfolgt eine varianzanalytische Unterschiedsprüfung der Trainerurteile.

Ergebnisse

Die ermittelten CV ergeben für jeden Aktionsraum typische Angriffsaktionen (z. B. für Standkampf: Faustschlag, Fußtritt und Takedown & Wurf). Varianzanalytisch zeigt sich für alle Angriffshandlungen deren unterschiedliche Typikalität in den Aktionsräumen (F (2,56) > 31,1; p = .00; $\eta^2 \geq .42$). Den drei Arten von motorischen Basisqualifikationen (Taktik, Koordination; Technik) kommen in den verschiedenen Aktionsräume unterschiedliche Gewichtungen zu (z. B. AV Taktik; Faktor Aktionsraum: $F_{[2,58]} = 3.5$; p = .03; $\eta^2 = .10$) .

Diskussion

Die Ergebnisse stützen das entwickelte Modell der Anforderungsstruktur der MMA und legen eine stärkerer Ausdifferenzierung und Abgrenzung dieser Sportart von anderen Kampfsportarten nahe. Es können bestehende Trainingskonzepte anforderungsorientiert modifiziert werden und spezifische Trainingsinhalte für Aktionsräume erstellt werden.

Literatur

Lippmann, R. (2009). *Judo. Trainer-C-Ausbildung*. DJB e. V. (Hrsg.). Aachen: Meyer und Meyer.
Haverkamp, N. & Roth, K. (2006). *Untersuchungen zur Familienähnlichkeit der Sportspiele*. Bielefeld/Heidelberg: Universität
Roth, K. & Kröger, C. (2011). *Ballschule – Ein ABC für Spieleanfänger*. Schorndorf: Hofmann-Verlag.
Welz, J. (2014). *Anforderungsstruktur in den Mixed Martial Arts. Empirische Analyse von Trainerurteilen zur Bedeutung von technisch, taktisch und koordinativen Anforderungen. Universität Bielefeld* (unveröff.).

AK 64: Pädagogik

Kampfstil-übergreifende handlungsleitende Prinzipien im pädagogisch intendierten Kämpfen

SIGRID HAPP

Universität Hamburg

Einleitung
Häufig bewegen sich Publikationen in dem Bereich des pädagogisch intendierten Kämpfens ganz allgemein auf dem Feld des ‚Ringen und Raufens', dem elementaren Kämpfen, oder beziehen sich auf eine bestimmte Kampfesart. Hiernach erscheint es so, als müssten verschiedene Kampfstile ganz unterschiedlich vermittelt werden. Allerdings beruhen prinzipiell alle Kampfdisziplinen auf derselben Grundsituation, einer Zweierkonstellation. Diese strukturelle Parallelität könnte Grundlage für ein Kampfstil-übergreifendes Konzept sein.

Fragestellung
Die Fragestellung soll in Hinblick auf den pädagogischen Kontext spezifiziert werden: Gibt es handlungsleitende Prinzipien, die eine psychosoziale Beziehungs- und Entwicklungsförderung durch die Vermittlung von Kämpfen unabhängig vom spezifischen Kampfstil wahrscheinlich werden lassen?

Methode
Zur Beantwortung dieser Fragestellung werden grundlegende (bewegungs)pädagogische Bezugspunkte herausgearbeitet sowie Ansätze für eine psychosoziale Entwicklungsförderung herangezogen und in Bezug zu den formalstrukturellen Kategorien des Kämpfens gesetzt.

Ergebnisse
Hieraus lassen sich zum einen Prinzipien für einen pädagogisch intendierten Unterricht in unterschiedlichen Kampfesarten ableiten und zum zweiten zentrale, übergreifende Inhaltsbereiche abstecken. Am Symposium wird der Ansatz eines Konzepts präsentiert.

Diskussion
Bietet ein an strukturellen Kategorien orientiertes Konzept sinnvolle Impulse für den Anfänger-Unterricht? Lässt sich auf dieser Grundlage ein Leitfaden für den Kämpfen-Unterricht entwickeln, der wenig erfahrene (Sport-)Lehrkräfte unterstützen kann?

Vertiefende Literatur
Binhack, A. (1998). *Über das Kämpfen. Zum Phänomen des Kampfes in Sport und Gesellschaft.* Frankfurt, New York: Campus.
Funke, J. (1988). Ringen und Raufen. *sportpädagogik 12* (4), 13-21.
Happ, S. (2009). Kämpfen. In R. Laging, *Inhalte und Themen des Bewegungs- und Sportunterrichts,* S. 243-277. Baltmannsweiler: Schneider Hohengehren.
Happ, S. (2010). Kämpfen – eine Beziehungslehre. In R. Laging, *Bewegung vermitteln, erfahren und lernen. Festschrift anlässlich der Emeritierung von Jürgen Funke-Wieneke* (S. 145-157). Baltmannsweiler: Schneider Hohengehren.

Kämpfen in den gymnasialen Lehrplänen der Bundesländer

FABIENNE ENNIGKEIT

Johann Wolfgang Goethe-Universität Frankfurt/M.

Einleitung

Während Clemens, Metzmann und Simon 1989 noch feststellten, dass „die Aufnahme von Kampfsportarten in das schulische Sportangebot ... vielerorts auf Schwierigkeiten [stößt]" (S. 13), ist das Themenfeld mittlerweile in den zumeist kompetenzorientierten Lehrplänen weitgehend normativ verankert. Die Kulturhoheit der Bundesländer führt dabei allerdings zu regional sehr unterschiedlichen Ausrichtungen. Im vorliegenden Beitrag sollen daher Gemeinsamkeiten und Unterschiede in den normativen Vorgaben für das Themenfeld Kämpfen am Beispiel der Lehrpläne für das Gymnasium analysiert werden.

Methode

Analysiert wurden die aktuell gültigen fachspezifischen Lehrpläne Sport für die gymnasiale Sekundarstufe I und II der 16 deutschen Bundesländer (Stand: April 2015). Dabei standen u. a. die folgenden Leitfragen im Mittelpunkt: 1) Wird Kämpfen als eigenes Themenfeld bzw. als eigener Inhaltsbereich aufgeführt (und falls ja, unter welchem Namen)? 2) Sind die Inhalte des Themenfeldes verpflichtend oder fakultativ? 3) Wird Bezug auf normierte Formen des Kämpfens (z. B. Judo, Ringen) genommen? 4) Wie detailliert werden Inhalte festgelegt? 5) Werden (kompetenzorientierte) Lernziele formuliert?

Ergebnisse

Das Themenfeld Kämpfen wird unter sehr unterschiedlichen Bezeichnungen (z. B. „Mit/gegen Partner kämpfen", „Kämpfen und Verteidigen", „Zweikampfsport") in den Lehrplänen von 15 Bundesländern explizit benannt; verbindlich (für Sekundarstufe I) sind zumindest grundlegende Inhalte des Themenfelds in etwa der Hälfte der Bundesländer. Bezug genommen wird am häufigsten auf die Kampfsportarten Judo und Ringen (13 bzw. 11 Nennungen), es folgen Fechten (5), Taekwondo, Karate und Ju-jutsu (je 3). Die Lehrpläne unterscheiden sich teils erheblich hinsichtlich der Festlegung bzw. beispielhaften Beschreibung von Inhalten sowie der Formulierung von Lernzielen.

Diskussion

Die vergleichende Bestandsaufnahme macht deutlich, dass Kinder und Jugendliche in verschiedenen Bundesländern im Laufe ihrer gymnasialen Schulkarriere (zumindest normativ) in sehr unterschiedlichem Ausmaß mit Aspekten des Kämpfens in Berührung kommen. Empirisch zu untersuchen wäre, wie die Umsetzung der Lehrpläne bezüglich des Kämpfens in den einzelnen Bundesländern durch die Sportlehrer/innen tatsächlich gehandhabt wird. Damit einher geht eine Analyse der – selbst innerhalb eines Bundeslandes – sehr uneinheitlichen Verankerung des Themenfelds in der universitären Lehrerausbildung für das Fach Sport. Darüber hinaus sollten ähnliche Bestandsaufnahmen für die weiteren Schulformen (insbesondere die Grundschule) durchgeführt werden.

Literatur

Clemens, E., Metzmann, O. & Simon, K. H. (1989). *Judo als Schulsport*. Schorndorf: Hofmann.

Kampfsysteme in inklusiven Settings

ARWED MARQUARDT

Leuphana Universität Lüneburg

Einleitung und Fragestellung

Vor dem Hintergrund der 2008 ratifizierten UN-Behindertenrechtskonvention (2008) wird in diesem Beitrag der Frage nachgegangen, wie Kampfsysteme in Sportvereinen und inklusiven schulischen Kontexten angeboten werden. Der Deutsche Behindertensportverband hat jüngst einen „Index für Inklusion im Sport" herausgegeben mit dem Ziel, Vereine und Verbände auf deren Aufgabe vorzubereiten, die Vorgaben der Behindertenrechtskonvention umzusetzen (vgl. DBS, 2014). Radtke (2011) betont, dass im Schulsport die strukturell günstigsten Voraussetzungen für inklusive Bestrebungen auszumachen seien und dadurch eine Pädagogik der Vielfalt hier am einfachsten umzusetzen sei. Die Forschungslage zu diesem Themenbereich hingegen ist unzureichend (vgl. Schmidt, 2003, S. 347).

Methode und Diskussion

Um diese Lücke zu schließen, wurde an der Leuphana Universität Lüneburg eine explorative Studie begonnen, die in Kooperation mit dem Deutschen Behindertensportverband ausgeweitet werden soll. Hierbei handelt es sich um eine fokussierte ethnographische Untersuchung (vgl. Knobloch, 2001), bei der verschiedene Forschungsstile miteinander kombiniert und dadurch trianguliert werden (teilnehmende Beobachtungen, Interviews, Foto- und Videoaufnahmen). In dem Beitrag werden erste Ergebnisse vorgestellt und methodische Forschungsaspekte diskutiert.

Literatur

Baumann, C. (1999). Judo für alle. Sportwissenschaftliche Begleitung eines Jugendprojektes mit mehrfachbehinderten Menschen. In *Motorik, 4* (22), 187-192.
Deutscher Behindertensportverband (2014): Index für Inklusion in und durch Sport. Zugriff am 08.05.2015 unter http://www.dbs-npc.de/tl_files/dateien/sportentwicklung/ inklusion/Index%20fuer%20Inklusion/2014_DBS_Index_fuer_Inklusion_im_und_durch_ Sport.pdf
Knobloch, H. (2001). Fokussierte Ethnographie. In *sozialer Sinn, 1/2001*, 123-141.
Radtke, S. (2011). Inklusion von Menschen mit Behinderungen im Sport. Zugriff am 07.05.2014 unter http://www.bpb.de/apuz/33347/inklusion-von-menschen-mit-behinderung-im-sport?p=all
Schmidt, I. (2003). In W. Schmidt, I. Hartmann-Tews & W.-D. Brettschneider (Hrsg.), *Erster Deutscher Kinder- und Jugendsportbericht* (S. 339-359). Schorndorf: Hofmann.
UN-Behindertenrechtskonvention über die Rechte von Menschen mit Behinderungen (2008). In *Bundesgesetzblatt. 2008 Teil II Nr. 35.*

AK 65: Workshop

How to compare combative movements? Necessary prerequisites and methodological problems of the comparative analysis of martial arts techniques (Workshop)

SIXT WETZLER

Eberhard Karls Universität Tübingen

Einleitung

Bedeutendster Gegenstand der „Kampfkunstwissenschaft" sind *Bewegungen/Techniken* der verschiedenen Systeme; dieser bringt jedoch massive methodologische Probleme mit sich. In Bezug auf Burkart (2014, S. 259-260) können diese vor allem in der Verfassung der Kampfkunst als „personengebundenes" und „nur bedingt intersubjektiv kommunizierbares", „implizites Wissen" identifiziert werden. Das „subkutane Verständnis" der Kampfkunst gilt nicht nur für die Vermittlung eines Systems von LehrerIn zu SchülerIn, sondern in noch größerem Maße für eine wissenschaftliche Betrachtung, die von außen auf das Phänomen Körperlichkeit/Bewegung zugreifen soll.

Diese offensichtliche Schwierigkeit entbindet aber nicht von der Forschung auf diesem Gebiet. Im Gegenteil gemahnt sie, belastbare methodologische Zugänge zum „impliziten Wissen" zu entwickeln, das in den Bewegungen bzw. Techniken verschiedener System codiert ist.

Methode

Im Workshop soll dazu ein möglicher Zugang vorgestellt und dynamisch, d. h. in der begleitenden Diskussion mit den TeilnehmerInnen, auf die Probe gestellt werden. Drei vorläufige *komparative Niveaus* werden vorgeschlagen: I) Deckungsgleichheit; II) Analogie; III) mögliche Parallele.

Konkret wird ein Bewegungsmuster vermittelt, das sich deckungsgleich und mit identischem theoretischem Framework in den Systemen *Pekiti Tirsia Kali* und *Silat Suffian Bela Diri* findet. In einem zweiten Schritt wird das vorgestellte Muster mit einer Technik aus dem deutschen Fechtbuch MS I.33 von ca. 1300 verglichen werden, dessen detaillierte Darstellung auf weitgehende Analogie hindeutet. Zuletzt sollen mögliche Parallelen aus dem *Shotokan* und *Enshin Karate* besprochen werden. Möglicher Erkenntnisgewinn solchen Vergleichs könnte sein, die „Epochenspezifik" der einzelnen Bewegungsmuster/Techniken herauszupräparieren, sich also mit den Worten Welles (1993, S. 22) „auf die Suche nach der (gesellschaftlichen) Motivierung, die der technischen Fertigkeit zugrunde liegt" zu machen.

Literatur

Burkart, E. (2014). Die Aufzeichnung des Nicht-Sagbaren. Annäherung an die kommunikative Funktion der Bilder in den Fechtbüchern des Hans Talhofer. In U. Israel & C. Jaser (Hrsg.), *Zweikämpfer. Fechtmeister – Kämpen – Samurai*. (Das Mittelalter 19/2) (S. 253-301). Berlin: Akademie-Verlag.

Welle, R. (1993). *„...und wisse das alle höbischeit kompt von deme ringen". Der Ringkampf als adelige Kunst im 15. und 16. Jahrhundert*. Pfaffenweiler: Centaurus.

Arbeitskreise Kommission Geschlechterforschung

AK 66: Intersektionale Analysen in Handlungsfeldern des Sports

Unpacking Gender/Sexuality/Race/Disability/Social Class to Understand the Embodied Experiences of Young People in Physical Education

LAURA AZZARITO

Columbia University, New York

Current scholars involved in the study of critical issues in physical education (PE) have acknowledged how gender must not be viewed in isolation from the many other sociocultural and economic dimensions of life that impact young people's embodied identities (Carrington & Wood, 1995; Fleming, 1994; Flintoff, Fitzgerald, & Scraton, 2008). Using intersectionality as a theoretical framework, young people's ways of performing, constructing, and expressing masculinities and femininities are viewed as plural and fluid, informed by race and social-class relations, as produced by and negotiated in specific sport contexts. Besides gender/sex, other axes of identity, such as race/ethnicity, disability, and social class, also contribute to a sense of identity and construction of the physical body. From a critical perspective, embodiment refers to the process through which, consciously and/or unconsciously, young people form their identity through their negotiation of the intersectionality of gender/sex, race/ethnicity, social class, and (dis)ability (Azzarito, 2010).

Over the past decade, researchers have begun to pay more attention to debates around the ways in which not only gender but also race/ethnicity, social class, and gender/sex are problematic at the curriculum and pedagogy level in PE, impacting the embodied identities of ethnically diverse young people and their (dis)engagement in physical activities (Azzarito & Solmon, 2005, 2006; Harrison, Azzarito, & Burden, 2004; Oliver, 2001; Oliver & Lalik, 2004). Considering this line of inquiry, this paper first suggests that to move beyond Whiteness, there is a critical need to further research on issues of embodiment, pedagogy, and inequalities, re-centering and revealing the perspectives and body experiences of ethnically diverse girls and boys. Next, it examines how the intersectionality of gender/sex, race/ethnicity, and social class impacts the embodied identities of ethnically diverse young people, considering PE as a site of critical inquiry. Last, it advocates for constructing PE as a socio-cultural, critical, and transformative pedagogical site for supporting ethnically diverse young people's issues of embodiment and for advancing social change.

References

Azzarito, L. (2010). Performing identities in physical education: (En)gendering fluid selves. *Research Quarterly for Exercise and Sport, 81*, 25-37.

Azzarito, L. & Solmon, M. (2005). A reconceptualization of physical education: The intersection of gender/race/social class. *Sport, Education and Society, 10*, 25-47.

Azzarito, L. & Solmon, M. A. (2006). A poststructural analysis of high school students' gender and racialized bodily meanings. *Journal of Teaching in Physical Education, 25*, 75-98.

Carrington, B. & Wood, E. (1995). Body talk: images of sport in a multi-racial school. In C. Critcher, P. Bramham, & A. Tomlinson (Eds.), *Sociology of Leisure: A reader* (pp. 143-151). London: E & FN Spon.

Fleming, S. (1994). Sport and South Asian youth: the perils of 'false universalism' and stereotyping. *Leisure Studies, 13*, 159-177.
Flintoff, A., Fitzgerald, H. & Scraton, S. (2008). The challenges of intersectionality: researching difference in physical education. *International Studies in Sociology of Education, 18*, 73-85.
Harrison, L. Azzarito, L., & Burden, J. (2004). Perceptions of athletic superiority: a view from the other side. *Race Ethnicity and Education, 7*, 149-165.
Oliver, K. (2001). Images of the body from popular culture: Engaging adolescent girls in critical inquiry. *Sport, Education and Society, 6*, 143-164.
Oliver, K. L. & Lalik, R. (2004) "The beauty walk": Interrogating Whiteness as the norm for beauty within one school's hidden curriculum. In J. Evans, B. Davies & J. Wright (Eds), *Body knowledge and control. Studies in the sociology of physical education and health.* New York: Routledge.

Intersektional forschen – Diskussion relevanter Kategorien für Sportpartizipation und Sportengagement

JOHANNES VOLLMER & PETRA GIEß-STÜBER

Albert-Ludwigs-Universität Freiburg

Soziale Ungleichheit ist ein Phänomen, das sich in vielen Bereichen unserer Gesellschaft widerspiegelt (u. a. OECD, 2011). Dies gilt auch für solche Bereiche denen häufig per se Anschlussoffenheit und Inklusivität unterstellt werden, wie beispielsweise dem des Sports. Obwohl der Zugang zum organisierten Sport nicht bzw. kaum durch formale Regelungen definiert wird, zeigen alle einschlägigen Studien, dass soziale Lage, Geschlecht und Migrationshintergrund die Sportpartizipation und das Sportengagement von Jugendlichen, vor allem im vereinsgebundenen Sport maßgeblich beeinflussen (Mess & Woll, 2012, Mutz & Burrmann, 2011). Wechselwirkungen zwischen Differenzkategorien bleiben bisher in allen Studien ungeklärt, intersektionale Analysen werden immer wieder eingefordert. Der vorzustellende Zugang zur Untersuchung der Bedeutung der Position im sozialen Raum für Sportpartizipation und Sportengagement diskutiert differenziert die Operationalisierung empirisch und theoretisch relevanter Ungleichheit generierender Kategorien. Der Intersektionale Ansatz dient dabei als Analyseparadigma, das es erlaubt die Differenzkategorien und die impliziten Wechselwirkungsverhältnisse zu fokussieren (u. a. Walgenbach, 2014). Berücksichtigt werden sowohl Struktur- als auch Prozessmerkmale. Die Herangehesiweise an den Forschungsgegenstand ist interkategorial ausgerichtet und ermöglicht die Analyse der Verhältnisse zwischen konstituierten sozialen Gruppen (McCall, 2005). Der Aufbau eines Erhebungsverfahrens wird zur Diskussion gestellt.

Literatur

McCall, L. (2005). The complexity of intersectionality. *Signs, 30* (3), 1771-1800.
Mess, F. & Woll, A. (2012). Soziale Ungleichheit im Kindes-und Jugendalter am Beispiel des Sportengagements in Deutschland. *Zeitschrift für Soziologie der Erziehung und Sozialisation, 32*, 358-378.
Mutz, M. & Burrmann, U. (2011). Sportliches Engagement jugendlicher Migranten in Schule und Verein: Eine Re-Analyse der PISA- und der Sprint-Studie. In S. Braun & T. Nobis (Hrsg.), *Migration, Integration und Sport* (S. 99-124). doi: 10.1007/978-3-531-92831-9_6
OECD (2011). *PISA 2009 Ergebnisse: Potenziale nutzen und Chancengerechtigkeit sichern – Sozialer Hintergrund und Schülerleistungen (Band II)*. DOI: 10.1787/9789264095359-de
Walgenbach, K. (2014). *Heterogenität – Intersektionalität – Diversity in der Erziehungswissenschaft*. Obladen/Toronto: Barbara Budrich.

Postkoloniale Denk- und Deutungsmuster im Feld des Sports

SANDRA GÜNTER

Norwegian University of Science and Technology, Trondheim, Norway

Einleitung

Macht- und Herrschaftsverhältnisse und die mit ihnen verbundenen sozialen Ungleichheiten wie Geschlecht, Sexualität/Heteronormativität, ‚Race'/Ethnizität, Ability/Disability zählen zu den postkolonialen Strukturen, die insbesondere den dominanten Leistungssport gegenwärtig prägen. Aus diesem Grunde wird in dem Beitrag der Leistungssport aus der Perspektive der Kolonialisierenden (colonizer) und der Kolonialisierten (colonized) analysiert (u. a. Spivak). Dabei geht es nicht um eine erneute Betrachtung der mehrfach beschriebenen ungleichen Machtbeziehungen im internationalen Leistungssport, sondern um eine dezidierte und exemplarische Analyse der intersektionalen Verschränkung der genannten Differenzkategorien. Denn diese Ungleichheitskategorien stehen in einer engen Korrelation zu zentralen Fragen der Gerechtigkeit, der Gleichheit und Natürlichkeit im Sport und dem mit ihm postulierten „Geist" (u. a. Franke, 2010; König, 1993; Pawlenka, 2010).

Theorie und Methode

Postkoloniale Gender-Theorien dienen als Perspektiven, die es uns ermöglichen, Strukturen des Feldes als postkoloniale Denk- und Deutungsmuster zu erkennen. Deutlich werden in den Analysen dualistische und hierarchisierende Feld-Logiken wie Körperhierarchien die durch intersektionale Verschränkung von Ethnie, Geschlecht, Sexualität und Natürlichkeit konstituiert werden. Durch die Analyse von Inter- und Spezialdiskursen (Jäger) zu *Human Enhancement* am Beispiel des südafrikanischen Athleten Oscar Pistorius, werden die genannten postkolonialen Denk- und Deutungsmuster intersektional reflektiert. Diese Diskursanalyse fokussiert die fundamentale postkoloniale Annahme, dass koloniale Machtverhältnisse, die die vergangen Jahrhunderte prägten, auch heute noch eine bedeutende Rolle spielen (Bhabha; Hall; Said; Spivak et all.), sich aber auch in intersektionaler Verschränkung verstärken oder entkräften können.

Diskussion und Ergebnisse

Aus dieser theoretischen und methodischen Perspektive heraus kann die postkoloniale Theorie für die intersektionale Analyse sozialer Ungleichheiten und ihrer Wechselwirkungen als bedeutsam für das komplexe und multidimensionale Feld des Sports aufgezeigt werden. Durch diesen Ansatz wird es möglich die Intersektionalität der Ungleichheitskategorien wie Geschlecht, Sexualität/Heteronormativität, ‚Race'/Ethnizität und Ability/Disability nicht nur aus soziologischer sondern auch historischer Perspektive im Feld des Sports zu verdeutlichen.

Die Literatur ist bei der Autorin zu erfragen.

AK 67: Geschlechterbezogene Differenzsetzungen in verschiedenen Handlungsfeldern des Sports

Differenzkonstruktionen von Kindern im Grundschulsport

JUDITH FROHN

Bergische Universität Wuppertal

Einleitung

Die Verschiedenheit der Schüler/innen ist aktuell ein zentrales Thema im erziehungswissenschaftlichen Diskurs, wobei vorrangig Fragen des „Umgangs mit Heterogenität" diskutiert werden (vgl. Budde, 2012). Hierbei werden vielfach Differenzkategorien als gegeben und im Individuum verankert angesehen, doch aus sozialkonstruktivistischer Perspektive entstehen diese erst in Unterscheidungsprozessen. In einer Längsschnittstudie zum Grundschulsport wird daher danach gefragt, welche Differenzen Grundschüler/innen im Sportunterricht – insbesondere in Spielsituationen – situationsbezogen rekonstruieren.

Methode

In einer städtischen Grundschule mit hohem Migrationsanteil wird eine Klasse, die sich inzwischen im vierten Schuljahr befindet, kontinuierlich seit dem zweiten Schuljahr begleitet. Im Anschluss an den beobachteten Sportunterricht werden situationsnah (vgl. Fuhs, 2012) stimulated recall Interviews mit den Schülerinnen und Schülern durchgeführt, transkribiert und inhaltsanalytisch ausgewertet. Insgesamt werden am Ende des laufenden Schuljahres ca. 90 Interviews vorliegen.

Ergebnisse

In der Auswertung zeigt sich, dass Differenzen innerhalb der Lerngruppe insbesondere entlang der Kategorien *Freundschaft*, *Leistung* und *Geschlecht* rekonstruiert werden, wobei sich im Längsschnitt Verschiebungen hinsichtlich ihrer Relevanz und gegenseitiger Verweise ergeben.

Diskussion

Die Besonderheiten des Kontextes Sport*unterricht* für die (Re-)Konstruktion von Differenzen zeigen sich in vielfacher Weise: So kommen motorische Leistungen zur *Aufführung*, werden als solche wahrgenommen und als Differenzkategorie herangezogen, erfahren aber in der sozialen Situation Unterricht eine ambivalente *Wertung* (vgl. Rabenstein et al., 2013). Darüber hinaus folgen Grundschulkinder vordergründig den Regeln und Erfordernissen der Sache, nutzen aber immanente Handlungsspielräume für Unterscheidungspraktiken, z. B. für freundschaftlich gefärbte soziale Ordnungen (vgl. de Boer, 2009).

Literatur

Boer, de H. (2009). Peersein und Schülersein – ein Prozess des Ausbalancierens. In H. de Boer & H. Deckert-Peaceman (Hrsg.), Kinder in der Schule. Zwischen Gleichaltrigenkultur und schulischer Ordnung (S. 105-117). Wiesbaden: VS.

Budde, J. (2012). Die Rede von der Heterogenität in der Schulpädagogik. Diskursanalytische Perspektiven. *Forum: Qualitative Sozialforschung 13* (2) Art. 16.

Fuhs, B. (2012). Kinder im qualitativen Interview – Zur Erforschung subjektiver kindlicher Lebenswelten. In F. Heinzel (Hrsg.), *Methoden der Kindheitsforschung* (S. 80-103). Weinheim und Basel: Beltz, Juventa.
Rabenstein, K., Reh, S., Ricken, N. & Idel, S. (2013). Ethnographie pädagogischer Differenzordnungen. *Zeitschrift für Pädagogik, 59*, 668-690.

Nationaltrainerinnen im Frauenfußball – Leitbilder im Karriereverlauf

ANNETTE HOFMANN[1] & SILKE SINNING[2]

[1]Pädagogische Hochschule Ludwigsburg [2]Universität Koblenz-Landau

Fußball ist längst kein reiner Männersport mehr (Sinning, 2012; Sobiech & Ochsner, 2012). In vielen Ländern ist eine steigende Anzahl an Spielerinnen im Frauenfußball vorzufinden. Schätzungen zufolge spielen derzeit über 30 Millionen Mädchen und Frauen Fußball in organisierten Ligen (http://de.fifa.com/).

Die steigende Anzahl von Mädchen und Frauen, die Fußball spielen, ist mit einem leichten Anstieg von Frauen, die als Trainerinnen tätig sind, verbunden. Vor allem auf nationaler Ebene belegen sie derzeit mehr Trainerpositionen als in anderen Sportspielen, die von Frauen/Mädchen ausgeübt werden. Sie arbeiten insbesondere in höheren Ligen (Sinning, 2005), beispielsweise werden aktuell alle deutschen Frauen- und Juniorinnen-Nationalteams von Trainerinnen betreut. Auch auf internationaler Ebene kann Ähnliches beobachtet werden (Sinning & Pargätzi, 2013). Während der FIFA-Frauenweltmeisterschaft 2011 in Deutschland, konnten 6 von 16 Nationalmannschaften (32,7%) eine Cheftrainerin vorweisen. In diesem Jahr werden in Kanada 24 Teams an den Start gehen und 7 Trainerinnen (29,2%) sind verantwortlich für eine Nationalmannschaft. Es bleibt abzuwarten, auf welchem Platz diese Trainerinnen das Turnier beenden.

Im Rahmen einer von der FIFA unterstützten Interviewstudie wurden u. a. die Nationaltrainerinnen Silvia Neid (Deutschland), Hope Powell (Großbritannien), Pia Sundhage (USA/Schweden) und Martina Voss-Tecklenburg (Schweiz) zu ihren Karrierewegen befragt. Zusätzlich wurde mit den Interviewpartnerinnen eine „Biographical Map" (Grid) erstellt. Die Ergebnisse zeigen, dass bei den Nationaltrainerinnen auf verschiedenen Ebenen wie individuelle Dispositionen, strukturelle Förderungen, Visionen und Trainingsstrategien Übereinstimmungen zu finden sind. (Hofmann, et.al. 2014)

Literatur

Hofmann, A.R., Sinning, S, Shelton, C. Lindgren, E.-C. Barker-Ruchti (2014). „Football is like chess – you need to Think a lot": women in a men´s sphere. National female football coaches and their way to the top. *International Journal of Physical Education*. (4) 20-31.
Sobiech, G. & Ochsner, A. (2012) (Hrsg.). Spielen Frauen ein anderes Spiel? Geschichte, Organisation, Repräsentationen und kulturelle Praxen im Frauenfußball. Wiesbaden: VS.
Sinning, S. (2005). *Trainerinnen im Frauenfußball – eine qualitative Studie*. Reihe Junge Sportwissenschaft. Schorndorf: Hofmann.
Sinning, S. (2012). Trainerinnen im Frauenfußball. Eine Analyse vorhandener Strukturen. In. C. Zipprich (Hrsg.), *Sie steht im Tor – und er dahinter. Frauenfußball im Wandel*. (S. 124-137). Arete: Hildesheim.
Sinning, S. & Pargätzi, J. (2013). Ein trainingspädagogischer Blick auf die Trainerinnen im Frauenfußball. In A. Hofmann & M. Krüger (Hrsg.), *Rund um den Frauenfußball*. Münster, Waxmann.
http://de.fifa.com/aboutfifa/footballdevelopment/women/womens-survey.html (Zugriff: 3 Mai 2015).

Geschlechtsbezogene Analyse der sozialen Positionierung im Feld ‚Skateboarden'

GABRIELE SOBIECH & SEBASTIAN HARTUNG

Pädagogische Hochschule Freiburg

Zum einen sollen auf der Basis der Auswertung (Mayring, 2003) leitfadengenerierter Interviews mit Skateboardern in Freiburg und zum anderen auf der Grundlage der Analyse internationaler Studien zu Beobachtungen und Interviewdurchführungen im Feld ‚Skateboarden' (Atencio et al., 2009) die vielschichtigen Überschneidungen von Machtrelationen, Geschlechter- und Raumkonstruktionen sowie Medienproduktionen untersucht werden. Die geschlechtsbezogene Analyse bezieht sich zum einen auf die Aushandlungsprozesse unter Skateboarder_innen im öffentlichen Raum um attraktive *spots*, auf die Praktiken und Regulationsformen, mit denen sie Kapital akkumulieren und Raumprofite erzielen können. Zum anderen ist die Bildpraxisebene von Interesse, in der ein Spiel um Viralität im Internet entbrannt ist. Gerade die Überschneidungen und Wechselwirkungen zwischen diesen Ebenen scheinen interessante Phänomene zu bergen.

Als theoretischer Zugang wird auf Bourdieus (1991, 1999) Feld- und Habitustheorie zurückgegriffen. Raum und Geschlecht werden in diesem Kontext sozial-konstruk-tivistisch, als *doing space* und *doing gender*, verstanden.

Bisherige Erkenntnisse einer Interview- und Beobachtungsstudie (Hartung, 2011) zeigen, dass Männer aus bildungsnahen Milieus vorwiegend homosoziale Räume (re-)produzieren. Urbane Räume (Frey, 2004) stellen sich dabei als die ertragreichsten Bühnen für die Darstellung von Risikobereitschaft und Härte, insbesondere auch als Marker für (hegemoniale) Männlichkeit, Virtuosität und Authentizität heraus. Die symbolischen Ordnungssysteme mit ihren Annerkennungspraktiken vor allem von Stil(können) als ästhetischem Vermögen bestimmen durch die Kapitalakkumulation die Subjektposition der Skater und damit die soziale Positionierung im Feld. Dem gegenüber werden Frauen(leistungen) kaum anerkannt (Atencio et al., 2009). Sie werden häufig als Poser definiert oder als sexualisiertes Beiwerk betrachtet, jedoch nur selten als vollwertige Skaterinnen akzeptiert. Danach müssen sich Frauen entweder mit unterschiedlichen Anpassungsstrategien Zugang zu diesen Räumen erarbeiten oder eigene Räume erzeugen, in denen sie sich unabhängig von Männern positionieren und Skateboarden nach eigenen Regeln betreiben.

Literatur

Atencio, M., Beal, B.,& Wilson, C. (2009). The distinction of risk: urban skateboarding, street habitus and the construction of hierarchical gender relations. *Qualitative Research in Sport and Exercise*, Vol. 1, No. 1, 3-30.
Bourdieu, P. (1999[3]). *Sozialer Sinn. Kritik der theoretischen Vernunft*. Frankfurt a. M.: Suhrkamp.
Bourdieu, P. (1991). Physischer, sozialer und angeeigneter physischer Raum. In M. Wentz (Hrsg.), *Stadt-Räume. Die Zukunft des Städtischen* (S. 25-34). Frankfurt, New York: Campus Verl.
Frey, O.(2004). Urbane öffentliche Räume als Aneignungsräume. Lernorte eines konkreten Urbanismus? In U. Deinet & C. Reutlinger (Hrsg.), *„Aneignung" als Bildungskonzept in der Sozialpädagogik: Beiträge zur Pädagogik des Kindes- und Jugendalters in Zeiten entgrenzter Lernorte* (S. 219-233). Wiesbaden: Springer.
Hartung, S. (2011). *Skateboarding als Spiel-Raum zur Erzeugung moderner Männlichkeit*. Freiburg i. Breisgau (Unveröffentlichte Examensarbeit).
Mayring, P. (20038). *Qualitative Inhaltsanalyse. Grundlagen und Techniken*. Weinheim und Basel: Beltz.

Postersessions
(thematisch gegliedert)

Postersession: Trainings- und Bewegungswissenschaft

Entwicklung eines mobilen akustischen Gang- und Laufanalysesystems

NINA SCHAFFERT[1], IRENA GOETZE[1], KLAUS MATTES[1], THOMAS KNIELING[2] & KLAUS-MARTIN STEPHAN[3]

[1]Universität Hamburg, [2]Fraunhofer-Institut für Siliziumtechnologie, [3]St. Mauritius-Therapieklinik Meerbusch

Einleitung

Die objektive Beurteilung des Abrollverhaltens erfolgt im Sport-, Rehabilitations- und Gesundheitsbereich über die apparative Ganganalyse. Bestehende Systeme (Laufband, Messsohlen) erfassen die vertikal auf den Fuß einwirkenden Bodenreaktionskräfte und visualisieren die plantare Druckverteilung zur Analyse von Fehlbelastungen. Im Projekt „Akustische Ganganalyse" wird ein mobiles akustisches Feedback-(AF)-system zur Optimierung der Gang- und Laufbewegung für Prävention, Rehabilitation, Leistungs- und ambitionierten Freizeitsport entwickelt.

Methode

Die Messsohle besteht aus 19 resistiven Folien-Drucksensoren (Fa. Interlink, Durchmesser 7 mm) und zwei Bewegungssensoren. Der Kraft-Zeit-Verlauf beim Gehen und Laufen wird Parameter-mapping-basiert sonifiziert (vertont) und in Echtzeit als AF rückgemeldet. Die zugehörige Software speichert und kalibriert die Daten und berechnet relevante Gangparameter. Die Auswertung erfolgt mittels Excelexport zeitlich dargestellt (Werte für jeden Sensor und als Mittelwert über alle Sensoren) unter Berücksichtigung der Belastungszonen Vor-, Mittel- und Rückfuß sowie Gewichtsverlagerung (lateral, medial). Erste Vergleichsuntersuchungen auf dem Laufband (zebris Medical GmbH) mit der Messsohle in verschiedenen Geschwindigkeiten werden gegenwärtig ausgewertet.

Ergebnisse

Die Analyse erfolgt über die Zeitpunkte des Gang-/Laufzyklus in Bodenkontaktzeit und Flugphase für den linken und rechten Fuß über die Darstellung der charakteristischen Parameter Geschwindigkeit, Schrittlänge, -weite, -frequenz-, Schwung- und Standphase, Doppelschrittzeit und -länge, Fußaufsatzwinkel und -rotation. Weitere Parameter zur Ganglinie sowie die Druck- und Kraftkurven werden ausgegeben. Die Auswertung ermöglicht einen Soll-Ist-Vergleich und liefert notwendige Informationen zu Ausweichbewegungen (Schonverhalten) und der Wirkungsanalyse des Trainings/Therapie.

Diskussion und Fazit

Die akustische Rückmeldung vermeidet eine kognitive Überlastung, da sie während der Bewegungsausführung wahrgenommen werden kann. Als Repräsentant zeitlich-dynamischer Aspekte des Bewegungsablaufs vermittelt AF auch dessen Rhythmus und kann zur Unterstützung der Bewegungsregulation und des motorischen Lernprozesses beitragen, da das angestrebte Abrollverhalten durch die Zeitstruktur des AF's vorgegeben ist (Kenyon &

Thaut, 2005). Das mobile System eröffnet neue Möglichkeiten zur Ansteuerung der Gangbewegung in der Reha, die wesentlich zum Therapieerfolg beitragen können.

Literatur

Kenyon, G.P. & Thaut, M. H. (2005). Rhythmic-driven Optimization of Motor Control. In M. H. Thaut (Eds.), *Rhythm, Music and the Brain: Scientific Foundations and Clinical Applications* (p. 85-112). New York: Routledge Chapman & Hall.

Zum Einfluss unterschiedlicher Aufmerksamkeitsfokussierungen bei Analogien und Bewegungsregeln auf das bipedale Stehen auf einem Luftkissen

DOROTHEE NEUHAUS, TIMO KOERS, CHRISTIAN GÖLZ, BIRTE MAI & ROMAN REESCHKE

Universität Paderborn

Einleitung

Motorische Leistungen variieren häufig in Abhängigkeit eines internal (int) bzw. external (ext) instruierten Aufmerksamkeitsfokus. Die Interpretation der Leistungsvariationen als reine Fokuseffekte muss u. a. aufgrund einer methodischen Instruktionsvielfalt, resultierend aus einer unsystematischen Konfundierung verschiedener Instruktionsparameter, in Frage gestellt werden (z. B. Neuhaus, 2014). Beispielsweise kann die von Wulf, Lauterbach und Toole (1999) verwendete int Fokusinstruktion zum Golf-Pitch nach Tielemann, Raab und Arnold (2008) als Bewegungsregel (Br) und die ext Fokusinstruktion als Analogie (Al) interpretiert werden. Die folgende Studie untersucht für das bipedale Stehen auf einem Luftkissen die Effekte einer systematischen Variation von Aufmerksamkeitsfokussierungen (int & ext) mit Analogien und Bewegungsregeln.

Methode

60 Vpn wurden 4 Versuchsgruppen (VG) systematisch anhand ihrer Prätestleistung zugeteilt (int-Al, ext-Al, int-Br & ext-Br), so dass ein ausgeglichenes Ausgangsniveau vor der Testphase gewährleistet werden konnte. Die Vpn führten jeweils einen Prätest à 3 x 60 s Messdauer ohne spezifische Instruktion und eine Testphase bestehend aus 3 x 60 s Messungen mit einer spezifischen Instruktion durch. Die Instruktionen unterschieden sich aufgrund der jeweiligen Fokussierung, z. B. auf ein Skateboard (ext-Al) oder auf das Luftkissen (ext-Br) unter den Füßen. Abhängige Variable ist die COP-Variabilität.

Ergebnisse & Diskussion

Die einfaktorielle ANOVA zeigt einen höchst signifikanten Effekt für den Faktor VG, $F(3,56) = 7.72$, $p < .001$. Die int-Al unterscheidet sich nicht signifikant von der ext-Al, p_{adj}. = .459, $d = 0.04$, sowie knapp nicht signifikant von der ext-Br, p_{adj}. = .052, $d = 0.65$. Die ext-Al zeigt eine signifikant geringere COP-Variabilität gegenüber der ext-Br, p_{adj}. = .030, $d = 0.84$. Alle Bedingungen weisen eine signifikant geringere COP-Variabilität gegenüber der int-Br auf, ps_{adj}. < .035, $ds > 0.76$. Die Effektstärken verdeutlichen, dass die gewählte int-Br generell zu Leistungseinbußen gegenüber den anderen Bedingungen führt. Ein Fokuseffekt konnte nicht einheitlich nachgewiesen werden. Jedoch verweist die Effektstärke des Vergleichs der Al auf eine kritische Hinterfragung der Ergebnisse. Die Befunde weisen auf eine stärkere Wirkung der ext-Al gegenüber allen anderen Bedingungen hin.

Literatur

Neuhaus, D. (2014). *Zum Einfluss von zusätzlichen Instruktionen bei unterschiedlichen Aufmerksamkeitsfokusbedingungen auf das bi- und monopedale Stehen*. Hamburg: Dr. Kovac Verlag.
Tielemann, N., Raab, M. & Arnold, A. (2008). Effekte von Instruktionen auf motorische Lernprozesse – Lernen durch Analogien oder Bewegungsregeln? *Zeitschrift für Sportpsychologie, 15*, 118-128.
Wulf, G., Lauterbach, B. & Toole, T. (1999). The Learning Advantages of an External Focus of Attention in Golf. *Research Quarterly for Exercise and Sport, 70*, 120-126.

Ausgleich einer Longitudinalverschiebung des Beines an einem apparativen Straight-Leg-Raise-Test

THOMAS HAAB[1,2], SEBASTIAN SCHMID[1], DIRK SAHNER[1], MICHAEL FRÖHLICH[3], OLIVER LUDWIG[1] & GEORG WYDRA[1]

[1]Universität des Saarlandes, [2]Hochschule Fresenius Idstein, [3]TU Kaiserslautern

Einleitung

Zur Bestimmung der Dehnfähigkeit der ischiocruralen Muskulatur in Rückenlage muss die anatomische Drehachse mit der Drehachse des Messinstrumentes übereinstimmen, da sonst eine Longitudinalverschiebung des Beines die Messergebnisse beeinträchtigt (Schönthaler & Ohlendorf, 2002). Entwickelt wurde eine Fußkonstruktion, die eine Longitudinalverschiebung des Beines bei nicht exakt positionierter Hüftgelenksdrehachse bei einem apparativen Straight-Leg-Raise-Test (Schönthaler & Ohlendorf, 2002) ausgleicht.

Methode

Untersucht wurde der Zusammenhang von Dehnungsspannung (DS) ohne Longitudinalverschiebung als Standardverfahren (LV_{No}) und mit möglicher Longitudinalverschiebung des Beines (LV_{Yes}). Weiterhin sollte die Übereinstimmung beider Messbedingungen (LV_{Yes} und LV_{No}) mittels Konkordanzanalyse ermittelt werden. Es wurden 17 Sportstudenten rekrutiert (Alter: 24,9 ± 3,6 Jahre; Größe: 174,6 ± 8,5 cm; Gewicht: 65,9 ±11 kg), die nach einer Gewöhnungsphase (t0) einen Pre-Test (t1) und nach einer Woche einen Re-Test (t2) durchführten. Die Probanden absolvierten zu den Messzeitpunkten t1 und t2 in randomisierter Reihenfolge beide Messbedingungen mit dem linken Bein.

Ergebnisse

Die Reliabilität von DS der ischiocruralen Muskulatur bei mittlerem Hüftbeugewinkel (45°) ist unter der Messbedingung LV_{Yes} höher (45°: $r(15) = .95$, $p < .01$) als bei LV_{No} (45°: $r(15) = .87$, $p < .01$). Bei sehr geringem (5°) sowie maximalem Hüftbeugewinkel (DS_{max}) ist die Reliabilität bei LV_{Yes} (5°: $r(15) = .90$, $p < .01$; DS_{max}: $r(15) = .94$, $p < .01$) in der gleichen Größenordnung wie bei LV_{No} (5°: $r(15) = .93$, $p < .01$; DS_{max}: $r(15) = .94$, $p < .01$). Mittels Konkordanz-Korrelationskoeffizient (r_{ccc}) nach Lin (1992) und Bland-Altman-Methode ergaben die zwei Messbedingungen eine fast vollständige Übereinstimmung (5°: $r_{ccc}(15) = .92$, 95%CI: .81-.97; 45°: $r_{ccc}(15) = .95$, 95%CI: .87-.98; DS_{max}: $r_{ccc}(15) = .93$, 95%CI: .86-.97).

Diskussion

Bei einer Dehnung der ischiocruralen Muskulatur an einem apparativen Straight-Leg-Raise-Test wird durch einen Ausgleich der Longitudinalverschiebung des Beines die Reliabilität im mittleren Gelenkwinkel gegenüber einem Standardverfahren erhöht. Die Genauigkeit der beiden Messverfahren stimmt insgesamt hochgradig überein.

Literatur

Lin, L. I. (1992). Assay Validation using the Concordance Correlation Coefficient. *Biometrics, 48* (2), 599-604.
Schönthaler, S. R. & Ohlendorf, K. (2002). *Biomechanische und neurophysiologische Veränderungen nach ein- und mehrfach seriellem passiv-statischem Beweglichkeitstraining*. Köln: Sport und Buch Strauß.

Effekte einer elastischen Muskeltapeanlage am m. rectus femoris auf die vertikale Sprungkraftleistung

PIA M. VINKEN, LENA UNGER & GERD THIENES

Georg-August-Universität Göttingen

Einleitung

Es wird angenommen, dass mittels einer elastischen Tapeanlage eine aktivierende oder hemmende Reizsetzung auf die Muskelkontraktion erzielt werden kann (Kase, 2003). Vercelli und Kollegen (2012) diskutieren eine Förderung bzw. Hemmung der Muskelfunktionsfähigkeit bei aktivierender bzw. hemmender Reizsetzung, finden jedoch inkonsistente Ergebnisse hinsichtlich der sportlichen Leistungsfähigkeit (Vercelli, Sartorio, Foti et al., 2012). Die vorliegende Studie überprüft die Effekte verschiedener elastischer Tapeanlagen am m. rectus femoris auf die vertikale Sprungkraftleistung.

Methode

In Erwartung eines mittleren Effekts (Cohen, 1988) führten $N = 30$ Probanden/innen (Alter = 23 ± 3 Jahre) ein Crossover-Studiendesign mit vorgeschalteter Baselinemessung in drei Tapebedingungen (ohne, tonisierende und detonisierende Muskeltapeanlage) je fünf Counter Movement Jumps durch, die mit einer High-Speed-Kamera aufgezeichnet wurden. Als Indikator der vertikalen Sprungkraftleistung wurde der Mittelwert der Flugzeit über die jeweils fünf Versuche bestimmt.

Ergebnisse

Eine Varianzanalyse mit Messwiederholung und dem Parameter Flugzeit als abhängiger Variable zeigt einen signifikanten Effekt $F(54,2) = 12.88$, $p < .01$, Cohen's $f = 0.67$. Posthoc (Fisher LSD) zeigt sich, dass die Flugzeit in den Bedingungen mit elastischer Muskeltapeanlage im Vergleich zur Baselinemessung signifikant abnimmt ($p < .01$), wobei zwischen beiden Bedingungen mit elastischem Tape keine Unterschiede auftreten ($p = .75$)

Diskussion

Aus den Ergebnissen erschließt sich eine Verringerung der Sprungkraftleistung beim Tragen elastischer Muskeltapeanlagen am m. rectus femoris bei gesunden Probanden. Der Einsatz tonisierender sowie detonisierender Muskeltapeanlagen am m. rectus femoris zur Optimierung vertikaler Sprünge mit einleitender Gegenbewegung erscheint somit als unzweckmäßig und leistungshemmend. Postulierte leistungsfördernde Effekte elastischer Tapeanlagen auf die vertikale Sprungkraftleistung bei gesunden Probanden können demnach widerlegt werden.

Literatur

Cohen, J. (1988). *Statistical power analysis for the beahvioral sciences*. Hillsdale, NJ: Lawrence Erlbaum.
Kase, K. (2003). *Illustrated kinesio taping* (4th edition). Tokyo: Ken'i-Kai.
Vercelli, S., Sartorio, F., Foti, C., Colletto, L., Virton, D., Ronconi, G., & Ferreiro, G. (2012). Immediate effects of kinesiotaping on quadriceps muscle strength: A single-blind, placebo-controlled crossover trial. *Clinical Journal of Sport Medicine, 22*, 319-326.

Physiologische Beanspruchung bei verschiedenen Krafttrainingsprotokollen

NICO NITZSCHE, LUTZ BAUMGÄRTEL, TILO NEUENDORF, DANIEL ZSCHÄBITZ & HENRY SCHULZ

Technische Universität Chemnitz

Einleitung

Die Kenntnis der metabolischen Wirkung von Trainingsprotokollen ist für die Zielstellung eines Krafttrainings von Bedeutung. Der beanspruchte Muskelanteil sowie die Trainingsmethodik zeigen Effekte auf den Energiestoffwechsel (Wirtz et al. 2010 & 2012; Legally et al., 2002). Ziel der vorliegenden experimentellen Studie war, die physiologische Beanspruchung bei 30%, 50% und 70% der F_{max} (Maximalkraft) sowie abhängig von der Übung zu erheben.

Methode

31 Probanden (26,2 ± 4,6 Jahre, 177 ± 6 cm, 73,3 ± 8 ,3 kg, BMI 23,3 ± 1,9 kg/m^2) wurden zufällig drei Trainingsgruppen (30%, 50%, 70% F_{max}) zugeordnet und absolvierten eine Trainingseinheit bei der HF (Herzfrequenz), VO$_2$ (Sauerstoffaufnahme), AF (Atemfrequenz) (Metamax 3B) und Blutlaktat in Ruhe, unmittelbar nach der Übung und 5 min in der Nachbelastung erhoben wurden. Die Übungen (Kniebeuge, Bankdrücken, Bizepscurl, French-Press, Langhantelrudern) wurden randomisiert absolviert. Das Trainingsprotokoll umfasste 30% F_{max} (3 x 30 WDH, 30 s Pause), 50% F_{max} (3 x 20 WDH, 60 s Pause) und 70% F_{max} (4 x 10 WDH, 90 s Pause). Zwischen den Übungen lagen 120s Pause. Alle Daten wurden varianzanalytisch (α = 5%) und nach Rängen (α = 0,5%) geprüft.

Ergebnisse

Es bestand ein signifikanter Unterschied in der $_{rel}VO_2$ (relative Sauerstoffaufnahme) zwischen den Gruppen 50% und 70% F_{max} (ANOVA p < 0,05). Hinsichtlich der Atemfrequenz, Laktat und Herzfrequenz lagen keine signifikanten Gruppenunterschiede während der Belastung sowie in der Nachbelastung vor (ANOVA p > 0,05). Bei den einzelnen Übungen Kniebeuge, Frenchpress und Langhantelrudern zeigten sich signifikante Unterschiede zwischen 50% vs. 70% F_{max} der $_{rel}VO_2$. Die Sauerstoffaufnahme und Herzfrequenz zeigen signifikante Unterschiede zwischen den Übungen (FRIEDMANN p < 0,005). Die Einflüsse des Anteils der eingesetzten Muskulatur sind signifikant (FRIEDMANN p < 0,005) auf die physiologische Beanspruchung ($_{rel}VO_2$, HF). Die Kniebeuge zeigte insgesamt die höchste physiologische Beanspruchung.

Diskussion

Es kann festgehalten werden, dass durch intensitätsabhängig höhere Körperspannungen Unterschiede in der $_{rel}VO_2$ durch Abnahme des AMV (Atemminutenvolumen) vorliegen.

Literatur

Legally, K.M. et al. (2002). Perceived exertion, electromyography, and blood lactate during acute bouts of resistance exercise. *Medicine & Science in Sports & Exercise, 34* (3), 552-552.
Wirtz, N. et al. (2010). Verlauf der Blutlaktatkonzentration bei aufeinanderfolgenden Kraftbelastungen derselben Muskelgruppe. *Schweizerische Zeitschrift für Sportmedizin und Sporttraumatologie, 60* (1), 26-30.
Wirtz, N. et al. (2012). Laktatkonzentrationen bei 4 verschiedenen Krafttrainingsmethoden. *Schweizerische Zeitschrift für Sportmedizin und Sporttraumatologie, 58* (3), 85-90.

Postersession: Breitensport und ältere Sportler

Eignet sich der Entertainment-Education-Ansatz zur Förderung regelmäßiger körperlicher Aktivität?

MICAELA HAMMERSCHMIDT[1] & INES PFEFFER[2]

[1]Universität Leipzig, [2]Universität Konstanz

Einleitung

Weniger als ein Drittel der deutschen Bevölkerung erfüllen das von der WHO empfohlene Maß für gesundheitsförderliche körperliche Aktivität. Eine Strategie der Gesundheitsförderung ist der Entertainment-Education-Ansatz, bei dem gesundheitsrelevante Informationen in fiktionale Fernsehsendungen eingebettet werden. Auf der Grundlage der Theorie des geplanten Verhaltens (TPB) wird untersucht, inwieweit die Einstellung gegenüber körperlicher Aktivität und die Intention das Verhalten zu zeigen, durch bewegungsrelevante Inhalte in Fernsehsendungen beeinflusst werden können und ob das körperliche Aktivitätsverhalten den Einfluss moderiert.

Methode

Mit einem randomisierten und kontrollierten Design wurde die Wirkung von drei verschiedenen Filmsequenzen (UV; positive Verhaltenserwartungen (pVE; IG1), negative Verhaltenserwartungen (nVE; IG2), neutrale Bedingung (KG)) auf die kognitive und affektive Einstellungskomponente sowie die Intention als abhängige Variablen untersucht. $N = 287$ Probanden ($n = 176$ Frauen; Alter: 25.7 ± 5.8 Jahre; $n = 207$ körperlich aktiv; KA) machten zunächst soziodemografische Angaben und rezipierten danach einen per Zufall ausgewählten vierminütigen Filmausschnitt. Direkt im Anschluss wurden die AVs erfasst.

Ergebnisse

Die 3 (Gruppe) x 2 (KA ja/nein)-faktoriellen ANOVAs ergaben signifikante Haupteffekte auf dem Faktor *Gruppe* für beide Einstellungskomponenten sowie auf dem Faktor *Aktivität* für alle drei AVs. Die IG1 wies eine signifikant positivere kognitive und affektive Einstellung auf als die KG und körperlich aktive in allen drei AVs höhere Ausprägungen als körperlich inaktive. Ein Interaktionseffekt Gruppe x Aktivität zeigt sich lediglich für die affektive Einstellung. Körperlich Inaktive wiesen in IG2 eine deutlich negativere affektive Einstellung auf, als alle anderen Gruppen. Für die Intention wurden keine Effekte gefunden.

Diskussion

Bereits das einmalige Rezipieren von pVE beeinflusste die kognitive und affektive Einstellung positiv, während das Rezipieren von nVE die affektive Einstellung negativ beeinflusste. Die gefundenen Effekte sind als klein einzustufen. Allerdings könnte die kumulative Wirkung bewegungsrelevanter Botschaften, die durch den hohen Stellenwert der Medienunterhaltung in der untersuchten Altersgruppe besteht, größer ausfallen und nachfolgend auch die Intention beeinflussen.

Relevanz spezifischer motivationaler, emotionaler und kohäsionsorientierter Aspekte für das Verhalten von Breitensportlern

ECKHARD ENDERS

Friedrich-Schiller-Universität Jena

Einleitung

Sportpsychologische Studien beinhalteten bisher eher getrennte Betrachtungen zur Verdeutlichung von Zusammenhängen zwischen Emotionen und Motivation (Thomas, 1995), Motivation und Kohäsion (Alfermann & Strauß, 2001) sowie Kohäsion und Emotion (Ditzen & Heinrichs, 2007). Eine integrierende Untersuchung zu spezifischen Zusammenhängen dieser Aspekte lag bisher offensichtlich nicht vor. Ziel der vorliegenden Studie war die Prüfung von Zusammenhängen dieser Aspekte und ihrer Bedeutsamkeit für den Breitensport.

Methode

Für die vorliegende Studie erfolgte eine Fragebogenkonzeption mit jeweils 3 Fragebogenteilen zur Erfassung verschiedener motivationaler, emotionaler und kohäsionsbezogener Aspekte; jeweils in Anlehnung und Weiterentwicklung bestehender Verfahren. Orientiert an einer handlungstheoretischen Rahmenlegung nach Hackfort (2006) wurde mittels konfirmatorischer Faktorenanalyse (Maximum-Likelihood) ein Pfaddiagramm aus 3 Messmodellen mit den latenten Variablen Motivation, Emotion und Kohäsion erstellt und geprüft. Es wurden 605 Breitensportler (Ø = 41,8 J., SD = 21,1 J., 250 ♂, 355 ♀) berücksichtigt.

Ergebnisse und Diskussion

Das gemeinsame Strukturmodell mit den verschiedenen psychologischen Schwerpunkten verdeutlichte unterschiedlich starke Korrelationsmaße zwischen den latenten Variablen (r = 1.21 zwischen Motivation und Emotion, r = .41 jeweils zwischen Motivation und Kohäsion sowie Emotion und Kohäsion) für den Bereich des Breitensports. Zudem verwiesen verschiedene Fit-Indices (RMSEA = .099, GFI = .939) auf die Stärke des Strukturmodells. Sie erwiesen sich nicht als optimal, ließen aber wegen ihrer Anfälligkeit gegenüber Störgrößen und der geringen Erfüllbarkeit der Anforderungen bei der Analyse von Fragebogenitems (vgl. Bühner, 2006, S. 258) noch eine angemessene Erklärung des handlungstheoretischen Arbeitsmodells für den Breitensport durch die integrierten Aspekte der Motivation, Emotion und Kohäsion erkennen. An der Modell-Güte ist dennoch weiter zu arbeiten.

Literatur

Alfermann, D. & Strauß, B. (2001). Soziale Prozesse im Sport. In H. Gabler, J. R. Nitsch & R. Singer (Hrsg.), *Einführung in die Sportpsychologie. Teil 2: Anwendungsfelder* (S. 73-108). Schorndorf: Hofmann.
Bühner, M. (2006). *Einführung in die Test- und Fragebogenkonstruktion.* München: Pearson.
Ditzen, B. & Heinrichs, M. (2007). Psychobiologische Mechanismen sozialer Unterstützung. *Zeitschrift für Gesundheitspsychologie, 15* (4), 143-157.
Hackfort, D. (2006). A conceptual framework and fundamental issues for investigating the development of peak performance in sports. In D. Hackfort & G. Tenenbaum (Eds.), *Essential Processes for Attaining Peak Performance* (S. 10-26). Aachen: Meyer & Meyer.
Thomas, A. (1995). *Einführung in die Sportpsychologie.* Göttingen: Hogrefe.

Hat das Bewegungsverhalten einen Einfluss auf die kognitive Leistungsfähigkeit bei Senioren (Alter ≥ 65)? – Ergebnisse aus der SMART-Studie

SABRINA WEBER, ESZTER FÜZÉKI, TOBIAS ENGEROFF, JOHANNES FLECKENSTEIN, LUTZ VOGT, SILKE MATURA, JOHANNES PANTEL & WINFRIED BANZER

Johann Wolfgang Goethe-Universität Frankfurt/M.

Einleitung

Der Einfluss körperlicher Aktivität auf kognitive Leistungen bei älteren Erwachsenen wird in der Literatur stark diskutiert. Es scheint, dass körperliche Aktivität einen positiven Effekt auf kognitive Leistungen hat und den Abfall kognitiver Fähigkeiten im Alter reduzieren kann. Ziel dieser Untersuchung war es, festzustellen, ob körperlich aktivere Probanden, auch bessere kognitive Leistungen aufweisen.

Methode

Die randomisierte, kontrollierte Längsschnittstudie SMART untersucht die Effekte eines dreimonatigen aeroben Trainings auf den Gehirnmetabolismus und die kognitive Leistungsfähigkeit bei älteren (≥ 65 Jahre), gesunden Probanden. Hier wird über Querschnittsdaten der Ausgangsuntersuchung berichtet. Das Bewegungsverhalten wurde über Akzelerometrie (GT3X v4.4.0, ActiGraph, Pensacola FL, USA) erfasst und als tägliche durchschnittliche Schrittzahl operationalisiert. Mittels einer validierten neuropsychologischen Testreihe mit zahlreichen Untertests wurden neben dem kognitiven und alltagsrelevanten Funktionsniveau auch die kognitive Arbeitsgeschwindigkeit und die frontale exekutive Kontrolle erfasst. Die Datenanalyse erfolgte mittels bivariater und partieller Korrelationen.

Ergebnisse

Die bivariate Datenanalyse zeigte bei N = 57 Probanden (weiblich: n = 32; Alter: 75.54 ± 6.86 Jahre; BMI: 25.94 ± 3.48; Schritte/Tag: 6914.76 ± 3470.95) einen hoch signifikanten Zusammenhang (p ≤ 0.01) nur mit dem Mehrfach-Wortschatz-Intelligenztest B (MWTB). Die partielle Datenanalyse zeigte, dass dieser Effekt unabhängig von Alter, Geschlecht und BMI ist.

Diskussion

Für die genannte Probandengruppe scheint es generell keinen Zusammenhang zwischen den durchschnittlichen Schrittzahlen/Tag und der kognitiven Leistungsfähigkeit im Allgemeinen zu geben. Lediglich ein Test bildet dabei eine Ausnahme. Dieser Effekt ist unabhängig von Alter, Geschlecht und BMI. Für weitere Analysen sollte die Intensität der körperlichen Aktivität betrachtet werden, unter der die erfassten Schrittzahlen zustande gekommen sind.

Training älterer Radfahrer/innen – geschlechtsabhängige Unfallursachen

NIKOLA EINHORN[1], PETRA WAGNER[1], HEIKE BUNTE[2] & CARMEN HAGEMEISTER[2]

[1]Universität Leipzig, [2]Technische Universität Dresden

Einleitung

Radfahren leistet einen Beitrag zum Erhalt der Mobilität und Gesundheit älterer Menschen. Aufgrund der schweren Unfallfolgen stellt die Unfallverhütung eine große Herausforderung dar. Ein großer Teil der Alleinunfälle wird durch die Radfahrer/innen selbst verursacht – beispielsweise durch den Verlust der Kontrolle über das Fahrrad bei langsamer Geschwindigkeit. Ziel der Untersuchung ist die Überprüfung der Hypothese von Schepers und Klein Wolt (2012), dass die geringere Muskelkraft der Frauen der Grund dafür ist, dass diese bei der Langsamfahrt häufiger die Kontrolle über das Fahrrad verlieren als Männer.

Methode

316 Probanden über 60 Jahre (♀: 39.9%; Alter: M = 67.5) nahmen an einer Befragung sowie einem Fahrradparcours mit 7 verkehrstypischen Aufgaben teil, die mit richtig oder falsch bewertet wurden. Bei der Aufgabe „Langsamfahrt" wurde die Gruppe nach der benötigten Zeit in langsam-Fahrer/innen und schnell-Fahrer/innen geteilt. Motorische Daten wurden mittels sportmotorischer Tests (u. a.: Gleichgewichtstest [GLT], Kraftmessung mittels Handdynamometer [Griffstärke; Kniestrecker]) erfasst. Es wurden binär logistische Regressionsanalysen unter Einbezug aller getesteten motorischen Fähigkeiten durchgeführt.

Ergebnisse

Männer erreichen in allen Krafttests signifikant höhere Werte als Frauen (Griffstärke: $M(♀)$ = 78.54, $M(♂)$ = 125.63; T = 21.26, $p < 0.001$). Ältere RadfahrerInnen mit einem besseren statischen Gleichgewicht und einer höheren Muskelkraft gehören eher zu den langsam-Fahrer/innen, die ihr Rad gut unter Kontrolle haben (GLT: OR = 1.087, 95% CI = 1.029-1.148; Handkraft: OR = 1.020, 95% CI = 1.007-1.032; Kniestrecker: OR = 1.008, 95% CI = 1.002-1.013). Trotzdem haben Männer eine höhere Zahl an Alleinunfällen jeglicher Art pro Jahr (r = 1.179, $p < 0.01$).

Diskussion

Die Hypothese, dass eine höhere Muskelkraft die Kontrolle auf dem Fahrrad erhöht, konnte bestätigt werden. Ein Training bestimmter motorischer Voraussetzungen könnte somit einigen Ursachen für Alleinunfälle entgegenwirken. Im realen Straßenverkehr scheinen weitere geschlechtsspezifische Faktoren die Entstehung von Unfällen zu beeinflussen, beispielsweise ein risikoaffines Fahrverhalten oder eine Überschätzung der eigenen Fähigkeiten. Diese sind weiter zu untersuchen.

Literatur

Schepers, P. & Klein Wolt, K. (2012). Single-bicycle crash types and characteristics. *Cycling Research International*, 2, 1-17.

Personale Altersbilder zur gesundheits- und bewegungsbezogenen somatischen Kultur

CHRISTINE PHILIPPSEN, ILSE HARTMANN-TEWS & THERESA HOPPE

Deutsche Sporthochschule Köln

Einleitung

Altersbilder als kollektive Erwartungs- und Deutungsmuster prägen den Umgang der Gesellschaft mit älteren Menschen und haben zugleich Einfluss auf die Selbstbilder und das Handeln älterer Menschen. Während ältere Menschen in den 80er und 90er Jahren sowohl geistig als auch körperlich fast ausschließlich negativ etikettiert wurden, wird das Alter heute differenzierter wahrgenommen (Kite et al., 2005). Besonders vor dem Hintergrund der zunehmenden Zahl Älterer und einer Verlängerung der Phase des Alters ist es zentral, welche (Leit-)Bilder des Alter(n)s in der Gesellschaft vorherrschen.

Methode

Im Rahmen einer bundesweit repräsentativen telefonischen Befragung wurden rund 1.000 Personen im Alter zwischen 18 und 80 Jahren befragt. Die Personen wurden zu ihren Sichtweisen bezüglich älterer Menschen (Fremdbilder) und zu ihrem aktuellen Selbstbild befragt, die sich auf die Bereiche Gesundheit, körperliche Leistungsfähigkeit und körperliches Erscheinungsbild bzw. Schönheitshandeln als Teile der somatischen Kultur nach Boltanski (1976) beziehen. Die Ergebnisse sind Bestandteil eines größeren Forschungsprojektes, in dem Altersbilder auf verschiedenen Ebenen der Gesellschaft (Gesundheits-, Wirtschafts-, Sportsystem und personale Ebene) untersucht wurden.

Ergebnisse

Insgesamt werden ältere Menschen im Hinblick auf ihre geistige Fitness positiver eingeschätzt als auf ihre körperliche. Die Altersbilder variieren geschlechtstypisierend in Bezug auf ältere Frauen und Männer, so haben Frauen nach Ansicht der Befragten körperlich weniger Kraft, sind jedoch geistig fitter und legen mehr Wert auf ihr Äußeres. Zudem differerieren die Altersbilder in Abhängigkeit von Merkmalen der befragten Person, wie Alter, Geschlecht und soziale Schichtzugehörigkeit.

Diskussion

Im Gegensatz zu vielen bisherigen Studien über Altersbilder fokussiert das Projekt bewegungs- und gesundheitsbezogene Facetten von Altersbildern. Die Ergebnisse lassen eine soziale Strukturierung von Altersbildern sowohl hinsichtlich der wahrnehmenden Personen als auch der wahrgenommenen älteren Personen erkennen.

Literatur

Boltanski, L. (1976). Die soziale Verwendung des Körpers. In D. Kamper & V. Rittner (Hrsg.), *Zur Geschichte des Körpers* (S. 138-183). München, Wien: Carl Hanser.

Kite, M. E., Stockdale, G. D., Whitley, B. E., J. R. & Johnson, B. T. (2005). Attitudes toward younger and older adults: an updated meta-analytic review. *Journal of Social Issues, 61* (2), 241-266.

Postersession: Training und Bewegung bei Kindern und Jugendlichen

Interkulturelle Vergleichsstudien zur motorischen Entwicklung von Kindern und Jugendlichen

RENÉ HAMMER & GERD THIENES

Georg-August-Universität Göttingen

Einleitung

Gegenstand des vorliegenden Beitrages sind empirische Kulturvergleichsstudien, die sich mit der Problematik befassen, inwiefern kulturspezifische Einflussfaktoren auf die motorische Entwicklung von Kindern und Jugendlichen bestehen und wie diese theoretisch und methodisch erfasst sind. Als theoretisches Rahmenkonzept hat sich diesbezüglich die sportmotorische Entwicklung in der Lebensspanne (vgl. Willimczik, 2009) etabliert.

Methode

Eine systematische Literaturrecherche ergab elf Quer- und eine Längsschnittstudie. Relevant sind Studien, welche ein bis 18-jährige deutsche SchülerInnen mit Kohorten der Kontinente Europa, Afrika, Asien oder Amerika vergleichen. Ausschlusskriterien sind Quellen vor 1980, nicht in deutscher/englischer Sprache verfasste Artikel und Stichproben (< 20).

Ergebnisse

Zur Leistungsmessung kamen unterschiedliche motorische Tests zum Einsatz, was eine Vergleichbarkeit untereinander erschwert. Kulturspezifische Einflussfaktoren wurden mittels schriftlicher und/ oder mündlicher Befragung evaluiert. Signifikante Unterschiede in der sportmotorischen Leistungsfähigkeit ergaben sich bei nahezu allen Testitems zugunsten deutscher SchülerInnen, obgleich eine Anpassung an kulturelle Spezifika kaum erfolgte. Als Einflussfaktoren kristallisierten sich der Sportunterricht in der Schule, die differenten Fortbewegungstraditionen, der Sozialstatus und das Wohnumfeld, das Angebot von Sportvereinen sowie die traditionelle Genderproblematik in anderen Kulturkreisen heraus. Die Bewegungsaktivität und der unterschiedliche Bewegungszugang korrespondiert dabei mit der motorischen Leistungsfähigkeit, was unterschiedliche Korrelationen zwischen den Variablen Alltagsaktivitäten/Zugang zu Sportgeräten im Sportunterricht bestätigen.

Diskussion

Es liegen bisher nur wenig empirische Studien zum Kulturvergleich in der Motorikforschung vor. Methodische Probleme ergeben sich in der aufwendigen Umsetzung von Längsschnittstudien, einer geringen Stichprobengröße sowie der uneinheitlichen Anwendung von Motoriktests. Ein theoretisch fundierter Lebensspannenansatz gilt als ein zentraler Ansatzpunkt kulturvergleichender Entwicklungspsychologie (vgl. Trommsdorff, 2007).

Literatur

Trommsdorff, G. (2007). Entwicklung im Kulturvergleich. In G. Trommsdorff & H.-J. Kornstadt (Hrsg.), *Erleben und Handeln im kulturellen Kontext*. Göttingen: Hogrefe.

Willimczik, K. (2009). Sportmotorische Entwicklung. In W. Schlicht & B. Strauß (Hrsg.), *Grundlagen der Sportpsychologie. Enzyklopädie der Psychologie*. Göttingen: Hogrefe.

Bewegungsförderung durch Ballsportgruppen an Grundschulen – Konzeption und wissenschaftliche Begleitung eines Ballsportzentrums

PHILIP JULIUS, VOLKER SCHEID & ANDREAS ALBERT

Universität Kassel

Das seit Januar 2015 laufende Kooperationsprojekt zwischen dem Handballbundesligisten MT Melsungen, dem Staatlichen Schulamt Kassel, der Hessischen Landesservicestelle für den Schulsport und der Universität Kassel hat die pädagogisch verantwortungsbewusste Bewegungsförderung von Grundschulkindern als Ziel. Die projektierten Ballsportgruppen in der Region Kassel setzten hier an und nehmen eine Erhöhung der Bewegungszeiten und eine ballsportbezogene Bewegungsförderung in den Fokus. Die Spielsportarten bieten sich in diesem Zusammenhang in besonderem Maße an, denn sie gehören bei Jungen wie Mädchen dominant zu den beliebtesten Freizeit- und Vereinssportarten (u. a. Gogoll et al., 2009). Ferner bieten die pädagogischen Möglichkeiten der Teamsportarten im Bereich der Schaffung sozialer und kooperativer Lerngelegenheiten eine weitere Perspektive in diesem außerunterrichtlichen Sportangebot. Das geplante Ballsportzentrum sieht ein Kooperationsnetzwerk mit 12 Grundschulen der Region vor. Die jahrgangsübergreifenden Ballsportgruppen (Jahrgänge 1+2 und 3+4) sind für alle sportinteressierten Grundschüler/innen offen, so dass im Projektzeitraum etwa 360 Kinder das Programm durchlaufen werden. Das Projekt berücksichtigt internationale Ansätze der Sportspielvermittlung (u. a. Stolz & Pill, 2014) und lehnt sich konzeptionell an das Kassler Modell an (Adolph, Hönl & Wolf, 2008).

Im Rahmen des 4-jährigen Projekts (2015-2018) wurde dem IfSS der Universität Kassel die wissenschaftliche Begleitung des Ballsportzentrums übertragen. Die Aufgabenschwerpunkte liegen dabei zum einen in der *Konzeption und Evaluation des integrativen Ballsportkonzepts für das Grundschulalter* und zum anderen in der längsschnittlich ausgerichteten *Analyse der sportmotorischen Förderung und Entwicklung* der teilnehmenden Grundschulkinder (Versuchs-Kontrollgruppendesign). Dabei gilt es sowohl die Entwicklung der allgemeinen motorischen Fähigkeiten, als auch ballsportbezogene Fähigkeiten und Fertigkeiten zu überprüfen. Als geeignetes Testverfahren wird hierzu der DMT 6-18 (Deutscher Motorik Test, Bös et al., 2009) eingesetzt. Die darüber hinaus benötigten spezifischen Testaufgaben zur Erfassung der ballsportbezogenen Kompetenzen müssen zunächst aus der Fachliteratur abgeleitet und erprobt werden. Orientierung bieten hierbei sowohl die verfügbaren Unterlagen der Fachverbände als auch Spielanalyseverfahren und weitere Testverfahren aus der Sportspielforschung. Das *Poster* stellt die Konzeption des Projekts vor und gibt einen Überblick über die Evaluationsvorhaben.

Literatur

Adolph, H., Hönl, M. & Wolf, T. (2008). *Integrative Sportspielvermittlung* (6. Aufl.). Kassel: Universität Kassel.
Bös, K. (unter Mitarbeit von L. Schlenker, D. Büsch, L. Lämmle, H. Müller, J. Oberger, I. Seidel & S. Tittlbach) (2009). *Deutscher Motorik Test 6-18.* Hamburg: Czwalina.
Gogoll, A., Kurz, D. & Menze-Sonneck, A. (2009). Sportengagement Jugendlicher in Westdeutschland. In W. Schmidt, I. Hartmann-Tews & W.-D. Brettschneider (Hrsg.), *Erster Deutscher Kinder- und Jugendsportbericht* (S. 145.165) (3. Aufl.). Schorndorf: Hofmann.
Stolz, S. & Pill, S. (2014). Teaching games and sport for understanding. Exploring and reconsidering its relevance in physical education. In *European Physical Education Review, 20* (1), (36-71).

Aktivitätsverhalten von oberbayerischen Grundschulkindern

TANJA POSTLER, RENATE OBERHOFFER & THORSTEN SCHULZ

Technische Universität München

Einleitung

Der steigende Bewegungsmangel und die daraus resultierende Zunahme von kardiovaskulären Risikofaktoren bereits im Kindesalter veranlassten die WHO, Kindern mindestens 60 Minuten moderate bis intensive Aktivität (MVPA) pro Tag zu empfehlen. Nach aktuellen Erkenntnissen des Kinder- und Jugendgesundheitssurveys schaffen dies nur 31% der deutschen Kinder von 7 bis 10 Jahren (Manz et al., 2014). Inwiefern dies auch auf Kinder in Oberbayern zutrifft, war Ziel dieser Untersuchung.

Methode

In einer Querschnittstudie wurde die Aktivität von 125 Kindern im Alter von 7-9 Jahren untersucht (8,7 ± 0,4 Jahre). Die 67 Jungen (53,6%) und 58 Mädchen stammten aus unterschiedlichen regionalen Gebieten im Raum Oberbayern und besuchten zum Messzeitpunkt die 3. Klasse. Die Datenerhebung erfolgte mittels Accelerometrie (Actigraph gt3x & gt3x+) über einen Zeitraum von 7 aufeinanderfolgenden Tagen. Das Gerät wurde ganztägig an der Hüfte getragen, die Epochenlänge betrug 60 Sekunden. Für die Auswertung war insbesondere die tägliche Bewegungszeit im MVPA-Bereich relevant. Die Klassifizierung der gemessenen „Counts per Minute" erfolgte nach den altersspezifischen Cut Points von Freedson et al. (2005). Die Daten wurden mittels parametrischer und nichtparametrischer Testverfahren auf Gruppenunterschiede bzgl. Geschlecht, Gewichtsklassen und Wohngegend geprüft sowie differenziert nach Wochentagen und Wochenende betrachtet.

Ergebnisse

111 Kinder erfüllten die vorausgesetzten Trageeigenschaften. Sie bewegten sich durchschnittlich 166,5 ± 46,3 Minuten pro Tag im MVPA-Bereich. Jungen waren mehr in höheren Intensitätsbereichen aktiv als Mädchen ($p = 0,019$). Übergewichtige Kinder verbrachten weniger Zeit mit moderater bis intensiver Aktivität als Normal- und Untergewichtige ($p = 0,015$), Zeitspannen mit „sedentary behaviour" waren dementsprechend ausgeprägter. Wohnregion und Wochenzeitpunkt hatten keinen wesentlichen Einfluss auf das Bewegungsprofil.

Diskussion

Mit 84,7% erfüllte der Großteil der Kinder die Activity Guidelines der WHO. Dies spricht einerseits für ein positives Bewegungsverhalten von Kindern in Oberbayern, andererseits stellt sich aber die Frage nach der Aussagekraft subjektiv erhobener Aktivitätsdaten.

Literatur

Freedson, P., Pober, D. & Janz, K. F. (2005). Calibration of accelerometer output for children. *Medicine and Science in Sports and Exercise, 37* (11), 523-530.

Manz, K., Schlack, R., Poethko-Müller, C., Mensink, G., Finger, J. & Lampert, T. (2014). Körperlich-sportliche Aktivität und Nutzung elektronischer Medien im Kindes- und Jugendalter. *Bundesgesundheitsbl Gesundheitsforsch Gesundheitsschutz, 57,* 840-848.

Eine Pilotstudie zur Evaluation der Effekte einer Sportgrundschule auf die Gesundheit von Schülerinnen und Schülern

YOLANDA DEMETRIOU[1], ADRIANA ZARAGOZA[1] & WIEBKE GÖHNER[2]

[1]Technische Universität München, [2]Katholische Hochschule Freiburg

Einleitung

Aktuell besteht ein dringender Bedarf zur Förderung der Bewegungszeiten von Kindern und Jugendlichen (Lampert, Mensink, Romahn, & Woll, 2007). Die erste staatlich anerkannte Sportgrundschule setzt sich das Ziel, durch tägliche Bewegung eine optimale Förderung der Gesundheit sowie motorischer, kognitiver, emotionaler und sozialer Kompetenzen zu gewährleisten. Da bislang nur vereinzelt empirische Befunde über der Effekte von Schulen mit einem Sportprofil vorliegen, wird in dieser Pilotstudie ein erster Versuch unternommen, die Einflüsse einer Sportgrundschule auf die Schülerinnen und Schüler zu analysieren.

Methode

Der Einfluss der Sportgrundschule auf die Schülerinnen und Schüler (n = 80) wurde in einer quasi-experimentellen Pilotstudie mit einer Kontrollschule (n = 79) verglichen. Im Rahmen einer Outcome Evaluation wurde die körperliche Aktivität, das gesundheitsbezogene Wissen, die soziale Kompetenz, die Motivation und die Einstellung zum Schulsport mit Hilfe eines fragebogengestützten eins zu eins Interviews erhoben. Die kognitive Leistungsfähigkeit wurde mithilfe des Eriksen Flanker Task und des Dots Tests untersucht und die Erfassung der motorischen Leistungsfähigkeit erfolgte durch ausgewählte Elemente des Deutschen Motorik Tests und der Mobak Testbatterie.

Ergebnisse

Signifikante Unterschiede zugunsten der Schülerinnen und Schüler der Sportgrundschule zeigten sich in Bezug auf die motorische Leistungsfähigkeit (Standweitsprung: $p < .01$, $\eta^2 = .05$). Positive Tendenzen zeigten sich auf die kognitive Leistungsfähigkeiten und die Häufigkeit der Vereinsmitgliedschaften. Keine signifikanten Unterschiede konnten hinsichtlich der psychologischen Variablen festgestellt werden. Alle untersuchten Schülerinnen und Schüler wiesen positive Einstellungen und eine hohe Motivation zum Sportunterricht auf. In Bezug auf die soziale Kompetenz zeigten die Schülerinnen und Schüler aus beiden Schulen eine sehr stark ausgeprägte Orientierung zur Kooperation auf.

Diskussion

Die Effekte des bewegten Lernkonzeptes und des täglichen Sportunterrichts der Sportgrundschule konnten durch diese Pilotstudie nur teilweise bestätigt werden. Diese positiven Tendenzen sollen in weiteren längsschnittlichen Untersuchungen vertieft analysiert werden, um genauere Aussagen über den Einfluss der Schule auf die Gesundheit der Schülerinnen und Schüler und Schüler treffen zu können.

Literatur

Lampert, T., Mensink, G., Romahn, N., & Woll, A. (2007). Körperlich-sportliche Aktivität von Kindern und Jugendlichen in Deutschland. *Bundesgesundheitsblatt – Gesundheitsforschung – Gesundheitsschutz, 50*(5), 634-642. doi: 10.1007/s00103-007-0224-8

Geplante und reaktive Agilität im Nachwuchsmädchenfußball: Reliabilität und Zusammenhänge mit Sprint- und Sprungleistung

CHRISTINA HAHN[1], OLAF HOOS[1] & HEINZ REINDERS[2]

[1]Sportzentrum, Universität Würzburg, [2]Empirische Bildungsforschung, Universität Würzburg

Einleitung

Die Agilitätsfähigkeit wird im Nachwuchsmädchenfußball als wesentlich angesehen (Vescovi et al., 2011), weist allerdings heterogene, methoden- und adressatenabhängige Bezüge zu Schnelligkeits- und Kraftfähigkeiten auf (Brughelli et al., 2008). Daten zur Reliabilität von Agilitätstests mit jungen Fußballspielerinnen sind kaum verfügbar. Ziel dieser Studie war es daher, die Reliabilität von geplanten und reaktiven Agilitätstests und deren Zusammenhang mit Sprint- und Sprungleistungen im Nachwuchsmädchenfußball zu untersuchen.

Methode

n = 18 junge Fußballspielerinnen der U11 (Alter: 9,8 ± 0,9 Jahre, Größe: 138 ± 8 cm, Gewicht: 30,6 ± 5,1 kg) und n = 16 der U15 (Alter: 12,6 ± 0,8 Jahre, Größe: 153 ± 8 cm, Gewicht: 37,8 ± 5,5 kg) absolvierten eine Testbatterie bestehend aus 20 m-Sprint (SP, s), Vertikalsprung (CMV, cm), geplantem Agilitäts- (pro agility Test (PRO, s)) und reaktivem Agilitätstest (reaktiver modifizierter T-test (TT, s) mit Lichtstimulation) im Test-Retest Design. Die Reliabilität wurde mittels Intraklassenkorrelation (ICC) und Limits of Agreement (LOA) bestimmt, während der Zusammenhang mit Sprint- und Sprungleistung über die gemeinsame aufgeklärte Varianz (R^2) ermittelt wurde.

Ergebnisse

Die ICC-Werte und mittleren Differenzen ± LOA waren für U11 und U15 vergleichbar bei SP (0,78/0,03 ± 0,20 s vs. 0,77/-0,04 ± 0,23 s) und CMJ (0,92/0,1 ± 3,7 cm vs. 0,94/0,07 ± 3,1 cm), lagen aber jeweils deutlich niedriger und unterschieden sich zwischen beiden Gruppen bei PRO (0.29/-0.18 ± 0.54 s vs. 0.45/-0.23 ± 0.56 s) und TT (0.48/-0.24 ± 1.27 s vs. 0.65/-0.16 ± 1.02 s). Die von SP und CMV gemeinsam mit PRO und TT aufgeklärten Varianzen lagen bei beiden Gruppen in allen Fällen unter 30% (U11: PRO 25%/21%; TT 1%/18%; U15: PRO 27%/25%; TT 6%/11%).

Diskussion

Bei Nachwuchsfußballspielerinnen ist die Reliabilität geplanter und reaktiver Agilitätstests altersabhängig und schlechter als bei Sprint- und Sprungleistungen. Die Ergebnisse zeigen ferner, dass die geplante und reaktive Agilität in diesem Kollektiv nur bedingt mit Sprint- und Sprungleistungen verbunden sind (Brughelli et al., 2008), was auf einen stärkeren koordinativen und/oder perzeptiv-kognitiven Bezug hindeuten könnte.

Literatur

Brughelli, M., Cronin, J., Levin, G. & Chaouachi, A. (2008). Understanding Change of Direction Ability in Sport. A Review of Resistance Training Studies. *Sports Medicine, 38* (12), 1045-63.

Vescovi, J. D., Rupf, R., Brown, T. D. & Marques, M. C. (2011). Physical performance characteristics of high-level female soccer players 12-21 years of age. *Scandinavian Journal of Medicine and Science in Sports, 21* (5), 670-8.

Postersession: Sportökonomie und Sportmanagement

Überinvestition in Individualsportarten –
Diskussion und Evaluation regulierender Maßnahmen

KERSTEN ADLER, JOACHIM LAMMERT & GREGOR HOVEMANN

Universität Leipzig

Ein Rattenrennen (vgl. Akerlof, 1976) per se erscheint in einer Individualsportart nicht negativ, gelten treppenförmige Erlössprünge vielmehr als leistungs- bzw. spannungssteigernd und damit aus Veranstalterperspektive als erwünscht (vgl. Frick & Prinz, 2007). Dies ändert sich, betrachtet man die Folgen von Überinvestitionen auf Seiten der Sportler, welche direkte Auswirkungen während der aktiven Karriere, in Bezug auf die Anwendung verbotener Mittel und Methoden (vgl. Daumann, 2008), Burn-Out und damit verbundene gesundheitliche Probleme (vgl. Petermann, 2004) oder den Abbruch der sportlichen Karriere (vgl. Alfermann, 2008) haben können. Nach der leistungssportlichen Karriere kann das Scheitern der beruflichen Sozialisation aufgrund fehlender Ausbildung oder beruflicher Erfahrungen Folgen der Überinvestition in den Sport sein. Die Problematik beider Folgeerscheinungen wird verstärkt durch die negative Wirkung auf Dritte. Durch Imageschädigung wird die Vermarktbarkeit der Sportart reduziert und in der Folge z. B. Arbeitsplätze bei Veranstaltern, Teams etc. gefährdet. Der vorliegende Beitrag geht dabei der normativen Fragestellung nach: Welche Dämpfungsmechanismen können ein Rattenrennen bei Sportlern innerhalb einer Individualsportart unterbinden oder zumindest reduzieren?

Begegnet werden kann den negativen Folgen unspezifisch durch ein Eindämmen der Ursachen und spezifisch durch eine Reduzierung der Symptome. Dazu wird zunächst die Übertragbarkeit der bekannten Mechanismen aus den Mannschaftssportarten auf die Individualsportarten diskutiert sowie Ableitungen für Anpassungen vorgenommen. Mittels Literaturrecherche und Dokumentenanalyse werden bereits existente Eindämmungsmaßnahmen am Beispiel der Sportart Triathlon identifiziert und hinsichtlich ihrer Wirkung bewertet. Am Beispiel des bereits bestehenden Lizenzierungsverfahrens für professionelle Sportler wird gezeigt, wie Erweiterungen um wirtschaftliche und sportliche Leistungskriterien den „Berufszugang" erschweren, überhöhte Selbstwahrnehmung der eigenen Leistungsfähigkeit verringern sowie durch Auflagen hinsichtlich der Altersvorsorge die Folgen für Sportler reduzieren können. Anhand von qualitativen Experteninterviews werden die abgeleiteten Maßnahmen evaluiert. In der Folge bilden sie Empfehlungen für Veranstalter und Verbände, wie im fortschreitenden Prozess der Professionalisierung negative Entwicklungen auf Seiten der Athleten eingedämmt oder unterbunden werden können.

Literatur

Akerlof, G. A. (1976). The Economics of Caste and of the Rat Race and Other Woeful Tales. *Quarterly Journal of Economics, 90*, 599-617.
Alfermann, D. (2008). Karrierebeendigung im Sport. In J. Beckmann & M. Kellmann (Hrsg), *Anwendungen der Sportpsychologie* (S.499-542). Göttingen: Hogrefe.
Daumann, F. (2008). *Die Ökonomie des Dopings*. Hamburg: Merus.
Frick, B. & Prinz, J. (2007). Pay and Performance in Professional Road Running: The Case of City Marathons. *International Journal of Sport Finance, 2*, 25-35.
Petermann, F. (2004). Burnout im Professional-Sport. *Causa Sport, 1*, 70-77.

Effekte physischer Attraktivität auf öffentliches und mediales Interesse: Eine Studie bei professionellen Tennisspielerinnen und Tennisspielern

MARA KONJER[1], MICHAEL MUTZ[2] & HENK ERIK MEIER[1]

[1]Westfälische Wilhelms-Universität Münster, [2]Georg-August-Universität Göttingen

Einleitung

Die sozialpsychologische und ökonomische Forschung hat nachgewiesen, dass physisch attraktive Personen in vielen Lebensbereichen Vorteile haben (Hamermesh, 2011): Sie werden als geselliger, gesünder, intelligenter und sozial gewandter wahrgenommen und erhalten mehr Aufmerksamkeit von ihrer Umwelt. Auch im Spitzensport kann vermutet werden, dass physische Attraktivität bedeutsam ist: Attraktive Sportler/innen dürften es leichter haben, mediale Aufmerksamkeit zu erzielen und einen hohen Bekanntheitsgrad zu erlangen, der über Verdienstmöglichkeiten, v.a. über den Gewinn von Werbepartnern, mitentscheidet (Schaaf & Nieland, 2011). Der Beitrag knüpft an diese Thesen an und prüft, ob sich Attraktivität im Spitzensport in öffentliche Aufmerksamkeit umwandeln lässt.

Methode

Für die Analyse wurden die erfolgreichsten Tennisspieler/innen des Jahres 2010 ausgewählt. Attraktivität wurde mit Hilfe der „truth of consensus"-Methode (Hamermesh, 2011) bestimmt. Dabei werden Portraitbilder der Spielerinnen und Spieler von Beurteilern hinsichtlich ihrer Attraktivität bewertet. Der Mittelwert der Einschätzungen gilt in der Attraktivitätsforschung als valides Attraktivitätsmaß. Die öffentliche Aufmerksamkeit wurde über die Häufigkeit bestimmt, mit der über die Internet-Suchmaschine Google nach einer Spielerin bzw. einem Spieler gesucht wurde (vgl. Mutz & Meier, 2014). Die mediale Aufmerksamkeit wurde über die Erwähnungen der Person in der Tagespresse erhoben. Darüber hinaus wurden sportliche Leistungsindikatoren als Kontrollvariablen in die Analyse einbezogen.

Ergebnisse und Diskussion

Die Analysen zeigen, dass die Erwähnungen in der Presse nicht vom Aussehen, sondern allein von der sportlichen Leistungsfähigkeit, sowie der Nationalität der Spielerinnen und Spieler abhängen. Das Suchinteresse an einer Person lässt sich allerdings auf die Attraktivität der Person zurückführen: Je attraktiver die Person, desto häufiger wird sie gesucht. Der Zusammenhang zwischen Aussehen und Popularität wird allerdings vom Geschlecht moderiert. Bei den Männern hängen die Unterschiede in der öffentlichen Aufmerksamkeit fast ausschließlich von der Leistung ab, während sie sich bei den Tennisspielerinnen weitaus stärker auf die physische Attraktivität beziehen lassen. Unter den Bedingungen von Kommerzialisierung und Mediatisierung können vor allem Frauen gutes Aussehen in Popularität umwandeln.

Literatur

Hamermesh, D. S. (2011). *Beauty Pays: Why Attractive People Are More Successful*. Princeton: Princeton University Press.

Mutz, M. & Meier, H. E. (2014). Successful, Sexy, Popular: Athletic Performance and Physical Attractiveness as Determinants of Public Interest in Male and Female Soccer Players. *International Review for the Sociology of Sport*. Published Online, August 19, 2014. DOI: 10.1007/s12662-012-0239-7.

Schaaf, D. & Nieland, J.-U. (Hrsg.). (2011). *Die Sexualisierung des Sports in den Medien*. Köln: Herbert von Halem Verlag.

Shared Service Center: Eine neue Organisationsform für Sportvereine?

SANDRINE POUPAUX[1] & ANKE KOCHENBURGER

[1]Johannes Gutenberg-Universität Mainz

Einleitung

Es gibt nahezu 91.000 Sportvereine in Deutschland, von denen mehr als ein Drittel existenzielle Probleme haben. Die Gründe dafür sind vielfältig. Ein besonders schwerwiegender Grund ist die sinkende Bereitschaft zur Übernahme ehrenamtlicher Funktionen insbesondere im Vorstandsbereich aber auch die finanzielle Situation der Vereine[1]. Die Vereine sind damit gefordert, neue Wege zu finden, um ihre personellen und finanziellen Strukturen zu verbessern.

Einen neuen Ansatz dafür könnte die Zentralisierung von gleichgelagerten Aufgaben mehrerer Vereine entsprechend einem in Konzernunternehmen vorzufindenden Shared Service Center (SSC) sein. In einem SSC werden Aufgaben, Funktionen oder Tätigkeiten zentralisiert, die bislang in gleicher oder ähnlicher Form an mehreren Stellen im Unternehmen durchgeführt wurden. Vielfach sind es indirekte, dienstleistende Funktionen für die eigentlichen Kernbereiche des Unternehmens, wie etwa das Finanz- und Rechnungswesen, Informations- und Kommunikation, EDV, Human Resources, Logistik und das Back-Office. Grund dafür ist u. a. die Steigerung der Prozesseffizienz, und -qualität, damit verbundene Kostenersparnisse sowie der Umstand, dass das Management des Unternehmens sich auf die Kernprozesse konzentrieren kann.

Auch Sportvereine haben in immer größerem Umfang administrative Aufgaben zu erledigen. Ein Zusammenschluss mehrere Vereine und eine Zentralisierung der Aufgaben entsprechend einem SSC birgt Chancen, das Vereinsmanagement zu entlasten, zu professionalisieren sowie Kosten zu sparen.

Methoden

In einem Pilotprojekt, an dem mindestens zwei Sportvereinen, beteilig sein sollen, wird überprüft, welche Grundprinzipien eines SSC sich auf die Organisationsstrukturen der Sportvereine übertragen lassen. Nach dem ersten Quartal messen wir die Verbesserungen. Themenschwerpunkt sind die folgenden: Personal, Finanzierung, Know-How Transfer.

Ergebnisse

Mit einer statistischen Analyse und ex-ante-/ex-post-Vergleiche zeigen wir in wie fern die Vereinen, neue Mitglieder neue Finanzierungsquellen gewinnen sowie ein effizientes Management erreichen.

Diskussion

Wie weit kann die Organisationsstruktur eines SSC auf die von Sportvereinen übertragen werden und welche Vor- und Nachteile ergeben sich daraus?

Vertiefende Literatur

Breuer, C. & Feiler, S. (2015). Sportvereine in Deutschland – ein Überblick. In C. Breuer (Hrsg.), *Sportentwicklungsbericht 2013/2014. Analyse zur Situation der Sportvereine in Deutschland* (S. 23-26). Köln: Sportverlag Strauß.

Ermittlung von latenten Präferenzstrukturen für nationalen Sporterfolg – Ein Discrete-Choice-Experiment

FINJA ROHKOHL

Christian-Albrechts-Universität zu Kiel

Einleitung

Der Spitzensport wird durch den Staat aus Steuermitteln gefördert, da Erfolge einheimischer Athleten und Mannschaften bei internationalen Wettkämpfen im öffentlichen Interesse liegen. Allerdings ist über die Präferenzstruktur innerhalb der Steuern zahlenden Bevölkerung für das immaterielle öffentliche Gut „nationaler Sporterfolg" wenig bekannt, da für Güter dieser Art keine Märkte und folglich keine Preise existieren. Die Zielsetzungen der Untersuchung sind daher die Ermittlung und die Analyse von latenten Präferenzstrukturen der deutschen Haushalte für nationalen Sporterfolg sowie eine monetäre Schätzung des attributspezifischen Nutzens.

Methode

Die Datenerhebung erfolgte mittels schriftlicher Online-Befragung unter Anwendung von Discrete-Choice-Experimenten (DCE). Verwendet wurde ein durch Reduktion des Originalplans (englisch: full factorial design) erstellter D-optimaler Versuchsplan (englisch: fractional factorial design) (vgl. Louviere, Hensher & Swait, 2010, S. 84ff.). In vierzehn hypothetischen Wahlentscheidungen (inklusive zwei Holdout-Szenarien zur Überprüfung der Validität) standen den Befragten je zwei Eigenschaftsbündel nationalen Sporterfolgs zur Auswahl, die sich anhand der Platzierung im Medaillenspiegel, der Sportart mit einem Olympiasieg und der Zahlungsweise voneinander unterschieden. Jeder Befragte erhielt dieselben Auswahlfragen (Fixed-Choice-Ansatz) (vgl. Haaijer & Wedel, 2001, S. 354).

Ergebnisse

Auf Grundlage der getätigten Entscheidungen wurden die Wahlwahrscheinlichkeiten der Attribute nationalen Sporterfolgs in Abhängigkeit der wichtigsten Einflussfaktoren geschätzt. Die monetäre Bewertung des attributspezifischen Nutzens erfolgte durch die Ermittlung der geäußerten Zahlungsbereitschaft für das gewählte Eigenschaftsbündel. Die Ergebnisse werden mit mittels der Kontingenten Bewertungsmethode ermittelten sowie mit mittels DCE ermittelten Zahlungsbereitschaften für ähnliche Güter verglichen.

Diskussion

Die in der deutschen Sportwissenschaft bislang noch wenig angewandte Methode der DCE hat sich im gegebenen Kontext bewährt. Die Möglichkeiten der Präferenz- und Zahlungsbereitschaftsmessung für andere multidimensionale Sportgüter sollte daher in Betracht gezogen werden.

Literatur

Haaijer, R. & Wedel, M. (2001). Conjoint Choice Experiments: General Characteristics and Alternative Model Specifications. In A. Gustafsson, A. Herrmann & F. Huber (Eds.), *Conjoint Measurement: Methods and Applications*. Berlin: Springer.

Louviere, J. J., Hensher, D. A. & Swait, J. (2010). *Stated choice methods: analysis and application*. Cambridge: Cambridge University Press.

Postersession: Rudern auf dem Wasser und an Land

Einfluss des Außenarmzuges auf die Zugrichtung am Innenhebel und die Stemmbrettkraft beim Riemenrudern

NINA SCHAFFERT[1], STEFANIE MANZER[1], MARTIN REISCHMANN[1], WOLFGANG BÖHMERT[2] & KLAUS MATTES[1]

[1]Universität Hamburg, [2]Institut FES Berlin

Einleitung

Bei getauchtem Blatt (einarmiger Hebel mit Drehpunkt am Blatt) wird das Boot durch die Normalkraft am Riemen in Vortriebsrichtung gehebelt. Ein großes Drehmoment entsteht, wenn im Vorderzug der Außenarm dominant eingesetzt wird, denn dieser zieht am längeren Hebel mit tangentialerer Zugrichtung als der Innenarm (Arm näher zur Dolle). Trotz größerem Drehmoment muss die Reaktionskraft am Stemmbrett dabei nicht ansteigen (Kleshnev, 2012). Neben dem Einfluss auf die Normalkraft und Zugrichtung wird eine unterschiedliche Reaktion von Innen- und Außenbeinkraft am Stemmbrett erwartet.

Methode

Im Feldtest wurden gewohntes Rudern (Baseline) und die Variante dominanter Außenarmzug im Vorderzug bei männlichen Kaderathleten des DRV ($N = 26$) aus drei Leistungsklassen (Junioren, n = 12, Senioren Leichtgewicht, n = 8 und Senioren Schwergewicht, n = 6) bei Schlagfrequenz 20 Schläge/min im Riemen Vierer ohne Steuermann geprüft. Die Normal-, Längs-, Außenhandkraft und der Zugrichtungswinkel am Innenhebel sowie die Stemmbrettkraft von Innen- und Außenbein wurden mittels eines mobilen Messsystems (FES, Messgenauigkeit der Kraft 1,5%) gemessen und varianzanalytisch verglichen.

Ergebnisse

Im Vorderzug vergrößerte der dominante Außenarmzug vs. Baseline die Außenarm- (278 ± 58 N vs. 225 ± 60 N, $p = 0{,}00$) und die Normalkraft (357 ± 74 N vs. 327 ± 73 N, $p = 0{,}00$) bei vergleichbarem Zugrichtungswinkel am Innenhebel (57,7 ± 3.1° N vs. 56,8 ± 3,0° N, $p = 0{,}08$), steigerte die Stemmbrettkraft des Außenbeins (289 ± 58 N vs. 259 ± 53 N, $p = 0{,}00$) bei vergleichbarer Kraft des Innenbeins (249 ± 61 N vs. 261 ± 65 N, $p = 0{,}08$). Trotz höherer Normalkraft am Innenhebel resultierte keine erhöhte Summenstemmbrettkraft (538 ± 109 N vs. 521 ± 111 N, $p = 0{,}09$).

Diskussion

Der dominante Außenarmzug erhöht die Wirksamkeit der Kraftabgabe am Innenhebel (höheres Drehmoment) und Stemmbrett (geringe Stemmbrettkraft des Innenbeins) erhöht. Somit wurde der theoretische Zusammenhang von Drehmoment, Außenarm- und Stemmbrettkraft messtechnisch belegt. Für das Wassertraining leitet sich der Grundsatz ab: Im Vorderzug durch dominanten Einsatz des Außenarmes und eine tangentiale Krafteinleitung das Drehmoment am Innenhebel zu steigern und die Stemmbrettkraft zu senken.

Literatur

Kleshnev, V. (2012). *Rowing Biomechanics Newsletter, 12* (137).

Akustisches Feedback zur Mannschaftssynchronisation im Rennrudern

NINA SCHAFFERT & KLAUS MATTES

Universität Hamburg

Einleitung

Die zeitliche Struktur akustischer Information unterstützt das Timing und die Synchronisation einzelner Bewegungsmerkmale (Kenyon & Thaut, 2005). Im Rennrudern konnten die Qualität der Ruderbewegung und die Mannschaftssynchronisation (MSync) mit akustischem Feedback (AF) verbessert sowie der Bootsbeschleunigungs-Zeit-Verlauf (aBZV) optimiert werden (Schaffert & Mattes, 2015). Der Beitrag beschreibt die Wirkung AFs auf die wahrgenommene Mannschaftssynchronisation im Rennboot.

Methode

N = 30 Juniorkaderathleten des Deutschen Ruderverbandes (AJ; n = 18 und BJ; n = 12) trainierten mit AF in acht Booten verschiedener Klassen. Gemessen wurden die Kraft am Innenhebel und Ruderwinkel mit einem Mobilen Messsystem (Institut FES). Der aBZV wurde mittels MEMS-Sensor (bis 125 Hz; 1% Messgenauigkeit; ± 2 g) in zwei Intensitätsbereichen (Schlagfrequenz 20, 22 ± 0,5 Schläge/min) erfasst, mit Parameter-Mapping sonifiziert und zeitsynchron über 4 x 2000 m ohne und mit AF in randomisierter Reihenfolge präsentiert. Verglichen wurden die mittleren Bootsgeschwindigkeiten, Zeitstrukturen der aBZV-Teilphasen, Technikkennwerte und Spannweiten (ANOVA mit Messwiederholung). Die Wirkung AFs auf rudertechnische Aspekte wurde standardisiert erfragt.

Ergebnisse

Die mittlere Bootsgeschwindigkeit stieg mit AF signifikant (F_2 = 43,46; P = 0,001; η_p^2 = 0,92) in beiden Intensitätsbereichen. Im aBZV resultierten strukturelle Veränderungen im Freilauf und den Umkehrphasen der Ruderbewegung. Die MSync und individuelle Schlag- und Bewegungsstruktur verbesserten sich: reduzierte Spannweiten bei den Durchzugs- und Freilaufzeiten, Rhythmusverhältnissen und Zuggeschwindigkeiten. Die Athletenaussagen bestätigten: „Mit Ton sind die Schläge synchronisierter." „Man hört sofort, wenn man zu langsam ist." „Unterschiede im Bootsdurchlauf zwischen ohne und mit werden deutlich."

Diskussion

Mit AF des aBZV bestehen spezifische Möglichkeiten zur Ansteuerung der MSync und leistungsrelevanter Merkmale der Rudertechnik im Durchzug und Freilauf. Die Befragung zeigte eine hohe Übereinstimmung mit den biomechanischen Messergebnissen. Dabei reflektierten die Athleten weitere Details. Die AF-induzierten Technikveränderungen werden detailliert wahrgenommen und subjektiv bewertet. Durch das Training mit AF wird eine auditive Sensitivität für den Klang entwickelt und das Bewegungstiming bereits subkortikal unterstützt (Kenyon & Thaut, 2005).

Literatur

Kenyon, G. P. & Thaut, M. H. (2005). Rhythmic-driven Optimization of Motor Control. In M. H. Thaut (Eds.), *Rhythm, Music and the Brain: Scientific Foundations and Clinical Applications* (pp.85-112). New York: Routledge Chapman & Hall.

Schaffert, N. & Mattes, K. (2015). Interactive Sonification in Rowing: An Application of Acoustic Feedback for On-Water Training. *IEEE MultiMedia, 22* (1), 58-67.

Ergebnisse dreier Pilotstudien zur Messung ereigniskorrelierter hirnelektrischer Potentiale beim Ergometerrudern

HOLGER HILL

Karlsruher Institut für Technologie (KIT)

Einleitung

Die Messung der Hirnaktivität ist von grosser Bedeutung zur Untersuchung menschlichen Verhaltens in verschiedenen Bereichen unter natürlichen Bedingungen. Zur Messung neuronaler Aktivität an sich frei bewegenden Personen ist neben der 'near infrared spectroscopy' (NIRS) vor allem die Messung von Hirnströmen (EEG) geeignet. Konventionelle Laborsysteme sind i. d. R. jedoch zu gross und zu anfällig gegenüber Bewegungsartefakten, daher sind diverse Anpassungen nötig, d. h. die Messgeräte müssen portabel sein und potentielle Artefaktquellen sollten durch technische Anpassungen so gut wie möglich beseitigt werden.

Methode

In der vorliegenden Studie wurden drei verschiedene Ansätze zur Messung der im EEG enthaltenen 'event related potentials' (ERP) getestet. 1. Ein Eigenbau-EEG-Verstärker mit einem am Hinterkopf befestigten Vorverstärker. 2. Ein kommerzielles System mit aktiven Elektroden. 3. Ein modifiziertes kommerzielles EEG Headset mit drahtloser Datenübertragung zu PC/Notebook oder Smartphone. Zur Überprüfung der Datenqualität wurden mittels visueller Stimulation typische ERPs (VEP, P300) in einer Ruhebedingung und während des Ruderns generiert und miteinander verglichen. Ausserdem wurden bewegungsrelatierte Potentiale, getriggert auf den Kraft-Zeit-Verlauf des Ruderschlages, untersucht.

Ergebnisse

Alle zehn Messungen (n = 3/3/4 für Versuch 1/2/3) zeigten intraindividuell sehr ähnliche ERPs (VEP, P300) zwischen der Ruhe- und der Ruderbedingung, da sich die zwar reduzierten aber noch vorhandenen Bewegungsartefakte beim 'averagen' der Daten (eine Standardprozedur zur Berechnung von ERPs) ausmittelten und die visuelle Stimulation nicht mit der Bewegung synchronisiert war. Anderseits waren die bewegungsrelatierten ERPs durch diese Bewegungsartefakte nicht verwertbar.

Diskussion

Die geringen intraindividuellen Differenzen zwischen Ruhe- und Ruderbedingung im Vergleich zu den typischen deutlichen Differenzen zwischen den Probanden zeigen, dass mit den verwendeten Verfahren brauchbare ERPs selbst unter einer athletischen Bewegung wie dem Rudern gemessen werden können, sofern die die ERPs generierenden Stimuli oder Aktionen nicht mit der Bewegung synchronisiert sind. Dies eröffnet die Anwendung von ERP-Messungen unter naturnahen Bedingungen in verschiedenen Forschungsfeldern. Die Messung von bewegungsrelatierten ERPs in der Motorikforschung am sich frei bewegenden Probanden erfordert dagegen noch weitere Verbesserungen in der Unterdrückung und/oder Korrektur von Bewegungsartefakten.

Postersession : Sportwissenschaftliche Varia

Selbstwirksamkeit und Prüfungsleistung im Handball

ANDREAS WILHELM

Christian-Albrechts-Universität zu Kiel

Einleitung

Selbstwirksamkeitserwartungen (SWE) sind wesentliche Prädiktoren der Leistung im Sport (Feltz, Short & Sullivan, 2008). Sie können allgemeinen oder spezifischen Charakter haben. Spezifische SWE richten sich auf die Sicherheit eine konkrete Aufgabe zu bewältigen. Allgemeine SWE sind generalisierte Kontrollüberzeugungen, grundsätzlich Probleme und Hindernisse erfolgreich bewältigen zu können. Wie effektstark und wie zeitlich stabil ist der Zusammenhang von allgemeinen sowie von sportspielspezifischen SWE im Hinblick auf Prüfungsleistungen im Sportspiel?

Methode

An der Untersuchung nahmen 58 Sportstudierende des sechsten Semesters teil. Fragebogen erfassen *Motorische Selbstwirksamkeit* (MOSI, Wilhelm & Büsch, 2006) und *Handballspezifische Selbstwirksamkeit* (HASI, Wilhelm & Büsch, 2013). Die Prüfungsleistung im Handball wurde von zwei Prüfern als Noten festgehalten. Die Erhebung der SWE erfolgte drei Wochen (t_1) sowie unmittelbar (t_2) vor der Praxisprüfung im Handball.

Ergebnisse

Über die Zeit von drei Wochen (t_1) und unmittelbar (t_2) vor der Prüfung sind handballspezifische SWE stabil ($r = .83$, $M_{t1} = 2.9$, $M_{t2} = 3.0$), die Merkmale der motorischen SWE sind es nicht ($.39 < r < .47$, $p < .05$), d. h. einige Studierende ändern ihre Einschätzung jedoch ohne Unterschied der Mittelwerte ($t < 1.6$, $p > .12$). Prüfungsnote und handballspezifische SWE hängen eng zusammen (drei Wochen vor der Prüfung: $r = .65$, am Prüfungstag: $r = .43$, $p < .05$). Für die motorischen SWE sind die Zusammenhänge schwächer (drei Wochen vorher: $.25 < r < .28$, $p < .05$), am Prüfungstag jedoch nicht signifikant ($r < .10$).

Diskussion

Erwartungskonform sind handballspezifische SWE stabil und Prädiktoren der Prüfungsleistung. Bedingt gilt dies auch für die motorischen SWE zur Bewegungs- und Sportkompetenz. Drei Wochen vor der Prüfung könnten diese übergreifenden Kompetenzerwartungen zum Üben motivieren und somit die spezifische SWE zusammen mit praktischen Erfahrungen aufbauen. Am Prüfungstag wäre jedoch nur die spezifischen Kompetenzerwartungen eine psychische Ressource für die Prüfungsleistung.

Literatur

Feltz, D. L., Short, S. E. & Sullivan, P. J. (2008). *Self efficacy in sport: Research and strategies for working with athletes, teams and coaches.* Champaign, IL: Human Kinetic.

Wilhelm, A. & Büsch, D. (2006). Selbstwirksamkeit und motorisches Lernen im Sport. Konzeption einer bereichsspezifischen Diagnostik. *Zeitschrift für Sportpsychologie, 13* (3), 89-97.

Wilhelm, A. & Büsch, D. (2013). Sportspielspezifische Wirksamkeitserwartungen im Nachwuchsleistungshandball. *Zeitschrift für Sportpsychologie, 20* (4), 137-149.

Safe Sport – Schutz von Kindern und Jugendlichen im organisierten Sport in Deutschland: Analyse von Ursachen, Präventions- und Interventionsmaßnahmen bei sexualisierter Gewalt

BETTINA RULOFS[1], ILSE HARTMANN-TEWS[1], JÖRG M. FEGERT[2], THEA RAU[2] & MARC ALLROGGEN[2]

[1]Deutsche Sporthochschule Köln, [2]Universitätsklinikum Ulm

Einleitung

Der organisierte Sport in Deutschland zählt zu den wichtigsten Orten für Freizeitaktivitäten von Kindern und Jugendlichen. Inwiefern im Sportsystem Risiken für Machtmissbrauch und sexualisierte Gewalt bestehen, ist bislang in Deutschland – bis auf eine Studie – noch zu wenig untersucht worden (vgl. Klein & Palzkill 1998). Im internationalen Raum ist die Forschungslage differenzierter (vgl. u. a. Brackenridge, 2001; 2005), allerdings lassen sich die Befunde der internationalen Studien nicht ohne weiteres auf den freiwillig organisierten Sport in Deutschland übertragen. Das vom Bildungsministerium für Bildung und Forschung geförderte Projekt „*Safe Sport*" setzt sich zum Ziel, diese Forschungslücken zu schließen. Durch einen multidisziplinären Zugang und die Bündelung der Expertisen von Sportsoziologie (DSHS Köln) und der Kinder- und Jugendpsychiatrie/Psychotherapie (Universitätsklinikum Ulm) werden Erkenntnisse zu Entstehungsbedingungen, Prävalenz und Formen sexualisierter Gewalt sowie deren Prävention im Sport generiert.

Methode

Das Verbundprojekt besteht aus *fünf* Modulen: (1) Basisbefragung von zentralen Organisationen und Einrichtungen des Sports zum Umsetzungsstand bei der Implementierung von Kinderschutz (teilstandardisierte Befragung mit themenbezogenen Expert(inn)en). (2) Analyse der hemmenden und förderlichen Bedingungen für den Kinderschutz in Sportorganisationen (qualitative problemzentrierte Interviews). (3) Befragung von Sportler(inne)n zu Ausmaß, Formen und Folgen von sexualisierter Gewalt im Sport (standardisierte Online-Befragung). (4) Erhebung des Status Quo zum Kinderschutz auf Ebene der Sportvereine (standardisierte Online-Befragung im Rahmen des Sportentwicklungsberichtes). (5) Evaluation von Fortbildungen für u. a. Trainer/innen und Übungsleiter/innen im Sport (drei Messzeitpunkte, standardisierte Befragung).

Ergebnisse

Die Ergebnisse des Projektes werden in Kooperation mit der Deutschen Sportjugend zur Weiterentwicklung der Maßnahmen zum Kinderschutz genutzt.

Literatur

Brackenridge, C. (2001). *Spoilsports. Understanding and preventing sexual exploitation in sport*. London/New York: Routledge.
Brackenridge, C., Pawlaczek, Z., Bringer, J. D., Cockburn, C., Nutt, G., Pitchford, A. & Russel, K. (2005). Measuring the impact of child protection through Activation States. *Sport, Education and Society*, 10, 2, 239-256.
Klein, M. & Palzkill, B. (1998). *Gewalt gegen Mädchen und Frauen im Sport*. Düsseldorf: Ministerium für Frauen, Jugend, Familie und Gesundheit des Landes Nordrhein-Westfalen.

Open Science in der Sportwissenschaft?!
Das Projekt MoRe data – Sportwissenschaftliche Forschungsdaten zitierfähig aufbereiten

LARS SCHLENKER[1], CLAUDIA ALBRECHT[1], ALEXANDER WOLL[1], REGINE TOBIAS[1] & KLAUS BÖS[1]

[1]Karlsruher Institut für Technologie (KIT)

Hintergrund

Die motorische Leistungsfähigkeit im Allgemeinen und die Leistungsfähigkeit von Kindern und Jugendlichen im Besonderen sind in der wissenschaftlichen Auseinandersetzung ein relevantes Thema. Daten zur motorischen Leistungsfähigkeit werden in einer Vielzahl von Projekten seit Jahrzehnten national und international erhoben. Die aktuelle Studienlage ist jedoch gekennzeichnet durch uneinheitliche und teilweise widersprüchliche Ergebnisse (vgl. u. a. Olds et al., 2006). Zudem führen viele erhobene Daten nie zu Publikationen und bleiben damit den interessierten Forschergruppen und damit der Öffentlichkeit verwehrt. Ein verbesserter Zugang zu erhobenen Forschungsdaten bietet eine Reihe von Vorteilen, insbesondere für Wissenschaftler, die ihre Daten teilen: die Sichtbarkeit der eigenen Forschungstätigkeit steigt und es ist belegt, dass Publikationen, deren zugehörigen Daten offen verfügbar sind, signifikant häufiger zitiert werden (Piwowar et al., 2007).

Ziel

Alle verfügbaren Daten zur motorischen Leistungsfähigkeit in einer eResearch-Infrastruktur zu bündeln und der Allgemeinheit zur Verfügung zu stellen ist das zentrale Ziel des DFG geförderten Projekts *MoRe data*. Im Mittelpunkt stehen in einem ersten Schritt Daten des Deutschen Motorik-Tests 6-18 (Bös et al., 2009) sowie weiterer ausgewählter normierter Testaufgaben mit großem Verbreitungsgrad. In Kooperation mit der Bibliothek des Karlsruher Instituts für Technologie (KIT) und IT-Experten entsteht mit *MoRe data* eine webbasierte Anwendung., Die in der Datenbank eingepflegten Forschungsdaten können als zitierfähiger und international nachgewiesener Datensatz jederzeit exportiert und nachgenutzt werden. Sowohl Rohdatensätze als auch deskriptive Statistiken sollen zur Verfügung gestellt werden. Forschungsdaten werden versioniert abgelegt, langfristig gespeichert und zitierfähig aufbereitet. Die rechtlichen Rahmenbedingungen werden über die Vergabe der Creative-Commons-Lizenz CC-BY verbindlich und transparent geregelt. Dadurch sollen Anreize entstehen, eigene Forschungsdaten zu teilen sowie selbst mit zitierfähigen Daten weiter Forschung zu betreiben. *MoRe data* soll damit explizit einen Beitrag zur wissenschaftlichen Verwertbarkeit von Motorikforschungsdaten leisten.

Literatur

Bös, K., Schlenker, L., Büsch, D., Lämmle, L., Müller, H., Oberger, J. & Tittlbach, S. (2009). *Deutscher Motorik-Test 6-18 (DMT 6-18)*. Hamburg: Czwalina.
Olds, T., Tomkinson, G., Leger, L. & Cazorla, G. (2006). Worldwide variation in the performance of children and adolescents: an analysis of 109 studies of the 20-m shuttle run test in 37 countries. *Journal of sports sciences*, 24 (10), 1025-1038.
Piwowar, H. A., Day, R. S., & Fridsma, D. B. (2007). Sharing detailed research data is associated with increased citation rate. *PloS one*, 2 (3), e308.

Postersession: Kommission Gesundheit

Online-Trainingsplattform „OnkoAktiv" – Machbarkeit von internetbasiertem körperlichem Training bei Krebspatienten – Ergebnisse einer Pilotstudie

BELINDA HOFFMANN[1], REA KÜHL[2], BEATE BIAZEK[2], DIETMAR SCHMIDT-BLEICHER[3] & JOACHIM WISKEMANN[2]

[1]Universitätsklinikum Ulm, [2]Nationales Centrum für Tumorerkrankungen (NCT), Heidelberg, [3] Johann Wolfgang Goethe-Universität Frankfurt/M.

Einleitung

Im Rahmen der Sport- und Bewegungstherapie wird Online-Training vorrangig bei chronischen Erkrankungen wie Diabetes, COPD, kardiovaskulären Erkrankungen (Kuijpers et al., 2013) sowie chronischen Rückenschmerzen (Pfeifer et al., 2012) angewendet. Da Studien gezeigt haben, dass körperliches Training für Krebspatienten in allen Erkrankungsphasen positive Effekte hervorruft (Schmitz et al., 2010), soll mit dem vorliegenden Projekt die Machbarkeit und Akzeptanz eines selbstständig und zu Hause durchführbaren Online-Trainings bei Krebspatienten untersucht werden.

Methode

4 Wochen lang trainierten 16 Krebspatienten (m = 6, w = 10) verschiedener Entitäten im Alter von 24 bis 77 Jahren mit der Online-Plattform, welche auf der Basis des Interventionstrainings für Patienten mit allogener Stammzelltransplantation entwickelt wurde (Wiskemann et al., 2011). Die Trainingsintensität wird an das tägliche Befinden der Patienten angepasst. Der primäre Endpunkt Machbarkeit wurde mittels digitaler Dokumentation der Kraft- und Ausdauereinheiten (Übungen, Dauer, Patienten-Feedback) erfasst. Aspekte wie Barrieren, Motive, Anwenderfreundlichkeit wurden mit einem selbst entwickelten Fragebogen erhoben. Alle Teilnehmer hatten Trainingserfahrung sowie Vorerfahrungen mit Computern.

Ergebnisse

13 Patienten (81,3%) konnten alle 12, jedoch mind. 8 Einheiten der vorgegebenen Trainingseinheiten, durchführen und über 81,3% der Patienten hielten die Vorgaben für angemessen. 87,5% der Patienten hatten keine Angst sich zu verletzen und 81,3% sahen kein Risiko darin, allein zu trainieren. Als Hauptgrund nicht trainieren zu können wurde von 18,8% Zeitmangel genannt. 68,8% beurteilten die Plattform als sehr anwenderfreundlich und benötigten keine Hilfe bei der Bedienung. Das Hauptmotiv war für 68,8% der Patienten zu Hause angeleitet trainieren zu können. Die sportwissenschaftliche Betreuung per Chat wurde von 81,3% der Patienten als nicht unpersönlich eingestuft.

Diskussion

Die Ergebnisse zeigen, dass Online-Training mit „OnkoAktiv" eine machbare Option für die bewegungstherapeutische Betreuung bei Krebspatienten darstellen kann. Trainingserfahrung und Vorerfahrungen mit dem Computer sind dafür empfehlenswert. Trotzdem sind weitere, langfristige Evaluationsstudien mit größeren Patientengruppen unter Berücksichtigung der Erkenntnisse dieser Arbeit notwendig.

Literatur

Kuijpers. W. et al. (2013) A systematic review of Web-Based Interventions for Patient Empowerment and Physical Activity in Chronic Diseases: Relevance for Cancer Survivors. *J Med Internet Res, 15* (2), e37

Pfeifer, K., et al. (2012). E-Training zur bewegungs- und verhaltensbezogenen Förderung der Rückengesundheit. *Bewegungstherapie und Gesundheitssport, 4*, 160.

Schmitz, K. H et al. (2010). American College of Sports Medicine roundtable on exercise guidelines for cancer survivors. *Med Sci Sports Exerc, 42* (7), 1409-26.

Wiskemann, J., et al. (2011). Effects of a partly self-administered exercise program before, during, and after allogeneic stem cell transplantation. *Blood, 117* (9), 2604-2613.

Entwicklung der bioelektrischen Impedanz im Kindes- und Jugendalter und Parallelen zur Motorik (MoMo-Studie)

STEFFEN SCHMIDT, LARS SCHLENKER, CLAUDIA ALBRECHT, KLAUS BÖS & ALEXANDER WOLL

Karlsruher Institut für Technologie

Einleitung

Die Entwicklungen der Konstitution und der motorischen Leistungsfähigkeit im Kindes- und Jugendalter sind Prädiktoren für einen gesunden und aktiven Lebensstil und Zusammenhänge zwischen ihnen sind evident (vgl. z. B. Castetbon & Andreyeva, 2012). Differenzierte Diagnoseverfahren wie die bioelektrische Impedanzanalyse (BIA) helfen dabei, den Entwicklungsstand von Kindern zu verfolgen und etwaige Negativentwicklungen zu diagnostizieren. In diesem Beitrag werden die Daten zum Verlauf der bioelektrischen Impedanz und ausgewählten Parametern der Motorik im Alter von 4-24 Jahren dargestellt.

Methode

Im Rahmen der Motorik-Modul (MoMo) Längsschnittstudie wurden neben Daten zur Motorik (12 sportmotorische Tests) und Anthropometrie, auch die Daten zur bioelektrischen Impedanz (Typ Nutriguard-S) von 3443 Kindern und Jugendlichen im Alter von 4-24 Jahren erhoben. Die Daten wurden in Zusammenarbeit mit dem Projektpartner Robert Koch Institut in einem aufwändigen Verfahren gewichtet und in diesem Beitrag mit Hilfe der LMS Methode (LMSChartmaker Pro v. 2.54) als Perzentilkurven der Anthropometrie (BMI, Waist-to-Hip-Ratio, R, Xc und Phasenwinkel) und Motorik (Standweitsprung, Reaktionstest) geschlechtsspezifisch dargestellt.

Ergebnisse

Regressionsanalysen zeigten mittlere bis hohe Zusammenhänge zwischen dem Phasenwinkel und den kraft- und ausdauerdeterminierten Testaufgaben (Schmidt et al., 2013). Die gewichteten Perzentilkurven von 4 bis 25 Jahre zeigen nicht-lineare Verläufe der motorischen und körperlichen Entwicklung und bestätigen Zusammenhänge in Abhängigkeit vom betrachteten anthropometrischen Maß und dem Geschlecht.

Diskussion

Repräsentative Daten und das Wissen um die nicht-linearen Verläufe von Parametern der Konstitution und Motorik erlauben es, auffällige Entwicklungsverläufe bei Kindern und Jugendlichen noch gezielter zu diagnostizieren. Eine Diskussion um Gründe für die Nichtlinearität der Verläufe und Verbesserung der Diagnosemethoden ist wünschenswert.

Literatur

Castetbon, K., & Andreyeva, A. (2012). Obesity and Motor Skills among 4 to 6-year-old Children in the United States: Nationally Representative Surveys. *BMC Pediatrics, 12* (28).

Schmidt, S., Schlenker, L., Albrecht, C. Bös, K. & Woll, A. (2013). Zusammenhänge zwischen Motorik und Parametern der bioelektrischen Impedanz bei Kindern & Jugendlichen. In F. Mess, M. Gruber & Woll, A. (Hrsg). *Sportwissenschaft grenzenlos?! Abstracts zum 21. cvs-Hochschultag Konstanz 25.-27. September 2013.* Reihe Schriften der Deutschen Vereinigung für Sportwissenschaft, Band 230 (S. 150). Hamburg: Feldhaus Verlag.

Bewertungsmaßstab eines ICF orientierten Mobilitätstests

CHRISTIAN KACZMAREK[1], MICHAEL FRÖHLICH[2], MARKUS SCHWARZ[1] & GEORG WYDRA[1]

[1]Universität des Saarlandes, [2]Technische Universität Kaiserslautern

Einleitung

Der Timed Up and Go Test (TUG) ist ein etabliertes Verfahren zur Mobilitätsüberprüfung bei hochbetagten Menschen. Bei unter 60-jährigen Patienten weist dieser Test allerdings eine geringere Trennschärfe auf (Kaczmarek, Schwarz & Wydra, 2014). Daher wurde in Anlehnung an die International Classification of Functioning, Disability and Health (ICF) ein modifizierter TUG für Personen ab 50 Jahren (TUG50+) entwickelt, der neben dem Messparameter Zeit auch eine qualitative Beurteilung anhand einer standardisierten Beobachtung enthält. In dieser Studie soll nun untersucht werden, ob der TUG50+ (Aufrichten; Gehen; Hindernis überwinden; Gegenstand mit unteren Extremitäten bewegen; Auf den Boden setzen und aufstehen; Gegenstand anheben, tragen und absetzen; Hinsetzen) eine bessere Trennschärfe liefert als der TUG.

Methode

An der Studie nahmen insgesamt 121 Patienten mit neurologischen (Ne) (N = 52, stellvertretend für Patienten mit motorischen Störungen) und Hals-Nasen-Ohren-Erkrankungen (HNO) (N = 71, stellvertretend für Patienten ohne motorische Störungen) teil (Alter 52,2 ± 8,5 Jahre, BMI 26,6 ± 4,5). Die Patienten absolvierten in randomisierter Form den TUG sowie den TUG50+. Als Testkriterien dienten die benötigte Zeit (TUG, TUG50+) sowie die qualitative Bewertung des TUG50+ (Summenscore: maximal 17 Punkte).

Ergebnisse

Die Patienten benötigten für den TUG im Mittel 6,9 ± 1,4 s (Ne: 7,6 ± 1,4 s; HNO: 6,4 ± 1,2 s) und für den TUG50+ 23,2 ± 8,0 s (Ne: 27,6 ± 9,1 s; HNO: 19,7 ± 5,1 s). HNO-Patienten durchliefen beide Tests schneller als Ne-Patienten ($p < 0,05$). Hinsichtlich der Itemschwierigkeit des TUG50+ unterschieden sich die Gruppen nicht signifikant (Ne: 16,7 ± 0,9 Punkte, $p_m = 0,98$; HNO: 16,8 ± 0,5 Punkte, $p_m = 0,99$).

Diskussion

Die geringe Trennschärfe des TUG bei < 60 Jährigen zeigt sich auch bei dieser Studie. Anhand des Messparameters Zeit lassen sich beim TUG50+ Leistungsunterschiede zwischen den getesteten Gruppen erkennen. Die qualitative Beurteilung lässt anhand des aktuellen Bewertungsmaßstabes jedoch keine Differenzierung zu. Aufgrund der geringen Itemschwierigkeit muss weiterhin überprüft werden, ob der Bewertungsmaßstab angepasst oder die Zeit als alleiniges Testkriterium dienen kann. Zudem müssen weitere Studien den TUG und den TUG50+ an leistungs- und altersheterogeneren Gruppen untersuchen, um empirisch gesicherte Cut-Off Werte bestimmen zu können.

Literatur

Kaczmarek, C., Schwarz, M. & Wydra, G. (2014). Timed Up and Go Test für Patienten mittleren Alters. *Bewegungstherapie und Gesundheitssport, 30* (5), 240.

Präoperative Betreuungskonzepte in der Onkologie

DANIEL PFIRRMANN & PERIKLES SIMON

Joahnnes Gutenberg-Universität Mainz

Einleitung

Perioperative Komplikationen haben großen Einfluss auf die Ergebnisse einer Operation. Es konnte bereits gezeigt werden, dass die präoperative Leistungsfähigkeit ein Prädiktor für die postoperative Prognose darstellen kann (Kasikcioglua, Toker, Tanjub, Arzuman, Kayserilioglu, Dilegeb & Kalayci, 2008; Moyes, McCaffer, Carter, Fullarton, Mackay, & Forshaw, 2013). Eine schlechte präoperative Leistungsfähigkeit (VT < 11 ml/min/kg) erhöht das Mortalitätsrisiko und die Anzahl postoperativer Komplikationen bei großen operativen Eingriffen (Older & Hall, 2004). Das Ziel dieser Übersichtsarbeit ist die Zusammenfassung präoperativer Interventionsstudien bei onkologischen Patienten.

Methode

Es wurde eine systematische Literaturrecherche in den Datenbanken MEDLINE und WEB OF SCIENCE durchgeführt. Mit Hilfe im Vorfeld festgelegter Ein- und Ausschlusskriterien wurden geeignete Artikel identifiziert. Studien, die eine Steigerung der körperlichen Leistungsfähigkeit in Form einer präoperativen Betreuung von onkologischen Patienten durchführten, wurden für dieses Review eingeschlossen.

Ergebnisse

Insgesamt erfüllten 17 Studien die Anforderungen. Die Trainingsinhalte sind meist ausdauerorientiert. Spezielle Trainingsformen fanden bei dem Ösophaguskarzinom und Lungenkarzinom sowie bei dem Prostatakarzinom Anwendung. Hier wurden ein inspiratorisches Muskeltraining und ein Beckenbodentraining eingesetzt. In Interventionszeiträumen von eins bis sechs Wochen trainierten die Studienteilnehmer zwischen 3 und 7 Einheiten die Woche. Primäre Endpunkte waren neben der allgemeinen Durchführbarkeit, die Lebensqualität (Quality of Life, QoL), VO_2peak und Dauer des Krankenhausaufenthaltes.

Diskussion

Prehabilitation ist bisher nicht weitverbreitet, jedoch zeigen die Studien positive Ergebnisse. Kurze Interventionszeiten aufgrund der bevorstehenden OP erwiesen sich als durchführbar, tolerabel und effektiv. Die Verbesserung der QoL sowie eine gesteigerte Leistungsfähigkeit sprechen für eine aktive Gestaltung der präoperativen Wartephase. So könnte auch Hochrisikopatienten, die aufgrund einer mangelhaften Leistungsfähigkeit nicht operiert werden, durch ein gezieltes präoperatives Konzept die OP ermöglicht werden.

Literatur

Kasikcioglua, E., Toker, A., Tanjub, S., Arzuman, P., Kayserilioglu, A., Dilegeb, S. & Kalayci, G. (2008). Oxygen uptake kinetics during cardiopulmonary exercise testing and postoperative complications in patients with lung cancer. *Lung Cancer 66 (2009) 85-88.* doi: 10.1016/j.lungcan.2008.12.024.

Moyes, L., McCaffer, C., Carter, R., Fullarton, G., Mackay, C. & Forshaw, M. (2013) Cardiopulmonary exercise testing as a predictor of complications in oesophagogastric cancer surgery. *Ann R Coll Surg Engl 2013; 95: 125-130.* doi: 10.1308/003588413X13511609954897.

Older, P. & Hall, A. (2004). Clinical review: How to identify high-risk surgical patients. *Critical Care 2004, 8:369-372.* doi: 10.1186/cc2848.

Homogene und geschlossene Gruppenstrukturen als Ausgangspunkt für effektives, berufsspezifisches Bewegungs- und Ergonomietraining in der orthopädischen Rehabilitation

PHILIPP PREßMANN[1], SONJA KLEINE[1], JÜRGEN PHILIPP[2,3] & BIRGIT LEIBBRAND[2]

[1]Institut für Rehabilitationsforschung Norderney, [2]Salzetalklinik Bad Salzuflen, [3]Klinik am Lietholz, Bad Salzuflen

Einleitung

Für eine gezieltere/passgenauere Integration von Menschen mit besonderen beruflichen Problemlagen bietet die Deutsche Rentenversicherung (DRV) Maßnahmen zur medizinisch-beruflich orientierten Rehabilitation (MBOR) an, deren Wirksamkeit vielfältig belegt ist (Hillert et al., 2009). Die Ausgestaltung der MBOR-Maßnahmen obliegt der Reha-Einrichtung, den Rahmen gibt die DRV vor (DRV, 2012). Aus zwei Forschungsprojekten liegen Anhaltspunkte für die besondere Wirksamkeit von berufsbezogenem Bewegungs- und Ergonomietraining in berufshomogenen, geschlossenen Gruppen vor.

Methode

Eine Wirksamkeitsstudie einer speziellen MBOR wurde als randomisierte kontrollierte Interventionsstudie im Längsschnittdesign mit vier Messzeitpunkten konzipiert. Darauf aufbauend wird aktuell eine formative Evaluation zur Implementierung von MBOR-Prozessen durchgeführt. Das Datenmaterial setzt sich hierbei aus qualitativen, leitfadengestützten Interviews und Fokusgruppen zusammen, die inhaltsanalytisch ausgewertet wurden.

Ergebnisse

Das berufsorientierte Gruppenprogramm für körperlich tätige Arbeiterberufe (Intervention), bei dem das Bewegungs- und Ergonomietraining von Sportlehrern und Physiotherapeuten im Mittelpunkt steht, generiert signifikante Gruppenunterschiede bzgl. körperlicher und beruflicher Funktionsfähigkeit im Vergleich zur konventionellen Reha (Kontrolle). Therapeuten und Patienten äußern eine hohe Zufriedenheit mit der berufshomogenen und geschlossenen Gruppenzusammensetzung. Im aktuell durchgeführten, formativen Evaluationsprojekt konkretisieren Sport- und Physiotherapeuten, aber auch Psychologen und Sozialberater diese Einschätzung: homogene, geschlossene Gruppen fördern den offenen Austausch und ermöglichen gegenseitige Akzeptanz und Hilfestellung („Peer Education", „Lernen am Modell"). Über die Gruppendynamik sind höhere Motivation und Zufriedenheit bei Patienten zu beobachten, die mit dem Reha-Erfolg in Verbindung gebracht werden.

Diskussion

Die Behandlung in berufshomogenen und geschlossenen Gruppen sollte nach der Einschätzung des interdisziplinären Therapeutenteams einen Standard in der medizinisch-beruflich orientierten, orthopädischen Rehabilitation darstellen.

Literatur

Deutsche Rentenversicherung (2012). *Anforderungsprofil zur Durchführung der Medizinisch-beruflich orientierten Rehabilitation (MBOR) im Auftrag der DRV.* 3., überarb. Aufl.. Berlin: DRV Bund.
Hillert, A., Müller-Fahrnow, W. & Radoschewski, F. M. (Hrsg.). (2009). *Medizinisch-beruflich orientierte Rehabilitation. Grundlagen und klinische Praxis.* Köln: Deutscher Ärzte-Verlag.

Zweistufige, internationale Machbarkeitsstudie eines Programms zur Förderung von Bewegung, gesunder Ernährung und Wohlbefinden bei älteren Erwachsenen: Plan 50+.

STEFANIE DAHL[1], MARION GOLENIA[1], NILS NEUBER[1], YAEL NETZ[2] & MICHAEL BRACH[1]

[1]Westfälische Wilhelms-Universität Münster, [2]Wingate Institute, Netanya, Israel

Einleitung

Vor dem Hintergrund einer immer älter werdenden Gesellschaft in Europa ist es wichtig, Gesundheitsförderungsprogramme für ältere Erwachsene zu entwickeln und zu implementieren, die körperliche und mentale Abbauprozesse verlangsamen sowie eine langfristige selbstständige Teilhabe am gesellschaftlichen Leben ermöglichen sollen. Im Rahmen des EU-geförderten Projektes „Active I" wurde ein Kursprogramm (Plan 50+) entwickelt, welches die körperliche Aktivität, gesunde Ernährung und mentales Wohlbefinden im Hinblick auf einen gesunden und aktiven Lebensstil vereint. Eine zweistufige Machbarkeitsstudie mit zuvor festgelegten Kriterien wird in vier Ländern durchgeführt (Thabane et al., 2010).

Methode

In zwei Kursdurchgängen mit jeweils einer Kompaktwoche (20 Stunden) und zehn Kurswochen (je 2 x 2 Stunden pro Woche) sollen insgesamt 100 ältere Erwachsene im Mindestalter von 50 Jahren aus Irland, Italien, Polen und Spanien erreicht werden. Der Kurs „Plan 50+" verbindet Aspekte der theoriegeleiteten Verhaltensänderung mit einem didaktischen Konzept (Erleben, Erfahren, Handeln) (Neuber & Wentzek, 2005) und umfasst vielfältige Angebote aus den Bereichen körperliche Aktivität, Ernährung und mentales Wohlbefinden. Zwischen den Kursdurchgängen wird der Kurs anhand von Rückmeldungen der TeilnehmerInnen und Kursleiter/innen überarbeitet. Als Machbarkeitskriterien wurden folgende Aspekte festgelegt: 1) Bewertung durch die KursleiterInnen; 2) Sicherheit des Kurses; 3) Bewertung durch die TeilnehmerInnen und 4) Verbleibquote. Die Daten werden anhand von Fragebögen erhoben und deskriptiv ausgewertet.

Ergebnisse

Zurzeit laufen die Kurse im ersten Durchgang. Die Teilnehmerzahlen variieren in den teilnehmenden Ländern von 10 bis 21 Teilnehmer/innen im Alter von 57-82 Jahren. Die größte Resonanz mit 70 Interessierten nach dreitägiger Werbung gab es in Polen. Für die Tagung werden die Ergebnisse des ersten Kursdurchganges aufbereitet und präsentiert.

Diskussion

Die Ergebnisse dieser Machbarkeitsstudie dienen als Entscheidungsgrundlage für eine Wirksamkeitsüberprüfung des Kurses „Plan 50+".

Literatur

Neuber, N. & Wentzek, C. (2005). Lebensstilorientierte Gesundheitsförderung im Jugendalter – ein bewegtes Pilotprojekt mit Auszubildenden. *Zeitschrift für Gesundheitsförderung*, 28, 22-25.
Thabane, L., Ma, J., Chu, R., Cheng, J., Ismaila, A., Rios, L. P. et al. (2010). A tutorial on pilot studies: the what, why and how. *BMC Medical Research Methodology*, 10:1, doi:10.1186/1471-2288-10-1

Erfassung der Ausdauerleistungsfähigkeit bei Kindergartenkindern

CHRISTIAN KACZMAREK, DANIEL LEIBROCK, NINA WAGNER, MARKUS SCHWARZ & GEORG WYDRA

Universität des Saarlandes

Einleitung

Im Vorschulalter werden im sportmotorischen Bereich vor allem Kraft, Beweglichkeit, Koordination und Schnelligkeit gemessen. Die Erfassung der Ausdauerleistungsfähigkeit wird meist erst bei Schuleintritt getestet (Bös, 2001). Da ein 6-Minuten-Lauf (ebd.) bzw. ein 20 m-Shuttle-Run-Test (Léger, Mercier, Gadoury & Lambert, 1987) in den räumlichen Bedingungen eines Kindergartens meist nicht durchführbar ist, sollte in dieser Studie ein für das Setting Kindergarten neu entwickelter 6m-Shuttle-Run-Test auf Eignung überprüft werden.

Methode

Insgesamt nahmen 134 Kinder im Alter von 3 Jahren (N = 21; BMI 15,1 ± 1,6), 4 Jahren (N = 44; BMI 15,4 ± 1,4), 5 Jahren (N = 49; BMI 16,1 ± 2,1) und 6 Jahren (N = 20; BMI 15,8 ± 2,7) teil. Sie absolvierten den 6 m-Shuttle-Run-Test (Startgeschwindigkeit: 4 km/h; Stufenhöhe: 0,2 km/h; Stufenlänge: 20 s). Die Geschwindigkeiten wurden optisch durch Lichtsignale vorgegeben. Die maximal erreichten Geschwindigkeiten (Vmax) sowie die Laufzeiten der Kinder dienten als Testkriterien. Die Ausbelastung wurde bei 65 Kindern (3-Jährige: N = 10; 4-Jährige: N = 22; 5-Jährige: N = 24; 6-Jährige: N = 9) mittels Herzfrequenz (HFpeak; Pulsuhr des Systems Polar Team 2) überprüft. Zusätzlich wurde die Laufökonomie bei den einzelnen Belastungsstufen und die Anstrengungsbereitschaft durch die Tester beurteilt.

Ergebnisse

Die Kinder liefen durchschnittlich 3,9 ± 1,1 Min., erreichten eine Vmax von 6,2 ± 0,7 km/h und eine HFpeak von 201,8 ± 11,3 S/Min. (3-Jährige: 2,3 ± 1,1 Min., 5,2 ± 0,6 km/h, 188,2 ± 16,1 S/Min.; 4-Jährige: 3,9 ± 0,7 Min., 6,1 ± 0,4 km/h, 203,6 ± 8,1 S/Min.; 5-Jährige: 4,4 ± 0,9 Min., 6,4 ± 0,5 km/h, 204,9 ± 8,9 S/Min.; 6-Jährige: 4,6 ± 0,9 Min., 6,6 ± 0,6 km/h, 204,3 ± 6,8 S/Min.). Während sich die gelaufenen Zeiten bei den 4-, 5- und 6-Jährigen nicht unterschieden, war die Vmax der 4-Jährigen niedriger als bei den 6-Jährigen ($p < 0,05$). Die 3-Jährigen erreichten eine signifikant geringere Vmax und Laufzeiten als die anderen Gruppen. Hinsichtlich der HFpeak bestanden keine signifikanten Unterschiede.

Diskussion

Die HFpeak Werte und die Testbeobachtung (z. B. unökonomischer Laufstil) zeigen, dass die 3-Jährigen aufgrund der ungewohnten Belastung nicht ihre maximal mögliche Leistung erzielen. Für Kinder im Alter von 4 bis 6 Jahren erweist sich der 6 m-Shuttle-Run-Test jedoch als probates Mittel, um die Ausdauerleistungsfähigkeit zu überprüfen.

Literatur

Bös, K. (2001). *Handbuch motorische Tests* (2. Aufl.). Göttingen, Bern: Hogrefe.
Léger, L. A., Mercier, D., Gadoury, C. & Lambert, J. (1987). The multistage 20 metre shuttle run test for aerobic fitness. *Journal of Sports Science, 6* (2), 93-101.

Kurze sporthistorische Postersession

Die Bedeutung des Sports an der TH Karlsruhe in der Zwischenkriegszeit

SWANTJE SCHARENBERG

Forschungszentrum für den Schulsport und den Sport von Kindern und Jugendlichen (FoSS) Karlsruhe

Wilhelm Paulcke, Autor des 1905 erschienenen Buches „Der Skilauf. Seine Erlernung und Verwendung im Dienste des Verkehrs sowie zu touristischen, alpinen und militärischen Zwecken", war Rektor der Technischen Hochschule Karlsruhe. Unter seiner Leitung mussten ab Juli 1921 alle Studenten für die Zulassung zur Vorprüfung einen „Nachweis pflichtgemäß betriebener Leibesübung" erbringen. Im Archiv des Karlsruher Institut für Technologie (KIT) sind wenige dieser Nachweise, die in Form von Leistungsbüchern geführt wurden, vorhanden. Diese Quelle illustriert eindrucksvoll die seit 1919/1920 als offizielle Aufgabe der Hochschule deklarierte Pflege der Leibesübungen. Court (2014, S. 151) weist für Preußen darauf hin, dass es hier erst eines Erlasses bedurfte (1925), um Pflichtsport „als ein spezifischer ... Strang der universitären deutschen Sportwissenschaft" (einzuführen), „dessen Eigenart in seiner Eingebundenheit in die staatlichen Hochschulen liegt und sowohl studentische Initiativen als auch solche seitens der Hochschullehrer betrifft." (Court, 2014, S. 151)
Die medizinischen Erfassungsbögen der Karlsruher Studenten, auf denen neben Größe, Gewicht auch beispielsweise Drogenkonsum vermerkt ist, sind ebenfalls für die Zwischenkriegszeit als KIT-Archivalien vorhanden, die bislang nicht im Kontext der Bedeutung des Sports ausgewertet wurden. „Leibesübungen ganz allgemein, aber insbesondere auch bei der Studentenschaft (hätten) zusätzlich zur hygienischen Zielsetzung eine starke politische Aufgabe im Sinne einer nationalen Erziehung zu erfüllen ... ." (Beyer, 1982, S. 667).
Die strukturellen und organisatorischen Auswirkungen des Pflichtsports führten in Karlsruhe dazu, die Sporträume – unter Berücksichtigung des technischen Knowhows der Hochschule – und somit die Sportgelegenheiten zu vergrößern. Im April 1921 wurde mit August Twele ein hauptamtlicher Sportlehrer eingestellt. Das Karlsruher Institut für Leibesübungen wurde 1931 eröffnet.
Nicht das Angebot an Leibesübungen bzw. Sport steht hier im Zentrum der Betrachtung, sondern die unterschiedliche Interessenslagen, die mit dem Sport in der Zwischenkriegszeit an der TH Karlsruhe verbunden war, wovon das Substitut der militärischen Ausbildung nur eine darstellt.

Literatur

Beyer, E. (1982). Sport in der Weimarer Republik. In H. Ueberhorst (Hrsg.), *Leibesübungen und Sport in Deutschland vom Ersten Weltkrieg bis zur Gegenwart*. Teilband 2/3. Berlin 1982, S. 657-701.
Court, J. (2014). *Deutsche Sportwissenschaft in der Weimarer Republik und im Nationalsozialismus*. Lit Verlag: Münster.
Leistungsbücher. Bestand: KIT Archiv.
Medizinische Erfassungsbögen. Bestand: KIT Archiv.

dvs-DOSB-Dialogforen

dvs-DOSB-Dialogforum: Inklusion im und durch Sport – Sportorganisation trifft Sportwissenschaft

„Inklusion im und durch Sport" Sportorganisation trifft Sportwissenschaft

GUDRUN DOLL-TEPPER[1], LUTZ THIEME[2] & fünf weitere Referentinnen/Referenten

[1]DOSB/Freie Universität Berlin, [2]dvs/Hochschule Koblenz

Mit dem Thema „Inklusion im und durch Sport" beschäftigten sich sehr intensiv Vertreterinnen und Vertreter der Sportwissenschaft und des organisierten Sports. Entsprechende Dokumente sind z. B. vom DOSB und der dvs erarbeitet worden, deren Ziel es ist, neben der Information auch eine strategische Orientierung zu liefern, in welcher Weise die Umsetzung der UN-Behindertenrechtskonvention (UN-BRK) gelingen kann. Das Leitbild der UN-BRK ist „Inklusion", wobei im menschenrechtlichen und fachwissenschaftlichen Diskurs deutlich wird, dass ein erweitertes Begriffsverständnis existiert, in dem es um die gleichberechtigte Teilhabe aller Menschen am gesellschaftlichen Leben in allen Bereichen geht.

Einleitend wird auf aktuelle Entwicklungen im DOSB (Gudrun Doll-Tepper) und in der dvs (Lutz Thieme) eingegangen.

In unserem Dialogforum wollen wir uns auf das gemeinsame Sporttreiben von Menschen mit und ohne Behinderung fokussieren, und dabei zwei Beispiele aus der Praxis kennenlernen, bei denen es eine sportwissenschaftliche Begleitforschung gibt. Die Präsentation der Projekte „Einfach Fußball" und „NOLIMITS" wird von Vertreterinnen/Vertretern eines Vereines und der Sportwissenschaft gemeinsam erfolgen.

Daran anschließend soll über Möglichkeiten einer engeren Kooperation zwischen dem organisierten Sport und der Sportwissenschaft im Plenum diskutiert werden. Das Strategiepapier des DOSB, in dem diese Zusammenarbeit ausdrücklich hervorgehoben wird, und das dvs-Positionspapier „Inklusion und Sportwissenschaft", in dem bereits eine Reihe von Forschungsfeldern in Bezug auf Inklusion beispielhaft genannt werden, können als hilfreiche Grundlage für den Austausch dienen.

dvs-DOSB-Dialogforum Leistungssport: Brücken über den Theorie-Praxis-Graben?

Brücken über den Theorie-Praxis-Graben?

MODERATION: ILKA SEIDEL[1] & CHRISTIAN WACHSMUTH[2]

[1]Institut für Angewandte Trainingswissenschaft/dvs, [2]DOSB, Geschäftsbereich Leistungssport

Anlass

Der internationale Leistungssport ist durch eine hohe Leistungsdichte und starke Konkurrenz gekennzeichnet. Es ist unbestritten, dass für das Erreichen internationaler Spitzenleistungen eine Steigerung der Qualität des Trainings notwendig ist, für welche wiederum eine innovative, praxiswirksame wissenschaftliche Betreuung unabdingbar ist. Aktuell stehen für die wissenschaftliche Unterstützung des Leistungssports Institutionen und Akteure des Wissenschaftlichen Verbundsystems Leistungssport (WVL) und des Forschungs- und Serviceverbunds Leistungssport (FSL) als Teil des WVL zur Verfügung.

Das Ziel, eine effektive und effiziente Unterstützung der Spitzenfachverbände zu gewährleisten, d. h. praxisrelevante Fragestellungen zielführend und umgehend in Forschungsprojekten zu bearbeiten und die Erkenntnisse zügig und nachhaltig in die Trainingspraxis zu implementieren, muss als nur begrenzt erreicht eingeschätzt werden. Hierfür gelten nach wie vor u. a. von Hohmann und Lames (2007) benannte strukturelle, organisationale und inhaltliche Gründe als Ursachen. Auch erfolgte die Etablierung der Wissenschaftskoordinatoren und ihrer Aufgabenfelder in den Spitzenfachverbänden sehr divers (Killing, 2011).

Ziele

Die Potenziale der sportwissenschaftlichen Unterstützung des Leistungssports in Deutschland müssen effizienter und zielgerichteter genutzt und Ideen für den Brückenschlag zwischen Theorie und Praxis generiert und umgesetzt werden. Ein kontinuierlicher Austausch zwischen Sportpraxis und Sportwissenschaft (z. B. BISp-Symposium „Theorie trifft Praxis", IAT-Frühjahrsschule „Technologien im Leistungssport") ist bislang selten.

Im Rahmen des 22. Sportwissenschaftlichen Hochschultags „Moving Minds Crossing Boundaries in Sport Science" soll ein strukturierter Dialog zwischen den Institutionen der Sportwissenschaft und dem Leistungssport initiiert werden, um Grenzen aufzustoßen, Blickwinkel zu erweitern, ein gemeinsames Problem- und Lösungsverständnis zu entwickeln und einen kontinuierlichen Informations- und Ideenaustausch zu etablieren.

Ablauf

Mit diesem 90-minütigen Dialogforum soll der Auftakt für ein „Dialogforum Leistungssport" gemacht werden. In 3-4 Impulsbeiträgen werden die Notwendigkeit einer engeren Verzahnung (PD Dr. I. Seidel), der Bedarf aus der Perspektive des Leistungssports (Dr. C. Wachsmuth) und zwei Beispiele für gelingende Zusammenarbeit zwischen Sportwissenschaft und Leistungssport (jeweils ein Verbands- und Wissenschaftsvertreter) dargestellt. Im Rahmen der Diskussionen sollen konkrete Ziele und mögliche Maßnahmen zur Fortsetzung und Etablierung dieses Dialogforums erarbeitet werden.

Literatur

Hohmann, A. & Lames, M. (2007). Praxisberatung in der Trainingswissenschaft. *Leistungssport 37* (2), 4-8.

Killing, W. (2011). Wissenschafts-Koordinatoren: Transformatoren leistungsrelevanten Wissens im Leistungssport. *Leistungssport 41* (6), 12-16.

Post-doc-Vorlesungen

Spielanalysen im Fußball.
Praxissoziologische und subjektivierungstheoretische Perspektiven auf Training, Technik und Geschlecht

KRISTINA BRÜMMER

Carl von Ossietzky Universität Oldenburg

Einleitung

Seit einigen Jahren erfährt der (Profi-)Fußball eine verstärkte Technisierung: Im Training kommen GPS-gestützte Bewegungssensoren zum Einsatz, die die Anstrengungen der Spieler minutiös dokumentieren; Kamerasysteme ermöglichen die Aufzeichnung von Spielen, digitale Spielanalysesoftwares ihre kleinteilige Auswertung. In meinem Projekt frage ich danach, auf welche Weisen die ‚neuen' technischen Artefakte und die mit ihrer Hilfe erzeugten Aufzeichnungen und Wissensordnungen die Geschehnisse auf Trainingsplatz und Spielfeld nicht nur abbilden, sondern in sie eingreifen und sie verändern.

Analytik/Methode

Die Annäherung an diese Leitfrage erfolgt mithilfe einer praxissoziologischen Analytik, die einen ‚Mittelweg' zwischen den Alternativen von Individualismus und Strukturalismus markiert. In praxissoziologischer Perspektive sind die ‚Grundelemente' des Sozialen Praktiken, verstanden als organisierte Vollzüge, an denen ontologisch verschiedene Entitäten – z. B. Menschen, Artefakte, Wissensordnungen – beteiligt sind, die auf ihre je spezifische Weise Einfluss auf diese nehmen. Die technischen Artefakte, Aufzeichnungen und Wissensordnungen lassen sich i. d. S. als neue ‚Mitspieler' in den Praktiken des Fußballspielens und -trainierens betrachten, die diese nicht unverändert lassen (Schmidt, 2015). Mithilfe einer subjektivierungstheoretischen Analytik soll zudem herausgearbeitet werden, wie die ‚neuen Mitspieler' die Machtverhältnisse in Mannschaften, die Affekthaushalte sowie die „Selbst- und Weltverhältnisse" von Spielern und Trainern beeinflussen und ihnen neue Weisen der „Selbstführung" (Foucault, 1985) nahelegen. Vor dem Hintergrund von Studien, die die Geschlechtsspezifik des Gebrauchs von Technik herausstellen, soll den Fragen in einer vergleichenden Studie im Frauen- und Männerfußball nachgegangen werden. Dabei wird sich das Projekt auf ethnografische Verfahren der teilnehmenden Beobachtung und dichten Beschreibung stützen. Ergänzend sollen qualitative Interviews geführt werden.

Ergebnisse & Diskussion

Mit der Durchführung des Projekts wurde noch nicht begonnen. Im Rahmen meines Promotionsprojekts hat sich eine praxissoziologisch-subjektivierungstheoretische Analytik jedoch bereits bewährt und sich gezeigt, dass das Zusammenspiel und die Trainingsdynamiken in Sportgruppen auf der Basis individualistischer und strukturalistischer Erklärungsansätze in ihrer spezifischen Logik nicht zu erfassen sind. Es gilt, kollektive Vollzüge in den Blick und dabei auch Materialitäten, Technik u. Ä. als wirkmächtige ‚Mitspieler' mit subjektivierenden Qualitäten ernst zu nehmen.

Literatur

Foucault, M. (1985). Hermeneutik des Subjekts. In H. Becker et al. (Hrsg.), *Freiheit und Selbstsorge*. (S. 32-60). Frankfurt/M.: Materialis.
Schmidt, R. (2015; i. E.). Neue Analyse- und Wissenspraktiken im Profifußball. *Sport und Gesellschaft, 11* (2).

Perspektiven einer empirischen Bildungsforschung in den Sportwissenschaften

CHRISTIAN HERRMANN

Universität Basel

Einleitung

Die empirische Bildungsforschung untersucht die Voraussetzungen, Prozesse und Ergebnisse von Bildung. Es geht u. a. um die Fragen: Wer erwirbt im Bildungssystem welche Kompetenzen? Wovon hängt dieser Kompetenzerwerb ab? Zur Beantwortung werden neben pädagogischen, psychologischen und soziologischen Perspektiven auch fachdidaktische Sichtweisen mit einbezogen. Möchten die Sportwissenschaften einer solchen empirischen Bildungsforschung folgen, so werden disziplinübergreifende Forschungsbemühungen nötig. Zur Evaluation von Sportunterricht müssen bspw. physische, psychische und soziale Indikatoren verknüpft werden, um den Gegenstand vollständig abbilden zu können. Mit dem Beitrag wird ein Forschungsprogramm vorgestellt, das im Rahmen einer empirischen Sportpädagogik versucht an die empirische Bildungsforschung anschlussfähig zu sein. Der Schwerpunkt liegt auf den Prozessen und Wirkungen des Sportunterrichts.

Methoden und Ergebnissen

Zur Untersuchung der **Prozesse** im Sportunterricht wird der Fokus auf die Unterrichtsqualität gerichtet. Im Rahmen der von der ESK Schweiz geförderten IMPEQT-Studie (N = 1019; 50.1% ♂; M = 13.2 Jahre) wurde ein Erhebungsinstrument zur Erfassung der Unterrichtsdimensionen Schülerorientierung und Klassenführung über Schülereinschätzungen entwickelt und empirisch validiert. Darauf aufbauend konnte mittels längsschnittlicher Strukturgleichungsmodelle gezeigt werden, dass diese Dimensionen einen Einfluss auf das Fachinteresse und die Anstrengungsbereitschaft im Sportunterricht haben. Zur Erfassung der **Wirkungen** des Sportunterrichts werden die motorischen Basiskompetenzen als ein zentrales Ziel des Sportunterrichts hervorgehoben. In drei Validierungsstudien in Zürich (N = 317, 55% ♂; M=7.0 Jahre), Frankfurt (N = 1061, 55% ♂; M = 6.8 Jahre) und Basel (N = 323, 40% ♂; M=9.2 Jahre) wurden die MOBAK-1 und MOBAK-3 Testbatterien entwickelt und empirisch geprüft. Die faktorielle Validität konnte mittels Faktorenanalysen durchgängig bestätigt werden. Die MOBAK-Testitems bilden unabhängig von motorischen Fähigkeitstests (u. a. 20 m-Sprint, Seitspringen) die zwei latenten Faktoren „Sich-Bewegen" (u. a. Rollen) und „Etwas-Bewegen" (u. a. Prellen) ab. Über Latent-Class Analysen konnten vier (MOBAK-1) bzw. fünf (MOBAK-3) Kompetenzprofile identifiziert werden, welche in Verbindung mit Außenkriterien (z. B. Sportvereinsaktivität) stehen.

Diskussion

Diesen Forschungsbemühungen ist gemein, dass sie sich um die Entwicklung pädagogisch fundierter Erhebungsinstrumente bemühen und bildungsbezogene Fragestellungen bearbeiten. Eine Verortung zu einzelnen Teildisziplinen innerhalb der Sportwissenschaften ist nur bedingt möglich. Die Herausforderung besteht darin, dieses empirische Vorgehen pädagogisch zu begründen und Handlungswissen für die Schulpraxis zu generieren.

Sportpartizipation als soziales Handeln zwischen kontextuellen Bedingungen und individueller Präferenz

CLAUDIA KLOSTERMANN

Universität Bern (Schweiz)

Einleitung

In den vergangenen Jahren setzte sich in der Sportwissenschaft (u. a. Rütten & Frahsa, 2011) und in den Gesundheitswissenschaften (u. a. Stokols, 1996) zunehmend die Erkenntnis durch, dass für einen langfristigen Erfolg der Bewegungs- und Sportfördermaßnahmen nicht nur die individuelle Einstellungs- und Verhaltensebene, sondern auch die Kontextbedingungen das Sportverhalten strukturieren. Allerdings ist nach wie vor nur wenig darüber bekannt, inwiefern die Variation sportlicher Aktivitäten auf strukturelle, sportpolitische oder kulturelle Rahmenbedingungen lokaler Kontexte zurückzuführen ist. Genau an diesem Forschungsdefizit knüpft der vorliegenden Beitrag an, indem ein soziales Handlungsmodell entwickelt wird, mit dessen Hilfe der Zusammenhang zwischen strukturellen Rahmenbedingungen im kommunalen Kontext und der Sportbeteiligung analysiert und erklärt werden kann.

Theoretische Grundlagen

Ausgehend von dem Konzept der Situationsdefinition werden die Wirkmechanismen zum Einfluss sozialer Strukturen auf sportbezogenes Handeln spezifiziert (Kroneberg, 2011). Dabei werden unter der Annahme einer variablen Rationalität der Akteure die „Logik der Situation" und die „Logik der Selektion" im Sinne einer Handlungswahl in den Blick genommen und die sportbezogenen Strukturbedingungen mit dem sozialen Handeln der Sportteilnahme in Bezug gesetzt. Gemäß der „Logik der Situation" können Kontextbedingungen als Gelegenheits- und Opportunitätsstrukturen (Sportangebotsstruktur, Sportinfrastruktur), als kultureller Bezugsrahmen (Werte, Praktiken) sowie als sozialer Bezugsrahmen (z. B. Beziehungen, Netzwerke) konzeptualisiert werden, die als kontextuelle Eigenschaften – gemäß den individuellen Präferenzen und Prioritäten („Logik der Selektion") – zu Parametern des individuellen Sportverhaltens werden. Zur Spezifizierung der Situationsdefinition wird auf das Modell der Frame-Selektion (Kroneberg, 2011) zurückgegriffen. Dadurch wird erklärbar, wie Individuen zu bestimmten Situationsdeutungen gelangen, bestimmte Handlungsprogramme (Skripte) aktivieren und letztlich bestimmte Handlungsalternativen ergreifen. Auf Grundlage theoretischer Überlegungen zur Anwendung des Modells der Frame-Selektion auf die Sportpartizipation werden im Vortrag forschungsleitende Fragestellungen und spezifische Annahmen abgeleitet, um präzise, selektionstheoretische Spezifikationen sportlicher Handlungsvariationen entwickeln und verorten zu können.

Literatur

Kroneberg, C. (2011). *Die Erklärung sozialen Handelns. Grundlagen und Anwendung einer integrativen Theorie*. Wiesbaden: VS Verlag für Sozialwissenschaften.
Rütten, A. & Frahsa, A. (2011). Bewegungsverhältnisse in der Gesundheitsförderung. *Sportwissenschaft, 41* (1), 16-24.
Stokols, D. (1996). Translating social ecological theory into guidelines for community health promotion. *American Journal of Health Promotion, 10* (4), 282-298.

Sportpsychologische Diagnostik und Intervention für den Deutschen Handballbund im Rahmen einer entwicklungsorientierten Perspektive[1]

JEANNINE OHLERT[2,3] & JENS KLEINERT[3,2]

[1]Gefördert durch das Bundesinstitut für Sportwissenschaft (AZ IIA1-071001/13-15), [2]Das Deutsche Forschungszentrum für Leistungssport Köln – momentum, [3]Deutsche Sporthochschule Köln

Einleitung

Junge LeistungssportlerInnen sind immer höheren Anforderungen ausgesetzt und müssen bereits in jungen Jahren mit Wettkampfdruck und anderen psychologischen Herausforderungen umgehen. Die Sportpsychologie kann die jungen Athletinnen und Athleten dabei unterstützen, mit diesen Herausforderungen adäquat umzugehen, um psychisch gesund zu bleiben, sich in ihrer Persönlichkeit weiterzuentwickeln und zugleich die sportliche Leistung zu optimieren. Aus diesem Grund wurde im Rahmen des Projekts eine entwicklungsgerechte sportpsychologische Diagnostik und Betreuung in den Jugendnationalteams des DHB implementiert, welche sich vorrangig an dem Konzept der Entwicklungsaufgaben nach Havighurst (1974) orientiert.

Projektmaßnahmen

In dem vom Bundesinstitut für Sportwissenschaft geförderten Projekt (AZ IIA1-071001/13-15) steht die Unterstützung der Persönlichkeitsentwicklung junger DHB-Spieler/innen im Vordergrund. Das Konzept der Entwicklungsaufgaben (EA) nach Havighurst (1976) dient als theoretische Basis für folgende Maßnahmen: (1) die Erarbeitung relevanter EA und mentaler Kompetenzen für die Spieler/innen, (2) eine sportpsychologische Diagnostik relevanter mentaler Kompetenzen, (3) die sportpsychologische Betreuung der DHB-Teams mittels Workshops, (4) eine Evaluation der Workshops, sowie (5) die Erstellung eines Curriculums und Einarbeitung des Konzepts in den Rahmentrainingsplan des DHB.

Ergebnisse und Diskussion

Erste Ergebnisse zeigen, dass alle Jugendlichen des DHB den verschiedenen Entwicklungsaufgaben ähnliche Relevanz zuschreiben (Ohlert & Kleinert, 2014). Im Vergleich zu nicht Leistungssport treibenden Jugendlichen geben die DHB-Spieler/innen eine andere Rangfolge von Wichtigkeiten an. Während der Diagnostik waren im Jugendbereich vor allem Umgang mit Misserfolg sowie die Nervosität vor wichtigen Ereignissen defizitär. Nach der Umsetzung der Workshops in den Mannschaften ergaben sich in der Evaluation zunächst nur wenige spezifische Effekte für einzelne Teams, jedoch eine generell hohe Zufriedenheit mit den sportpsychologischen Angeboten und ein subjektives Gefühl, sinnvolle Skills erlernt zu haben. Längsschnittstudien müssen zeigen, inwiefern die von den Jugendlichen als weniger wichtig eingestuften Entwicklungsaufgaben vernachlässigt werden und ob sich langfristige Auswirkungen ergeben. Auch muss noch geklärt werden, ob sportpsychologische Angebote gegebenenfalls ungünstige Effekte kompensieren können.

Literatur

Havighurst, R. J. (1974). *Developmental tasks and education* (3rd ed.). New York: McKay.
Ohlert, J. & Kleinert, J. (2014). Entwicklungsaufgaben jugendlicher Elite-Handballerinnen und -Handballer. *Zeitschrift für Sportpsychologie, 21* (4), 161-172.

Gestaltung perzeptuo-motorischer Kontrolle

GERD SCHMITZ

Leibniz Universität Hannover

Einleitung

Eine präzise Wahrnehmung begünstigt die Bewegungsausführung. Es ist allgemein anerkannt, dass multimodale Reize gegenüber unimodalen Reizen die Wahrnehmungspräzision erhöhen. Die Wahrnehmungsgenauigkeit scheint aber nicht nur durch die Menge und Güte sensorischer Informationen, sondern auch durch perzeptuo-motorische Repräsentationen bestimmt zu werden. Es wird angenommen, dass unter anderem Vorwärtsmodelle zur Einschätzung von Bewegungen genutzt werden (Shadmehr et al., 2010).
Die zugrunde liegenden Prozesse sind plastisch und somit prinzipiell gestaltbar. Vermitteln zwei Sinnesmodalitäten leicht unterschiedliche Informationen, entsteht dennoch ein einheitlicher Wahrnehmungseindruck. Dieser ist abhängig von der Prägnanz der Informationen und lässt sich durch Anpassung der Lokalisationsschärfe einer Sinnesmodalität verändern (Ernst und Banks, 2002). Ähnliche Effekte könnten sich ergeben, wenn zusätzlich oder substitutiv artifizielle, aber prägnante Bewegungsinformationen angeboten werden.

Methode

Bewegungsinformationen können über die Methode der Sonifikation gestaltet werden, indem Bewegungsparameter im Zeitverlauf akustisch abgebildet werden. Auf diese Art kann multimodale Integration gefördert und die Wahrnehmungsleistung gesteigert werden (Effenberg, 2005; Scheef et al., 2009). Sonifikation ist prinzipiell frei gestaltbar. Es werden daher Studien zur Wirkung unterschiedlicher Sonifikationen vorgestellt und aufbauend diskutiert, ob sich mittels Sonifikation die perzeptuo-motorische Kontrolle gezielt lenken lässt.
Vorwärtsmodelle lassen sich ebenfalls gestalten. Dies zeigt sich insbesondere durch Studien zur sensomotorischen Adaptation, in denen sowohl von Effekten auf die motorische Kontrolle als auch von Effekten auf Wahrnehmungsprozesse berichtet wird. Auf Basis empirischer Studien werden Möglichkeiten der Einflussnahme auf Vorwärtsmodelle aufgezeigt.

Ergebnisse und Diskussion

Die dargestellten Studien belegen Modifikationen perzeptuo-motorischer Prozesse mittels zusätzlicher oder substitutiver Bewegungsinformationen, durch die sich sowohl die Bewegungswahrnehmung als auch die Bewegungsausführung optimieren lassen.

Literatur

Effenberg, A. O. (2005). Movement sonification: Effects on perception and action. *IEEE Multimedia, 12*(2), 53-59.
Ernst, M. O. & Banks, M. S. (2002). Humans integrate visual and haptic information in a statistically optimal fashion, *Nature, 415,* 429-433.
Scheef, L., Boecker, H., Daamen, M., Fehse, U., Landsberg, M. W., Granath, D. O., Mechling, H. & Effenberg, A. O. (2009). Multimodal motion processing in area V5/MT: Evidence from an artificial class of audio-visual events. *Brain Research, 1252,* 94-104.
Shadmehr, R., Smith, M. A. & Krakauer, J. W. (2010). Error correction, sensory prediction, and adaptation in motor control. *Annual Review of Neuroscience, 33,* 89-108.

Vernetzt – Die Analyse sozialer Netzwerke in der sportwissenschaftlichen Forschung

HAGEN WÄSCHE

Karlsruher Institut für Technologie

Die Soziale Netzwerkanalyse (SNA) umfasst Theorien und Methoden zur Untersuchung der Beziehungsstrukturen zwischen sozialen Akteuren. Im Unterschied zum attributiven Ansatz traditioneller Sozialforschung betrachtet die SNA die Beziehung zwischen mindestens zwei interdependenten Akteuren als kleinste Untersuchungseinheit. Während die SNA in vielen Disziplinen etabliert ist, steckt sie in der Sportwissenschaft noch in ihren Kinderschuhen. Angesichts der Fülle an vernetzten Akteuren und relationalen Strukturen im Sport bietet die SNA als disziplinübergreifender, theoretisch fundierter und methodisch vielfältiger Ansatz ein beträchtliches Potenzial für die Sportwissenschaft.

Soziale Netzwerkanalyse in der sportwissenschaftlichen Forschung

Während die grundlegende Idee der relationalen Perspektive in der sportwissenschaftlichen Forschung schon relativ früh aufgegriffen wurde (z. B. Zentralitätshypothese) wurden netzwerkanalytische Methoden bis heute nur selten angewendet. Eine systematische Review netzwerkanalytischer Beiträge mit Sportbezug offenbarte vier Forschungsfelder: Bibliometrie, Organisationsstrukturen des Sports, Sportmanagement und sportliche Performanz. Es handelt sich hierbei um ein junges, methodisch unausgereiftes Forschungsfeld. Basierend auf der Review lässt sich eine konzeptionelle Typologie von sechs Sportnetzwerken entwickeln, wovon zwei als originär sportwissenschaftlich betrachtet werden können: auf dem sportlichen Wettkampf basierende Netzwerke und sportartenspezifische Interaktionsnetzwerke. Darüber hinaus finden sich inter- und intraorganisationale Netzwerke, Affiliationsnetzwerke sowie das soziale Umfeld als Netzwerk. Gekennzeichnet durch überwiegend deskriptive Methoden der SNA wurden neueste Verfahren der statistischen Netzwerkmodellierung (vgl. Snijders, 2011) bislang außer Acht gelassen. Zur Demonstration der Möglichkeiten dieser Verfahren wird anhand interorganisationaler Kooperationsbeziehungen in einem sporttouristischen Netzwerk das Verfahren des „Exponential Random Graph Modeling" (ERGM) dargestellt (Wäsche, 2015). Dies erlaubt die Erklärung der Entstehung von Netzwerkbeziehungen aufgrund mikrostruktureller Mechanismen.

Fazit

Die Untersuchung relationaler Strukturen mittels der SNA ist in der Sportwissenschaft bislang unterrepräsentiert. Dem gegenüber stehen vielfältige Anwendungsfelder und Problemlagen in der Sportwissenschaft, die mit Hilfe netzwerkanalytischer Methoden und Konzepte bearbeitet werden können. Die SNA ist ein noch junger, aber vielversprechender Ansatz, der eine neue Sicht auf soziale Phänomene des Sports ermöglicht. Dabei ist der Ansatz nicht auf ein sportwissenschaftliches Anwendungsfeld begrenzt, sondern ermöglicht die Entwicklung eines umfassenden, sportwissenschaftlichen Forschungsprogramms.

Literatur

Snijders, T. (2011). Statistical models for social networks. *Annual Review of Sociology, 37*, 129-151.
Wäsche, H. (2015). Interorganizational Cooperation in Sport Tourism: A Social Network Analysis. *Sport Management Review* (in press).

Zur prozessorientierten Beurteilung motorischer Fertigkeiten im Kindesalter – Die deutschsprachige Adaptation des Test of Gross Motor Development 3 (TGMD 3)

MATTHIAS WAGNER[1], E. KIPLING WEBSTER[2] & DALE ULRICH[2]

[1]Universität Konstanz, [2]University of Michigan

Einleitung

Elementare großmotorische Fertigkeiten (EGMF) haben Voraussetzungscharakter für die Entwicklung des physischen Selbstkonzeptes, der physischen Fitness sowie eines körperlich aktiven Lebensstils. Der Test of Gross Motor Development (TGMD) gilt im angloamerikanischen Forschungssektor als Standardverfahren zur prozessorientierten Beurteilung der EGMF. Im Zentrum des Beitrages steht die Überprüfung der Reliabilität und Validität der deutschsprachigen Adaptation des TGMD 3 (Wagner, Webster, & Ulrich, 2015).

Methode

Der TGMD 3 dient der beobachtungsbasierten Beurteilung der EGMF bei 3- bis 10-jährigen Kindern und besteht aus sechs Lokomotions- sowie sechs Ballfertigkeitsaufgaben. Die Validierungsstichprobe umfasst 149 Kinder (78 Jungen, 71 Mädchen) mit einem mittleren Alter von 7,14 Jahren (SD = 2,26 Jahre, Range: 3,17-10,67 Jahre) ohne motorische Auffälligkeiten. Hinzu kommen 21 Kinder (17 Jungen, 4 Mädchen) mit einem mittleren Alter von 7,65 Jahren (SD = 1,41 Jahre, Range: 5,25-9,75 Jahre) und einer diagnostizierten umschriebenen Entwicklungsstörung motorischer Funktionen (UEMF).

Ergebnisse

Der TGMD 3 zeigt eine sehr gute Test-Retest Reliabilität (Intervall: 2 Wochen, N = 104; Lokomotion: ICC = .94, 95% CI [.91, .96], $p < .001$; Ballfertigkeiten: ICC = .98, 95% CI [.97, .99], $p < .001$). Die konfirmatorische Überprüfung des postulierten Zweifaktor-Modells spricht für die faktorielle Validität des TGMD 3 ($\chi^2(53, N = 149) = 73,53$, $p = .032$, $\chi^2/df = 1,39$, $CFI = .98$, $RMSEA = .05$, 90% CI [.02, .08], $SRMR = .04$). Effektstarke Unterschiede zwischen Kindern mit einer diagnostizierten (N=21) und ohne eine diagnostizierte (N = 21; matched pairs aus der Validierungsstichprobe) UEMF (Lokomotion: $F(1, 40) = 15,53$, $df = 1$, $p < .001$, $\eta_p^2 = .280$; Ballfertigkeiten: $F(1, 40) = 6,59$, $df = 1$, $p = .007$, $\eta_p^2 = .141$) sind als Hinweise auf die differentielle Validität des TGMD 3 in ebd. Sondergruppe zu werten.

Diskussion

Die vorliegenden Befunde sprechen für die Reliabilität und Validität der deutschsprachigen Adaptation des TGMD 3. Nachfolgende Forschungsaktivitäten sind auf die alters- und geschlechtsspezifische Replikation und Erweiterung der Befunde zu konzentrieren.

Literatur

Wagner, M., Webster, E. & Ulrich, D. (2015). Reliabilität und Validität der deutschsprachigen Adaptation des Test of Gross Motor Development 3 (TGMD 3). In J. Hermsdörfer, W. Stadler, & L. Johannsen (Hrsg.), *The Athlete's Brain: Neuronale Aspekte motorischer Kontrolle im Sport* (S. 70-71). Hamburg: Czwalina.

dvs-Nachwuchspreis

Dissoziative Effekte der Feedback-Valenz auf Automatizität und Präzisionsleistung beim motorischen Fertigkeitserwerb

CHRISTINA ZOBE

Universität Paderborn

Einleitung

Die Wahrnehmung von Bewegungsfehlern induziert die Generierung von Hypothesen zur Korrektur dieser Fehler. Dies führt zu expliziten Verarbeitungsprozessen, die Automatisierungsprozesse hemmen (Masters & Maxwell, 2004). Dabei bestimmt die subjektive Einschätzung darüber, ob die Fehlerhöhe als positiv oder negativ (Valenz) interpretiert wird. Bei Feedback mit positiver Valenz zeigen sich hohe Entladungsraten von Dopaminneuronen, denen eine wichtige Funktion für die motorische Automatisierung zugeschrieben wird (Beck et al., 2012). Durch die Manipulation der Feedback-Valenz mit Hilfe normativen Feedbacks (Rückmeldung von Normreferenzwerten) konnten Lernvorteile gegenüber einer Kontrollbedingung oder negativ normiertem Feedback gezeigt werden (Lewthwaite & Wulf, 2010). Es wird angenommen, dass positive Feedback-Valenz neben höheren Präzisionsleistungen auch zu einer höheren Automatisierung führt als negative Feedback-Valenz.

Methode

In einem Experiment mit Prä-Post-Design übten die Versuchspersonen (n = 56) in 5 Einheiten (720 Trials) eine Ellenbogen-Extensions-Flexions-Sequenz mit 3 Umkehrpunkten (Ziel: präzise Ausführung mit max. 1,2 Sek. Bewegungszeit). Bei 14% der Trials wurde Feedback zu den Umkehrpunkten als Balkendiagramm präsentiert. Eine zusätzliche Referenzlinie stelle die Leistung einer angeblichen Normgruppe über (normativ negativ = NEG) oder unter (normativ positiv = POS) der eigenen Leistung dar (Faktor *Gruppe*). Zudem gab es eine aktive (Feedback mit neutraler Valenz) und eine passive (kein Üben) Kontrollgruppe. Im Prä- und Retentionstest (Faktor *MZP*) wurden die Präzion der Armbewegung und eine n-Back-Aufgabe unter Einzel- und Doppeltätigkeit (Faktor *ED*) getestet.

Ergebnisse & Diskussion

POS reduziert die Doppeltätigkeitskosten signifikant, $p = .003$; $eta^2_p = .51$ (*MZP* x *ED*). Aufgrund fehlender Doppeltätigkeitskostenreduktion in der KGp wird diese als Automatisierung interpretiert. Hingegen scheinen NEG und KGa nicht zu automatisieren, $p > .431$; $eta^2_p < .05$. POS zeigt ebenso wie die KGa keine Verbesserung der Präzisionsleistung, $p > .477$; $eta^2_p = .03$, diese tritt aber bei NEG auf, $p = .010$; $eta^2_p = .41$. Wie erwartet scheint positive Valenz die Automatisierung zu fördern, während negative Valenz hemmend wirkt. Entgegen der a priori aufgestellten Annahme begünstigt die negative Valenz hingegen die Präzisionsleistung. Dies könnte durch eine Modulation motivationaler Faktoren erklärbar sein.

Literatur

Masters, R. S. W. & Maxwell, J. P. (2004). Implicit motor learning, reinvestment and movement disruption: What you don´t know won´t hurt you? In A. M. Williams & N. J. Hodges (Eds.), *Skill acquisition in sport: Research, theory and practice* (pp. 207-228). New York: Routledge.

Beck, F., Blischke, K. & Abler, B. (2012). Dopaminerge Modulation striataler Plastizität: „Türöffner"-Funktion in der Automatisierung von Willkürbewegungen. *Sportwissenschaft, 42*, 271-279.

Lewthwaite, R., & Wulf, G. (2010). Social-comparative feedback affects motor skill learning. *The Quarterly Journal of Experimental Psychology, 63*, 738-749.

Sportbezogene Gesundheitskompetenz: Kompetenzmodellierung und Testentwicklung für den Sportunterricht

CLEMENS TÖPFER & RALF SYGUSCH

Friedrich-Alexander-Universität Erlangen-Nürnberg

Einleitung

Das Unterrichtsfach Sport sieht sich zunehmend mit der Forderung konfrontiert, die im Sportunterricht vermittelten Kompetenzen in einem Kompetenzmodell zu fundieren und empirisch zu überprüfen (Gogoll, 2014). Ziel der vorliegenden Arbeit ist die Kompetenzmodellierung (1) und Testentwicklung (2) für das Konstrukt der Sportbezogenen Gesundheitskompetenz (Töpfer & Sygusch, 2014).

Methode

In der theoriegeleiteten Kompetenzmodellierung (1) wurden in einem hermeneutischen Vorgehen die Theoriefelder sportpädagogische Kompetenzdiskussion, sportpädagogische Gesundheitsdiskussion und Gesundheitskompetenz zusammengeführt (Gogoll, 2014; Sørensen et al., 2012, Töpfer & Sygusch, 2014). Für die Testentwicklung (2) wurde ein modellbasiertes, deduktives Vorgehen genutzt, welches in einem mehrstufigen Prozess (2a) Expertenbefragungen und (2b) Leistungstests mit Schülern kombiniert. Die Daten wurden mit der klassischen Testtheorie und der Item-Response-Theorie ausgewertet.

Ergebnisse

Der Modellentwurf (1) der Sportbezogenen Gesundheitskompetenz unterteilt sich in drei Dimensionen. Auf der Prozessebene werden die Kompetenzbereiche Erkunden & Erschließen, Ordnen & Beurteilen sowie Entscheiden & Planen unterschieden. Die Inhaltsebene besteht aus integrierenden, objektivierenden, subjektivierenden und erweiternden Themenfeldern. Die Anforderungsniveaus des Modells basieren auf dem „Model of Hierarchical Complexity" (Gogoll, 2014). Die Ergebnisse der (2a) Expertenbefragungen bestätigen die zugrundeliegenden Modellannahmen. Bei den (2b) Leistungstests wurden insgesamt 67 Items mit offenem (N_i = 22) und geschlossenem Aufgabenformat (N_i = 45) erprobt. Im Mittel weisen die ausgewerteten Items (N_i = 35) auf der Logit-Skala (IRT) eine gute Itemschwierigkeit (σ_i) auf (MW = 0,07; Min = -2,12; Max = 3,44). Die Fitmaße (MNSQ) zeigen ebenfalls gute Werte (MW = 1,01; Min = 0,94; Max = 1,12). Die selektierten Items aus den drei Pretests wurden in einem Itempool gebündelt. Auf der Basis wurden zwei finale Testhefte (7./8. & 9./10. Klassen) für die Hauptuntersuchungen zusammengestellt.

Literatur

Gogoll, A. (2014). Das Modell der sport- und bewegungskulturellen Kompetenz und seine Implikationen für die Aufgabenkultur im Sportunterricht. In M. Pfitzner (Hrsg.), *Aufgabenkultur im Sportunterricht* (S. 93-110). Wiesbaden: Springer VS.

Sørensen, K., Van den Broucke, S., Fullam, J., Doyle, G., Pelikan, J., Slonska, Z. & Brand, H. (2012). Health literacy and public health: a systematic review and integration of definitions and models. *BMC public health, 12*, 80.

Töpfer, C. & Sygusch, R. (2014). Gesundheitskompetenz im Sportunterricht. In S. Becker (Hrsg.), *Aktiv und Gesund? Interdisziplinäre Perspektiven auf den Zusammenhang zwischen Sport und Gesundheit* (S. 153-179). Wiesbaden: Springer VS.

Lernen und Bewegung im Kontext der individuellen Förderung

KARIN BORISS

Westfälische Wilhelms-Universität Münster

Einleitung

Exekutiven Funktionen (kognitive Flexibilität, Inhibition, Updating) wird eine besondere Relevanz für Lernleistungen zugeschrieben (Best, Miller & Naglieri, 2011). Zunehmend rückte im vergangenen Jahrzehnt der Faktor der physischen Aktivität im Sinne einer kognitionsbeeinflussenden Variablen in den Fokus von Untersuchungen (Barenberg, Berse & Dutke, 2011). In diesem Beitrag wird der Zusammenhang von Bewegung und exekutiven Funktionen aus einer disziplinübergreifenden ‚sportdidaktisch-kognitionspsychologischen' Perspektive betrachtet. In Bezug auf das Konstrukt der individuellen Förderung wird ein Leitfaden zur bewegungsbasierten Förderung exekutiver Funktionen vorgestellt und der Frage nachgegangen, inwieweit daran anlehnende Bewegungseinheiten die exekutiven Funktionen von Schülerinnen und Schülern der Sekundarstufe I befördern können.

Methode

In einem Prä-Post-Design wurden 197 Schülerinnen und Schüler (Alter: Ø = 11.96, SD = 0.46) mithilfe computerbasierter Reaktionszeitaufgaben (Switching task, Stoop task, N-back task) hinsichtlich ihrer exekutiven Funktionen untersucht. Die Experimentalgruppe (n=100) absolvierte im Rahmen des Sportunterrichts ein 20-wöchiges, am Leitfaden orientiertes, kognitiv anspruchsvolles Interventionsprogramm; der Sportunterricht der Kontrollgruppe (n=97) blieb unverändert. Die Überprüfung von Entwicklungsunterschieden zwischen den Gruppen erfolgte mittels einfaktorieller Varianzanalyse mit Messwiederholung.

Ergebnisse

Die signifikante Zeit*Gruppen-Interaktion ($F[1, 175] = 9.35$, $p = .003$, $Eta^2 = .051$) verweist bezüglich eines Bereichs – der Inhibitionsfähigkeit – auf einen positiven Effekt der Bewegungsintervention. Besonders deutlich wird der Effekt unter Fokussierung einzelner Stichprobenteile – der anfangs leistungsschwachen Schülerinnen und Schülern ($F[1, 28] = 4.33$, $p = .047$, $Eta^2 = .134$) sowie der älteren Probanden ($F[1, 87] = 10.92$, $p = .001$, $Eta^2 = .112$).

Diskussion

Die den Ergebnissen zugrundeliegenden Ursachen sowie die Einschränkung des Effektbereichs werden im Vortrag diskutiert. Insgesamt kann man der gewählten Perspektive gewinnbringende Qualitäten zuschreiben, da durch die Verbindung des psychologisch-naturwissenschaftlichen Ansatzes mit der pädagogisch-geisteswissenschaftliche Perspektive sowohl empirische Erkenntnisse zur bewegungsbasierten Förderung als auch eine Anwendungsorientierung bzw. damit eine fachdidaktische Relevanz erkennbar werden.

Literatur

Barenberg, J., Berse, T. & Dutke, S. (2011). Executive functions in learning processes: Do they benefit from physical activity? *Educational Research Review, 6* (3), 208-222.
Best, J. R., Miller, P. H. & Naglieri, J. A. (2011). Relations between Executive Function and Academic Achievement from Ages 5 to 17 in a Large, Representative National Sample. *Learning and individual differences, 21* (4), 327-336.

Wissenschaftliches Komitee

Wir danken den Mitgliedern des Wissenschaftlichen Komitees sehr herzlich für die Mitwirkung beim 22. Sportwissenschaftlichen Hochschultag. Im Einzelnen sind dies:

Prof. Dr. Achim Conzelmann (Bern, Schweiz)
Prof. Dr. Gudrun Doll-Tepper (Berlin)
Prof. Dr. Michael Doppelmayr (Mainz)
Prof. Dr. Antje Dresen (Mainz)
Prof. Dr. Ina Hunger (Göttingen)
Dr. Thomas Könecke (Mainz)
Prof. Dr. Mark Pfeiffer (Mainz)
Prof. Dr. Henning Plessner (Heidelberg)
Prof. Dr. Holger Preuß (Mainz)
Prof. Dr. Wolfgang Schöllhorn (Mainz)
Prof. Dr. Dr. Perikles Simon (Mainz)
Prof. Dr. Lutz Vogt (Frankfurt a. Main)
Prof. Dr. Inge Werner (Innsbruck, Österreich)

Gutachter/innen

Wir danken folgenden Gutachterinnen und Gutachtern sehr herzlich für ihre Mitwirkung bei der Begutachtung und Auswahl der Beiträge für den 22. Sportwissenschaftlichen Hochschultag der dvs:

Prof. Dr. Thomas Abel (Köln)
Prof. Dr. Günter Amesberger (Salzburg)
Dr. Volker Anneken (Frechen)
Prof. Dr. Wilhelm Bloch (Köln)
Prof. Dr. Carmen Borggrefe (Stuttgart)
Prof. Dr. Markus Breuer (Heidelberg)
Prof. Dr. André Bühler (Nürtingen)
Dr. Pavel Dietz (Mainz)
Prof. Dr. Michael Doppelmayr (Mainz)
Prof. Dr. Antje Dresen (Mainz)
Dr. Christoph Englert (Heidelberg)
Dr. Frowin Fasold (Köln)
Prof. Dr. Alexander Ferrauti (Bochum)
Dr. Thomas Finkenzeller (Salzburg)
Dr. Laurens Form (Mainz)
Dr. Philip Furley (Köln)
Prof. Dr. Urs Granacher (Potsdam)
Dr. Anne Hecksteden (Saarbrbücken)
Prof. Dr. Mathias Hegele (Gießen)
Prof. Dr. Chris Horbel (Bayreuth)
Prof. Dr. Kuno Hottenrott (Halle/S.)
Prof. Dr. Thomas Jaitner (Dortmund)
Prof. Dr. Robin Kähler (Kiel)
Prof. Dr. Sebastian Kaiser (Heilbronn)
Prof. Dr. Reinhild Kemper (Jena)
Dr. Thomas Könecke (Mainz)
Prof. Dr. Michael Krüger (Münster)
Prof. Dr. Dietrich Kurz (Bielefeld)
Dr. Joachim Lammert (Leipzig)
Dr. Roman Laszlo (Ulm)
Dr. Clemens Ley (Wien)
Dr. Florian Loffing (Kassel)
Prof. Dr. Heiko Meier (Paderborn)
Dr. Stefan Meier (Köln)
Prof. Dr. Andreas Nieß (Tübingen)
Prof. Dr. Gerd Nufer (Reutlingen)

Dr. Jeannine Ohlert (Köln)
Prof. Dr. Iris Pahmeier (Vechta)
Prof. Dr. Mark Pfeiffer (Mainz)
Dr. Alexandra Pizzera (Köln)
Prof. Dr. Henning Plessner (Heidelberg)
Prof. Dr. Holger Preuß (Mainz)
Dr. Sabine Radtke (Gießen)
Dr. Monika Roscher (Marburg)
Dr. Bettina Rulofs (Köln)
Prof. Dr. Volker Scheid (Kassel)
Prof. Dr. Wolfgang I. Schöllhorn (Mainz)
Mathias Schubert (Mainz)
Prof. Dr. Holger Schunk (Mainz)
Dr. Norbert Schütte (Mainz)
Dr. Geoffrey Schweizer (Heidelberg)
Dr. Ilka Seidel (Leipzig)
Prof. Dr. Dr. Perikles Simon (Mainz)
Sabrina Skorski (Saarbrücken)
Dr. Jan Sohnsmeyer (Heidelberg)
Prof. Dr. Billy Sperlich (Würzburg)
Dr. Waltraud Stadler (München)
Dr. Claudia Steinberg (Mainz)
Dr. Fabian Steinberg (Mainz)
Prof. Dr. Gorden Sudeck (Tübingen)
Prof. Dr. Ralf Sygusch (Erlangen)
Prof. Dr. Thomas Teubel (Berlin)
Prof. Dr. Ansgar Thiel (Tübingen)
Prof. Dr. Heike Tiemann (Berlin)
Prof. Dr. Lutz Vogt (Frankfurt/M.)
Prof. Dr. Stephan Wassong (Köln)
Prof. Dr. Alexander Woll (Karlsruhe)
Dr. Kathrin Wunsch (Freiburg)
Prof. Dr. Sabine Würth (Salzburg)
Prof. Dr. Astrid Zech (Jena)

Verzeichnis der Autorinnen und Autoren

Adler Zwahlen, J. 94
Adler, K. 97, 339
Adolph-Börs, C. 40
Ahlert, G. 175
Ahns, M. 120
Albert, A. 121, 335
Albrecht, C. 280, 348, 351
Albus, M. 264
Allroggem, M. 347
Altmann, St. 82, 83
Alwasif, N. 171
an der Heiden, I. 175
Andrä, Chr. 85, 227
Artner, D. 107
Azzarito, L. 314

Baca, A. 107
Bachmann, J. 167
Bannasch, M. 255, 271
Banzer, W. 180, 181, 182, 185, 257,
259, 274, 275, 287, 331
 Barisch-Fritz, B. 253
 Barmscheidt, St. 213
 Bauers, S. B. 183
 Baumann, F. T. 266, 269
 Baumeister, J. 162
 Baumgärtel, L. 328
 Bayle, E. 42
 Bechthold, A. 157
 Becker, T. 252
 Beckert, Chr. 193
 Beckmann, H. 213
 Beecroft, R. 106
 Belizer, W. 260
 Belo, Th. 263
 Beneke, R. 218, 221
 Berger, L. 72
 Bernardi, A. 257
 Bertram, O. 301, 302
 Bertz, H. 272
 Berwinkel, A. 263
 Beulertz, J. 266, 269
 Biazek, B. 349
 Bloch, W. 266, 269
 Böhle, A. 195
 Böhlke, N. 187
 Böhm, B. 264

Böhmert, W. 343
Bolling, C. 259
Boos, J. 267
Borchert, T. 56, 57, 60
Boriss, K. 210, 372
Bös, K. 286, 348, 351
Boström, K. J. 112
Böttcher, A. 54
Brandl-Bredenbeck, H. P. 176, 179
Braumann, K.-M. 109, 226
Braun-Reymann, D. 45
Breitbarth, T. 133
Brettschneider, W.-D. 136
Brizin, D. 299
Brümmer, K. 125, 362
Budde, H. 159, 224
Bunte, H. 228, 332
Burrmann, U. 87, 90, 93, 135
Büsch, D. 219

Carius, D. 85
Clausen, J. 42
Clauss, D. 255
Clauß, M. 85
Collette, R. 99
Conradi, M. 119
Corell, D. 110

de Paula Simola, R. A. 102
Delto, H. 129
Demetriou, Y. 197, 292, 294, 337
Devan, S. 74
Dickson, G. 133
Diepold, Chr. 254
Dietz, M. 156
Dietz, P. 188
Diketmüller, R. 216
Dincher, A. 270
Dinold, M. 206
Dirksen, T. 112, 210
Doll-Tepper, G. 359
Dominiak, A. 156
Donath, L. 78, 79
Doppelmayr, M. 84
Döweling, A. 102
Dresen, A. 188
Driessen, M. 263

Eckert, K. 265, 266, 268
Eichler, R. 103
Einhorn, N. 228, 332
Elmascan, S. 130
Emrich, E. 165
Enders, E. 330
Engeroff, T. 287, 331
Ennigkeit, F. 186, 310
Eskofier, B. 75

Faber, J. 266
Fahrner, M. 37, 41
Faude, O. 79
Fegert, J. M. 347
Felder, H. 220
Ferger, K. 229
Ferrauti, A. 102
Fiedler, H. 73
Fischer, B. 118
Fitchner, I. 141
Flamm, S. 303
Flatau, J. 130, 151, 239
Fleckenstein, J. 331
Fleischmann, N. 236
Form, L. 64
Frahsa, A. 131
Frank, T. 147
Fresz, V. 218
Freudenberger, K. 191
Frick, F. 266
Friedrich, G. 59
Friedrich, H. 201
Fritschen, M. 53
Fritz, G. 66
Fritzenberg, M. 57
Fröhlich, M. 165, 220, 326, 352
Frohn, J. 318
Fürtjes, O. 150
Füzéki, E. 287, 331

Gassmann, F. 165
Gassner, H. 75
Gaubatz, S. 158
Gebken, U. 190
Gedeck, R. 195
Gees, K. 172
Geidl, W. 262, 282
Gelius, P. 131
Gerlach, E. 136, 166
Ghorbani, M. 144

Giauque, D. 42
Giesche, F. 275
Giese, M. 128
Gieß-Stüber, P. 87, 91, 191, 198, 316
Goetze, I. 323
Göhner, W. 337
Golenia, M. 117
Gollhofer, A. 258, 272
Gölz, Ch. 325
Götte, M. 267
Gräfin zu Eulenburg, Chr. 226
Gramespacher, E. 189, 193, 216
Greber-Platzer, S. 107
Greve, St. 205
Gromeier, M. 225
Gronwald, Th. 86
Güldenpenning, I. 154
Günter, S. 317
Gutekunst, K. 259
Gyger, M. 193

Haab, Th. 326
Hackert, Th. 255
Hagemeister, C. 228, 332
Hahn, Chr. 338
Hahn, D. 80
Haible, St. 284
Haller, N. 222
Hammer, R. 113, 170, 334
Hammerschmidt, M. 329
Hammes, D. 78
Hanewinkel, R. 44
Hänsel, F. 186
Hänseroth, S. 290
Hänsler, N. 119, 122
Hapke, J. 194
Happ, S. 304, 309
Härtel, S. 82, 83
Hartmann-Tews, I. 333, 347
Hartung, S. 320
Hauck, D. 119
Hayoz, Chr. 95
Hegen, P. 211
Heim, Chr. 166
Heim, R. 117
Helbig, B. 43
Hengst, St. 253
Henz, D. 146
Hermsdörfer, J. 155
Herrmann, Chr. 166, 363

Herz, A.	306
Heß, K.	176, 178
Hey, St.	263
Hill, H.	345
Hintke, A.	45
Hoffmann, B.	349
Hoffmann, K.	51
Hoffmann, M.	82
Hofmann, A.	319
Hollander, K.	109
Höner, O.	292, 294
Hoos, O.	218, 338
Hoppe, Th.	333
Horbel, Chr.	148
Horsak, B.	107
Horst, F.	110
Hottenrott, K.	86
Hovemann, G.	183, 339
Huber, G.	260, 271, 273, 278
Hübner, E.	246
Huck, K.	122
Huges, Ch.	155
Hummler, S.	254
Ilaender, A.-K.	258
Imschweiler, I.	172
Ipiña, N.	61
Isensee, B.	44
Izuhara, Y.	167
Jäger, J.	176, 179
Jaitner, Th.	80, 142, 212
Janetzko, A.	163
Jekauc, D.	279
Jöllenbeck, Th.	76
Jörgsen, A.	222
Julius, Ph.	335
Kaczmarek, Ch.	352, 356
Kähler, R.	104
Kaiser, S.	133
Kallischnigg, M.	149, 152
Kalthoff, J.	241
Kampik, Chr.	122
Karpa, W.	65
Kaschke, I.	291
Kaufmann, S.	218
Kehne, M.	117
Kellmann, M.	98, 99, 100, 101
Kels, M.	296

Kemper, R.	288
Kern, C.	264
Kesting, S.	267
Kewerkopf, N.	38
Kexel, Chr.	172
Kexel, P.	153, 172
Kipling-Webster, E.	368
Klamroth, S.	74, 75
Klein, M.-L.	134
Kleine, S.	354
Kleinert, J.	365
Klenk, Chr.	37, 42
Klepzig, M.	38
Klostermann, C.	93, 95, 135, 364
Klucken, J.	75
Knechtl, S.	198
Kneis, S.	258
Knieling, Th.	323
Koch, M.	165
Koch, P.	193
Kochenburger, A.	341
Kocurek, T.	119
Koers, T.	325
Koester, D.	154, 225
Kolb, M.	123
Kolbinger, O.	164
Kölling, S.	100, 101
Könecke, Th.	119, 122, 184, 237
Konjer, M.	173, 340
Köppel, M.	271, 273, 278
Kotschy-Lang, N.	261
Köttelwesch, E.	190
Koutsandréou, F.	224
Kovacs, P.	72
Kraft, D.	117
Kramp, V.	266
Krapf, A.	56, 60
Krause, F.	180, 275
Kreis, S.	272
Krieger, J.	249
Krome, M.	162
Krone, L.	203
Kronemayer-Wurm, K.	110
Krug, J.	68, 69, 72, 73, 167
Krug, S.	277
Kühl, R.	349
Kurth-Rosenkranz, R.	71
Kurz, G.	82

Lames, M. 140, 143, 144, 164
Lammert, J. 183, 339
Lanwehr, R. 73
Latzel, R. 218
Lechner, M. 174
Leibbrand, B. 354
Leibrock, D. 356
Leinwalther, M. 173
Leonhartsberger, H. 206
Liebl, S. 160, 304
Lindner, D. 152
Lobinger, B. 115
Loss, J. 285
Lotz, F. 229
Lucadou, W. 29
Lüdemann, R. 219
Ludwig, O. 220, 326
Ludyga, S. 86
Lutz, M. 176, 179

Maas, J. 122
Mai, B. 325
Manz, K. 277
Manzer, St. 343
Marquardt, A. 311
Martin-Niedecken, A. L. 50
Mattes, K. 323, 343, 344
Matura, S. 331
Maurer, Chr. 272
Mayer, J. 73
McCraty, R. 25
Mehl, St. 59
Mehnert, J. 85
Meier, H. 39, 40
Meier, H. E. 173, 340
Meier, K. 239
Meier, St. 52, 55, 114, 116, 207
Mess, F. 281
Metzinger, T. 21
Meyer, M. 300
Mikolai, P. 252
Mildner, M. 110
Möhwald, A. 91, 204
Müller, Chr. 85, 227
Müller, J. 139
Müller, K. 261
Müller, S. 272
Müller-Schoell, T. 63
Mumm, A. 258
Musculus, L. 115

Mutz, M. 93, 135, 340

Nagel, S. 42, 95
Nehrer, St. 107
Neuber, N. 117
Neuberger, E. 223
Neubert, V. 155
Neuendorf, T. 328
Neuhaus, D. 325
Neumaier, B. 262
Neumann, R. 82, 83
Newell, K. M. 145
Niederer, D. 181, 182, 274, 275
Niemeyer, M. 221
Nieß, A. 253
Nigg, B. M. 22
Nitzsche, N. 328

Oberhoffer, R. 264, 336
Ochmann, D. 276
Ohlert, J. 365
Opper, E. 280

Pahl, A. 258
Pantel, J. 331
Parensen, A. 134
Parodi, O. 106
Pawloswski, T. 174
Pedrosa, B. 61
Pelka, M. 101
Penner, A. 273
Pfeffel, F. 153, 172
Pfeffer, I. 329
Pfeifer, K. 74, 75, 262, 282, 284
Pfeiffer, M. 98, 99, 158, 209
Pfirrmann, D. 353
Philipp, J. 354
Philippsen, Chr. 333
Pietschmann, J. 76
Pixa, N. H. 84
Pobatsching, B. 107
Polywka, G. 211
Postler, T. 336
Poupaux, S. 65, 341
Preßmann, P. 354
Preuß, H. 64, 237, 240
Priebe, A. 243
Prokop, A. 269
Ptack, R. 160
Putzmann, N. 63

Radtke, S. 31, 87, 89
Raeder, Chr. 102
Ragert, P. 69, 70
Rahlf, A. L. 77
Randl, K. 208
Rasche, Chr. 209
Rau, F. 295
Rau, T. 347
Reeschke, R. 325
Rehm, M. 85
Reim, D. 218
Reinders, H. 338
Reinecke, K. 162
Reinhardt, K. 173
Reinold, M. 248
Reinsberger, C. 162
Reischmann, M. 343
Reiter, M. 250
Rickert, M. 275
Riedl, L. 40
Rischke, A. 200
Rohkohl, F. 105, 342
Roscher, M. 127
Roschmann, R. 152
Rosenbaum, D. 267
Rouranen, K. 42
Rowe, K. 231
Ruin, S. 52, 55, 114, 116, 207
Rulofs, B. 87, 88, 347
Rustler, V. 266, 269
Rütten, A. 131

Saal, Chr. 73
Sagasta, P. 61
Sahner, D. 326
Sander, Chr. 123
Sattlecker, G. 111
Schack, Th. 154, 225
Schaffert, N. 323, 343, 344
Schäffler, L. 305
Scharff, S. 245
Scharhag-Rosenberger, F. 256
Schätzlein, V. 131
Schega, L. 252
Scheid, V. 121, 201, 335
Schembri, E. 256
Scherdel, N. 110
Scheu, A. 237
Schinze, R. 126
Schlack, R. 280

Schlenker, L. 348, 351
Schlesinger, T. 42, 95
Schlöffel, R. 58
Schmelzer, T. 206
Schmid, A. I. 264
Schmid, S. 326
Schmidt, K. 257
Schmidt, M. 80, 256
Schmidt, St. 351
Schmidtbleicher, D. 349
Schmitt, K. 45
Schmitz, G. 366
Schneider, S. 272
Schöllhorn, W. 110, 111, 146, 211, 213
Schrangs, D. 162
Schröder, J. 226
Schubert, M. 184, 237
Schulenkopf, N. 231
Schüler, J. 159
Schulke, H.-J. 235, 289
Schüller, I. 197
Schulte, H. 46
Schulz, H. 328
Schulz, Th. 336
Schütte, N. 67
Schütthoff, U. 174
Schütz, Chr. 154
Schwager, A. 85
Schwameder, H. 111
Schwappacher, Chr. 119
Schwarenberg, S. 357
Schwarz, M. 352, 356
Schwarz, R. 189, 192, 214, 217
Schwind, Th. 111
Seelig, H. 166
Seidel, C. 267
Seidel, I. 360
Seidl, Th. 143
Seyda, M. 137
Sherry, E. 231
Siegert, D. 97
Simon, P. 222, 223, 276, 353
Sinning, S. 319
Six, A. 206
Sobiech, G. 320
Sohnsmeyer, J. 47, 49
Söntgerath, R. 265, 266, 268
Spengler, S. 281
Spielmann, M. 83
Springmann, V. 242

Stadler, W. 155
Staller, M. 301, 302
Steib, S. 74, 75
Steinberg, F. 84
Steindorf, K. 255, 256
Steines, C. 122
Steinvoorf, K. 293
Stemper, Th. 296
Stephan, K.-M. 323
Stier, S. 218
Stössel, S. 266
Straub, E. 258
Streber, R. 282
Strobl, H. 285
Suchert, V. 44
Sudeck, G. 253, 260, 284, 292
Sygusch, R. 120, 160, 176, 179, 371

Tallner, A. 282
Thiel, A. 292
Thieme, L. 38, 359
Thienes, G. 113, 170, 208, 327, 334
Thomas, M. 254
Tiemann, H. 87, 89, 199, 202
Tiemann, M. 286
Tittlbach, S. 176, 178, 285
Tjaden, Chr. 255
Tobias, R. 348
Töpfer, C. 371
Trosien, G. 153
Tug, S. 222
Turvey, M. T. 147
Tzschoppe, P. 129

Ulrich, D. 368
Unger, L. 327

van Haaren, A. 80
Velana, M. 262
Vinken, P. M. 327
Vogt, L. 180, 181, 182, 257, 259, 274,
275, 287, 331
Volk, C. 294
Völker, M. 143
Vollmer, J. 92, 316
Voss, A. 216
Voß, G. 69

Wachsmuth, Chr. 360
Wacker, Chr. 33

Wagner, H. 112
Wagner, M. 279, 368
Wagner, N. 356
Wagner, P. 228, 261, 268, 295, 332
Wagner, S. 238
Wahnschaffe, K. 138
Warrelmann, B. 285
Wäsche, H. 106, 367
Weber, S. 331
Wegner, M. 159, 224, 290
Wehrle, A. 258, 272
Weigel, P. 193
Weigelt, M. 263
Weigelt-Schlesinger, Y. 94
Weinberg, B. 247
Weiß, K. 273
Wellmann, K. 226
Welsche, M. 303, 305
Wenzel, U. 69, 70
Wetzler, S. 312
Wick, K. 152, 168
Wiemeyer, J. 47, 48, 156
Wiethäußer, H. 299
Wiewelhove, Th. 102
Wildde-Gröber, U. 253
Wilek, J. 182
Wilhelm, A. 346
Wilke, J. 180, 181, 274
Winkler, J. 75
Winter, Chr. 158
Wiskemann, J. 254, 255, 256, 271, 349
Witt, M. 69, 71
Wittelsberger, R. 286
Wittmann, O. 301, 302
Wojciechowski, T. 62
Woll, A. 82, 83, 279, 280, 281, 286,
348, 351
Wollny, R. 43, 85
Wöltjen, T. 124
Wondrasch, B. 107
Worth, A. 280
Worth, S. 279
Wulff, H. 295
Wulftange, M. 268
Wydra, G. 270, 326, 352, 356

Yuan, X. 169

Zajonc, O. 298, 304
Zaragoza, A. 337

Zech, A. 77, 109, 226
Zeller, P. 220
Zentgraf, K. 112
Ziesche, D. 63
Ziesche, S. 273
Zimmermann, J. 97
Zimmermann, L. 227
Zimmermann, T. 134
Zinner, J. 73
Ziroli, S. 215
Zobe, Chr. 370
Zschäbitz, D. 328

Wir danken den Förderern und Partnern des 22. Sportwissenschaftlichen Hochschultags!

 Bundesinstitut für Sportwissenschaft

 Friedrich Schleich Gedächtnis Stiftung

 Deutsche Gesellschaft für Internationale Zusammenarbeit (GIZ) GmbH Bundesministerium für wirtschaftliche Zusammenarbeit und Entwicklung

 SCIENCE FOR BODY EVOLUTION.

Schriftenreihen

Schriften der Deutschen Vereinigung für Sportwissenschaft
Herausgeber: **Deutsche Vereinigung für Sportwissenschaft** ISSN 1430-2225

Die noch lieferbaren Bände 1 bis 161 der Schriftenreihe werden für dvs-Mitglieder durch die dvs-Geschäftsstelle, Postfach 73 02 29, D-22122 Hamburg, ausgeliefert. Nicht-dvs-Mitglieder bestellen bitte im Buchhandel oder direkt beim Czwalina Verlag, Postfach 73 02 40, D-22122 Hamburg, www.edition-czwalina.de.

Band 162	Hottenrott (Hrsg.): Herzfrequenzvariabilität: Methoden und Anwendungen in Sport und Medizin. 2006. 280 S. ISBN 978-3-88020-480-5.
Band 163	Sudeck: Motivation und Volition in der Sport- und Bewegungstherapie. Forum Sportwissenschaft, 13. 2006. 320 S. ISBN 978-3-88020-481-2.
Band 164	Krüger & Langenfeld (Hrsg.): Olympische Spiele und Turngeschichte. 2007. 184 S. ISBN 978-3-88020-483-6.
Band 165	Scheid (Hrsg.): Sport und Bewegung vermitteln. 2007. 360 S. ISBN 978-3-88020-484-3.
Band 166	Ehrlenspiel u.a. (Hrsg.): Diagnostik und Intervention – Bridging the gap. 2007. 168 S. ISBN 978-3-88020-485-0.
Band 167	Blank: Dimensionen und Determinanten der Trainierbarkeit konditioneller Fähigkeiten. Forum Sportwissenschaft, 14. 2007. 192 S. ISBN 978-3-88020-487-4.
Band 168	Backhaus u.a. (Hrsg.): SportStadtKultur. 18. Sportwissenschaftlicher Hochschultag. 2007. 368 S. ISBN 978-3-88020-490-4.
Band 169	Hartmann-Tews & Dahmen (Hrsg.): Sportwissenschaftliche Geschlechterforschung im Spannungsfeld von Theorie, Politik und Praxis. 2007. 224 S. ISBN 978-3-88020-491-1.
Band 170	Braun & Hansen (Hrsg.): Steuerung im organisierten Sport. 2008. 368 S. ISBN 978-3-88020-493-5.
Band 171	Bindel: Soziale Regulierung in informellen Sportgruppen. Forum Sportwissenschaft, 15. 2008. 280 S. ISBN 978-3-88020-495-9.
Band 172	Wegner, Pochstein & Pfeifer (Hrsg.): Rehabilitation: Zwischen Bewegungstherapie und Behindertensport. 2008. 160 S. ISBN 978-3-88020-499-7.
Band 173	Halberschmidt: Psychologische Schulsport-Unfallforschung. Forum Sportwissenschaft, 16. 2008. 188 S. ISBN 978-3-88020-500-0.
Band 174	Knoll & Woll (Hrsg.): Sport und Gesundheit in der Lebensspanne. 2008. 424 S. ISBN 978-3-88020-502-4.
Band 175	Oesterhelt u.a. (Hrsg.): Sportpädagogik im Spannungsfeld gesellschaftlicher Erwartungen, wissenschaftlicher Ansprüche und empirischer Befunde. 2008. 316 S. ISBN 978-3-88020-503-1.
Band 176	Sudeck u.a. (Hrsg.): Differentielle Sportpsychologie – Sportwissenschaftliche Persönlichkeitsforschung. 2008. 152 S. ISBN 978-3-88020-506-2.
Band 177	Roscher (Hrsg.): Ästhetik und Körperbildung. 2008. 136 S. ISBN 978-3-88020-507-9.
Band 178	Weigelt-Schlesinger: Geschlechterstereotype – Qualifikationsbarrieren von Frauen in der Fußballtrainerausbildung? Forum Sportwissenschaft, 17. 2008. 172 S. ISBN 978-3-88020-508-6.
Band 179	Krüger (Hrsg.): »mens sana in corpore sano« – Gymnastik, Turnen, Spiel und Sport als Gegenstand der Bildungspolitik vom 18. bis zum 21. Jahrhundert. 2008. 192 S. ISBN 978-3-88020-509-3.
Band 180	Nagel u.a. (Hrsg.): Sozialisation und Sport im Lebensverlauf. 2008. 132 S. ISBN 978-3-88020-511-6.
Band 181	Lühnenschloß & Wastl (Hrsg.): Quo vadis olympische Leichtathletik? 2008. 216 S. ISBN 978-3-88020-512-3.
Band 182	Woll u.a. (Hrsg.): Sportspielkulturen erfolgreich gestalten. 2008. 236 S. ISBN 978-3-88020-513-0.
Band 183	Igel & Baca (Hrsg.): Update eLearning. 2009. 160 S. ISBN 978-3-88020-514-7.
Band 184	Schlesinger: Emotionen im Kontext sportbezogener Marketing-Events. Forum Sportwissenschaft, 18. 2008. 264 S. ISBN 978-3-88020-515-4.
Band 185	Frick (Hrsg.): Fußball in Schule und Verein – Eine Herausforderung für Forschung und Lehre. Beiträge und Analysen zum Fußballsport, 15. 2009. 200 S. ISBN 978-3-88020-519-2.
Band 186	Bös u.a.: Deutscher Motorik-Test 6-18 (DMT 6-18). 2009. 116 S. ISBN 978-3-88020-520-8.
Band 187	Bruns & Buss (Hrsg.): Sportgeschichte erforschen und vermitteln. 2009. 208 S. ISBN 978-3-88020-526-0.
Band 189	Lames u.a. (Hrsg.): Gegenstand und Anwendungsfelder der Sportinformatik. 2009. 212 S. ISBN 978-3-88020-527-7.
Band 190	Brandl-Bredenbeck & Stefani (Hrsg.): Schulen in Bewegung – Schulsport in Bewegung. 2009. 264 S. ISBN 978-3-88020-528-4.
Band 191	Krüger, Neuber, Brach & Reinhart (Hrsg.): Bildungspotenziale im Sport. 19. Sportwissenschaftlicher Hochschultag. 2009. 392 S. ISBN 978-3-88020-533-8.
Band 192	Hottenrott, Hoos & Esperer (Hrsg.): Herzfrequenzvariabilität: Risikodiagnostik, Stressanalyse, Belastungssteuerung. 2009. 238 S. ISBN 978-3-88020-534-5.
Band 193	Naul & Wick (Hrsg.): 20 Jahre dvs-Kommission Fußball – Herausforderung für den Fußballsport in Schule und Sportverein. Beiträge und Analysen zum Fußballsport, 16. 2009. 224 S. ISBN 978-3-88020-536-9.
Band 194	Beckmann & Wastl (Hrsg.): Perspektiven für die Leichtathletik. 2009. 136 S. ISBN 978-3-88020-538-3.
Band 195	Kolbert, Müller & Roscher (Hrsg.): Bewegung – Bildung – Gesundheit. 2009. 120 S. ISBN 978-3-88020-539-0.
Band 196	Betz & Hottenrott (Hrsg.): Training und Gesundheit bei Kindern und Jugendlichen. Gelebte Sportwissenschaft, 3. 2010. 256 S. ISBN 978-3-88020-540-6.
Band 197	Wank & Heger (Hrsg.): Biomechanik – Grundlagenforschung und Anwendung. 2010. 280 S. ISBN 978-3-88020-547-5.
Band 198	Wiemeyer, Baca & Lames (Hrsg.): Sportinformatik – gestern, heute, morgen. Gelebte Sportwissenschaft, 4. 2010. 192 S. ISBN 978-3-88020-548-2.
Band 199	Schmidt: Bewegungsmustererkennung anhand des Basketball-Freiwurfes. Forum Sportwissenschaft, 19. 2010. 216 S. ISBN 978-3-88020-549-9.
Band 200	Frei & Körner (Hrsg.): Ungewissheit – Sportpädagogische Felder im Wandel. 2010. 332 S. ISBN 978-3-88020-550-5.
Band 201	Amesberger, Finkenzeller & Würth (Hrsg.): Psychophysiologie im Sport. 2010. 216 S. ISBN 978-3-88020-551-2.
Band 202	Krüger (Hrsg.): Johann Christoph Friedrich GutsMuths (1759-1839) und die philanthropische Bewegung in Deutschland. 2010. 160 S. ISBN 978-3-88020-552-9.
Band 203	Mayer: Verletzungsmanagement im Spitzensport. Forum Sportwissenschaft, 20. 2010. 432 S. ISBN 978-3-88020-554-3.
Band 204	Mattes & Wollesen (Hrsg.): Bewegung und Leistung – Sport, Gesundheit & Alter. 2010. 168 S. ISBN 978-3-88020-555-0.
Band 205	Ziemainz & Pitsch (Hrsg.): Perspektiven des Raums im Sport. 2010. 152 S. ISBN 978-3-88020-556-7.
Band 206	Höner, Schreiner & Schultz (Hrsg.): Aus- und Fortbildungskonzepte im Fußball. 2010. 248 S. ISBN 978-3-88020-557-4.

Schriftenreihen

Schriften der Deutschen Vereinigung für Sportwissenschaft
Herausgeber: **Deutsche Vereinigung für Sportwissenschaft**   ISSN 1430-2225

Band 207	Voss (Hrsg.): Geschlecht im Bildungsgang – Orte formellen und informellen Lernens von Geschlecht im Sport. 2011. 136 S. ISBN 978-3-88020-560-4.
Band 208	Sohnsmeyer: Virtuelles Spiel und realer Sport – Über Transferpotenziale digitaler Sportspiele am Beispiel von Tischtennis. Forum Sportwissenschaft, 21. 2011. 248 S. ISBN 978-3-88020-564-2.
Band 209	Niermann: Vom Wollen und Handeln. Selbststeuerung, sportliche Aktivität und gesundheitsrelevantes Verhalten. Forum Sportwissenschaft, 22. 2011. 240 S. ISBN 978-3-88020-565-9.
Band 210	Ohlert & Kleinert (Hrsg.): SPORT VEREINT – Psychologie und Bewegung in Gesellschaft. 2011. 200 S. ISBN 978-3-88020-566-6.
Band 211	Gröben, Kastrup & Müller (Hrsg.): Sportpädagogik als Erfahrungswissenschaft. 2011. 400 S. ISBN 978-3-88020-567-3.
Band 212	Borkenhagen, Hafner, Heim & Neumann (Hrsg.): Kinder- und Jugendsport zwischen Gegenwarts- und Zukunftorientierung. 2011. 92 S. ISBN 978-3-88020-568-0.
Band 213	Klenk: Ziel-Interessen-Divergenzen in freiwilligen Sportorganisationen. Forum Sportwissenschaft, 23. 2011. 280 S. ISBN 978-3-88020-569-7.
Band 214	Hottenrott, Hoos & Esperer (Hrsg.): Herzfrequenzvariabilität: Gesundheitsförderung – Trainingssteuerung – Biofeedback. 2011. 232 S. ISBN 978-3-88020-570-3.
Band 215	Hottenrott, Stoll & Wollny (Hrsg.): Kreativität – Innovation – Leistung. 20. Sportwissenschaftlicher Hochschultag. 2011. 352 S. ISBN 978-3-88020-571-0.
Band 216	Menze-Sonneck & Heinen (Hrsg.): Aktuelle Themen der Turnentwicklung. 2011. 92 S. ISBN 978-3-88020-578-9.
Band 217	Link & Wiemeyer (Hrsg.): Sportinformatik trifft Sporttechnologie. 2011. 276 S. ISBN 978-3-88020-579-6.
Band 218	Bähr, Erhorn, Krieger & Wibowo (Hrsg.): Geschlecht und bewegungsbezogene Bildung(sforschung). 2011. 140 S. ISBN 978-3-88020-580-2.
Band 219	Siebert & Blickhan (Hrsg.): Biomechanik – vom Muskelmodell bis zur angewandten Bewegungswissenschaft. 2011. 320 S. ISBN 978-3-88020-581-9.
Band 220	Kuhn, Lange, Leffler & Liebl (Hrsg.): Kampfkunst und Kampfsport in Forschung und Lehre 2011. 2011. 208 S. ISBN 978-3-88020-582-6.
Band 221	Wegner, Brückner & Kratzenstein (Hrsg.): Sportpsychologische Kompetenz und Verantwortung. 2012. 160 S. ISBN 978-3-88020-585-7.
Band 222	Jansen, Baumgart, Hoppe & Freiwald (Hrsg.): Trainingswissenschaftliche, geschlechtsspezifische und medizinische Aspekte des Hochleistungsfußballs. 2012. 244 S. ISBN 978-3-88020-586-4.
Band 223	Wastl & Killing (Hrsg.): Leichtathletik – Strukturen, Aufgaben, Qualifikationen. 2012. 220 S. ISBN 978-3-88020-587-1.
Band 224	Eckert & Wagner (Hrsg.): Ressource Bewegung – Herausforderungen für Gesundheit- und Sportsystem sowie Wissenschaft. 2012. 108 S. ISBN 978-3-88020-590-1.
Band 225	Kähler & Ziemainz (Hrsg.): Sporträume neu denken und entwickeln. 2012. 280 S. ISBN 978-3-88020-591-8.
Band 226	Ziert: Stressphase Sportreferendariat?! Eine qualitative Studie zu Belastungen und ihrer Bewältigung. Forum Sportwissenschaft, 24. 2012. 228 S. ISBN 978-3-88020-593-2.
Band 227	Happ & Zajonc (Hrsg.): Kampfkunst und Kampfsport in Lehre und Forschung 2012. 2013. 276 S. ISBN 978-3-88020-596-3.
Band 228	Stoll, Lau & Moczall (Hrsg.): Angewandte Sportpsychologie. 2013. 200 S. ISBN 978-3-88020-597-0.
Band 229	Demetriou: Health Promotion in Physical Education. 2013. 212 S. ISBN 978-3-88020-601-4.
Band 230	Mess, Gruber & Woll (Hrsg.): Sportwissenschaft grenzenlos?! 21. Sportwissenschaftlicher Hochschultag. 2013. 400 S. ISBN 978-3-88020-602-1.
Band 231	Pott-Klindworth & Pilz (Hrsg.): Turnen – Eine Bewegungskultur im Wandel. 2013. 116 S. ISBN 978-3-88020-604-5.
Band 232	Ernst, Gawrisch, Kröger, Miethling & Oesterhelt (Hrsg.): Schul-Sport im Lebenslauf. 2014. 208 S. ISBN 978-3-88020-608-3.
Band 233	Hottenrott, Gronwald & Schmidt (Hrsg.): Herzfrequenzvariabilität: Grundlagen – Methoden – Anwendungen. 2014. 152 S. ISBN 978-3-88020-609-0.
Band 234	Frank, Nixdorf, Ehrlenspiel, Geipel, Mornell & Beckmann (Hrsg.): Performing Under Pressure. 2014. 248 S. ISBN 978-3-88020-610-6.
Band 235	Milani, Maiwald & Oriwol (Hrsg.): Neue Ansätze in der Bewegungsforschung. 2014. 176 S. ISBN 978-3-88020-611-3.
Band 236	Liebl & Kuhn (Hrsg.): Menschen im Zweikampf – Kampfkunst und Kampfsport in Forschung und Lehre 2013. 2014. 260 S. ISBN 978-3-88020-613-7.
Band 237	Maurer, Döhring u. a. (Hrsg.): Trainingsbedingte Veränderungen – Messung, Modellierung und Evidenzsicherung. 2014. 152 S. ISBN 978-3-88020-614-4.
Band 238	Hagemann u. a. (Hrsg.): Sport.Spiel.Trends: interdisziplinär, innovativ, international. 2014. 100 S. ISBN 978-3-88020-615-1.
Band 239	Wäsche & Schmidt-Weichmann (Hrsg.): Stadt, Land, Sport: Urbane und touristische Sporträume. 2014. 144 S. ISBN 978-3-88020-616-8.
Band 240	Lames, Kolbinger, Siegle & Link (Hrsg.): Fußball in Forschung und Lehre – Beiträge und Analysen zum Fußballsport XIX. 2014. 244 S. ISBN 978-3-88020-617-5.
Band 241	Hermsdörfer, Stadler & Johannsen (Hrsg.): The Athlete's Brain: Neuronale Aspekte motorischer Kontrolle im Sport. 2015. 192 S. ISBN 978-3-88020-619-9
Band 242	Heinen, Hennig & Jeraj (Hrsg.): Dimensionen des Bewegungslernens im Turnen. 2015. 176 S. ISBN 978-3-88020-620-5.
Band 243	Wunsch et al. (Hrsg.): Stressregulation im Sport. 2015. 200 S. ISBN 978-3-88020-621-2.
Band 244	Baca & Stöcke (Hrsg.): Sportinformatik X. 2015. 152 S. ISBN 978-3-88020-622-9.
Band 245	Güldenpenning: Cognitive reference frames of complex movements. 2015. 120 S. ISBN 978-3-88020-623-6.
Band 246	Strobl: Entwicklung und Stabilisierung einer gesundheitsförderlichen körperlich-sportlich Aktivität. 2015. 204 S. ISBN 978-3-88020-624-3.
Band 247	Wirszing: Die motorische Entwicklung von Grundschulkindern. 2015. 372 S. ISBN 978-3-88020-625-0.
Band 248	Krapf: Bindung von Kindern in Leistungssport. 2015. 172 S. ISBN 978-3-88020-626-7.
Band 249	Marquardt & Kuhn (Hrsg.): Von Kämpfern und Kämpferinnen – Kampfkunst und Kampfsport aus der Genderperspektive – Kampfkunst und Kampfsport in Forschung und Lehre 2014. 2015. 208 S. ISBN 978-3-88020-627-4.
Band 250	Kähler (Hrsg.): Städtische Freiräume für Sport, Spiel und Bewegung. 2015. 248 S. ISBN 978-3-88020-628-1.